KB065800

제민요술 역주 II

齊民要術譯註 II (제3-5권)

과일 · 채소와 수목 재배

저 자_ **가사협**(賈思勰)
후위後魏 530-540년 저술

역주자_ **최덕경**(崔德卿) dkhistory@hanmail.net
문학박사이며, 현재 부산대학교 사학과 교수이다. 주된 연구방향은 중국농업사, 생태환경사 및 농민생활사이다. 중국사회과학원 역사연구소 객원교수를 역임했으며, 북경대학 사학과 초빙교수로서 중국 고대사와 중국생태 환경사를 강의한 바 있다.
저서로는 『중국고대농업사연구』(1994), 『중국고대 산림보호와 생태환경사 연구』(2009), 『동아시아 농업사상의 똥 생태학』(2016)과 『麗 · 元대의 農政과 農桑輯要』(3인 공저, 2017)가 있다. 역서로는 『중국고대사회성격논의』(2인 공역, 1991), 『중국사(진한사)』(2인 공역, 2004)가 있고, 중국고전에 대한 역주서로는 『농상집요 역주』(2012), 『보농서 역주』(2013), 『진부농서 역주』(2016)와 『사시찬요 역주』(2017) 등이 있다. 그 외에 한국과 중국에서 발간한 공동저서가 적지 않으며, 중국농업사 생태환경사 및 생활문화사 관련 논문이 100여 편이 있다.

제민요술 역주 II 齊民要術譯註 II (제3-5권)

▌과일 · 채소와 수목 재배▐

1판 1쇄 인쇄 2018년 12월 5일
1판 1쇄 발행 2018년 12월 15일

저 자 | 賈思勰
역주자 | 최덕경
발행인 | 이방원
발행처 | 세창출판사
신고번호 | 제300-1990-63호
주소 | 서울 서대문구 경기대로 88 (냉천빌딩 4층)
전화 | (02) 723-8660 팩스 | (02) 720-4579
http://www.sechangpub.co.kr
e-mail: edit@sechangpub.co.kr

ISBN 978-89-8411-784-6 94520
978-89-8411-782-2 (세트)

이 번역도서는 2016년 정부(교육부)의 재원으로 한국연구재단의 지원을 받아 수행된 연구임(NRF-2016S1A5A7021010).

이 도서의 국립중앙도서관 출판시도서목록(CIP)은 서지정보유통지원시스템 홈페이지(http://seoji.nl.go.kr)와 국가자료공동목록시스템(http://www.nl.go.kr/kolisnet)에서 이용하실 수 있습니다.
(CIP제어번호: CIP2018039679)

제민요술 역주 II

齊民要術譯註 II (제3-5권)

▌과일 · 채소와 수목 재배▐

A Translated Annotation of
the Agricultural Manual "Jeminyousul"

賈 思 勰 저
최 덕 경 역주

세창출판사

역주자 서문

『제민요술』은 현존하는 중국에서 가장 오래된 백과전서적인 농서로서 530-40년대에 후위後魏의 가사협賈思勰이 찬술하였다. 본서는 완전한 형태를 갖춘 중국 최고의 농서이다. 이 책에 6세기 황하 중·하류지역 농작물의 재배와 목축의 경험, 각종 식품의 가공과 저장 및 야생식물의 이용방식 등을 체계적으로 정리하고, 계절과 기후에 따른 농작물과 토양의 관계를 상세히 소개했다는 점에서 의의가 크다. 본서의 제목이 『제민요술』인 것은 바로 모든 백성[齊民]들이 반드시 읽고 숙지해야 할 내용[要術]이라는 의미이다. 때문에 이 책은 오랜 시간 동안 백성들의 필독서로서 후세에 『농상집요』, 『농정전서』 등의 농서에 모델이 되었을 뿐 아니라 인근 한국을 비롯한 동아시아 전역의 농서편찬과 농업발전에 깊은 영향을 미쳤다.

가사협賈思勰은 북위 효문제 때 산동 익도益都(지금 수광壽光 일대) 부근에서 출생했으며, 일찍이 청주靑州 고양高陽태수를 역임했고, 이임 후에는 농사를 짓고 양을 길렀다고 한다. 가사협이 활동했던 시대는 북위 효문제의 한화정책이 본격화되고 균전제의 실시로 인해 황무지가 분급分給되면서 오곡과 과과瓜果, 채소 및 식수조림이 행해졌던 시기로서, 『제민요술』의 등장은 농업생산의 제고에 유리한 조건을 제공했다. 특히 가사협은 산동, 하북, 하남 등지에서 관직을 역임하면서 직·간접적으로 체득한 농목의 경험과 생활경험을 책 속에 그대로 반영하였다. 서문에서 보듯 "국가에 보탬이 되고 백성에게 이익이 되었던," 경수창耿壽昌과 상홍양桑弘羊 같은 경제정책을 추구했으며, 이를 위해 관찰과 경험, 즉 실용적인 지식에 주목했던 것이다.

『제민요술』은 10권 92편으로 구성되어 있다. 초반부에서는 경작방식과 종자 거두기를 제시하고 있는데, 다양한 곡물, 과과瓜果, 채소류, 잠상과 축목 등이 61편에 달하며, 후반부에는 이들을 재료로 한 다양한 가공식품을 소개하고 있다.

가공식품은 비록 25편에 불과하지만, 그 속에는 생활에 필요한 누룩, 술, 장초醬醋, 두시豆豉, 생선, 포[脯腊], 유락乳酪의 제조법과 함께 각종 요리 3백여 종을 구체적으로 소개하고 있다. 흥미로운 것은 권10에 외부에서 중원[中國]으로 유입된 오곡, 채소, 열매[果蓏] 및 야생식물 등이 150여 종 기술되어 있으며, 그 분량은 전체의 1/4을 차지할 정도이며, 외래 작물의 식생植生과 그 인문학적인 정보가 충실하다는 점이다.

본서의 내용 중에는 작물의 파종법, 시비, 관개와 중경세작기술 등의 농경법은 물론이고 다양한 원예기술과 수목의 선종법, 가금家禽의 사육방법, 수의獸醫 처방, 미생물을 이용한 농·부산물의 발효방식, 저장법 등을 세밀하게 소개하고 있다. 그 외에도 본서의 목차에서 볼 수 있듯이 양잠 및 양어, 각종 발효식품과 술(음료), 옷감 염색, 서적편집, 나무번식기술과 지역별 수목의 종류 등이 구체적으로 기술되어 있다. 이들은 6세기를 전후하여 중원을 중심으로 사방의 다양한 소수민족의 식습관과 조리기술이 상호 융합되어 새로운 중국 음식문화가 창출되고 있다는 사실을 보여 준다. 이러한 기술은 지방지, 남방의 이물지異物志, 본초서와 『식경食經』 등 50여 권의 책을 통해 소개되고 있다는 점이 특이하며, 이는 본격적인 남북 간의 경제 및 문화의 교류를 실증하는 것이다. 실제 『제민요술』 속에 남방의 지명이나 음식습관들이 많이 등장하고 있는 것을 보면 6세기 무렵 중원 식생활이 인접지역문화와 적극적으로 교류되고 다원의 문화가 융합되었음을 확인할 수 있다. 이처럼 한전旱田 농업기술의 전범典範이 된 『제민요술』은 당송시대를 거치면서 수전水田농업의 발전에도 기여하며, 재배와 생산의 경험은 점차 시장과 유통으로 바통을 이전하게 된다.

그런 점에서 『제민요술』은 바로 당송唐宋이라는 중국적 질서와 가치가 완성되는 과정의 산물로서 "중국 음식문화의 형성", "동아시아 농업경제"란 토대를 제공한 저술로 볼 수 있을 것이다. 따라서 이 한 권의 책으로 전근대 중국 백성들의 삶에 무엇이 필요했으며, 무엇을 어떻게 생산하고, 어떤 식으로 가공하여 먹고 살았는지, 어디를 지향했는지를 잘 들여다볼 수 있다. 이런 점에서 본서는 농가류農家類로 분류되어 있지만, 단순한 농업기술 서적만은 아니다. 『제민요술』 속에 담겨 있는 내용을 보면, 농업 이외에 중국 고대 및 중세시대의 일상 생활문화를 동시에 알 수 있다. 뿐만 아니라 이 책을 통해 당시 중원지역과 남·북방민족과 서역 및 동남아시아에 이르는 다양한 문화 및 기술교류를 확인할 수 있다는 점에서 매우 가치 있는 고전이라고 할 수 있다.

특히 『제민요술』에서 다양한 곡물과 식재료의 재배방식 및 요리법을 기록으로 남겼다는 것은 당시에 이미 음식飮食을 문화文化로 인식했다는 의미이며, 이를 기록으로 남겨 그 맛을 후대에까지 전수하겠다는 의지가 담겨 있음을 말해 준다. 이것은 곧 문화를 공유하겠다는 통일지향적인 표현으로 볼 수 있다. 실제 수당시기에 이르기까지 동서와 남북 간의 오랜 정치적 갈등이 있었으나, 여러 방면의 교류를 통해 문화가 융합되면서도 『제민요술』의 농경방식과 음식문화를 계승하여 기본적인 농경문화체계가 형성되게 된 것이다.

『제민요술』에서 당시 과학적 성취를 다양하게 보여 주고 있다.

우선 화북 한전旱田 농업의 최대 난제인 토양 습기보존을 위해 쟁기, 누거耬車와 호미 등의 농구를 갈이[耕], 써레[耙], 마평[耱], 김매기[鋤], 진압[壓] 등의 기술과 교묘하게 결합한 보상保墒법을 개발하여 가뭄을 이기고 해충을 막아 작물이 건강하게 성장하도록 했으며, 빗물과 눈을 저장하여 생산력을 높이는 방법도 소개하고 있다. 그 외에도 종자의 선종과 육종법을 위해 특수처리법을 개발했으며, 윤작, 간작 및 혼작법 등의 파종법도 소개하고 있다. 그런가 하면 효과적인 농업경영을 위해 제초 및 병충해 예방과 치료법은 물론이고, 동물의 안전한 월동과 살찌우는 동물사육법도 제시하고 있다. 또 관찰을 통해 정립한 식물과 토양환경의 관계, 생물에 대한 감별과 유전변이, 미생물을 이용한 알코올 효소법과 발효법, 그리고 단백질 분해효소를 이용하여 장을 담그고, 유산균이나 전분효소를 이용한 엿당 제조법 등은 지금도 과학적으로 입증되는 내용이다. 이러한 『제민요술』의 과학적인 실사구시의 태도는 황하유역 한전旱田 농업기술의 발전에 중대한 공헌을 했으며, 후세 농학의 본보기가 되었고, 그 생산력을 통해 재난을 대비하고 풍부한 문화를 창조할 수 있었던 것이다. 이상에서 보듯 『제민요술』에는 백과전서라는 이름에 걸맞게 고대중국의 다양한 분야의 산업과 생활문화가 융합되어 있다.

이런 『제민요술』은 사회적 요구가 확대되면서 편찬 횟수가 늘어났으며, 그 결과 판본 역시 적지 않다. 가장 오래된 판본은 북송 천성天聖 연간(1023-1031)의 숭문원각본崇文院刻本으로 현재 겨우 5권과 8권이 남아 있고, 그 외 북송본으로 일본의 금택문고초본金澤文庫抄本이 있다. 남송본으로는 장교본將校本, 명초본明抄本과 황교본黃校本이 있으며, 명각본은 호상본湖湘本, 비책휘함본秘冊彙函本과 진체비서본津逮秘書本이, 청각본으로는 학진토원본學津討原本, 점서촌사본漸西村舍本이 전해지고 있다. 최근에는 스성한의 『제민요술금석齊民要術今釋』(1957-58)이 출판되고, 묘치위의 『제민요술교석齊民要術校釋』(1998)과 일본 니시야마 다케이치[西山武一] 등의 『교정역주 제민요술校訂譯註 齊民要術』(1969)이 출판되었는데, 각 판본 간의 차이는 적지 않다. 본 역주에서 적극적으로 참고한 책은 여러 판본을 참고하여 교감한 후자의 3책冊으로, 이들을 통해 전대前代의 다양한 판본을 간접적으로 참고할 수 있었으며, 각 판본의 차이는 해당 본문의 끝에 【교기】를 만들어 제시하였다.

그리고 본서의 번역은 가능한 직역을 원칙으로 하였다. 간혹 뜻이 잘 통하지 못할 경우에 한해 각주를 덧붙이거나 의역하였다. 필요시 최근 한중일의 관련 주요 연구 성과도 반영하고자 노력했으며, 특히 중국고전 문학자들의 연구 성과인 "제민요술 어휘연구" 등도 역주작업에 적극 참고하였음을 밝혀 둔다.

각 편의 끝에 배치한 그림[圖版]은 독자들의 이해를 돕기 위해 삽입하였다. 이전의 판본에서는 사진을 거의 제시하지 않았는데, 당시에는 농작물과 생산도구에 대한 이해도가 높아 사진자료가 필요 없었을 것이다. 하지만 오늘날은 농업의 비중과 인구가 급감하면서 농업에 대한 젊은 층의 이해도가 매우 낮다. 아울러 농업이 기계화되어 전통적인 생산수단의 작동법은 쉽게 접하기도 어려운 상황이 되어, 책의 이해도를 높이기 위해 불가피하게 사진을 삽입하였다.

본서와 같은 고전을 번역하면서 느낀 점은 과거의 언어를 현재어로 담아내기가 쉽지 않다는 점이다. 예를 든다면 『제민요술』에는 '쑥'을 지칭하는 한자어가 봉蓬, 애艾, 호蒿, 아莪, 나蘿, 추萩 등이 등장하며, 오늘날에는 그 종류가 몇 배로 다양해졌지만 과거 갈래에 대한 연구가 부족하여 정확한 우리말로 표현하기가 곤란하다. 이를 위해서는 기본적으로 한·중 간의 유입된 식물의 명칭 표기에 대한 연구가 있어야만 가능할 것이다. 비록 각종 사전에는 오늘날의 관점에서 연구한 많은 식물명과 그 학명이 존재할지라도 역사 속의 식물과 연결시키기에는 적지 않은 문제점이 발견된다. 이러한 현상은 여타의 곡물, 과수, 수목과 가축에도 적용되는 현상이다. 본서가 출판되면 이를 근거로 과거의 물질자료와 생활방식에 인문학적 요소를 결합하여 융합학문의 연구가 본격화되기를 기대한다. 그리고 본서를 통해 전통시대 농업과 농촌이 어떻게 자연과 화합하며 삶을 영위했는가를 살펴, 오늘날 생명과 환경문제의 새로운 길을 모색하는 데 일조하기를 기대한다.

본서의 범위가 방대하고, 내용도 풍부하여 번역하는 데에 적지 않은 시간을 소요했으며, 교정하고 점검하는 데에도 번역 못지않은 시간을 보냈다. 특히 본서는 필자의 연구에 가장 많은 영향을 준 책이며, 필자가 현직에 있으면서 마지막으로 출판하는 책이 되어 여정을 같이한다는 측면에서 더욱 감회가 새롭다. 그 과정에서 감사해야 할 분들이 적지 않다. 우선 필자가 농촌과 농민의 생활을 자연스럽게 이해할 수 있도록 만들어 주신 부모님께 감사드린다. 그리고 중국농업사의 길을 인도해 주신 민성기 선생님은 연구자의 엄정함과 지식의 균형감각을 잡아 주셨다. 아울러 오랜 시간 함께했던 부산대학과 사학과 교수님들의 도움 또한 잊을 수 없다. 한길을 갈 수 있도록 직간접으로 많은 격려와 가르침을 받았다. 더불어 학과 사무실을 거쳐 간 조교와 조무들도 궂은일에 손발이 되어 주었다. 이분들의 도움이 있었기에 편안하게 연구실을 지킬 수 있었다.

본 번역작업을 시작할 때 함께 토론하고, 준비해 주었던 "농업사 연구회" 회원들에게 감사드린다. 열심히 사전을 찾고 토론하는 과정 속에서 본서의 초안이 완성될 수 있었다. 그리고 본서가 나올 때까지

동양사 전공자인 박희진 선생님과 안현철 선생님의 도움을 잊을 수 없다. 수차에 걸친 원고교정과 컴퓨터작업에 이르기까지 도움 받지 않은 곳이 없다. 본서가 이만큼이나마 가능했던 것은 이들의 도움이 컸다. 아울러 김지영 선생님의 정성스런 교정도 잊을 수가 없다. 오랜 기간의 작업에 이분들의 도움이 없었다면 분명 지쳐 마무리가 늦어졌을 것이다.

가족들의 도움도 잊을 수 없다. 매일 밤늦게 들어오는 필자에게 "평생 수능준비 하느냐?"라고 핀잔을 주면서도 집안일을 잘 이끌어 준 아내 이은영은 나의 최고의 조력자이며, 83세의 연세에도 레슨을 하며, 최근 화가자격까지 획득하신 초당 배구자 님, 모습 자체가 저에겐 가르침입니다. 그리고 예쁜 딸 혜원이와 뉴요커가 되어 버린 멋진 진안, 해민이도 자신의 역할을 잘해 줘 집안의 걱정을 덜어 주었다. 너희들 덕분에 아빠는 지금까지 한길을 걸을 수 있었단다.

끝으로 한국연구재단의 명저번역사업의 지원에 감사드리며, 세창출판사 사장님과 김명희 실장님의 세심한 배려에 감사드린다. 항상 편안하게 원고 마무리할 수 있도록 도와주시고, 원하는 것을 미리 알아서 처리하여 출판이 한결 쉬웠다. 모두 복 많이 받으세요.

2018년 6월 23일

우리말 교육에 평생을 바치신 김수업 선생님을 그리며

부산대학교 미리내 언덕 617호실에서 필자 씀

목차

총 목차

제민요술역주 I

주곡작물 재배

제민요술역주 II

과일 · 채소와 수목 재배

제3권

제4권

제5권

제민요술역주 III

가축사육 · 유제품 및 술 제조

제6권

제7권

제민요술역주 IV

발효식품 · 분식 및 음식조리법

제8권

제9권

제민요술역주 V

중원의 유입작물

제10권

일러두기

❶ 본서의 번역 원문은 가장 최근에 출판되어 문제점을 최소화한 묘치위[繆啓愉][『제민요술교석(齊民要術校釋), 中國農業出版社, 1998: 이후 '묘치위 교석본' 혹은 '묘치위'로 간칭함] 교석본에 의거했다. 그리고 역주작업에는 스셩한[石聲漢][『제민요술금석(齊民要術今釋)上·下, 中華書局, 2009: 이후 '스셩한 금석본' 혹은 '스셩한'으로 간칭함], 묘치위[繆啓愉]와 일본의 니시야마 다케이치[西山武一], 구로시로 유키오[熊代幸雄][『교정역주 제민요술(校訂譯註 齊民要術)』上·下, アジア經濟出版社, 1969: 이후 니시야마 역주본으로 간칭함]의 책과 그 외의 연구 논저를 모두 적절하게 참고했음을 밝혀 둔다.

❷ 각주와 【교기(校記)】로 구분하여 주석하였다. 【교기】는 스셩한의 금석본의 성과를 기본으로 하여 주로 판본 간의 글자차이를 기술하여 각 장의 끝에 위치하였다. 때문에 일일이 '스셩한 금석본'에 의거한다는 근거를 달지 않았으며, 추가 부분에 대해서만 증거를 밝혔음을 밝혀 둔다.

❸ 각주에 표기된 '역주'는 『제민요술』을 최초로 교석한 스셩한의 공로를 인정하여 먼저 제시하고, 이후 주석가들이 추가한 내용을 보충하였다. 즉, 스셩한과 주석이 비슷한 경우에는 스셩한의 것만 취하고, 그 외에 독자적인 견해만 추가하여 보충하였음을 밝힌다. 그 외 더 보충 설명해야 할 부분이나 내용이 통하지 않는 부분은 필자가 보충하였지만, 편의상 **[역자주]**란 명칭을 표기하지 않았다.

❹ 본문과 각주의 한자는 가능한 음을 한글로 표기했다. 이때 한글과 음이 동일한 한자는 ( )속에, 그렇지 않을 경우나 원문이 필요할 경우 번역문 뒤에 [ ]에 넣어 처리했다. 다만 서술형의 긴 문장은 한글로 음을 표기하지 않았다. 그리고 각주 속의 저자와 서명은 가능한 한 한글 음을 함께 병기했지만, 논문명은 번역하지 않고 원문을 그대로 부기했다.

❺ 그림과 사진은 최소한의 이해를 돕기 위해 본문과 【교기】 사이에 배치하였다. 참고한 그림 중 일부는 Baidu와 같은 인터넷상에서 참고하여 재차 가공을 거쳐 게재했음을 밝혀 둔다.

❻ 목차상의 원제목을 각주나 【교기】에서 표기할 때는 예컨대 '養羊第五十七'의 경우 '第~' 이하의 숫자를 생략했으며, 권10의 중원에서 생산되지 않는 오곡・과라・채소[五穀果蓏菜茹非中國物產者]를 표기할 때도 「비중국물산(非中國物產)」으로 약칭하였음을 밝혀 둔다.

❼ 원문에 등장하는 반절음 표기와 같은 음성학 등은 축소하거나 삭제하였음을 밝힌다. 그리고 일본어와 중국어의 표기는 교육부 편수용어에 따라 표기하였음을 밝혀 둔다.

《제민요술 역주에서 참고한 각종 판본》

시대		간칭	판본 · 초본 · 교본
송본	북송본	원각본(院刻本)	숭문원각본(崇文院刻本; 1023-1031년)
		금택초본(金澤抄本)	일본 금택문고구초본(金澤文庫舊抄本; 1274년)
	남송본	황교본(黃校本)	황교원본(黃校原本; 1820년에 구매)
		명초본(明抄本)	남송본 명대초본(南宋本 明代抄本)
		황교유록본(黃校劉錄本)	유수증전록본(劉壽曾轉錄本)
		황교육록본(黃校陸錄本)	육심원전록간본(陸心源轉錄刊本)
		장교본(張校本)	장보영전록본(張步瀛轉錄本)
명청각본	명각본	호상본(湖湘本)	마직경호상각본(馬直卿湖湘刻本; 1524년)
		진체본(津逮本)	모진(毛晉)의 『진체비서각본(津逮秘書刻本)』(1630년)
		비책휘함본(秘冊彙函本)	호진형(胡震亨)의 『비책휘함각본(秘冊彙函刻本)』(1603년 이전)
	청각본	학진본(學津本)	장해붕(張海鵬)의 『학진토원각본(學津討原刻本)』(1804년)/상무인서관영인본(商務印書館影印本)(1806년)
		점서본(漸西本)	원창(袁昶)의 『점서촌사총간각본(漸西村舍叢刊刻本)』(1896년)
		용계정사본(龍溪精舍本)	『용계정사간본(龍溪精舍刊本)』(1917년)

시대	간칭	판본 · 초본 · 교본
청대 각종 교감교본(校勘校本)	오점교본(吾點校本)	오점교(吾點校)의 고본(稿本)(1896년 이전)
	황록삼교기(黃麓森校記)	황록삼의 『방북송본제민요술고본(仿北宋本齊民要術稿本)』(1911년)
근년 정리본(整理本)	스성한의 금석본	스성한[石聲漢]의 『제민요술금석(齊民要術今釋)』(1957-1958년)
	묘치위의 교석본	묘치위[繆啓愉]의 『제민요술교석(齊民要術校釋)』(1998년)
	니시야마 역주본	니시야마 다케이치[西山武一] · 구로시로 유키오[熊代幸雄], 『校訂譯注齊民要術』(1957-1969년)

제민요술

제3권

제17장

아욱[1] 재배 種葵第十七

『광아(廣雅)』에 이르기를, "귀(蘬)는 곧 아욱[丘葵][2]이다."라고 한다.

『광지(廣志)』에 이르기를, "호규(胡葵)는 꽃이 자홍색이

廣雅曰, 蘬, 丘葵也.

廣志曰, 胡葵, 其

1 '규(葵)': 금규과(錦葵科)의 아욱[冬葵; *Malva verticillata*]으로 또한 동한채(冬寒菜)라고도 한다. 그 맛은 부드럽고 미끌미끌하여 백거이(白居易)는 '팽규(烹葵)'라는 시에서 "꽃잎이 푸르고 미끄럽고 통통하다."라고 했으며 옛 시에서는 '활채(滑菜)'라고 불렀다. 아욱은 고대에는 매우 중요한 채소로서 일찍부터 재배되었는데 『시경』 중에 이미 기록되어 있으며 한대(漢代) 『윤도위서(尹都尉書)』에는 「종규(種葵)」편이 있다. 『제민요술』에서는 채소 중 제1편에 나열되어 있으며, 재배 방법이 매우 상세하여 아욱이 당시 가장 중요했음을 반영한다. 원대의 『왕정농서』에서도 아욱은 '온갖 채소의 으뜸'이라고 말하고 있다. 그러나 명대에 이르러 『본초강목』에서는 초류(草類)에 넣고 있으며, 오늘날 채소 재배 책 중에도 아욱의 장·절은 없어 옛날만큼 중요하게 인식되고 있지는 않다.

2 '구규(丘葵)': '구(丘)'는 크다는 의미이다. 그러나 금본의 『광아』에는 이 '구(丘)' 자가 없다. 묘치위[繆啓愉], 『제민요술교석(齊民要術校釋)』, 中國農業出版社, 1998(이후 '묘치위 교석본' 혹은 '묘치위'로 간칭함) 묘치위 교석본을 보면 『옥편(玉篇)』의 '귀(蘬)'자는 '구추(丘追)' 등의 삼절(三切)이 있으며, 『태평어람』 권979의 '귀(蘬)'는 『광아(廣雅)』에서 바르게 인용하여 쓰고 있는데, 여기서 '구(丘)'자는 쓸데없는 글자라고 한다.

다.”라고 한다.

『박물지(博物志)』[3]에 이르기를, “낙규(落葵)[4]를 먹은 사람이 개에게 물려 상처가 나면[5] 오랫동안 상처가 잘 치유되지[6] 않고 심지어 죽기도 한다.”라고 한다.

생각건대 오늘날[후위(後魏)]의 아욱은 자색 줄기와 백색 줄기의 두 종류가 있으며 종류마다 모두 크고 작은 것이 있다. 이 외에 압각규(鴨脚葵)[7]도 있다.

花紫赤.

博物志曰, 人食落葵, 爲狗所齧, 作瘡則不差, 或至死.

按, 今世葵有紫莖白莖二種, 種別復有大小之殊. 又有鴨脚葵也.

---

3 『박물지』: 서진의 장화(張華: 230-300년)가 편찬하였으며 국외의 신기한 물건과 고대의 자질구레한 사건 등을 기록하였다. 원서는 전해지지 않는데, 금본(今本)은 후대사람이 찾아 수집한 것으로, 후대사람이 임의로 첨가한 부분이 남아 있다. 장화는 서진의 문학가로서, 박식하기로 이름나 있다. 조정에서 두루 요직을 역임하였으며, 관직을 거듭하여 사공(司空)에 이르렀다. 후에 조왕 사마윤(司馬倫)과 그 손자 수(秀)에게 피살되었다.

4 ‘낙규(落葵)’: 낙규과의 낙규(*Basella rubra*)로서 1년생 덩굴초본이다. 열매는 씨가 있고 과육이 많으며 짙은 자색을 띠고 있다. 연지를 만들 때 사용하므로 또한 연지채(胭脂菜)라고도 부른다. 종규(終葵), 번로(繁露), 승로(承露), 천규(天葵), 노규(露葵), 낙규(絡葵) 등의 다른 명칭이 있으며, 『이아(爾雅)』「석초(釋草)」편의 곽박주(郭璞注)와 『명의별록(名醫別錄)』, 『본초도경』, 『사시찬요』 등에도 보인다. 총서집성본(叢書集成本) 『박물지(博物志)』 권2에 이 조항이 있는데, ‘낙규(落葵)’를 ‘종규(終葵)’라고 쓰고 있으며, 다른 본에서는 또 ‘동규(冬葵)’라고도 쓰고 있다. 『태평어람』 권980에서는 『박물지(博物志)』를 인용하여 ‘낙규(落葵)’라고 쓰고 있는데, ‘동(冬)’은 ‘종(終)’이 잘못된 것이다.

5 ‘위구소설(爲狗所齧)’: ‘구(狗)’자는 남송본 명대 초본[명초본(明抄本)으로 약칭]과 군서교보(羣書校補)에서 남송본을 인용하여 초서한 것에 근거하여 바로잡았다. 비책휘함(祕冊彙函) 계통의 판본에는 ‘하(荷)’로 쓰여 있다.

6 ‘차(差)’: 병이 낫는 것을 ‘차(差)’라고 하며, ‘채(瘥)’와 같다. 『방언(方言)』 권3에서 이르길 “차는 ‘병이 낫다’는 뜻이다. 남쪽 초(楚)나라에서 병이 낫는 것을 일러 ‘차(差)’라고 한다.”라고 하였다.

7 ‘압각규(鴨脚葵)’: 이는 대개 그루가 작은 품종이다.

파종할 시기에는 반드시 아욱 종자를 햇볕에 잘 말린다. 아욱의 종자는 비록 1년이 지나도 떠서 눅눅해지지 않지만,[8] 종자에 습기가 있으면 곰팡이[疥][9]가 생겨 튼튼하게 자라지 못한다.

토지는 비옥할수록 좋은데, 아욱은 이미 경작한 땅에[故墟][10] 파종하면 더욱 좋으며 땅이 척

臨種時, 必燥曝葵子. 葵子雖經歲不浥, 然濕種者, 疥而不肥也.

地不厭良, 故墟彌善, 薄即糞

8 '읍(浥)': 본서의 '읍(浥)', '읍(裛)' 2개의 글자는 항상 혼용해서 쓰이고 있다.(권2 「기장[黍穄]」 주석 참조.) 젖어 있는 상태에서 밀폐하면 곰팡이가 생겨서 썩게 되는데, 이를 칭하여 '뜬다[裛鬱]'고 한다. 본서에는 관례적으로 '읍(裛)'자를 사용하고 있지만(본권의 「부추 재배[種韭]」와 「고수 재배[胡荽]」 및 「잡설(雜說)」 참조.), 또한 '읍(浥)'자도 줄곧 사용된다.

9 '개(疥)': 개(疥)는 잎 위에 반점 등의 폐해가 있어서 튼튼하게 자라지 못함을 가리키는데, 이렇게 된 까닭은 대개 물기가 있는 종자는 햇볕에 말려지지 않아 병균을 지니고 있기 때문이다. 묘치위 교석본에 의하면, 파종할 때 종자를 햇볕에 말리면 배아의 생명력을 증강시켜 발아율을 높이고, 일정한 살균작용을 한다. '개(疥)'는 명초본, 마직경호상각본(馬直卿湖湘刻本; 이하 호상본이라 약칭) 및 『농상집요』에서 인용하여 두루 사용하고 있으며, 『왕정농서』 가정본(嘉靖本)에는 『제민요술』을 인용하여 또한 '개(疥)'자로 쓰고 있다. 그러나 전본(殿本) 『왕정농서』에서는 '척(瘠)'자로 쓰고 있는데, 대개 『사고전서(四庫全書)』의 편찬자는 '불비(不肥)'로 고쳤으며, 원창점서촌사총간각본(袁昶漸西村舍叢刊刻本; 이하 점서본으로 약칭)은 이에 따라 고치고 있다. 또한 점서본에서는 '개(疥)'를 '척(瘠)'으로 쓰고 있는데, 스셩한[石聲漢], 『제민요술금석(齊民要術今釋)』 上·下, 中華書局, 2009(이후 '스셩한 금석본' 혹은 '스셩한'으로 간칭함)에서는 점서본이 비교적 합리적이라고 보았으나 근거는 밝히지 않았다.

10 '고허(故墟)': 이는 아욱을 파종한 적이 있는 땅이다. 혹자는 전쟁이 끝난 뒤의 고택의 폐허라고 하는데 이는 잘못인 듯하다. 『제민요술』 때의 전란지역은 주로 오늘날 산서의 북쪽, 하북, 하남, 관중 등지로, 가사협의 고향인 산동지역은 전란이 비교적 적었기 때문에 '전쟁으로 폐허로 된 고향에 돌아와 아욱을 파종하는 일'은 가능성이 거의 없다.

박하면 거름을 더 준다. 임의대로 파종해서는 안 된다.

之. 不宜妄種.

봄에는 반드시 이랑[畦][11]을 지어 파종하고 물을 뿌려 준다. 봄에는 가물고 바람이 많아 이랑을 짓지 않으면 파종할 수가 없다. 그리고 이랑을 지어 파종한 것은 (땅을 효율적으로 사용하여) 채소를 많이 수확할 수 있으며, 한 이랑의 땅만으로도 한 사람이 먹을 수 있다. 이랑은 길이 2보步, 폭 한 보[6자]로 한다. 이랑이 크면 물을 고루 주기가 어렵고, 또한 이랑 사이에 사람이 발을 디디기가 곤란하다.[12] 땅을 깊이 파서 잘 썩은 거름[熟糞]과 판 흙

春必畦種水澆. 春多風旱, 非畦不得. 且畦者地省而菜多, 一畦供一口. 畦長兩步, 廣一步. 大則水難均, 又不用人足入. 深掘, 以熟糞對半和土

11 '휴(畦)': 이는 작은 두둑형태의 낮은 이랑으로서, 습기를 보존하고 관개하기에 편리하다. 묘치위 교석본을 참고하면, 낮은 이랑에 채소를 파종하면 북방의 건조하고 비가 적은 자연 조건에 적응할 수 있는데, 이런 방식은 오래전부터 시행되어 왔다. 남방의 비가 많은 지역에서는 흔히 높은 이랑을 설치하고 이랑 사이에 작은 고랑을 만드는데, 『왕정농서』에서는 '인(疄)'이라고 부르며 민간에서는 '윤(埨)'이라고 칭한다. 낮은 이랑에 채소를 파종하면 작은 구덩이 속에 집중적으로 시비와 관개를 할 수 있고, 면적도 작아서 집약도가 비교적 높으며 단위 면적 당 생산하는 채소가 많아진다.

12 '불용(不用)'은 '필요 없다'거나 '할 수 없다'는 의미로서 명초본과 명각본 및 숭문원각본(崇文院刻本; 이후 원각본으로 약칭) 『농상집요』에서의 인용이 모두 같다. 묘치위 교석본에 따르면 『제민요술』에서 늘 쓰는 말로, 이랑 중에 발을 디디기가 적합하지 않기 때문에 이랑이 너무 넓으면[실제로는 '이랑의 공간이 너무 좁으면'으로 해야 할 것 같다.] 작업을 하거나 잎을 딸 때 매우 불편하며, 애써 발을 들여놓으면 채소가 상하거나 이랑이 무너지게 된다는 뜻이다. 북위에서는 6자[尺]를 한 보(步)라고 하고, 한 자[尺]는 약 지금의 28㎝ 즉, 0.84시척(市尺)이며, 반보(半步)는 3자로서, 2.52시척에 해당된다. 사람이 이랑 가에 서서 손을 뻗어 잎을 딸 정도로 넓으면 충분하고, 더 넓을 필요는 없다. 전본의 『농상집요』에서는 '불용(不容)'이라고 인용하여 쓰고 있으며, 상무인서관영인본[商務印書館影印

을 반반씩 섞어서 이랑 위에 한 치[寸] 두께로 덮어 두고, 쇠발써레[鐵齒杷][13]로 여러 번 써레질하여 흙을 뒤섞어 부드럽게 하고, 발로 밟아[14] 진흙을 잘 다지고 평평하게 하여 물을 줘서 땅에 완전하게 스며들게 한다.[15] 물이 완전히 스며든 이후에는 아욱의 종자를 흩어 뿌리고 다시 잘 썩은 거

覆其上, 令厚一寸, 鐵齒杷耬之, 令熟, 足踏使堅平, 下水, 令徹澤. 水盡, 下葵子, 又以熟糞和

本; 1806년에 각인(刻印)]의 학진토원본(學津土原本)과 장해붕(張海鵬)의 『학진토원각본[學津討原刻本; 1804년 간인(刊印)]』[이후 이 두 책을 합쳐 학진본(學津本)으로 약칭함]과 점서본은 이를 따르고 있다. 그러나 쉽게 혼용되기 쉬워서 점서본에서는 '입(入)'자를 없애고, '不容人足'이라고 쓰고 있는데, 뜻은 반대이며 이는 곧 '용(容)'자가 일으킨 오해 때문이라고 한다.

13 '쇠발써레[鐵齒杷]': 중국의 쇠스랑은 당대에 제주도[耽羅]에서 도입되었다고 하는데, 쇠스랑이 처음 출토된 것은 송대이며, 문헌상 기록된 것은 『왕정농서』에 보인다. 이 쇠발써레[鐵齒杷]는 6세기의 북위시대의 것이기 때문에 쇠스랑으로는 보기 곤란하고 이빨이 3-5개 달려 있는 수노동(手勞動) 호미 종류이다.(최덕경, 「한반도 쇠스랑을 통해 본 명청시대 강남의 수전농업」 『역사민속학』 제37호, 2011년 11월 참조.) 묘치위 교석본에 의하면, 철치파는 손으로 노동하는 철정파(鐵釘耙)를 가리키며, 축력에 의해서 이끄는 쇠발써레[鐵齒鍋楱]는 아니다. '누(耬)'는 여기서는 흙을 써레질을 하여 부드럽게 하는 것을 뜻한다. 다음 문장의 파누(杷耬) 또한 흙을 써레질하여 성글고 부드럽게 일으키는 것이다. '누거(耬車)'는 곧 '누(耬)'자로 쓰기도 한다.

14 '답(踏)': '발을 밟는다'는 의미이다. 스셩한의 금석본을 보면, 본서는 이를 고쳐서 이후에 통용되는 답(踏)자를 사용하고 있는데, 예컨대 권2 「외 재배[種瓜]」의 "조심성 없는 사람에게 맡겨서 외의 덩굴을 밟거나 뒤집게 해서는 안 된다.[勿聽浪人踏瓜蔓, 及翻覆之.]"와 본편인 「아욱 재배」의 "사람이 땅을 밟아준다.[人足踐踏之.]"라는 것과 "양을 몰아 밟게 해서 지표면을 부수어 부드럽게 한다.[驅羊踏破地皮.]" 등의 문장과 같다고 한다.

15 '철택(徹澤)': '철(徹)'은 '완전히 흡수한다'는 의미이고, '택(澤)'은 '물기'의 의미로서, '철택(徹澤)'은 곧 물기가 완전히 스며든다는 것이다.

름과 진흙을 반반씩 고루 섞어서 종자 위에 한 치 두께로 한 층 덮어 준다. 아욱의 싹이 나와 세 잎 정도 자랐을 때 물을 주기 시작한다. 아침과 밤에 물을 주며 정오 무렵에는 물을 주지 않는다.

土覆其上，令厚一寸餘. 葵生三葉，然後澆之. 澆用晨夕，日中便止.

잎을 한 차례 딸[16] 때마다 번번이 써레와 누거로 흙을 성글고 부드럽게 관리하며, 물을 주고 그 위에 거름을 준다. 잎을 세 차례 따내면 (뽑아 버리고) 다시 파종한다.[17] 일 년에 세 차례 파종한다.[18] 무릇 이랑을 지어 파종하는 채소는 이랑 짓는 법이 모두 아욱을 파종하는 법과 같아서 이후에는 더 이상 조목 조목 번거롭게 덧붙이지 않는다.

每一掐，輒杷耬地令起，下水加糞. 三掐更種. 一歲之中，凡得三輩. 凡畦種之物，治畦皆如種葵法，不復條列煩文.

빨리 파종할 것[19]은 반드시 가을에 땅을 갈

早種者，必秋

16 '겹(掐)': 단(斷)의 의미이다. 묘치위 교석본에 따르면, 학진본과 점서본에는 글자가 동일하다. 명초본과 명 각본에는 모두 '도(搯)'로 쓰여 있는데, '도(掏)'의 이자체이나 형태가 잘못된 것이다.

17 '갱종(更種)': 이것은 바로 이랑에 파종하는 것으로, 이랑을 만드는 것을 피하기 위하여 다음 계절에는 늙은 그루를 모두 뽑아 버리고 원래의 이랑에 다시 파종하는 것이다.

18 '삼배(三輩)': 삼비(三批) 즉 3번의 의미이며, 이는 곧 봄아욱, 여름아욱, 가을아욱, 세 계절의 아욱을 수확하는 것이다.

19 '조종자(早種者)': 초겨울에 아욱을 파종하여 이듬해 봄에 수확하는 것으로, 가을갈이 후 대전(大田)에 파종한다. 이랑에 파종한다는 것은 수비(水肥)관리를 강조한 것으로서, 비용과 노동력이 많이 들고 비료 역시 한정되므로, 소량을 조기 파종하여 식량으로 삼았던 것이다. 묘치위의 교석본에 의하면, 각종 채소의 수요가 증대되면서, 예컨대 잎을 거두어서 햇볕에 말리거나 소금에 절인 채소를 만들고 뿌리를 거두어서 저장하고 종자를 거두어서 기름을 짜고 아울러 시장에 내어 교역하는 것들은 모두 작은 이랑에 파종하여서 해결될 수 없다. 따라서 반드시 넓

이하고 10월 말이 되어 땅이 얼려고 할 때 종자를 흩어 뿌리고 끌개[勞]로 평평하게 잘 골라 준다. 1무(畝)의 땅에는 3되[升]의 종자를 파종하며, 정월 말에 종자를 흩어 뿌려도 좋다. (이때) 사람이 땅을 밟아 주면 좋다. 땅을 밟아 준 곳은 채소가 튼튼하게 잘 자란다. 땅이 해동하면[20] 곧 싹이 트며 그 이후에는 호미질을 자주 할수록 좋다.

5월 초에 다시 한 번 파종한다. 봄에 싹이 튼 것은 이미 쇠어 버리고 가을에 먹을 것은 아직 싹도 트지 않았기 때문에 이때 파종하여 이어 주는 것이다.

6월 초하루에는 흰줄기의 가을아욱[白莖秋葵]을 파종한다.[21] 흰줄기의 아욱[白莖]은 말려 저장하기 적당하며, 자색줄기의 아욱[紫莖][22]은 말리면 검은 색을 띠고 거칠어

耕, 十月末, 地將凍, 散子勞之. 一畝三升, 正月末散子亦得. 人足踐踏之乃佳. 踐者菜肥.[1] 地釋即生, 鋤不厭數.

五月初, 更種之. 春者既老, 秋葉未生, 故種此相接.

六月一日種白莖秋葵. 白莖者宜乾, 紫莖者, 乾即黑而

은 밭에 파종할 필요가 있다. 여기서 이랑을 만들어서 파종하는 것과 큰 밭에 파종하는 2개의 파종 방식을 제시하여서 소량의 신선한 먹을거리와 대량으로 요구하는 것 사이의 모순을 해결하고 있다고 한다.

20 '석(釋)': 얼어서 단단한 땅이 초봄에 해동이 되면서 점차 부드럽게 풀린다는 의미이다.

21 대전(大田)에 파종하는 아욱 또한 봄, 여름, 가을 세 계절로 하지만 원래 땅에는 파종하지 않고 별도의 땅에 파종을 하며, 이랑에 파종하는 것도 원래 이랑과 같지 않다. 위 문장에서 겨울에 파종하고 봄에 거두어들이는 봄아욱은 쇠게 되면 중심 줄기를 잘라 내어 다시 자라나는 곁가지를 튼튼하게 한다. 5월 초에는 다른 땅에서 여름아욱을 파종하며 쇠게 되면 남겨서 종자를 거둔다. 6월 초하루에는 다른 땅에 가을아욱을 파종하는데, 신선한 채소를 제공하는 것 외에 주로 그늘에 말려서 저장하여 겨울채소로 사용한다.

22 '백경(白莖)과 자경(紫莖)': 아욱의 서로 다른 품종으로, 비름[莧菜] 중에 흰 비름과 자색 비름이 있는 것과 같다.

진다.[23] 가을아욱을 먹을 무렵에 5월에 파종한 것을 남겨서 씨를 거둔다.[24] 봄아욱의 종자는 성숙이 고르지 못하기 때문에 반드시 중간에 파종한 것[中輩]을 남겨 둔다. 이때에 봄아욱은 지면 가까이에 붙여서 잘라 내어, 뿌리의 그루터기[枿][25]에서 새로운 가지가 싹트게 하는데 (이 같은 새로운 가지는) 부드러워서 바로 먹을 수 있으며 가을채소보다 좋다. 잘라 낸 줄기는 잎을 그대로 둔 채[26] 그늘에 말려 시렁 상태로 둔다.[27] 가을아욱 잎을 딸 때는 반드시 5-6장의 잎을 남겨 둔다. 따지 않으면 단지 중심가지 한 개만 자라고, 남겨진 잎이 많으면 그루도 크다.[28]

澀. 秋葵堪食, 仍留五月種者取子. 春葵子熟不均, 故須留中輩. 於此時, 附地剪卻春葵, 令根上枿生者, 柔軟至好, 仍供常食, 美於秋菜. 留之, 亦中爲榜簇. 掐秋菜, 必留五六葉. 不掐則莖孤,

---

23 ‘삽(澀)’: 『제민요술』에서 제시하고 있는 것은 거칠고 쇠고 딱딱하고, 부드럽거나 매끄럽지 않으며, 질기고 찰기가 없는 것 등으로, 과실과 채소 중에 껍질에 포함된 떫은 맛은 아니다.

24 이 말은 ‘가을아욱을 먹을’ 무렵(가을에 파종한 아욱을 이미 따서 먹을 때)을 가리키는데, 땅속에는 5월 초에 파종한 그루가 여전히 남겨져 있어서 이를 거두어 종자로 쓴다는 것이다.

25 ‘얼(枿)’: 식물의 중심 줄기를 잘라낸 이후에 아래 뿌리 근처의 겨드랑이 싹이나 막눈 혹은 잠복(潛伏)눈이 신속하게 자라 생성된 새로운 가지를 ‘그루터기[枿]’라고 하며, 또한 ‘얼(蘖)’, ‘얼(櫱)’, ‘부(不)’라고도 쓴다.

26 ‘유지(留之)’: 여기서의 ‘지(之)’는 이때 잘라 낸 봄아욱의 쉰 가지이다.

27 ‘방족(榜簇)’: ‘방(榜)’은 일종의 그늘에 말리는 시렁이고, ‘족(簇)’은 작은 묶음을 만들어 시렁 위에 걸어 두는 것이다. 이 구절은 새로 자라난 아욱을 남겨서 따지 않으며 이후에 또한 시렁을 만들어서 그늘에 말려 저장하여 겨울 채소로 삼는 것이다.

28 ‘경고(莖孤)’: 중심 줄기의 아래 부분의 잎을 따지 않으면 양분이 빠져나가 겨드랑이 싹이 쉽게 새로운 가지로 자라지 못하게 되어 중심 가지가 유일한 가지가 된다. ‘과대(科大)’: 많아도 5-6개를 남긴 상단부의 잎[功能葉]이 광합성 작용을 하

무릇 딸 때는 반드시 이슬이 마르기를 기다려야 한다. 농언에 이르기를 "이슬이 있을 때 아욱을 따서는 안 되고, 정오 무렵에는 부추[韭]를 잘라서는 안 된다."[29]라고 한다. 8월 중순에는 줄기를 베어 내는데, 줄기의 아래 가지[30]는 남겨 둔다. 가지가 많은 것은 지면에서 1-2치 거리에서 자르고, 줄기가 하나인 것도 지면에서 4-5치 떨어진 곳에서 자른다. (그러면 아래쪽의 곁가지가 자라나게 한다.)

留葉多則科大. 凡掐, 必待露解. 諺曰, 觸露不掐葵, 日中不剪韭. 八月半剪去, 留其歧. 歧多者則去地一二寸, 獨莖者亦可去地四五寸.

그루터기에서 새로 자라난 가지는 통통하고 연하며, 수확 시기는 사람의 무릎 높이가 될 때로,[31] 줄기와 잎 모두가 좋다. 그루가 비록 높지

枿生肥嫩, 比至收時, 高與人膝等, 莖葉皆美.

여 겨드랑이 싹이 터서 새로운 가지를 자라게 하여 그루가 쉽고 왕성하게 자라게 된다.

29 '일중(日中)': 명초본에서는 '왈(曰)'자로 쓰여 있으며, 호상본에서는 '일(日)'자로 쓰고 있는데, 묘치위는 호상본이 옳다고 보았다. 청대 정의증(丁宜曾)은 『농포편람(農圃便覽)』「하(夏)」편에서 "부추를 벨 때는 정오[日中]를 꺼리고, 여름날은 더욱 꺼린다."라고 하였다.

30 '기(歧)': 나무의 가지이다. 명초본과 명청시대 각본에서는 모두 '기(岐)'자로 쓰고 있다. 스셩한의 금석본에 의하면, '기(岐)'자는 산의 이름이고, 아무 의미가 없으므로, 마땅히 가지를 이야기할 때의 '기(歧)'자로 써야 한다고 한다.[권2「외 재배[種瓜]」중에 "덩굴이 크게 되면 가지를 많이 치고, 가지를 많이 치면 …"이라는 구절 중의 네 개의 '기(歧)'자를 참고.] 묘치위 교석본에 의하면, '기(歧)'는 쉰 아욱의 주된 줄기의 아랫부분에 갓 싹이 튼 줄기를 가리키며, 명초본과 호상본에서는 '기(歧)'(그 아랫부분의 기자는 호상본에는 빠져 있다.)자로 쓰고 있는데, 글자는 통하나 「외 재배[種瓜]」편에서는 '지(歧)'자로 쓰고 있고, 본편에서는 일률적으로 '기(歧)'자로 쓰고 있다고 한다.

31 '슬(膝)': 호상본에서는 '슬(膝)'자로 쓰고 있으며 명초본과 모진(毛晉)의 『진체비서(津逮秘書)』(이후 진체본으로 약칭) 등에서는 '슬(膝)'자로 쓰고 있는데, 묘치위 교석본에 의하면 민간에서 글자가 와전되었다고 한다.

않을지라도 채소의 양은 도리어 2배에 달한다. 먼저 자라난 줄기[早生者]를 잘라 내지 않으면[32] 비록 몇 자 높이로 자랄지라도 (아래쪽) 가지에서 나온 큰 잎은 쇠고 딱딱하여[33] 전부 먹기에 적합하지 않다. 충분히 먹을 수 있는 것은 오직 장다리[心]뿐이다. (장다리에) 달린 잎도 모두 누레지고 시들어 텁텁하게 변해 버리고,[34] 삶아도 맛이 없다. 보기에는 양이 많은 것 같지만 실제로는 매우 적다.

서리가 내리면 수확한다. 수확이 빠르면 누레져서 문드러지기 쉽고, 수확이 다소 늦으면 검게 변하고 떫어진다. (잎이 달린 줄기를) 거두어서 시렁 위에 걸어 두되 반드시 그늘에 말린다. 햇볕에 쬐이면 떫어진다. 남아 있는 것들은 베어 낸 후에 땅에 있는 것을 손으로 모아서 묶어 둔다.[35] 시들고 난 뒤에 묶으면 반드시 문드러지게 된다.

또 겨울철 아욱을 파종하는 법[又冬種葵法]:[36] 주

科雖不高, 菜實倍多. 其不剪早生者, 雖高數尺, 柯葉堅硬, 全不中食. 所可用者, 唯有菜心. 附葉黃澀, 至惡, 煮亦不美. 看雖似多, 其實倍少.

收待霜降. 傷早黃爛, 傷晚黑澀. 榜簇皆須陰中. 見日亦澀. 其碎者, 劚訖, 即地中尋手糺之. 待萎而糾者必爛.

又冬種葵法.

---

32 '조생자(早生者)'는 일찍이 자라난 중심 줄기이다. 만일 원래의 중심 줄기를 일찍 자르지 않으면 줄기와 잎은 굳고 딱딱해져서 비록 크게 자란다 할지라도 먹을 수 없다.

33 '가엽견경(柯葉堅硬)': '견(堅)'은 호상본과 『농상집요』에서는 동일하게 인용하고 있지만 명초본에서는 '경(莖)'으로 잘못 쓰고 있다.

34 '부엽(附葉)': '부(附)'는 '의(依)', '근(近)', '저(著)', '방(旁)' 등의 의미이다. '부엽(附葉)'은 곧 장다리[菜心]에서 자란 잎으로서 누런색을 띠며 맛은 거칠고 텁텁하여 매우 좋지 않다.

35 '규(糺)': '규(糾)'자의 또 다른 글자로, 다양한 형태의 기다란 물건을 꺾어서 모아 조직하여 한 단을 만든 것이다.

36 '우동종규법(又冬種葵法)'은 명초본과 문장이 같으며 진체본(津逮本), 학진본(學

군州郡의 도읍에 시장이 있는 곳 근교에 30무의 좋은 땅을 마련한다. 9월에 가을아욱을 거둔 후에 갈아엎는다. 10월 중순까지 모두 세 번 갈고 한 번 갈 때마다 끌개질[勞]을 한다. 쇠발써레[鐵齒杷]로 써레질하여 묵은 뿌리를 제거하고 토양을 부드럽게 골라 주는데 삼밭[麻地]에 파종하는 것과 같게 한다.

토지에는 땅의 긴 방향을 따라 우물 10개를 판다. 우물은 반드시 직선으로 파야 하며[37] 만약 비스듬하게[38] 파면 땅을 이용하기 곤란하다. 만일 땅의 형태가 좁고 기다라면 우물은 반드시 한 줄로 파야 한다. 땅의 형태가 정방형이면 2-3줄로 파도 무방하다.

우물마다 모두 길고桔槔나 도르래[轆轤]를 설치한다.[39] 우물이 깊으면 도르래를 사용하고 우물이 얕으면

近州郡都邑有市之處，負郭良田三十畝．九月收菜後即耕．至十月半，令得三遍，每耕即勞．以鐵齒杷耬去陳根，使地極熟，令如麻地．於中逐長穿井十口．井必相當，斜角則妨地．地形狹長者，井必作一行．地形正方者，作兩三行亦不嫌也．井

津本)에는 '又種冬葵法'이라고 쓰고 있으나 이는 잘못이다. 묘치위 교석본을 보면 이는 초겨울에 파종하여 노지에 끌개[耮]로 덮어서 겨울을 나며, 봄에 싹이 터 자란 봄아욱은 대략 '머리가 땅에 묻힌 듯한 시금치[埋頭菠菜]'와 같다. 아래 문장은 최식의 『사민월령』의 "中伏後可種冬葵"를 인용한 것으로 이것이 곧 늦여름과 초가을에 파종하여 초겨울에 거두는 '겨울아욱[冬葵]'이다.

37 '정필상당(井必相當)': '당(當)'은 마주 본다는 의미로, 이는 곧 직선으로 배치한다는 뜻이다.

38 '사(斜)': 스셩한의 금석본에서는 '사(邪)'로 고쳐쓰고 있다. '사(邪)'는 또한 '사(衺)'로도 쓰는데 바르지 않다는 뜻이다. 바로 앞 문장인 '정필상당'과 연관되어 있는데, 판 우물이 행으로 모두 직선을 이루고 있어 각 우물을 연결하는 선이 상호 간에 교차되어 '사각(邪角)'을 형성해서는 안 된다.

39 '길고(桔槔)'는 우물에서 물을 긷는 원시적인 기계로서, 지렛대의 원리를 이용하여 물을 상하로 긷는다. '녹로(轆轤)'는 일종의 도르래를 이용해서 물을 긷는 기계로,

길고를 사용한다. 수양버들[柳]로 짠 두레박[鑵][40]은 한 섬의 물을 담도록 만든다. 두레박[鑵]이 작으면 사용할 때 노력이 많이 든다.

別作桔槔轆轤. 井深用轆轤, 井淺用桔槔. 柳鑵令受一石. 鑵小, 用則功費.

10월 말에는, 땅이 얼려고 할 때 종자를 흩어 뿌리는데 조밀하게 파종할수록 좋다. 무당 6되의 종자를 파종한다. 파종이 끝나면 끌개[勞]로 두 차례 평평하게 골라 준다. 눈이 내리면 눈이 바람에 날려가지 않게 한다. 눈을 끌개질하여 (땅속으로 눌러 주어서) 땅이 습기를 머금게 하면 잎도 벌레가 먹지 않게 된다. 매번 눈이 내릴 때마다 번번이 끌개질하여 (평평하게 잘 다져서) 눌러 준다. 만약 겨울에 끝내 눈이 오지 않으면, 섣달에 우물물을 길어서 한 차례 두루 물을 주어[41] 땅에 습기가 배게 한

十月末, 地將凍, 漫散子, 唯概爲佳. 畝用子六升. 散訖, 即再勞. 有雪, 勿令從風飛去. 勞雪令地保澤, 葉又不蟲. 每雪輒一勞之. 若竟冬無雪, 臘月中汲井水普

끈을 이용해서 끌어 당겨 물을 길어서 용기에 담는 것이다. 『장자(莊子)』「외편(外篇)·천지(天地)」와 「외편(外篇)·천운(天運)」편에서 최초로 등장한다. '녹로'는 길고보다 진일보한 방식으로, 비교적 힘은 덜 들고 효율성은 높으며 아울러 감아 둔 새끼가 비교적 길어서 길고처럼 수직의 나무기둥의 고도에 의해 제한받지 않기 때문에 깊은 우물에서 물을 길을 수 있다.[『수시통고(授時通考)』 참조.]

40 '관(鑵)': '관'은 물을 긷는 용기이다. 이는 곧 우물에서 물을 길어서 땅에 물을 대는 데 사용하는 것으로, 오늘날에는 대부분은 '관(罐)'자로 쓰고 있다.

41 '급정수보요(汲井水普澆)': 이것은 겨울에 작물에 물을 준 최초의 기록이다. 묘치위 교석본에 의하면 겨울철에 얼기 전에 파종한 채소는 종자가 땅속에 묻혀 있어 이듬해 봄이 되면 빨리 싹을 틔워야 하기 때문에 반드시 물을 충분히 주어야 한다. 눈을 누르는 것도 물을 충분히 공급하는 조치이며, 아울러 어는 것을 방지하는 작용도 한다. 만약 눈이 없다면 우물물을 길어 두루 한 번 뿌려 주면 완전히 물이

다. 눈이 있으면 잡초도 많이 생기지 않는다.[42] 정월이 되어서 땅이 풀리면 양羊을 몰아 밟게 해서 지표면을 부수어 부드럽게 한다.[43] 밟아서 (부드럽게 하지) 않으면 말라서 굳으나, 지표면을 깨트려 주면 땅에 습기가 머물게 된다. 봄에 따뜻해지고 잡초의 싹이 생겨나면 아욱도 함께 싹이 튼다.

澆, 悉令徹澤. 有雪則不荒. 正月地釋, 驅羊踏破地皮. 不踏即枯涸, 皮破即膏潤. 春暖草生, 葵亦俱生.

3월 초에는, 아욱 잎이 동전만큼 자라나면 조밀한 곳을 좇아 큰 것을 뽑아서 내다 판다. 여러 사람이 뽑게 되면 충분히 행할 수 있고[44] 7살 이상의 남녀 어린이도 모두 이 작업을 할 수 있다.[45]

三月初, 葉大如錢, 逐穊處拔大者賣之. 十手拔, 乃禁取, 兒女子七歲以上, 皆得充事也.

(아욱 씨) 한 되로 쌀 한 되를 바꿀 수 있다. 날마다 솎아서 뽑아내어 조밀하고 드문 정도가 고르게 되면 일손을 멈춘다. 잡초가 있으면 뽑되

一升葵, 還得一升米. 日日常拔, 看稀稠得所乃

배어든다. 이와 같이 하면 토양이 물기를 머금으며 또한 언 이후에도 습기를 모으는 것을 촉진하고 얼었다 녹았다 하기를 반복하여 흙을 부드럽게 하는 작용을 하는데, 이는 이듬해 봄에 가뭄을 방지하는 효과적인 수단 중 하나라고 한다.

42 '유설즉불황(有雪則不荒)': 스셩한은 금석본에서, 이 소주는 위의 절의 "每雪輒一勞之"의 뒤쪽에 있어야 되며, 그렇지 않으면 '설(雪)'자가 '택(澤)'자이거나 '황(荒)'자는 '요(澆)'자이어야 한다고 보았다.

43 양을 몰아서 땅을 밟아 깨트려 지표면을 부드럽게 하면 모세관이 단절되어 수분이 위로 올라가지 못하고 지표면 아래에서 머물러, 습기를 보호하고 땅을 촉촉하게 만들어 준다.

44 '십수발(十手拔)'은 단순히 열 명의 손을 지칭하는 것이 아니라, 여러 사람의 손으로 모종을 뽑으면 이내 감당할 수 있다는 의미이다. '금취(禁取)'에서 '금(禁)'은 '감당하다'는 의미이다.

45 '충사(充事)': '충(充)'은 '가득 채우다'는 뜻이며, '충사(充事)'는 '요구에 만족하다'는 의미이다.

호미를 사용해서는 안 된다.

1무의 토지에는 수레 3대분의 아욱이 생산되며[46] 30무에는 수레 90대분의 쌀을 거둘 수 있다.[47] 한 수레로 쌀 20섬을 바꿀 수 있어, 모두 1,800섬의 쌀을 바꿀 수 있다.

4월 8일[48]부터 날마다 잘라서 판다. 자른 곳은 즉시 수반작手拌斫[49]의 농구를 이용하여 땅을 파서 부드럽게 일으켜 물을 주고 거름을 덮어 준다. 4월이 되어 아주 가물 때 물을 주지 않으면 생장하지 않는다. 비가 내리면 더 이상 물을 줄 필요가 없다. 4월 이전에는 비가 내리지 않아도 물을 줄 필요가 없는데, 이는 땅속이 잘 보습되어 있기 때문이며, (그것은 지난해 겨울에 쌓였던) 눈의 기운이 아직 완전히 소모되지 않은 까닭이다.

止. 有草拔却, 不得用鋤. 一畝得葵三載, 合收米九十車. 車准二十斛, 爲米一千八百石.

自四月八日以後, 日日[2]剪賣. 其剪處, 尋以手拌斫斸地令起, 水澆, 糞覆之. 四月亢旱, 不澆則不長. 有雨即不須. 四月以前, 雖旱亦不須澆, 地實保澤,

46 '재(載)': 한 수레에 능히 실을 수 있음을 의미한다.

47 '합수미구십거(合收米九十車)': '미(米)'자에 대해 스셩한은 '채(菜)'자가 잘못 새겨진 것이라고 보았으나, 묘치위는 이 견해에 동의하지 않았다. 묘치위에 따르면 이 문장은 위의 "一升葵, 還得一升米"의 문장을 이어서 말한 것으로서, 이 표준에 따라서 계산하면 1무(畝)의 땅에는 3수레분의 아욱 잎을 거둘 수 있으며 이는 3수레분의 쌀값에 해당하기 때문에 30무의 땅에는 마땅히 "90수레의 쌀을 거둘 수 있다."가 된다. 그러나 이것은 단지 일종의 추산일 뿐 대면적의 파종한 이익을 과장해서 설명한 것이라고 한다.

48 위 문장 '4월 8일'에서 '팔일(八日)'의 두 글자는 '입월(入月)'로 잘못 쓰인 듯하다. '입월'은 곧 초하루로서 달이 시작되는 날이다. '사월 팔일'은 비록 '욕불일[釋迦誕辰日]'과 같은 의미로 해석될지라도 이는 매우 억지스러운 해석이다. 이 외에는 단독으로 이날을 분명하게 가리키는 이유는 찾을 수 없다.

49 '수반작(手拌斫)': '반(拌)'은 '판(判)'이며, '반작(拌斫)'은 일종의 날이 있는 소형 농기구이다.

1무당 두루 한 번 벨 때는 처음 벤 곳에서 다시 반복되는데, 돌아가면서 다시 시작하면 무궁하여 끝이 없다. 8월 사일社日[50]에 이르러서야 멈추고, 남겨 둔 것은 가을채소로 쓴다.

雪勢未盡故也. 比及剪遍, 初者還復, 周而復始, 日日無窮. 至八月社日止, 留作秋菜.

9월이 되면 밭째로 파는데, 2무 땅에서 생산된 채소로써 한 필의 비단[絹]을 얻을 수 있다.

九月, 指地賣, 兩畝得絹一匹.

(9월 중) 채소를 완전히 수확한 이후에 재빨리 갈아엎는데 지난해의 방법과 동일하다. (이같이 하면 아욱을 심은 30무의 땅은) 곡식을 심은 1,000무[10경(頃)]의 땅보다 낫다.

收訖, 即急耕, 依去年法. 勝作十頃穀田.

다만 반드시 1대의 달구지는 전문적으로 이 채소밭의 용도로 사용해야 한다. 땅을 갈고 덮고, 거름을 나르며[51] 채소를 파는 등등의 용도는 1년 내내 바쁘게 이용한다.

止須一乘車牛專供此園. 耕勞輦糞賣菜, 終歲不閑.

만약 거름[糞]을 구하지 못할 경우, 매년 5-6월에 녹두菉豆를 촘촘하게 파종하고 7-8월이 되어 쟁기로 갈아엎어[掩][52] 죽여서 거름과

若糞不可得者, 五六月中穊種菉豆, 至七月八月犁

50 '팔월사일(八月社日)': 이는 '추사(秋社)'라고 하며, 입추 후 다섯 번째 무일(戊日)이다.

51 '연(輦)': '수레', '운반하다' 등의 의미이다. 권2 「외 재배[種瓜]」편에는 '운연(運輦)'이 있는데 이는 실어서 나른다는 뜻이며, 이 문장 역시 소달구지를 이용해서 거름과 채소를 운반하는 것을 가리킨다.

52 '엄(掩)': 권1 「밭갈이[耕田]」에 등장하는 유사한 상황에 근거하여 마땅히 스셩한의 금석본에서는 '엄(掩)'자를 '암(稀)'자로 써야 한다고 보았다.

같이 사용하면 밭을 기름지게 하는데, 땅이 비옥해져 거름을 준 것과 차이가 없고 또한 노력도 줄일 수 있다. 두 우물 사이의 땅에 쟁기가 들어가지 못하면 이랑을 만들어서 기타 각종의 채소를 파종해도 좋다.[53]

掩殺之, 如以糞糞田, 則良美與糞不殊, 又省功力. 其井間之田, 犂不及者, 可作畦, 以種諸菜.

최식崔寔이 이르기를[54] "정월에는 외[瓜]·박[瓠]·아욱[葵]·갓[芥]·염교[䪥]·대파[大葱]·실파[小葱]·차조기[蘇][55]를 파종한다. 거여목[苜蓿]과 산달래나 택산[雜蒜][56]도 파종할 수 있다. 이 두 가지는 모두 가을에 파종한 것만 못하다. 6월 6일에는 아욱을 파종할 수 있다. 중복 후에는 (겨울에 먹는) 겨울아욱[冬葵]을 파종할 수 있다. 9월에는 소금에 절인 아욱절임[葵菹]과 그늘에 말린 아욱[乾葵]을 만든다."

崔寔曰, 正月, 可種瓜瓠葵芥䪥大小葱蘇. 苜蓿及雜蒜, 亦可種. 此二物皆不如秋. 六月六日, 可種葵. 中伏後可種冬葵. 九月, 作葵菹, 乾葵.

『가정법家政法』에 이르기를 "정월正月에 아욱을 파종한다."라고 하였다.

家政法曰, 正月種葵.

---

53 묘치위 교석본에 따르면 이 소주의 문장은 본문과는 무관하며 마땅히 위 문장의 "穿井十口"의 주석문인 "作兩三行亦不嫌也"의 뒤에 두어야 한다고 한다.

54 『옥촉보전(玉燭寶典)』「정월」편에는 최식의 『사민월령』을 인용하여 '총(葱)' 뒤에 '요(蓼)'를 쓰고 있으며, 『제민요술』 권3 「들깨·여뀌[荏蓼]」편을 인용하여 "正月, 可種蓼."라고 바로 쓰고 있는 점으로 미루어 보아 '요(蓼)'자가 빠진 듯하다.

55 '소(蘇)': 명청 각본에서는 모두 '산(蒜)'으로 쓰고 있으나 명초본에서만 유독 '소(蘇)'로 쓰고 있다. 고일총서(古逸叢書)에서는 구초(舊鈔) 권자본(卷子本) 『옥촉보전』을 새겨서 인용할 때는 "蓼, 蘇"라고 하고 있는데 이 구절은 마땅히 "大小葱蓼蘇"라고 읽어야 한다.

56 '잡산(雜蒜)': 이는 산달래[山蒜], 택산(澤蒜)과 같은 유를 가리킨다.

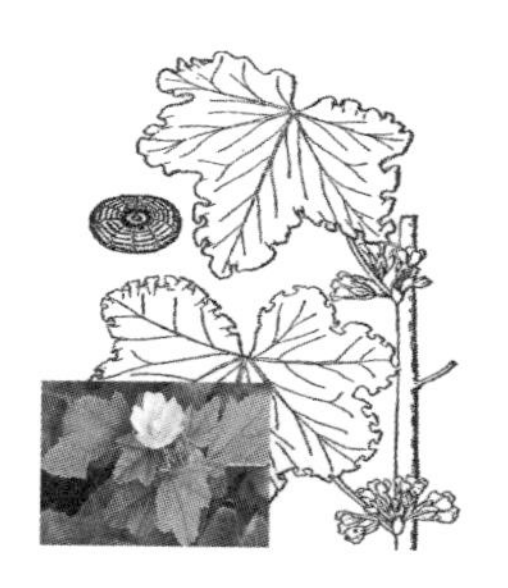

● 그림 1
아욱[葵]의 잎과 꽃

● 그림 2
낙규(落葵)

● 그림 3
녹로(轆轤)와 길고(桔槹):
『제민요술교석』 참조.

교 기

1 '비(肥)': 명초본에는 '파(把)'자로 쓰여 있다.

2 '일일(日日)': 명초본에서는 '일월(日月)'로 적고 있다.

제18장

순무 蔓[57] 菁第十八

● 蔓菁第十八: 菘蘆菔附出. 배추 · 무를 덧붙임.

『이아(爾雅)』에 이르기를 "수(蘋)는 봉종(葑蓯)[58]이다." 라고 하며, 주석에는[59] "강동(江東)에서는 '순무 혹은 배추[菘]라

爾雅曰, 蘋, 葑蓯, 注,[3] 江東呼爲蕪菁,

57 '만(蔓)': 만청(蔓菁)을 무청(蕪菁)이라고 하는데, 무청[蕪菁; *Brassica rapa*]은 십자화이다. 오늘날 북방에서는 여전히 만청(蔓菁)이라고 일컫는데, 높고 한랭한 지대, 예컨대 티베트[西藏]의 창도(昌都), 사천 아패(阿壩) 등 지역에 광범위하게 분포하며 '원근(圓根)'이라고도 칭한다. 묘치위 교석본에 의하면, 한랭한 것을 좋아하는 성질을 갖고 있어 북방에서 많이 재배하며, 강남지역에는 매우 적다. 1-2년생 뿌리채소류의 채소로서 육질이 매우 풍부하고, 뿌리와 잎을 모두 신선한 먹을거리로 사용할 수 있으며, 또한 소금에 절일 수도 있고 채소를 말려 식량으로 쓰기도 한다. 각종 판본에서는 '만(蔓)'자로 쓰고 있으나 명초본 본권 첫머리의 총 목록에서는 '무(蕪)'자로 쓰고 있다. 원서의 첫 머리 총목록에서는 본편의 제목 아래에 "菘蘆菔附出"이라는 작은 협주가 달려 있으나 스셩한의 금석본에서는 기재하지 않았다.

58 『이아』「석초(釋草)」편에는 '수(蘋)'를 '수(須)'로 쓰고 있으며, 『설문해자』에서는 거꾸로 "葑, 須從也."라고 쓰고 있다. 스셩한의 금석본에 의하면, 이 세 글자는 과거에는 모두 '蘋, 葑蓯'이라고 읽었다. 스셩한은 이 같은 구두점이 정확한지 아닌지 의문을 가지고 있는데, '수봉(蘋葑)'의 두 글자는 하나의 명칭으로, '수봉(蘋葑)'이라는 두 글자가 이어져서 '숭(菘)' 혹은 '수(蘋)'라고 추측한다. '숭(菘)'자는 오늘날 호남의 입말과 광동어 계통의 방언 중에 바로 '종(從, cung)'으로 읽는다. '숭(菘)', '종(樅)'은 고래로 항상 혼용되었다고 한다.

고 한다. 숭(菘)[60]과 수(蕦)는 음이 유사하며 수(蕦)가 곧 순무[蕪菁]이다."[61]라고 하였다.

或爲菘. 菘蕦音相近, 蕦則蕪菁.

『자림(字林)』에 이르기를, "풍(豐)은 순무[蕪菁]의 싹이라고 하며 이는 곧 제(齊), 노(魯) 지역에서 일컫는 말이다."라고 하였다.

字林曰, 豐, 蕪菁苗也, 乃齊魯云.

『광지(廣志)』에 이르기를, "순무[蕪菁]에는 자색 꽃이 피는 것도 있고 흰색 꽃이 피는 것도 있다."라고 한다.

廣志云, 蕪菁, 有紫花者, 白花者.

(순무는) 너무 많이 파종할 필요는 없지만, 반드시 좋은 땅을 택해야 한다. 묵힌 땅에 부순

種不求多, 唯須良地. 故墟新

---

59 '주(注)'자는 호상본(湖湘本)에는 있지만 남송본에는 없다. 이 부분의 주석은 금본 곽박(郭璞)의 주석에는 '미상(未詳)'이라고 하고 있는데, 이 주는 결코 곽박의 주는 아니다.

60 옛날의 '숭(菘)'은 오늘날의 배추[白菜]로서 주로 강남지역에서 재배되며, 남북조 시기에 '숭'은 강남지역에서 보편적인 채소였으나 북방에서는 그다지 중시하지 않았다. 당대에는 백숭(百菘), 자숭(紫菘)과 우두숭(牛肚菘)의 3가지의 다른 종류가 있었다. 남방배추에서 가장 유명한 것은 '오탑채(烏塌菜)'이며 오탑채는 남송시기에 처음 등장하고 답지숭(踏地菘) 혹은 오숭채(烏菘菜)라고도 일컫는다. 당송시기에는 배추가 남쪽에서 북쪽으로 보급되며 북방의 순무[蕪菁]과 자연스럽게 교배한 후에 포기가 커지게 되었다.[쨍슝성[曾雄生] 외 2人, 『중국농업과 세계의 대화(中國農業與世界的對話)』, 貴州民族出版社, 2013, 119-122쪽 참조.]

61 '수즉무청(蕦則蕪菁)': 옛 사람들은 이같이 유사한 식물을 종종 혼동하여 하나로 보고 있다. 위 문장의 주석 중에 『이아』에서 순무를 '배추[菘菜]'라고 쓰고 있는 것이 한 예이다. 묘치위 교석본에 의하면, 순무는 뿌리채소이며, 배추[菘菜]는 배추류의 채소로서 잎을 먹을 수 있으나 뿌리는 먹을 수 없다. 두 가지는 서로 다른 식물이지만 잎과 꽃은 황색으로 유사하여, 혹자는 재배환경이 다르고 관리가 좋지 못함에 따라 순무의 육질뿌리가 크지 않아서 마치 배추처럼 보여 그 때문에 동일한 식물로 오인했다고 한다. 그러나 가사협은 배추[菘菜]는 다만 순무와 닮아서 잎은 무성하지만 순무는 아니기에 혼동하여 써서는 안 된다고 한다.

담장토를 갓 거름한 땅[62]이 좋다. 만약 묵힌 땅에 담장토를 시비하지 않았다면 재를 거름으로 주는 것이 좋으며 이 때는 한 치 두께로 덮어 준다. 재거름을 많이 주면 땅이 너무 건조해져,[63] 쉽게 싹을 틔우지 못한다. 땅은 갈이하여서 부드럽게 골라 주어야 한다.

糞壞牆垣乃佳. 若無故墟糞者, 以灰爲糞, 令厚一寸. 灰多則燥不生也. 耕地欲熟.

7월 초에 파종하는데,[64] 무당 3되의 종자를 파종한다. 처서(處暑)부터 8월 백로(白露)에 이르기까지 모두 파종할 수 있다. 일찍 파종한 것은 소금에 절일 수 있으며, 늦게 파종한 것은 말린 채소로 사용한다. 흩어 뿌린 후에 끌개[勞]로 고르게 골라 준다. 파종할 때는 물기가 있어서는 안 된다. 물기가 있을 때는 지면이 딱딱해져

七月初種之, 一畝用子三升. 從處暑至八月白露節皆得. 早者作菹, 晩者作乾. 漫散而勞. 種不用濕. 濕

62 '고허신분괴장원(故墟新糞壞牆垣)': '고허(故墟)'는 원래 파종한 땅으로서 지금은 쉬고 있기 때문에 '허(墟)'라고 칭한다. '신분괴장원(新糞壞牆垣)'은 옛 담장토로서 갓 거름을 준 것이다. 스성한의 금석본에 따르면 옛 담장토로 만든 비료는 적어도 두 가지 의의가 있는데, 모두 토양 중의 미생물의 질소 순환활동과 관련된다. 하나는 비공생성 산소를 고정하는 세균과 엽록소로 이처럼 오랫동안 휴한한 토양 속에서 그들의 적합한 생장 조건을 얻을 수 있으며, 이 때문에 대기의 질소를 고정하여 질소화합물을 만든다. 다른 하나는 질산화 세균으로 이 같은 담장토 속에 질산염이 약간 누적되어 있다. 오늘날 미생물을 가공하여 얻은 질소화합물은 모두 토양의 비옥도를 높인다. 묘치위 교석본에서는 '고허분(故墟糞)'의 '허(墟)'자를 '원(垣)'자인 것으로 보았다.

63 '조(燥)': 명청 각본에서는 '조(燥)'자로 쓰고 있는데, 명초본에서는 '폭(爆)'자로 잘못 쓰고 있다. '조(燥)'자는 초목의 재가 너무 많으면 토양의 수분을 재가 흡수하여 그 때문에 흙이 건조해서 싹을 틔우지 못함을 가리킨다.

64 순무[蕪菁]는 가을에 재배하는데, 북방에서는 대개 7월 하순부터 8월 상순에 파종하며 전반부에는 비교적 무더울지라도 머지않아 한량한 계절로 접어들기 때문에 육질의 뿌리가 크게 성장하는 데 아주 적합하다.

나오는 잎이 말라 버리게 된다. 싹이 튼 후에는 호미질을 해서는 안 된다.[65]

9월 말에는 잎을 수확한다. 수확이 늦으면 잎은 곧 황색으로 변하면서 시든다. 뿌리는 땅속에 남겨 두어서 종자를 거둔다.[66] 10월 중에는 쟁기로 대충 갈아엎으면서[67] 나온 뿌리를 거두어들인다. 만약 갈지 않으면 남겨진 뿌리에서 연한 잎[68]이 무성하지 않게 되며,

則地堅葉焦. 既生不鋤.

九月末收葉. 晚收則黃落. 仍留根取子. 十月中, 犂麤畤, 拾取耕出者. 若不耕畤, 則留

65 '기생불서(既生不鋤)': 순무는 비록 밭 관리가 다소 간편할지라도 어린 모종 사이의 토양은 항상 일구어 부드럽게 해 주어야 하며, 비가 내린 이후에는 더욱 중경제초를 해 줘야 왕성하게 성장할 수 있다. 묘치위의 교석본에 의하면, 뿌리 부분이 점차 발육하여 지면에 노출될 때에는 또한 배토를 해 주어야 육질의 뿌리가 더욱 생장하는데, 육질의 뿌리를 땅속에 덮어 주어야만 표피가 부드러워지고 색깔도 좋아 품질도 높아진다. 『제민요술』에서 순무는 아욱같이 정경세작을 중시하지 않아서 재배, 관리함에 있어서 상당히 조방적이라고 한다.

66 묘치위 교석본에 의하면, 순무의 종자를 거둘 때는 북쪽의 혹한 지역에서는 겨울철에 어미그루를 묻어서 월동을 하고, 이듬해 봄에 노지(露地)에 옮겨 심는다. 그러나 『제민요술』에서 종자 거두기는 직파하여 거두는 방식을 채용하고, 노지에서 월동하고 더 이상 옮겨 심지 않아 옮겨 심어서 보다 좋은 어미그루를 선택하는 장점은 없다고 한다.

67 '여추열(犂麤畤)': 『농상집요』에는 '열(畤)'자 뒤에 "力輟反. 耕田起土也."라는 작은 주가 달려 있다.(『농상집요』 권2 「콩[大豆]」의 주석 참조.) 이에 대해 묘치위는 쟁기로 초벌갈이 하여 일부의 순무뿌리를 갈아엎어서 거두고, 나머지는 남겨서 월동을 하여 이듬해 거둔다고 한다.

68 '영(英)': 짧은 줄기에 새로 난 연한 잎을 가리킨다. 다음 문장의 '할흘(割訖)'에 비추어 보면 분명 줄기를 베어서 짧은 줄기 밑 부분을 남겨서 잠복된 뿌리가지에서 새로이 아주 여린 잎이 생겨나게 하는 것을 일러 '영(英)'이라고 함을 알 수 있다. 만약 수확할 때 갈지 않고 일부분의 순무 뿌리를 남겨 두면, 지나치게 조밀해져서 이 여린 잎[英]이 무성하게 자라지 못하고 종자도 적어진다. 그러나 뿌리줄기가 지면에 가까우면 쉽게 언 피해[凍害]를 입는데, 『제민요술』에서는 피해를 방

그 씨도 번성하지 못한다.

잎은 미리 소금 절임을 만드는데, 그 조리 방식은 일상적인 방법과 같다. 말린 채소와 푸성귀로 절인 채소[69]를 만들 수 있다. 푸성귀로 절인 채소를 만들려면 이듬해[70] 정월에 시작하며, 가장 좋은 잎을 남겨두어야 한다. 만드는 방법은 뒤의 문장에서 별도로 전문적인 항목을 마련하였다.

베어 낸 후에는 손으로 잘 가려내고 땋아서[71] 시들지 않게 한다. 시들고 난 이후에 다시 땋으면 곧 문드러져 버린다. 처마 밑에 그늘지고 바람이 불어 서늘한 곳에 걸어 두되 연기를 쐬어서는 안 된다. 연기를 쐬면 맛이 쓰다.

말린 후에는 선반[72] 위에 쌓아 두고, 거적으로 덮어 준다.[73] 쌓을 때 마땅히 습하고 흐린 날을 택하는

者英不茂, 實不繁也.

其葉作菹者, 料理如常法. 擬作乾菜及蘘人丈反[4]菹者. 蘘菹者, 後年正月始作耳, 須留第一好菜擬[5]之. 其菹法列後條.

割訖則尋手擇而辮之, 勿待萎. 萎而後辮則爛. 掛著屋下陰中風涼處, 勿令煙熏. 煙熏則苦. 燥則上在廚積置以苫之. 積時宜候

지하는 조치를 제시하고 있지 않다.

69 '양저(蘘菹)': 소금에 절여서 제조하는 과정에서 누룩과 맑은 기장죽을 섞고 '여양주법(如蘘酒法)'의 술을 제조하는 것처럼 잘 발라서 보온을 하여 일종의 절인 김치를 만든다. 권9「채소절임과 생채 저장법[作菹藏生菜法]」'양저법(蘘菹法)'과 '其菹法列後' 조항은 이 방식을 가리킨다.

70 '후년(後年)'은 『농상집요』에서는 '차년(次年)'으로 인용하고 있는데 잘못된 것은 아니다. 묘치위 교석본을 보면 옛날에는 '후년'이라고 칭했는데, 실제로는 '후일년(後一年)'의 뜻이다. 이것은 곧 오늘날의 이듬해를 의미하며, 결코 이듬해의 이듬해를 가리키지는 않는다.(오늘날에 말하는 후년이다.) 권6「양 기르기[養羊]」편 '후년춘(後年春)' 또한 이듬해 봄을 가리킨다고 한다.

71 '변(辮)': 동사로 사용되었으며, 엮어서 땋는 것이다.

72 '주(廚)': 방중의 각종 기물을 넣어 두는 선반으로서, 오늘날에는 '주(櫥)'자로 쓴다. '주(廚)'자는 오늘날에는 대개 주방을 가리키는 말로 사용되고 있다.

데, 그렇지 않으면 잎이 부스러지고 끊기게 된다. 오랫동안 쌓아서 덮어 두지 않으면 떫어진다.

天陰潤, 不爾, 多碎折. 久不積苫則澀也.

봄, 여름이 되어서 이랑을 짓고 파종하여 먹을거리를 제공하는 것은, 이랑을 지어서 아욱을 파종하는 방법과 같다. 베어 내고 다시 파종하는데, 봄부터 가을까지 세 차례 파종할 수 있다.[74] 언제나 가장 좋은 절임을 공급할 수 있다.

春夏畦種供食者, 與畦葵法同. 剪訖更種, 從春至秋得三輩. 常供好菹.

뿌리를 수확하려는 것은 보리와 밀을 파종한 땅에[75] 6월 중순에 파종하여, 10월 중에 땅이 얼 무렵에 갈아엎어서 거둔다. 1무의 땅에서 몇 수레의 뿌리를 거둘 수 있는데, 빨리 수확하면 뿌리가 다소 가늘어진다.

取根者, 用大小麥底, 六月中種, 十月將凍, 耕出之. 一畝得數車, 早出者根細.

또 순무[蕪菁]를 많이 파종하는 방법: 읍락 근처 1경頃의 좋은 땅에 7월 초에 파종한다. 6월에 파종한 것은 뿌리가 다소 클지라도, 잎은 벌레가 먹기 쉽다.[76] 7월

又多種蕪菁法. 近市良田一頃, 七月初種之. 六月種

73 '점(苫)': 풀이나 짚으로써 짠 거적이다. 스성한의 금석본에 따르면, 오늘날 호남, 귀주, 사천 등지의 방언 중에는 여전히 '띠풀로 만든 거적[茅苫]'이라는 명칭이 남아 있다.

74 '득삼배(得三輩)': 순무의 어떤 품종은 무더운 더위에 비교적 강하여 봄과 여름에도 재배할 수 있으며, 성숙이 비교적 빨라 가을에 파종한 것과 더불어서 한 해 세 번 채소 잎을 수확할 수 있다. (뿌리를 거두는 것은 아니다.) 여기서 이랑에 파종한다는 것은 지난 그루를 뽑아내고 원래 이랑에서 다시 파종한다는 의미이다.

75 '대소맥저(大小麥底)': 전작물로 보리와 밀을 파종한 땅이다.(권1 「조의 파종[種穀]」 주석 참조.)

76 '엽복충식(葉復蟲食)': '복(復)'은 원래 '되돌아가다[返回]'라는 뜻이지만 여기서는 '곧[則]', '도리어[却]'라는 의미이다.

말에 파종한 것은 잎은 통통하고 윤기가 날지라도, 뿌리는 도리어 가늘고 작다. 단지 7월 초에 파종한 것이 뿌리와 잎이 모두 적당하다.

者, 根雖麤大, 葉復蟲食. 七月末種者, 葉雖膏潤, 根復細小. 七月初種, 根葉俱得.

남에게 팔 것은 오직 구영九英[77]을 파종한다. 구영의 순무[蕪菁]는 잎과 뿌리가 모두 굵어, 비록 팔아 돈은 벌 수 있을지라도 맛은 좋지 않다. (팔지 않고) 자기가 먹으려고 하는 것은 모름지기 뿌리가 가는 것을 파종해야 한다.

擬賣者, 純種九英. 九英葉根麤大, 雖堪擧賣, 氣味不美. 欲自食者, 須種細根.

1경頃의 밭에서 수레 30대분의 잎을 수확할 수 있다. 정월과 2월에는 (순무를) 판매하여 이것으로 (사람들은) 채소절임을 만들 수 있었으며, 수레 3대분의 잎을 판값으로 남자 노예 한 명을 들일 수 있다.[78] 뿌리를 거둘 때 갈고 선별하는 방식에 따라서 1경의 밭에서 큰 수레 200대분을

一頃收葉三十載. 正月二月, 賣作蘸菹, 三載得一奴. 收根依畤法, 一頃收二百載, 二十載得

77 '구영(九英)': 이것은 짧은 줄기 위에 여러 편의 긴 깃 모양으로 갈라진 잎이 나누어 자라나서 한 떨기의 큰 다발을 형성한 것을 가리킨다. 구영(九英)은 갓[芥菜]의 변종인 대두개[大頭芥; 대두채(大頭菜)]로 그 잎은 중앙의 주된 잎 떨기를 제외하고 주위에는 작은 잎 떨기들이 여러 개 있다. 소개채(小芥菜) 중에는 속명으로 '구두개(九頭芥)'라는 것이 있는데, 주된 줄기 주위에는 매우 많은 작은 줄기가 돋아 있다. 이러한 종류는 모두 '다두종(多頭種)'이다. 다만 순무의 잎은 단지 중앙에 한 떨기만 있을 뿐이며, 떨기가 나누어져 있거나 머리가 나누어져 있는 것은 아니다.

78 '삼재득일노(三載得一奴)': 수레 3대분의 채소 잎의 시장가격은 한 명의 남자 노예의 몸값에 해당된다. 다음 단락의 '수근(收根)'에 언급된 순무뿌리 수레 20대분은 여자 노비 한 사람을 바꿀 수 있다는 것과 서로 대비되며, 당시의 남성 노예와 여성 노예의 매매 가격을 알 수 있다.

거둘 수 있으며, 20대분의 수레에 실은 뿌리로 한 명의 여자 노예를 바꿀 수 있다.[79] (순무를) 가늘게 쪼개서 줄기와 함께 소와 양에게 먹인다. 통째로 돼지에게 던져서 먹이는데,[80] 모두 콩[大豆]보다는 다소 못하지만 살찌우기에 적합하다. 1경의 밭에서 200섬[石]의 씨를 거둘 수 있다. 씨를 실어다가 기름 짜는 집에 주면 세 배의 좁쌀로 바꿀 수 있으며, 이것은 곧 600섬의 좁쌀을 거둘 수 있게 되어 10경의 곡식을 심은 밭[穀田]보다 낫다.

一婢. 細剉和莖飼牛羊. 全擲乞6豬, 並得充肥, 亞於大豆耳. 一頃收子二百石. 輸與壓油家, 三量成米, 此爲收粟米六百石, 亦勝穀田十頃.

79 남북조시기 귀족과 관료는 노예를 대량으로 보유하고 있었으며, 한 가구에 노비는 천 명이거나 천 명 이상으로 그 수가 달랐다. 일반적인 사족 지주도 노비들을 매매해서 그들을 부려 밭을 갈고 베를 짜도록 하였다. 노예의 주된 발생요인은 전쟁포로, 약탈민과 파산한 빈곤 농민들이다. 사고파는 몸값은 놀랄 정도로 싸서, 역사의 기록에 의하면 남조의 양나라에서 한 사람의 노비가 겨우 쌀 6말[斗]이었다고 한다. 여기서 가사협이 기록한 노비의 몸값 역시 소나 말보다 저렴하다. 북제의 균전제도는 북위의 제도를 답습한 것으로서, 거기에는 법에 의해 관전(官田)을 받을 때 노비의 수를 규정하여, 7품 이상의 관리는 80명의 노비를 주었고, 관전을 받지 않는 경우 노비 숫자는 이 제약이 따르지 않았다. 묘치위 교석본을 참고하면 가사협은 태수로서 4품관이었는데, 그는 적어도 법으로 정한 노예는 80명을 소유하였으며 법으로 정해지지 않는 노예는 이에 제한을 받지 않았다. 이러한 사실은 「제민요술 서문」 중에서 말한 '가동(家童)'에서 알 수 있는데, 가동이 바로 이 같은 노비이며, 가족 구성원의 '나이 어린 자제[年輕子弟]'가 아니라는 사실을 명백히 알 수 있다고 한다.

80 '걸(乞)'은 '주다'의 의미이다. 『집운(集韻)』에는 "무릇, 사람과 물건을 주는 것도 '걸(乞)'이라고 한다."라고 한다. 『좌전(左傳)』 「소공십육년(昭公十六年)」에는 "간혹 구걸하여 빼앗지 마라."라고 하였는데, 공영달(孔穎達)은 주석하기를 "빌다[乞]와 주다[乞]는 한 글자이다. 받는 것은 입성(入聲)이고, 주는 것은 거성(去聲)이다."라고 하였다.

따라서 후한 환제桓帝는 조서詔書를 내려 이르기를 "충재와 수재[81]가 있으면 오곡이 잘 되지 않아서, 피해를 입은 군국[82]에 모두 순무를 파종하게 하여 백성들의 양식을 돕도록 하였다."라고 한다. 이 같은 설명은[83] 순무가 사람들에게 흉년을 극복할 수 있도록 하고, 굶주림을 면하게 함을 말해 주는 것이다. 순무를 햇볕에 말리고 쪄서 익혀서 먹으면 맛도 더욱 좋아 양식으로도 삼

是故漢桓帝詔曰, 橫水爲災, 五穀不登, 令所傷郡國, 皆種蕪菁, 以助民食. 然此可以度凶年, 救饑饉. 乾而蒸食, 既甜且

---

81 '횡수(橫水)': '횡(橫)'자는 '횡충(橫蟲)', 즉 잎을 먹는 비늘날개[鱗翅類]가 달린 유충일 가능성이 있다. 묘치위 교석본을 참고하면, 이 조칙은 『태평어람』 권979 '무청(蕪菁)'조에서 『동관한기』를 인용한 것으로, 구절은 『제민요술』과 완전히 같은데, 다만 '횡수(橫水)'를 '황수(蝗水)'라고 적고 있다. 지금 『태평어람』에 인용된 『동관한기(東觀漢記)』「환제기(桓帝紀)」[『사고전서』 집일잔본(輯佚殘本)]에서도 마찬가지로 '황수'로 쓰고 있다. 『후한서』 권7 「환제본기」에 실린 것은 영흥(永興) 2년(154) "6월 팽성(彭城) 사수(泗水)에 물이 불어 역류하자 사예교위(司隸校尉), 부자사(部刺史)에게 조칙을 내려 이르기를, '황재의 피해가 있고 수재가 일어나 오곡이 잘 되지 않아 사람들이 쌓아 둘 곡물이 없어지자 피해를 입은 군국(郡國)에 명하여 순무를 파종하여 사람들의 식량을 도와라.'"라고 하였다. 이 사실은 황재가 발생한 후 이어서 수재가 계속되었기 때문에 『동관한기』에는 '황수(蝗水)'라고 병기한 것이고, 『제민요술』의 '횡(橫)'은 '황(蝗)'의 잘못인 듯하다. 또 '환(桓)'은 각본은 글자가 같지만 명초본에서는 '단(柦)'이라고 쓰고 있는데, 이는 송 흠종 조환(趙桓)의 이름을 피휘하기 위해 고쳐 쓴 것이라고 한다.

82 '군국(郡國)': '국(國)'은 '군(郡)'과 같은 규모로서, 모두 현 이상의 일급 지방 행정구역이다. 군의 장관은 태수(太守)이고, 국의 장관은 처음에는 분봉을 받은 국왕이었으나, 후대에는 국상(國相)이나 내사(內史)였다. 군국제는 한나라 때 처음 시작되었으며, 수나라에 이르러 국은 폐지되고 군만 남았다.

83 '연(然)': 스셩한은 금석본에서 '연(然)'자 뒤에 '즉(則)'자가 있어야 한다고 보았다. 묘치위 교석본에서는, '연(然)'은 '이[是]'의 뜻이 있으므로 여기서는 '이는 곧[是則]'으로 해석된다고 한다.

을 수 있으니,[84] 어찌 반드시 기근을 해결하는 것으로만 사용했겠는가? 흉년이 들 때, 1경의 땅에서 재배한 순무는 백 명을 먹여 살릴 수 있다.

美, 自可藉口, 何必饑饉. 若值凶年, 一頃乃活百人耳.

순무의 뿌리를 찌고 말리는 방법[蒸乾蕪菁根法]:[85] 물을 끓여[湯] 순무 뿌리를 깨끗이 씻고 걸러서 한 섬[斛]들이 항아리 속에 넣는다.

갈대와 억새로 빈 공간을 채워 항아리 입구를 막고, 항아리를 솥 위에 엎어서[86] 시루에 연결한다. (그다음에는) 아래쪽에 말린 쇠똥을 태워서 하룻밤 동안 찐다. 그러면 굵고 가는 것이 모두 익어서 씹을 때는 그 느낌이 쫀득쫀득하여[87] 마치 사슴꼬리요리[鹿尾]와 같다. 쪄서 익힌 것을 팔면 한 섬[石]에 열 섬의 (좁)쌀을 바꿀 수 있다.[88]

蒸乾蕪菁根法. 作湯淨洗蕪菁根, 漉著一斛甕子中. 以葦荻塞甕裏以蔽口, 合著釜上, 繫甑帶. 以乾牛糞燃火, 竟夜蒸之. 麤細均熟, 謹謹著牙, 眞類鹿尾. 蒸而賣者, 則收

84 '자구(藉口)': 『석명(釋名)』 「석음식(釋飮食)」편에는 "'저(咀)'는 '자(藉)'의 뜻으로서 어금니로 씹는 것이다."라고 하였다. '자구'는 입속에 넣어서 허기를 충당하고 배를 채우는 것으로서, 이는 곧 스스로 양식을 식용(食用)한다는 의미이다.

85 스셩한 금석본에서는 본 단락은 이 표제 다음에 두 줄의 작은 글자로 되어 있으나, 묘치위 교석본에서는 큰 글자로 고쳐 쓰고 있다.

86 '합저부상(合著釜上)': 소두에 시루를 걸친 것으로, 항아리 입구를 거꾸로 세워 솥 위와 시루 중에 합치시켜 시루 주둥이와 연결한다. 명청 각본에는 '합(合)'자가 없으나 '합(合)'자가 있어야 한다.

87 '근근(謹謹)': 세밀하다는 의미이다.

88 '수미십석(收米十石)': 여기에는 순무뿌리에 대한 어떤 설명도 없다. 묘치위 교석본에 의하면, 문장의 관례로 보아 분명 위 문장에는 '한 섬들이 항아리'에 대해 설명해야 한다. 후위의 한 섬[斛]은 지금의 네 시두(市斗)에 해당되며, 네 시두를 말리고 찐 순무 뿌리는 10섬의 좁쌀에 해당되어 경제 효과는 아직 그다지 높지 않

米十石也.

배추[菘]와 무[蘆菔][89]를 파종하는 법은 순무와 동일하다. 배추[菘菜]는 순무와 같이 줄기에 털이 없으며 다소 크다. 양웅의 『방언』에 이르기를,[90] "순무 중 자색의 꽃[紫花]을 피우는 것을 무[蘆菔]라 한다."라고 하였다. 생각건대 노복의 뿌리와 종자는 모두 굵고 커서, 달리는 꼬투리[角]는 뿌리, 잎과 더불어 모두 날로 먹을 수 있지만 결코 순무는 아니다. (순무는 날것을 먹을 수 없다.) 따라서 농언에 이르기를 '순무를 날로 먹으면 인정(人情)이 없어진다.'라고 한다. **씨를 거두려 하는 것은 겨울에 풀로 덮어 주어야 하는데, 덮지 않으면 바로 얼어 죽는다.**[91]

種菘蘆菔法, 與蕪菁同. 菘菜似蕪菁, 無毛而大. 方言曰, 蕪菁, 紫花者謂之蘆菔. 按, 蘆菔, 根實麤大, 其角及根葉, 並可生食, 非蕪菁也. 諺曰, 生噉蕪菁無人情. 取子者, 以草覆之, 不覆則凍

았다고 한다.

89 '노복(蘆菔)': 오늘날에는 '나복(蘿蔔)', '내복(萊菔)'이라고 쓴다. 금본의 『이아(爾雅)』에는 '복(菔)'자를 '비(葩)'자로 쓰고 있다. 무청(蕪菁: 순무)의 꽃은 황색이며 자색인 것은 없는데, 자색인 것은 나복(蘿蔔: 무)이지 무청은 아니다. 묘치위 교석본에 다르면 이편의 첫머리에는 『광지』에서도 무청은 자색의 꽃도 있고 백색의 꽃도 있다고 했으나, 실제로는 나복을 무청으로 쓴 것인데 왜냐하면 나복만 자색과 백색 꽃이 있기 때문이다. 가사협은 무의 뿌리(육질의 뿌리)는 거칠고 크며 날로도 먹을 수 있지만 순무의 뿌리는 날로 먹을 수 없다고 판별하였다.

90 『방언』은 전한 말에 양웅(揚雄: 기원전 53-기원전 18년)이 찬술한 것으로, 전한 시대 각 지역의 방언을 기술하고 있어 고대 언어 연구의 중요한 위치를 차지하는 저작이 되고 있다. 양웅은 전한의 철학자, 언어학자이다. 『방언』 이외도 『법언(法言)』, 『태현경(太玄經)』과 『사부(辭賦)』 등의 책을 저술했다. 원래 『양웅집(揚雄集)』이 있었지만 지금은 전해지지 않는다. 『방언(方言)』 권3에 "풍(豐), 요(蕘)는 순무[蕪菁]이다. … 그 자색 꽃을 일러 노복(蘆菔)이다."라고 하였는데, 이것은 옛사람들의 오해였으며, 가사협이 뒤에서 지적한 바와 같이 두 가지는 서로 다르다.

91 이 구절은 원래 작은 글자로 쓰여 있었지만, 묘치위 교석본에서는 이 구절이 재

가을에 (뿌리를) 내다 팔면[92] 10무의 땅에서 일만 전錢의 소득을 거둘 수 있다.

『광지廣志』에 이르기를,[93] "무[蘆菔]는 또 박돌雹突이라고도 한다."라고 하였다.

최식崔寔이 이르기를, "4월에 순무의 씨, 겨자[芥]씨, 두루미냉이[葶藶][94]의 씨, 겨울아욱[冬葵]의

死. 秋中賣銀, 十畝得錢一萬.

廣志曰, 蘆菔, 一名雹突.

崔寔曰, 四月, 收蕪菁及芥葶藶

배관리에 대한 기록으로 위 문장의 명물(名物)에 대한 해석과는 다르기 때문에 큰 글자로 고쳐 본문으로 하였다.

92 '은(銀)': 점서본(漸西本)에서는 '전(錢)'으로 쓰고 있다. 스성한의 금석본을 보면 '매은(賣銀)'은 본서의 다른 곳에는 보이지 않으며, 명대 이전에도 '은(銀)'이 통용되어서 교환화폐로 되었는지의 여부는 다소 문제가 있다. 묘치위 교석본에 의하면, '은(銀)'은 호상본 교어(校語)에는 "은(銀)이 전(錢)의 잘못인 것 같다."라고 하였으며, 점서본은 이에 의거하여 '전(錢)'자로 고쳐 썼다. 황록삼의 『방북송본제민요술고본(仿北宋本齊民要術稿本)』(이후 황록삼교기로 약칭)에서 '근(根)'자로 고쳐 쓴 것은 '근(根)'의 형태상의 잘못이라고 할 수 있다. 묘치위에 의하면, 북위 효문제 이전에는 여전히 베[布], 비단[帛], 곡물[穀]을 화폐로 사용했으며, 효문제(孝文帝) 때에 비로소 '태화오수전(太和五銖錢)'을 주조하기 시작하였지만 널리 유통되지는 않았다. 후에 또 악화[劣錢]가 널리 사용되었으며, 가령 동전[錢]을 만들어 상품 교환매개로 삼았으며, 이에 동전, 비단과 실물[米]이 겸용되었던 것이 『제민요술』 중에 잘 반영되어 있다고 한다.

93 『태평어람』 권980에서 『광지(廣志)』를 인용한 것은 『제민요술』과 같으며, '돌(突)'은 '돌(葖)'로 쓰고 있다. 『이아(爾雅)』 「석초(釋草)」에는 "'돌(葖)'은 '노비(蘆葩)'라고 한다."라고 하였다. 곽박은 주석하기를 "노복은 민간에서는 '박돌(雹突)'이라고 부른다."라고 하였다. 남송 주밀(周密: 1232-1298년)의 『계신잡식(癸辛雜識)』에서 "오늘날 성도(成都)의 분식점에는 무를 '돌자(葖子)'라고 부르며, … 대개 음식물을 소화시키는 성질이 있으며, 면(麵)의 독을 해소한다."라고 한다. 단옥재(段玉裁)는 『설문해자주(說文解字注)』의 '복(菔)'자를 주석하면서 "'실제 뿌리[實根]'를 보고 사람들이 놀라 '돌(突)'이라고 불렀으며, 간혹 '초머리[艸]'를 덧붙이기도 했다."라고 하였다.

94 '정력(葶藶)': 십자화과(十字花科)로서 학명은 *Draba nemorosa*이며, 원래 들판

씨를 거둔다.[95] 6월 중복 이후에서 7월 사이에 순무를 파종할 수 있으며, 10월이 되면 수확할 수 있다."라고 한다.

冬葵子. 六月中伏後, 七月可種蕪菁, 至十月可收也.

그림 4
순무[蔓菁; 蕪菁]

그림 5
무[蘆菔]

그림 6
배추[菘; 烏塌菜]

그림 7
거적[苫]

의 잡초이다. 종자는 약으로 쓰며 이뇨제와 거담제로 사용한다.

95 이 문장에서 동규(冬葵)는 겨울을 지낸 아욱의 종자를 거두는 것이다.

교 기

3 '주(注)': 『이아(爾雅)』에서 인용한 "蕦, 葑蓯"아래에는 명청 각본에서는 모두 '왕(汪)'자로 되어 있고, 학진본과 점서본에서는 '주(注)'자로 되어 있다. 명초본에서는 이 글자가 빠져 있다. 이 글자는 마땅히 있어야 하며 반드시 '주(注)'자여야 한다. 학의행(郝懿行)의 『이아의소(爾雅義疏)』의 '蕦葑蓯'에는 이 '주(注)'자가 인용되어 있고, 또한 추측하여 "『제민요술』이 인용한 것으로 대개 옛 문장의 것이다."라고 한다.

4 '인장반(人丈反)': 명초본에서는 이 같은 반절음의 작은 주의 두 글자가 모호하여 마치 '문(文)'자와 같이 되어 있다. 명청 각본에서 첫 번째 글자는 '입(入)'으로 되어 있다.

5 '의(擬)': 명청 각본과 『농상집요』에는 마찬가지로 '의(擬)'자로 쓰고 있고, 명초본에서는 '의(𩠐)'자로 쓰고 있다. 왕윈우[王雲五]의 『만유문고(萬有文庫)』 배인본(排印本)에서는 '제(醍)'자로 고쳐 썼으나 이유는 말하지 않았다. 본서의 글자를 사용하는 관습으로 미루어 보건대, 이것은 바로 '~하려고 한다'는 '의(擬)'자일 것이다.

6 '척걸(擲乞)': 명초본과 군서교보에 의거하여 남송본을 초서한 곳에는 '척걸(擲乞)'이라고 쓰고 있으며, 비책휘함 계통의 판본에는 '의걸(擬乞)'이라고 쓰고 있다. 점서본에서는 '의척걸(擬擲乞)'이라고 쓰고 있다. '걸(乞)'자는 '여(予)'자로 해석된다. 묘치위 교석본에 따르면 『한서』 권64 「주매신전(朱買臣傳)」에는 '更卒更乞丐之'라는 구절이 있는데, '걸독기(乞讀氣)', 걸개(乞丐)는 '주다'는 의미이다. 이 같은 용법은 가사협 스스로의 문장에서 나온 것으로, 다만 이 한 곳뿐이다. 이 때문에 여전히 이 '걸(乞)'자는 형태가 '지(之)'자와 유사하여 잘못 쓰였을 가능성이 있다. '척지저(擲之豬)'는 뿌리를 '던지다'는 것으로, 던져서 돼지에게 준다는 의미이다. 혹자는 '의지(擬之)'라고 하는데, 이는 곧 본서에서 흔히 사용하는 '~하여 하려 한다.'는 것이다.

제19장

마늘 재배 種蒜第十九

● 種蒜第十九: 澤蒜附出. 택산을 덧붙임.[96]

『설문(說文)』에 이르기를, "마늘[蒜]은 자극적인 냄새가 나는 채소[葷菜][97]이다."라고 한다.

『광지(廣志)』에 이르기를, "마늘에는 호산(胡蒜)과 소산(小蒜)이 있으며,[98] (별종인) 황산(黃蒜)은 싹은 매우 길지만 마

說文曰, 蒜, 葷菜也.

廣志曰, 蒜有胡蒜小蒜, 黃蒜, 長苗無

96 '택산부출(澤蒜附出)': 이 네 글자의 표제 주는 명초본에 있기는 하지만 편 표제 아래에 있으며, 명청 각본에는 없다. 명초본의 권의 첫 머리에 있는 총 목차 중에도 보이지 않는다. 이것은 곧 본문 중에 택산에 대한 기록이 책이 만들어진 후에 임시로 덧붙여졌음을 말해 준다. 이 때문에 편의 표제 아래에는 비록 새로 첨가된 소제가 기록되어 있지만 총 제목 중에는 도리어 주석을 제시하지 않았다.

97 '훈채(葷菜)': 『설문해자』에서는 "냄새나는 채소이다.[臭菜也.]"라고 한다. 이는 파, 마늘류와 같이 매운 냄새가 나는 채소이지, 고기나 야채요리의 훈채(葷菜)의 '훈(葷)'을 뜻하지는 않는다.

98 '소산(小蒜)': 『본초강목』 권26 '산(蒜)'에 관해 설명하기를, 원래 중국에는 단지 '산(蒜)'만 있었으며, 후에 서역으로부터 호산(胡蒜) 곧, 큰 마늘[大蒜]이 전해지면서 원래의 산은 '소산(小蒜)'으로 불러 구별하였다. 묘치위 교석본에 의하면, 소산(小蒜; *Allium scorodoprasum*)은 즉 큰 마늘과 유사한 식물로서, 큰 마늘과 현저하게 차이가 나는 것은 비늘줄기가 가늘고 작은 것이 염교와 같으며, 그중에는 단지 한 개의 마늘쪽만 있기 때문에, 소위 『하소정(夏小正)』에서는 '난산(卵蒜)'이라 칭하였다. 또한 최표(崔豹)의 『고금주(古今注)』에도 이와 같이 말하였는데, 비늘줄기가 작아서 새의 알과도 같았기 때문이다. '택산(澤蒜)'은 이시진의 설명

늘쪽[科]이 없고, 애뢰(哀牢)[99]에서 생산된다."[100]라고 하였다.

왕일(王逸)은 이르기를,[101] "장건(張騫)은 중국에서 멀리 떨어진 지역을 두루 돌아다니며 처음으로 큰 마늘[大蒜], 포도(葡萄), 거여목[苜蓿][102]을 구해 왔다."라고 하였다.

『박물지(博物志)』에 이르기를,[103] "장건이 서역(西域)에

科, 出哀牢.

王逸曰, 張騫周流絶域, 始得大蒜葡萄苜蓿.

博物志曰, 張騫使

에 따르면 저습지에서 옮겨 심은 것이기 때문에 '택(澤)'이라는 명칭이 있다. 일반 사람들이 야생의 산산(山蒜)과 택산(澤蒜)을 재배한 지 오래된 소산(小蒜)이라고 하는 것은 잘못이다. 『제민요술』의 기록에 따르면 택산은 확실히 반야생, 반재배 과정 중에 있다. '호산(胡蒜)'은 『광지』에서는 대산을 가리킨다고 하지만, 『제민요술』에서 가리키는 바는 상세하지 않다. '황산(黃蒜)'은 쪽으로 나누어지지 않는 마늘로서, 아마 야생의 산마늘[山蒜]일 것이라고 한다.

99 '애뢰(哀牢)': 옛 국명으로서 전한에서 진(晉)에 이르기까지 현재 운남성 영강(盈江), 영평(永平) 등의 현을 '애뢰이(哀牢夷)'라고 칭하였다.

100 '출(出)': 남송본과 점서본, 명초본에는 한 칸이 비어 있다. 묘치위 교석본에서는 노계언(勞季言)이 송본을 교석한 것을 인용하여 '출(出)'자를 보충하였다. 호상본, 진체본(津逮本)에서는 『광지(廣志)』, 왕일(王逸), 반니(潘尼) 세 항목의 인용문이 빠져 있고, 또한 "朝歌 … 之言"의 17자가 빠져 있다.

101 '왕일'은 후한의 문학가로서, 『왕일집(王逸集)』을 저술하였으나 지금은 전해지지 않는다. 『제민요술』에서는 그 부(賦)를 인용하고 있는데, 권2의 「외 재배[種瓜]」, 권4의 「감 재배[種柿]」에 보인다.

102 '포도(葡萄)', '목숙(苜蓿)'은 스셩한의 금석본에는 '복식(蔔蓷)', '석축(昔蓿)'으로 표기하고 있다. 묘치위 교석본에 의하면, '포도'는 황요포교송원본(黃蕘圃校宋原本; 이하 황교본으로 약칭)과 명초본에서는 글자가 괴이하며, 자전에 없다. 니시야마 다케이치[西山武一], 구로시로 유키오[熊代幸雄], 『교정역주 제민요술(校訂譯註 齊民要術)』上·下, アジア經濟出版社, 1969(이후 '니시야마 역주본'으로 간칭함)에서는 노계언(勞季言)이 송본을 교석한 것을 인용하여 '포도(葡萄)'라고 쓰고 있는데, 이를 따랐다. '목숙'은 육심원전록간본(陸心源轉錄刊本; 이후 황교육록본으로 간칭), 장보영전록본(張步瀛轉錄本; 이하 장교본으로 약칭)에서는 글자가 같으며, 명초본에서는 '목(苜)'을 '석(昔)'으로 잘못 쓰고 있고 '숙(蓿)'을 '축(蓄)'으로 쓰고 있는데, 이 또한 자전에 없다.

사신으로 가서 큰 마늘과 호산(胡蒜)을 얻어 왔다."라고 한다.

연독(延篤)[104]이 이르기를, "장건이 가져온 대원(大宛)[105]의 마늘이다."라고 하였다.

반니(潘尼)[106]의 [부(賦) 중에는] "서역의 마늘"이란 구절

西域, 得大蒜胡荽.

延篤曰, 張騫大宛之蒜.

潘尼曰, 西域之

---

103 청대 왕비열(王丕烈)이 간행한 섭씨(葉氏)의 송본『박물지(博物志)』에는 "장건이 서역에 사신으로 갔다가 돌아오면서 호두[胡桃]의 종자를 얻어 왔다."라는 기록만 있다. 반면 청대 전희조(錢熙祚)의 지해본(指海本)『박물지』에는 "장건이 서역에 사신으로 갔다가 돌아오면서 큰 마늘, 안석류, 호두, 포도[蒲桃: 즉, 포도(葡萄)], 호총(胡葱), 거여목, 고수[胡荽], 연지를 만들 수 있는 황람(黃藍) 등을 얻어 왔다."라고 자세하게 적고 있다. 그러나『한서』권96「서역전(西域傳)」에는 단지 포도와 거여목 두 종류만 기재되어 있어『박물지』에서 말한 것을 반드시 믿을 수는 없다.

104 '연독(延篤)'은 후한 때 사람으로, 일찍이 최식(崔寔) 등과 더불어 '동관(東觀)'에서 함께『한기(漢記)』를 편찬하였다.『수서』권35「경적지사(經籍志四)」에는 "후한 경조윤(京兆尹)의『연독집(延篤集)』한 권"이 수록되어 있지만, 지금은 전해지지 않는다. 이 조항은『태평어람』권977 '산(蒜)'에서 '연독이 이문덕에게 준 편지인「여이문덕서(與李文德書)」'를 인용하여 쓴 것이나,『후한서』권64「연독전(延篤傳)」에 기재되어 있는「여이문덕서」에는 이 구절이 없고, 간혹 다른 서신 중에 등장한다.

105 대원(大宛)은 옛 서역의 국명으로, 지금의 중앙아시아 우즈베키스탄 동부의 페르가나 분지[비이간납분지(費爾干納盆地), Fergana Valley]에는 포도와 거여목이 많이 생산되며, 한혈마로도 유명하다. 장건이 서역을 개통한 이후로 한 왕조와 왕래가 점차 빈번해졌으며, 한 무제 때에는 한에 항복하기도 하였다.

106 이 조항은『태평어람』권977 '산(蒜)'조에서 '반니(潘尼)의 조부(釣賦)'를 인용한 것으로, 그 내용은 "서융의 마늘, 남이(南夷)의 생강"이다. 뒤에 한 구절의『제민요술』은 본권의「생강 재배[種薑]」에서 인용하였다. 반니(250-311년)는 서진의 문학가로서, 관직은 태상경(太常卿)에 달했으며, 그 숙부 반악(潘岳)과 더불어 문학으로 이름을 날렸다.『수서』권35「경적지사(經籍志四)」에는 "진(晉) 태상경(太常卿)의『반니집(潘尼集)』열 권"이 기록되어 있으며,『구당서』「경적지」에도 마찬가지이나『송사』「예문지」에는 더 이상 기록되어 있지 않고, 이미 유

이 있다.

조가(朝歌)[107]의 큰 마늘[大蒜]은 매우 맵다. (큰 마늘은) '호(葫)'라고도 일컫는데, 오늘날[북위] 남방인들은 여전히 '제호(齊葫)'[108]라고 부르고 있다. 또 '고수[胡荽]'가 있는데, 이는 곧 '택산(澤蒜)'이다.

마늘은 기름지고 부드러운 토양에 파종하는 것이 좋다.[109] 희고 부드러운 땅은 마늘의 맛이 달고 마늘쪽[110]도 크다. 검고 부드러운 땅은 그다음이다.[111] 굳고 단단한

蒜.

朝歌大蒜甚辛. 一名葫, 南人尚有齊葫之言. 又有胡蒜澤蒜也.

蒜宜良軟地. 白軟地, 蒜甜美而科大. 黑軟次之. 剛強之地,

실되어 전해지지 않는다.

107 '조가(朝歌)': 은대의 도읍지이며 대략 지금의 하남성 기현(淇縣) 부근이다. 한대에 이 지역에 현을 설치했다가 수대에 폐지했다.

108 '제호(齊葫)': 자세한 의미는 알 수 없으며, '제(齊)'는 아마도 남방인의 방언 조사로 추측된다.

109 '산의량연지(蒜宜良軟地)': 큰 마늘[大蒜]의 뿌리는 얕고 거름기를 섭취할 능력이 부족하기 때문에 비옥한 사질양토나 양토 위에 파종하는 것이 가장 적합하다. 이러한 종류의 토양은 비교적 부드럽고 푸석푸석하여 물을 빨아들이고 거름기를 유지하는 성능이 비교적 좋다. 따라서 생산되는 마늘쪽이 크고 함유된 수분이 많아 매운 맛이 상대적으로 옅다. 점성이 강하고 단단한 땅에서는 비늘줄기가 부풀 때 받는 저항력이 크므로, 마늘쪽이 작고 수분도 적으며 매운 맛은 강하다고 한다.

110 '과(科)': 이는 비늘줄기를 가리킨다. 묘치위 교석본에 의하면, 민간에서는 '산두(蒜頭)', '산포(蒜蒲)'라고 불리는데, 실제 이것은 '과(顆)'자이다. 안지추의 『안씨가훈(顏氏家訓)』「서증(書證)」편에서 언급한 『삼보결록(三輔決錄)』에는 "소금, 메주, 산과(蒜果) 모두 한 통속이다."라는 말이 있다. 강남 사인들은 '과(果)'자를 소포의 '과(裹)'자로 읽어서, 소금과 메주와 마늘을 "한 통속에 같이 넣어서 함께 포장한다."라고 말하지만 이는 실로 잘못이다. 사실 '과(果)'는 응당 '과(顆)'로 읽어야 한다. 북방에서는 통상 물건 한 덩어리를 하나의 '과(顆)'라고 부르는데, '산과(蒜顆)'는 민간에서는 이처럼 부른다. 강남 사람들은 단지 '산부(蒜符)'라고 부르는데, 그들은 '과(顆)'라고 부르는 것을 알지 못하기 때문에 '과(果)'를 '과(裹)'

땅은 마늘의 맛이 매우며 마늘쪽도 작다. 부드럽게 세 번 갈이하여 9월 초에 파종한다.[112]

辛辣而瘦小也. 三遍熟耕, 九月初種.

파종하는 방법[種法]: (땅속에 습기가 있어) 누렇게 변할 때,[113] 빈 누거[耬]로 갈고 이랑을 따라가며 손으로 땅에 살짝 붙여 파종한다. 그루 간의 거리는 5치[寸]로 한다. 농언에 이르기를, "(마늘을 파종할 때는) 호미 끝이 좌우로 지나갈 수 있도록 하며[114] 1무의 땅에 만여 그루를 파종한다."라고 한다. 사람이 타지 않은

種法. 黃塲時, 以耬耩, 逐壟手下之. 五寸一株. 諺曰, 左右通鋤, 一萬餘株. 空曳勞. 二月半鋤之, 令

로 잘못 읽은 것이라고 한다.

111 '차지(次之)': 학진본에서는 『농상집요』에 의거해서 '차지(次之)'라고 쓰고 있는데, 이는 옳다. 명초본에서는 '차칠(次七)'이라고 쓰고 있다. 군서교보(羣書校補)가 근거한 남송본의 초서에는 '차대(次大)'라고 쓰고 있는데, 해석하기 어렵다.

112 '구월초종(九月初種)': 묘치위 교석본을 참고하면, 가을에 대산을 파종하는 것은 오늘날 산동, 하남 등 상대적으로 따뜻한 지역으로서, 여전히 추분에서 한로까지(음력 8월 하순에서 9월 상순까지) 파종하며, 다음해 여름에 수확한다. 북쪽의 한랭한 지역에서는 봄에 뿌리고 여름에 수확한다. 청대 기준조(祁嶲藻)의 『마수농언(馬首農言)』 「농언(農諺)」편에 의하면 "'청명에는 집에 있지 않고 백로에는 밖에 있지 않는다.'라고 하는데, 이것은 마늘을 파종하고 마늘을 수확하는 때를 말하는 것이다."라고 한다. 마수[馬首: 지금의 산서성 수양현(壽陽縣)] 지역은 특별히 한랭하여, 봄에 파종하고 가을에 수확한다. 기(祁)의 문생이었던 왕균(王筠)은 주를 달아 말하기를, "안구(安丘: 지금의 산동성 안구)는 날씨가 따뜻하여, 겨울에 마늘을 파종하고 5월에 출하한다. 그 때문에 하지에는 마늘을 깎지 않고 반드시 마늘쪽을 하나하나 떼어 낸다."라고 한다.

113 황장(黃塲): 스셩한의 금석본에서는 '황장(黃暘)'으로 쓰고 있다. 묘치위에 따르면 '장(塲)'과 '장(暘)'은 같은 글자이며, 지금의 '상(墒)'자로서 명초본에서는 '황장(黃場)'으로 잘못 쓰여 있다고 한다.

114 '좌우통서(左右通鋤)': 그루 간의 간격이 5치[寸]이나 단순히 이는 그루의 간격에 머물지 않고, 호미 머리가 지나갈 수 있게 해야 한다.

빈 끌개[空勞]를 써서 평평하게 골라 준다. 2월 중순이 되면 호미질을 시작하는데, 모두 세 차례 한다. 풀이 없다고 해서 호미질을 하지 않으면 안 되는데, 호미질을 하지 않으면 마늘쪽이 작아진다.[115]

滿三遍. 勿以無草則不鋤, 不鋤則科小.

마늘종대가 구부러지면 뽑아 준다.[116] 뽑지 않으면 외쪽 마늘[獨科][117]이 된다.

條拳而軋之. 不軋則獨科.

잎이 누레지면 끝이 뾰족한 봉을 이용하여 마늘쪽을 파내고, 엮어서 지붕 아래 바람이 잘 통하는 서늘한 곳의 가로대에 걸어 둔다.[118] 일찍

葉黃鋒出, 則辮, 於屋下風涼之處桁之. 早出

115 마늘에 호미질을 하면 제초가 될 뿐만 아니라, 토양을 부드럽게 일구어 토양온도를 높여서 생장발육을 촉진하고 마늘쪽의 형성과 성장에 유리하다.

116 '조(條)'는 마늘 종대를 가리키고, '권(拳)'은 구부러진 것을 뜻하며, '알(軋)'은 뽑는다는 뜻이다. 이것은 마늘종대가 확실하게 구부러졌을 때 뽑아 거두어야 함을 의미한다. 대개 종대가 드러난 후 10-15일 이후가 되면 현저하게 구부러지기에 오늘날 사람들은 이때를 마늘 종대를 뽑는 적기로 삼고 있다. 너무 빠르면 생산량이 낮고, 너무 늦으면 조직이 거세고 섬유질도 많아 먹기에 좋지 않으며, 또한 양분의 소모도 많아 마늘쪽의 빠른 성장에 영향을 끼친다.

117 '독과(獨科)': 외쪽마늘이다. 묘치위 교석본에 의하면, 큰 마늘[大蒜]의 마늘쪽을 파종하고, '원 마늘을 해체[退母]'한 후에 꽃눈과 비늘눈이 분화하면서 그루는 왕성한 생장기로 진입한다. 마늘종대를 뽑은 후에는 끝부분에 양분이 가지 않게 되면서, 양분이 대량으로 비늘줄기로 내려가고, 비늘줄기가 급속도로 커지면서 마늘쪽은 이내 크게 팽창하는 시기로 접어들어 많은 큰 마늘의 마늘쪽이 생산된다. 만약 그루의 영양조건이 부족하거나, 봄에 파종이 지나치게 늦어서 춘화시기의 적당한 온도의 요구를 만족시키지 못하게 되면 비늘눈이 자랄 수 없는데, 잎집[葉鞘] 아래 부분의 가장 안쪽 층이 점차 커지면서, 최후에는 쪽이 나누어지지 않는 외쪽 마늘이 형성된다. 그러나 마늘종대를 뽑지 않으면 외쪽 마늘이 된다는 것은 결코 필연적이지 않다고 한다.

118 '항(桁)'은 걸쳐 둔 가로대[橫木]와 같은 것으로, 이는 곧 좋은 마늘을 서로 묶어

파낸 마늘은 껍질이 붉고[119] 마늘쪽이 단단하여 먼 곳으로도 운송할 수 있지만, 다소 늦게 파낸 것은 껍질이 터지고[皴][120] 마늘쪽도 부서지기 쉽다.

者, 皮赤科堅, 可以遠行, 晩則皮皴而喜碎.

겨울에 날씨가 차가워지면[121] 볏짚[122]을 땅 위에 펴서 마늘 한 줄을 얹고, 볏짚 한 줄을 그 위에 덮어 준다. 그렇지 않으면 마늘이 곧 얼어 죽을 수 있다.

冬寒, 取穀稈布地, 一行蒜, 一行稈. 不爾則凍死.

마늘종대에서 거둔 마늘씨[123]를 파종한 것은

收條中子種者, 一年爲獨瓣,

가로대에 걸어 두려는 것이다.

119 '피적(皮赤)'은 자색껍질의 마늘을 파종하는 것으로, 대개 마늘이 굵고 종대도 잘 뽑힌다.

120 '준(皴)': 트거나 터진다는 의미이다. 스셩한의 금석본에 따르면, 비책휘함 계통의 판본에는 '괴(壞)'자로 되어 있으며, 명초본에는 '준(皴)'으로 쓰여 있다. 남송본에 의거한 군서교보에는 '준(皴)'으로 쓰여 있고, 그 아래에 '양(壤)'자의 작은 협주가 한 자 달려 있다. 학진본에 근거한 『농상집요』에서는 '태(皺)'로 쓰고 있고, 주의 뒤쪽에 "皺, 他骨反. 皮壞也."라는 문장이 붙어 있다.

121 '동한(冬寒)': 묘치위 교석본을 참고하면, 이 단락은 노지(露地)에 있는 마늘 그루 위에 조의 줄기를 한 줄 한 줄 덮는 것을 설명한 것으로, 마늘을 따뜻하게 하여 겨울을 나게 하는 것이지, 결코 뾰족한 봉(鋒)으로 파낸 후의 (그것을 엮어서 걸어 둔) 마늘쪽을 가리키지는 않는다. 재배 순서에 따르면 이 단락은 전도된 것으로 "2월 중순에 호미질을 한다."라는 조항 앞에 배열해야 한다고 한다. 스셩한은 이 구절을 마늘을 수확한 후에 저장하기 위해서 조의 줄기를 덮어 주는 것으로 해석하고 있으나, 묘치위의 견해가 보다 합당한 듯하다.

122 '능(稈)': 이것은 '곡양(穀穰)'으로서, 즉 탈곡한 이후에 남아 있는 볏짚 줄기와 벼 껍질을 말한다.

123 '조중자(條中子)': 종대의 꼭대기 위에 꽃차례[花序] 속에 끼어 있는 '알눈[珠芽]'으로서, 형상은 작은 마늘쪽과 같으며, 파종하여 2년째가 되면 싹과 잎이 자라난다. 묘치위 교석본을 보면 마늘종대 위에서 자란 비늘줄기[鱗莖]로서 산주(蒜珠), 천산(天蒜)이라고도 한다. 『본초도경(本草圖經)』에는 큰 마늘[大蒜]은 "그 꽃 속

첫 해에는 단지 외쪽 마늘이 되고, 심은 지 2년째가 되면 큰 마늘로 자란다.

마늘쪽은 크기가 모두 주먹만 하여 보통의 마늘보다 좋다. 이랑 아래에 작은 기와 한 조각을 깔아서 외쪽 마늘을 기와 위에 놓고 다시 흙을 덮으면 마늘쪽이 편편하고 넓게 자라서 매우 커지는데, 그 형상이 특이하여 매우 진귀하다.

오늘날 (산서 지역의) 병주(并州)[124]에는 큰 마늘[大蒜]이 없어서 모두 (하남 지역의) 조가(朝歌)에서 종자를 가져와 심는다. 파종한 지 1년이 되면 다시 백자산(百子蒜)[125]이 되는데, 그 마늘쪽은 거칠고 가늘어 마치 마늘종대 속의 씨와 같다. (그리고 병주의) 순무[蕪菁]의 뿌리는 모두 사발만 한 크기인데, 다른 주(州)의 종자를 가져다가 파종한 지 1년이 되면 매우 크게 변한다. 마늘쪽은 작아지고, 순무 뿌리는 커

種二年者, 則成大蒜. 科皆如拳, 又逾於凡蒜矣.

瓦子壠底, 置獨瓣蒜於瓦上, 以土覆之, 蒜科橫闊而大, 形容殊別, 亦[7]足以爲異.

今并州無大蒜, 朝歌取種. 一歲之後, 還成百子蒜矣, 其瓣麤細, 正與條中子同. 蕪菁根, 其大如椀口, 雖種他州子, 一年亦變大. 蒜瓣變小, 蕪菁根

에 열매가 있으며, 이 또한 쪽마늘과 같아 아주 작고 파종할 수 있다."라고 한다. 산주는 마늘쪽과 유사하지만 그 개체가 작고 쪽수도 많고 극히 가늘다. 큰 마늘[大蒜]은 마늘쪽으로 번식하는 것이지만 사용할 종자량이 매우 커고 또 부단히 무성번식을 진행하여 생활력이 쇠퇴되면서 마늘쪽이 작게 변한다. 가사협은 특수기술을 사용하여 산주번식으로 바꾸었는데, 도리어 의외의 발견이 우량한 특성을 회복하는 작용을 하였다.

124 '병주(并州)'는 오늘날 산서성 북부로서, 주(州)의 치소는 태원(太原)이다.

125 '백자산(百子蒜)': 마늘쪽이 유달리 작고 가늘며, 또한 마늘쪽이 매우 많은 것을 가리킨다. 묘치위 교석본에 의하면, 병주의 기후는 매우 한랭하여, 큰 마늘[大蒜]은 가을에 파종할 수 없다. 하남성 기현의 가을에 파종하는 큰 마늘이 옮겨와 병주에 파종하게 되면서 봄에 파종하는 것으로 바뀌었으며, 환경조건이 갑자기 변함에 따라서 잎겨드랑이 사이의 곁눈의 분화가 지나치게 많아, 가늘고 많은 백자산의 마늘쪽이 만들어진 것이라고 한다.

진다. 두 가지의 변화가 서로 상반되는 원인을 추측하기가 어렵다. 또 (순무는) 8월 중에 이미 다 자라며, 9월 중에는 비로소 꽃과 종자를 거둘 수 있다. 오곡, 채소, 과실에 있어서도 다른 지역과 더불어 성숙의 빠르고 늦은 것이 차이가 없는데도 이상한 점이 있다. (또한) 병주의 완두는 정형(井陘)[126]의 동쪽으로 건너갔으며, 산동[127]의 조는 (산서 지역의) 호관(壺關), 상당(上黨)[128]에도 들어가 재배되었지만 싹은 트나 결실은 맺지 못하였다. 이것은 모두 내가 직접 눈으로 본 것이지 결코 단순히 전해 들은 것은 아니다. 이것은 대개 토지 조건이 다름으로 인해서 생겨난 현상이다.[129]

變大. 二事相反, 其理難推. 又八月中方得熟, 九月中始刈得花子. 至於[8]五穀蔬果, 與餘州早晚不殊, 亦一異也. 并州豌豆, 度井陘以東, 山東穀子, 入壺關上黨, 苗而無實. 皆余目所親見, 非信傳疑. 蓋土地之異者也.

택산澤蒜을 파종하는 방법: 미리 땅을 갈아 택산두[130]가 익었을 때 거두어 흩어 뿌리고 끌개[勞]로 평평하게 골라 준다. 택산은 음식의 향을 돋우게 한다.[131] (강남 지역의) 오나라 사람은 음식

種澤蒜法. 預耕地, 熟時採取子, 漫散, 勞之. 澤蒜可以香食.

126 '정형(井陘)'은 현재의 하북성 정형으로 태항산(太行山)의 동쪽에 위치한다.

127 산동(山東)은 태항산 동쪽을 가리키며 지금의 산동성을 뜻하지는 않는다.

128 '호관(壺關)', '상당(上黨)'은 지금의 산서성 동남 모퉁이의 호관, 장치(長治) 일대 지역이다. 관이다[管義達], 『제민요술금역(齊民要術今譯)』, 山東濟南, 2000('관이다의 금석본'으로 약칭)을 보면, 호관현은 한나라 때 설치하였으며, 상당현(上黨縣)은 수대에 설치하였다고 한다.

129 '토지지이(土地之異)': 지세·토양·기후·일조량·수질·병충해 등 다방면의 종합적인 요소를 포괄하고 있다. 식물은 일정한 지역에서 대대손손 번식하고 생활하면서 생활환경에 동화되고 단련하여 적응하며, 동시에 보수성을 갖게 된다. 그러나 하루아침에 환경조건이 갑자기 크게 변하면, 식물도 적응하지 못하고 좋지 않은 환경의 영향에 끝없이 저항하여, 종종 변이가 출현한다. 가사협은 이 같은 변이적 현상을 '토지지이(土地之異)'라고 하였다.

130 '자(子)'는 비늘줄기, 곧 택산두(澤蒜頭)를 지칭하며, 종자를 가리키지 않는다.

을 조리할 때[132] 대부분 이것을 사용한다. (택산의) 비늘줄기[根]와 잎은 조리하여 소금에 절인 채소로 만들면[133] 마늘과 부추보다도 좋다.

吳人調鼎, 率多用此. 根葉解菹, 更勝葱韭.

이 같은 마늘은 번식이 왕성하여 한 번 파종하면 이후에도 계속 남아 있어 무성하게 뻗어 나가서 해마다 점차 확산된다. 중간에 한 덩이를 파내어도 곧바로 자라 채워져 하나로 합쳐진다.[134] 몇 무의 땅에 파종하여도 오래도록 먹을 수 있다. 이미 파종한 곳은 땅이 부드러워져 야생에서 자란 것보다 좋다.

此物繁息, 一種永生, 蔓延滋漫, 年年稍廣. 間區斸取, 隨手還合. 但種數畝, 用之無窮. 種者地熟, 美於野生.

최식이 이르기를, "뻐꾸기[布穀][135]가 울 때 소

崔寔曰, 布穀

131 '향(香)': 여기서 동사로 쓰인다. 즉 향기를 띤 '배합[調和]'이나 '조미료[作料]'를 조리할 때 혹은 이미 쪄서 익은 음식물에 넣어 음식에 향기를 나게 하는 것이다.

132 '정(鼎)'은 옛날 조리기구이며, 널리 어육풍미(魚肉風味)를 가리킨다.

133 '해저(解菹)': 『농상집요』에서는 '작저(作菹)'라고 쓰고 있다. 명초본에서는 '해저(解菹)'로 쓰고 있는데, 권8에 있는 '해(解)'자의 용법에 의거해 볼 때 '해저(解葅)'는 잘못 쓰인 것이 아니다. 묘치위 교석본에 따르면 해(解)는 묽게 하는 것을 뜻하며, 조미료를 가하여 비린내를 해소하는 것이다. 저[菹]에는 두 가지 종류가 있는데, 하나는 소금에 절인 채소이고, 다른 하나는 절인 고기이다. 여기서 '정식(鼎食)'은 맛이 짙은 고기를 절인 것을 가리키는 것으로, 택산(澤蒜)의 '근엽(根葉)'을 넣어 향료로 만든 것인데 비린내와 기름기를 제거한다. 『왕정농서』「백곡보사(百穀譜四)·산(蒜)」편에서는 『제민요술』을 인용하여 또한 '해저(解菹)'라고 쓰고 있다.

134 '간구촉취(間區斸取)'는 규칙 없이 구덩이를 판다는 뜻이며, '수수환합(隨手還合)'은 재빨리 번식하여 빨리 채워져 합해지는 것이다.

135 '포곡(布穀)': 두견과의 뻐꾸기[大杜鵑]로 발고(勃姑) 또는 곽공(郭公)이라고도 하며, 모두 그 소리를 형용하여 지은 이름이다. 곡우 후에 울기 시작하여 하지 이후에 멈추는데, 묘치위의 교석본에 따르면 사람들은 일찍이 그것을 물후조(物候鳥)

산小蒜을 수확하고, 6월과 7월에는 소산을 파종하며, 8월에는 큰 마늘[大蒜]을 파종할 수 있다." 라고 한다.	鳴, 收小蒜, 六月七月, 可種小蒜, 八月, 可種大蒜.

교 기

7 '역(亦)': 명초본 등에는 글자가 같으나, 황교본, 장교본, 호상본에는 '부(不)'로 잘못 쓰고 있다.

8 '지어(至於)': 명초본과 군서교보에서 의거한 남송본에서는 모두 '전어(全於)'로 잘못 쓰고 있다.

라고 인식하였다고 한다.

제20장

염교[136] 재배 種䪥第二十

『이아(爾雅)』에 이르기를, "염교[䪥]는 홍회(鴻薈)이다."라고 하였다. 곽박은 주석하여,[137] "(이는) 해채(䪥菜)이다."라고 하였다.

爾雅曰, 䪥, 鴻薈. 注曰, 䪥菜也.

염교는 희고 부드러운 양질의 토양에 재배해야 하며, 3번 갈아엎는 것이 좋다.

䪥宜白軟良地, 三轉乃佳.

2월과 3월에 파종한다. 8-9월에 파종해도 좋다. 가을에 파종한 것은 이듬해 늦봄[春末]에 비늘줄기가 성숙한다.[138]

二月三月種. 八月九月種亦得. 秋種者, 春末生. 率七

---

136 묘치위 교석본을 보면, 백합과의 염교[薤; *Allium chinense*]는 옛날에는 '해(䪥)'자로 썼으며, 민간에서는 '유두(藠頭)'라고 한다. 비늘줄기가 좁고 계란형으로, 식용한다. 중국의 현재 서남 지역의 각 성에서 많이 재배하고 있다고 한다.

137 '주왈(注曰)': 금본의 『이아』에는 '주왈(注曰)' 다음에 또 '즉(即)'자가 있으며, 『태평어람』 권477에 인용한 것도 마찬가지이다. 곽박이 주석하기를 "即䪥菜也."라고 하였는데, 묘치위 교석본에 의하면, 여기서 '즉(即)'자는 사람들이 '해(䪥)', '채(菜)'라고 잘못 읽지 못하게 한 것이라고 한다.

138 '춘말생(春末生)': '생(生)'은 비늘줄기가 생장하여 성숙하는 것을 가리킨다. 『제민요술』의 염교는 봄에 파종하는 것도 있고 가을에 파종하는 것도 있는데, 이것은 가을에 파종하는 것으로서 2년생 재배로 월동한 이후에 염교를 수확한다. 다

대개 7-8개를 한 구덩이에 심는다.[139] 농언에 이르기를 "파[葱]는 세 뿌리, 염교[䪥]는 네 개"라는 말이 있다. 이것은 파를 옮겨 심는 것은 세 뿌리를 한 구덩이에 심고, 염교를 옮겨 심을 때는 네 개를 한 구덩이에 심는다는 것이다. 그러나 (염교)파종 개수가 많아지면 구덩이가 둥글고 커지기 때문에 7-8개를 한 구덩이의 표준으로 삼은 것이다.

염교[䪥子][140]는 3월에 잎이 (되살아나) 푸른빛을 띨 때 파낸다. 푸른빛을 띠지 않을 때 파내면, 비늘줄기가 알차지 않고 염교가 작아진다.[141] **햇볕에 말려서 (손으로) 비벼 마른 껍질[142]을 떼어 내고 죽은 뿌리[143]**

八支爲一本. 諺曰, 葱三䪥四. 移葱者, 三支爲一本, 種䪥者, 四支爲一科. 然支多者, 科圓大, 故以七八爲率.

䪥子, 三月葉青便出之. 未青而出者, 肉未滿, 令䪥瘦. 燥曝, 挼去莩

음 문장의 늦봄 3월에 염교를 수확하는 것은 곧 가을에 파종한 것이다. 묘치위 교석본에 따르면, 어떤 책에서는 '발아(發芽)'라고 번역하고 있는데, 8-9월에 파종하면 늦봄에 비로소 발아하므로 이치에 맞지 않다. 이것은 바로 겨울에 파종하는 뿌리를 묻는[埋頭] 채소이며, 역시 봄에 해동하면 자라기 때문에 늦봄에 싹이 날 수 없다. 『농상집요』에서는 "秋種者, 春末生."이란 구절을 삭제하였는데 아마도 발아라고 해서 삭제한 것으로 이해된다고 한다.

139 '率七八支爲一本': 이는 염교 7-8개를 한 구덩이에 심었다는 의미이다. '지(支)': 염교[䪥]는 한 개라고 하고, 파[葱]는 한 뿌리라 한다. '본(本)': 다음 문장의 '과(科)'로서 글자를 바꾸었을 뿐이고 포기[科叢]를 말하며, 한 구덩이를 가리켜 말하는 것이지 한 개의 비늘줄기를 뜻하는 것은 아니다. 묘치위의 교석본에 따르면, 염교는 가지치는[分蘖] 힘이 강하여 통상 한 개의 쪽을 파종하는데, 비늘줄기가 크고 작음에 따라서 한 구덩이에 3-4개를 파종하여, 많은 수의 작은 비늘줄기를 얻을 수 있다. 『제민요술』은 일반적으로 '총삼해사(葱三䪥四)'의 파종법을 채용하지 않고 7개의 뿌리를 고쳐서 7개의 뿌리를 한 구덩이에 심어서 구덩이를 더욱 둥글고 크게 팠던 것이라고 한다.

140 '해자(䪥子)': 번식용 비늘줄기, 즉 '종구(種球)'를 가리키며 씨[種子]를 가리키지는 않는다. 이것은 바로 가을에 염교를 파종하여 늦봄에 수확한다는 것이다.

141 '해수(䪥瘦)': 비늘줄기가 아직 알이 차지 않아서 종자로 쓸 수 없는 것을 뜻한다.

를 잘라 낸다. 죽은 뿌리를 남겨 두거나 또 햇볕에 말리지 않은 것은 비늘줄기가 쪼그라들고 가늘어져서 튼실하게 자랄 수 없다. 먼저 누거[耬]로 두 차례 갈고,[144] 이랑이 마르기를 기다렸다가 구덩이를 파서 파종한다. 이랑이 마르면 염교가 통통하게 잘 자라고, 누거로 두 차례 갈아 주면 (더욱 부드러워져서) 염교가 희고 더욱 잘 자란다. 대개 포기 간의 거리는 한 자[尺]로 한다. 새 잎이 나면 김매기를 시작하고, 김매기 횟수는 많을수록 좋다. 염교를 재배한 땅은 잡초가 자라기 쉬우며, 잡초가 많으면 염교가 쪼그라들게 된다.[145] 5월에 끝이 뾰족한 봉鋒으로 한 차례 김매기를 해 주고, 8월 초에는 갈이한다. 갈이하여 복토하지 않으면 염교의 비늘줄기의 흰

餘, 切却強根. 留強根而濕者, 即瘦細不得肥也. 先重耬耩地, 壟燥, 掊9而種之. 壟燥則䪥肥, 耬重則白長. 率一尺一本. 葉生10即鋤, 鋤不厭數. 䪥性多穢, 荒則羸惡. 五月鋒, 八月初耩. 不耩則白短.

---

142 '부(莩)'자는 '부(稃)'자로 통하며, '부여(莩餘)'는 비늘줄기 표피의 마른 껍질, 즉 말라서 쪼그라든 바깥의 막 같은 비늘을 가리킨다.

143 '강근(強根)': 말라서 쪼그라들어 단단해진 뿌리이다. 묘치위 교석본에 의하면, 말라죽어서 단단하게 된 뿌리줄기와 수염뿌리가 남아 있으면 파종한 염교가 물을 빨아들이는 데 영향을 주며, 아울러 새로운 뿌리의 발생을 방해하기 때문에 파종 전에 수염뿌리를 잘라 내야 한다고 한다. 스성한의 금석본에서는 '강근(畺根)'으로 쓰고 있다. 학진본은 『농상집요』에 의거하여 '강(殭)'으로 쓰고 있다. '강(畺)'자를 차용하여 '강(殭)'자로 쓸 수 있다.

144 '중루강지(重耬耩地)': 옮겨 심은 고랑을 다시 한 번 갈이하여 더욱 깊고 더욱 넓게 한다. 본권 「거여목 재배[種苜蓿]」에는 "누리로 땅을 두 번 갈아 이랑을 깊고 넓게 해 준다."라고 하였는데, 이와 같이 하면 염교의 뿌리가 희고 길게 자란다.

145 "䪥性多穢, 荒則羸惡": '예(穢)'는 잡초이며, '다예(多穢)'는 잡초가 자라기 쉽다는 것이다. 염교는 곧게 자라고 가늘어서 포기 밖에 잡초가 자라기 쉬우므로, 김매기를 하지 않으면 풀이 많이 자라게 된다. '황(荒)'은 (풀이 많아) 염교가 쪼그라드는 것이다.

부분이 짧아진다.

잎은 잘라서는 안 된다. 잎을 자르면 염교 비늘줄기의 흰 부분이 잘 자라지 않으며, 식용으로 쓸 것은 별도로 심는다.[146]

葉不用剪. 剪則損白, 供常食者, 別種.

9-10월에 파내어서 내다 판다. 오래된 것은 팔기에 적합하지 않다.

九月十月出賣. 經久不任也.

미리 파종할 염교의 뿌리[147]를 준비하여, 봄에 땅이 해동하면 꺼내어 즉시 햇볕에 말린다.

擬種子, 至春地釋, 出即曝之.[11]

최식崔寔이 이르기를, "정월에 염교[䪥]·부추[韭]·갓[芥]을 파종할 수 있다.[148] 7월에는 염교를

崔寔曰, 正月, 可種䪥韭芥.[12]

---

146 '별종(別種)': 묘치위는 이것을 "별도로 약간을 파종하여 평상시에는 잎을 잘라서 먹을 수 있다."라고 하였으며, 스셩한의 금석본에서는 "나누어서 옮겨 심는다."고 해석하였는데, 묘치위의 해석이 보다 타당한 듯하다.

147 '의종자(擬種子)': 여기서 봄에 파종한 염교는 그해 9-10월에 염교의 비늘줄기를 수확하고, 종자로 남긴 것은 이듬해 봄에 해동할 때 파낸다. 이는 봄에 파내어 미리 옮겨 심을 종자를 준비하기 위한 작업인 듯하다.

148 이것은 온실을 이용하여 채소를 재배하는 것으로, 『한서』 권89 「소신신전(召信臣傳)」에 이미 황가 '태관원(太官園)'에서 이를 행했던 것이 기록되어 있다. 묘치위 교석본에 의하면, 후한 대에 '때가 아닌 작물[不時之物]'을 배양한 것이 발전되어 『후한서』 권10 「등황후전(鄧皇后傳)」에서는 두 가지 방법을 제시하고 있다. 한 방법은 '덮어 열을 내게 하여 억지로 익히게 하는 것[鬱養强熟]'으로, 왕선겸(王先謙)은 『후한서집해(後漢書集解)』에서 『자치통감』의 호삼성(胡三省)의 주를 인용하여 이르기를, "그 아래 불을 지펴 땅의 기운을 따뜻하게 해서 길러서 억지로 앞서서 익게 한 것이다."라고 하는데, 이것이 온실 재배법이다. 다른 방법은 '구덩이를 파서 싹을 틔우는 법[穿鑿萌芽]'으로, 대개 흙구덩이를 파서 북쪽 면에 쌓아 두어 바람막이로 삼아서 구덩이 속이 지면보다 비교적 높은 온도를 유지하도록 하고, 구덩이 속 채소 싹의 발육을 촉진하는 것이다. 이러한 방법은 또한 황궁의 관부에서 민간으로 확대, 발전시켰을 가능성이 있으며, 『염철론(鹽鐵論)』 「산

떼어서 옮겨 심는다."라고 하였다.

七月, 別種韰矣.

교 기

9 '부(掊)': 명초본에서는 '부(掊)', 즉 '부갱[掊坑, '알갱(搰坑)', '알갱(挖坑)']'으로 쓰고 있는데, 이는 옳다. 호진형(胡震亨)의 『비책휘함각본(秘冊彙函刻本)』(이후 '비책휘함본' 혹은 '비책휘함계통의 판본'으로 약칭)과 『농상집요』에서는 '배(培)'로 쓰고 있으며, '부(掊)'자와 같지 않다.[그 뜻이 '부(掊)'자만 못하다.] 묘치위 교석본에 의하면, 명초본에서는 '부(掊)'자로 쓰고 있는데, 즉 '포(刨)'자이며 식물의 구덩이를 파는 것을 의미한다. 명각본에서는 '배(培)'자로 쓰고 있는데, 잘못이라고 한다.

10 '생(生)': 다른 본에서는 이와 동일하나, 명초본에서는 '주(主)'자로 잘못 쓰고 있다.

11 '출즉폭지(出即曝之)': 『농상집요』와 비책휘함 계통의 판본에는 '출(出)'자가 없다. 앞의 "파내서 파종하기 전에 먼저 말린다."라는 해석에 의거해 보면 '출(出)'자는 매우 의미가 있다.

12 '개(芥)': '개(芥)'자는 명초본에는 있지만 명청 각본에는 모두 없다. 마땅히 없어야 할 듯하지만, 잠시 의문을 남겨 둔다.

부족(散不足)」에서 부자들이 사용한 식품 중에 '겨울아욱과 온실 부추가 있다고 한 것'도 분명 온실을 이용해서 재배한 '때가 아닌 작물'이다. 여기서 최식이 정월에 갓을 재배했다고 언급한 것은 일반적으로 매우 빠르다. 그러나 중앙과 지방의 관원들이 온도를 높이는 조치를 취하여 '때가 아닌 작물[不時之物]'을 배육하는 일이 거의 불가능한 것은 아니었다고 한다.

제21장

파 재배 種葱第二十一

『이아(爾雅)』에 이르기를,[149] "달래[茖][150]는 산총(山葱)이다."라고 한다. 곽박은 주를 달아 "각총(茖葱)은 줄기가 가늘고 잎은 크다."라고 해석하고 있다.

『광아(廣雅)』에 이르기를,[151] "곽(藿)·담(薵)·저(蕏)는 모두 파이다. 그 꽃줄기[蓊][152]를 장다리[薹]라고 일컫는다."라고 한다.

爾雅曰, 茖, 山葱. 注曰, 茖葱, 細莖大葉.

廣雅曰, 藿薵蕏, 葱也. 其蓊謂之薹.

149 『이아(爾雅)』「석초(釋草)」.

150 '각(茖)'은 곧 각총(茖葱; *Allium victorialis*)이다. 뿌리 형태의 줄기를 띠고 있으며, 그 잎은 피침(披針) 모양의 장방형 혹은 타원형으로, 아래 부분의 잎집[葉鞘]은 좁고 긴 줄기 같은 것을 싸고 있는데, 이것이 이른바 '줄기는 가늘고 잎은 큰 것'이다. 야생은 그늘지고 습한 산비탈에서 자라며 '산총(山葱)'의 일종이다.

151 금본의 『광아(廣雅)』에는 "薵蕏葱也, 蓊薹也"라고 하여 서로 연결되어 있지만 두 항목은 서로 관계가 없다. '곽(藿)'은 콩잎으로서 이 조문의 내용과 다소 거리가 있다. 스셩한의 금석본에서는 본서를 전사하여 새길 때 잘못인지 아니면 『광아』의 잘못인지, 여전히 확정을 할 필요가 있다고 보았다.

152 '옹(蓊)': 이는 곧 장다리[薹]이다. 왕염손은 『광아(廣雅)』「소증(疏證)」에서 "오늘날 풀심[草心]에서 줄기가 돋아나 꽃을 피우는 것을 장다리라고 하고, 그것을 옹(蓊)이라고 한다. 옹(蓊)이란 말은 울옹(鬱蓊)에서 비롯되었다."라고 한다.

『광지(廣志)』에 이르기를,[153] "파에는 겨울파[冬葱], 봄파[春葱] 두 종류가 있다. 호총(胡葱)[154] · 목총(木葱) · 산총(山葱)도 있다."라고 한다.

廣志曰, 葱有冬春二葱. 有胡葱木葱山葱.

『진령(晉令)』[155] 중에는 자총(紫葱)이 있다고 기록되어 있다.

晉令曰, 有紫葱.

수확한 파 종자[156]는 반드시 얇게 펴 그늘

收葱子, 必薄

153 『광지(廣志)』의 이 구절은 『태평어람』 권977에서 인용한 바는 단지 "葱有胡葱木葱"의 6자만 있으며, 『제민요술』을 인용한 전후 문장에는 없다.

154 '호총(胡葱)': 작은 그루 형태인 파의 한 유형으로 비늘줄기 외피는 적갈색을 띠고 있어 화총(火葱)이라고 부른다. 분얼력이 매우 강하고 쉽게 씨를 맺지 않으며, 그루 나누기 방식으로서 번식한다. 남방에서 많이 재배된다.

155 '진령(晉令)': 『구당서』 권46 「경적지상(經籍志上)」의 형법류에는 "『진령(晉令)』 40권은 가충(賈充) 등이 찬술하였다."라고 기록되어 있다. 진(晉)이 위(魏)나라로부터 선양을 받기 1년 전(264년) 수정을 시작하여 진대에 반포하였는데, 당연히 위나라의 법령을 준수하였다. 『진서』 권70 「가충전(賈充傳)」에 의하면 수정에 함께 참가한 사람으로는 순욱(荀勖), 양우(羊祜), 성공수(成公綏) 등 14인이 있었다. 가충(217-282년)은 서진(西晉)의 대신으로서 사마씨(司馬氏)의 총애를 받았으며 진이 위를 대신하는 음모에 가담하였고 관직은 사공(司空)과 상서령(尙書令)에 이르렀다.

156 파의 종류가 많은데 『제민요술』에서 기술한 것은 대파[大葱; *Allium fistulosum*]이다. 이는 큰 그루 형태의 파로서, 생으로는 파의 흰 부분을 주로 먹으며 북방인이 가장 즐겨 먹는 중요한 채소이다. 종자로 번식하며, 남방인이 즐겨 먹는 작은 그루 형태의 파(향과 매운 맛이 비교적 진한)는 비늘줄기나 그루 나누기 법으로 번식하는 것과 다르다. 대파[大葱]는 『제민요술』에서는 3년생 채소 재배로 하는데, 즉 첫 해 가을에 씨를 파종하여 노지에서 어린 싹을 월동하게 하고, 이듬해 봄에 다시 푸른색으로 되살아나며 여름이 되면 잎이 연하고 부드러워져서 푸른 파를 수확할 수 있다. 이를 '실파[小葱]'라고 한다. 가을이 되면 날씨가 서늘해져 파의 흰 비늘줄기가 길고 통통하게 자라기에 가장 적합하고 겨울이 되면 파의 흰 비늘줄기를 수확할 수 있는데, 또한 봄에 수확할 수도 있다.(『제민요술』에서는 2-3월에 수확한다.) 줄기가 거칠고 크다고 하여서 '대파[大葱]'라고 한다. 종자로

에 말려서 눅눅하여 뜨지[157] 않도록 해야 한다. 파는 성질이 열이 많아[158] 뜨기 쉬운데, 뜨게 되면 싹이 나지 않는다.

파를 파종하려는 땅에는 반드시 봄에 먼저 녹두를 파종하고 5월에 녹두를 갈아엎어[159] 죽인다.

7월이 되면 다시 몇 차례 갈아엎는다.

1무畝의 땅에는 4-5되[升]의 종자를 파종한다. 좋은 땅에는 5되의 종자를 파종하고, 척박한 땅에는 4되의 종자를 파종한다. 볶은 곡물을 함께 섞어 준다. 파의 종자는 (각이 지고) 껄끄러워서[160] 조[穀]와 함께 섞지 않으면 골고루 파종할 수 없다. 곡식을 볶지 않으면 잡초가 된다. 누

布陰乾, 勿令浥鬱. 此葱性熱, 多喜浥鬱, 浥鬱則不生.

其擬種之地, 必須春種綠豆, 五月掩殺之. 比至七月, 耕數遍.

一畝用子四五升. 良田五升, 薄地四升. 炒穀拌和之. 葱子性澀, 不以穀和, 下不均調. 不

남긴 것은 노지에 두고 월동을 하며 3년째 여름이 되면 꽃이 피고 열매가 맺어서 종자를 수확할 수 있다. 이때 대파의 생명주기는 비로소 끝나며 완전히 생육하는 시기는 22-23개월 정도 지나야 한다.

157 '읍(浥)': '읍(裛)'자로 써야 한다.(본권 「아욱 재배[種葵]」 주석 참조.)

158 '성열(性熱)': 대파[大葱] 종자는 종자의 껍질이 두껍고 배아[胚]가 작아서 생존력을 잃기 매우 쉬우며, 그 발아력은 일반적으로 1년간 유지할 수 있기 때문에 반드시 충분히 건조하고 그늘진 곳에 저장해야 한다. 만약 건조하지 않거나 건조시킨 후에 습기가 차면 수분이 절로 소실되기가 어려워 쉽게 떠서 열이 나서 변질되므로[喜浥鬱] 발아할 수 없다. 이 같은 상황을 가사협은 "마늘, 파 종자가 성질이 열이 많다[性熱]."라고 인식하였다.

159 '엄(掩)': 스셩한은 권1 「밭갈이[耕田]」에 근거하여 '엄'은 마땅히 '암(稚)'자로 써야 한다고 한다.

160 '삽(澀)': '활(滑)'자와 상대적이다. 묘치위 교석본을 참고하면, 파씨는 삼각형 모양으로 손에 붙어서 미끄럽게 빠져나가지 못한다. 따라서 볶은 조와 함께 섞어야 호리병박 속에서 씨가 잘 흘러내려 균일하게 파종된다고 한다.

거로써 두 차례, 강耩으로 두 차례 갈아서, 표주박에 구멍을 뚫어 만든 규호竅瓠[161] 속에 섞은 종자를 넣어 파종한다. 비계批契[162]를 허리에 매고[163] 끌면서 덮어 준다.

炒穀, 則草穢生. 兩耬重耩, 竅瓠下之. 以批契繼腰曳之.

7월에 파종하고 4월에 호미질을 시작하여, 한 차례 호미질이 끝나면 이내 파를 벤다. 벨 때는 지면과 같이 나란히 잘라 준다. (지면보다) 높게

七月納種, 至四月始鋤, 鋤遍乃剪. 剪與地平.

161 '규호(竅瓠)': 마른 호리병박에 구멍을 뚫어 만든 파종기이다. 파종 때 작은 막대기로 아래에 달린 씨 내려가는 관을 가볍게 두드려 종자를 떨어뜨린다. 때문에 드물게 혹은 조밀하게 파종하는 데 편리하며, 뒤에서는 '비계'를 끌어 흙을 덮는다. 『왕정농서』 「도보이(圖譜二)」에서는 '호종(瓠種)'이라 부르는데, "연(燕), 조(趙) 및 요(遼) 동쪽에서 많이 사용한다."라고 한다. 형태는 왕정(王禎)의 그림과 기본적으로 일치한다고 한다.[『농업고고(農業考古)』 1983-2, 198쪽.]

162 '비계(批契)': 스셩한의 금석본에 이르기를, '비(批)'자는 가운데를 쪼개는 것이며, '계(契)'은 한쪽은 머리가 크고 한쪽은 머리가 작은 나무 쐐기[楔]이다. 묘치위 교석본에 따르면, '비계(批契)'는 일종의 새끼를 허리에 묶어 끌면서 흙을 덮는 기구이다. 일본학자 아마노 모토노스케[天野元之助]는 『中國の科學と科學家』(1978, 432쪽)에서 해방 전 하북성 평곡(平谷)과 요녕성 금주(錦州) 등지에서는 파종 후 허리에 '발사(撥梭)'를 묶어 끌어서 흙을 덮었는데 거의 비계와 동일한 농구였다고 하였다. 스셩한[石聲漢]은 『농상집요교주(農桑輯要校注)』에서 심양(瀋陽)의 멍팡핑[孟方平]의 견해를 바탕으로 이는 요녕성 조양(朝陽)일대의 백성들이 사용한 일종의 복토공구로서 '파계(簸契)'이라 불렀으며, 이것이 분명 비계라고 하였다.[또한 『비계소고(批契小考)』, 『농업고고』 1986-1기에 보인다.] 두 견해는 비록 비설에 대해 일치하지는 않지만 비슷한 것임에 분명하다고 한다.

163 '계(繼)': 명초본에서는 '계(繼)'자로 쓰고 있으며 『도서집성(圖書集成)』에서는 인용하여 '유(維)'자로 쓰고 있다. 스셩한에 의하면 '계(繫)'는 현재 장강 중하류, 광서북부, 운남, 귀주 등의 방언 중에 모두 아직도 '계(繼)'자와 음이 같은데, 이것이 곧 잘못된 원인인 것이다. '계(繼)'자는 여전히 '계(繫)'자로 해석해야 한다고 보고 있다.

남기면 잎이 적어지고,[164] 너무 깊게 자르면 뿌리가 상하게 된다. 파를 베어 낼 때는 새벽에 시작하고 햇볕이 강한 한낮은 피한다.[165] 좋은 땅에는 (파를) 세 차례 베어 내고 척박한 땅에는 두 차례 베어 내며, 8월이 되면 베지 않는다.[166] 베어 내지 않으면 무성해지지 않으며, 너무 자주 베면 뿌리가 솟구친다.[167] 만약 8월이 되어서도 베기를 멈추지 않으면 파를 감싸는 껍질[168]이 없어져서 파의 흰 부분이 손상을 입게 된다.

高留則無葉, 深剪則傷根. 剪欲旦起, 避熱時. 良地三剪, 薄地再剪, 八月止. 不剪則不茂, 剪過則根跳. 若八月不止, 則葱無袍而損白.

12월 말에는 마른 잎과 마른 껍질을 제거한다. 마른 잎을 제거하지 않으면 봄에 피는 잎이 무성해지지 않는다.

十二月盡, 掃去枯葉枯袍. 不去枯葉, 春葉則不茂.

2월과 3월에는 파를 수확한다. 좋은 땅에는 2월에 수확하고, 척박한 땅에는 3월에 수확한다. 종자를 거두려 하는 것은 (파내지 않고) 별도로 남겨 둔다.

二月三月出之. 良地二月出, 薄地三月出. 收子者, 別留之.

---

164 '무엽(無葉)': 남기는 것이 많으면 파 잎이 적어지므로, '무(無)'는 '소(少)'로 해석해야 한다.

165 '청파[青葱]'는 겨울에 싹이 난 것을 덮어 두었다가 초봄에 벤 파로서 새벽에 베어 내고 햇볕을 쬐지 않아야 품질이 특별히 신선하고 연해진다.

166 '팔월지(八月止)': 파의 흰 부분은 서늘한 계절이 생장하기에 적합하며, 가을이 접어든 이후에 기후가 서늘해지면 주야 간의 온도차가 커서 파의 흰 부분(비늘줄기)의 성장에서 가장 왕성한 시기이기 때문에, 8월에 잎을 자르지 않고 파의 흰 부분이 비대해지도록 키워야 한다.

167 '근도(根跳)'는 뿌리가 솟구치는 것[跳根]으로, 새 뿌리와 묵은 뿌리가 교체되어 새 뿌리가 위로 올라가는 일종의 새로운 신진대사 현상이다.

168 '포(袍)': 잎자루가 칼집 모양으로 되어 줄기를 싸고 있는 잎집[葉鞘]으로서, 파의 흰 부분을 구성하는 중심이다.

파밭에 약간의 고수[胡荾]를 사이짓기 하면 수시로 식용으로 할 수 있다. 또한 10월[孟冬]이 되면 고수로 채소절임[葅]을 만들 수 있는데,[169] 이 역시 파의 생장에는 방해되지 않는다.

葱中亦種胡荾, 尋手供食. 乃至孟冬爲葅, 亦無妨.

최식崔寔이 이르기를, "3월에는 실파[小葱]의 포기를 나누어 옮겨 심고, 6월에는 대파[大葱]를 옮겨 심는다. 7월에는 대파와 실파[大小葱]를 파종할 수 있다."라고 한다. "여름파[夏葱]는 작으며, 겨울파[冬葱]는 크다."[170]라고 하였다.

崔寔曰, 三月, 別小葱, 六月, 別大葱. 七月, 可種大小葱. 夏葱曰小, 冬葱曰大.

169 '맹동위저(孟冬爲葅)': 고수를 남겨서 10월에 채소절임으로 만들 수 있으며, 이는 또한 파의 생장에도 방해되지 않음을 가리킨다.

170 "夏葱曰小, 冬葱曰大": 스성한의 금석본에서는, '왈(曰)'자는 마땅히 '백(白)'자가 되어야 한다고 지적하였다. 여름철의 파는 파의 흰 부분이 비교적 작고 또한 비교적 짧은 반면, 겨울철의 파는 파의 흰 부분이 비교적 크다. 단지 여름철의 파를 '실파[小葱]'라고 하면 '삼월별종(三月別種)'은 마땅히 소총은 아니며, 7월에 파종한 '실파[小葱]'는 이미 여름이 아니라서 '하총(夏葱)'으로 볼 수 있을지가 애매하므로 다소 합당한 견해는 아닌 듯하다. 묘치위 교석본에 의하면, 가을에 파종하는 파는 봄철이 되어서 푸른빛이 되살아나 여름에 먹을 수 있는데 이를 실파라고 하며, 겨울철에 수확한 파의 흰 부분을 마른 파로 만들어서 식용으로 사용하는 것을 대파[大葱]라 한다. 봄에 파종한 것 또한 여름에 푸른 파를 먹을 수 있으며 또한 실파이다. 가령 "夏葱曰小, 冬葱曰大"라는 말은 실제로 모두 대파의 수확기가 같지 않아 이름을 달리한 것이며, 결코 두 종류의 파는 아니라고 한다. 이른바 "七月可種大小葱"이라는 말은 실제로 『제민요술』에서 '七月納種'의 대파이다. 다만 이듬해 수확기가 같지 아니하여 '대소(大小)'의 구분이 있기 때문이라고 한다.

제22장

부추 재배 種韭第二十二

『광지(廣志)』에 이르기를, "여린 부추[弱韭][171]는 한 자 길이로 자라며, 촉한(蜀漢) 지역에서 생산된다."라고 한다.

왕표지(王彪之)는 『관중부(關中賦)』[172]에서, "부들[蒲]과 부추를 겨울에 저장한다."라고 하였다.

부추의 씨를 거두는 것은 파 씨의 방법과

廣志曰, 白弱韭, 長一尺, 出蜀漢.

王彪之關中賦曰, 蒲韭冬藏也.

收韭子, 如葱

171 '약구(弱韭)': 명초본에서는 '약(弱)'자 앞에 또한 '백(白)'자가 한 자 더 있으며 명청 각본에는 모두 없는데, 있어서는 안 된다. 스셩한은 앞의 「파 재배[種葱]」의 끝 부분의 협주에 '왈(曰)'자를 '백(白)'자로 써야 한다고 보았는데 어떤 교주자가 후에 적어 두었다가 중각할 때 여기에 잘못 옮긴 듯하다. 묘치위 교석본에 의하면, 『광지(廣志)』에서 백과사전류[類書]를 인용한 문장 '백약구(白弱韭)'는 남송본에서도 동일하게 쓰고 있는데, 명청본 등에는 '백(白)'자가 없다고 한다.

172 권10 「(51)대나무[竹]」에는 왕표지(王彪之)의 또 다른 한 편의 부(賦)인 『민중부(閩中賦)』가 인용되어 있다. 『수서(隋書)』, 『구당서(舊唐書)』, 『신당서(新唐書)』의 「서목지(書目志)」에는 모두 『왕표지집(王彪之集)』 20권이 실려 있는데 지금은 전해지지 않는다. 왕표지는 동진 사람으로서 동진의 간문제(簡文帝) 때 상서복야(尙書僕射)에 임명되었으며, 『진서(晉書)』에 열전이 있다. 묘치위 교석본에 의하면, 왕표지는 '관중(關中)'에 가지 않았으며 '관중(關中)'이 '민중(閩中)'의 잘못인지 아닌지 여부는 알 수 없다고 한다.

마찬가지이다. 만약 시장에서 부추의 종자를 사려한다면 먼저 시험을 해 보아야 한다.[173] 작은 구리솥[174]에 물을 담아 불 위에서 부추 종자를 약간 데운다. 얼마 후 싹이 트는 것이 좋은 종자이고, 싹이 나지 않는 것은 떠서 변질된 종자이다.

子法. 若市上買韭子, 宜試之. 以銅鐺盛水, 於火上微煮韭子. 須臾芽生者好, 芽不生者, 是裛鬱矣.

이랑을 만들고 물을 주며 거름을 덮는 모든 작업은 아욱을 파종하는 것과 같다. 그러나 이랑은 깊게 만들어야 한다. 부추를 한 차례 자를 때마다 거름을 주고, 또 부추 뿌리의 속성은 지면을 향해 쉽게 올라오기[175] 때문에 이랑은 반드시 깊게 만들어 주어야 한다.

治畦, 下水, 糞覆, 悉與葵同. 然畦欲極深. 韭, 一剪一加糞, 又根性上跳, 故須深也.

---

173 '의시지(宜試之)': 이는 종자의 발아력을 빠르게 측정하는 가장 이른 기록이다. 묘치위 교석본을 보면, 부추씨의 종자는 껍질이 단단하고 두꺼워서 쉽게 물이 스며들지 않기 때문에 팽창과 발아 모두 매우 더디며, 동시에 수명도 매우 짧아 유효한 발아력이 1년 정도만 유지된다. 만약 묵은 종자를 파종하면 설령 발아하더라도 잘 자라지 않고 늘상 중간에 시들어 죽게 된다. 따라서 시장에서 구입한 종자는 믿을 수 없으니 시험을 해 봐야 한다. 부추씨뿐만 아니라 모든 파, 마늘류 채소의 종자도 이 같은 특성을 가지고 있다.

174 '당(鐺)': 이것은 일종의 소형 구리솥으로, 각 편에서 음식을 조리하는 데 늘 사용한다. 또한 '당부(鐺釜)'라는 것도 있는데, 이는 비교적 큰 솥이다.

175 '근성상도(根性上跳)': 부추의 수염뿌리는 비늘줄기 아래 부분 줄기의 아래에서 자라고, 분얼된 새로운 비늘줄기는 묵은 비늘줄기 위에서 자라나며 새로운 수염뿌리는 새로운 비늘줄기가 해마다 자라서 커지기 때문에 아래층의 묵은 뿌리도 계속적으로 말라죽게 된다. 이 때문에 뿌리부분도 해마다 위로 올라가서 층층이 높아지게 되는데, 이 같은 신진대사는 절로 더욱 새롭게 다시 강건해지는 특성을 띠고 있어서 '도근(跳根)'이라고 부른다. 묘치위 교석본에 의하면, 뿌리가 위로 치솟는 높이는 분얼과 수확의 횟수에 따라서 차이가 있기 때문에 『제민요술』에서는 1년에 '5차례 베는 것'을 넘지 않도록 했으며, 오늘날에도 기본적으로 이와 같고 일반적으로 매년 1.5-2㎝ 정도 위로 올라온다고 한다.

2월과 7월에 파종한다. 파종하는 방식은 한 되들이 대접을 거꾸로 이랑 위에 엎어서[176] 작은 구덩이를 판다. 부추 종자를 구덩이 속에 뿌린다. 부추 뿌리의 속성이 단지 안쪽으로 자라나고 밖을 향해 뻗어 나가지 않기 때문에 구덩이 속에 파종하면 (둥근) 그루가 형성된다.

김을 매어 항상 깨끗하게 해 준다.[177] 부추를 (재배한 땅은) 잡초가 잘 자라기 때문에 자주 잡초를 뽑아 주는 것이 좋다.

3-4치[數寸] 높이로 자라면 베어 낸다. 파종하고 첫 해에는 한 차례만 벤다. 정월이 되면 이랑의 묵은 잎을 걷어 낸다. 얼음이 녹으면 철파누鐵杷耬[178]로 갈이하고 물을 주고 잘 썩은 거름을

二月七月種. 種法, 以升盞合地爲處, 布子於圍內. 韭性內生, 不向外長,[13] 圍種令科成.

薅令常淨. 韭性多穢, 數拔爲良. 高數寸剪之. 初種, 歲止一剪. 至正月, 掃去畦中陳葉. 凍解, 以鐵杷耬起, 下水,

---

176 '합지(合地)': 곧 지면을 향해서 덮은 것으로, 둥근 형태의 홈이 찍힌다. '이승잔합지(以升盞合地)': 한 되들이의 대접을 땅 위에 엎는다는 것이다. '위처(爲處)': 대접의 주둥이가 찍은 둥근 모양 속에 종자를 파종할 곳을 만든다. 묘치위 교석본을 보면, 부추는 분얼과 뿌리가 뻗어 나가는 특성 때문에 더욱 새롭게 다시 건장해지며, 그루 포기도 점차적으로 확대된다. 또한 포기는 천천히 확대되고 늘어나지만, 그루포기의 연령과 영양 조건들의 한계로 인해서 밖으로 뻗어 나가는 정도는 극히 느리며, 아울러 무한히 뻗어 나갈 수도 없다. 다음 문장에서 말하는 "밖을 향하여 자랄 수 없다."라고 하는 것은 단지 상대적으로 하는 말이라고 한다.

177 '호(薅)'는 점서본과 『농상집요』에서 인용한 글자와 같으며, 명초본과 명각본에서는 '누(耨)'로 쓰고 있는데, 민간에서는 글자를 와전해 쓰고 있다. 주석의 '삭발(數拔)'은 명초본의 문장과 같으며 다른 본에서는 모두 본문을 이어서 '삭누(數耨)' 혹은 '삭호(數薅)'로 쓰고 있다. 묘치위 교석본에 의하면 '호(薅)'의 본래의 의미는 풀을 뽑는다는 것이기에 글자는 마땅히 '발(拔)'자로 써야 한다고 한다.

178 스성한은 금석본에서 철파누(鐵杷耬)를 써레[耙]로 갈이하는 것으로 해석하고 있

준다.

부추가 3치 정도 높이로 자라게 되면 베어 낸다. 베어 내는 방법은 파를 베는 방법과 같다. 일 년 중 5차례만 벨 수 있다. 매번 베어 낼 때는 이빨 달린 누리를 써서 갈며,[179] 물을 뿌리고 거름을 주는 것이 모두 첫 번째 베어 낼 때와 같다. 종자를 거둘 부추는 단지 한 차례만 베고 남겨 둔다.

加熟糞. 韭高三寸便剪之. 剪如葱法. 一歲之中, 不過五剪. 每[14]剪, 杷耬下水加糞, 悉如初. 收子者, 一剪即留之.

만약 가물 때 파종하는 것이라면 이랑을 만들지 않고 물도 주지 않는다. 써레질하고 거름을 주는 것은 모두 동일하다. 파종하게 되면 이후에는 오랫동안 생장한다. 농언에 이르기를, "부추는 게으른 사람의 채소이다."라고 하는데, 해마다 파종할 필요가 없기 때문이다. 『성류(聲類)』[180]에 이르기를, "부추[韭]는 오랫동안 자란다는 의미이다. 한 번 파종하면 영구히 산다."라고 하였다.

若旱種者, 但無畦與水耳. 杷糞悉同. 一種永生. 諺曰, 韭者懶人菜, 以其不須歲種也. 聲類曰, 韭者, 久長也. 一種永生.

최식崔寔이 이르기를, "정월 첫 번째 신일에

崔寔曰, 正月

으며, 니시야마 역주본, 144쪽에서는 이를 철치파(鐵齒杷)로 해석하여 흙을 갈아 일으키는 도구라고 하지만, 철파누(鐵杷耬)는 쇠철각[鐵脚]이 달린 누거(耬車)로 해석할 수 있다. 『제민요술』에는 자동파종기인 누거를 이용해서 단순히 갈이하는 장면을 흔히 볼 수 있다.

179 '파(杷)'는 청각본(淸刻本)에서는 이와 글자가 같으며 『농상집요』에서도 같은 것을 인용하고 있다. 명초본과 호상본(湖湘本)에서는 '파(耙)'자로 쓰고 있다. 묘치위 교석본에서 따르면 『제민요술』 중에는 두 글자를 모두 볼 수 있는데, 본서에서는 일괄적으로 '파(杷)'자로 적어 두었다.

180 『성류(聲類)』: 삼국시대 위나라 이등(李登)이 찬술한 것으로, 중국에서 가장 이른 운서(韻書)이다. 『수서(隋書)』, 『구당서(舊唐書)』, 『신당서(新唐書)』의 서목 중에 「지(志)」에는 모두 10권이 수록되어 있는데, 책은 전하지 않는다.

부추 이랑 속의 마른 잎을 쓸어 낸다. 7월에는 부추꽃[韭菁]을 저장한다"라고 한다. '정(菁)'이 곧 부추꽃이다.[181]

上辛日, 掃除韭畦中枯葉. 七月, 藏韭菁. 菁, 韭花也.

교 기

13 '외장(外長)': 명초본에서는 '외외(外畏)'라고 쓰고 있으나, 『농상집요』와 명청시대 각본은 동일하게 쓰고 있다.

14 '매(每)': 명초본에는 '질(疾)'자로 쓰여 있지만, 『농상집요』와 명청 각본은 동일하다.

181 "菁, 韭花也.": 명초본에서는 '정구파출(菁韭耙出)'이라고 잘못 쓰고 있으나, 『농상집요』와 명청 각본에 의거하여 고쳤다. 『설문해자』와 『광아(廣雅)』에서도 모두 '정(菁)'을 부추꽃이라고 해석하고 있다. 학진본과 점서본에서는 인용한 것이 모두 본문의 문장과 같다. 명초본과 진체본에서는 '구파출(韭耙出)'이라고 쓰고 있으며, 호상본에서는 '구모출(韭耗出)'이라고 쓰고 있다.

제23장

갓 · 유채 · 겨자 재배 種蜀芥芸薹芥子第二十三[182]

『오씨본초(吳氏本草)』[183]에 이르기를, "개조(芥葅)는 수소 | 吳氏本草云, 芥葅,

182 갓[芥菜]에는 당대 안사고가 「급취편(急就篇)」에 주석한 것에 의거할 때 크고 작은 두 종류가 있다. 오늘날 식물의 분류상 대개채(大芥菜; *Brassica juncea*)와 소개채(小芥菜; *Brassica cernua*)로 구분된다. 묘치위 교석본에 따르면, 『제민요술』의 '촉개(蜀芥)'는 '대개(大芥)'일 가능성이 있으며 '개자(芥子)'는 '소개(小芥)'일 것이다. 『본초강목(本草綱目)』 권26에는 '백개(白芥)'를 '촉개(蜀芥)'라고 하며 '백개(白芥)'는 곧 *Brassica alba*이다. '운대(芸薹)'는 『본초강목(本草綱目)』 권26에 이르기를, 이것이 곧 '유채(油菜)'라고 한다. 실제 '운대(芸薹)'는 유채의 한 종류로서 결코 유채가 모두 운대는 아니다. 『제민요술』의 기록으로 볼 때, 갓[蜀芥]과 유채[芸薹]는 주로 잎을 이용했으며, 겨자[芥子]는 씨를 주로 사용했다. 그러나 모두 기름을 짜지 않았으며, 기름을 짠 것은 시기적으로 매우 늦다. 『제민요술』 중에는 '삼씨기름[大麻油]', 참기름[芝麻油], 들깨기름[荏油], 순무의 씨를 기름 짰으며, 이것은 '채자유(菜子油)'나 '개자유(芥子油)'가 제시되지 않았음을 말해 준다. 금원시대에 저술된 『무본신서(務本新書)』에도 이런 기름들이 보이지 않는다고 한다.

183 『오씨본초(吳氏本草)』: 『수서(隋書)』 권34 「경적지삼(經籍志三)」 '의방류(醫方類)'의 기록에는 "양나라에는 화타의 제자가 『오보본초(吳普本草)』 6권을 썼는데 지금은 전해지지 않는다."라고 하는데, 곧 이 책이다. 당대에도 '징서(徵書)'가 출현하며, 『구당서(舊唐書)』 · 『신당서(新唐書)』의 「서목지(書目志)」에 또 그것이 쓰여 있다. 지금은 이미 망실되어 전해지지 않는다. 오보(吳普): 오보는 후한 광릉(지금의 양주)사람으로 저명한 의학가 화타(?-208년)의 제자이다. 묘치위 교석본에 의하면, 『태평어람』 권980 '개(芥)'는 『오씨본초(吳氏本草)』에서 인용하였으며 『제민요술』과 같지만 '조(葅)'를 '저(菹)'로 쓰고 있는데, 이는 잘못이라고 한다.

(水蘇)라고도 하며 노저(蕣担)라고도 부른다."[184]라고 하였다.

一名水蘇, 一名蕣担.

갓[蜀芥]과 유채[芸薹]의 잎을 따서 (식용으로 쓸 것은) 모두 7월 중순에 파종한다. 땅에는 거름을 주고 부드럽게 정지해야 한다.

갓은 1무당 한 되의 종자를 파종하며, 유채는 1무당 4되의 종자를 파종한다.[185] 파종하는 방법은 순무를 파종하는 것과 동일하다. 이미 싹이 트고 나면 호미질하지 않는다.

10월에 순무의 수확을 끝내면 갓[蜀芥]을 수확한다. 소금에 절이거나 담백한 두 가지의 절임[186]을 만들고 또한 말려서 마른 채소로도 만든다. 유채는 서리가 충분히 내리면 이내 수확한다.[187] 채소에 서리를 충분히

蜀芥芸薹取葉者, 皆七月半種. 地欲糞熟. 蜀芥一畝, 用子一升, 芸薹一畝, 用子四升. 種法與蕪菁同. 既生, 亦不鋤之. 十月收蕪菁訖時, 收蜀芥. 中爲鹹淡二菹, 亦任爲乾菜. 芸薹, 足霜

---

184 학진본에는 이 문장이 "芥葅名水蘇, 一名蕣粗."라고 쓰여 있다. 본서 「들깨·여뀌[荏蓼]」에서 인용한 본초에는 "芥葅, 一名水蘇"여서 앞뒤가 서로 다르다. 『태평어람』 권977 '소(蘇)' 아래에 인용된 것은 "『본초경』에 이르기를, '芥葅一名水蘇'라고 한다."라고 하여, 아래에 있는 작은 글자의 협주에는 "오씨가 이르기를 '假蘇, 一名鼠蓂, 一名薑芥也'라고 하였다."라고 한다. 『태평어람』 권980 '개(芥)' 아래에서 인용한 것은 "『오씨본초(吳氏本草)』에서 이르기를 '개저(芥葅)는 일명 수소(水蘇)이며 일명 노조(蕣祖)라고 한다.'"라고 한다. 이시진(李時珍)의 『본초강목(本草綱目)』 권14의 '수소(水蘇)'에는 이름을 풀이하여 '개조(芥葅)'를 '개저(芥苴)'라고 하였다. 스셩한의 금석본과 묘치위의 교석본에는 모두 "芥葅, 一名水蘇, 一名蕣担"라고 쓰여 있다.

185 "用子一升"과 "用子四升"은 원래는 두 줄의 소주(小注)로 쓰여 있으나 묘치위 교석본에서는 큰 글자로 고쳐서 본문으로 하였다.

186 권9 「채소절임과 생채 저장법[作菹藏生菜法]」에는 '촉개함저법(蜀芥鹹菹法)'이 있는데, 소금물에 절여서 만든다. 또 이르기를, "담백한 절임을 만들 때 맑은 기장죽과 보리 가루를 넣으며 맛도 또한 좋다."라고 한다.

맞히지 않으면 세서 맛이 떫어진다.

乃收. 不足霜即澀.

겨자, 갓, 유채[芸薹]를 파종하여 미리 종자로 거두려는 것은 모두 2-3월에 비가 많이 내릴 때 파종한다. 이 세 가지의 식물의 특성은 모두 추위에 견디지 못하여 월동을 하면 죽게 되기 때문에 봄에 파종해야 한다. 날이 가물면 이랑을 지어 파종하고 물을 뿌려 준다.

種芥子及蜀芥芸薹收子者, 皆二三月好雨澤時種. 三物性不耐寒, 經冬則死, 故須春種. 旱則畦種水澆.

5월에 성숙하면 종자를 거둔다. 유채는 겨울에 풀을 덮어 주고[188] 이듬해에 종자를 거두며, 또한 생채소[189]로도 먹을 수 있다.

五月熟而收子. 芸薹冬天草覆, 亦得取子, 又得生茹供食.

최식崔寔이 이르기를 "6월의 대서大暑, 중복中伏 이후에[190] 겨자를 수확하며, 7-8월에는 겨자를

崔寔曰, 六月, 大暑中伏後, 可

187 '족상내수(足霜乃收)': 이것은 잎을 거두어서 신선한 채소를 먹기 위함이다. 유채잎[芸薹葉]은 서리가 내려서 얼어야 비로소 부드럽고 연한 맛을 띠게 된다. '탑채류(塌菜類)'와 '유동채류(油冬菜類)'도 이와 마찬가지이다.

188 '운대동천초복(芸薹冬天草覆)': 운대는 봄에 파종해서 여름에 수확할 수도 있고, 가을에 파종해서 풀을 덮어서 월동하여 이듬해 여름에 씨를 거둘 수도 있다. 『제민요술』에서는 이 두 가지의 종자를 거두는 법에 대해서 분명하게 기록하고 있다. 파종한 것은 모두 백채(白菜) 유형의 종자이다. 씨를 수확하는 목적은 종자를 따기 위한 것이고, 종자를 생산하여 기름을 짜는 데 사용했다는 기록은 보이지 않는다. 묘치위 교석본에 따르면 오늘날 산동성의 대채(薹菜)의 재배는 일반적으로 가을에 파종하여 잘 덮어 주어서 월동하여 씨를 거두는 것으로 『제민요술』에서 기록한 것과 같다고 한다.

189 '생여(生茹)': 유채 잎이나 줄기를 날로 먹거나 신선한 요리 재료로 쓰기도 했다.

190 '대서중복(大暑中伏)'은 『옥촉보전(玉燭寶典)』 「유월[六月]」편에서는 『사민월령』을 인용하고 있지만 '복(伏)'자가 없는데, 없는 것이 마땅하다. 묘치위 교석본에 따르면 중복과 대서는 서로 가까이 있어 전후가 하루, 이틀 혹은 사흘 정도 떨어

파종한다."라고 하였다.

收芥子, 七月八月, 可種芥.

지거나 어떤 경우에는 같을 정도로 날짜가 가까이 있어서 두 날짜를 동시에 제시할 필요가 없다. 음력에는 달마다 2개의 절기가 있는데 옛날에는 월초에 있는 것을 '절(節)'이라 하고, 그달의 중간에 있는 것을 '중(中)'이라고 하였다. 『사민월령』에는 대개 이와 같은 호칭에 따랐으며 월초에는 모두 '절(節)'이라고 칭하였는데 예컨대 3월의 '청명절(淸明節)', 5월의 '망종절(芒種節)', 8월의 '백로절(白露節)' 등이 그것이다. 달 중에 있는 것들은 모두 '중(中)'으로 칭했는데, 예컨대 정월의 '우수중(雨水中)', 2월의 '춘분중(春分中)', 3월의 '곡우중(穀雨中)' 등이 그것으로, 구분이 매우 분명하다고 한다.

제24장

고수 재배 種胡荽第二十四

고수[胡荽]는 검고 부드러우며 회색의 사질토양에 좋으며,[191] 세 차례쯤 갈아서 부드럽게 삶는다. 나무그늘 아래가 좋으며, 조[禾]나 콩[豆]을 파종할 수 있는 땅도 좋다.[192] 봄에 파종할 것은 (지난해) 가을에 갈

胡荽宜黑軟青沙良地, 三遍熟耕. 樹陰下, 得, 禾豆處, 亦得. 春種者,

191 '호채(胡菜)'는 '원수(芫荽; *Coriandrum sativum*)'이며, 이는 미나리과[傘形科]로서 1-2년생 채소이며 일반적으로 향채(香菜)라고 부른다. 식물의 그루는 작고 잎은 가늘고 얇고 연하고 부드러우며 아주 특이한 냄새가 나지만 먹을 수 있다. 또한 삶아 먹거나 소금에 절이기도 하며 아울러 겨울에 저장하여 식용할 수도 있다. 종자는 향료의 조미료로 만들고 또한 약으로도 쓴다. '흑연(黑軟)'은 검은색 토양이고, '청사(青沙)'는 회색의 사질토양이다. 두 가지는 모두 비교적 푸석하고 부드러우며 부식질이 비교적 많이 함유된 비옥한 토양으로서 '원수(芫荽)'의 재배에 적합하다.

192 이 소주는 명초본, 『농상집요』 및 학진본에서도 모두 동일하다. 그러나 비책휘함 계통의 각본과 『농정전서』에서 인용한 『제민요술』은 이 두 구절을 "樹陰下不得和豆處亦得"이라고 적고 있다. 이 중에 '화(和)'자는 확실히 '화(禾)'자이다. 아마 음이 같기 때문에 잘못 쓰였을 것이다. 고수[胡荽]는 강한 햇빛이 필요 없어서 나무그늘 아래에서도 생장할 수 있기 때문에, '수음하득(樹陰下得)'으로 하면 쉽게 이해될 수 있다. '조와 콩[禾豆]'은 도리어 그늘을 싫어하므로 '화두처역득(和豆處亦得)'이라고 하면 합리적이지 않아서 '처(處)'자를 쓰는 것은 썩 좋은 표현은

아얼은 땅을 이용한다. 봄이 되어 해동하고 땅이 부풀어 올라 윤택할 때[193] 급히 그 물기를 틈타 파종한다.

用秋耕地. 開春凍解地起有潤澤時, 急接澤種之.

파종하는 방법[種法]: 시장이 가까운 근교의 땅에는 1무당 2되를 파종하되, 특별히 밀파[穊種]를 하고[194] 점진적으로 호미질을 하여 약간 솎아 내어서 팔거나 날채소로 먹는다. 촌락 밖에 시장이 없는 지역[195]은 무당 한 되의 종자를 파종하면 조밀한 정도가 적합해진다. 6-7월에 파종하면 무당 한 되의 종자를 사용한다.[196]

種法. 近市負郭田, 一畝用子二升, 故穊種, 漸鋤取, 賣供生菜也. 外舍無市之處, 一畝用子一升, 疏密正好. 六七月種, 一畝用子一升.

종자는 먼저 햇볕에 말린다. 파종하기 전에 종자를 단단한 땅위에 펴고 한 되의 종자에 축축한 흙을 섞어 발로 밟아[197] 종자를 두 조각

先燥曬. 欲種時, 布子於堅地, 一升子

아니다. 이 때문에 마땅히 『농정전서(農政全書)』에서는 '불(不)'자 하나를 덧붙여서 이른바 "樹陰下, 不得和豆處, 亦得"이라고 하였다. 스셩한의 금석본에 따르면 나무 그늘 아래의 조와 콩이 잘 자라지 못하는 곳은 고수를 파종하기에 적합하여 이와 같이 한 것이며, 이것은 사리에 합당하고 어감도 순리적이라고 한다.

193 이 말은 토양이 얼다가 녹기를 반복하면서 지표면의 용적이 커지고, 해동 때는 부풀어 위로 솟아오르고 동시에 얼음이 녹으면서 토양이 야물고 질퍽한 이후의 습윤 상태를 가리킨다. 이때가 가장 이상적인 갈이 시기이고 파종기이며 반드시 습기를 틈타 파종해야 한다.

194 '고기종(故穊種)': 여기서 '고(故)'는 '고의(故意)'나 '특별한'의 의미로 사용되고 있으며, '따라서'의 뜻은 아니다. '기(穊)'는 조밀하다는 의미이다.

195 '외사(外舍)': 읍[城鎭]에서 멀리 떨어진 교외의 촌이다.

196 이 문장 속의 전후 문장은 모두 봄에 파종하는 고수를 말하는 것이다. 묘치위는 갑자기 6-7월에 파종하는 종자의 양을 삽입하는 것은 합당하지 않으며, 본편 뒷부분에 언급된 '추종자(秋種者)'의 다음에 넣어야 좋을 것 같다고 하였다.

으로 쪼갠다.[198] 종자가 많으면 기와로 비벼서 쪼갤 수도 있고,[199] 곡식을 가는 데 사용하는 나무로 된 돌대[木礱]로 쪼개도 좋다. 종자 속에는 2개의 씨가 있으며, 씨는 분리되어서 자라나기[200] 때문에 만약 비벼서 2단으로 깨뜨리지 않으면 종자 사이에 물이 차서 뜨게 되어 싹이 틀 수 없다.[201] 축축한

與一掬濕土和之, 以脚蹉令破作兩段. 多種者, 以磚瓦蹉之亦得, 以木礱礱之亦得. 子有兩人, 人各著,

197 '차(蹉)': '차타(蹉跎)'와 같은 첩운(疊韻)의 말이 있었는데 근대어로 번역하면 '오가며 밟는다'라는 의미이다. 이 '차(蹉)'자는 단지 밟아서 오고 간다는 '차(蹉)'자로서, '차타(蹉跎)'의 의미와 유사하며 또한 손으로써 '비빈다[搓]'의 의미와 극히 유사하다. 스셩한의 금석본을 보면 손으로 비빈다는 말은 오늘날 각 지역의 방언 중에 모두 남아 있다고 한다.

198 '파작양단(破作兩段)': 향채[芫荽]의 열매는 겹씨방[複子房果] 2개의 방중에는 각각 1개의 씨가 있지만 종공(種孔)은 열매꼭지가 막고 있으므로 반드시 비벼서 열매를 두 조각으로 나누어야 하며, 곧 2개의 열매가 나누어지면서 완전히 꼭지로부터 떨어지고, 종공이 노출되면서 어린 싹이 비로소 자라나게 된다. 묘치위의 교석에 의하면, 만약 그러지 않으면 종자가 열매에 막혀 수분이 충분하지 못하여 말라죽게 되며 수분이 지나치게 많으면 산소가 부족하여 질식하여 죽는다고 한다.

199 '전(磚)': 진체본에는 '전(塼)'이라고 쓰여 있으나 명초본과 호상본에서는 '전(甎)'자로 쓰고 있는데 글자의 의미는 동일하다. 다른 곳의 명초본 등에는 '전(磚)'자로 쓰고 있으며, 묘치위 교석본에서는 '전(磚)'자로 통일하고 있다.

200 "子有兩人, 人各著": 『농상집요』와 비책휘함 계통의 각 판본에서는 이 두 구절이 "子有兩仁, 仁仁各著"로 되어 있다. 명초본과 학진본에는 "人人各著"로 쓰여 있다. '종인(種仁)'의 '인(仁)'자는 이전에는 '인(人)'자로 쓰였다. 스셩한의 금석본을 참고하면, '저(著)'자도 비교적 후기에 나온 것으로, 처음에는 단지 '저(箸)'자로 사용되고 후대에 비로소 '저(著)'자가 등장한다고 한다. 묘치위는 교석본에서, '인각저(人各著)'는 향채[芫荽]의 열매 중에는 2개의 씨방이 있으며 과일 껍질 속의 각자의 씨방에 붙어서 자란다고 한다.

201 '소밀(疏密)': 이는 해석하기 곤란하다. 어떤 사람은 싹이 듬성듬성 나거나 조밀하게 나는 것으로 해석하고 있는데, 이는 문맥과 잘 연결되지 않는다. '소(疏)'를 해석하여 "종자가 전면적으로 토양과 접촉하기가 어렵다."라고 해석하기도 하지만, 이 또한 견강부회이다. 묘치위 교석본에 의하면, 만약 종자를 비벼서 분리시

흙을 섞어서[202] 껍질 속으로 넣어 주면 발아가 빠르며 생장도 촉진된다. 파종할 때에는 건조해야 하는데, 이 채소는 비를 맞지 않으면 싹이 잘 트지 않기 때문에 축축한 땅에 파종할 필요가 없다.[203]

故不破兩段, 則疏密水裛而不生. 著土者, 令土入殼中, 則生疾而長速. 種時欲燥, 此菜非雨不生, 所以不求濕下也.

이른 아침과 저녁 무렵에 (대기가) 비교적 촉촉할 때 누리로 갈아 이랑을 만들어서 즉시 손으로 종자를 흩어 뿌리고 끌개[勞]로 평평하게 골라 준다. 봄비가 잘 오지 않기 때문에 반드시 습기를 틈타 파종해야 한다. 잘못하여 기회를 놓치면 파종할 수

於旦暮潤時, 以耬耩作壟, 以手散子, 即勞令平. 春雨難期, 必須藉澤.

키지 않는다면 종공(種孔)이 꼭지에 의해서 막히고, 가령 수분이 껍질로 들어가 종자 속에 진입하면 어린 싹이 돋아나기가 어려워서, 이른바 "물이 들어가서 뜨게 되면 싹이 트지 않는다."라는 것과 같은 상황이 형성된다. 이 때문에 '소밀(疏密)'은 마땅히 '면밀(綿密)'과 같은 말이 잘못 쓰인 것으로 보고 있다.

202 '저토자(著土者)'는 결코 종자를 흙속에 넣는 것을 가리키지는 않으며 실제는 '한 움큼의 축축한 흙과 섞는 것'을 의미한다. 묘치위에 의하면, 만약 명각본이나 『농상집요』와 같이 '토(土)'를 '주(注)'라고 쓰면 그것은 '물을 붓다'는 의미인데, 여기에는 물을 사용하는 것이 없을 뿐 아니라, 물과 접촉하여 '물에 뜨게 되는 것'이 두렵기 때문에 글자는 마땅히 '토(土)'자로 쓰여야 한다고 한다.

203 '비우불생(非雨不生)': 묘치위는 이런 조건은 비가 적게 오면 유리하지만 비가 많이 오거나 급하게 내리면 좋지 않다고 한다. 향채의 종자는 땅을 뚫고 나오는 힘이 약하여 발아할 때 큰비가 내리는 것을 가장 두려워하며, 딱딱한 표토층 아래에서 질식사하기 때문에 거듭 파종해야 한다. '불구습하(不求濕下)': '습하(濕下)'는 일반적으로 습기를 틈타 파종하는 것을 가리키는데, 위의 문장은 명백하게 '接澤種之'라고 설명하고 있으며 아래 문장에서도 문명 '必須藉澤'이라 하고, 가을파종 또한 "봄철과는 달리 축축할 때 파종해야 한다."라고 하여 상호 모순된다. 앞 구절에서 "파종할 때는 건조해야 한다."라는 것은 마른 종자를 파종하는 것을 가리킨다. 이 구절은 "축축한 땅에 파종할 필요가 없다."라는 것으로, 이것은 종자를 담가 축축한 땅에 파종할 필요가 없음을 말한다.

가 없게 된다. 정월에 땅속의 얼음이 풀리면 이때 계절이 지나치게 건조해져 비록 종자를 담근다 할지라도 싹이 틀 수 없다. 따라서 다만 건조한 종자를 파종하되 물에 담글 필요는 없다. 2월이 되어 비로소 땅이 풀리면 시령도 점차 늦어지는데, 다만 습기가 충분하지 못하여 때에 맞춰 싹이 트지 못하면 금년의 계획이 흐트러질까 두렵다. 이때 따뜻한 지방에서는 옹당 바구니에 고수의 종자를 담아 하루에 3차례 물을 주면[204] 2-3일 지난 후에 싹이 튼다. 이른 아침과 저녁 무렵에 대기가 촉촉할 때 흩어 뿌리면 며칠 후에 곧바로 싹이 튼다.

蹉跎失機, 則不得矣. 地正月中凍解者, 時節既早, 雖浸, 芽不生. 但燥種之, 不須浸子. 地若二月始解者, 歲月稍晩, 恐澤少, 不時生, 失歲計矣. 便於暖處籠盛胡荽子, 一日三度以水沃之, 二三日則芽生. 於旦暮時接潤漫擲之, 數日悉出矣.

(파종하는 방식은) 대개 삼을 파종하는 법[種麻法]과 유사하다. 10일에서 20일이 되어 싹이 나지 않아도 이상하게 여길 필요가 없으며, 기다리면 머지않아 자연적으로 싹이 나오게 된다. 풀이 있으면 즉시 뽑아 준다.

大體與種麻法相似. 假定十日二十日未出者, 亦勿怪之, 尋自當出. 有草, 乃令拔之.

고수가 2-3치[寸] 정도의 길이로 자랐을 때 가는 호미로 솎아 내어 식용으로 쓰거나 내다 판다.

菜生三二寸, 鋤去穊者, 供食及賣.

10월에 서리가 충분히 내리면 곧 수확한다.[205]

十月足霜, 乃收之.

204 '옥(沃)': 물을 뿌려 준다는 의미이고, 결코 물에 담그는 것은 아니다.

205 "十月足霜, 乃收之.": 이 문장은 뒷부분에서 다시 보이므로, 여기서는 쓸데없는 문장임을 알 수 있다. 왜냐하면 위의 문장에서 말하는 것은 봄에 고수를 파종하는 것이고, 봄에 파종하는 고수는 여름이 되면 생장주기가 끝나므로 "10월에 서리가 충분히 내리면 곧 수확한다."라고 연장해서 말할 수 없다.

종자를 거두려 하면,[206] (초겨울에 수확하여) 뿌리를 땅속에 남겨 두고 (일부만) 뽑아내서 남겨진 것을 듬성듬성하게 해 준다. 조밀하면 싹이 틀 수 없다.[207] 풀로 그 위를 덮어 준다. 덮은 것이 다시 자라게 되면 날로 먹을 수 있으며 또한 얼어 죽지도 않는다.[208] 또 이듬해 5월이 되어[209] 종자가 익은 후에 그루를 뽑아내고 햇볕에 말린다. 그루가 축축하게 되어서는 안

取子者, 仍留根, 間拔令稀. 概即不生. 以草覆上. 覆者得供生食, 又不凍死. 又五月子熟, 拔取曝乾. 勿使令濕, 濕則裛鬱.

---

206 '취자자(取子者)': 묘치위 교석본에 따르면, 이하부터 뒷부분의 "모종이 몇 치 크기로 자랐을 때 호미로 조밀한 것을 솎아 내서 먹거나 내다 판다."의 문장에 이르기까지의 큰 단락은 구문이 잘못되어 있다. 이것은 곧 '취자자(取子者)' 이하에서 "떨어진 종자가 저절로 싹이 터서 땅속에 가득 자라면 갈이하고 파종하는 수고를 줄일 수 있다."에 이르기까지의 세 단락은 다음의 '추종자(秋種者)' 이하에서 "호미로 조밀한 부분을 솎아 내어서 먹거나 내다 판다."에 이르는 두 단락이 도치되어 있다. 바로 앞의 세 단락은 뒤로 옮기고 뒤의 두 단락은 앞으로 옮겨야 한다.

207 '기즉불생(概即不生)': 지나치게 조밀하면 꽃줄기가 건강하게 자랄 수 없어서 가지를 적게 치고 과실도 적게 열림을 가리킨다.

208 심어 둔 땅에 풀로 덮어 보온해서 월동하여 수시로 생채를 먹을 수 있으며, 종자와 먹거리를 모두 얻을 수 있다. 그러나 묘치위 교석본을 보면, 이것은 가을 향채를 말하는 것이지 봄 향채가 아니다. 원문은 봄 향채의 의해 연관되어 있어서 문단이 뒤바뀌었다. 현재 시장에 내다 파는 것은 항상 가을 향채를 뿌리째 뽑아 얼려 저장하거나, 구덩이에 저장하여 겨울이 되면 먹거나 판매하는 것이다.

209 '우오월(又五月)': 이것은 뒷 문단의 "가을에 파종한 것은 이듬해 5월에 열매가 익는다."의 5월을 이어서 설명한 것이다. 묘치위 교석본에 따르면, 봄 향채가 그해 5월의 열매가 익으면 묵은 그루는 뽑고 땅을 정지하고 삶아 6월이 되면 가을의 향채를 파종하고 겨울이 되면 풀을 노지에 덮어서 월동하고 이듬해 5월에 열매가 익으면 거두어들이기 때문에, 이듬해 5월이 '우오월'로서 이는 두 번째의 오월인 것이다. 그러나 원문의 구문이 바뀌어 '우오월(又五月)'에 도리어 묵은 그루를 뽑는 오월의 앞에 있어서 합리적이지 않기 때문에 이 두 단락은 마땅히 도치시켜야 한다고 한다.

되며, 축축해지면 떠서 문드러진다. 가지를 쳐서 두드리고 쑥[蒿]의 줄기로 짠 그릇 속에 담아 둔다.[210] 겨울에는 또 움 속에 넣어 두었다가 여름에 다시 꺼낸다. 단지 습기만 받지 않으면 5-6년은 보존할 수 있다.[211]

格柯打出, 作蒿篅盛之. 冬日亦得入窖, 夏還出之. 但不濕, 亦得五六年停.

1무의 땅에는 (고수[胡荽]) 10섬[石]을 수확할 수 있으며,[212] 도읍에 내다 팔면 섬당 비단 한 필

一畝收十石, 都邑糶賣, 石堪

---

210 "格柯打出, 作蒿篅盛之": 스성한은 '격(格)'은 막힌다는 의미이고, '가(柯)'는 가지로서 '격가(格柯)'는 곧 가지로 짠 것이며, 두드려 쳐도 갈라져 부서지지 않는다는 의미라고 본 것에 반해, 묘치위는 '격가(格柯)'는 탈곡 농구로서 도리깨[耞] 같은 것이라고 한다. '천(篅)'자에 대해 스성한은 (권2 「논벼[水稻]」에 보인다.) 짚으로 짠 그릇인데, '호천(蒿篅)'은 쑥의 줄기로 짜서 만든 그릇으로 해석할 수 있지만 '호(蒿)'자는 마땅히 '고(藁)'자로 써야 한다고 하는 반면, 묘치위는 '호천(蒿篅)'은 쑥의 줄기로 짜서 밖에 찰흙을 발라서 종자를 담는 용기라고 보고 있다.

211 '정(停)': 잘 넣어 두어서 훼손되지 않게 하는 것이다.

212 '일무수십석(一畝收十石)': 이것은 고수의 종자를 가리킨다. 묘치위 교석본에 따르면 이는 고수의 종자를 가리키며, 고수의 열매 1시승(市升)의 무게는 약 330g이다. 1무의 생산량은 오늘날 대개 100kg 전후이다. 후위(後魏)의 한 섬은 오늘날 4시두에 해당되어서 1무는 약 지금의 1.016시무에 해당된다. 환산하면 다음과 같다. 1시석=100시승(市升), 1kg=1000g, 330g×100=33,000g=33kg이다.[1시석(市石)의 중량이다.] 100kg/33kg=3.03시석이다.[3.03시석(市石)은 1시무(市畝)의 생산량이다.] 후위 1무=1.016시무, 100kg×0.016시무=101.6kg, 101.6kg/33kg= 3.08시석(후위의 생산량) 그러나 본문에 기재되어 있는 것은 1무에 10섬을 수확한다고 했으니 대략 지금의 4시석에 해당되므로 3.08시석보다 약 1시석이 초과되어 생산량이 너무 과대하다. 옛 사람들은 10-15류의 개수를 쓰는 것을 좋아하는데, 정확하다고는 할 수 없다. 1무당 10섬을 수확했다고 하는데, 수확한 것이 종자라면 그 양이 지나치게 많다. 따라서 본문에서는 고수의 잎으로 해석하는 것이 좋을 듯하다.

匹을 바꿀 수 있다.

만약 파종한 땅이 부드럽고 기름져서 두 번 갈이할 필요가 없는 경우에는, 종자가 익을 때를 기다리는데, 조숙한 종자가 약간 먼저 땅에 떨어져 싹이 난 것은 뽑아낸다. 그런 후에 단지 깊고 좁게 한 번 호미질하고[213] 끌개로 고르게 골라 준다. 6월이 되어 연일 장마비가 내릴 때, 떨어진 종자가 저절로 싹이 터서[穭][214] 땅속에 가득 자라면, 갈이하고 파종하는 수고를 줄일 수 있다.

가을에 파종한 것은 5월에 종자가 익은 후에 뽑아내고 재빨리 갈아엎는다. 10여 일이 지난 후에 또 한 번 갈아엎는다. 6월이 되어 다시 한 번 갈아엎는다. 땅을 잘 고르고 부드럽게 정지하는데, 이와 같이 하는 것은 삼[麻]을 파종하는 밭과 같이 한다.[215] 6월이 되어 가물 때 누거로 갈

一匹絹.

若地柔良, 不須重加耕墾者, 於子熟時, 好子稍有零落者, 然後拔取. 直深細鋤地一遍, 勞令平. 六月連雨時, 穭生者亦尋滿地, 省耕種之勞.

秋種者, 五月子熟, 拔去, 急耕. 十餘日又一轉. 入六月又一轉. 令好調熟, 調熟如麻地. 即於

213 '직(直)': '겨우', '단지'의 의미이다.

214 '여(穭)': 이는 곧 재배한 식물(특별히 벼)이 남긴 종자로 반야생상태가 되어서 자라난 새로운 그루이다. 스셩한의 금석본을 보면, 본래는 '여(旅)'자로 써야 하는데 또한 어떤 문장에서는 '여(稆)'자로 쓰고 있다고 한다.['여(旅)'자는 어떨 때에는 '누(屢)'자로 해석하며, 여러 차례 중복함을 의미한다. 또한 이것은 곧 정상적으로는 머물러서는 안 되는 곳에서 계속적으로 머무르는 것을 뜻한다.] 『후한서』 권1 「광무제기(光武帝紀)」에는 "들판에 곡식이 절로 자란다."라고 하였는데, 이에 대해 이현(李賢)이 주석하기를 "'여(旅)'는 숙주에 붙어서 파종하지 않아도 자라기 때문에 '여(旅)'라고 한다. 지금은 '여(穭)'자로 쓰고 있으며 옛 글자와 통한다."라고 하였다.

아서 이랑을 만든다.

종자를 밟아 쪼개어서 손으로 흩어 뿌리고 또 끌개로 평평하게 골라 주는데, 모든 것은 봄에 파종하는 것과 같이 한다. 그러나 (다른 것은) 이미 가뭄 날에 파종하는 것이기에[216] 반드시 습윤할 때 누거로 파종할 필요가 없다.[217] 이처럼 가뭄에 파종하는 채소는[218] 장마를 만나지 않으면 싹을 틔울 수 없게 된다. 따라서 봄철과는 달

六月中旱時, 耬耩作壟. 蹉子令破, 手散, 還勞令平, 一同春法. 但既是旱種, 不須耬潤. 此菜旱種, 非連雨不生. 所以不同春月要求

215 '조숙여마지(調熟如麻地)': 『농상집요』와 학진본에는 '조숙(調熟)' 두 글자는 없고 위 구절에 이어서 "六月又轉令好, 調熟如麻地"라고 쓰여 있다. 명초본에서는 '조숙(調熟)' 두 글자가 중복되어 있는데, 잘못 베껴 쓴 것이지만 또한 가사협이 스스로 덧붙인 주석일 가능성이 있다. '조숙(調熟)'은 남송본, 호상본에는 중복되어 있고, 진체본과 점서본에서는 중복되지 않는다.

216 니시야마 역주본(上), 150쪽 각주7에 의하면 '한종(旱種)'은 앞에서 제시한 것과 같이 일반적으로는 휴종(畦種)에 대해 한전경작의 의미이지만, 여기에서는 6월 파종의 향채[胡荽]의 한종은 가까운 시간에 비 내릴 것을 예상하여 가문 밭에 마른 종자를 뿌리는 특수한 파종법을 의미한다. 『제민요술』 권1 「조의 파종[種穀]」에서 나오는 "春 … 仰壟待雨"와 마찬가지이다. 구로시로 유키오[態代幸雄]는 '북아메리카와 남쪽 호주의 겨울에 비가 내리는 건조 지대에서 가을에 밀을 파종하는 방법(dry seeding)'이 곧 이것인 듯하다고 한다.

217 '누윤(耬潤)': 물기가 있을 때 누거로 갈아 파종하다는 것이다. 위 문장에서는 봄에 향채를 파종할 때 아침 저녁에 습기가 있을 때에 누거로 갈아 이랑을 만들어야 한다고 하였다. 그러나 묘치위 교석본에서는, 여기서의 '한종(旱種)'은 습기가 있을 때 갈이할 필요가 없다고 한다.

218 '차채한종(此菜旱種)': '한(旱)'자는 명초본, 명각본 등에서 '조(早)'자로 잘못 쓰고 있다. 묘치위 교석본에 의하면, "이 채소는 가뭄에 파종하더라도 … 봄철과는 달리 축축할 때 파종해야 한다."의 문장은 "갈이할 때 습윤한 땅이 필요치 않다."와 상대되는 것으로, 주석의 문장이 본문의 문장으로 잘못된 것이라고 한다.

리 축축할 때 파종해야 한다. 파종한 이후에 장맛비가 내리지 않으면 1개월이 되도록 싹이 트지 않을지라도 이상하게 여길 필요는 없다. 이미 맥麥을 파종한 땅에도 파종할 수 있으나, 다만 재빨리 갈이하면서 부드럽고 고르게 정지해야 한다. 비록 명의상으로 가을에 파종하는 것이라고 할지라도 실제는 6월이다.[219] 6월 중에는 장맛비[220]가 내리지 않을 수 없으니, 장맛비가 오면[221] 곧 싹이 터서 뿌리가 건실해지고 그루 역시 커진다. 7월 중에 파종한 것은 비가 많이 와도 괜찮으나, 비가 적게 내리면 싹이 모두 트지 못하고 또한[222] 뿌리가 가늘고 약해지며 그루 역시 작아져서 6월에 파종한 것보다 못한데, 이와 같이 되면 10배의 손실을 초래한다.

濕下. 種後, 未遇連雨, 雖一月不生, 亦勿怪. 麥底地亦得種, 止須急耕調熟. 雖名秋種, 會在六月. 六月中無不霖, 遇連雨生, 則根强科大. 七月種者, 雨多亦得, 雨少則生不盡, 但根細科小, 不同六月種者, 便十倍失矣.

(고수[胡荾]의 파종은) 대개 모두 땅이 축축할

大都不用觸地

---

219 '회(會)': '당면하다'나 '즈음'의 의미로서 '해당(該當)'의 의미와 같다. 두보(杜甫)의 『두공부초당시전(杜工部草堂詩箋)』 권1 「망악(望嶽)」편에 "마침 정상에 임하니 한눈에 작은 뭇 산들을 내려다볼 수 있구나."라고 하였다.

220 '임(霖)'은 장맛비로 다음 문장의 '연우(連雨)'이다.

221 '우(遇)': 스셩한의 금석본에서는 '망(望)'로 적고 있다. 『농상집요』에서는 '우(遇)'자로 쓰고 있는데, 앞의 문장 '파종 후에 장마가 내리지 않으면'과 서로 대조해서 볼 때, '우(遇)'자가 맞다. 다만 만일 '망(望)', '우(遇)' 이 두 글자가 모두 있게 되면 곧 "6월 중에 연이어 장마가 내리지 않는 상황에 장마를 만나면~"이 된다고 한다.

222 '단(但)': 각본에서는 동일하며 '특히[特]', '유독[獨]'의 뜻이 있는데, 니시야마 역주본에서는 '차(且)'자의 잘못이라고 의심을 하고 있다.

때 습기를 틈타서 땅속에 파종할 필요는 없다.[223] 모종이 몇 치[寸] 크기로 자랐을 때 호미로 조밀한 것을 솎아 내어서 먹거나 내다 판다.

소금에 절인 채소로 만들려고 하는 것은 10월에 서리가 충분히 내릴 때 다시 거두는데, 1무당 두 수레를 거둘 수 있으며, 수레당 3필의 비단을 바꿀 수 있다.

만약 겨울철에 남겨서 먹으려고 하는 것은 풀로 덮어 두면 겨울 내내 먹을 수 있다. 봄에 약간을 파종하여 먹으려는 것은 당연히 이랑을 지어 파종한다. 이랑을 지어 (고수를) 파종하는 것은 아욱을 파종하는 방식과 같다. 만약 파종할 때는[224] 살 수 있는 종자를 손으로 비벼[225] 두 조각을 내어 바구니 속에 담아, 하루에 두 차례 물을 뿌려 싹이 트게 한 후에 파종한

濕入中. 生高數寸, 鋤去概者, 供食及賣. 作菹者, 十月足霜乃收之, 一畝兩載, 載直絹三匹. 若留冬中食者, 以草覆之, 尚得竟冬中食. 其春種小小供食者, 自可畦種. 畦種者, 一如葵法. 若種者, 挼生子, 令中破, 籠盛, 一日再度以水沃之, 令芽生,

---

223 "不用觸地濕入中": 명초본에서의 '지(地)'자가 원래는 '지(池)'로 되어 있는데 확실히 잘못된 것이다. '입중(入中)' 두 글자는 『농상집요』와 명청 각본에서는 모두 빠져 있다. 그러나 땅이 축축할 때 땅속에 넣어서 파종할 필요가 없다고 해석되므로, '입중(入中)' 두 글자는 있어야 한다.

224 '약종자(若種者)': 묘치위의 교석에서 멍팡핑[孟方平]은 '약(若)'을 '하(夏)'자의 잘못으로 인식하고 있다고 한다. 위의 문장에 의하면, 싹을 틔우는 것은 봄에는 늦고 여름에는 빠르다. 여름날에는 기온이 높아서 한낮에는 발을 쳐야 하며, 야간에는 벌레를 막아야 하는데, 봄에는 모두 이와 같은 조치를 하지 않기 때문에 여름에 고수를 심는 것이라고 한다.

225 '뇌생자(挼生子)': '뇌(挼)'는 비벼 마찰한다는 의미이며, '생자(生子)'는 처리를 하지 않은 원래의 종자이다.

다. 이틀 밤이 지나면 곧 싹이 튼다. 낮에 발[箔]로 덮어 주고 밤에는 거둔다. 낮에 덮어 주지 않으면 너무 무더워서 싹이 트지 않으며, 밤에 걷어 주지 않으면 벌레가 생긴다.[226]

然後種之. 再宿即生矣. 晝用箔蓋, 夜則去之. 晝不蓋, 熱不生, 夜不去, 蟲耬之.

고수를 파종할 때 종자가 쉽게 싹이 트기 어려운 것은 모두 물을 뿌린 후에 (보온과 보습을 하여) 싹이 트게 하고 (다시 파종하면) 싹이 트지 않는 것이 없게 된다.

凡種菜, 子難生者, 皆水沃令芽生, 無不即生矣.

고수를 소금에 절이는 법: 끓는 물에 데쳐서[227] 걸러 내고 큰 항아리 속에 넣어서 따뜻한 소금물에 하룻밤 재워 둔다.

作胡荽菹法. 湯中渫出之, 著大甕中, 以暖鹽水經宿浸之.

이튿날 (새벽에) 새 물을 끼얹어 깨끗이 씻어서 걸어 낸 후, 꺼내어 다른 용기 속에 넣어 소금과 식초에 담가 두면, 향기도 있고 맛도 좋아 쓴 맛이 사라진다. 또한 깨끗이 씻어서 맑은 죽이나 보리누룩 가루를 만드는 것은 깻잎이나 갓을 소

明日, 汲水淨洗, 出別器中, 以鹽酢浸之, 香美不苦. 亦可洗訖, 作粥

226 '누(耬)': 명청 각본과 명초본에서는 모두 '누(耬)'자로 쓰여 있으며, 학진본은 『농상집요』에 의거하여 '서(棲)'자로 쓰고 있다. 스셩한은 '충루(蟲耬)'를 벌레가 위로 기어 다닌다는 의미라고 보았다.

227 '잡(渫)': 끓는 물에 데치는 것을 일러 '잡(渫)'이라고 하며, 끓는 기름에 튀기는 것을 '잡(煠)'이라 한다. 스셩한의 금석본에 의하면, '잡(煠)'은 지금도 중국 각지 방언 중에 거의 보편적으로 남아 있으며 일반적으로 모두 '작(炸)'으로 잘못 쓰고 있다. '잡(渫)'은 산동 · 하북 · 하남 · 안휘 · 호남 · 광동 · 광서의 방언 중에 보존되어 남아 있다. 묘치위 교석본에 의하면, '잡(渫)'은 '잡(煠)'자로 차용해 썼지만 '삽(澀)'과 동일하다. 이는 곧 끓는 물 속에 잠시 넣었다 꺼내는 것으로, 목적은 쓰고 떫고 비린내를 제거하는 것이다.

금에 절이는 법과 같으며,[228] 또한 맛도 동일하다.

깻잎절임으로 만드는[229] 것도 먼저 데쳐서 쓴맛을 들어낸 연후에 이내 다시 사용한다.

清麥麲末, 如蘸芥菹法, 亦有一種味. 作裹菹者, 亦須渫去苦汁, 然後乃用之矣.

228 "作粥清麥麲末, 如"를 스성한은 '청(清)'을 '진(津)'자로 표기하였고, '말(末)'을 '미(味)'로 적고 있으며, "著粥津麥麲味, 如"로 끊어 읽었다. 즉 '작(作)'자는 본래 '저(著)'자인데 음이 가까운 '작(作)'자로 잘못 쓰여 있으며, '말(末)'자는 형태가 가까운 '미(味)'자로 잘못 쓰여 있다는 것이다.(권9 「채소절임과 생채 저장법[作菹藏生菜法]」 참조.)

229 '과(裹)': 본서의 절인 채소[菹]를 만드는 방법 중에 '과저(裹菹)'라는 항목이 없다. 스성한의 금석본을 보면, '양저(蘸菹)'의 '양(蘸)'자와 글자 형태가 다소 유사하기 때문에 잘못되었을 것이라고 보고 있다. 묘치위 교석본에 의하면, 『제민요술』 중에는 각종 소금을 절이는 방식이 많지만 '과저(裹菹)'의 명칭은 없다고 한다. 다음 편인 「들깨 · 여뀌[荏蓼]」에서 '요저(蓼菹)'를 만드는 것에 대해 "비단자루에 담아 장독 속에 묻어 둔다."라고 하였는데 자못 깻잎 절임과 유사하지만 이런 것을 가리키는지는 확실치 않다고 한다.

제25장

난향 재배[230] 種蘭香第二十五

난향(蘭香)은 곧 '나륵(羅勒)'이다. 중국[231]에서 석륵(石勒)[232]이라는 이름을 피휘하여 고친 것으로, 지금[북위(北魏)] 사람들도 이 이름을 부른다. '난향'이라는 이름이 나륵의 이름보다 좋기 때문에 그 이름을 채용하였다.[233]

蘭香者, 羅勒也. 中國爲石勒諱, 故改, 今人因以名焉. 且蘭香之目, 美於羅勒之

230 난향은 나륵(羅勒)으로 *Ocimum basilicum*이며, 순형과로서 1년생 방향초본이다. 옛날에는 연한 잎줄기로 향채를 만들어서 식용하였다.

231 '중국(中國)': 북위시기에는 황하 중하류 유역을 '중국(中國)'으로 지칭하였다.

232 석륵(石勒: 274-333년)은 갈족(羯族)인으로서 진송(晉宋) 간에 북방 16국 중의 하나인 후조(後趙)의 건립자이며, 15년간 재위하였다. 양국[襄國: 지금의 하북성 형대(邢臺)]을 건립하였다. 죽은 후 그의 조카인 석호(石虎: 295-349년)가 왕위를 계승하였으며, 수도를 업[鄴: 지금의 하북성 임장(臨漳) 서남쪽]으로 옮겼는데, 머지않아서 염위(冉魏)에 의해 괴멸되었다. 묘치위 교석본에 의하면, 석륵은 '륵(勒)'을 피휘하여서 나륵을 난향으로 고쳤다. 또한 '호(胡)'를 피휘하여서 '호(胡)' 자가 들어가는 물건은 모두 이름을 고쳤는데, '호수(胡荽)'는 이름을 고쳐 '향수(香綏)'라고 하여 [『예문유취』 권85 '두(豆)'조는 『업중기(鄴中記)』에서 인용] 오히려 명실상부하게 되었다.

233 "蘭香 … 用之": 이 작은 글자로 된 문장은 고서에서 인용한 것 같지는 않고, 아마 가사협 스스로의 진술 같은데 오로지 편명을 해석하기 위해 표제로 삼은 듯하다. 이 때문에 매 편의 제일 첫머리의 작은 글자가 응당 모두 편명 제목의 주라는 것

名, 故即而用之.

위홍(韋弘)의 『부(賦)』의 첫머리에 이르기를[234]에는 "나륵은 곤륜(崑崙)의 언덕에서 자라며, (그것을 쓰는 것은) 서방 소수민족[西蠻]의 풍속에서 나왔다."라고 한다.

韋弘賦敘曰, 羅勒者, 生崑崙之丘, 出西蠻之俗.

생각건대 현재[북위]에도 잎이 크고 두터운 것을 '조난향(朝蘭香)'[235]이라고 한다.

按, 今世大葉而肥者, 名朝蘭香也.

3월 중에 대추 잎이 비로소 싹이 틀 때 난향을 파종한다. 일찍 파종한 것은 헛되이 종자만 낭비하는데, 날씨가 추워서 싹이 트지 못하기 때문이다. **이랑을 지어 물을 주는 것은 아욱을 파종하는 방법과 같다. 물기가 있을 때[236] 종자를 다 뿌리고 물이 다 스며들면, 잘 썩은 거름을 체로 쳐서[237] 겨우 종자가 덮일 정도로 덮어 준다.** 너무 두터우면 싹이 트지 못

三月中, 候棗葉始生, 乃種蘭香. 早種者, 徒費子耳, 天寒不生. **治畦下水, 一同葵法. 及水散子訖, 水盡, 簁熟糞, 僅**

을 추측할 수 있다.

234 위홍은 『한서(漢書)』 권73 「위현전(韋賢傳)」에서 위현의 둘째 아들인 홍(弘)으로, 관직은 동해태수에 이르렀다고 하였는데, 확실치가 않다. 묘치위 교석본에 따르면, 각 가의 서목에 위홍(韋弘)이 저술한 기록은 없고, 이런 유의 서적 또한 인용하지 않았다고 한다.

235 '조난향(朝蘭香)': 스셩한은 '조(朝)'자는 '호(胡)'자가 아닌지 의심스러우며, '호(胡)'자는 본래 두텁다는 의미라고 한다. 앞서 인용한 위홍(韋弘)의 『부서(賦敘)』 중의 '서만지속(西蠻之俗)'이란 구절이 인용되어 있는데, 이는 모두 '호(胡)'자와 유관하며, '조(朝)'자는 도리어 관련될 만한 뜻이 없다. 묘치위는 이 구절의 '난(蘭)'을 '난(闌)'으로 오인하거나 '달(闥)', '박(膊)'으로 잘못 쓰고 있다고 한다.

236 '급수(及水)'의 '급(及)'은 '틈타다[趁]'의 의미이다.

237 '사(簁)': 잘 섞은 거름을 직접 체질하여 그 위에 뿌린 것을 의미한다. 오늘날에는 '사(篩)'로 쓰는데, 스셩한은 금석본에서 아주 이른 시기의 글자는 '사(籭)'라고 지적하였다.

하는데, 이는 싹이 약하기 때문이다.

대낮에는 발[箔]로 덮어 주고 야간에는 걷는다. 한낮에는 난향이 햇볕을 보게 해서는 안 되며, 밤에는 반드시 이슬의 기운을 받게 해준다. 싹이 나온 후에는 발을 걷어야 한다. 항상 충분한 수분을 유지해 줘야 한다.

6월에 연일 비가 내릴 때에는 뽑아서 옮겨 심는다. 싹의 끝 부분을 따서 진흙 속에 꽂아도[238] 역시 잘 살아난다.

소금에 절이거나 말린 채소로 쓸 것은 9월에 수확해야 한다. 늦으면 더욱 말라 버리고 맛이 떨어진다. 말린 채소로 만들 것은 아주 맑은 날에 지면 가까이에서[239] 베어 내어 땅위에 펴고 햇볕에 말린다.

마르면 비벼서 가루를 내어 항아리 속에 저장하여, 필요할 때 수시로 꺼내어 쓴다. 뿌리째로 뽑아서 걸어 두면 떠서 문드러지기 쉽고, 또한 참새똥과 재먼지가 묻어 더러워진다.

종자로 쓸 것은 10월에 수확한다. 나머지 각종 향채(香菜)를 전문적으로 열거하여 기입하지 않은 것은[240] 파종

得蓋子便止. 厚則不生, 弱苗故也. 晝日箔蓋, 夜即去之. 晝日不用見日, 夜須受露氣. 生即去箔. 常令足水. 六月連雨, 拔栽之. 掐心著泥中, 亦活.

作菹及乾者, 九月收. 晚即乾惡. 作乾者, 大[15]晴時, 薄地刈取, 布地曝之. 乾乃挼取末, 甕中盛, 須則取用. 拔根懸者, 裛爛, 又有雀糞塵土之患也.

取子者, 十月收. 自餘雜香菜不列者,

---

238 '겹심저니중(掐心著泥中)': '심(心)'은 싹의 끝부분을 가리킨다. 이것 곧 싹의 끝부분을 따서 진흙 속에 꽂는다는 것이다.

239 '박지(薄地)': '박(薄)'은 곧 '박(迫)'으로, '박지(薄地)'는 곧 '박지(迫地)'이며 '지면 가까이 붙어서'라는 의미이다.

240 호수(胡荽), 나륵(羅勒), 향유(香薷)는 모두 향채의 명칭이다. 묘치위 교석본에

법이 모두 난향과 마찬가지이기 때문이다.[241]

『박물지博物志』에 이르기를[242] "말발굽[馬蹄]과 양뿔[羊角]을 태워서 재[灰]로 만들어 봄에 축축한 땅에 흩어 뿌리면 곧 나륵의 싹이 튼다."라고 한다.

種法悉與此同.

博物志曰, 燒馬蹄羊角成灰, 春散著濕地, 羅勒乃生.

교 기

15 '대(大)': 명초본과 명각본에서는 '대(大)'자로 쓰고 있으며, 청각본에서는 『농상집요』의 인용문에 의거하여 '천(天)'자로 쓰고 있다.

의하면, 『제민요술』은 두루 일컬어 '자여잡향채(自餘雜香菜)'라고 하였는데, 원수(芫荽), 나륵 이외의 향채를 가리키며 다음의 「들깨 · 여뀌[荏蓼]」의 자소(紫蘇), 강개(薑芥), 훈유(薰葇)와 「양하 · 미나리 · 상추 재배[種蘘荷芹藘]」의 '마근자(馬芹子)'가 모두 이것이다. 나머지 향채가 과수원이나 밭에서 물러나서 야생으로 된 것이 오늘날의 '향채'로서, 거의 원수(芫荽)의 고유명사가 되었다고 한다.

241 이 조항은 원래 작은 주의 형식으로 '십월수(十月收)' 다음에 열거하여 별도의 열로 적혀 있었으나, 묘치위 교석본에서는 본문으로 써야 한다고 보았다.

242 금본 『박물지』에는 '춘(春)'을 '춘하(春夏)'로 쓰고 있으며, '羅勒乃生'을 '生羅勒'으로 쓰고 있고 나머지는 동일하다. 『박물지』에는 대부분 기이하게 생긴 이야기들이 나열되어 있다.

제26장

들깨 · 여뀌 荏蓼第二十六

자소(紫蘇) · 강개(薑芥) · 훈유(薰菜)[243]는 (기름을 짜는) 들깨와 같은 시기에 이랑을 지어 파종하는 것이 좋다.[244]

『이아(爾雅)』에[245] 이르기를 "장(薔)은 우료(虞蓼)이다."

紫蘇薑芥薰菜, 與荏同時, 宜畦種.

爾雅曰, 薔, 虞蓼.

---

243 '강개(薑芥)': '가소(假蘇)'라고도 하며 꿀풀과의 형개(荊芥: *Schizonepeta tenuifolia*)로서, 향기가 매우 강하다. 훈유(薰菜)는 꿀풀과의 향유(香薷: *Elsholtzia ciliata*)이다. '향유(香菜)'라고도 하며 잎 전체에서 방향의 향기가 난다. '수소(水蘇)'는 꿀풀과의 *Stachys japonica*로서 매운 향기가 난다. 이상의 각종 꿀풀과의 매운맛 식물은 옛날에는 모두 재배하여 식용했으며, 옛 본초서(本草書)에도 채부(菜部)에 열거되어 있다. 『본초강목』에는 채부에서 초부(草部)로 옮겨 열거하고 있는데, 이것은 이미 채소밭에서 물러나 야생이 되었음을 의미한다고 한다.

244 "紫蘇 … 宜畦種": 스셩한의 금석본에서는 이 작은 글자의 문장은 오직 편명의 제목을 위해서 주를 단 것으로 보고 있다. 이 중 '임(荏)'은 꿀풀과의 백소(白蘇: *Perilla frutescens*)로서 일년생 방향(芳香)초본이다. '소(蘇)'는 순형과의 자소(紫蘇)이며 백소(白蘇)의 변종(var. *crispa*)으로, 『이아(爾雅)』주에는 '임류(荏類)'라고 설명하고 있다. 묘치위 교석본을 참고하면, 소(蘇)로 이전에는 이른바 "매운맛이 계(桂)와 같다."라고 한 것에서 별명이 '계임(桂荏)'이라고 한다. 『제민요술』 '팽임(烹飪)' 각 부분에는 소(蘇)를 이용하여 조미료를 만드는 것이 매우 많은데, '들깨[荏]'는 주로 기름을 짜는 데 사용되었다고 한다.

245 "'장(薔)'은 '우료(虞蓼)'이다. '소(蘇)'는 '계임(桂荏)'이다."라는 구절은 『이아』「석초

라고 한다. (곽박이) 주석하여 말하기를, "우료는 곧 택료(澤蓼)이다."라고 하였다. 또 말하기를, " 소(蘇)는 계임(桂荏)이다."[246] "소는 들깨와 같은 유여서, (향미가 나기 때문에) '계임'이라고 일컫는다."라고 한다.

注云, 虞蓼, 澤蓼也. 蘇, 桂荏. 蘇, 荏類, 故名桂荏也.

『본초경(本草經)』에[247] 이르기를, "개조(芥葅)는[248] 일명 '수소(水蘇)'라고 부른다."라고 하였다.

本草曰, 芥葅, 一名水蘇.

오씨(吳氏)[249]가 이르기를 "가소(假蘇)는 '서명(鼠蓂)'이라고도 쓰며, '강개(薑芥)'라고도 부른다."라고 한다.

吳氏曰, 假蘇, 一名鼠蓂, 一名薑芥.

『방언(方言)』에 이르기를,[250] "소(蘇) 중에 작은 것을 '양

方言曰, 蘇之小者

(釋草)」편의 문장이다. 나머지는 모두 주석 문장으로, 곽박의 주와 같으며 단지 '야(也)'자만 없다.

246 이 구절은 확실히 『이아』 곽박의 주이다. 그러나 금본의 『이아』 곽박의 주에는 제일 마지막의 "亦名, 桂荏"이라고 하고 있는데 여기서 인용한 것과 다르다.

247 『태평어람』 권977 '소(蘇)'는 『본초경(本草經)』을 인용하여 적은 것이나, 『본초경』 '수소(水蘇)'의 항목 아래 본문에는 이런 기록이 없다. 도홍경의 『본초경집주』에는 이 구절이 삽입되어 있다.

248 '개조(芥葅)'는 원래 '개저(芥菹)'라고 쓰여 있는데, 다만 「갓 · 유채 · 겨자 재배[種蜀芥芸薹芥子]」에서는 『오씨본초』를 인용하여 '조(葅)'라고 쓰고 있으며 『본초경집주』도 마찬가지로서 이를 근거로 하여 고쳤다.

249 오씨는 오보(吳普)가 찬술한 『오씨본초』를 가리킨다. 묘치위 교석본을 참고하면, 이 가소(假蘇)는 위 문장의 수소(水蘇)와는 다른 종류로서, 본 조항은 위 문장의 주석문이 아니다. 『태평어람』 권977 '소(蘇)'에서 본 조항을 인용하여 위 문장의 주석문으로 한 것은 잘못이다. 청대 손성연(孫星衍), 손빙익(孫馮翼)이 편집한 『신농본초경(神農本草經)』에서 『태평어람』이 오씨의 이 조항을 인용하여 가소(假蘇)에 열거한 것은 정확하다고 한다. 『촉본초(蜀本草)』의 주석에는 『오씨본초』를 인용하여 "가소는 '형개(荊芥)'라고도 부른다. 잎은 '낙여(落藜)'와 같이 가늘며, 촉 지방에서 생으로 먹는다."라고 한다.

250 『방언』 권3에는 '양유(蘘葇)'를 '양유(蘘葇)'로 적고 있다. 곽박이 주석하기를 사부총간(四部叢刊)본에서는 '근유(堇葇)'라고 적고 있지만, 『방언』의 주석을 인용

유(穰菜)'라고 칭한다."라고 한다. (곽박이) 주석하여 말하기를, "이는 곧 훈유(薰菜)이다."라고 한다.

謂之穰菜. 注曰, 薰菜也.

3월에 들깨와 여뀌[251]를 파종할 수 있다. 들깨는 종자가 흰 것이 좋으며, 황색의 것은 좋지 않다. 들깨는 매우 잘 자란다.

三月可種荏蓼. 荏, 子白者良, 黃者不美. 荏性甚易生.

여뀌는 물을 댈 수 있는 이랑에 파종하면 더욱 좋다.

蓼尤宜水畦種也.

들깨는 적당할 때 밭두둑에 흩어 뿌리면, 이후에는 매년 저절로 자라난다.

荏則隨宜, 園畔漫擲, 便歲歲自生矣.

들깨 씨는 늦가을이 되어 아직 익기 전에[252]

荏子秋未成,

하여 모두 '훈유(薰菜)'라고 적고 있다. 『명의별록』에는 "집집마다 이것이 있고, 단지 날로 먹는다."라고 하였다.

251 '요(蓼)': 『신농본초경』 '요실(蓼實)'에 대한 도홍경(陶弘景) 주석에 의거하면 사람들이 먹는 것에는 향료(香蓼), 자료(紫蓼), 청료(青蓼) 3가지 종류가 있다고 한다. 오기준(吳其濬)의 『식물명실도고(植物名實圖考)』 권10의 '요(蓼)'에 대해 "옛날에 맛을 내는 것이 곧 지금의 가료(家蓼)이다. 잎의 뒷면이 희고, 붉고 흰색 두 종류가 있다. 민간에서는 잎 속에 고기를 싸서 구워 먹었는데, 향기가 진하다. … 『제민요술』에도 요(蓼)를 심는 법이 있는데, 때문에 '가료(家蓼)'라고 한 것이다. 위진시대 이전에는 모두 '여(茹)'라고 하였다. … 지금은 모두 야생이다."라고 한다. 묘치위 교석본에서는, 마디풀과(蓼科)의 '향료(香蓼: *Polygonum viscosum*)'라고 하는 것이 곧 『제민요술』에서 파종한 것이며, 앞 문장의 '택료(澤蓼)'는 분명 요과의 수료(水蓼: *Polygonum hydropiper*)일 것이라고 한다.

252 '추미성(秋未成)': 스셩한의 금석본에서는 '추말성(秋末成)'으로 표기하였으며, '성(成)'을 성숙으로 해석하고 있지만, 열매가 익게 되면 꼬투리가 쇠어서 장 속에 담가 장채를 만들더라도 먹기에는 부적합하다. 따라서 '성'의 의미는 완전히 익기 전의 상태로 해석해야만 작은 주의 내용에 부합된다고 하였다. 묘치위 교석본에 의하면 여기서는 성숙 전의 연한 이삭을 가리키는 것으로, 주에서는 분명히 "열매가 익으면 맛이 좋지 않다."라고 하였기 때문에, '추말'같이 익을 때를 기다

열린 꼬투리를 따서 장醬 속에 묻어 담가 둔다. '봉(蓬)'은 들깨의 꼬투리[253]로, (연할 때 따는데) 열매가 익으면 먹기에 좋지 않다.

많이 파종하려면 조를 파종하는 방식과 같이 한다. 참새가 들깨씨 먹는 것을 아주 좋아하기 때문에 반드시 집 근처에 심는다.

종자를 거두어 짠 기름은 음식물을 지져서 전을 만들 수 있다. 들기름[들깨기름]은 녹색이 맛이 좋고 향기롭다. 떡을 지지는 것은 비록 참기름과 비교할 수는 없지만 삼씨기름보다는 좋다. 삼씨기름은 모두 비린내가 나기 때문이다. 그러나 들기름은 윤기가 없어[254] 머릿기름으로 사용하면 머리칼이 말라 버린다. 갈아서 탕국을 만들 때는[255] 삼씨보다 훨씬 좋다. 또한 등촉의 기름으로도 사용할 수 있다. 좋은 땅에 파종하면 무당 10섬을 거둘 수 있다. 많이 파종하면 곡식[또는 조]

可收蓬於醬中藏之. 蓬, 荏角也, 實成則惡. 其多種者, 如種穀法. 雀甚嗜之, 必須近人家種矣. 收子壓取油, 可以煮餅. 荏油色綠可愛, 其氣香美. 煮餅亞胡麻油, 而勝麻子脂膏. 麻子脂膏, 並有腥氣. 然荏油不可爲澤, 焦人髮. 硏爲羹臛, 美於麻子遠矣. 又可以爲燭. 良地十石. 多

리는 것은 말이 되지 않는다고 한다.

253 '각(角)'은 가늘고 긴 꼬투리 같은 열매이다. 『제민요술』중에는 소두(小豆)의 콩깍지를 '두각(豆角)'이라고 하고, 가래나무[梓楸]의 긴 꼬투리 열매를 '각(角)'이라 하며, 무의 각진 열매 또한 '각(角)'이라 한다. 묘치위 교석본을 보면 여기서는 들깨의 줄기[穗]의 꽃차례가 익기 전의 연한 줄기, 즉 이른바 '임각(荏角)'으로서 민간에서는 '봉(蓬)'이라고도 부른다고 한다.

254 묘치위 교석본에는 이것이 본서 권5 「잇꽃 · 치자 재배[種紅藍花梔子]」에 기록된 '향택(香澤)'이라고 한다. 들깨기름은 건성유로서, 머리에 바르면 들깨기름이 산화하여 머리카락이 굳어서 딱딱해지기 때문에 '초인발(焦人髮)'이라고 한다.

255 '연위갱학(硏爲羹臛)': 갈아서 탕 속에 넣어 조리한다는 의미이다. 묘치위 교석본에 의하면, 권8 「고깃국 끓이는 방법[羹臛法]」 등에는 들깨가루나 들깨기름은 보이지 않고, 권9 「소식(素食)」의 '부(缹)'법에는 각 조마다 여러 곳에서 소유(蘇油)를 사용하였으며, 당연히 들깨기름도 포함되어 있다.

과 더불어 윤작도 할 수 있어서 두 배를 수확하여,[256] 다른 밭과는 비교되지 않는다. (방수를 위해서) 베에 바르는 기름[帛煎油][257]을 만들면 더욱 좋다. 들깨기름의 성질은 점도가 높아서,[258] 비단을 칠할 때는 삼씨기름[259]보다 낫다.

種博穀則倍收,16 與諸田不同. 爲帛煎油彌佳. 荏油性淳, 塗帛勝麻油.

여뀌[蓼]를 소금에 절인 채소로 만드는 것은 싹이 2치[寸] 정도 자랐을 때 잘라서 비단 자

蓼作菹者, 長二寸則剪, 絹袋

256 '다종박곡(多種博穀)': '박곡(博穀)'의 두 글자는 해석이 되지 않는데, 스셩한은 금석본에서 조와 더불어 윤작재배한다는 뜻으로 보았다. 묘치위 교석본에 의하면, 사람에게서 얻는 것을 '박(博)'이라 한다. 예컨대 '박환(博歡)', '이박일소(以博一笑)'는 기회를 틈타 교묘하게 취하는 것으로 오늘날의 '도박(賭博)'을 일컫는다. '다종박곡(多種博穀)'은 여러 종류의 들깨씨로 곡식을 바꾼다는 것으로 들깨씨의 값이 오르면서 곡식을 파종하는 것보다 두 배의 수익을 거두었음을 말한다.

257 '백전유(帛煎油)': 스셩한의 금석본에 따르면, 베에 바르는 기름은 건성유여야 하는데(즉 대기 산소에 의해서 고체로 변할 수 있는 기름류) 건성유는 모종의 중금속 산화물과 함께 가열하면 산화가 빨라져서 쉽게 건조되기에 '광유(光油)'라고 한다. 백전유는 확실히 이같이 끓여서 베에 칠하는 기름으로 만든 것이다.[본권 「잡설(雜說)」의 '물벽장(勿辟藏)' 각주 참조.] 묘치위 교석본에 의하면, 옛날에는 대부분 '햇볕에 쬐어[日煎]' 사용하였다. 『명의별록(名醫別錄)』에서 도홍경은 "(들깨)씨로 기름을 짜서 햇볕에 말렸는데, 이는 곧 오늘날 비단과 물건에 칠하는 데 사용하였다."라고 한다. 『사시찬요(四時纂要)』「유월[六月]」편에도 햇볕에 말리는[日煎] 방법을 이용하고 있다.

258 '순(淳)': 농도가 짙은 것으로 이는 곧 '점도가 크다'는 의미이다. 이 속에는 또한 분명 물이 침투하지 못한다는 의미도 포함하고 있다.

259 '마유(麻油)': 삼씨기름을 가리킨다. 권6 「닭 기르기[養雞]」, 권9 「소식(素食)」의 '마유(麻油)' 또한 삼씨기름이며, 참기름을 가리키지는 않는다. 묘치위 교석본에 의하면, 식물성 기름 중에서 삼씨기름, 참기름, 들깨기름, 오동나무열매기름 등은 모두 건성유(乾性油)이라고 한다. 건성유는 주로 고도의 불포화건성지방산이 함유되어 쉽게 산소와 결합되며, 산화되어 고체로 변한다. 따라서 물체에 바르면 바른 물체의 표면에 한 층의 견고한 막이 형성되어 보호 작용을 한다.

루에 담아 장독 속에 묻어 둔다. 다시 자라날 때 또 자르면 언제나 연한 싹을 거둘 수 있다. 만약 가을이 되어서 씨가 익기를 기다리면 씨가 땅에 떨어지고, 줄기는 세고 단단해지며, 잎 또한 마르게 된다. 종자로 거두려는 것은 열매가 익을 때에 재빨리 거두어들인다. 여뀌의 성질은 시들기가 쉬워서, 늦으면 씨가 다 떨어져 버린다.

盛, 沈於醬甕中. 又長, 更剪, 常得嫩者. 若待秋, 子成而落, 莖既堅硬, 葉又枯燥也. 取子者, 候實成, 速收之. 性易凋零, 晚則落盡.

5-6월에는 여뀌로 양념을 만들어서 비름에 곁들여 먹을 수 있다.[260]

五月六月中, 蓼可爲齏以食莧.

최식崔寔이 이르기를 "정월에는 여뀌를 파종할 수 있다."라고 한다.

崔寔曰, 正月, 可種蓼.

『가정법家政法』에 이르기를, "3월에는 여뀌를 파종할 수 있다."라고 한다.

家政法曰, 三月可種蓼.

260 '제(齏)'는 매운 맛이 나거나 간장과 초를 곁들여서 잘게 부순 형태의 양념이다. 묘치위 교석본에 따르면, 호상본에서는 이 글자와 같으나 명초본에서는 '제(齏)'로 쓰고 있는데 민간에서 글자가 와전된 듯하며, 다른 곳에서는 여전히 여러 종류의 이체로 쓰고 있지만 본서에서는 통일하여 '제(齏)'로 썼다고 한다. 『제민요술』 중에는 비름[莧]을 파종한 기록은 없으며, 인현(人莧)'은 권10 「비중국물산(非中國物産)」의 항목 중에 기록되어 있다. 여기서는 '제(齏)'를 만들어 비름을 곁들여 먹는다[食莧]는 것이 나오는데, 『제민요술』의 내용 중에 비름이 없는 것은 아니지만 먹은 것이 야생 비름인지는 알 수가 없다.

● **그림 11**
들깨[荏]와 열매:
『구황본초(救荒本草)』
참조.

● **그림 12**
여뀌[蓼]

교 기

16 '즉배수(則倍收)': 명초본에서는 '수(收)'자를 '취(取)'자로 쓰고 있는데, 『농상집요』에 의거하여서 고쳐서 바로잡는다.

제27장

생강 재배 種薑第二十七

『자림(字林)』에 이르기를, "생강[薑]은 습기를 꺼리는 채소이다."[261] "자(茈)가 곧 생강이다."라고 하였다.

字林曰, 薑, 御濕之菜. 茈, 生薑也.

반니(潘尼)가 (『조부』에서) 이르기를[262] "남이의 생강이다."라고 하였다.

潘尼曰, 南夷之薑.

생강은 흰 모래땅에 파종하기 적합하고[263] (파종할 때) 약간의 거름을 준다. 삼을 파종하는 밭[麻地]과 같이 매우 부드럽게 가는데, 아무리 부드러워도 꺼리지 않는다. 종횡으로 일곱 차례 갈면 더욱 좋다.

薑宜白沙地, 少與糞和. 熟耕如麻地, 不厭熟. 縱橫七遍尤善.

3월에 파종한다. 먼저 누강耬耩으로 두 번

三月種之. 先

261 '어(御)': 피하고 제거하거나 물리친다는 의미로서, 이는 곧 『본초서(本草書)』에서 말하는 "한습의 기운을 쫓아낸다.[逐寒濕.]"라는 것을 의미한다.

262 이 구절은 반니(潘尼)의 『조부(釣賦)』의 문장으로, 『태평어람』 권977의 '산(蒜)' 조에서 인용한 것이다.(본권 「마늘 재배[種蒜]」 교기 참조.)

263 '강의백사지(薑宜白沙地)': 생강은 푸석푸석하면서 비옥한 사질토양이나 양토를 좋아하며, 소금기와 지나치게 차진 저습지에는 적합하지 않고, 너무 가물고 언 땅을 꺼린다.

갈아 (다시 이랑을 만들어) 이랑을 따라 생강을 파종하는데, 포기마다 한 자[尺] 거리를 두고 포기 위에 3치두께로 흙을 덮고 여러 차례 호미질을 해 준다. 6월에 (생강을 파종한 이랑 위에) 갈대발로 시렁을 쳐서[264] 덮어 준다. 생강은 더위[265]를 견디지 못하기 때문이다.

重耬耩, 尋壟下薑, 一尺一科, 令上土厚三寸, 數鋤之. 六月作葦屋覆之. 不耐寒熱故也.

9월에는 파내어서 방 안에 넣어 둔다. 황하유역[中國]은 너무 춥기 때문에 마땅히 토굴을 만들고 곡식 줄기[266]를 중간 중간에 섞어서 매장한다. 황하유역의 토양[267] 상태는 생강이 적합하지 않아서[268] 겨우 존

九月, 掘出, 置屋中. 中國多寒, 宜作窖, 以穀稈合埋之. 中國土不宜薑,

264 '위옥(葦屋)': 갈대발로 그늘을 만드는 시렁을 제작한다는 의미이다. 묘치위 교석본에 의하면, 생강은 습하고 그늘지고 온난한 환경을 좋아하여서 춥거나 더운 환경을 모두 견디지 못하며, 더욱이 강한 일사광선을 꺼리기 때문에 반드시 그늘을 만드는 차양막을 설치해야 한다. 오늘날 장강유역에서는 대부분 차양막을 설치하여 그늘을 만드는데, 산동의 생강 재배지역에서는 대부분 '강초(薑草)'를 이용하여 그늘을 드리운다고 한다.

265 '한열(寒熱)': 스셩한의 금석본에서는, 마땅히 '무더위[暑熱]'라고 적어야 한다고 지적하였다.

266 '늑(稈)'은 화곡의 줄기를 가리킨다. 묘치위는 교석본을 보면, 장교본과 원각본『농상집요』에서 인용한 것은 글자가 이와 같으나, 명초본에서는 '늑(稈)'으로 쓰고 있으며, 황교유수증전록본(黃校劉壽曾轉錄本: 이하 '유록본'으로 약칭)에서는 '욕(褥)'자로 쓰고 있고, 육심원전록간본[陸心源轉錄刊本; 이하 육록본(陸錄本)으로 간칭]에서는 '누(耨)'자로 쓰고 있는데 모두 잘못된 것이라고 한다.

267 '토(土)': '토양의 적합함[土宜]'을 가리키며, 토양과 기후를 포함하고 있다.

268 '중국(中國)': 당시의 중국은 단지 황하유역을 가리키며, 장강유역은 '강남(江南)', '남방(南方)'이라고 일컬었다. 묘치위 교석본에 따르면, 중국의 장강유역과 주강(珠江) 유역 및 운남 · 귀주 지역은 온난다습한 지역이기 때문에 생강재배가 가장 적합하다. 북방에는 주로 산동 태산산맥 이남의 구릉지역에 분포하며, 하남 ·

재하고 살아 있을 정도이지 대량으로 번식시킬 수는 없다. 생강을 파종하여 다만 겨우[269] 약용으로 할 정도이며, 그것도 소량을 사용한다.

僅可存活, 勢不滋息. 種者, 聊擬藥物小小耳.

최식崔寔은 이르기를 "3월 청명절이 지나 열흘 쯤 되면 생강을 흙으로 덮어 준다.[270] 4월 입하가 지나 누에의 먹는 양이 아주 늘어날 때 (덮어 주었던) 생강도 싹이 트면[271] 파내어 땅에 심는다."라고 한다. "9월에 생강[茈薑]과 양하蘘荷를 보관한다.[272] 만약 그해 (날씨가 특별히) 따

崔寔曰, 三月, 清明節後十日, 封生薑. 至四月立夏後, 蠶大食, 牙生, 可種之. 九月, 藏茈薑蘘荷. 其歲若

섬서 · 요녕 등의 성에도 소수지만 재배하고 있다고 한다. 가사협은 북방이 지나치게 춥고 건조하기 때문에 결코 북위의 '중국(中國)' 전체가 재배에 적합하지는 않다고 하였다.

269 '요(聊)': '임시' 또는 '겨우'라는 의미이다.

270 '봉생강(封生薑)': 묘치위 교석본에 의하면, 여기서의 생강은 재배하기 전에 싹을 재촉하는 진행과정의 가장 이른 기록이라고 한다. 산동의 민간에서는 '항강(炕薑)'이라고 일컫는다. '항강(炕薑)'에서 필요한 시간은 약 1개월이며 온도가 비교적 높으면 시간을 단축할 수 있다.

271 "蠶大食, 牙生": 뽕잎을 먹는 양이 늘어날 때 생강도 싹이 튼다는 의미이다.[『제민요술』에서는 항상 '아(牙)'자를 사용하여 식물의 싹을 표시하고 있다.] 최식이 기록한 바로는 청명절 이후 10일 무렵부터 4월 입하 이후까지 누에가 막잠을 자고 일어난 후에 가장 왕성하게 먹는 시기에 싹이 트는데, 시간적으로 대개 비슷하다.

272 '장(藏)': 보관하는 방법으로는 신선하게 보관하는 것[鮮藏], 담가서 저장하는 것[漬藏], 장에 넣어서 저장하는 것[醬藏] 등이 있다. '자강(茈薑)': 자강은 생강 싹이 자색이기 때문에 붙여진 이름이다. 『광아소증(廣雅疏證)』에서는 "자(茈)와 더불어 같다."라고 한다. 묘치위 교석본에 따르면, 옛날 사람들은 방직품의 자색에는 '자(紫)'자를 사용했는데, 다른 물건의 자색은 대체로 '자(茈)'자로 사용하였다. 『문선(文選)』 권8의 사마상여의 「상림부(上林賦)」에는 '자강양하(茈薑蘘荷)'라는 말

뜻하면 10월에 한다." 생강을 자강(茈薑)이라고도 한다.

『박물지博物志』에 이르기를, "임신한 여인은 생강을 먹어서는 안 되는데 (생강을 먹으면) 배 속의 태아가 손가락이 많아진다.[273]"라고 하였다.[274]

溫, 皆待十月. 生薑, 謂之茈薑.

博物志曰, 妊娠不可食薑, 令子盈指.

이 있는데, 이선(李善)이 주석하기를 "장읍(張揖)이 이르기를, '자강이다.'라고 한다."라고 하였다.

273 『박물지』 권2에서는 이 내용이 실려 있는데, '영(盈)'을 '다(多)'자로 쓰고 있으며 손가락이 갈라지는 것을 가리킨다. '영(盈)'은 보통 '많이 나온다'는 의미이다.

274 『동의보감』 「잡병(雜病)」편에는 "생강싹을 먹으면 아이의 손발가락이 많아진다."라는 구절이 있다.

제28장

양하 · 미나리 · 상추 재배 種蘘荷[275]芹藘第二十八[276]

● 種蘘荷芹藘第二十八: 董胡葸附出. 도꼬마리를 덧붙임.

『설문(說文)』에 이르기를,[277] "양하(蘘荷)는 일명 부조(葍蒩)라고도 부른다."라고 하였다.

『수신기(搜神記)』에 이르기를,[278] "양하(蘘荷)는 간혹 가

說文曰, 蘘荷, 一名葍蒩.

搜神記曰, 蘘荷,

---

275 '양하(蘘荷)'는 생강과(즉 양화과)에 속하며 다년생초본이다. 땅속줄기는 식용과 약용 모두 가능하다. 학명은 *Zingiber mioga*이다.

276 원래 제목에는 '종(種)'자가 없는데 묘치위 교석본에서는 권 첫머리 목차에 의거해 덧붙였다. 아울러 묘치위 교석본에는 '董胡葸附出'이라는 부주가 달려 있는데, 이것은 스셩한 금석본에는 없는 것으로서, 명초본의 첫머리의 목차에 따라 보충한 것이다. '근(董)'은 명초본에서는 원래 '근(芹)'으로 잘못 표기되어 있으나, 묘치위 교석본에서는 본문의 '董及胡葸'에 의거하여 고쳐서 써서 부제를 달고 있다고 하였다.

277 『설문해자』에서는 '양(蘘)'자에 대해서 "'양(蘘)'은 '양하(蘘荷)'이다. 일명 '부조(葍蒩)'라고 한다."라고 해석하였다.

278 『수신기(搜神記)』는 지괴(志怪)소설집으로, 동진시대 간보(幹寶)가 찬술한 것이다. 기록된 대부분은 기괴하고 신령스러운 일들이고 또한 약간의 민간 전설도 포함되어 있는데, 원서는 이미 전해지지 않는다. 금본은 후인이 편집하여 만든 것이다. 간보(幹寶)는 동진의 사학자로서, 아울러 음양술수를 좋아하였다. 당시에는 양사(良史)라고 일컬었으나, 이 책 또한 전해지지 않는다. 『태평어람』 권980 '양하(蘘荷)'조에는 『수신기(搜神記)』를 인용하여 이르기를, "요즘에는 무고(巫蠱)를 받을 때에, 대부분 양하의 뿌리를 써서 종종 시험을 한다. 양하는 '가초(嘉

초(嘉草)라고 일컫는다."라고 하였다.

『이아(爾雅)』에 이르기를,[279] "미나리[芹]는 초나라 아욱[楚葵]이다."[280]

『본초(本草)』에 이르기를, "물미나리[水靳]는 일명 수영(水英)이라고 한다."라고 하며, 상추[蘧]는 황모[蒯]와 같은 채소라고 한다.[281]

『시의소(詩義疏)』에 이르기를,[282] 상추[蘧]는 곧 쓴 채소[苦菜]이며 청주[283]지역에서는 '기(芑)'라고 부른다.

양하는 나무그늘 아래에 파종하는 것이 좋다. 2월에 파종한다. 한 번 파종하면 (묵은 뿌리가

或謂嘉草.

爾雅曰, 芹, 楚葵也.

本草曰, 水靳, 17 一名水英. 蘧, 菜, 似蒯.

詩義疏曰, 蘧, 苦菜, 青州謂之芑. 18

蘘荷宜在樹陰下. 二月種之.

草)'라고 한다."라고 하였다. 묘치위 교석본에 의하면, 후인이 편집한 『수신기』가 곧 『태평어람』의 이 조가 편집되어 들어간 것이라고 한다.

279 『이아(爾雅)』「석초(釋草)」편에는 '야(也)'자가 없다.

280 이 문장에 대해 곽박은 "今水中芹菜."라고 주석하고 있다.

281 스셩한의 금석본을 보면, '거(蘧)'는 국화과의 '고매채(苦蕒菜)'로서, 『본초강목』 권27에서는 '고거(苦苣)'에 대해, "허신(許愼)의 『설문해자』에서는 '거(苣)'를 '거(蘧)'자로 쓰고 있으며, 오나라 사람들은 '고매(苦蕒)'라고 부른다."라고 해석하였는데, 사초과(莎草科)의 '괴(蒯)'와 유사한 것은 아니다. 이 '괴(蒯)'는 아마 다른 식물이며, 사초과와 '관(菅)'과 서로 유사하다고 볼 수 없다. 샤웨이잉[夏緯瑛]은 '계(薊)'자가 잘못 쓰인 것이며, 식물은 대개 고매와 같은 과로서 글자 형태 또한 극히 유사하다고 하였다.

282 권9 「채소절임과 생채 저장법[作菹藏生菜法]」의 '거저법(蘧菹法)'에서는 『시의소(詩義疏)』를 인용하여 이르기를, "거(蘧)는 고채(苦菜)와 유사하며, 청주(青州)에서는 이것을 '기(芑)'라고 일컫는다."라고 하였는데, 묘치위는 교석본에서 이것은 거(蘧)가 고채와는 다름을 나타내므로 여기서는 마땅히 '사(似)'자가 빠져야 한다고 지적하였다.

283 '청주(青州)': 지금의 산동성 치박시(淄博市)에서 유방시(濰坊市)에 이르는 지역이다. 동진의 주치(州治)로서, 지금의 익도(益都)에 있다.

그대로 남아서) 계속 싹이 나며, 또한 호미질할 필요는 없다. 약간의 거름만 더해 주고 다시 흙을 그 위에 덮어 주면 된다. 8월 초에는 (땅위의) 싹을 밟아서 죽인다. 싹을 밟아 죽이지 않으면 뿌리가 충분히 번성하지 못한다.[284]

9월이 되면 새로 생긴 곁뿌리를 (실제는 새로 난 싹) 파내어서 소금에 절여 저장하고, 또한 장 속에 담가 두기도 한다.

10월 중에는 조[穀]나 맥의 겉껍질[285]을 덮어 준다. 덮지 않으면 바로 얼어 죽는다. 2월에 겉껍질을 걷어 낸다.

『식경食經』[286]에 기록된 양하를 소금에 절여

一種永生, 亦不須鋤. 微須加糞, 以土覆其上. 八月初, 踏其苗令死. 不踏則根不滋潤. 九月中, 取旁生根爲菹, 亦可醬中藏之. 十月中, 以穀麥種覆之. 不覆則凍死. 二月, 掃去之.

食經藏蘘荷法.

---

284 밟아 죽인 지상부의 줄기와 잎은 양분이 땅속 뿌리모양의 줄기에 집중적으로 보내지기 때문에 다소 비대해진다.

285 '곡맥종(穀麥種)': 스셩한의 금석본을 보면, 채소뿌리에 덮는 것은 온전한 곡식 알갱이는 아니며, 여기서 말하는 '종(種)'자는 잘못되었다. '늑(稈)', '부(稃)', '강(穅)' 역시 [루안댜오푸[欒調甫]는 마땅히 '강(穅)'자여야 한다고 한다.] 잘못 쓰였을 가능성이 있다. 왕민(王旻)의 『산거록(山居錄)』에는 양하에 관한 부분이 있는데, 본서와 매우 유사하며 끝부분에 이르기를, 10월 중에 곡물 껍질로써 그 뿌리 밑에 덮어 주면 겨울이 지나도 얼어 죽지 않는다고 하는데, 이것은 바로 곡물의 껍질을 이용한 것을 바로 입증할 수 있다.

286 『식경(食經)』: 『수서』, 『구당서』, 『신당서』 「지(志)」에는 『식경』이라고 불리는 책이 기록되어 있는데, 간혹 남아 있는 것도 있고 없는 것도 있지만, 모두 8종에 달한다. 저자는 최호(崔浩), 마완(馬琬), 축훤(竺暄), 노인종(盧仁宗) 등이 있으며 책은 모두 유실되어 전하지 않는다. 『제민요술』 중의 『식경』은 저자가 누구인지 추측할 수 없다. 최호(?-450년)는 북위의 대신으로서, 지금의 산동성 무성(武城) 사람이며, 북방 사족의 우두머리였다. 450년에 국사를 편찬할 때 '국악(國惡)'의

저장하는 법[藏蘘荷法]:[287] 양하 한 섬[石]을 깨끗이 씻어 물에 담근다. 구리 대야 속에 6말의 고주苦酒[288]를 넣고 불 위에 얹어 약간 김이 날 때까지 끓인다.[289] 소량의 양하를 천천히 뜨거운 고주 속에 넣고, 약간 오그라들면 곧 꺼내어서 멍석 위에 펴서 식힌다. (대야에서) 3말[斗]의 고주를 (다른 용기 속에) 담고[290] 3되[升]의 소금을 넣

蘘荷一石, 洗, 漬. 以苦酒六斗, 盛銅盆中, 著火上, 使小沸. 以蘘荷稍稍投之, 小萎便出, 著席上令冷. 下苦酒三斗,

---

죄명이 드러나면서 멸족당하였다. 혹자는 이 책이 최호로부터 나왔다고 하지만 실제로는 추측에 불과하다. 묘치위 교석본에 따르면 『제민요술』의 조리 내용 등에서 사용되는 재료는 대부분 남방산이고 맛도 그러하며, 마을의 풍습을 이야기하는 것도 오월(吳越)의 방언을 사용하는 것으로 봐서 남방인이 쓴 것으로 추측한다. 『제민요술』에서 『식차(食次)』 문장을 인용한 것 또한 매우 많은데, 마찬가지 정황이라고 한다.

287 본조는 "蘘荷一石"에서부터 "便可食矣"에 이르기까지 원래는 두 줄의 작은 글자로 쓰여 있으나 묘치위 교석본에서는 고쳐서 큰 글자로 쓰고 있다.

288 '고주(苦酒)': 이는 초(醋)로서, 『식경』의 명칭이며, 가사엽은 '초(酢)' 또는 '초(醋)'로 부른다.

289 '소비(小沸)': '비(沸)'는 삶아서 끓이거나[開], 혹은 삶아서 끓인 것[滾]으로, '소비(小沸)'는 곧 갓 끓여서 아직 크게 비등(翻騰)하지 않은 정도에 이른 것을 말한다.

290 '하고주삼두(下苦酒三斗)': 스성한에 의하면, 이 문장의 앞에는 '어앵중(於罌中)'이라는 몇 개의 글자가 생략되어 있다고 한다. 묘치위의 교석본에는, '하고주삼두(下苦酒三斗)'에서 이 '하(下)'자는 '떼다[取下]'를 가리킨다고 한다. 이는 곧 '구리 대야 중[銅盆中]'에서 꺼내는 것으로, 구리 대야에 '던져 넣는 것'을 가리키지는 않는다. 그러나 『식경』의 문장은 종종 생략하여 혼란스럽고 분명하지 않으며 또한 전도되어 있기도 하는데, 권7, 8, 9의 양조(釀造)와 조리 내용 문장의 특징이 바로 이와 같다. 만약 이 속에 밀봉하여 저장한 용기인 '항아리[罌]'가 끝부분에 이르러서 겨우 "乾梅三升, 使蘘荷一行"이라고 제시되어 있는 것은 바로 한 층의 마른 매실 위에 양하(蘘荷) 3되[升]를 올려놓은 것이며, 양하가 모두 한 섬[石]이라는 것은 한 층에 그치지 않음을 의미한다.

은 후 다시 3되의 마른 매실[291]을 한층 넣고 (그 위에) 양하 한 층을 넣는다. (마지막에는) 소금과 식초를 뿌리고[292] 비단으로 입구를 잘 봉한다. 20일이 지난 후에는 먹을 수 있다.

以三升鹽著中, 乾梅三升, 使蘘荷一行. 以鹽酢澆上, 綿覆罌口. 二十日便可食矣.

갈홍葛洪은 처방하여 말하길,[293] "사람이 무고에 의한 병에 걸렸을 때, 만일 무고한 사람의 이름을 알고자 한다면 양하의 잎을 병자가 누운 자리 밑에 놓아두면 병자가 곧 (헛소리로) 무고한 사람의 이름을 부르게 된다."라고 한다.

葛洪方曰, 人得蠱, 欲知姓名者, 取蘘荷葉著病人卧席下, 立呼蠱主名也.

미나리[芹]와 상추[藘]는 모두 뿌리를 거두어 이랑을 만들어 파종한다.[294] 늘 물을 충분히 줘야

芹藘, 並收根畦種之. 常令足

291 '건매(乾梅)'는 청매를 소금에 담가서 햇볕에 말려 만든 것으로, 신맛을 내는 조미료로 사용한다. 본서의 권4 「매실·살구 재배[種梅杏]」에는 '백매(白梅)'가 있는데 같은 유의 식품이다.

292 '이염초요상(以鹽酢澆上)'은 앞 문장의 3말[斗]의 고주(苦酒)와 3되의 소금과 초액을 붓고, 또 이 소금과 초의 액을 다른 용기 중의 것과 섞어서 항아리 속에 한 층은 양하를, 또 한 층은 마른 매화를 잘 펴서 넣은 후에, 비로소 미리 먼저 잘 섞은 소금과 초의 액을 붓는다. 다른 문장도 바로 이처럼 당연하다고 생각되지만 도치되어 있다.

293 갈홍(葛洪: 284-364년): 동진의 도가이자 의학가이며 연단술가이다. 저서에는 『포박자(抱朴子)』, 『주후비겁방(肘後備急方)』, 『서경잡기(西京雜記)』 등이 있다. '갈홍방(葛洪方)'은 각 가의 제목에는 보이지 않는다. 묘치위 교석본에 의하면, 권6 「거위와 오리 기르기[養鵝鴨]」 편에서도 이 책의 "거위가 물여우를 물리치는[鵝辟射工]" 구절을 인용하고 있는 것을 보면 이 책은 주술류의 책인 듯하며, 결코 의학처방은 아니다. '욕지성명(欲知姓名)'은 무고한 사람의 성명을 아는 것을 의미하며, 양하(蘘荷)로 무고를 피한 것은 『수신기』와 같은 방식이라고 한다.

하는데, 특별히 쌀뜨물[潘][295]과 소금물을 뿌리는 것을 꺼린다. 이런 물을 그 위에 뿌리면 곧 죽는다. (이러한 두 가지 채소의) 성질은 쉽게 무성하고 번식하며, (자란 줄기는) 연하고 단맛이 나서 야생보다도 낫다.

水, 尤忌潘[19]泔及鹹水. 澆之即[20]死. 性並易繁茂, 而甜脆勝野生者.

백상추[白藘][296]는 거름을 주면 더욱 좋다. 1년 내내 항상 수확할 수 있다.

白藘, 尤宜糞. 歲常可收.

말미나리[馬芹]의 씨[297]는 마늘을 넣어서 만든

馬芹子, 可以

---

294 '근(芹)'은 당연히 수근(水芹; *Oenanthe javanica*)이며 미나리과[傘形科]이다. 연한 줄기와 잎자루는 채소로 쓴다. 『본초강목』의 '수근(水靳)'은 바로 수근(水芹)을 인용한 것이다. '거(藘)'는 곧 거(苣)자로서, 『옥편』에는 "거는 '고매채(苦藚菜)'이다."라고 한다. 『광운』에는 "'매(藚)'는 오나라 사람들이 '고거(苦藘)'라고 부른다."라고 한다. 『식물명실도고(植物名實圖考)』 권3에서는 『제민요술』의 거(藘)가 곧 거매체(苣藚菜)라고 한다. '고매채(苦藚菜; *Ixerix denticulata*)'는 국화과이다. 데쳐서 먹으며, 날채소는 돼지에게 먹이면 매우 좋아한다. '수근(水芹)'과 '고매체(苦藚菜)'는 모두 다년생 묵은 뿌리 초본 식물로서 묵은 뿌리를 파서 번식하며 이른바 '수근(收根)'이라고 하는 것과 부합한다. 나머지 '고거(苦苣)', '고거채(苦苣菜)', '와거(萵苣)'는 모두 1, 2년생 초본과 같지만 그루를 나누어서 번식하며, '뿌리를 거두지는[收根]' 않는다.

295 '반(潘)': 『설문해자』에 이르기를, "淅米汁也."라고 하였는데, 이는 곧 쌀뜨물이다. 북송 조령치(趙令畤)의 『후청록(侯鯖錄)』 권1에는 "'반(潘), 심(瀋)' 두 글자는 모두 이 즙이다. 그러나 '반(潘)'자는 통용되지 않는다."라고 한다. 『제민요술』 또한 대부분 '심(瀋)'자를 쓰고 있으며, '반(潘)'자는 드물게 보인다.

296 '백거(白藘)': 『본초강목』 권27 '백거(白苣)'에는 "상거와 같이 잎이 흰색이며 꺾으면 흰 즙이 나온다. 정월과 2월에 파종하며 4월에는 노란 꽃이 피고 고매(苦藚)와 같으며 달리는 열매도 동일하다."라고 한다. 이것 역시 국화과 왕고들빼기속[萵苣屬; *Lactuca*]의 식물이다.

297 '마근자(馬芹子)': 『이아』 「석초」편에는 "茭, 牛蘄"에 대해서 곽박이 주석하기를, "지금의 '마기(馬蘄)'는 잎이 가늘고 뾰족하여 미나리[芹]와 유사하며 먹을 수 있

나물[蒜齏][298]과 곁들여서 조리할 수 있다. | 調蒜齏.

근菫: 旱芹[299]과 도꼬마리[胡葸][300]는 씨가 익을 | 菫及胡葸, 21

다."라고 한다. 『경전석문(經典釋文)』에 이르기를, "'기(蘄)'는 옛 '근(芹)'자이다."라고 한다. 이 '마기(馬蘄)'가 곧 '마근(馬芹)'이라고 한다. 남송의 정초(鄭樵: 1103-1162년)의 『통지(通志)』 권75에는 '마근(馬蘄)'을 설명하여 "민간에서는 '호근(胡芹)'이라고 한다."라고 하였다. 『제민요술』의 요리에 관한 각 편에서는 『식경』과 『식차』를 인용하여 '호근'이라고 쓰는 것이 매우 많다. 이시진은 마근자가 곧 '야회향(野茴香)'이라고 하였는데,[『본초강목』 권26에는 '마회향(馬茴香)'이라고 하였다.] 야회향은 미나리과의 *Angelica citriodora*이다.

298 '산제(蒜齏)': 찐 마늘을 사용하여 맛을 낸 채소절임으로, 권8 「팔화제(八和齏)」에서는 귤껍질 대신 마근자로 조미료를 만들었다. '제(齏)': 남송본과 호상본에서는 '칙(鳌)'으로 쓰고 있는데, 이체자(異體字)이며 교정하여서 '제(齏)'로 바꾸어 썼다. 『왕정농서』 「백곡보오(百穀譜五)」편 '근거(芹蘧)'는 『제민요술』을 인용하여 '해(薤)'자로 쓰고 있는데, '해(薤)'의 이체자로서 '해(韰)'와 '칙(鳌)'의 형태로 쓰는 것은 잘못이다. 묘치위 교석본에 의하면, 점서본에서는 유수(劉壽)가 일찍이 『왕정농서(王禎農書)』에 의거하여 '해(薤)'라고 쓴 것에 따랐으며, 오점교본에서 '제(齏)'로 쓴 것을 따르지 않았는데 잘못되었다.

299 『신수초본(新修草本)』에서는 '근(菫)'에 대해 주석하여 말하기를, "이 채소는 야생으로 사람이 재배한 것이 아니며 민간에서는 이를 일러 '근채(菫菜)'라고 한다. 잎과 같으며 꽃은 자색이다."라고 한다. 잎은 어성초[蕺]와 유사하며 꽃은 자색이다. 청대 주준성(朱駿聲)의 『설문통훈정성(說文通訓定聲)』에서 이 채소에 관해 말하기를, "자색꽃은 맛이 쓰며, 데치면 달고 미끈해진다."라고 하였다. 이는 분명 근채과의 근채(菫菜; *Viola verecunda*)로서 다년생초목인데 늦봄에 꽃이 피고 꽃은 자색을 띠며 여름에 삭과(蒴果: 익으면 과피가 쪼개져 씨를 퍼뜨리는 열매)가 달린다. 이시진이 『본초강목』에서 이르기를, '근(菫)'은 곧 '한근(旱芹)'으로서(미나리과의 *Apium graveolens*, 속칭 근채라는 것이다.) 오기준(吳其濬)은 자화지정(紫花地丁; 근채과의 *Viola philippica*)이라고 말한다고 하였다.

300 '호사(胡葸)': 이는 곧 시이(葈耳; *Xanthium sibiricum*)라고 하며, '창이(蒼耳)'라고도 한다. 국화과로서 1년생의 굵은 형태의 초목이다. 5-6월에 꽃이 피며 6-8월까지 가시가 달린, 계란이 넘어진 형태의 수과(瘦果: 폐과의 하나로 메밀과 해바라기 씨처럼 모양이 작고 씨처럼 생긴 열매이다.)가 달린다.

때 거두었다가[301] 초겨울에 이랑을 만들어서 파종한다. 이듬해 봄이 되면 빠르게 수확할 수 있으며 야생보다도 맛이 좋다. 파종은 조밀하게 하는 것이 좋으며 잘 썩은 거름을 뿌려 주면 특별히 좋다.

子熟時收子, 收又,[22] 冬初畦種之. 開春早得, 美於野生. 惟概爲良, 尤宜熟[23]糞.

교 기

[17] '수근(水靳)': 스셩한의 금석본에서는 '수근(水蘄)'으로 표기하였다. 『본초강목』 권26에는 '근(靳)'으로 쓰고 있으며, 학진본에서는 이러한 두 구절을 인용한 것이 빠져 있다.

[18] "蘧, 苦菜, 青州謂之芑": '채(菜)'자는 명청 각본(학진본 포함)에 모두 '규(葵)'로 잘못 쓰여 있으며, 명초본과 점서본에서는 잘못되지 않았다. '기(芑)'는 명청 각본에서는 '포(苞)'로 잘못 쓰여 있고, 점서본에서는 '파(芭)'자로 잘못 쓰여 있다.

[19] 『농상집요』에서는 '반(潘)'자 다음에 "普官切, 淅米汁也"라는 작은 주가 달려 있다. 학진본도 마찬가지인데, 확실히 『농상집요』에서 인용한 것이다. 점서본에서는 "孚袁切, 米汁"이라고 쓰여 있다. 중국에서는 도미수(淘米水), 미감(米泔), 혹은 미수수(米漱水)라고 일컫는다.

[20] '즉(即)': 명초본에서는 '즉(即)'자라고 쓰고 있는데, 진체본(津逮本)에서는 '즉(則)'자를 쓰고 있다.

[21] '호사(胡葸)': 학진본에서는 '호식(胡葸)'이라고 적고 있다. 본서에서는 '시이(葈耳)'를 말할 때 항상 '사이(葸耳)', '호시(胡葈)', '호사(胡葸)' 등

301 본문에서 '수우(收又)'가 있으면 앞의 '수자(收子)'와 중복될 뿐만 아니라 뒤의 '초동휴종(初冬畦種)'과 순서가 모순되게 되어 군더더기로 보여진다.

의 명칭을 쓰며,[본권 「잡설(雜說)」 제30편의 주석, 제6권 「양 기르기[養羊]」 주석에 보인다.] 권10에서는 「(59) 고수[胡荽]」를 사용하며, 또한 많은 다른 명칭을 열거하고 있다.

22 '수우(收又)': 학진본에는 앞 구절의 '수자(收子)'라는 두 글자가 없고, 다만 '수우(收又)'가 있을 뿐이다. 문장의 뜻에 의하면 '수자(收子)'의 두 글자는 마땅히 있어야 한다. '수우(收又)'의 두 글자는 군더더기일 가능성이 있으며, 또한 '취자(取子)' 두 글자와 형태가 유사한 글자였을 가능성이 있다.

23 '숙(熟)': 명초본에서는 '열(熱)'자로 쓰고 있는데, 마땅히 『농상집요』와 명청 각본에 의거하여 바로잡는다.

제29장

거여목 재배 種苜蓿[302]第二十九

『한서(漢書)』「서역전(西域傳)」중에는 이르기를[303] "카슈미르[罽賓][304]에는 거여목이 있다." "대원국[305]의 말은 무제

漢書西域傳曰, 罽賓有苜蓿. 大宛馬,

---

302 '목숙(苜蓿)': 목숙에는 자색꽃과 황색꽃 두 종류가 있다. 이것은 자색꽃 거여목(*Medicago sativa*)을 가리키는데 콩과 식물이면서 다년생 묵은 뿌리 초본으로, 추위와 가뭄에 비교적 잘 견뎌 북방 지역에서 재배하기에 적합하다. 묘치위 교석본에 따르면, '목숙'은 옛 대원어(大宛語)로, buksuk의 음역이다. 『제민요술』에서 가리키는 것은 이 종류이며 장건이 서역에 사신으로 갔다가 가져온 것으로, 고대에 거여목이라고 부른 것은 오로지 자색 거여목을 가리킨다. 현재 중국의 북방 지역에서 넓게 재배하고 있으며, 녹비와 목초로 중요하게 쓰인다고 한다. 『제민요술』에서는 채소와 사료로 썼을 뿐 아직 녹비로는 쓰지 않았다. 황색 거여목(*M. hispida*)은 일명 '남목숙(南苜蓿)'이라고 하며, 남경 사람들은 '모제두(母薺頭)'라고 부른다. 이때 '모(母)'는 묵은 뿌리에서 난 싹이고, '제(薺)'는 연한 싹의 맛이 제(薺)와 같이 좋으며, 비교적 습기에 잘 견디지만 추위를 견디는 힘이 비교적 약해 남방에서 대량으로 재배되고 있다고 한다.

303 『한서(漢書)』「서역전(西域傳)」: 『한서』 권96 「서역전」에 보인다. 『제민요술』에서 인용한 것은 카슈미르와 대원의 두 항목에 나누어 기재하고 있으며, 그 의미를 붙여서 인용하고 있어 『한서』의 원문과는 다르다. "무제는 이때 (대원국에서) 말을 구해 왔다."의 구절은 원문에는 없지만 가사협이 한무제 때 대원(大宛)의 말을 얻었던 경과에 대한 구절을 개괄한 것이다.

304 '계빈(罽賓)': 고대 서역 국가의 이름이다. 한대의 강역은 현재 아프가니스탄 카

때 대원국에서 그 말을 구해 왔다. 한 왕조의 사신이 거여목의 종자를 가지고 오자 황제는 이궁 별관 근처에 거여목을 파종하여 번식시켰다."라고 한다.

육기(陸機)는 그의 동생에게 편지를 보내어 이르기를, "장건(張騫)이 외국에 사신을 간지 18년 만에 거여목을 가지고 돌아왔다."라고 하였다.

『서경잡기(西京雜記)』에는[306] "낙유원(樂遊苑)[307]에 장미나무가 자생하는데, 그 아래에 거여목[苜蓿]이 많았다. 거여목은 다른 말로 회풍(懷風)이라고도 하는데 오늘날 사람들은 그것을 일컬어 광풍(光風)이라고도 한다.

바람이 소리내어 지나갈 때[308] 가지와 잎이 흔들리고, 태양이 그 꽃을 비출 때 광채가 나서 그 때문에 회풍(懷風)이라고

武帝時得其馬. 漢使採苜蓿種歸, 天子益種離宮別館旁.

陸機與弟書曰, 張騫使外國十八年, 得苜蓿歸.

西京雜記曰, 樂遊苑自生玫瑰樹, 下多苜蓿. 苜蓿, 一名懷風, 時人或謂光風. 光風在其間, 常肅然自照其花, 有光彩,

불의 강 하류와 카슈미르 일대이다.

305 '대원(大宛)': 역시 고대 서역 국가의 이름으로, 한혈마의 생산지로 이름나 있었다.(본권 「마늘 재배[種蒜]」의 주석 참조.)

306 『서경잡기』는 전한(前漢)의 유흠(劉歆)이 짓고 동진(東晉)의 갈홍이 모은 것으로 알려져 있다. '서경(西京)'은 전한의 수도 장안을 가리킨다. 기록된 바는 대부분 전한의 알려지지 않은 일이며 그중에는 기이한 전설도 있다. 『태평어람』 권966에서 인용한 것에는 생략된 글자가 매우 많아서 문장을 제대로 읽을 수 없다. 『농정전서』에서 인용한 것은 금본의 『서경잡기』와 유사하나 "당시 사람들은 간혹 '광풍(光風)'이라고 하였다."라는 구절 다음에 '초(草)'자 한 자를 더 추가하였으며, '수(樹)'자는 빠져 있고, '고명(故名)' 아래에는 '목숙위(苜蓿爲)'라는 세 글자가 보이지 않는다.

307 '낙유원(樂遊苑)': 전한 선제 때 세운 것으로, 옛 유적은 지금의 서안성 남쪽 대안탑 동부에 있다.

308 '숙연(肅然)': 스셩한은 금석본에서, '숙(肅)'자는 마땅히 중복해서 써야 한다고 지적하였는데, '숙숙(肅肅)'과 '소소(蕭蕭)'는 뜻이 같으며 모두 바람 소리를 묘사한 것이다.

도 하였다. 무릉인(茂陵[309]人)들은 그것을 연지초(連枝草)라 이른다고 한다."라고 하였다.

故名苜蓿爲懷風. 茂陵人謂之連枝草.

땅은 부드러워야 한다. 7월에 파종하며, 이랑을 파서 파종하고 물을 주는 등 일체의 것은 부추를 파종하는 방식과 같다. 한 번 베어 낼 때마다 한 차례 거름을 주며 쇠갈퀴로 흙을 부드럽게 일으킨 후에 물을 준다.

地宜良熟. 七月種之, 畦種水澆, 一如韭法. 亦一剪一上糞, 鐵杷耬土令起, 然後下水. 24

한지旱地에 파종하는 것은 누강耬耩으로 땅을 두 차례 갈아 이랑을 깊고 넓게 해 주며, 박에 구멍을 뚫어서[竅瓠] 종자를 파종하고 비계批契를[310] 끌어서 덮는다.

旱種者, 重耬耩地, 使壟深闊, 竅瓠下子, 批契曳之.

매번 정월이 되면 마른 잎을 태운다.

每至正月, 燒去枯葉.

땅이 해동되면 즉시 이랑을 갈아엎어[311] 쇠

地液輒耕

---

309 '무릉(茂陵)'은 원래 '무향(茂鄕)'이나, 한 무제의 능이 있는 곳이기 때문에 이름을 무릉으로 하였다. 한 선제 때 무릉이 세워졌고, 치소는 지금의 섬서성 흥평(興平) 동북에 있다.

310 '규호(竅瓠)'와 '비계(批契)': 본권 「파 재배[種葱]」 주석 참조.

311 '지액(地液)': 묘치위 교석본에 따르면, 화북 평원 지구는 기온이 계속 상승함에 따라서 토층의 융화는 점차 두터워져서 눈이 녹고, 녹은 수분이 지표면에 모여서 (얼은 층 아래에는 물이 고여 있다.) 지면은 현저하게 습한 상태가 되는데 이를 통상 '반장(返漿)'이라고 일컫는다. '반장(返漿)' 단계는 봄에 습기를 유지하는 것이 가장 좋은 시기이다. 『제민요술』에서는 이 반장의 초기를 일러 '지석(地釋)'이라고 한다. 반장이 가장 왕성한 시기를 '지액(地液)'이라고 일컫는데, 이것은 곧 지면이 습기를 충분히 머금은 상태라고 한다. '경롱(耕壟)'의 '농(壟)'은 『제민요술』에서 통상적으로 파종구를 가리키나, 여기서는 구간(溝間), 즉 조파(條播)의 행간을 가리킨다.(거여목을 파종하는 고랑은 갈아엎을 수 없다.) 자줏빛 거여목의 뿌리는 매우 강하여 뻗어 나가 행간에 이르는데 현재 갈아엎어서 이랑으로 만

발써레질을 한 차례 하고 큰 호미[魯斫][312]로 그루 위의 흙덩이를 두드려 깨 주면 무성하게 성장할 수 있다. 그렇지 않으면 여위게 된다.

일 년에 세 차례 수확을 하며 종자로 남길 것을 준비하여 한 차례 베어 내고 그만둔다.

(거여목은) 초봄에 잎이 여릴 때 날로 먹을 수 있으며,[313] 국을 끓이면 매우 향기롭다. 항상 말에게 먹이는데[314] 말은 특히 이것을 좋아한다. 이 같은 식물은 수명이 아주 길어서,[315] 파종을

壟, 以鐵齒鍋榛鍋榛之, 更以魯斫斸其科土, 則滋茂矣. 不爾瘦矣.

一年三刈, 留子者, 一刈則止.

春初既中生啖, 爲羹甚香. 長宜飼馬, 馬尤嗜. 25 此物長生,

들면 흙이 푸석하고 습기를 보존할 수 없을 뿐 아니라 또한 갈아서 뻗어 나간 묵은 뿌리를 잘라 주어 새로운 뿌리가 생장하는 것을 촉진한다고 한다.

312 '노작(魯斫)': '작(斫)'자는 '곽(钁)'으로서 오늘날 '호미[鋤]'로 통칭되는 농구이다. '노(魯)'는 크다(혹은 거칠다)는 의미이다. 묘치위는 교석본에서, 이 농구는 일종의 무겁고 날이 무딘 호미 끝을 지닌 무거운 농구로 보았다. 관이다[管義達]의 금석본에서도 역시 '노작'의 뜻이 분명하지 않으나 문장의 뜻에 따라 두 종류의 수노동 농구로 보고 있다.

313 '기중생담(既中生啖)': 새로 나온 거여목, 특히 묵은 뿌리에서 나온 새싹은 좋은 식품이며, 국을 끓이면 향기가 좋다. 스성한의 금석본에서는 '기중생담'에서 '중(中)'과 '생(生)'이 도치된 것으로 의심하였는데, '기생중담(既生中啖)'으로 하면 곧 "초봄에 나온 싹을 음식으로 만들 수 있다."이다. 그러나 만약 '기중생담(既中生啖)'이라고 하면 이미 날로 먹을 수 있다는 것이 되어 '위갱(爲羹)'과 상대적인 말이 된다고 한다.

314 '장(長)': '상(常)'으로 해석된다. 『시경(詩經)』「대아(大雅)·문왕(文王)」편에는 '영은배명(永言配命)'이라는 글귀가 있는데, 『모전(毛傳)』에 이르기를 '영(永)'은 곧 '장(長)'이라고 하였으며 정현의 전주(箋注)에는 "'장(長)'은 '상(常)'과 같다."라고 하였다. 학의행(郝懿行)은 『이아의소(爾雅義疏)』「석고상(釋詁上)」편에서 "'상(常)'과 '장(長)'은 음과 뜻이 같다."라고 하였다.

하는 데 한 번 수고하면 지속적으로 수확할 수 있다. (이후에는 해마다 새싹이 돋는다.) 도읍이 있는 근교에 파종하는 것이 좋다.

種者一勞永逸. 都邑負郭, 所宜種之.

최식崔寔이 이르기를,[316] “7-8월에 거여목을 파종할 수 있다.”라고 한다.

崔寔曰, 七月, 八月, 可種苜蓿.

교 기

24 ‘수(水)’: 명초본에서는 ‘미(米)’자로 잘못 쓰고 있다.

25 ‘마우기(馬尤嗜)’: 『농상집요』에는 ‘기(嗜)’자 다음에 ‘지(之)’자가 추가되어 있다.

315 ‘차물장생(此物長生)’: 스셩한의 금석본에서는 ‘차물(此物)’ 앞의 ‘차물(此物)’이란 두 글자가 중복된다고 하여 생략하였지만 있어야 한다고 지적하였다. 『농상집요』와 『농정전서』에서 인용한 것에는 바로 앞 구절의 끝 부분에 ‘지(之)’자가 있다.

316 『옥촉보전』에서는 최식의 『사민월령』을 인용하였지만, 8월에 거여목을 파종하는 기록이 없다.

제30장

잡설 雜說第三十

최식崔寔의 『사민월령四民月令』에 이르기를,[317] "정월 초하루 원단에 집안의 식구들은 서로 나누어서 가장에게 한 잔의 화초주[椒酒][318]를 올리는데, 잔을 들어서 술을 올릴 때 동시에 장

崔寔四民月令曰, 正旦, 各上椒酒於其家長, 稱觴擧壽,

317 『제민요술』에서 『사민월령』을 인용한 문장에는 작물과 부업생산에 관한 내용이 있는데, 여기서는 12개월의 비생산의 각종 사정을 종합적으로 안배하여 부분적으로 인용하고 있다. 문장 중의 주석문은 『사민월령』에 원래 있었던 것이며, 개괄적으로 인용부호를 덧붙여서 가사협이 주를 단 것과 구별하였다. 또한 각 월 아래에는 '염황(染潢)', '치서(治書)', '수생견(漱生絹)', '상거궁(上車弓)', '작가랍촉(作假蠟燭)' 등의 방법은 모두 가사협이 덧붙여 삽입한 것이다. 일괄적으로 격식을 달리하여 배열하여 최식의 문장과 구별하고 있다. 모두 큰 글자로 제목이 달렸으며, 나머지는 모두 두 줄의 작은 글자로 썼는데, 묘치위 교석본에서는 일괄적으로 큰 글자로 고쳐 쓰고 있다.

318 '초주(椒酒)'는 화초(花椒)를 배합하여 제조한 술이다. 『초사(楚辭)』「구가(九歌)·동황태일(東皇太一)」편에는 "계주와 산초로 만든 장(漿)을 올린다."라는 구절이 있는데, 이에 관해 후한 왕일(王逸)이 주석하여 말하기를 "초장(椒漿)은 산초를 장 속에 넣은 것이다."라고 하였다. 『후한서』 권70 「변양전(邊讓傳)」에는 "초주(椒酒)가 흐른다."라는 말이 있는데, 이현(李賢)이 주석하기를 "산초를 술 속에 넣은 것이다."라고 하였다.

수를 기원하며 모두 즐거워했던 것 같다."라고 한다.

"정월 상순의 제일[上除]이나 정월 15일에는[319] 각종 고약과 애기풀[小草][320]로 만든 수명연장용 환약[續命丸]과 각종 산약과 법약[321]을 배합하여 제조했다."라고 한다. "농사를 아직 시작하지 않았을 때, '성동成童' 이상의 사내아이는 태학을 다니며 오경을 배우게 했다.[322] ('성동'은) 15세에서 20세까지의 남

欣欣如也. 上除若十五日, 合諸膏小草續命丸, 散,[26] 法藥. 農事未起, 命成童以上, 入太學, 學五經. 謂十五以上至二十

319 '상제약십오일(上除若十五日)': '상제(上除)'는 상순의 '제일(除日)'이다. '약(若)'은 '혹자(或者)' 혹은 '급(及)'자의 뜻이다. 만약 정월 상순에 제일이 없다면 정월 15일에 있다.

320 '소초(小草)': 중초약(中草藥: 한방약과 민간약)으로 쓰이는 원지과(遠志科)의 애기풀[遠志; *Polygala tenuifolia*]를 별도로 '소초(小草)'라고도 부르며, '세초(細草)'라고도 한다. 그 줄기는 가늘고 길며, 그루는 약 20-40㎝ 정도이고 잎은 선형이다. 이 때문에 '소(小)' 또는 '세(細)'의 이름이 붙여진 것이다.

321 '법약(法藥)': 본 장 뒷부분의 '십이월(十二月)'조에 다시 보이지만, 『옥촉보전(玉燭寶典)』에서는 『사민월령』을 인용하여 모두 '주약(注藥)'이라고 쓰고 있는데, 묘치위는 주약(注藥)의 형태상의 잘못이라고 한다. 『주례(周禮)』「천관(天官)·양의(瘍醫)」편의 정현 주에는 "주(注)는 약을 붙이는 것을 뜻한다."라고 하였으며, 가공언(賈公彦)이 주석하기를, "주(注)는 속에 약을 주입한다는 것으로, 먹어 농혈(膿血)을 제거하는 것이다."라고 하였다. 손이양(孫詒讓)은 『주례정의(周禮正義)』에서 이르기를, "부저약(附著藥)은 대개 오늘날 종기가 난 곳을 치료하는 붙이는 약과 같다."라고 하였으며, 『옥촉보전』에서는 최식의 『사민월령』을 인용하여 이르기를, "정월 첫 번째 제일(除日)에 약을 넣는 것이 이것이다."라고 하였다. 묘치위 교석본에 의하면 본초서와 경전의 문헌 중에는 '법약(法藥)'이 있다는 말을 듣지 못했는데, 무릇 약은 모두 방식에 따라 제조하며, '합(合)'은 이미 어떤 법에 따라 조제한 것이기에 유독 이 약만 다시 '법(法)'이란 단어를 쓸 필요가 없다고 한다.

322 태학(太學)은 중국 최초로 고전을 전수한 학부로서, 경도(京都)에 위치하였다.

아를 가리킨다. 벼루 속에 고인 물이 엉겨 풀어지면 '유동幼童'에게 소학[323]에 다니면서 '편장篇章'을 배우도록 했다."[324]라고 한다. (유동은) 9세부터 14세까지의 사내아이를 가리킨다. 편장은 '육갑(六甲)', '구구(九九)', '『급취장』', '『삼창』'류의 서적이다.[325] "집안에 방직을 전담하는 여

也. 硯冰釋, 27 命幼童入小學, 學篇章. 謂九歲以上, 十四以下. 篇章謂六甲, 九九, 急

후한의 경우는 낙양이다. 최식 때는 크게 발전하면서 태학생이 증가하여 3만 명이 되었다. 후한 반고(班固; 32-92년) 등은 『백호통덕론(白虎通德論)』「벽옹(辟雍)」편에서 "옛날에 나이가 15살에 태학에 입학하는 것은 어찌된 일인가? 8살이 되면 뭔가 알기 시작하면서 처음으로 배우게 되고, 입학하여서 글 쓰고 계산하는 법을 배운다. 7-8세에서 15세까지는 남녀의 구분을 알게 되는 고로 15세 성동에는 입지가 분명해져 태학에 입학하여 경술을 배우게 된다."라고 하였다. '오경'은 유가 경전인 『역경』·『서경』·『시경』·『예기』·『춘추』를 가리키며, 한 무제 때 처음으로 이와 같이 일컬었다.

323 '소학(小學)': 옛날에 지방 향학을 '소학'이라고 하였는데, 태학에 대칭되는 말이다. 공학에는 상(庠), 서(序)가 있고 사학에는 몽관(蒙館), 사숙(私塾) 같은 유가 있다.

324 '학편장(學篇章)': 『옥촉보전』에서 인용한 것은 '학(學)'자 다음에 '서(書)'자가 있는데, 위 문장의 '學五經'과 대칭된다. 스성한의 금석본에서는 이러한 이유로 '서(書)'자를 생략한 것으로 보았다.

325 '육갑(六甲)': 60갑자를 가리키며 옛날 훈몽(訓蒙)은 이러한 배움에서부터 시작되었다. 『남사(南史)』 권32 「고환전(顧歡傳)」에는 고환이 "나이 6-7세가 되어서 육갑을 알았다."라고 기록되어 있는데, 그의 가정은 가난하여 책을 읽을 여력이 없어서 향촌의 학사(學舍)에서 몰래 청강했다. 이것은 최식(崔寔)의 시대에서 200여 년이 지난 시대에도 또한 소학에서 '육갑'을 교육했다는 구체적인 사례이다. '구구(九九)'는 가장 기초적인 곱셈인 구구단으로서 동몽(童蒙)이 반드시 배워야 할 기초적인 산술 지식이다. 『관자』「경중무(輕重戊)」편에는 복희씨가 처음으로 '구구지수(九九之數)'를 만들었다고 한다. 전한의 양웅(揚雄)은 『태현경(太玄經)』 권1에서 이르기를, "구구를 말하면서 수를 계산하였다."라고 하는데, 여기서 '구구'라고 하는 것은 수의 시작이며, 기원이 빨라 늦어도 춘추 시대에 이미 '구구'가 있었다고 한다. 고문헌 중에는 '구구'의 셈법이 매우 많이 제시되어 있다. 최근에 『이

자 노비[326]들에게 베를 짜도록 재촉하고,[327] 음식을 전담하는 사람들[328]에게는 봄술을 양조하도록 하였다."라고 하였다.

就三倉之屬. 命女工趨織布, 典饋釀春酒.

황색으로 염색된 종이[329]와 책을 보존하는 방법:

染潢及治書

야진간(里耶秦簡)』에서는 진대(秦代) 구구단이, 돈황(敦煌)과 거연(居延)에서는 한대 구구단의 잔편 목간이 출토되었는데, 고서에 기록되어 있는 구구단과 완전 일치한다. 『급취(急就)』는 전한 원제(元帝) 때 사유(史游)가 편찬한 『급취편(急就篇)』으로서 또한 『급취장(急就章)』으로도 칭하며, 각종 사물의 문자를 나열하여 외우기에 편리하여 학동이 글자를 익히는 교본으로 삼았다. 『삼창(三倉)』은 삼창(三蒼)이라고도 쓴다. 진나라 때 이사(李斯: ?-기원전 208년)가 『창일편(倉頡篇)』을 지었으며, 조고(趙高: ?-기원전 207년)가 『원력편(爰歷篇)』을 지었고, 호모경[胡母經; 또한 호무경(胡毋經)이라고도 쓴다.]은 『박학편(博學篇)』을 지었다. 한초에는 이를 하나로 합해 『삼창(三倉)』이라고 하였다. 후일 양웅(揚雄), 반고(班固) 등이 적지 않은 글자를 첨가했다. 이 또한 운문을 편성한 학동의 문자학 교본이었다.

326 '여공(女工)': 『옥촉보전』에서 인용한 것은 '여홍(女紅)'이라고 쓰여 있는데, 여기에서는 평상시의 '여공(女工)'이 아니고, 방직과 재봉 등을 전문적으로 담당하는 작업을 맡고 있는 여자 노비를 가리킨다.

327 '추(趨)': 스성한의 금석본에 의하면, 육조 시대 이전에 '추(趨)'자는 '취(趣)'자와 항상 서로 호환해서 사용했는데, '신속하게[從速]'라는 뜻으로 쓰인다. 동사나 부사 혹은 조동사로 쓰인다.

328 '전궤(典饋)': '전(典)'은 '관장하다', '전문적으로 일을 맡다'는 의미이며, '궤(饋)'는 음식물이다. '전궤(典饋)'는 곧 음식물을 전담하는 사람이다.

329 '염황(染潢)': 황벽나무의 즙을 이용해서 종이를 황색으로 염색하는 것을 가리킨다. 황색으로 염색하는 것은 좀을 방지하기 위함이다. 북송의 송기(宋祁: 998-1061년)는 『송경문공필기(宋景文公筆記)』 「석속(釋俗)」편에서 "혹자는 이르기를, '옛 사람들은 어찌하여 황지(黃紙)를 사용했던가?'라고 하였는데, '황백나무로 염색을 하게 되면 좀을 피할 수 있다.'"라고 하였다. '담(蟫)'은 곧 책 속에 있는 좀이다. 묘치위 교석본에 따르면 황(潢)은 장황(裝潢; 裝褫)과 분리할 수 없지만 『제민요술』에 쓰인 것은 단순하게 황색을 물들이는 것으로 표구와는 한 자도 관

글을 쓸 종이를 만들 때는 생지를 쓰는데,[330] 생지는 두껍고 딱딱하여 (흡수력이 강하기 때문에) 특별히 황색의 물을 들이는[入潢] 것이 좋다. 누런 염색을 한 종이는 단지 백색의 바닥이 보이지만 않으면 괜찮으나,[331] 색깔이 너무 진하면 좋지 않다. 색

法. 凡打紙欲生, 生則堅厚, 特宜入潢. 凡潢紙滅白便是, 不宜太深. 深

계가 없는데, 물을 넣어서 황색으로 염색한 후에는 어떻게 글 쓰는 종이로 사용했는지는 알 수 없다고 한다. 당나라 장언원(張彦遠)의 『역대명화기(歷代名畵記)』 권3 「논장배(배)표축(論裝背(褙)褾軸)」에서는 "진대(晉代) 이전부터 배접[裝褙]을 하는 것을 좋아하지 않았다. 남조의 송나라 때 범엽(范曄)이 처음 배접을 했다."라고 한다. 가사협은 범엽(398-445년)보다 100여 년 뒤의 사람으로, 이 당시의 표구기술이 남조만큼 뛰어날 수 없었는지 의문이다. 가씨(賈氏)의 두루마리 서책 역시 명확하게 족자로 되어 있는데 어찌하여 배접[裝褙]이라는 글자를 제시하지 않는지 알 수 없다고 한다.

330 '타지(打紙)': 글을 쓰는 원래의 종이[底紙]이다. 여기서의 '타지'는 단지 '타저(打底)'의 종이로 해석할 수 있는데, 이는 곧 글 쓰는 원지(原紙)로서, 아직 광택 연마를 거치지 않은 생지이다. 생지는 섬유관의 모세관이 아직 압축되지 않아서 비교적 두껍고 질기고, 흡수력이 비교적 강하며, 특히 황색을 염색하기에 좋다. 묘치위의 교석본에 의하면, 남송 초에 요관(姚寬)은 『서계총어(西溪叢語)』 권하(下)에서 "『제민요술』 … 이르기를, '바탕 종이는 생지(生紙)를 써야 하는데, 생지는 두껍고 견고하다.'라고 하였다. 생지 작업은 대개 종이를 부드럽게 하는 작업이다. 그러나 이미 두드려 부드럽게 했는데, 어찌하여서 다시 '생지(生紙)'를 요구하는가? 이 해석은 해결할 수 없는 문제이다."라고 하였다. 『역대명화기(歷代名畵記)』 「논장배표축(論裝背褾軸)」에서 "숙지(熟紙)의 뒷면을 사용해서도 주름이 져서도 안 되며, 마땅히 희고 매끄러운 넓은 생지를 사용하는 것이 좋다."라고 하였다. 그러나 『제민요술』에는 아직 배접처리는 하지 않아, '타지(打紙)'는 원 종이의 뒷면에 배접한 종이라고 해석할 수는 없다. 종이는 대개 생숙의 구분이 있는데, 북송 말에 소박(邵博)은 『문견후록(聞見後錄)』에서 "당나라에는 숙지(熟紙)도 있고 생지(生紙)도 있었다. 숙지(熟紙)는 이른바 곱고 윤기 있는 것이다."라고 한다.

331 '시(是)': 스성한의 금석본에서는 글자 형태가 유사한 '족(足)'자를 잘못 쓴 것으로

깔이 진할 경우 해가 오래되면 검은색[332]으로 변하게 된다. (글자 흔적이 뚜렷이 보이지 않게 되기 때문이다.) 사람들은 (황색의 염료에 사용되는) 황벽나무[333]를 물에 담가서 즙을 취한 이후에는 황벽나무 찌꺼기는 버리고 오직 순수한 즙액만을 취하는데, 낭비도 많고 특별한 장점도 없다. 황벽을 담가서 불린 이후에는 찌꺼기를 건져 내서 잘게 찧고 한 번 삶는다. (삶은 후) 자루에 담아 눌러 즙을 짜서 찌꺼기를 다시 찧고 다시 삶는다. 찧고 삶기를 세 차례 하여, 나온 즙을 (첫 번째 얻은) 순즙액에 더하면 4배의 원료를 절약할 수 있고,[334] (황벽즙액) 또한 더욱 맑고 깨끗해진다. 써서 만든 책은 여름을 한 번 거친 후에 다시 황색으로 물들이면, 종이를 연결한 부분이 터지지 않는다.[335] 최근에 쓴 책

則年久色闇也. 人浸蘗熟, 即棄滓, 直用純汁, 費而無益. 蘗熟後, 漉滓擣而煮之. 布囊壓訖, 復擣煮之. 凡三擣三煮, 添和純汁者, 其省四倍, 又彌明淨. 寫書, 經夏然後入潢, 縫不綻解. 其新寫

의심하고 있는 반면, 묘치위 교석본에서는 '시'를 '가(可)'로 해석하였다.

332 '색암(色闇)'의 '암(闇)'은 암(黯)자를 빌려 쓴 것으로서, 색깔이 흑색을 띠는 것을 나타낸다.

333 '벽(蘗)': 황벽나무[黃蘗; *Phellodendron amurense*]이며, 운향과[藝香科]로서 황백(黃柏)이라고 한다. 나무껍질도 두껍고 황색 색소를 함유하고 있어서 황색으로 염색할 수 있다. 각본에서는 대부분 '얼(蘖)'로 적고 있는데, 청대 소영(邵瑛)의 『설문해자군경정자(說文解字羣經正字)』에는 "지금의 경전에서는 '얼(蘖)'로 쓰고 있는데 … '얼(蘖)'을 '벽(檗)'으로 하는 것은 서로 와전되어 잘못 쓰인 것이다."라고 하였다.

334 '기생사배(其省四倍)': 황벽나무의 찌꺼기를 세 차례 찧고 삶고 다시 한 번 삶아서 나온 순즙 속에 넣으면 한 번으로 네 배의 효과를 거둘 수 있다.

335 명대 호응린(胡應麟: 1551-1602년)의 『소실산방필총(少室山房筆叢)』에서는 "무릇 책은 당 이전에는 두루마리로 하여 이른바 1권, 즉 1축(軸)이라고 하였다."라

은 (만약 여름이 지나지 않았는데도 수시로 황색에 물을 들인다면) 반드시 먼저 인두로 붙인 부분을 모두 인두질한 연후에 황색으로 염색한다. 이와 같이 하지 않고 (한 번 황색의 염료 속에) 담그면[336] 바로 떨어지게 된다. 두황[337]을 소재로 하여 붙인 책은 특히 떠서 문드러지기 쉽다. 떠서 문드러지면[338] 황색으로 염색할 수가 없게 된다.

者, 須以熨斗縫縫熨而潢之. 不爾, 入則零落矣. 豆黄特不宜裛. 裛則全不入黄矣.

두루마리 책을 펴서 읽을 때 첫 머리의 표지[首紙][339]는 만 정도가 너무 팽팽하면 안 되는데,

凡開卷讀書, 卷頭首紙, 不

고 한다. '봉부정해(縫不綻解)'는 두루마리 종이의 이음새 부분이 떨어지지 않는 것을 말한다.

336 '입(入)': 스성한의 금석본에서는, '입(入)'자 다음에는 '황(潢)'자가 있어야 한다고 보았다.

337 '두황(豆黄)': 권8 「장 만드는 방법[作醬等法]」에 근거하면, 이는 찐 황두를 가리킨다. 그러나 여기서는 햇볕에 말려서 갈아 만든 콩가루로 접착제의 재료로 만들어 책의 종이를 붙이는 데 사용한다. 원(元)말의 도종의(陶宗儀)는 『철경록(輟耕錄)』 권2에서 '점접지봉법(黏接紙縫法)'을 기록하기를 "옛 법에서는 닥나무의 잎과 밀가루, 백급(白芨) 세 가지를 잘 섞어 풀로 만들어 종이를 붙이면 영원히 떨어지지 않아서 옻칠한 것보다 더 견고하다."라고 한다. 명대의 『묵아소록(墨娥小錄)』에는 '점합호법(黏合糊法)'이 기록되어 있는데, "풀 속에 백급과 콩가루를 약간 넣으면 영원히 떨어지지 않으며 매우 좋다."라고 하였다. 백급은 난초과[蘭科]의 백급(白芨; *Bletilla striata*)로 그 육질의 줄기에는 다량의 점액질이 함유되어서 풀의 재료로 만들 수 있으며 점성이 강하다. 과거에는 벼루 위에 가는 주사(朱砂)로 썼으며 붉은 글씨로 적으면 지워지지 않는다.

338 '읍(裛)': 앞문장의 '읍'과 이 '읍'은 명초본에서 모두 '환(寰)'으로 적고 있다.

339 '권두수지(卷頭首紙)': 이는 두루마리 책의 첫 부분의 빈 부분을 가리키며, '인수(引首)'라고 부른다고 한다. '인수'를 다시 쭉 펴면 '포수(包首)'가 되며 권축을 보호해 주는 작용을 한다.

꽉 말리면 부서져 꺾이게 되고, 꺾이면 갈라지고 떨어져 나간다. (만 것을 펼친 이후) 만약 상하로 연결된 책에 표지를 붙이면, 갈라지고 파손되지 않을 수 없게 된다. 한두 장의 종이를 만 후에 이내 책을 상하로 붙여서 연결한 것은 책이 안정되어 훼손되지 않는다. 책을 말 때는 손가락을 사용하여 책을 쭉 펴서[340] 끌어당겨서는 안 된다. 이와 같이 하면 묶은 부분이 습기가 차서 책의 위아래의 끝부분이 닳아 문드러지고[341] 또한 (당길 때의 힘 때문에) 표지[首紙]가 (받는 힘이 너무 커서) 구멍이 뚫리게 된다. 그러므로 마땅히 책을 지탱하고 있는 대나무가지를 당겨서 천천히 편 후에 만다.

책의 띠는 너무 탄탄하게 매어서는 안 되는데, 너무 탄탄하게 매면 허리부분이 꺾이게 된다. 허리 위에 끼워서 너무 압박을 가해도[342] 책의 허

宜急卷, 急則破折, 折則裂. 以書帶上下絡首紙者, 無不裂壞. 卷一兩張後, 乃以書帶上下絡之者, 穩而不壞.[28] 卷書勿用鬲[29]帶而引之. 非直帶濕損卷, 又損首紙令穴. 當銜[30]竹引之. 書帶勿太急, 急則令書腰折. 騎驀書上過者,

340 '역대(鬲帶)': '역(鬲)'은 『의례사상례(儀禮士喪禮)』의 주에는 '액(搤)'이라고 하는데, 이는 엄지와 검지를 모두 쭉 펴는 형태를 가리킨다.

341 '대습손권(帶濕損卷)': 샤웨이잉[夏緯瑛]은 '습(濕)'자를 손의 땀이 서대(書帶)에 묻은 형상을 가리킨다고 해석하였으나, 손의 땀은 평상시에는 반드시 있는 것은 아니고, 또한 서대가 완전히 젖어 있는 상황은 매우 적어서 음형(音形)이 '색(濇)'자와 유사하여 잘못 쓴 듯하다.

342 '기맥(騎驀)': '기(騎)'는 '말을 타다'는 의미이고, '맥(驀)' 또한 '말에 오르다'는 의미이다. '기맥서상과(騎驀書上過)'는 아마 '횡과착(橫跨着)'을 끼워 둔 형상을 뜻하는 듯하다. 묘치위에 의하면, '맥(驀)'은 타고 넘는다는 것으로, 책 위와 옆에서 압력을 가해 책의 허리 부분이 칸에 의해 잘리게 된다고 한다.

리가 잘리게 된다.

책이 파괴되었거나 찢어진 부분은 방형의 종이[方紙]를 잘라서 뒷면을 보수하는데, (보수하는 부분은) 대개 모두 주름이 잡혀 평평하지 않고,[343] 또 보수한 부분은 단단하고 두꺼워서 그 부분이[344] 책을 훼손하게 한다. 마땅히 염교 잎과 같은 얇은 종이를 약간 찢어 내어 흔히 베를 짜는 것처럼 붙이는데,[345] 얇고 고르게 위에 붙여서[346] 붙인 종이와 책 종이가 완전히 합치되도록 하여 거의 가선을 볼 수 없도록 일치시킨다.[347] 만약 빛이 투과되어도 그 흔적을 볼 수 없어서 거의 살필 수 없다면

亦令書腰折.

書有毁裂, 31 劚 32 方紙而補者, 率皆攣拳, 瘢瘡硬厚, 瘢痕於書有損. 裂薄紙如薤葉以補織, 微相入, 殆無際會. 自非向明擧而看之, 略不覺補. 裂若屈

343 '연권(攣拳)': '연(攣)'자는 「제민요술서」의 연축(攣縮) 각주 참조. '권(拳)'은 손가락이 손바닥 중심을 향해서 오므린 형상이다. '연권(攣拳)'은 안으로 향해 말아 감은 것으로, 곧고 평평할 수가 없다.

344 '반흔(瘢痕)': 바로 앞에 이미 '반창(瘢瘡)'이라는 두 글자가 있으므로 '반흔'은 잘못 들어간 듯하다.

345 염교 잎은 선형(線形)으로 반원주 모양이며 가운데는 비어 있고 폭은 2-3㎝이다. 얇은 종이는 염교 잎과 같이 할 수 있는 것은 물론이고 응당 종이의 폭이 염교 잎과 같음을 가리킨다. 그러나 이것은 단지 아주 가늘게 붙여 보수하는 것을 말하는 것이다. 묘치위 교석본에 의하면 만약 터진 부분이 커서 구멍이 생겼다면 다소 얼마간의 염교 잎과 같은 종이로 보수해야 하는데, 이것은 맞대어 보수하는 것인가 아니면 짜는 것인지, 주름이 생기는지 생기지 않는지 확실하지 않지만, 아마도 매우 보수하기 어려웠을 것이라고 한다.

346 '미상입(微相入)': 보수하는 곳과 보수되는 곳을 피차 잘 합치시켜서 붙인 자국이 없도록 한다.

347 '태무제회(殆無際會)': 붙인 부분을 얇게 삽입하여 서로 잘 부합되게 하여 흔적이 없게 하는 것이다.

비로소 완전히 보수된 것이다.

찢어진 부분이 굴곡이 졌다면, 바로 그 종이 위에 갈라져 굴곡진 형세에 맞게끔 종이를 올려서 수리한다.

가령 원래 찢어진 결[元理]에 따르지 않고 마음대로 비스듬한 종이를 잘라서 붙이면 책은 주름져서 고르지 않게 된다.

대개 글자가 덧칠되어 훼손되거나 책 위에 어떤 글자가 쓰였을 때는[348] 대개 붉은 비단[緋縫][349]을 위에 붙이면 비단은 두툼하고 저항력이 강하여 찢을 때도 치아가 상할 정도이지만, 색이 바래고[350] 책이 더럽혀졌을 때 접착력이 떨어지기 쉽다. 만약 붉은 종이를 사용한다면 아주 분명하고 깨끗할 뿐 아니라 오염도 적고, 또한 덧붙인 종이와 성질이 같아 쉽게 잘 붙어서 오래가더라도 떨어지지

曲者, 還須於正紙上, 逐屈曲形勢裂取而補之. 若不先正元理, 隨宜裂斜紙者, 則令書拳縮.

凡點書記事, 多用緋縫, 繒體硬强, 費人齒力, 俞污染書, 又多零落. 若用紅紙者, 非直明淨無染, 又紙性相親,

348 '범점서기사(凡點書記事)': 스성한의 금석본에서는 '족(足)'자를 쓰고 있다. 명청 각본에서는 '족'자를 대부분 '범(凡)'자로 쓰고 있으나 일반인에게 적당하지 않은 방법을 가리키는데 '범(凡)'이라고 쓰는 것은 어울리지 않는다. 앞의 '황색으로 염색된 종이와 책을 보존하는 방법[染潢及治書法]' 조항에는 '인침벽숙(人浸蘗熟)'이라는 문장이 있는데 묘치위는 이를 근거로 하여 '인(人)'자가 가장 적합하다고 보았다. '점(點)'은 진흙을 바른다는 뜻으로, 비단을 붙이는 것을 가리킨다. '기사(記事)'는 기록한 어떤 물건을 그 위에 붙이는 것을 가리킨다고 한다.

349 '비봉(緋縫)': 이는 곧 진한 홍색의 비단으로, 스성한의 금석본에서는 '비강(緋絳)'이 맞는 것으로 보았다.

350 '유(俞)': 마땅히 '투(渝)'로 써야 하며, 붉은 비단이 퇴색되어서 책의 종이를 오염시키는 것을 의미한다.

않는다.

자황雌黃[351]으로 책을 수리하는 법: 먼저 청경석青硬石 위에 물을 이용하여 자황을 갈아서 부드러운 분말로 만든다. 햇볕에 말린 후에 약 찧는 절구 같은 그릇 속에 넣어서 아주 곱고 세밀하게 간다. (다시) 햇볕에 말려서 절구에 아주 곱고 균일하게 간다.[352] 아주 좋은 '교청膠清'[353]을 열을 가해서 녹여 이내 갈아 둔 자황과 함께 쇠절구에 넣고, 쇠공이로 부수어 균일하게 찧는다. 뭉쳐서 검은 환약

久而不落.

雌黃治書法. 先於青硬石上, 水磨雌黃令熟. 曝乾, 更於瓷椀中研令極熟. 曝乾, 又於瓷椀中研令極熟. 乃融好膠清,

351 '자황(雌黃)': 광물의 이름으로, 등황색의 수정체이며 염료로 쓰인다. 심괄(沈括)의 『몽계필담(夢溪筆談)』「고사(故事)」에는 "관각(館閣)의 신서정본(新書淨本)에는 책이 잘못된 부분이 있으면 자황으로 칠하였다. 일찍이 글자를 교정하고 바꾸는 방법은 씻고 긁으면 종이가 상하고, 종이를 붙이면 떨어지기 쉽다. 분말을 칠하면 글자가 없어지지 않는데, 여러 번 칠하면 문드러져서 사라진다. 오직 자황은 한번 칠하면 문드러져서 글자가 지워지며, 오래되어도 벗겨지지 않는다."라고 하였다. 송기(宋祁)의 『송경문공필기(宋景文公筆記)』「석속(釋俗)」편에서 "자황이 종이색과 결합하기 때문에 이를 통해 잘못된 글자를 지울 수 있다."라고 한다. 묘치위 교석본을 보면, 자황의 색깔은 포구한 후의 종이색과 비슷하기 때문에 글자의 흔적을 칠하여 없앤 후에 그 위에 다시 글을 쓸 수 있다. 때문에 문자를 고치거나 비평하기 위해서 점을 찍는 것을 '자황(雌黃)'이라고 칭하였다. 여기서 자황으로 책을 수리한다는 것은 바로 좋은 자황을 조제하여 적시에 먹을 가는 것처럼 황색의 액을 추출하여서 문자를 지우고 바꾸는 데 사용하는 것을 의미한다고 한다.

352 묘치위 교석본에 의하면, 두 차례나 햇볕에 말리고 있는데 앞에는 물을 넣어서 다시 가는 것이 없다. 그러나 이 구절에서는 물을 거듭 넣고 있는데 그렇다면 앞의 구절에서 물을 넣고 다시 가는 과정이 빠졌을 가능성이 있다.

353 '교청(膠清)': 스성한의 금석본에서는 유동성이 커서 찌꺼기가 없는 풀이라고 하였으며, 묘치위는 비교적 순수한 쇠가죽껍질로 만든 아교로 보았다.

같이 만들어[354] 그늘에서 말린다. (사용할 때는) 물을 타서 으깨어 (먹과 같이 갈리면) 책 위에 칠을 하면 오랫동안 벗겨져 떨어지지 않게 된다. 만약 절구 속에 교청을 넣어서 (임시로) 사용하면 교청을 더 많이 사용할지라도 오래되면 또 벗겨져 떨어지게 된다.

무릇 자황을 책 위에 발라서 책을 보존하는 것은 종이를 황색으로 염색한 이후에 칠하는 것이 더욱 좋다. (반대로) 만약 자황을 칠하고 다시 황색으로 염색을 하면, (염색한 것이) 떨어진다.[355]

서고에는 사향이나 모과를 넣어 두면 좀이 생기지 않는다.

5월에 날씨가 습하고 무더워져 좀이 생기려 하는데, 만약 책을 여름철에 한 번도 펴지 않게 되면 바로 좀이 생긴다.

和於鐵杵臼中, 熟擣. 丸如墨丸, 陰乾. 以水研而治書, 永不剝落. 若於椀中和用之者, 膠清雖多, 久亦剝落. 凡33雌黃治書, 待潢訖治者佳.34 先治入潢則動.

書廚中欲得安麝香木瓜, 令蠹蟲不生. 五月濕熱, 蠹蟲將生, 書經夏不舒展者,

354 '묵환(墨丸)': 『신당서』 권57 「예문지일(藝文志一)」에는 "동생[季]이 상곡묵 336환을 주었다."라고 하였다. 당대 단공로(段公路)의 『북호록(北戶錄)』 권2에 당대 최구도(崔龜圖)가 주석하기를 "송 원가(元嘉: 425-453년) 중의 규정에 의하면 글을 쓸 때 묵 1환으로써 20만 자를 쓸 수 있다."라고 한다. 묘치위 교석본에 따르면, 묵을 먼저 뭉쳐 환으로 만든 후에 덩이로 만들기 때문에 옛날에는 묵 1정을 1환이라고 하였다. 여기서 만드는 법은 묵을 제조하는 방법과 같으며 또한 먼저 환을 만든 이후에 덩어리를 만든다고 한다.

355 '동(動)': 동은 '떨어진다'는 의미로서, 종이 위에 자황을 칠하고 황벽나무로 염색할 때 밖에서 스며들면서 나타나는 현상이다.

5월 15일 이후에서 7월 20일 이전에 (65일 동안) 반드시 책을 세 번 펼쳤다가 다시 말아 둔다. 반드시 맑은 날을 택해서 큰 방에 통풍이 잘되고 태양이 직접 비추지 않는 곳에서 행한다.

태양에 직접 책을 말리게 되면 책의 색이 암갈색으로 변한다.[356] 열기가 있을 때 말면, 좀이 더욱 빨리 생긴다.

구름이 끼고 습기가 많은 날은 더욱 피해야 한다. 이와 같이 신중하게 책을 보호하면 몇백 년 동안 보존할 수 있다.

必生蟲也. 五月十五日以後, 七月二十日以前, 必須三度舒而展之. 須要晴時, 於大屋下風涼處, 不見日處. 日曝書, 令書色暍. 熱卷, 生蟲彌速. 陰雨潤氣, 尤須避之. 愼書如此, 則數百年矣.

"2월에 양기를 틈타 활쏘기 연습을 하며, 의외의 사건이 일어날 것에 대해 준비한다.

춘분이 되면 번개가 치고 뇌성이 울리기 시작하는데, 춘분 전후 5일간은 남녀가 잠자리를 같이 해서는 안 된다." 이러한 계시를 지키지 않으면 아이가 태어나더라도 완전할[備] 수 없게 된다.

二月, 順陽習射, 以備不虞. 春分中, 雷且發聲, 先後各五日, 寢別內外. 有不戒者, 生子不備. 蠶事未

356 '갈(暍)': '더위에 바랜다'는 의미로서, 황벽나무를 염색한 후에 글자가 뜨거운 직사광선을 받아서 글자색이 암갈색으로 바뀌는 것을 말한다. 남송의 나원(羅愿)은 『이아익(爾雅翼)』「석충일(釋蟲一)」편에서 이르기를, "형초의 풍습에는 7월이 되면 책과 옷[衣裳]을 꺼내서 햇볕에 쬐는데, 둘둘 말아서 오래 두면 좀[白魚]이 생기기 때문이다."라고 한다. 백어는 곧 좀[蠹魚]이다. 아래 문장은 『사민월령』「칠월」편에서 "책과 옷을 햇볕에 쬔다."라는 것을 인용한 것이며 『사시찬요』「오월」편에도 의복과 서책을 "햇볕에 쬔다[曝]."라고 한다.

"누에 치는 일이 시작되기 전에, 옷을 재봉하는 사람[357]을 시켜 겨울옷을 깨끗하게 빨게 하고 옷 사이의 (실)솜을 꺼내어 (씻어서) 겹옷 속에 끼운다.[358] 만약 비단의 여유가 있으면[嬴][359] 겨울옷을 짓는다." 오래된 비단을 씻을 때는 잿물을 사용해서 씻으면 색이 누렇게 변하고, 또 뻣뻣해진다. 소두(小豆)를 찧어 곱게 가루를 내고,[360] 비단체에다 걸러 내어 체질한 가루를 끓는 물 속에 넣어서 이것으로 씻으면 아주 하얗게 되고 부드럽고 질겨져서[361] 쥐엄나무에 빤 것보다 좋다.

"좁쌀과 찰기장, 대소두大小豆, 삼씨와 보리종자를 팔아도 괜찮다. 땔감과 숯을 사들인다." 숯을 쌓아 둔 바닥의 가루 분말은 버려서는 안 된다. 잘게 찧고 체에 치

起, 命縫人浣冬衣, 徹複, 爲袷. 其有嬴帛, 遂供秋服. 凡浣故帛, 用灰汁則色黃而且脆. 擣小豆爲末, 下絹簁, 投湯中以洗之, 潔白而柔肕, 勝皀莢矣. 可糶粟黍大小豆麻麥子等. 收薪炭. 炭聚之下碎末, 勿令棄之. 擣簁, 煮淅

357 '봉인(縫人)': 제봉하거나 실을 꼬는 일을 전문적으로 관장하는 '여공'이다. 『주례』 「천관」에는 '봉인'이 있는데, 왕궁 내의 여직이지만 최식은 장원 중의 여공을 두고 하는 말이라고 하였다.

358 "徹複, 爲袷": '철(徹)'은 '도대체', '꺼내다' 등의 뜻이 있는데, 여기서는 '꺼내다'라는 의미로 해석된다. '복(複)'은 '면으로 솜을 넣은' 옷이며, '저(褚)'의 의미는 추위를 차단한다는 의미이다. 또한 이것은 면옷이다. (초면이 중국에 수입되기 이전에는 모두 실솜[絲緜]을 사용했다.) '겹(袷)'은 옷에 끼운다는 의미이다.

359 '영(嬴)': 이는 '여유 있다'는 의미이다. 『옥촉보전』에서는 바르게 인용하여 '영(贏)'자로 쓰고 있다.

360 "擣小豆爲末": 대부분 콩류의 종자는 모두 유기화합물[稠圜萜類]로 이루어진 비누성분[皀素]을 함유하고 있어서, 더러운 것을 닦아 낼 수 있다. 스셩한의 금석본을 참고하면, 콩류의 종자가 더러운 것을 닦아 내는 비누성분을 함유하고 있다는 기록은 이 책에서 가장 빨리 나왔다고 볼 수 있다.

361 '인(肕)': 『제민요술』에서는 일률적으로 '인(肕)'자를 사용하는데, 스셩한은 금석본에서, '인(韌)', '삽(韏)' 이 두 글자는 비교적 후기에 등장한다고 한다.(권2 「삼재배[種麻]」의 주석 참조.)

고, 쌀뜨물을 끓여서 (풀같이 만들어) 그 속에 탄가루 속에 넣고, 다시 찧어서 부드럽게 섞어 계란 크기의 둥근 덩어리로 만들어 햇볕에 말린다. 이것을 화로 속에 불씨[362]로 사용하면, 종종 초저녁에서 이튿날 새벽까지 탄다. 단단하고 오래가서 숯보다 열 배는 낫다.

米泔溲之, 更擣令熟, 丸如雞子, 曝乾. 以供籠爐種火[35]之用, 輒得通宵達曙. 堅實耐久, 踰炭[36]十倍.

생사로 만든 옷이나 생사 비단[363]을 물에 씻는[364] 방법: 물에 비단을 푹 담그고[365] 매일 몇 차례 뒤집어 준다.

6-7일이 지난 후에 물에서 다소 이상한 냄새가 난 후에 헹구어서[366] 꺼낸다. 이와 같이 하면 부드러워지고, 또 희어져서 잿물을 이용해 씻는 것보다 좋다.

漱生衣絹法. 以水浸絹令沒, 一日數度迴轉之. 六七日, 水微臭, 然後拍出. 柔肕潔白, 大勝用灰.

소달구지의 덮개[367]를 덮고 종이 병풍과 서

上犢車蓬[37]

362 '종화(種火)': 오늘날에는 '화종(火種)'이라고 한다. 스셩한의 금석본에서는 이 단락이 '숯벽돌[炭墼]'의 초기 기록 중 하나라고 보고 있다.

363 '생의견(生衣絹)': 아직 비단을 잿물에 삶아서 정련하지 않은 것으로, 의복용 비단으로 사용한다.

364 '수(漱)': 씻는다는 의미이다. 묘치위 교석본에 따르면, '수(漱)'는 '속(涑)'과 동일하며 원래의 의미는 씻는다는 것인데, 여기서는 '생견(生絹)'을 씻는 것을 의미한다. 주준성(朱駿聲)은『설문통훈정성(說文通訓定聲)』에서 "때 없이 가공한 것을 '속(涑)'이라 하는데, 손으로 빨아 털어 내는 것이다. 경전에서는 모두 '수(漱)'로 쓰고 있다."라고 한다.

365 '몰(沒)': 물건을 수면 아래로 담근다는 의미이다.

366 '박(拍)'은 두드린다는 의미로, 여기에는 부합되지 않는다. 스셩한의 금석본에 의하면 아마 '열(捩)', '서(抒)', '저(抯)', '설(抴)', '급(扱)' 등의 글자의 형태가 유사하여 잘못 쓴 듯하다. 묘치위 교석본에서는 두들겨 헹구어 씻어 냄새와 더러운 것을 씻어 내어서 비단을 희게 만드는 것이라고 한다.

함[368]에 풀칠하는 것은 좀이 생기지 않도록 하는 방법이다.

물에 석회를 타서 저어 하룻밤을 지나 위에 뜬 맑은 즙을 취한 후, 콩풀이나 밀가루풀 속에 넣어 섞어서 (이것으로 풀칠을 하게 되면) 좀이 생기지 않는다. 만약 이와 같은 풀을 사용해 글을 쓴 종이를 붙이게 되면, 책에 황벽나무로 물을 들일 때 검은색으로 변한다.

모조초[假蠟燭] 만드는 방법: 부들이 다 자라면 부들 줄기[369]를 많이 수확한다.

송진을 함유하고 있는 소나무 가지[370]를 손가락 크기로 가늘고 굵게 잘라서 초의 심지를 만

貑及糊屛風書袠令不生蟲法. 水浸石灰, 經一宿, 挹[38]取汁, 以和豆黏, 及作麵糊, 則無蟲. 若黏紙寫書, 入潢則黑矣.

作假蠟燭法. 蒲熟時, 多收蒲臺. 削肥松, 大如指, 以爲

367 '봉반(蓬貑)': '반(貑)'은 수레의 덮개이다. '봉(蓬)'자는 오늘날에는 대개 양웅(揚雄)의 『방언』에 의거하여 '봉(篷)'으로 쓴다. 『방언(方言)』 권7에는 "차구루(車拘簍) … 남초(南楚) 이외 지역에서는 그것을 '봉(篷)'이라고 한다."라고 하였으며, 곽박(郭璞)의 주에는 "이는 곧 차궁(車弓)이다."라고 하였다. '반(貑)'은 『석명(釋名)』 「석거(釋車)」에는 "'반(貑)'은 번(藩)으로, 빗물을 막는(蔽) 것이다."라고 하였다. 묘치위 교석본을 보면, 이른바 '차궁(車弓)'은 곧 '차봉(車篷)'을 지탱하는 골격으로서 대나무로 만들어서 굽은 것이 활과 같기 때문에 지어진 이름이다. 대나무의 골격은 '두점(豆黏: 콩가루를 가공하여 만든 풀)'으로 붙여서 만든다고 한다.

368 '서질(書袠)': '질(袠)'은 '서함(書函)'이다. 스성한의 금석본에 의하면 오늘날 선장본(綫裝本) 책의 '서함(書函)'은 지난날 두루마리[卷子]식의 책의 서함과 형식이 전혀 다른데, 두루마리 책의 '갑[袠]'이 어떤 모양인지는 확실하지 않다고 한다.

369 '포대(蒲臺)': 부들과의 부들[香蒲; *Typha orientalis*]의 꽃줄기이다. 암수꽃줄기가 동일한 꽃대 위에 촘촘하게 배열되어서 원주형을 띠며 형태는 초와 같다. '포대(蒲臺)'라고 칭하며 민간에서는 포추(蒲槌)라고 일컫는다.

370 '비송(肥松)': 송진이 붙은 소나무 가지를 뜻한다.

든다. 부들 줄기 밖을 떨어진 헝겊으로 한 층 감고, 소와 양의 기름을 녹여서 부들대 속에 부어 넣는다.

열기가 있을 때 평평한 판 위에 굴리고 두들겨 평평하고 둥글게 만든다. 다시 붓고 두들겨서 굵기가 적합할 때 그친다.

밀랍을 녹여서 외부를 감싸면[371] 사용할 수 있게 된다. (다른 방법에 비해) 열 배의 힘을 줄일 수 있다.

"3월이 되면 초삼일[372]과 첫 번째 제除일에 황해쑥[艾]과 버들개지[柳絮]를 딴다." 버들개지[絮]는 상처 부위의 통증을 멈추게 한다.[373] 이달은 겨울에 비축된 식량이 이미 동이 난다.

뽕나무 오디와 밀은 아직 익지 않아 먹을 수

心. 爛布纏之, 融羊牛脂, 灌於蒲臺中. 宛轉於板上, 挼令圓平. 更灌, 更展, 麤細足, 便止. 融蠟灌之,[39] 足得供事. 其省功十倍也.

三月, 三日及上除, 採艾及柳絮. 絮, 止瘡痛. 是月也, 冬穀或盡. 椹麥

---

371 '관(灌)'은 '싸다[裹]'인 듯하다.

372 '삼일(三日)' 이날을 상사절(上巳節)이라고 한다.

373 '서지창통(絮止瘡痛)': '서(絮)'는 버들개지를 가리킨다. '창(瘡)'은 모든 상처의 '창(創)'자를 가리키는데, 스성한의 금석본에 의하면, 오직 염증에 의해 농이 생긴 '창(瘡)'을 가리키는 것은 아닌 듯하다. 버들개지는 포황(蒲黃), 포이(蒲茸)로서, 심지어 진석회(陳石灰), 향회(香灰) 등에 이르기까지 가늘고 부드러운 물체를 피가 나는 상처부위에 붙여 피를 응고하여 상처 부위의 통증을 줄였는데, 이것은 그에 대한 가장 최초의 기록 중 하나이다. 묘치위 교석본에 의하면, 『명의별록(名醫別錄)』에서 버들개지는 주로 '옴[痂疥], 부스럼[惡瘡], 부스럼[金瘡]'을 치료한다고 한다. 당대 손사막(孫思邈: 581-682년)은 『천금보요(千金寶要)』 권2에서 금창을 치료함에 있어서 출혈에 대한 처방으로 "버들개지를 그 부위에 붙이면 이내 멈춘다."라고 하였다.

없다. 이에 양기를 틈타서 은혜를 베풀어 가난하고 궁핍한 사람을 구제하고[374] 도와야 하는데, 힘써 구족[375]에게 베풀되 가장 가까운 친척에서부터 시작한다. 물자를 숨겨두고 남의 궁핍함을 간과해서는 안 된다.

또한 이름나기를 탐내어[利名] 집에서 가지고 있는 것을 모두 부자들에게 보내서도 안 되며,[376] 들어오는 것을 헤아려서 나갈 것을 계산해야 적당한 정도를 유지할 수 있다.

누에치기와 농사일이 아직 바쁜 철이 아니기 때문에[377] 도랑을 치기에 좋고,[378] 담을 수리하고

未熟. 乃順陽布德, 振贍窮乏, 務施九族, 自親者始. 無或蘊財, 忍人之窮. 無或利名, 罄家繼富, 度入爲出, 處厥中焉. 蠶農尚閑, 可利溝瀆, 葺治牆屋,

374 '진(振)': 오늘날에는 대부분 '진(賑)'으로 쓰고 있다.

375 '구족(九族)': 위로는 부친, 조부, 증조부, 고조부이고 아래로는 아들, 손자, 증손자, 현손자로서 본인을 포함해서 9대이다. 최식은 여기서는 동족의 무리 중에서 가난한 사람을 범칭하는 것이라고 하였다.

376 '계부(繼富)': 부유한 사람이 가난한 자를 돕는다는 뜻이다. 『논어』「옹야(雍也)」편에는, "군자는 급한 사람을 도와주되 부유한 데에 부를 더하여 주지는 않는다." 라고 하였으며, 형병(邢昺)이 소(疏)하기를, "군자는 마땅히 다른 사람의 궁핍함을 두루 도와야지 부유한 사람에게 부를 더하여 줘서는 안 된다."라고 하였다.

377 '잠농상한(蠶農尚閑)': 『옥촉보전(玉燭寶典)』에서는 '농사상한(農事尚閑)'이라고 인용하고 있다. 음력 3월이 되면 누에치기에 매우 바쁜 계절이 되기에 『사민월령』에서는 엄격하게 규정하기를 3월에 "누에가 깨어나면 이내 부녀자는 함께 그 일에 힘쓰며 조금이라도 다른 일을 못 하여 본업을 흩트려 놓는데, 농시를 좇지 못하면 처벌하는 것은 의심의 여지가 없다."는 것이다. 즉 양잠이 매우 바빠서 반드시 양잠에만 전념해야지 다른 일에 마음을 뺏겨서는 안 되므로 누에치는 아낙에게 도랑을 치고 담장을 수리하는 일을 맡길 수 없는 것이다.

378 '이(利)': 마땅히 '~을 순조롭게 한다'라는 뜻이다. 앞부분에서 '무혹리명(無或利名)'의 '이(利)'를 '탐(貪)'으로 해석하는 것과는 다소 차이가 있다.

지붕을 이고 대문과 창문을 고친다.

방어시설에도 주의를 기울여서 봄 기근을 틈타 생겨나는 도적을 막는다. 이달이 지나가면 곧 여름이 온다.

기온이 매일 올라가고 햇볕도 강해져서 건조하게 된다. (이런 날씨에는) 옻칠을 하거나[379] 또한 햇볕을 쬐어 달인 약[日煎藥]을 만드는 데 유리하다. 찰기장을 내다 팔고, 삼베를 사들인다.

"4월이 되어 누에를 이미 섶에 올리고 고치를 만들게 되면, 재빨리[380] 고치를 켜서 실을 뽑아야지 (시기를 놓치면) 나방이 고치실을 뚫고 나오게 된다.[381] 베틀과 북을 준비하고 날실과 씨실을 잘 챙겨 둔다.[382] 풀이 무성하면 태워서 재로 만들어 둔다."[383] "이달에는 볶은 쌀가루와 대추의 과육을 섞고 마른 양식[棗糒][384]으로 만들어서 손님이 올 때

修門戶. 警設守備, 以禦春饑草竊之寇. 是月盡夏至. 暖氣將盛, 日烈映燥. 利用漆油, 作諸日煎藥. 可糶黍, 買布.

四月, 蠶既入簇, 趨繰剖綿. 具機杼, 敬經絡. 草茂, 可燒灰. 是月也, 可作棗糒, 40 以禦賓客. 可糴

379 '이용칠유(利用漆油)': 이 부분의 '이(利)'는 '이롭다'의 뜻이며, '이'자 뒤에 '어(於)'자가 추가되어야 한다.

380 '추(趨)': 이는 '속도에 따라 바로, 재빨리'라는 의미이다.

381 '부면(剖綿)': 스셩한의 금석본에서는 '부신(剖線)'이라고 표기하였다. 『옥촉보전』에서 인용한 『사민월령』에서는 '부면(剖綿)'이라고 쓰고 있는데, '면(綿)'자가 더욱 적합하다. 이미 나방이 나온 구멍이 뚫린 고치는 실을 짤 수 없지만 이것을 찢어서 '면(綿)'으로 쓸 수 있다. 이것은 글자의 형태가 유사하여서 착오를 일으킨 것이다.

382 여기서 말하는 '경락(經絡)'은 베를 짤 때 사용하는 날실 '경(經)'과 씨실을 만드는 '낙(絡)'을 준비해 두는 것이다.

383 이것은 '잿물'(염색용 매염제)을 만들기 위한 준비 작업이다.

대접용으로 삼는다.[385] 겉보리[穬][386]와 보리와 헌 실솜을 구입한다."[387]

穬及大麥, 收弊絮.

"5월 망종절이 지나면 '양기'가 약해지기 시작하고,[388] 음기의 사특함으로 인해서 우환이 생기게

五月, 芒種節後, 陽氣始虧,

---

384 '조비(棗糒)': 볶은 쌀가루와 대추과육을 버무려서 만든 마른 식량이다.

385 '어(禦)': 『옥촉보전』에서는 인용하여 '어(御)'자로 쓰고 있는데 서로 통한다. '가어(駕御)'는 '부린다'는 의미로 확대 해석되며 '초대'의 의미는 아니다. '빈객(賓客)'은 후한 이후의 세가 대족들이 의부(依附) 인구에 대해 부르는 말이다. 『후한서』 권40 「마원전(馬援傳)」에는 "빈객이 대부분 돌아와서 의부한 자가 마침내 수백 가에 달하였다."라고 한다. 같은 책 권21 「유식전(劉植傳)」에는 "종족과 빈객을 거느리고 병사 천여 명을 모아서 창성(昌城)을 거점으로 하였다."라고 한다. 묘치위는 여기서의 '객(客)'은 비록 많지는 않지만 마찬가지로 주인의 집에 의부하는 '빈객'이라고 하였다. '조구(棗糒)'는 곧 빈객을 시켜서 먼 곳에 갈 때 휴대하게 하는 마른 식량이므로 초대한 객인을 위한 것으로 이해할 수는 없다고 한다.

386 '광(穬)': 스셩한의 금석본에서는 '면(麵)'으로 표기하였다. 『옥촉보전』에서 인용한 것에는 '광(穬)'으로 쓰고 있는데, 다음 문장의 오월(五月)과 동일하다. 또한 『문선(文選)』 「마견독뢰(馬汧督誄)」에서 이선(李善)의 주에는 『사민월령』을 인용하여 이르기를, "사민(四民)은 광(穬)을 사들인다."라고 하였다. 『옥촉보전』에서는 '광(穬)'으로 인용하여 쓰고 있는데 글자는 동일하다. '면(麵)'은 잘못 쓰인 것이다.

387 각본과 『옥촉보전』에서 인용한 것에는 모두 '수(收)'자가 없다. '적(糴)'은 바로 이어서 '패서(敗絮: 헌 실솜)'와 연결하여 쓸 수가 없지만, '수(收)'는 쓸 수 있다. 묘치위 교석본에 의하면 『사민월령』에서는 농부산물을 사고파는 것에 대해서 무릇 곡물은 대개 '조(糶)'와 '적(糴)'이라고 하며, 기타 물품은 '수(收)', '매(買)', '매(賣)'라고 일컫는다. 또한 5월에 헌 실솜을 사들이고[收敗絮], 6월과 7월에는 또한 생사와 숙사로 짠 비단을 사들이는데(6월 『옥촉보전』에서 인용함), 여기서는 분명히 '수(收)'자가 빠져 있기 때문에 보충하였다고 한다.

388 '양기시휴(陽氣始虧)': 『옥촉보전』에서 이하의 문장을 인용하여 주석하기를, 하지의 구괘(卦: 64괘 중 44번째로 5월 괘이다.)에 일을 하고 음기가 비로소 일어난다고 하였다. 묘치위 교석본에 의하면, 『주역』의 구괘에는 앞 부분은 5효(爻)는

된다.[389] 기온이 점차 올라가면서 각종 해충이 덩달아 나타난다.

뿔로 만든 활과 쇠뇌가 느슨해져서 당겨 둔 시위를 풀어 주고,[390] 팽팽하게 당겨 놓았던 대나무로 만든 활과 쇠뇌의 줄도 느슨하게 풀어 두어야 한다.[391]

陰慝將萌. 暖氣始盛, 蟲蠹並興.

乃弛[41]角弓弩, 解其徽絃, 張竹木弓弩, 弛其絃. 以灰藏旃裘毛

양(-)이 되고 뒷부분은 1효는 음(- -)이 되어, 하지에 양이 성한 이후에 이미 음이 잠복하고, 즉 이른바 "하지에 비로소 음이 생성된다."는 것 역시 "양기가 비로소 이지러진다."는 뜻이다. 다음 분장의 음양의 다툼 또한 이러한 것을 가리킨다고 한다.

389 '음특(陰慝)': 모든 일체의 화와 해가 지나치게 나빠지는 것을 '특(慝)'이라고 하는데, 여기서는 해충을 일으키는 것이다.

390 '휘현(徽絃)': '휘(徽)'를 『설문해자』에서는 '삼규승(三糾繩)'으로 해석하는데, 이는 곧 세 가닥으로 꼬아서 만든 줄로 활시위를 만드는 데 사용된다. '휘현(徽絃)'은 '8월'에도 재차 보인다. 5월에는 풀고 8월에는 묶는다. 이것은 활 자체의 줄은 아니고 '소(弰: 활의 끝 부분)'의 활장머리 갈고리 부분에 활줄을 거는 곳, 즉 이색(耳索)이다. 화살을 놓을 때는 활 끝의 탄성에 의지하는데, 문제는 탄성은 활을 쏠 때 활 끝이 흔들리기 쉽기 때문에 활줄을 직접 활 끝에 묶을 수가 없다. 그 사이에는 반드시 탄성의 충격을 완화할 수 있는 장치가 필요하다. 그 완충장치는 2개 있는데, 하나는 점현(墊弦)이고 다른 하나는 이색(耳索)인 것이다. 『천공개물(天工開物)』 권15 「호시(弧矢)」에는, "무릇 활의 양끝의 활고자에 매는데 혹은 아주 두꺼운 소가죽을 잘라 매거나 혹은 부드러운 나무를 바둑알처럼 깎아서 뾰족한 끝 부분에 박아서 부치는데 이를 일러 '점현(墊弦)'이라고 한다."라고 하였다. 다시 활고자 중에 이색(耳索)을 끼워서 고정하여, 활줄은 곧 이색 위에 매개된다. 여기서 휘현(徽絃)은 곧 이색을 가리키는 것이라고 한다.

391 '장(張)'은 활시위를 당긴 것을 의미한다. 활은 한 번 당겼다가 놓기에 탄성과 탄력을 유지해야 한다. 묘치위 교석본에 따르면, '장(張)'은 여기서는 줄을 떨어뜨린 채 느슨하게 한다고 해석할 수는 없기 때문에, '도(弢)'의 형태상의 잘못인 듯하다고 한다. '도(弢)'는 활을 넣어 두는 자루인데, 활의 줄을 풀어서 활을 자루 속에 넣어 둠으로써 습기와 열기로부터 활의 아교가 풀리는 것을 막기 위함이다.

재에다 융단, 가죽옷, 모직물, 화살의 깃털[392] 등을 갈무리하여 벌레가 먹는 것을 피한다. 장대를 이용해서 기름옷[393]을 걸어 두고, 접어서 쌓아 보관해서는 안 된다."[394] 날씨가 더운 날 눅눅해지면 옷이 서로 들러붙게 된다.

"이달 초닷새에는 '황연환'과 '곽란환'[395]을 배

毳之物及箭羽. 以竿挂油衣, 勿辟藏. 暑濕相著[42]也. 是月五日, 合止痢黃連丸霍亂丸, 採葸耳,

활의 아교가 녹는점은 높지 않아서 습기와 열에 의해서 풀리기 쉽다고 한다.

392 '전(旃)': '전(氈)'자의 원래의 글자로서, 아주 거칠게 제작된 모직물이다. '구(裘)'는 가죽 갓옷이고 '모취(毛毳)'는 털로 만든 장식품이며, '전우(箭羽)'는 화살 깃이다.

393 '유의(油衣)': 이는 곧 우의(雨衣)로서, 옷의 바깥에 건성의 기름을 한 층 칠한 것이다. 스셩한의 금석본에 의하면, 먼저 기름을 먹인 베를 만든 이후에 옷을 제작하고, 또한 먼저 옷을 제작한 연후에 기름을 입힐 수도 있다. 기름을 입힌 건성류는 반드시 '끓여[煎製]' 산화를 가속화한 후에야 비로소 비가 스며들지 않는다. 전제건성류(煎製乾性油)는 중국에서 고래로 모두 중금속의 산화물질(보통은 산화연, 산화망간, 산화철을 사용한다.)을 첨가하여 체화제(催化劑)를 만들어서 산화를 가속화시켰다. '유의(油衣)'의 출현은 반드시 전유의 기술이 있은 이후, 혹은 동시에 출현하였는데, 이 때문에 유의의 출현은 일찍이 중국에서 무기최화제(無機催化劑)를 사용한 시대의 지표로 삼았으며, 최소한 2세기 때에 중국의 조상들이 이미 무기체화제를 이용했음을 추측할 수 있다.

394 '물벽장(勿辟藏)': '벽(辟)'자는 『옥촉보전』에서 인용한 것에는 '벽(襞)'자로 쓰고 있는데, 이는 곧 포개서 접는다는 의미이다. 양한시대의 건성유는 단지 '들깨유[荏油]'인데, 들깨 기름은 산화 건조한 후에 용점이 아직 그다지 높지 않아 습하면 서로 들러붙을 수가 있어서, 반드시 장대에 걸어 두어야지, 포개서 저장해서는 안 된다.

395 '황연환곽란환(黃連丸霍亂丸)': '황연'은 미나리아재비과[毛茛科]의 다년생 초본이며, '곽란'은 토사곽란(吐瀉癨亂)과 음식중독을 포함한 돌발성 급성의 중의학 병질이다. 황연은 주로 치질과 만성 장염을 치료하는 약으로 사용된다. 이 구절에서 '환(丸)'자를 스셩한의 금석본에서는 '원(圓)'으로 적고 있다.

합하며, 도꼬마리[396]를 따고, 두꺼비[蟾蜍][397]를 잡는다. 피고름이 나는 등창약을 제조하는 데 필요하다.[398] 동쪽을 향해 가는 땅강아지[螻蛄][399]를 잡는다." 땅강아지에는 가시가 있어서 가시를 제거하고 약으로 쓰는데, 난산 때 태반[400]이 아래로 내려가지 않는 것을 치료한다.

取蟾蜍. 以合血疽瘡藥. 及東行螻蛄. 螻蛄, 有刺, 治去刺, 療產婦難生, 衣不出.

"장맛비가 곧 이르면, 쌀과 곡식과 땔감을 준비하고 도로가 질퍽하여 통하지 않을 때를 준비한다." 이달에는 음양이 서로 상충하여 몸의 혈기가 분산된다.

霖雨將降, 儲米穀薪炭, 以備道路陷滯不通. 是月也, 陰陽爭, 血氣散.

하지 전후 15일 이내에는 먹는 음식을 조금 싱겁게 해야 하고, 기름기가 많고 짙은 맛[肥醲][401]

夏至先後各十五日, 薄滋味,

---

396 '사이(葸耳)': 즉 도꼬마리[葈耳]이다.

397 섬서(蟾蜍): 두꺼비과로서 여러 종류가 있다. 가장 흔히 보이는 것은 큰 두꺼비(*Bufo gargarizans*)로, '나합모(癩蛤蟆)'라고도 한다. 그 살을 불에 그슬려 가루로 낸다. 이후선(耳後線)과 피부선의 백색 분비물로 '섬수(蟾酥)'를 제조하는데, 모두 악창(惡瘡)과 등창 등을 치료하는 약으로 쓴다.

398 '혈저창약(血疽瘡藥)': 『예문유취』 권4, 『태평어람』 권949에서 인용한 것에 '악저창약(惡疽瘡藥)'이라고 쓰고 있는데, 스셩한 금석본에서는 '악(惡)'자가 비교적 적합하다고 한다.

399 '누고(螻蛄)': 땅강아지[螻蛄; *Gryllotalpa unispina*]이며 땅강아지과로 민간에서는 '토구(土狗)'라고 부른다. 뒷다리의 마디가 길며 몸속에는 3-4개의 가시가 있다. 『신농본초경』에서는 "난산 때 주로 사용되며 살 속의 가시를 빼는 데 이용된다."라고 한다. 이후의 『본초의방(本草醫方)』 등의 책에는 모두 이와 같은 기록이 있다.

400 '의(衣)': 민간에서 태반(胎盤)을 칭해서 '의(衣)', '포의(胞衣)', '의포(衣胞)'라고 일컫는다. 묘치위 교석본에 이르길, 옛 의학 처방에서도 물에 땅강아지를 삶아 그 물을 복용하면 '태반이 아래로 내려가지 않는 증상'을 치료한다는 기록이 있다고 한다.

의 음식을 먹지 않아야 한다.

입추 전에 구운 떡 및 물과 밀가루를 반죽하여 눌러서 만든 국수[402]를 먹지 않는다. 여름철은 물을 많이 마시는 계절이기 때문에, 이 두 가지 떡은 물과 결합하면 단단해져 소화가 어려워서 좋지 않으며, 불행하게도 오랫동안 먹으면 열이 나고 한기를 느끼게 되는 병에 걸리게 된다.[403] 이 두

勿多食肥醲. 距立秋, 無食煮餅及水引餅. 夏月食水時, 此二餅得水, 即堅强難消, 不幸便爲宿食傷寒病矣. 試

---

401 '비농(肥醲)': '농(醲)'자는 『설문해자』에 의거하면 '후주(厚酒)'이며, 곧 '맛이 진하다'는 의미이다. 『회남자(淮南子)』「주술훈(主術訓)」에는 "달고 부드럽고 진한 술안주[肥醲甘脆]는 맛있지 않음이 없다."라고 했는데 '비농(肥醲)'은 기름지고 진한 맛의 술안주를 가리킨다.

402 '수인병(水引餅)': 옛날에는 밀가루 음식을 범칭하여 '병(餅)'이라고 칭했는데 예컨대, 끓는 물에 삶은 것은 '탕병(湯餅)'이라고 하고 만두는 '증병(蒸餅)', '농병(籠餅)'이라고 불렀으며, 국수는 '색병(索餅)', '수인병(水引餅)' 등으로 불렀다. '병(餅)'에 대해 『석명(釋名)』「석음식(釋飮食)」편에는 "병(餅)은 아우르는 것이다. 밀가루를 반죽하여 합한다는 의미이다."라고 하였다. 최식(崔寔)이 말하는 '자병(煮餅)'은 바로 끓는 물에 삶은 병이며, 곧 탕병이다. '수인병(水引餅)'은 주석에는 '주인병(酒引餅)'이라 하고 있는데, 여기서는 국수를 가리키지 않으며, '인(引)'은 『옥촉보전』 등에는 '수(溲)'라고 쓰고 있으나, 마땅히 '수(溲)'로 해석해야 한다. 그 병(餅)은 마땅히 찌는[蒸] 것으로, 삶는[煮] 것과 상대적이기 때문에 '이병(二餅)'이라고 일컫는다. 반면, 일본의 니시야마 역주본, 170쪽의 각주에는 '자병(煮餅)'이란 본서 「들깨·여뀌(荏蓼)」편에 나오는 '유자병(油煮餅)'일 수도 있으며, '수인병(水引餅)'은 이어서 나오는 '주인병(酒引餅)'과 상대되기 때문에 발효를 거치지 않은 떡이나 지진 떡의 종류일 것이라고 추측하였다. 다만 『정자통(正字通)』의 "밀가루를 자른 것을 수인(水引)이라고 한다. 육조 사람들은 항상 수인병(水引餅)이라고 한다."라는 구절을 언급하며 의문을 남겨 두었다.

403 '상한(傷寒)': 중의학(中醫學)의 병명으로, 오늘날 말하는 급성 장(腸) 전염병의 상한을 뜻하는 것은 아니고, 범위가 비교적 넓어 열이 나고 뼈마디가 아픈 등의 병증을 포괄하고 있다. 위가 잘 작동하지 못하여[不化] 소화기능이 약해져도 춥고 열이 나게[傷寒] 된다.

떡은 물속에 두면 바로 그 효과를 알 수 있다. 다만 술과 밀가루로 만든 떡은 물을 만나면 곧 풀어진다.

"대소두大小豆와 깨는 내다 팔고, 겉보리[穬]와 밀과 보리를 사들인다. 헌 실솜과 비단을 구입한다.

하지 이후에는[404] 밀기울과 밀겨[405]를 구입하여 햇볕에 말려 항아리 속에 넣어 밀봉하고, 밀봉하면 벌레가 생기는 것을 막을 수 있다. 겨울이 되면 말의 사료로 쓸 수 있다.

"6월에 옷감 짜는 여공에게 명령하여 비단[406]을 짜게 한다. 얇은 비단[絹], 가벼운 비단[紗], 주름 비단[縠]과 같은 유이다.[407]

以此二餠置水中即見驗. 唯酒引餠, 入水即爛矣. 可糶大小豆胡麻, 糴穬大小麥. 收弊絮及布帛. 至後糴麱麲, 曝乾, 置甖中, 密封, 使不蟲生. 至冬可養馬.

六月, 命女工織縑縛. 絹及紗縠之屬. 可燒

---

404 '지후(至後)': 하지 이후를 가리킨다.

405 '부초(麱麲)': 밀기울[麥麩]과 밀겨[麥糠]를 뜻한다. 묘치위 교석본에 의하면, '초(麲)'는 각본과 『옥촉보전』에서는 나란히 인용하고 있는데 응당 '쇄(麨)'의 잘못이라고 한다. 이 두 글자의 의미는 서로 같아 모두 밀가루의 의미이지만 음은 다르다. 최식(?-170년)은 후한 사람인데, 문제는 '초(麲)'자가 책이 쓰인 543년의 『옥편(玉篇)』에 처음으로 보인다는 데 있다. 이 이전에는 '초(麲)'자가 보이지 않으며, 다만 '쇄(麨)'자만 있었다. 『설문해자』에서 이르기를, "'초(麨)'는 밀싸라기를 뜻한다."라고 하였다.

406 '겸전(縑縛)': 스셩한의 금석본에서는 겸연(縑練)으로 쓰고 있다. 스셩한에 따르면 '겸(縑)'은 생사(生絲)로 짠 비단이며, '연(練)'은 숙사(熟絲)로 짠 비단인데 생사직품은 삶아 시렁 또는 막대기에 걸어서 ['연(練)'은 곧 시렁에 걸어서 흔들면서 삶는다는 의미이다. 이런 것을 막대 정련법이라 한다.] 숙사제품을 만든다. 반면 묘치위 교석본에 의하면, '전(縛)'은 원래는 '연(練)'으로 쓰고 있지만, '연(練)'은 비단을 삶는 것이지 '짜는 것[織]'은 아니다. 『옥촉보전(玉燭寶典)』에서는 '전(縛)'이라고 인용하고 있는데 이에 의거하여 바로잡았다고 한다.

태운 재를 이용해서[408] 청색, 감색[409] 등의 다양한 색으로 염색한다."

"7월 초 나흘에는 (미생물을 발효시키는) 누룩실을 정리하게 하고, 주렴과 시렁[箔槌][410]을 구비하며 깨끗한 황해쑥[艾][411]을 준비한다. 초엿새에는 누룩 만들 곡식들[412]을 준비하고[413] 가는 도구도 마

灰, 染青紺雜色.

七月, 四日, 命治麴室, 具箔槌, 取淨艾. 六日, 饌治五穀

407 '견(絹)': 겸(縑)에 비해 엷고 느슨하여 안사고는 『급취편(急就篇)』에서 주석하기를 "견(絹)은 생백증(生白繒)으로서 겸(縑)과 유사하나 느슨한 것이다."라고 하였다. '사(紗)'는 경사(輕紗)이다. '곡(縠)'은 주름비단이다. 『한서』 권45 「강충전(江充傳)」에서 안사고는 주석하기를 "가벼운 것은 '사(紗)'이고 주름진 것은 '곡(縠)'이다."라고 하였다. 주석에 의거하면 견(絹), 사(紗), 곡(縠)을 총칭하여 '견(縳)'이라고 한다고 하였다.

408 '소회(燒灰)': 사직품과 마직품의 섬유는 쉽게 염색이 되지 않아서 매염제를 사용해야만 비로소 염색이 섬유에 고착되게 된다. 초목을 태운 재는 탄산칼슘이 포함되어 있어서 물속에서 녹아 식물성 염료의 매염제가 되어서 색을 염색한다. 잿물을 이용해서 염색하는 것은 매우 오래전부터 사용된 기술이다.

409 '감색[紺]': 청색 중에 적색을 띠고 있는 것으로서, 민간에서는 홍청(紅青)으로 일컬으며 또한 천청(天青)이라 한다.

410 '박추(箔槌)': '발[箔]'은 작은 대나무나 갈대로 짜서 만든 조악한 '주렴[簾]'이고, '시렁[槌]'은 지탱하는 데 사용한다. '박(箔)'과 '추(槌)'는 모두 실내에서 지탱할 때 사용되며, 누룩을 만들고 양잠을 준비할 때 사용되는 재료이다.

411 '애(艾)': 누룩을 만드는 데 사용하는 재료이다. 『제민요술』에서는 누룩을 만들 때 홍해쑥 삶은 즙과 밀가루를 사용하며 또한 황해쑥을 누룩밑에 깔기도 하고 그 위에 덮기도 한다.

412 '오곡(五穀)': 단지 어떤 곡물을 가리켜 말하는 것으로, '오곡(五穀)'을 전부 포괄하지는 않는다. 묘치위 교석본에 따르면 『제민요술』에서는 누룩원료로 밀과 좁쌀을 사용하며, 『식차(食次)』를 인용한 '여국(女麴)'은 찹쌀을 사용하지만 장국(醬麴)이고 주국(酒麴)은 아니다. 근현대에서는 밀 이외에 또한 보리, 멥쌀, 완두 등을 사용하여 누룩을 만들며 오곡이 모두 사용되지는 않는다. 옛날에 이른바 '오곡'이라고 하는 것은 대부분 모두 삼을 포함하며 또한 콩도 포함하고 있다. 삼

련한다. 초이레가 되면 마침내 누룩을 만들기 시작한다. 또한[414] 경서와 옷과 가죽옷을 햇볕에 말리고, 곡물을 말려서 가공하고,[415] 도꼬마리[416]를 딴다."

磨具. 七日, 遂作麴. 及曝經書與衣裳, 作乾糗, 採葸耳.

"처서(양력 8월 23일)에서 추분(9월 22일)으로 갈 때[417] 헌옷을 빨고 새 옷을 만든다. 겹옷과 얇은 솜옷을 만들어서[418] 곧 닥칠 쌀쌀한 날씨에 대비한

處暑中, 向秋節, 浣故製新. 作袷薄, 以備始

씨와 콩은 기름기가 많이 함유되어 있고, 콩 또한 단백질이 많이 함유되어 예나 지금이나 누룩을 만드는 데는 사용하지 않는다. 최식은 비록 벼슬하기 전에 주조업을 경영하였지만 삼씨나 콩으로써 누룩을 만들지는 아니하고 다만 전분이 풍부한 밀, 조와 같은 유를 사용하였다.

413 '찬치(饌治)': '찬(饌)'자는 동사로 쓰여, 음식물을 준비하고 조리하여 제공하는 것을 뜻한다. '치(治)'는 가는 도구와 광주리 등의 물건을 포괄한다.

414 '작국(作麴)'과 '급(及)'자가 이어져서 경서를 햇볕에 쬐는 등 적지 않은 일들이 모두 초이레와 같은 날에 행해지는 것으로 보이지만 이는 합리적이지 않다. 『옥촉보전』에서는 '작국(作麴)' 아래에 별도로 '시월야(是月也)'를 덧붙이고 있는데 이는 곧 경서를 햇볕에 말리는 등의 일은 모두 7월 중에 하는 것으로 반드시 이날에 바쁘게 할 필요는 없다는 것이다. 따라서 '급(及)'자가 없는 것이 좋을 듯하다.

415 '구(糗)'는 곡물을 말려서 가루나 알곡으로 만드는 것이다.

416 '사(葸)'는 곧 국화과의 도꼬마리[葈耳]이다. 또 창이(蒼耳)라고도 한다. 묘치위 교석본을 보면, 5월에 잎을 따며 7월에 열매를 따는데, 연한 잎과 열매는 옛날부터 모두 식용하였다. 송대 임홍(林洪)의 『산가청공(山家淸供)』 권상(上)에는 '창이반(蒼耳飯)'이 있는데 모두 "그 씨의 쌀가루를 섞어서 미숫가루로 만든다."라고 한다. 『농정전서(農政全書)』 권52 「창이(蒼耳)」편에는, "기름은 식용으로 쓰며 북쪽사람들은 대부분 튀겨서 한구(寒具)로 쓴다."라고 하였다. 한구는 기름에 튀긴 유과(油菓)이다. 창이의 씨는 지방이 39% 함유되어 있으며 또한 약으로도 사용한다고 한다.

417 '추절(秋節)': 8월 중추절 또는 9월 9일의 중양절을 의미하는데, 여기서는 후자를 가리킨다. '향(向)': 이는 '향해 가다', '도달하다'라는 의미이다.

다.” “대소두大小豆를 내다 팔고 맥麥을 구입하고[419] 생사와 숙사[420]를 구매한다.”

“8월이 되어서 더운 기운이 물러나면 정월과 마찬가지로 어린아이[幼童]에게 소학에 다니도록 한다.”

“서늘한 바람이 불어와서 추위를 알리면 명주와 비단을 다듬질하여 각종 색깔로 염색한다.”[421]

하동에서 어황을 염색하는 법:[422] 지황[423] 뿌리를 절구에 찧어서 아주 부드럽게 하여, 그 위에 잿물을[424] 넣고 고루 섞어서 비틀어[425] 즙을 짜낸 후

涼. 糶大小豆, 糴麥, 收縑練.

八月, 暑退, 命幼童入小學, 如正月焉. 涼風戒寒, 趣練縑帛, 染綵色.

河東染御黃法. 碓擣地黃根令熟, 灰汁和之,

418 ‘겹박(袷薄)’: ‘겹(袷)’은 옷에 끼운다는 의미이다. ‘박(薄)’은 속옷을 얇게 한 것으로, 얇은 실 속옷이다.

419 “糶大小豆, 糴麥”: 스셩한의 금석본에는 “糴大小豆麥”이라고 쓰고 있다. 묘치위에 의하면 『옥촉보전』에서는 ‘맥(麥)’자 앞에 ‘적(糴)’자를 덧붙이고 있기 때문에 마땅히 넣어야 하며 『제민요술』에는 빠져 있는 것을 그에 따라 보충하였다고 한다다고 한다.

420 ‘연(練)’: 『제민요술』과 『옥촉보전』에서는 잘못되어 있다. 묘치위 교석본에 의하면 8월에 비로소 ‘취련겸백(趣練縑帛)’을 시작하고 7월에는 ‘연(練)’을 만들 수 없다. 『사민월령집성』에서는 이미 ‘전(縛)’이 잘못된 듯하다고 하며 그 후에 일본의 다마에가[田前家]가 소장하고 있는 옛 초본의 『옥촉보전』에서는 이 글자를 ‘박(縛)’으로 쓰고 있는데 ‘박’은 확실히 ‘전(縛)’자와 형상이 유사하여 잘못 쓰인 듯하다고 한다.

421 ‘채색(綵色)’: 옛날 황색과 적색 등의 선명한 색깔이 이에 해당한다.

422 ‘염어황법(染御黃法)’: 원래는 ‘염채색(染綵色)’ 아래에 주석으로 삽입되어 있는데, 묘치위 교석본에서는 행렬을 별도로 제시하고 큰 글자로 고쳐 쓰고 있다.

423 ‘지황(地黃)’: 학명은 *Rehmannia glutinosa*이며, 현삼과로서 다년생 초본이다. 뿌리모양의 줄기의 육질은 통통하고 황색이며, 그 용액을 취하여 황색으로 염색할 수 있다고 한다.

다른 용기에 담아 둔다.

지황의 찌꺼기를 다시 찧어서 아주 부드럽게 하고 재차 잿물을 넣어 멀건 죽과 같이 만든다.

변색되지 않은 큰 쇠솥[426]에 뒤집어 넣어 생사비단을 삶아서 여러 번 뒤적거려서 고루 익게 하는데, 꺼내어 보아 표면에 기포가 있으면 비단이 익어 숙사가 된 것이다.

평평하게 당겨 내어[427] 동이 속에 넣고 비단의 끝을 당겨서[428] 쭉 편다.

얼마 후 끌어내어 비틀어서[429] 찌꺼기를 깨끗하게 제거하고 햇볕에 재빨리 말린다. (숙견을 잿물 속에 담가 삶았기 때문에) 잿물이 없이 걸러 낸[430] 나머지 비단은 따뜻할 때 꺼내어 동이 속에서 염

攪令勻, 搦取汁, 別器盛. 更擣滓, 使極熟, 又以灰汁和之, 如薄粥. 瀉入不渝釜中, 煮生絹, 數迴轉使勻, 舉看有盛水袋子, 便是絹熟. 抒出, 著盆中, 尋繹舒張. 少時, 捩出, 淨捩去滓, 曬極乾. 以別絹濾白淳汁, 和熱抒出,

---

424 대개 4월에는 재를 태우기 시작하여 6월 8일까지 쓸 것을 준비한다.

425 ‘익(搦)’: 오늘날에는 ‘유(扭)’로 쓴다.

426 ‘불류부(不渝釜)’: 색이 변하지 않는 쇠솥이다.

427 ‘서(抒)’: 원래는 ‘읍(挹)’자인데, 여기서는 당겨 끌어내서 건진다는 의미이다. 명초본에서는 ‘저(杼)’로 잘못 표기하였다.

428 ‘심역(尋繹)’: 끝부분의 실마리를 끄집어낸다는 의미이다.

429 ‘전(捩)’: 이 글자는 ‘동여매다’, ‘씻다’의 의미가 있어 ‘쥐어짜다’로 해석할 수 있다. 이에 대해 스성한의 금석본에서는 이 글자 뜻은 적합하지 않으며, ‘진(振)’자가 잘못 쓰인 듯하다고 한다.

430 ‘여백순즙(濾白淳汁)’: ‘백(白)’은 공백이며, 즉 잿물이 첨가되어 있지 않는 것이다. 스성한의 금석본에서는 ‘백(白)’자 앞에 마땅히 ‘득(得)’자 한 자가 더 있어야 한다고 지적하였다.

색을 하고, 재빨리 당겨 펴서 그 염색이 고루 미치도록 한다.[431] 잿물이 식기를 기다렸다가 꺼내어 햇볕에 말리면 완성된다.

쇠솥을 색깔이 변하지 않게 관리하는 방법은 예락醴酪조 중에 있다.[432] 대개 3되[升]의 지황으로 한 필의 어황을 염색할 수 있다. 지황이 많을수록 색깔은 좋아진다. 떡갈나무의 재, 뽕나무의 재, 쑥[蒿]의 재가 모두 사용될 수 있다.

"실솜을 쪼개어 면솜을 만들어 새 옷을 제작할 때 넣거나 헌옷을 넣고 세탁한다. 가죽신이 쌀 때[433] 좋은 것을 골라 미리 사 두었다가 추운 겨울을 대비한다." "갈대[萑],[434] 꼴 및 사료용 풀을 베어 둔다."

날씨가 서늘하고 건조할 때 (5월에) 풀어 두

更就盆染之, 急舒展令匀. 汁冷, 捩出, 曝乾, 則成矣. 治釜不渝法, 在醴酪條中. 大率三升地黃, 染得一匹御黃. 地黃多則好. 柞柴桑薪蒿灰等物, 皆得用之.

擘綿治絮, 製新浣故. 及韋履賤好, 預買以備冬寒. 刈萑葦芻茭. 涼燥, 可上角

431 '급서전영균(急舒展令匀)': 재빨리 펴고 뒤적거려 염색이 골고루 미치도록 해야 하는데 그렇지 않으면 색깔의 짙고 옅음이 고르지 않아 꽃무늬가 생기게 된다.

432 이 문장은 권9 「예락(醴酪)」을 가리킨다.

433 '급위이천호(及韋履賤好)': '급(及)'은 '~를 틈타다'이며, '위(韋)'는 '숙피(熟皮)'로서 가죽옷이다.

434 '환(萑)': 화본과의 물억새[荻; *Miscanthus sacchariflorus*]으로서, 적(荻)이 성숙하고 나면 '환(萑)'이라고 칭한다. 화본과의 노(蘆; *Phragmites communis*)가 성숙하면 '위(葦)'라고 칭하며 오늘날에는 갈대[蘆葦]로 통칭한다. 명초본에서는 '관(藋)'자로 쓰고 있는데, 마땅히 '환(雚)'으로 써야 하며, 혹자는 근대의 서법으로는 '추(萑)'로 쓴다.

었던 활과 노쇠에다 줄을 올려 활을 바로잡는 틀인 도지개[正弓器]에 올려 바로잡고,[435] 현을 기러기발[徽] 위에 묶어 두면[436] 언제라도 활쏘기를 익힐 수 있게 된다.[437] 팽팽하게 해 둔 시위와 활대를 느슨하게 한다. 종자용 밀을 내다 팔고, 찰기장을 사들인다.

弓弩, 繕理, 檠正, 縛43徽紘, 遂以習射. 弛竹木弓弧. 糶穜麥, 糴黍.

---

435 '경서(檠正)': '경(檠)'은 '활을 바로잡는 도구'이며, 불을 밝히는 것은 아니며 뿔이 있는 그릇도 아니다. 스성한의 금석본에 의하면, '경정(檠正)'대신 '경서(檠鋤)'로 쓰고 있는데, 서(鋤)가 무엇을 가리키는지 추정할 방법이 없다고 한다.[『옥촉보전』에서 인용한 곳에는 '서(鋤)'자가 없는데, 『제민요술』에는 잘못하여 '경(檠)' 다음에 '서(鋤)'자 한 글자를 더 많다.] 묘치위 교석본에 의하면, 활은 오랫동안 느슨하게 해 두면 활대가 비틀려서 당길 수 없는데, 당대 한유(韓愈: 768-824년)의 『창려집(昌黎集)』 권7 '설후기최이십육선공(雪後寄崔二十六丞公)'의 시에서 "벽에 걸어 둔 활시위가 느슨해서 어떻게 당겨 구부릴 수 있겠는가?"라고 하였다. 이것은 곧 활시위가 느슨하여서 당길 수 없을 정도로 비틀린 것으로, 옛날에는 '별(彆)'이라고 하였다.

436 '휘현(徽絃)': 스성한 금석본에는 '개현(鎧絃)'으로 쓰고 있으나, 이해가 잘 되지 않는다고 한다. 앞의 5월에 '휘현(徽絃)'을 풀어놓는 것'과 서로 대응되는 것 같다. '휘현'의 '휘'는『설문해자』에서는 '三糾繩'으로 3가닥으로 꼰 줄로서 현을 만드는 데 사용된다고 한다. 이 경우 현을 어디에 묶어 두어야 하는지가 분명하지 않다. 그런가 하면 '휘'의 사전적 의미로 현을 걸치는 기러기발이란 의미도 있다. 다만 활과 기러기발은 어떤 관계가 있는지가 불명하다.

437 '이죽목궁호(弛竹木弓弧): 스성한의 금석본을 보면, 이 구절은 마땅히 '가상각궁노(可上角弓弩)'의 다음에 와야 될 듯하다. 묘치위 교석본에 의하면, '이(弛)'는 『옥촉보전』에서는 '시(施)'로 쓰고 있는데 '이(弛)'의 가차체이나 모두 잘못이다. 이달에 바로 활쏘기 연습을 시작하여, 활줄을 묶어야 하므로 글자는 마땅히 '장(張)'자로 써야 한다. 또한 5월 달에 이미 '그 줄을 느슨하게 해 두었기[弛其絃]' 때문에 다시 느슨하게[弛] 할 수 없다. '수이습사(遂以習射)'는 단지 '당겨 사용한다[張]'는 의미이며, 또한 이 구절은 전후가 바뀐 것이라고 한다.

"9월이 되면 타작마당과 채소밭을 정리하여 관리하고[438] 곡식창고[439] 밖에 진흙을 바르고, 종자를 저장할 용기와 토굴을 수리한다." "각종 무기[440]를 수리하고 전술의 진법과 활쏘기를 연습하여, 겨울에 추위와 굶주림으로 인하여 활로를 찾지 못하는 도적을 방어할 준비를 한다."

"친척 중에 고아, 과부, 노인, 병자와 같이 자력으로 양생할 수 없는 사람들을 위문하고[441] 두터운 겹옷을 나누어 줘서[442] 그들이 추위를 면할 수

九月, 治場圃, 塗囷倉, 脩竇窖.[44] 繕五兵, 習戰射, 以備寒凍窮厄之寇. 存問九族孤寡老病不能自存者, 分厚徹重, 以救其

438 '치장포(治場圃)': 옛날에 장(場), 포(圃)는 같은 땅이었는데 계절이 바뀜에 따라서 봄에 파종할 때는 마당[場地]을 갈아엎어 채소밭으로 만들고, 가을에 수확할 때는 평평하게 채소밭을 다져서 타작마당으로 만든다. 『시경』 「빈풍(豳風) · 칠월(七月)」편의 "9월에 장포를 다진다.[九月築場圃.]"라는 말에서 처음 보인다. 이후 청(淸) 초에 장리상(張履祥)의 『보농서(補農書)』에서도 이 같은 춘포추장(春圃秋場)이 같은 땅으로서 서로 바꾸어 만드는 법을 말하고 있으며, 절강성 호주(湖州) 등지에서는 아직도 이러한 것을 볼 수 있다.

439 '균창(囷倉)': 모두 곡식창고의 이름으로서, 둥근 형태의 창고를 균(囷)이라고 하고 방형을 창(倉)이라고 부른다. 대나무를 쪼갠 가지와 가시나무 가지로 짠 창고[囷]는 그 속에 진흙을 발라야 하며, 나무판자로 만든 창고[倉]는 반드시 진흙을 발라서 화재에 대비해야 한다.[『왕정농서』 「농기도보십(農器圖譜十)」 '균', '창' 조에 보인다.]

440 '오병(五兵)': 『예기』 「월령(月令)」의 주에는 "오병(五兵)은 활, 날 없는 창[殳], 직선으로 된 창[矛], ㄱ자 형태의 창[戈], 모(矛)와 과(戈)를 결합한 창[戟]을 뜻하며 각종 무기이다."라고 한다.

441 '존문(存問)': 위문한다는 의미이다. 『전국책』 「진책오(秦策五)」의 고유주(高誘注)에는 "존(存)은 위로하고 문안하는 것이다."라고 하였다.

442 '철(徹)'은 '제거한다', '꺼낸다'는 의미이다. '중(重)'은 겹쳐 두텁다는 의미로서 많은 재물과 곡식을 내어서 다른 사람에게 나누어 준다는 뜻이다.

있도록 구제한다."

"10월이 되면 오래된 담장을 쌓고 보수하며, 북쪽으로 향해 빛이 들어오는 창을 막고, 진흙을 발라 문을 봉한다."[443] 북쪽으로 향해 열려 (빛이 들어오는) 창[444]의 구멍을 '향'이라고 일컫는다.

"첫 번째 신일에는 가족 중에서 음식물을 전담하는 사람에게 술누룩을 물에 담그고 겨울 술을 빚게 한다. 약간의 육포와 소금에 절인 고기를 만들어 둔다."[445]

"바쁜 농사일이 이미 끝나면 아이[成童]에게 정월과 마찬가지로 태학에 다니게 한다."

"오곡이 모두 수확되면 집집마다 저장하여[446] 이내 시령에 비추어서 장례의 규율을 정돈한다.[447]

寒.

十月, 培築垣牆, 塞向墐戶. 北出, 牖謂之向. 上辛, 命典饋漬麴, 釀冬酒. 作脯腊. 農事畢, 命成童入太學, 如正月焉. 五穀既登, 家儲蓄積, 乃順時令, 敕喪紀. 同宗有

443 '새향근호(塞向墐戶)': '향(向)'은 북쪽으로 열려 있는 창이다. '근(墐)'은 진흙을 발라 틈을 막는 것으로, 스성한의 금석본에서는 '근(瑾)'으로 표기하였다.

444 '유(牖)'는 '창문'이라는 뜻이다.

445 '작포석(作脯腊)'은 10월에 별도로 준비하는 것으로 어떤 책에서는 '상신(上辛)' 일로부터 연이어서 모두 이날에 행하는 것으로 하고 있는데 옳지 않다. 왜냐하면 『옥촉보전』에서 인용된 것에는 "이달에 육포와 소금에 절인 고기를 만들어 둔다."라고 했기 때문에, "겨울 술을 빚게 한다.[釀冬酒.]" 다음에 문단을 끊는 것이 합당하다.

446 '저(儲)'는 '갖추다[偫]'이며 비축하여 준비한다는 의미이다. 『옥촉보전』에도 이와 동일한 내용이 있다. 『문선(文選)』 중 반악(潘岳)의 「적전부(藉田賦)」에서 이선(李善)이 단 주와 당대 한악(韓鄂)의 『세화기려(歲華紀麗)』 권4 '10월' 주, 북송대 오숙(吳淑)의 『사유부(事類賦)』 권5 「동부(冬賦)」의 주에는 『사민월령』을 인용하여 모두 '비(備)'자로 쓰고 있다.

447 '칙상기(敕喪紀)': '칙(敕)'은 정돈한다는 의미이며, '상기(喪紀)'는 장례 방면의 규

같은 동족 중에서 집이 가난하여 죽은 지 오래되어도 장례를 치를 능력이 없는 경우는 마땅히 동족의 사람들이 규합하여 모두 장례를 치르게 한다.

친척들의 친소관계와 경제력의 정도에 따라서 차등지어[448] 공평하게 돈을 염출하되, 서로 분수를 넘어서는 안 되며 모두 먼저 자기의 역량에 따라 돈을 내고 무리의 움직임에 편승하여 도와서는 안 된다."[449]

"얼기 이전에는 '양당'을 만들고, '폭이'를 곤다."[450] "떨어진 삼베[451]를 꿰매어서 포로 만든다.[452] 약간의 '백리', '불차'를 만든다.[453]" 짚신이 값싼

貧窶久喪不堪葬者, 則糾合宗人, 共興[45]擧之. 以親疏貧富爲差, 正心平斂, 無相踰越, 先自竭, 以率不隨. 先冰凍, 作涼餳, 煮暴飴. 可析麻, 緝績布縷. 作白履不借.[46] 草

율이다.

448 '소(疏)'는 원래는 '소(疎)'로 써야 한다. 『제민요술』 중에는 두 글자가 모두 보이는데, 대부분 '소(疏)'로 쓰고 있으며 묘치위 교석본에서는 '소(疏)'로 통일하여 쓰고 있다.

449 '이솔불수(以率不隨)': '솔(率)'은 '대동한다'는 의미로 종전에서는 앞에 따라서 항상 '수(帥)'자와 서로 통용되며, '수(隨)'는 '따르다', '좇는다'는 의미이다.

450 '양당(涼餳)': 당(餳)은 비교적 진하다는 뜻이며, '이(飴)'는 비교적 묽은 것이다. [『석명』 「석음식(釋飮食)」.] '양당(涼餳)'은 곧 '동이(冬飴)'이며, 또한 건이(乾飴)이다. 일종의 말라 딱딱해진 엿이다. '폭(暴)'은 '갑자기', '재빠르다'는 의미이며, 폭이(暴飴)는 지지고 볶는 시간이 짧고 농축도가 비교적 약하여 신속하게 볶은 옅은 엿이다.

451 '석마(析麻)': 떨어진 삼베옷이며, 기워서 연결한 '누(縷)'이다. 명청 각본에서는 '탁(拆)'자로 쓰고 있으며 『옥촉보전』에서는 '절(折)'자로 쓰고 있으나, 마땅히 '석(析)'자로 써야 한다.

452 '집적(緝績)': 집(緝)과 적(績)은 같은 뜻이며 갈라져 가늘어진 삼베를 이어서 포

것을 '불차'라고 칭한다. "비단과 헌 실솜을 내다 팔고 좁쌀과 콩, 삼씨를 구입한다."	履之賤者曰不借. 賣縑帛弊絮, 糴粟豆麻子.
"11월이 되면 음양이 서로 다투어[454] 몸에 혈기가 분산된다." "동지 전후 5일에는 부부가 침상을 달리하여 따로 잠을 잔다."	十一月, 陰陽爭, 血氣散. 冬至日先後各五日, 寢別內外.
"벼루 속에 물이 얼게 되면 어린아이[幼童]에게 『효경』, 『논어』의 편장을 읽게 하고 소학에 보낸다."[455]	硯冰[47]凍, 命幼童讀孝經論語篇章小學. 可

로 만든 것을 의미한다. 묘치위 교석본에 의하면, 누(縷)는 베를 짜서 삼베를 구성하는 재료이기 때문에 '포루(布縷)'라고 칭한다. 이것은 다만 떨어진 삼베를 기워서 베를 만든다는 의미이지 베를 짠다는 것은 아니다. 베를 짜는 것은 정월에 행하기 때문이다.

453 『의례』「사관례(士冠禮)」에는 '소적(素積), 백리(白履)'라는 말이 있다. 또한 '흑리(黑履)', '훈리(纁履: 진한 홍색)'가 있다. 고대에 백혜(白鞋), 흑혜(黑鞋), 홍혜(紅鞋)는 항상 신는 신발이다. '불차(不借)'는 값이 싼 신발로서, 『석명』「석의복(釋衣服)」편에는 값이 싸서 쉽게 소유할 수 있어 다른 사람에게 빌릴 필요가 없기 때문에 '불차(不借)'라고 한다.

454 『주역』「복괘(復卦)」에는 위의 오효(五爻)는 음이고, 아래의 일효(一爻)는 양으로서 11월 동지를 만나면 "동지에 처음으로 양이 생겨난다."라고 하는데, 음기가 극성[곤괘(坤卦) 육효(六爻)가 모두 음으로서 10월에 해당한다.]한 이후에는 양기가 비로소 회복된다는 것을 의미한다. 이처럼 이른바 '음양이 다툰다는 것'은 5월 "하지에 처음으로 음이 생겨난다."와 서로 대응한다.

455 '소학(小學)'은 원래는 '입소학(入小學)'으로 쓰여 있다. 『옥촉보전』에서는 '입(入)'자가 없이 인용되고 있는데, '입'자가 필요 없기 때문에 묘치위 교석본에서는 삭제하였다. 한대의 교육제도에는 8-9세의 아동은 소학에 입학하여 글자를 익히고 수를 계산하는 것을 배우고, 12-13세의 어린이는 진일보하여 『효경』, 『논어』

"젓갈과 장[456]을 담글 수 있다." "멥쌀, 좁쌀, 콩과 삼씨를 사들인다."

"12월이 되면 종족, 친척, 빈객과 타지 사람들[457]을 초청하여 불러 이야기하며, 화목을 이야기하게 하고 예절을 바로잡고, 돈독한 우의를 다진다.

노역과 농사일에 종사한 사람들은 쉬게 하여 힘써 반드시 은혜가 아랫사람들에게 미치게 한다."

"수시로 농구를 짝을 맞추어[458] 수리하고, 농사지을 소를 잘 먹이고, 농사를 담당할 사람을 선정하여 농사를 시작하기 위해 기다린다."

"돼지 잇몸 뼈를 저장한다.[459] 3년 후에 부스럼을

釀醢. 糴秔稻粟豆麻子.

十二月, 請召宗族婚姻賓旅, 請好和禮, 以篤恩紀. 休農息役, 惠必下浹. 遂合耦田器, 養耕牛, 選任田者, 以俟農事之起. 去豬盍車骨. 後三歲可合瘡膏藥.

를 배우는데 여전히 소학에서 배운다. 성동(成童) 이상이 되면 태학(太學)에 입학하여 5경을 배운다. 지금은 11월이고 벼루에서 간 먹이 얼기 때문에 단지 아동에게 '소학'을 암송하게 하고, 나아가 『급취(急就)』, 『삼창(三倉)』[한대에는 문자학을 일컬어 '소학'이라고 하고 이는 곧 '학동(學童)'은 소학부터 시작한다는 것이다.]류의 책을 쓰는 일은 하지 않았다. 또한 소학은 이미 8월에 복학한 학생들은 모두 이미 입학을 했기에 이달에 다시 '입소학'하는 것은 모순된다고 한다.

456 '해(醢)'는 '육장(肉醬)'을 뜻한다.

457 "請召 … 賓旅": '청(請)'은 선비와 존귀한 사람에게 대해서 쓰며, '소(召)'는 존경하지 않는 모든 대상에 쓰인다. '종(宗)'은 가장 친근한 동성이며, '족(族)'은 일반적인 동성이다. '혼인(婚姻)'은 이성의 '친척(親戚)'이고, '빈(賓)'은 귀한 손님이며, '여(旅)'는 일반적으로 당지에서 기거하는 사람이다.

458 '합우(合耦)': '우(耦)'는 다만 짝을 맞추어서 수리한다는 이야기이며, 반드시 대칭하여 서로 짝을 이룬다는 것은 아니다.

459 '거저합거골(去豬盍車骨)': 스셩한의 금석본을 보면, '거(弆)'로 쓰여 있는데, 이는

치료하는 고약을 만들 수 있다.

납일 제사 때 구운 고기를 걸어 둘 장대를 모아 둔다.[460] 첩(篴) 또한 '거(簴)'로 쓰기도 한다. 태운 재를 물에 타서 마시면 가시가 몸속에 들어가서 빼낼 수 없는 것을 치료할 수 있다. 또한 외밭의 네 모퉁이에 세워 두면 외 벌레를 피할 수 있다.

동문에 흰 닭의 머리를 베어서 둔다."[461] 이것으로 배합하여 법약(法藥)[462]을 만들 수 있다.

『범자계연范子計然』에 이르기를[463] "오곡은 만

及臘日祀炙篴. 篴, 一作簴. 燒飲, 治刺入肉中. 及樹瓜田中四角, 去蓋[48]蟲. 東門磔白雞頭. 可以合法藥.

范子計然曰,

'저장한다'는 의미이다. 돼지의 '합거골(盍車骨)'을 저장하여 종기를 치료하는 고약을 만드는 데 사용하며, '사구삽(祀炙篴)'과 흰 닭머리를 저장하는 것도 미리 약재를 만들 때 필요하다.['합거골(盍車骨)'은 곧 돼지의 잇몸 뼈이며, 『본초강목』 중에는 돼지의 '아거골(牙車骨)'의 '침음제창(浸淫諸瘡)'을 치료하는 방법이 있다.]

460 '자첩(炙篴)': 실제로는 구운 포(脯)로서, 권2 「외 재배[種瓜]」 주석에 보인다. 『본초강목』에서는 훈제한 고기가 있으면 살 속에 가시를 빼내 치료할 수 있다는 기록이 있다.

461 '책(磔)': 베어서 절단한다는 의미이다. 『본초강목』 권48의 '계두(鷄頭)'에는 "단(丹)은 흰 수탉이 좋다."라고 하였다. 응소(應劭)는 『풍속통의』 권8에서 '웅계(雄鷄)'는 "적풍(賊風)에 의해 병이 생기면 계산(鷄散)이 일어나는데 동문(東門)에 닭의 머리를 걸어 두면 질병을 치료할 수 있다."라고 한다.

462 '법약(法藥)'은 마땅히 『옥촉보전』에 의거하여 '주약(注藥)'으로 써야 하는데 이는 곧 동문에서 벤 흰닭의 머리에 '계산(鷄散)'의 유를 배합한 주사약[注藥]을 가리킨다.

463 『범자계연(范子計然)』: 『구당서』 권47 「경적지상(經籍志上)」의 오행류(五行類), 『신당서』 권59 「예문지삼(藝文志三)」의 농가류(農家類)에는 모두 목록이 수록되어 있는데, 모두 '범려(范蠡)'가 묻고 '계연(計然)'이 답하는 것으로 되어 있다. 책은 이미 전해지지 않는다. 범려는 춘추 말의 월국(越國)의 대부로서, 월왕 구천(句踐)을 도와 오나라를 멸한 자이다. 계연에 대해 혹자는 성이 계(計)이고 이름은 연(然)이라 하고, 혹자는 성은 '신(辛)'이고 자가 '문자(文子)'라고 말하며, 일찍이 남쪽 월나라에 주류하여 범려가 그를 사사했다고 한다. 또 혹자는 '계연'

인의 생명으로서 국가가 가장 귀중하게 여기는 재보이다.

이런 도리를 알지 못하는 군주와 백성들은 풍성하여 여유가 있을 때 비축하여 흉년이 들어 부족한 상황을 마땅히 대비할 줄 모른다."라고 하였다.

『맹자孟子』에 이르기를[464] "개·돼지가 사람이 먹을 음식을 먹는데도 이를 살피지 않는 것은 길가에 배고파 죽는 사람이 있는데도 여전히 창고를 열어서 구제하는 것을 알지 못함이다." 이것은 풍년에 군주가 개·돼지를 기르는데, 사람의 음식을 먹게 하면서 도리어 법률제도에 의거하여 금지하고 수렴한다는 사실을 알지 못하며, 흉년이 들어 도로가에 굶어 죽는 자가 있어도 여전히 창고를 열어 구제하는 것을 알지 못함을 말함이다. 이 같은 맹자의 뜻에 비추어[465] '상평창'이 생기게 된 기초[濫觴][466]를 마련

五穀者, 萬民之命, 國之重寶. 故無道之君及無道之民, 不能積其盛有餘之時, 以待其衰不足也.

孟子曰, 狗彘食人之食[49]而不知檢, 塗有餓殍而不知發. 言豐年[50]人君養犬豕, 使食人食, 不知法度檢斂, 凶歲, 道路之旁, 人有餓死者, 不知發倉廩以賑之. 原孟子

은 근본적으로 인명이 아니고 범려가 저술한 책의 편명이며, 미리 계획하는 것이 좋다[預計而然]는 의미라고 한다. 최근에 또 어떤 사람은 계연은 월나라 대부 문종(文種)이라고 고증을 하였는데, 그 책은 어쩌면 후인에 의해 위탁되어 출판된 듯하다고 한다. 『예문유취』 권85의 '곡(穀)'에는 『범자계연(范子計然)』의 이 조를 인용하고 있는데, (몇 개의 허사는 다소 있지만) 구절은 서로 같다.

464 『맹자』 「양혜왕장구하(梁惠王章句下)」편에 보인다. 주석문은 부분적으로 조기(趙岐)의 주를 인용한 것이나, '역(役)'은 조기의 주석에서는 '역(疫)'으로 쓰고 있다. "原孟子之意"는 가사협이 한 말이다. '병(兵)'은 병기(兵器)를 가리키며 사병은 아니다.

465 '원(原)': 이는 '찾아서 가져온다[推尋]'는 의미이다.

466 '남상(濫觴)': 처음 시작할 때 보잘것없는 사물을 뜻한다.

하였다.

사람이 죽었는데도 '내가 한 것이 아니고 해가 그런 것이다!'라고 하였다.

이것은 칼로 다른 사람을 찔러 죽인 후에 '내가 한 것이 아니고 칼이 한 것이다!'라고 하는 것과 무엇이 다르겠는가? 사람이 죽었다는 것은 배고프고 힘든 노역 때문에 죽은 것[467]을 말한다. (사람이 죽은 것은) 국왕의 정치로 인해서 일어난 것인데, 도리어 "내가 죽인 것이 아니라 그 해 수확이 좋지 않아서 굶어 죽은 것이다."라고 하고 있다.

이것은 칼로 다른 사람을 살해해 죽이고 도리어 "내가 찔러 죽인 것이 아니고 칼이 찔러 죽인 것이다."라고 말하는 것과 무엇이 다르겠는가?

之意, 蓋常平倉之濫觴也. 人死, 則曰, 非我也, 歲也. 是何異於刺人而殺之曰, 非我也, 兵也. 人死, 謂餓役死者. 王政使然, 而曰, 非我殺之, 歲不熟殺人. 何異於用兵殺人, 而曰, 非我殺也, 兵自殺之.

무릇 오곡과 채소 종자를 구입할 때는 모두 처음 수확할 때 사들이고 재빨리 파종할 때에 팔면 두 배의 이익을 거둘 수 있다.

겨울에 콩과 조를 사들이고 여름과 초가을이 되어 큰비가 내려 홍수가 질 때 팔면 가격 또한 두 배가 된다. 이것은 자연스러운 도리이다.

凡糴五穀菜子, 皆須初熟日糴, 將種時糶, 收利必倍. 凡冬糴豆穀, 至夏秋初雨潦之時糶之, 價亦倍矣. 蓋自然之數.

노나라의 추호秋胡가 말하기를[468] "힘써 농사

魯秋胡曰,

---

467 '아역사자(餓役死者)': '아(餓)'는 먹을 것이 없어서 굶주려 죽는 것이며, '역(役)'은 노역으로 인해 죽은 것이다.

468 전한 유향(劉向)의 『열녀전(列女傳)』 권5에 '노추결부(魯秋潔婦)' 조항에는 추호

짓는다 해도 풍년을 만나는 것만 못하다."[469]라고 하였다. 풍년이 들면 더욱 많은 곡식을 사들이는 것이 좋다.

『사기史記』 「화식전貨殖傳」에 이르기를[470] "선곡宣曲[471] 지역의 임任씨 가문은 조상 대대로 (진나라의) 창고를 관리하는 하급관리였다.[472] 진秦이 망하자 호걸들은 모두 다투어 보물을 취하였

力田不如逢年. 豐年 51 尤宜多糴.

史記貨殖傳曰, 宣曲任氏爲督道倉吏. 秦之敗, 豪傑皆 52 爭

(秋胡)의 다음과 같은 문장이 실려 있다. "'결부(潔婦)'라는 자는 노추호(魯秋胡)의 처이다. 추호는 결혼한 지 닷새 만에 부인을 버리고 도망가 진(陳)나라의 관리가 되었다. 5년이 지나서 다시 돌아왔다. 아직 집에도 오기 전에 길가에 어떤 부인이 뽕잎을 따는 것을 보고 추호는 호기심이 생겨 마차에서 내려서 일러 말하기를 … '밭에서 힘써 일할지라도 (하늘이 주는) 풍년을 만난 것만 못하고, 힘써 뽕잎을 딸지라도 높은 벼슬아치를 만나는 것만 못하다.' … 집에 이르러 … 부인을 불렀다. 이르는 것을 보니, 조금 전 뽕잎을 딴 여자였다. … 부인이 마침내 떠나 동쪽으로 달려가서 강에 몸을 던져 죽었다."라고 한다. 묘치위 교석본에 의하면, 이 문단의 마지막 구절은 본래 없는 구절로서, 이 말은 가사협이 한 말을 덧붙인 것처럼 보인다고 한다.

469 "力田不如逢年": 이는 곧 힘써 경작하여도 일정한 수확이 없으므로, 그해의 작황이 좋아서 수확이 일정하게 좋은 것만 못하다는 뜻이다.

470 『사기』 권29 「화식열전(貨殖列傳)」과 『제민요술』에서 인용한 것은 약간 다른데, 주로 '임씨(任氏)'로 쓰고 있는데 금본에서는 '임씨지선(任氏之先)'으로 쓰고 있다. '기효야(其效也)'의 다음 문장은 가사협이 말한 것이다.

471 '선곡(宣曲)'지역은 어디인지 정확히 고찰할 수는 없지만, 묘치위의 교석본에서는 『사기』에서 당인(唐人)의 해석해 의거해 지금의 관중지역에 해당한다고 보았다.

472 '독도창리(督道倉吏)': 해석은 다르지만 맹강(孟康)은 조세를 받은 곡식을 천자가 있는 소재 지역에 운반하고 그것을 감독하는 관리라고 하며, 안사고는 경사 사방의 제도에서 조곡을 재촉하는 관리라고 인식했으며, 위소(韋昭)는 '독도(督道)'를 '진변현(秦邊縣)의 이름'이라고 보았다.

지만 임씨의 집안에서는 도리어 창고의 곡식[粟]을 구덩이 속에 저장해 두었다. 초楚와 한漢의 군사들이 형양滎陽[473]에서 대치하여 싸울 때, 농민들이 경작을 할 수 없게 되면서 좁쌀[米] 한 섬[石]이 수만 전에 달하였다. 그 결과 호걸들이 쟁취한 금옥을 모두 임씨 집안에 (곡식을 사기 위해) 되돌려 주면서 임씨 가문은 이로 인해 부유해졌다." 이것은 양식을 저장한 하나의 본보기이다. 또한 풍재·충재·수재·한재와 기근이 늘 있어[474] 10년 동안 제대로 수확하지 못한 해가 4-5년에 달하였으니, 어찌 미리 흉년과 천재를 준비하지 않겠는가.

『사광점師曠占』에서 오곡이 싸고 비싼 것을 점치는 법[五穀貴賤法]: "매년 10월 초하루에는 미리 이듬해 봄에 팔 곡식이 비싼지 싼지를 점쳤는데, 동쪽에서 바람이 불면 봄에 양식의 값이 싸고, 서풍이 불면 봄에 양식의 값이 비싸진다.

또 4월 초하루날에는 미리 당해년 가을에 팔 곡식의 가격을 점쳤는데, 남풍과 서풍이 불면 양

取金玉, 任氏獨窖倉粟. 楚漢相拒滎陽, 民不得耕, 米石至數萬. 而豪傑金玉, 盡歸任氏, 任氏以此起富. 其效也. 且風蟲水旱, 饑饉荐臻, 十年之內, 儉居四五, 安可不預備凶災也.

師曠占五穀貴賤法. 常以十月朔日, 占春糶貴賤, 風從東來, 春賤, 逆此者, 貴. 以四月朔占秋糶, 風從南來西來者,

473 '형양(滎陽)': 지금 오늘날의 하남성 형양현 지역이다. 초나라 항우와 한나라 유방은 일찍이 그 땅에서 서로 오랫동안 전쟁을 했다.

474 '기근천진(饑饉荐臻)': '기(饑)'는 양식이 흉년임을 말하고, '근(饉)'은 채소가 넉넉하지 못한 것을 뜻하며, '천(荐)'은 중복의 의미이고, '진(臻)'은 이르다는 의미이다.

식이 모두 싸고 풍향이 반대이면 양식의 가격이 비싸진다.

또 정월 초하루에는 미리 그해 여름에 팔 곡물의 가격을 점쳤는데 남풍과 동풍이 불면 양식이 모두 싸고 반대이면 비쌌다."라고 한다.

『사광점師曠占』에서 미리 오곡의 수확을 점치는 것에 관해 이르기를, "정월 갑술일에 만약 동쪽에서 큰 바람이 불어 와서 나무가 모두 부러지면 벼 수확이 좋아지고, 갑인일甲寅日에 서북쪽에서 큰 바람이 불어오면 벼가 비싸다. 경인일庚寅日에 서북쪽에서 바람이 불어오면 (오곡이) 모두 비싸진다.

2월의 갑술일甲戌日에 남쪽에서 바람이 불면 벼 수확이 좋고, 을묘일乙卯日에 비가 오지 않고 청명하여 벼를 타작하더라도[475] 곡물이 그다지 여물지 않는다.

4월 초나흘에 비가 내리면 벼 수확이 좋다. 해와 달의 외곽에 무리[珥][476]가 지면 나라 전체에

秋皆賤, 逆此者, 貴. 以正月朔占夏糶, 風從南來東來者, 皆賤, 逆此者, 貴.

師曠占五穀曰, 正月甲戌日, 大風東來折樹者, 稻熟, 甲寅日, 大風西北來者, 貴. 庚寅日, 風從西北來者, 皆貴. 二月甲戌日, 風從南來者, 稻熟, 乙卯日, 稻上場,[53] 不雨晴明, 不熟. 四月四日雨, 稻熟. 日月珥, 天下

---

475 '도상장(稻上場)': 여기에서 이 말의 위치는 적합하지 않다. '을묘일'을 '갑술일'과 같은 방식으로 배열하면 "乙卯日 不雨晴明, 稻上場, 不熟."이 되는 것이 합당하며, 이에 의거하여 본문을 해석한다.

476 '이(珥)': 해와 달의 바깥에 있는 빛무리이다. 구체적으로 말하면 주위에 있는 것을 '테두리[暈]'라 하고, 양쪽 가장자리에 있는 것을 '이(珥)'라고 한다. 『여씨춘추』「명리(明理)」편에는 "해에는 훈과 이가 있다."라고 하였는데, 고유가 주석하여 "양쪽 끝에서 안쪽으로 행한 것을 이(珥)라고 한다."라고 하였다. 『수서』 권31「천문지

풍년이 든다.

15-16일에 비가 내리면 늦벼의 수확이 좋고, 일식과 월식이 발생한다."[477]

『사광점師曠占』 중의 오곡 가격이 빠르고 늦은 변화에 관하여 미리 아는 법: "조와 쌀은 항상 9월의 가격을 표준[本]으로 한다. 만약 싸고 비싼 변화가 일정하지 않을 때는 가격이 가장 낮은 한 달의 것을 '표준'으로 한다.[478]

조의 경우, 가을을 표준으로 하면 (조가 가장 싼 계절이 가을일 경우) 이듬해 여름의 곡식이 가장 비싸고, 만약 겨울이 표준이 되면 이듬해 가을에

喜. 十五日十六日雨, 晩稻善, 日月蝕.

師曠占五穀早晩曰. 粟米常以九月爲本. 若貴賤不時, 以最賤所之月爲本. 粟以秋得本, 貴在來夏, 以冬得本,

하(天文志下)」편에는, "달무리에는 양이가 있어 흰 무지개가 그것을 관통하면 천하는 큰 전쟁이 일어난다."라고 하였다.

477 이 문단은 완전하지 않아 탈문이 있는 것 같다. 끝부분의 구절인 '일월식(日月蝕)'은 분명 '만도선(晩稻善)'의 앞에 있어야 한다. 묘치위 교석본에 따르면 일식은 삭일(朔日)에, 월식은 망일(望日)에 있는데, 15일 · 16일의 망일은 다만 월식이 있고 일식은 없다. 만일 '일월식'이 사월을 가리킨다면 가능하나, 문제는 윗 문장에 망일이 삽입된다면 사월을 가리킬 방법이 없게 된다. 요컨대 '일월식'이란 세 글자가 문제인데, 아마 다른 곳에서 잘못 들어간 듯하다고 한다.

478 "所之月爲本": 시간이 지난 후에 미리 가격의 높고 낮음의 본가를 예측하는 것을 가리킨다. 소(所)는 처소나 소재의 의미이다. 묘치위 교석본에서는, 이는 곧 가장 값이 싼 달로서 또한 다음 문장의 『월절서(越絶書)』에서 인용하고 있는 '제후소(諸侯所)'와 즉 제후의 처소 또는 권4 「원리(園籬)」편의 '장기지소(牆基之所)' 즉 담장의 토대[牆基]가 있는 곳과 같다고 한다. 『시경』 「정풍(鄭風) · 숙우전(叔于田)」에는 '헌우공소(獻于公所)'라고 하며, 『좌전』 「희공이십팔년」조에는 '공조어왕소(公朝於王所)'라고 하는데 '소(所)'는 모두 이와 같은 의미이다. 혹자는 '소(所)'자 다음에 '재(在)'자가 빠져 있다고 하나 분명하지 않다.

곡식이 가장 비싸진다.

이 같은 변화는 곡물을 수확하는 시간의 원근과 관계 있다. 빠르고 늦음의 차이가 있는 것은 시간에 달려 있음을 알 수 있다.[479]

조와 쌀은 봄 · 여름이 지난해 가을과 겨울보다 7할 정도 비싸며, 여름이 되면 가을과 겨울보다 9할 정도 비싸지는데, 이것은 이미 태양 고도가 정점에 이르면 즉 쌀값이 가장 비쌀 때 재빨리 팔아 손을 털고 더 이상 남겨 두지 말아야 하며 남겨 두면 값이 싸진다."라고 한다.

황제黃帝가 사광師曠에 묻기를[480] "미리 소와 말의 가격이 비싸고 싼 것을 알고 싶지 않은가? (그 징조가 있는가?)" 하자 (사광이 대답에 말하기를) "가을 아욱 아래에 작은 아욱이 싹이 트면 소의 가격이 비싸지고, 큰 아욱이 벌레가 먹어 상하지 않으면 소와 말의 값이 싸집니다."라고 하였다.

『월절서越絶書』[481] 중의 기록에는 "월왕越王 구

貴在來秋. 此收穀遠近之期也. 早晩以其時差之. 粟米春夏貴去年秋冬什七, 到夏復貴秋冬什九者, 是陽道之極也, 急糶之勿留, 留則太賤也.

黃帝問師曠曰, 欲知牛馬貴賤. 秋葵下有小葵生, 牛貴, [54] 大葵不蟲, 牛馬賤.

越絶書曰, 越

479 "早晩以其時差之": 원래 가격[本價]에 합치되는 시간에 비추어서 곡물을 내다 파는 것을 빠르게 혹은 늦게 조정하는 것을 가리킨다.

480 『예문유취』 권82와 『태평어람』 권979의 '규(葵)'는 모두 이 조문에서 인용한 것으로서, 표제하여 "'『사광점(師曠占)』'이라고 하여 이르기를"이라고 한 사실에서 이 조문도 여전히 『사광점(師曠占)』의 문장임을 알 수 있다. 황제는 상고시대의 인물이며 사광(師曠)은 춘추시대의 진국(晉國)의 악사로서 시대는 멀리 떨어져 있기 때문에 두 사람이 대화할 수는 없으나 가탁한 서에서는 종종 이와 같은 사례가 있다.

천이 범자范子; 范蠡에게 묻기를, '내가 지금 오곡을 보호하려 (백성을 보호하려) 하는데 어떻게 하면 되겠는가?'

범자가 대답하여 이르기를, '오곡을 보호하려면 반드시 밖에서부터 보아야 하는데 여러 각국의 제후들[482]이 많거나 적은 것을 보고 준비하소서.'라고 하였다.

월왕이 묻기를, '각국의 제후가 적다 하더라도 생산량이 적은 제후가 (나라 밖에) 있을 수 있는데, 그 곡식이 비싸고 싼 것 또한 징후가 있는가?'라고 하자 범자가 대답하여 이르기를, '곡가가 비싸고 싼 것을 아는 방법은 반드시 "하늘의 삼표三表"를 살펴야만 바로 알 수가 있습니다.'라고 하였다.

王問范子曰, 今寡人欲保穀, 爲之奈何. 范子曰, 欲保穀, 必觀於野, 視諸侯所多少爲備. 越王曰, 所少可得爲困, 55 其貴賤亦有應乎. 范子曰, 夫知穀貴賤之法, 必察天之三表, 即決矣. 越王曰, 請問三表. 范子曰, 水之勢勝金,

481 『월절서(越絶書)』: 후한시대 원강(袁康)이 찬술한 것이라고 하였으나 Baidu 백과에서는 오평과 원강의 공저라고 설명하였으며, 임종욱, 『중국역대인명사전』, 이회문화사, 2010에서는 원강이 저술하고 오평이 교감하였다고 한다. 원강의 원서는 25권이며, 지금은 15권이 남아 있다. 오월 양국 사지(史地) 및 오자서(伍子胥), 범려(范蠡), 문종(文種), 계예(計倪) 등 인물의 사적을 기록하고 있으며 대부분 전해지는 특이한 이야기들을 채록하고 있다. 본문에 언급된 월왕은 구천(句踐)을 가리키고 범자는 곧 범려이다. 『제민요술』에서 인용한 이 단은 지금은 「월절외전침중제십육(越絶外傳枕中第十六)」편 속에 있다. 명나라 오관(吳琯)이 각인한 『고금일사(古今逸史)』에는 문자가 여전히 다소 차이가 있는데, 예컨대 '제후(諸侯)'에는 '후(侯)'자가 없고 '곤(困)'는 '인(因)' 등으로 쓰고 있는 것이 그것이다.

482 '제후소(諸侯所)'는 금본의 『월절서』에는 '제소(諸所)'라고 쓰고 있는데, 이는 곧 월국의 각 지역을 가리키므로 서로 상이한 점이 있다.

월왕이 묻기를, '삼표가 뭐란 말인가?' 범자가 이르기를, "물[水]의 세력이 금을 이기면 음기가 축적이 되고 축적이 크게 성하면 물은 곧 금속에 의해서 소멸되기 때문에 금 중에 물이 있게 됩니다. 만일 이와 같이 하면 그해는 흉년이 들 것이며, 온갖 곡물[八穀]은 모두 비싸질 것입니다. 금의 세력이 목을 이기면 양기가 축적되어 크게 성하게 되며, 금은 목 중에서 소멸되기 때문에, 목 중에 화가 생길 것입니다.

이와 같이 되면 그해는 크게 풍년이 들 것이며, 온갖 곡물[八穀]은 모두 값이 싸질 것입니다. 금목수화가 교체되면서 상승하게 되는 것, 이것이 바로 '하늘의 삼표'이니, 이를 살피지 않을 수 없습니다. '삼표를 안다는 것'은 국가의 보배라고 할 수 있습니다."라고 하였다.

월왕이 또 묻기를, '음양의 도는 내가 이미 들었도다. 곡물의 가격이 높고 낮게 되는 도리를 나에게 알려 줄 수 있는가?'

(범자가) 대답하여 이르기를, '양은 비싼 것을 주관하고 음은 값싼 것을 주관합니다. 이 때문에 한랭한 시기에 (태양이 성하여) 한랭하지 않으면 곡물은 치솟아 비싸지고 따뜻할 때 음기가 차서 따뜻하지 못하면 곡물은 싸게 됩니다.'

왕이 말하기를, '옳거니! 비단에 적어서 베개 속에 넣어서 대대로 전하는 보물로 삼겠노라.'"라

陰氣蓄積大盛, 水據金而死, 故金中有水. 如此者, 歲大敗, 八穀皆貴. 金之勢勝木, 陽氣蓄積大盛, 金據木而死, 故木中有火. 如此者, 歲大美, 八穀皆賤. 金木水火更相勝, 此天之三表也, 不可不察. 能知三表, 可以爲邦寶. 越王又問曰, 寡人已聞陰陽之事. 穀之貴賤, 可得聞乎. 答曰, 陽主貴, 陰主賤. 故當寒不寒, 穀暴貴, 當溫不溫, 穀暴賤. 王曰, 善. 書帛致於枕中, 以爲國

고 하였다.

범자가 이르기를,[483] "요, 순, 우, 탕은 모두 선견지명이 있어서 이 때문에 비록 흉년을 맞아도 백성들은 궁핍하지 않았습니다."라고 하였다.

왕이 말하기를, "옳다! 비단 위에 붉은 글씨로 써서 베개 속에 넣어 대대로 국가의 보물로 삼겠노라."라고 하였다.

『염철론鹽鐵論』에 이르기를, "복숭아와 자두가 많이 달리면 이듬해에 곡식의 수확은 적어진다."라고 하였다.

(양천의) 『물리론物理論』에 이르기를, "정월 15일 밤에 음양을 점친다. 양이 길면[484] 가물고 음이 길면 물난리가 난다.

'장대를 세워서 그 그림자의 길고 짧음을 측정하여[485] 가뭄과 홍수를 가늠하였다. 장대 길이는

寶.

范子曰, 堯舜禹湯, 皆有預見之明, 雖有凶年, 而民不窮. 王曰, 善. 以丹書帛, 致之枕中, 以爲國寶.

鹽鐵論曰, 桃李實多者, 來年爲之穰. 56

物理論曰, 正月望夜占陰陽. 陽長即旱, 陰長即水. 立表以測其長短, 審其水

---

483 이 단락은 『월절서(越絶書)』 「월절외전(越絶外傳)」의 끝부분에 있는데, 『태평어람』에서 인용한 것에는 '범자(范子)'라고 제목을 달고 있다.

484 '장(長)': 찬다는 의미이다. 묘치위 교석본에 이르길, 높은 것은 양이고 낮은 것은 음이다. 달이 높으면 장대의 그림자가 짧아 양이 길어지고 그러면 양이 가득 차게 되어 가뭄이 생기고, 달이 낮으면 그림자가 길어져서 음이 길어지는데 이는 음이 긴 것이고, 이는 곧 음이 차게 되는 것이고 따라서 물난리가 생기게 된다고 한다.

485 '표(表)': 숫자에 의거하여 표시한 것을 '표'라고 하는데, 수표(水表)나 온도표 같은 것이다. 여기서는 곧게 세운 측정용 장대를 가리키며 달그림자의 길고 짧은 것으로서 가뭄과 홍수를 예측하였다.

12자로 한다. 달의 그림자 길이가 2자[尺] 이하[486]이면 금년에 크게 가물게 되고, 2자 5치[寸]에서 3자에 이르게 되면 작은 가뭄이 생긴다. 3자 5치에서 4자가 되면 홍수와 가뭄이 적절하며, 고지대와 저지대에서 모두 풍년이 든다. 4자 5치에서 5자에 이르면 작은 물난리가 생기며, 5자 5치에서 6자에 이르면 큰 물난리가 생기게 된다. 달의 그림자가 가장 짧은 극점[487]에 이르면 바로 정면에 달한 것이다. 장대는 곧바로 세워야[488] 그 표준[定][489]에 도

旱. 表長丈[57]二尺. 月影長二尺者以下, 大旱, 二尺五寸至三尺, 小旱. 三尺五寸至四尺, 調適, 高下皆熟. 四尺五寸至五尺, 小水, 五尺五寸至六尺,

---

486 '이척자이하(二尺者以下)': 스셩한은 이를 '이척이하자(二尺以下者)'로 해야 한다고 하였으나, 묘치위는 '자(者)'자는 잘못 들어간 듯하며 마땅히 그 구절의 마지막에 있어야 한다고 보았다.

487 '극(極)': 정중앙의 의미로서, 『시경』「주송(周頌)·사문(思文)」편에는 '막비이극(莫匪爾極)'이라고 하는데, 『모전』에 의하면 "극은 중이다."라고 한다. 묘치위 교석본에 의하면, 달이 떠서 최고지점에 이르면 내려가기 시작하는데, 최고 높은 것을 '극'이라고 하고 '극'에 이르는 것을 '중(中)'이라고 한다. 이는 곧 『물리론』에서 말하는 '정면(正面)'이며 또한 측정하는 장대와 수직을 이룬다. (이러한) 달 그림자의 시간의 측정은 매우 짧다고 한다고 한다.

488 '입표중정(立表中正)': 세운 장대는 반드시 수직이어서 정중앙에서 치우치지 않고 지면과 더불어 수직이어야 한다. 그러나 이것은 매우 쉽지 않은데 옛사람들은 여덟 방향에서 밧줄을 당기면서 말뚝을 박는 방법을 취하였다. 『주례(周禮)』「춘관(春官)·풍상씨(馮相氏)」에 대한 가공언(賈公彦)의 주소에서는 『역위통괘험(易緯通卦驗)』을 인용하여, "동짓날에 여덟 신을 모시고 8자 길이의 막대를 세워서 한낮에 그 그림자를 관찰했다."라고 한다. 신(神)은 인(引)과 같이 읽으며, '팔인(八引)'이라고 하는 것은 땅에 나무말뚝을 세워서 사유사중(四維四中)에서 밧줄을 당겨서 바로잡았다. 여기서 '사중'은 곧 동서남북 4개의 정면이며, '사유'는 네 개의 각이다. 때문에 4면 8방에서 밧줄을 당기고 말뚝을 박아 당겨 장대의 그림자를 정확하게 측정했다는 말이다.

달할 수 있다."라고 한다.

또 이르기를, "정월 초하룻날 아침에 사방에 황색 기운이 들면 그해 대풍년이 든다.

이것은 황제[490]가 정치를 행하면서 흙의 기운이 황색을 띠고 고르면 사방에 모두 풍년이 든다고 한 것이다. 만약 황색 기운 속에 청색 기운이 돌면 명충이 생긴다. 적색 기운이 돌면 큰 가뭄이 든다. 흑색 기운이 돌면 큰 홍수가 난다."라고 하였다.

"정월 초하루 아침에 목성[歲星][491]을 보고 점을 치면서 그 윗부분에 청색 기운이 돌면 뽕나무 수확이 좋아지고, 적색 기운을 띠면 콩 수확이 좋아지며, 황색 기운이 돌면 벼 수확이 좋아진다."라고 하였다.

『사기史記』「천관서天官書」[492]에 이르기를 "정

大水. 月影所極, 則正面也. 立表中正, 乃得其定. 又曰, 正月朔旦, 四面有黃氣, 其歲大豐. 此黃帝用事, 土氣黃均, 四方並熟. 有青氣雜黃, 有螟蟲. 赤氣, 大旱. 黑氣, 大水. 正朝占歲星, 上有青氣, 宜桑, 赤氣, 宜豆, 黃氣, 宜稻.

史記天官書

---

489 '정(定)': 측정하여 정확한 표준을 정하는 것이다.

490 '황제(黃帝)': 이것은 중국 고대 신화 중의 다섯 천제 중 하나인 황제를 가리키는 것으로, 중앙을 나타내는 흙의 색이 황색이기 때문에 이름 지은 것이다. '염황(炎黃)'의 황제는 아니다.

491 '세성(歲星)': 사마정(司馬貞)의 『사기색은(史記索隱)』에서는 『물리론』을 인용하여, "한 해 한 차례 운행하는 것을 세성이라고 하는데, 12년이 되어 하늘이 1번 회전하는 것이다."라고 하였다. 이것이 곧 목성을 가리키는 것으로 해의 공전 주기는 12년이며, 고대에는 이것으로서 기년을 삼았다. 『금사(金史)』「선종기(宣宗紀)」에는 홍정(興定) 원년(1217) 8월에 "목성은 낮에 묘성 근처에 보이고, 67일이 지난 후에 이내 사라졌다."라고 기록되어 있다.

492 「천관서(天官書)」: 한대(漢代) 위선(魏鮮)의 점후법(占候法)을 기록하고 있는데,

월 초하루날 아침에 팔방의 바람을 감지하여 한 해의 운세를 결정하는데, 남쪽에서 바람이 불어오면 큰 가뭄이 들고, 서남에서 불어오면 작은 가뭄이 들며, 서쪽에서 불면 전쟁이 일어나고, 서북쪽에서 불어오면 융숙의 수확이 좋아진다. 융숙(戎菽)은 곧 호두(胡豆)이며, 위(爲)는 수확이 좋다는 의미이다.[493] (만약 다소 비가 내리면) 전쟁이 일어나고,[494] 북쪽에서 바람이 불면 평년 수확을 하게 되며, 동북쪽에서 바람이 불면 큰 풍년이 든다. 동쪽에서 바람이 불면 큰 물난리가 나고, 동남쪽에서 바람이 불어오면 백성들 사이에 전염병이 생기며 수확을 망치게 된다."라고 한다. "정월의 첫 번째 갑일에[495] 동풍이 불면 양잠업[蠶]이 잘된다. 서풍이 불거나 만약 새벽에 황색구름이 보이면 수확을 망치게 된다."라고 하였다.

『사광점師曠占』에 이르기를, "황제黃帝가 묻기

曰, 正月旦, 決八風, 風從南方來, 大旱, 西南, 小旱, 西方, 有兵, 西北, 戎菽爲. 戎菽, 胡豆也, 爲, 成也. 趣兵, 北方, 爲中歲, 東北, 爲上歲. 東方, 大水, 東南, 民有疾疫, 歲惡. 正月上甲, 風從東方來, 宜蠶. 從西方, 若旦黃雲, 惡.

師曠占曰, 黃

글은 다소 다르다.

493 이 주석은 배인(裴駰)의 『사기집해(史記集解)』에서 맹강의 주를 인용한 것이다. 그러나 사마정은 『사기색은(史記索隱)』에서 위소(韋昭)의 주를 인용하여 융숙(戎菽)을 콩[大豆]으로 해석하고 있다.

494 '취병(趣兵)': '취(趣)'는 '재촉하다[促]'와 통하며 급히 재촉한다는 의미이다. '병(兵)'은 전쟁을 가리키며, '취병(趣兵)'은 아주 재빨리 전쟁이 일어난다는 의미이다. 금본의 『사기』에는 '취병(趣兵)' 앞쪽에 또한 '소우(小雨)' 두 글자가 있지만 어떤 판본에는 서광(徐廣)의 주에 이 두 글자가 없다.

495 '정월상갑(正月上甲)': 이 단락은 위선(魏鮮)이 동풍이 끝나는 시기를 점친 또 다른 구절이다.

를 '내가 미리 한 해의 괴롭고 즐겁고 좋고 나쁜 것을 어찌 알 수 있겠는가?'고 하였다.

(사광이) 대답하여 이르기를, '그해 운세가 좋으면 먼저 감초냉이[薺]가 나오고 그해의 운세가 괴로우면 미리 고초두루미냉이[葶藶]가 나옵니다. 그해 비가 많이 올 것 같으면 먼저 우초연뿌리[藕]가 생기고, 그해 가뭄이 들 것 같으면 먼저 한초남가새[蒺藜]가 생깁니다. 금년에 백성이 많이 유망할 것 같으면 먼저 유초쑥[蓬]가 생기고[496] 그해 질병이 생기려 하면 병초황해쑥[艾]가 먼저 생겨납니다.'"[497]라고 하

帝問曰, 吾欲占歲苦樂善惡, 58 可知否. 對曰, 歲欲甘, 甘草先生, 薺, 歲欲苦, 苦草先生, 葶藶. 歲欲雨, 雨草先生, 藕, 歲欲旱, 旱草先生, 蒺藜. 歲欲流, 流草先

496 2개의 '유(流)'자는 『태평어람』 권17, 권994에서는 모두 인용하여 '유(溜)' 혹은 '요(潦)'로 쓰고 있으며 '한(旱)'과 상대적 개념으로 보고 있는데 이는 잘못이다. 묘치위 교석본에 의하면, 봉(蓬)은 한지에서 자라고 늪지에서는 자라지 않으며 '요(潦)'와는 관련이 없다고 한다. 『사시찬요』 「정월」 편에서 『사광(師曠)』을 인용하여 "봉(蓬)이 먼저 생겨나면 유망(流亡)이 생겨난다."라고 한 것이 정확하다. 이에 근거하면 『제민요술』의 '유(流)'는 유망(流亡)을 가리키는 것을 입증한다고 한다.

497 '제(薺)'는 냉이[薺菜; *Capsella bursa-pastoris*]이며, 십자화과이다. 맛은 달고 담백하며, 『시경』 「패풍(邶風)·곡풍(谷風)」에서는 "그 달기가 냉이[薺]와 같다."라고 한다. '두루미냉이[葶藶; *Rorippa montana*]'는 십자화과로, 맛은 쓰고 매우며, 『신농본초경』에서 도홍경은 주석하기를, "씨는 가늘고 황색이며, 맛이 쓰다."라고 한다. 남가새[蒺藜; *Tribulus terrester*]는 남가새과로서 모래 언덕과 같은 건조한 땅에서 자란다. 또 쑥[蓬]은 국화과로서 비봉(飛蓬; *Erigeron acer*)이라고도 부른다. 마른 줄기와 종자가 바람에 휘날리기 때문에 비봉이란 이름을 붙였는데, 이 때문에 유랑이나 도피하는 것을 비유하는 데 쓰인다. 황해쑥[艾; *Artemisia argyi*]은 국화과로서 '가애(家艾)', '애호(艾蒿)'로 별칭되고 있다. 잎은 약으로 쓰는데, 한기를 없애고 통증을 없애 주며 지혈에 사용된다. 잎을 가공하면 융(絨)과 같아서 '애융(艾絨)'이라고 칭하며, 뜸으로 병을 치료하는 연료로 사용하거나 간혹 말아서 쑥 심지를 만들기도 한다. 묘치위 교석본을 보면, 중국 고대 문헌에 쑥

였다.

生, 蓬, 歲欲病, 病草先生, 艾.

● 그림 13
쑥[蒿]

● 그림 14
황해쑥[艾]

● 그림 15
자황(雌黃)

● 그림 16
두루미냉이[葶藶]

을 나타내는 한자로는 『시경』에 '호(蒿)'·'애(艾)'·'봉(蓬)'·'평(苹)'·'아(莪)'·'누(蔞)'·'소(蕭)' 등이 있다. 이 중 『제민요술』에는 주로 '호(蒿)'·'애(艾)'·'봉(蓬)'을 주로 쓰고 있다. 이것이 한국 쑥의 종류와 어떻게 관련되어 있는지는 분명하지 않다. 서정(徐鼎) 지음, 매지고전강독회 옮김, 『모시명물도설(毛詩名物圖說)』, (소명출판, 2012.)을 살펴보면 '호(蒿)'는 당시 청호(青蒿: 개사청쑥)라고 불렀으며, '봉(蓬)'은 가지가 뿌리보다 크다고 하였다. '애(艾)'는 약재로 사용하며, '평(苹)'은 잎은 청백색이며 날로 먹을 수 있고 쪄서 먹을 수 있으며, '누(蔞)'는 흰색이고, '소(蕭)'는 제사를 지낼 때 태우면 향이 난다고 한다. 판푸준[潘富俊], 『시경식물도감(時經食物圖監)』(上海書店出版社, 2003)을 보면 '호'는 낮은 쑥이고, '애'는 줄기대가 있는 쑥이라고 한다. 그러나 학명을 통해 보면 '애(艾)'는 한국에서는 '황해쑥'이라고 하였으며, '누(蔞)'의 학명은 *Artermisia selengensis*로, 한국에서는 '물쑥'이라고 한다.

교 기

26 '산(散)': 『옥촉보전』에서 인용한 『사민월령』에는 '산(散)'자가 없다.

27 '연빙석(硯冰釋)': 『옥촉보전』에서 인용한 것은 '연동석(硯凍釋)'으로 되어 있다.

28 '괴(壞)': 명초본에서는 '양(壤)'으로 잘못 쓰고 있는데, 명청 각본에 의거하여 바로잡는다.

29 '역(鬲)': 비책휘함 계통의 판본에서는 '유(萬)'로 잘못 쓰고 있다.

30 '함(銜)'은 장교본(張校本)에서도 이와 글자가 같다. 황교본과 명초본에서는 '함(衘)'으로 쓰고 있는데 민간에서 쓰는 글자이다. 명초본과 학진본에서는 '어(御)'자로 잘못 쓰고 있다.

31 '훼열(毁裂)': 비책휘함 계통의 각본에서는 '전열(錢裂)'이라고 쓰여 있으며, 학진본에는 '잔열(殘裂)'이라고 쓰여 있다. 명초본에서는 '훼열(毁裂)'이라고 적고 있는데, '훼(毁)'자가 가장 좋다.

32 '여(劙)': 명초본에서는 '역(酈)'으로 쓰고 있는데 잘못이다. 마땅히 점서본에 의거하여 '여(劙)'로 써야 한다. '여(劙)'는 '쪼개진다[分割]'는 뜻이다.(결코 칼을 사용하는 것은 아니다.) 오늘날 광동지역의 방언 중에는 손으로 쪼개는 것을 또한 '여개(劙開)'라고 한다.
스성한에 따르면 이 단락의 내용과 문구는 모두 『사민월령』과는 다르다. 최식은 단지 집의 아기와 어린이가 '서(書)'를 읽는다고 말하였다. 때문에 가사협은 '서(書)'의 제작과 보존 등의 방법에 관해서 여기에 '부록'하였다. 다음 단락인 '자황치서법(雌黃治書法)' 또한 같은 이유로서 여기에 덧붙였다. 그러나 두 단락은 모두 정식으로 방법에 관한 내용이고, 결코 표제에 대해서 주석한 것은 아니다. 마땅히 본문의 큰 글자로 써야 하고 소주로 써서는 안 된다. 본 책에서는 많은 부분에서 모두 이와 같이 체제의 문란한 정황이 보이는 듯하다. 스성한의 금석본에서는 원본에 따라서 작은 글자로 쓰고 있으나, 본 역주에서는 묘치위의 교석본에 따라 본문을 큰 글자로 바꾸었음을 밝혀 둔다.

33 '범(凡)': 명초본에서는 '환(丸)'으로 쓰고 있는데, 명청 각본에서는 '범(凡)'자로 쓰고 있으며 '범(凡)'자가 약간 더 좋을 듯하다.

34 '가(佳)': 명초본에서는 원래 '사(使)'자로 쓰고 있는데, 명청 각본에 의거하여 고쳐서 바로잡는다.

35 '농로종화(籠爐種火)': '화롱(火籠)'과 '화로(火爐)' 속에 보관하는 불씨이다. '농(籠)'은 각본에는 동일하지만 황교육록(黃校陸錄)에서는 '조(竈)'로 쓰고 있다고 한다.

36 '탄(炭)': 명초본에는 원래 '회(灰)'로 적혀 있지만 명청시대 여러 각본에 의거하여 고쳐서 바로잡는다.

37 '봉(蓬)': 각본에서는 봉(蓬)으로 동일하지만 '봉(篷)'이 잘못 쓰인 것이다.

38 '읍(挹)': 스셩한의 금석본에서는 '읍(浥)'자로 표기하였다. 묘치위 교석본을 보면 이것은 석회수를 떠내는 것을 가리키며, '읍(挹)'은 각본에서는 모두 '읍(浥)'으로 되어 있는데, '읍(挹)'의 잘못으로 여기서 고쳐 둔다고 한다.

39 '융랍관지(融蠟灌之)': 스셩한의 금석본에서는 '납(蠟)'을 '납(臘)'으로 적고 있다. 묘치위 교석본에 따르면, '갱관(更灌)'에서 '융랍관지(融蠟灌之)'까지 13자는 명초본의 문장과 같으나 다른 본에서는 단지 '갱관지(更灌之)'의 3글자가 빠졌거나 더 많다. '납(蠟)'은 명초본에서는 본래 '납(臘)'으로 잘못 쓰여 있지만, 제목의 '납촉(蠟燭)'에 의거하여 고쳐서 바로잡는다고 한다.

40 '조비(棗糒)': 명초본과 비책휘함 계통의 각 판본에서는 모두 '귀용(棄蛹)'으로 쓰고 있다. 마땅히 『옥촉보전』과 『태평어람』 권860에서 인용한 최식의 『사민월령』에 의거하여 '조비(棗糒)'라고 써야 한다. 점서본에서는 북당서초(北堂書鈔)본에 의거하여 고쳐서 '병비(秉糒)'라고 쓰고 있으며, 『용계정사간본(龍溪精舍刊本)』[이후 용계정사본(龍谿精舍本)으로 약칭]에서는 이미 『태평어람』에 의거하여 고쳐서 바로잡고 있다.

41 '이(弛)': 명청 각본에서는 모두 '이(弛)'자로 쓰고 있다. '이(弛)'자는 곧 '느슨하다'는 의미이다.

42 '서습상저(暑濕相著)': 스셩한의 금석본에서는 '습(濕)'을 '습(溼)'자로 표기하였다. 스셩한에 따르면 『옥촉보전』에서 인용한 『사민월령』에서는 "得暑溼, 相著黏也."라고 쓰여 있어, '저점(著黏)' 두 글자가 도치

되어 있는데, 『제민요술』의 이 구절보다 더욱 명확하다.

43 '박(縛)': 명초본에서는 본래 '전(縳)'자로 쓰고 있는데, 명청 각본에서는 '박(縛)'자로 쓰고 있어 더욱 합리적이다.

44 '수단교(脩簞窖)': '단(簞)'자는 비책휘함 계통의 각 판본에서는 모두 '두(竇)'자로 쓰고 있다. 명초본과 군서교보가 의거한 바의 송본을 초할 때는 도리어 모두 '단(簞)'자로 쓰고 있다. 『왕정농서』에 의거하면 '단(簞)'은 종자를 저장하는 풀로 짠 용기로, '단(簞)'으로 쓰는 것이 적합하다.

45 '홍(興)': 비책휘함 계통의 판본에서는 '여(與)'자로 쓰고 있는데, 『옥촉보전』에서도 '여(與)'자로 쓰고 있다. 점서본은 군서교보가 의거한 남송본을 초사할 때 서로 동일한 책에서는 고쳐서 '홍(興)'으로 쓰고 있는데, 명초본과 동일하다.

46 '불차(不借)': 명청 각본에서는 대부분 '불석(不惜)'으로 쓰고 있으며, 『방언(方言)』, 『의례(儀禮)』의 주에서도 또한 '불석(不惜)'으로 쓰고 있다.

47 '빙(冰)': 명초본에서는 빙(冰)으로 쓰고 있으며, 점서본에서도 마찬가지이다. 비책휘함 계통의 판본에서는 '수(水)'자로 쓰고 있는데, 『옥촉보전』이 인용한바 또한 '수(水)'자로 쓰고 있다. '수(水)'자로 쓰는 것이 더욱 적합할 듯하다.

48 '감(蓝)': 명초본에서는 '맹(蝱)'으로 잘못 쓰고 있는데, 명청 각본에 의거하여 고쳐서 바로잡았다. 이 절에서는 권2 「외 재배[種瓜]」를 참고할 만한데, "최식이 이르기를, '12월 납제를 올릴 때 소금에 절여 훈제한 포육[炙脯]를 걸어 두는 풀단[祀炙萐]'의 외밭의 네 모퉁이에 세워 두면 외의 벌레[蓝]를 방재할 수 있다."라고 하였다.

49 '인지식(人之食)': 금본의 『맹자』에는 '지(之)'자가 없다.

50 '풍년(豐年)': '연(年)'은 명초본과 비책휘함 계통의 판본에서는 모두 '자(者)'로 잘못 쓰고 있다. 군서교보가 근거하고 있는 남송본과 점서본에 의거하여 '연(年)'으로 고쳐서 바로잡는다.

51 '풍년(豐年)': 황교본와 장교본의 문장은 같으나, 명초본과 호상본(湖湘本)에서는 '풍자(豐者)'로 쓰고 있다.

52 '걸개(傑皆)': 스성한의 금석본에서는 '걸(桀)'자로 표기하였지만, 금본의 『사기』와 명청 각본의 『제민요술』에서는 모두 '걸(傑)'로 쓰고 있

다. '개(皆)'의 경우, 명초본과 『사기』의 원문은 같지만 다른 본에서는 '자(者)'로 쓰고 있다.

53 '도상장(稻上場)': 이 세 글자는 명청 각본에서는 모두 다음 문장의 '불우청명(不雨晴明)'의 다음에 위치하고 있다.

54 '우귀(牛貴)': 『예문유취』 권82와 『태평어람』 권979에 인용한 바에 의하면 모두 '우마귀(牛馬貴)'로 되어 있다. 다음 문장과 대비해 볼 때, 응당 '마(馬)'자가 있어야 함을 알 수 있다.

55 '所少可得爲困': '소(少)'자는 명청 각본에서는 '다(多)'자로 쓰고 있다. '곤(困)'자 오관(吳琯)의 각본 『월절서(越絶書)』에는 '인(因)'자로 쓰고 있는데, '곤(困)'자만큼 적합하지는 않다. 곡물의 생산량이 적은 '제후(諸侯)'를 '곤주(困住)'라고 해석할 수 있고, '인(因)'은 곡물 생산을 발전시킨다고 해석할 수 있지만, 모두 억지해석이다.

56 '양(穰)': 『염철론』에는 이 구절이 「비앙편(非鞅篇)」에 있는데 금본에서는 "무릇 자두와 매실 열매가 많으면 이듬해 그것이 쇠퇴하고, 신곡(新穀)이 잘 익으면 구곡은 그로 인해 다소 좋지 않게 된다. 천지조차 두 가지를 모두 채울 수 없는데 하물며 인간에 있어서야.[夫李梅多實者, 來年爲之衰, 新穀熟者, 舊穀爲之虧. 自天地不能兩盈, 而況於人事乎.]"라고 하였다. 원래의 뜻은 과일나무의 '대소년(大小年)의 현상'을 가리키기 때문에 '두 해가 모두 풍년이 들 수 없음'을 말한 것으로, '쇠(衰)'는 필연이며, 『통전(通典)』 권10에서 인용한 『염철론』에도 "이듬해는 수확이 줄어든다."라고 하였다. 그러나 『예문유취』 권86 「초학기(初學記)」 권28, 『태평어람』 권967, 968에서 인용한 것은 도리어 『제민요술』에서 인용한 것과 같아서 『제민요술』의 어떤 판본일 가능성이 있다. '쇠(衰)'자가 잘못 쓰여서 글자 형태가 유사한 '양(襄)'자로 잘못 쓰인 듯하며, 그것이 다시 바뀌어져서 '양(穰)'자로 된 듯하다. 훗날 이와 유사한 책들에서는 잘못된 것이 전해져 『제민요술』을 '초(抄)'하게 되었으며, 아울러 『염철론』 원본과 대조하지 않았기 때문에 아주 다양한 글자들이 나타나게 된 것이다.

57 '장(丈)': 명초본에는 있는데, 명청 각본에는 모두 없다. '장(丈)'자가 있는 것이 정확하다.

58 '점세고락선악(占歲苦樂善惡)'은 남송본에서는 '占樂善一心' 혹은 '苦樂善一心'이라고 쓰고 있으며 명청 각본에서는 또 '占藥善一心'이라고 쓰고 있는데 모두 이해할 수가 없다. 『태평어람』 권17, 권994에서는 모두 이 조항을 인용하고 있는데 이 구절은 모두 '지세고락선악(知歲苦樂善惡)'이라고 쓰고 있으며 『제민요술』에서는 '일심(一心)'을 '악(惡)'의 잔편의 문장과 연결 지어 두자로 해석하고 아울러 '세(歲)'자는 빠뜨리고 있다.

제민요술
제4권

제31장

과수원의 울타리 園籬第三十一

무릇 과수원의 울타리를 만드는 방법은 먼저 담을 칠 기초[1]를 마련하여 반듯하게 정리하고 약간 깊게 갈아엎는다.[2]

凡作園籬法, 於牆基之所, 方整深耕.

무릇 갈이하여 3개의 이랑을 만들고 이랑 간의 거리는 2자[尺]로 한다.

凡耕, 作三壟, 中間相去各二尺.

가을이 되어 멧대추[3]가 익을 무렵에 이를 수확하여 이랑에 약간 조밀하게 파종한다. 2년째 가을이 되어 (새로 난 멧대추 싹이) 3자[尺] 전후의 높이로 자라면, 좋지 않은 모종을 잘라 내어

秋上酸棗熟時, 收, 於壟中概種之. 至明年秋, 生高三尺許, 間斸

1 '장기(牆基)': 울타리의 기초를 뜻한다. 과수원과 채마밭의 담장을 둘러치고 울타리는 담장을 두르는 작용을 하기 때문에, 담장의 기초를 일러 '장기(牆基)'라고 한다.

2 '방정심경(方整深耕)': 그 기초의 주변을 정방형 또는 장방형으로 갈이하여 바르게 정리하며 약간 깊이 간다.

3 '멧대추[酸棗; *Ziziphus jujuba spinosa*]': 갈매나무과이다. 관목 또는 작은 교목으로 가시가 많기 때문에 예로부터 '극(棘)' 또는 '이(樲)'라고 하였으며, 울타리를 치는 데 적당하다.

간격을 조정한다. 한 자 간격에 한 그루씩 남겨 두되 반드시 조밀한 정도가 고르게 유지되도록 하여 가로로 열을 지워서 서로 마주 보게 배치한다.[4]

3년째 봄이 되면 곁가지를 잘라 낸다.[5] 자를 때는 가지의 흔적[距][6]을 약간 남겨 둔다. 만약 흔적을 남겨 두지 않아서 표면상의 상처가 크면 추운 겨울이 되어 얼어 죽게 된다.

자른 후에 즉시 손으로 짜서 울타리[7]를 만드는데, 그 형상은 임의로 엮되[8] 그 엮은 정도

去惡者. 相去一尺留一根, 必須稀概均調, 行伍條直相當. 至明年春, 剶去橫枝. 剶必留距. 若不留距, 侵皮痕大, 逢寒即死. 剶訖, 即編爲巴籬, 隨宜夾縛, 務使舒緩. 急則不

---

4 '행오(行伍)'는 그루의 줄 간격이고, '조직상당(條直相當)'은 정렬하여 서로 마주 보는 것을 말한다.

5 '천(剶)': 가지를 자른다는 의미이다. 본서 권5 「뽕나무·산뽕나무재배[種桑柘]」에는 '천상(剶桑)'이라는 글귀가 있는데, 이는 곧 가지를 자르고 정리하는 것이다.

6 '거(距)': 나뭇가지를 자를 때는 줄기 쪽 부분을 약간 남겨 두는데, 마치 수탉의 '뒷발톱'과 같다. 묘치위 교석본에 의하면, '닭 뒷발[鷄距]'같이 남긴 부분이 교차 지점의 바닥까지 평평해서는 안 되는데, 그렇게 되면 나무껍질이 상처를 입어 상처부위가 커져서 날씨가 추우면 동사하게 된다고 한다.

7 '파리(巴籬)': 오늘날의 '울타리[籬笆]'이다. 스셩한 금석본을 보면, 한대에서 당대까지는 모두 '파리(巴籬)', '파리(芭籬)', '파리(笆籬)'라고 일컬었다고 한다. 당대 백거이(白居易: 772-846년) 『장경집(長慶集)』 권2 '매화(梅花)'라는 시에서 이르기를, "위로 장막을 쳐서 비호하고, 옆에는 울타리[巴籬]를 짜서 보호한다."라고 하였다.

8 '전(縛)': 스셩한의 금석본에 따르면 비록 '속(束)'이라 해석하지만, 글자 형태는 '박(縛)'과 같지 않다고 한다. 묘치위 교석본에 의하면, '전(縛)'은 금택문고구초본(金澤文庫舊抄本; 이하 금택초본으로 약칭)과 명초본은 글자가 같으며, 둘러 묶는다는 의미이다. 『좌전(左傳)』 「양공이십오년(襄公二十五年)」에는 "장막을 쳐서 그 처를 둘러 감싼다.[以帷縛其妻.]"라고 되어 있다. 황교본과 육록본에서는

는 다소 성글게 해 둔다. 너무 꽉 조이면 잘 자라지 못한다.

4년째 봄이 되면 가지 끝을 자르고 다시 엮어 준다. 7자 높이가 되면 충분하다. 임의로 약간 높일 것을 염두에 두고, 뜻에 따라 결정한다.

(이와 같이 살아 있는 나무로 만든 울타리는) 밤에 와서 나쁜 짓을 하려는 도적들이 부끄럽게 여겨 씩 웃고 돌아갈 뿐 아니라[9] 여우와 이리도 스스로 멍하니 쳐다보고 포기하며 돌아간다. 길을 가는 사람도 지나가며 보고 감탄하지 않는 자가 없고, 태양이 서쪽으로 지는 줄도 모른 채 갈 길이 멀다는 것도 잊고 우두커니 서서 바라보며, 오랫동안 차마 떠나지를 못한다. 이른바 "탱자나무와 가시나무의 울타리"[10]도 "(『시경』에서) 수양버들 가지[柳]를 꺾어서 꽂아 채마밭의 주변을 두른 울타리[11]"도 이와 같은 의미이다.

復得長故也. 又至明年春, 更剝其末, 又復編之. 高七尺便足. 欲高作者, 亦任人意.

非直姦人慚笑而返, 狐狼亦自息望而迴. 行人見者, 莫不嗟嘆, 不覺白日西移, 遂忘前途尚遠, 盤桓[1]瞻矚, 久而不能去. 枳棘之籬, 折柳樊圃,[2] 斯其義也.

'천(剗)'으로 쓰고 있고, 유록본에서는 '척(剔)'으로 쓰고 있고, 명 각본에서는 '박(剝)'으로 쓰고 있으며, 점서본에서는 '천(剗)'으로 쓰고 있는데, 모두 잘못된 것이다. 『농상집요(農桑輯要)』에서 인용한 것은 '박(剝)'으로 쓰고 있다.

9 '비(非)': 스성한의 금석본에서는 '비(匪)'자로 표기하였다.

10 '지극지리(枳棘之籬)': 지(枳)와 극(棘)은 모두 가시가 달린 작은 관목으로서, 울타리 용도로 심을 수 있다. '지(枳)'는 옛날 운향과의 탱자나무[枸橘; *Poncirus trifoliata*]와 유자나무[香橙; *Citrus junos*]를 두루 가리켰다. 여기서는 구귤을 가리키는데, 상록의 관목으로서 가시가 많으며, 울타리 만들기에 적당하다. '극(棘)'은 멧대추나무이다.

11 '절유번포(折柳樊圃)': '번(樊)'은 '번(藩)'과 통하는데 막아서 차단한다는 의미로,

수양버들[柳]을 심어서 울타리를 만들 때는 한 자[尺] 간격에 한 그루를 옮겨 심는다. 옮겨 심을 때는 비스듬하게 꽂고, 꽂은 이후에 짜서 울타리를 만든다. 꼬투리가 있는 느릅나무를 파종하는데 (울타리를 만들 때의 방법은) 멧대추와 마찬가지이다. 만약 느릅나무와 수양버들[柳]을 옮겨 심으려면, 비스듬하게 심은 수양버들[柳]과 곧바로 심은 느릅나무[12]가 모두 사람의 키 높이로 자라게 되면 서로 섞어 짜서 (울타리를) 만든다.

其種柳作之者，一尺一樹．初即斜插，插時即編．其種楡莢者，一同酸棗．如其栽楡與柳，斜直高共人等，然後編之．

몇 년간 자라면 모두 한곳에서 빽빽해져 서로의 성장을 방해하여 가지와 잎이 교차되면서 마치 방의 격자창과 같이 된다. 언뜻 보기에 마치 용과 뱀이 (똬리를 튼) 형상을 하고 있고, 또 새와 짐승이 (모여 있는) 형상 같기도 하다. 수세가 높고 험함에 따라서[13] 그 겉모양도 하나 같지

數年成長，共相蹙迫，交柯錯葉，特似房籠．[3] 既圖龍蛇之形，復寫鳥獸之狀．緣勢嶔崎，其貌

수양버들 가지를 취하여 주위를 둘러 심어서 울타리 담장을 만드는 것을 말한다.

12 '사직(斜直)'은 각본에서는 모두 이와 같이 쓰고 있는데, 다만 금택초본 및 『농상집요』에서는 '사식(斜植)'으로 쓰고 있다. 묘치위 교석본에 따르면, '사직(斜直)'은 처음 옮겨 심을 때 수양버들 가지는 비스듬하게 꽂으며, 느릅나무의 묘목은 바르게 세워 옮겨 심는 것을 가리키는데 모두 사람 키 높이로 자라면 짜서 울타리를 만든다. 만약 '사식(斜植)'이라고 한다면, 마땅히 "만약 느릅나무를 옮겨 심으려면 수양버들처럼 비스듬하게 심어야 한다."로 읽어야 하는데, 수양버들과 느릅나무를 섞어서 옮겨 심는다는 것을 고려해 볼 때, "비스듬히 심고 바로 심어서 사람 키 높이로 자라게 될 때"로 읽는 것이 좋을 듯하다고 한다.

13 '연세금기(緣勢嶔崎)': 나무가 자라는 세력이 높고 낮음에 따라서 특이하게 펼쳐진다는 것이다.

않다. 만약 안목이 있는 사람을 만나면 나무 형상에 따라 재료를 응용하여[14] 무엇이라도 만들지 못할 것이 없는데, 특히 책상[机][15]을 만들기에 적합하다. 굽어 돌고 흩어지고 구부러져서[16] 기이한 무늬가 나타나며, 두르고 펴진 것이 마치 비단과 같이 온갖 형상을 하여 그 변화가 다양하고 무궁무진하다.

非一. 若值巧人, 隨便採用, 則無事不成, 尤宜作机. 其盤紆茀鬱, 奇文互起, 縈布錦繡, 萬變不窮.

교 기

1 '환(桓)': 명초본에서는 아래 부분의 한 획이 빠진 '환(栢)'으로쓰고 있고, 남송본에서는 송 흠종(欽宗) 조환(趙桓)의 이름을 피휘하여 고쳤으며, 금택초본에서는 북송본과 같이 '환(桓)'으로 쓰고 있다.

2 '포(圃)': 『시경』[「국풍(國風) · 제풍(齊風) · 동방미명(東方未明)」]의 현행본에도 '포(圃)'로 쓰고 있다. 하지만 명초본에서는 '원(園)'으로 잘못 쓰고 있는데, 금택초본과 명청 각본에 의거하여 바로잡는다.

---

14 '수변(隨便)': 이것은 형상을 적합한 형태로 가공한다는 의미이다.

15 '궤(机)': 『설문해자』에 의하면 '궤(机)'는 '물건을 올려 두는 것'으로, 원래는 '목(木)'자 변이 붙어 있지 않았다. 스셩한의 금석본을 참고하면, 비책휘함 계통의 판본에서는 '궤(机)'라고 쓰고 있는데, 명대 이후에 널리 사용된 글자이다. 작은 의자, 화병 받침, 화분대, 화로시렁에서부터 작은 병풍과 칸막이 등 장식성을 지닌 다양한 가구에 이르기까지 모두 통나무를 이용해서 만들었으며, 과거 중국에서 실내에 배치한 특색이 있는 물건이다. 진대 이후에서 수 · 당에 이르는 인물화 중에는 항상 보이지만, 상세한 문자 기록은 도리어 적다고 한다.

16 '반서불울(盤紆茀鬱)': 가지와 줄기가 뒤얽히고 구부러지며 변화가 많은 각종 특이한 형상을 형용한 것이다.

3 '농(籠)': 명청 각본에서는 대부분 이미 후대의 관습에 의거하여 '농(櫳)'으로 쓰고 있는데, 명초본과 금택초본에서는 도리어 '농(籠)'자를 쓰고 있다.

제32장

나무 옮겨심기 栽樹第三十二

모든 나무를 옮겨 심을[17] 때에는 그 음과 양의 방향을 기억했다가[18] (원래의 위치에 따라 옮겨 심고) 방향을 바꾸어서는 안 된다. 원래 음양의 위치를 바꾸게 되면 살아나기가 어렵다. 아주 작은 나무를 옮겨 심는 경우는 번거롭게 방향을 기억할 필요는 없다.

凡栽一切樹木, 欲記其陰陽, 不令轉易. 陰陽易位則難生. 小小栽者, 不煩記也.

큰 나무는 (가지와 잎을 상당한 정도로) 잘라 주는데,[19] 잘라 주지 않으면 바람에 흔들려 (뿌리가 고정되지 못하여) 곧 죽게 된다. 작은 나무는 반드시 다 잘라 줄 필요가 없다.

大樹髡之, 不髡, 風搖則死. 小則不髡.

먼저 깊게 구덩이를 판다. 나무를 내려놓은[20] 후 그 위에 물을 충분히 주고,[21] 흙을 섞어

先爲深坑. 內樹訖, 以水沃之,

17 '재(栽)': 이미 있는 그루를 새로운 곳으로 옮겨 심는 것을 뜻한다.

18 나무가 자란 땅이 향한 방향이 양(陽)인지 음(陰)인지, 나무의 방향이 양인지 음인지를 가리킨다.

19 '곤지(髡之)': '곤(髡)'의 원래의 의미는 머리를 짧게 자른다는 것이다. 주된 가지의 곁가지에 대해서 적당하게 자르는 것으로서, 바람에 흔들리는 것을 막을 뿐 아니라 증발을 줄여 준다.

옮은 진흙탕처럼 만든다. 동서남북의 사방으로 각각 크게 흔들어 준다. 흔들면 진흙이 뿌리 사이로 스며들어 살아나지 않는 것이 없다. 흔들지 않으면 뿌리 (중간이) 비게 되어 많이 죽게 된다. 작은 나무는 번거롭게 이와 같이 할 필요가 없다. 그런 후에 구덩이에서 파낸 흙을 (절굿공이 같은 것을 사용하여) 야무지게 다져 준다.[22] 지면 아래 3치[寸]까지는 다지지 않아야 흙이 부드럽고 윤택해진다. 때때로 물을 주어 항상 습기를 유지해 준다. 매번 물을 줄 때마다 물이 모두 스며들게 되면 마른 흙을 덮어 준다. 덮어 주면 물기가 잘 보존되는데, 그렇지 않으면 곧 말라 버리게 된다. 뿌리를 묻을 때는 깊게 해 주고 흔들어 움직여서는 안 된다.[23]

著土令如薄泥. 東西南北搖之良久. 搖則泥入根間, 無不活者. 不搖, 根虛多死. 其小樹, 則不煩爾. 然後下土堅築. 近上三寸不築, 取其柔潤也. 時時溉灌, 常令潤澤. 每澆水盡, 即以燥土覆之. 覆則保澤, 不然則乾涸. 埋之欲深, 勿令撓動.

무릇 나무를 옮겨 심은 후에는 더 이상 손으로 만지거나 가축[六畜]이 (뿔이나 몸으로) 들이받게 해서도 안 된다. 『전국책(戰國策)』[24]에 의하면, "무릇

凡栽樹訖, 皆不用手捉, 及六畜觝突. [4] 戰國策曰, 夫

20 '내(內)': '납(納)'의 뜻으로, 즉 안으로 넣는 것이다.

21 '옥(沃)': 물을 많이 준다는 의미이다.

22 '축(築)': 지팡이나 지렛대를 이용해서 성긴 흙을 공이로 찧어 잘 다지는 것이다.

23 '요(撓)': 『한서(漢書)』 권49 「조조전(晁錯傳)」의 주석에 의거하면, '요'자는 '호(蒿)'자, 즉 '흔든다'는 의미이다.

24 『전국책(戰國策)』: 전국 시대에 정치 논객의 책략과 언론을 모아서 편집하여 쓴 책이다. 전한 말 유향(劉向)이 편집하고 수정하여 33편으로 만들었다. 후한 고유(高誘)의 주본(注本)이 있는데, 지금은 잔편만 남아 있다. 묘치위 교석본에 의하면, 『전국책』 「위책(魏策)」의 원문에는 "전수(田需)는 위왕(魏王)보다 귀하다. 혜자(惠子: 전국시대 위나라 재상을 역임함)가 이르길, '그대는 반드시 좌우를 잘

수양버들[柳]은 세우거나 눕히거나 거꾸로 심어도 모두 살아난다.[25] 그러나 천 명의 사람들이 심은 수양버들[柳]도 한 명이 흔들어 놓으면 살 수가 없게 된다."라고 한다.

柳, 縱橫顚倒樹之皆生. 使千人樹之, 一人搖之, 則無生柳矣.

무릇 나무를 옮겨 심을 때, 정월이 가장 좋다. 농언에 이르기를, "정월에는 큰 나무를 옮겨 심을 수 있다."라고 하는데, 이것은 때에 적합하면 살아나기 쉬움을 말하는 것이다. 2월이 그다음으로 적합한 시기이며, 3월이 나무 심기에 가장 좋지 않은 시기이다. 그러나 대추나무는 (잎 모양이) 닭 부리처럼 보일 때 옮겨 심으며, 홰나무는 토끼눈처럼 보일 때 옮겨 심고, 뽕나무는 (잎이) 두꺼비눈처럼 보일 때 옮겨 심으며, 느릅나무는 오동나무 씨와 같은 '부류산'[26] 정도 크기가 되면 옮겨 심는다. 나머지

凡栽樹, 正月爲上時. 諺曰, 正月可栽大樹, 言得時則易生也. 二月爲中時, 三月爲下時. 然棗雞口, 槐兔目, 桑蝦蟆眼, 楡負瘤散. 自餘雜木, 鼠耳虻翅, 各其時. 此

살펴야 한다. 지금 무릇 수양버들은 눕혀서 심어도 자라고 거꾸로 심어도 자라며 꺾어서 심어도 또 자란다. 그러나 열 사람이 수양버들을 심어도 한 사람이 뽑으면 수양버들은 살지 못한다.'고 하였다."라고 한다. 『한비자(韓非子)』「설림상(說林上)」편에도 이 조항이 실려 있는데, '천인(千人)'은 '십인(十人)'이라 쓰고 있고, '전수(田需)'는 '진진(陳軫)'이라고 쓰고 있다. '요지(搖之)'는 『제민요술』에서는 육축이 들이받지 못하도록 설명하는 것으로 인용하는데, 금본 『전국책』에는 발지(拔之)라고 하여 뜻이 같지 않다.

25 '도(倒)'는 금택초본과 호상본에는 글자가 같으나, 명초본에는 '도(到)'라 쓰여 있는데, 이는 '도(倒)'와 통한다. 금대 동해원(董解元)의 『동서상(董西廂)』에는 "그는 매번 은혜를 저버리며, 와서는 도리어 과거를 잊고 사람을 원망한다."라고 하는데, 이는 '저버리다[倒]'의 의미이다.

26 '부류산(負瘤散)': 『농상집요』에는 '산(散)'자가 없으나, 금택초본과 명초본에는 모두 '산(散)'자가 있다. 이 세 글자는 연용되는데 뜻은 분명하지가 않다. 스셩한의 금석본을 참고하면 느릅나무의 잎눈은 모두 작은 과립형(顆粒形)으로서 필

각종 나무를 옮겨 심는 시기는 잎이 마치 쥐의 귀나 등에의 날개[27]처럼 돋아날 때와 같이 각각 그에 상당한 시기가 있다. 이와 같은 명목은 모두 잎의 싹이 펼쳐질 때 잎이 나오는 형상을 본떠 시기를 결정한 것이다. 이 시기에 옮겨 심으면 잎이 즉시 나오며, 빨리 옮겨 심으면 잎이 늦게 나온다. 비록 그럴지라도 대개 빨리 옮겨 심는 것이 좋지, 너무 늦게 옮겨 심으면 좋지 않다.

等名目，皆是葉生形容之所象似. 以此時栽種者，葉皆即生，早栽者，葉晚出. 雖然，大率寧早爲佳，不可晚也.

나무의 종류는 매우 많아 일일이 열거하여 설명할 수는 없으며, 본서 중에서 언급하지 않은 것과 옮겨 심는[28] 방법은 이러한 조항을 표준으

樹，大率種數既多，不可一一備舉，凡不見者，

때 흩어져 피는데, 작은 과립이 '부류(負瘤)'와 같이 비견되는 듯하다.[금택초본의 '부(負)'는 본래 '원(員)'으로 쓰여 있으며, 후대인 당대 접본의 교본에 의거하여 '부(負)'자로 썼다.] 묘치위 교석본에 의하면, 부류산은 약명(藥名)인 듯하다. 비록 산(散)이라고 칭하고 있지만, 실제로는 하나의 도규(刀圭)의 약 분말을 오동나무 씨 크기로 만든 환약(丸藥)이다. 만약 이와 같으면, '부(負)'는 '배(背)'자의 형태가 잘못된 것으로 의심되는데, '배류산(背瘤散)'은 등의 종양을 치료하는 환약이며, 느릅나무의 잎눈은 과립형과 같아서 이러한 환약을 형용한 것이다. 하지만 이러한 것도 추측일 뿐이라고 한다.

27 '맹시(虻翅)': '맹(虻)'은 '등에[牛虻: 큰 쌍날개를 지닌 흡혈곤충]'를 가리킨다. 스셩한의 금석본에서는 '맹(蝱)'을 쓰고 있는데, 오늘날의 '맹(虻)'자와 통용된다. 묘치위 교석본에 의하면, 이상에서 말하는 것은 모두 잎눈의 싹 뜨는 형상 자체로서 각종 나무를 옮겨 심는 물후가 되며, 기계적으로 월령에 의거하는 것보다 시기가 더욱 정확하다. 『초학기(初學記)』 권28 '괴(槐)'조에는 『장자』를 인용하여 이르기를, "회나무가 자라나서 5월 5일이 되면 토끼눈과 같은 잎이 생기게 되고, 10일 되면 쥐의 귀와 같은 모양의 잎이 생겨난다."(금본의 『장자』에는 이와 같은 말이 없는데, 아마 없어진 듯하다.)라고 하였다.

28 옮겨 심는 것을 '시(蒔)'라고 한다. 『방언(方言)』 권12에서 이르기를, "'시(蒔)'는 바꾸는 것이다."라고 하였으며, 곽박(郭璞)이 주석하여 "종자를 다시 심는 것이

로 삼는다.

栽蒔之法, 皆求之此條.

『회남자淮南子』에 이르기를,[29] "무릇 나무를 옮겨 심을 때 원래의 음양의 성질을 잃게 되면 말라 죽지 않는 것이 없다."라고 하였다. 고유(高誘)가 주석하여 이르길, "잃는 것은 바뀐다는 것을 뜻한다."라고 한다.

淮南子曰, 夫移樹者, 失其陰陽之性, 則莫不枯槁. 高誘曰, 失, 猶易.

『문자文子』에 이르기를[30] "겨울에 얼었던 얼음도 결국은 녹게 되고 여름에는 무성한 나무도 빨리 얽히게 된다.[31] 시간은 잡아 두기는 어렵지

文子曰, 冬冰可折, 夏木可結. 時難得而易失.

다."라고 하였다.

29 『회남자(淮南子)』「원도훈(原道訓)」에 보이는데, '부(夫)'자 위에 '금(今)'자가 더 있으며, 나머지는 동일하다. 고유주(高誘注)에는 '역(易)'자 다음에 '야(也)'자가 있다. 반면 『안씨가훈(顏氏家訓)』「서증(書證)」편에 반영된 것에 의하면 당시 북방에서 전하는 책에는 모두 '야(也)'자가 생략되어 있다.

30 『문자(文子)』: 이 책은 여러 책[주로 『회남자(淮南子)』]을 답습하였으나 아주 난잡하게 초사하여 만든 것이다. 작자가 누구인지는 정확한 정론은 없는데, 장빙린[章炳麟]은 후위(後魏) 장감(張湛)이 저술했다고 한다. 스셩한의 금석본을 보면 본서에서 인용한 이 구절은 금본 『문자(文子)』와 같으며 『회남자』「설림훈(說林訓)」과는 다소 차이가 있다고 한다. 가사협은 장감(張湛: 약 100년 전후)보다 후대 사람이므로, 이로 미루어 볼 때 '『문자』'를 편찬한 사람은 장감이라는 것을 간접적으로 증명할 수 있다고 한다. 묘치위 교석본에 따르면, 『문자』「상덕(上德)」편에 보이며 완전히 일치한다. 주석의 문장은 금본에는 보이지 않을지라도 원래 주석문에는 있었을 것으로 생각된다. 『한서』 권30「예문지(藝文志)」에는 『문자』 9편이 수록되어 있는데 주석하여 이르기를, "노자의 제자로, 공자와 더불어 같은 시대에 살았다."라고 하였다. 후위의 이섬(李暹)이 문자를 일컬어 계연(計然)이라 하며, 범려(范蠡)가 그를 스승으로 섬겼다고 하는데 그 말은 입증할 수가 없다.

31 '결(結)': 『광아(廣雅)』「석고일(釋詁一)」에서 '결(結)'은 '곡야(曲也)'라고 하고 있

만 읽기는 쉽다. 나무의 생장이 무성한 때에는 언제라도 잎을 딴 후 다시 생겨나는데, 가을에 서리가 내린 이후에는 하룻밤 사이에 모두 다 떨어져 버린다."라고 한다. 적당한 때가 아니면 공을 이루기 어렵다.

木方盛，終日採之而復生，秋風下霜，一夕而零. 非時者, 功難立.

최식崔寔이 이르기를 "정월에는 초하루부터 그믐에 이르기까지[32] 여러 나무를 옮겨 심을 수 있는데, 즉 대나무 · 옻나무 · 오동나무 · 개오동나무 · 소나무 · 잣나무와 각종 잡목을 심을 수 있다. 과일이 달리는 나무는 반드시 보름까지 옮겨 심는 것을 끝내야 한다. 망일은 15일이다. 15일이 지나면 열매가 적게 맺힌다."

崔寔曰，正月，自朔暨晦, 可移諸樹，竹漆桐梓松柏雜木. 唯有果實者, 及望而止. 望謂十五日. 過十五日, 則果少實.

『식경食經』에 이르기를 "이름난 과일을 파종하는 방법은 3월 상순에 엄지손가락 굵기의 곧고 좋은 가지를 약 5자 길이로 잘라서 토란 뿌리 속에[33] 꽂아 파종한다.[34] 토란 뿌리가 없으면 큰

食經曰, 種名果法，三月上旬, 斫取好直枝, 如大母指，長五尺, 5 內

으며 또한 「석고사(釋詁四)」에서는 "結, 詘也."라고 하고 있다. '굴(詘)'은 '굴(屈)'과 통한다. 여름철의 가지는 부드러워서 구부러지고 얽히게 된다.

32 '기(暨)': '이르다[至]'의 의미이다.

33 '내저우괴중(內著芋魁中)': '내(內)'는 곧 '넣다[納]'의 의미이다. '우괴(芋魁)'는 토란 중심의 덩이줄기를 말한다.(권2 「토란 재배[種芋]」 주석 참조.)

34 나무 가지를 토란 뿌리(혹은 순무의 육질 뿌리) 중에 삽입한 후에 토란 뿌리를 땅속에 묻어서 꽂은 가지가 토란뿌리에 의지하여 자라도록 하는 것이다. 이 방법은 『식경』에 처음 보이는데 후인들은 매번 이를 연용하여서 기록하고 있다. 묘치위 교석본에 의하면 토란뿌리는 꽂은 가지에 비교적 안정된 수분과 유기물질을 제공하여 뿌리의 생장을 유리하게 한다. 토란뿌리 속에는 호르몬 물질이 존재하여

순무의 뿌리도 좋다. 과일의 씨를 파종하는 것보다는 좋다.

과일의 씨를 파종한 것은 3-4년이 되어야 비로소 그 정도 크기로 자라며, 줄을 맞추어서 파종할 수 있다."[35]라고 한다.

무릇 오과[36]는 꽃이 피어 왕성할 때 서리를 만나면 열매를 맺지 못한다. 항상 과수원에는 잡초와 마른 생똥[37] 등을 쌓아서 준비해 두어야 한다.

비가 내린 후에 다시 맑아지고 북풍이 불어 한기가 몰려오면 밤에 반드시 서리가 내리게 된다.[38] 이때에는 불을 놓아 연기를 피워[39] 과일나

著芋魁中種之. 無芋, 大蕪菁根亦可用. 勝種核. 核三四年乃如此大耳, 可得行種.

凡五果, 花盛時遭霜, 則無子. 常預於園中, 往往 6 貯惡草生糞. 天雨新晴, 北風寒切, 是夜必霜. 此時放火

뿌리의 발육을 촉진한다.

35 '행종(行種)': 스셩한의 금석본에서는 '행종'을 '임시파종[假植]', 또는 '행렬을 지워서 파종한다'라고 해석하였으나, 묘치위 교석본에서는 꺾꽂이하는 법으로 이해하고 있다. 우량의 과일품종은 이 같은 꺾꽂이 방식을 채용하면 비교적 빨리 번식을 추진할 수가 있는데 왜냐하면 씨를 파종하는 것보다 성장의 결과가 빠르기 때문이라고 한다. 하지만 앞의 문장과 연결시켜 볼 때 씨를 파종하여 단지 3-4년밖에 되지 않는 나뭇가지를 꺾꽂이한다는 것은 부적절하기에 스셩한의 견해가 보다 더 합리적인 것 같다.

36 '오과(五果)': 관습적으로는 '복숭아, 자두, 매실, 밤, 대추'를 가리키지만 사실은 각종 과일나무를 범칭하는 말이다. 오과 중에서 매화는 익을 때에 서리 피해가 없으며, 대추꽃은 도리어 늦서리가 내린 이후에 꽃이 핀다.

37 '生糞'이 人糞인지 畜糞인지 분명치 않은데, 묘치위 역주본 254쪽에서는 '牲畜生糞'으로 해석하고 있다. 하지만 「栽樹」편에서는 가축의 경우 '生牛糞'와 같이 구체적으로 표현했던 것을 보면 이 生糞은 人糞이었을 가능성을 배제할 수 없다.

38 '시야필상(是夜必霜)': 이것은 연기를 쐬워 서리를 막는 방법이다. 묘치위의 교석

무에 따뜻한 연기를 약간 쐬어 주면 서리의 피해를 입지 않게 된다.

作熅, 少得煙氣, 則免於霜矣.

최식崔寔이 이르기를 "정월 말[40]에서 2월에는 나뭇가지를 자를 수 있다. 2월 말에서 3월 사이에는 가지를 땅에 묻을[휘묻이][41] 수 있다."라고 한다. 나뭇가지를 땅에 묻어 (뿌리를) 내리게 하면[42] 2년 후에

崔寔曰, 正月盡二月, 可剶樹枝. 二月盡三月, 可掩樹枝. 埋樹枝

본에 따르면 『제민요술』에서 가장 최초로 이러한 방법을 기록하고 있는데, 아주 간단하면서도 효과가 있어서 오늘날에도 여전히 채용하고 있다. 이것은 『범승지서』의 직접 서리를 긁어 제거하는 법보다 크게 발전한 것이다. 과일나무의 꽃이 필 때는 저온에 대해서 극히 민감하기에 봄철의 늦서리의 피해를 가장 두려워한다. 연기를 피우는 법[熏煙法]은 습기가 있는 연료를 태워서 화염이 일어나지 않도록 하고 연기가 위로 올라가게 하는 것으로, 지면에 연기막을 형성함과 동시에 연기가 적당하게 분포되어 일정한 시간이 지나면 과수원의 온도가 높아지는 작용을 하여 서리를 방지하는 데 효과가 좋다. 그러나 중요한 것은 반드시 그날 밤에 서리를 예측해야만 된다는 점이다. 서리의 형성 조건은 지면 부근에 공기의 습도가 크고 기온이 갑자기 하강하여, 그로 인해 물기가 응결되어서 서리가 생겨난다. 오늘날에는 비가 온 후 처음 개면 지면 가까운 공기와 습도가 높아졌다가 도리어 또 맑아지면 수분의 증발이 많아져서 물기 함량이 늘어난다. 그리고 북풍의 차가운 공기가 불어오면 기온이 급격히 하강하여 마치 응결되어서 서리가 되어 아주 차가워지기 때문에 이날 밤에는 반드시 서리가 내려 얼게 된다. 이른바 "밤에는 반드시 서리가 내린다."라는 것은 가사협의 경험에 근거한 것으로 또한 과학성이 풍부한 고대의 '기상예보'라고 한다.

39 '온(熅)': '울연(鬱煙)'으로서, 화염이 보이지 않게 태워서 많은 연기를 발생하는 것이다.

40 '진(盡)': 이는 '월말[月尾]'을 뜻한다.

41 '엄수지(掩樹枝)': 나뭇가지를 땅에 묻는 휘묻이 법으로서, 이는 휘묻이 법의 가장 이른 기록이다.

42 '영생(令生)': 스성한의 금석본에서는 이 문장 다음에 '근(根)'자 혹은 '재(栽)'자가 빠져 있는 것으로 보았다.

는 옮겨 심을 수 있다.	土中，令生，二歲已上，可移種矣.

교 기

4 '지돌(舐突)': 명초본에서는 '고돌(觚突)'로 잘못 쓰고 있는데, 금택초본과 『농상집요』에 의거하여 고쳐 바로잡는다. '지(舐)'는 머리와 뿔로 들이받는 것이며, '돌(突)'은 머리를 부딪치는 것이다.

5 '장오척(長五尺)': 『사시찬요』 「삼월」 '종제명과(種諸名果)'에서는 "長一尺五寸"으로 쓰고 있는데 원말 유종본(兪宗本)의 『종수서(種樹書)』에서는 "長五寸許"라고 쓰고 있다.

6 '왕왕(往往)': '수시로'의 의미이다.

제33장

대추 재배 種棗第三十三

● 種棗第三十三: 諸法附出.[7] 여러 방법을 덧붙임.

『이아(爾雅)』에서[43] 대추의 종류에 대해 이야기하기를 “표주박 형태의 호조(壺棗)가 있고, ‘변(邊)’은 (허리가 가는) 요조(要棗)이며, ‘제(櫅)’는 흰 대추이다. ‘이(樲)’는 신맛이 나는 대추[酸棗]이고, 양철(楊徹)은 제의 땅에서 나는 대추[齊棗]이며, ‘준(遵)’은 양조(羊棗)이다. 세(洗)는 대조(大棗), 자전조(煮塡棗)가 있고, 궐설(蹶泄)은 쓴맛이 나는 대추[苦棗]이다. 석(皙)은 열매가 없는 대추이며, 맛이 없는[還味][44] 대추로 임조(梒棗)가

爾雅[8]曰, 壺棗, 邊, 要棗, 櫅, 白棗. 樲, 酸棗, 楊徹, 齊棗, 遵, 羊棗. 洗, 大棗, 煮塡棗, 蹶泄, 苦棗. 皙, 無實棗, 還味, 梒棗. 郭璞注曰, 今江

43 이것은 『이아(爾雅)』 「석목(釋木)」편의 대추 부분에 관한 전문(全文)이다. 묘치위 교석본에 의하면, ‘호조(壺棗)’의 앞에는 ‘조(棗)’자가 덧씌워져 있고 ‘설(泄)’자는 ‘설(洩)’로 쓰고 있으며 나머지는 동일하다. 곽박의 주에는 원래 주를 나누어서 각 해당 대추의 이름 다음에 두었으나, 『제민요술』에서는 한꺼번에 모아 두었다. 이 때문에 본문의 대추 이름이 중복되기도 하는데, 오직 중복된 ‘자전(煮塡)’은 일반적으로 “‘자(煮)’는 ‘전조(塡棗)’라고 한다.”라고 읽어서 다르게 표현하고 있다. 『이아』 본문은 양송본에는 큰 글자로 쓰여 있지만 명청 각본에는 작은 글자로 쓰여 있는데 본권의 「복숭아 · 사과 재배[種桃柰]」, 「자두 재배[種李]」, 「매실 · 살구 재배[種梅杏]」의 첫머리에서 『이아』를 인용한 것 역시 일괄적으로 작은 글자로 고치고 있다.

44 ‘환(還)’: ‘선(旋)’자로 읽으며 ‘잠시’라는 의미이다. 곽박이 이르기를 “맛이 없다.[短味.]”라고 하는데, 담백하여 맛이 없음을 뜻한다. 이어서 『이아의소(爾雅義疏)』에

있다." 곽박(郭璞)은 (이 같은 『이아』의 문장에 대해) 주석하기를, "오늘날[진대] 강동에서는 크고 (꼭지부분이) 뾰족한 대추를 '호(壺)'라고 하는데, '호(壺)'는 표주박[瓠]과 같다. '요(要)'는 허리가 가늘다는 의미이며 오늘날 녹로조(鹿盧棗)[45]라 일컫는다. '제(櫅)'는 오늘날 익은 후에는 (붉은색이 아닌) 흰색이 되는 대추를 뜻한다.[46] '이(樲)'는 나무그루가 작고 열매는 신맛이 나며 또한 『맹자(孟子)』의 (「고자」편)에서 말하는[47] '이조를 기른다.'[의 '이(樲)'가 그것이다.] '준'은 열매가 작고 둥근 모양이며[48] 질은 자주색으로, 민간에서는 '양시조(羊矢棗)'[49]라고 부른다. 『맹

東呼棗大而銳上者爲壺，壺，猶瓠也．要，細腰，今謂之鹿盧棗．櫅，即今棗子白熟．樲，樹小實酢，孟子曰，養其樲棗．遵，實小而員，紫黑色，俗呼羊矢棗．孟子曰，曾皙9嗜羊棗．

따르면 곧 민간에서는 '마조(馬棗)'라고 부르지만 '마조'는 절강에서 '의오대조(義烏大棗)'가 생산된 지역은 매우 많으며 달콤하면서 신맛을 띠고 별도의 품위가 있어서 결코 맛이 없는 것[短味]은 아니다.

45 '녹로조(鹿盧棗)': 오늘날의 '호로조(葫蘆棗; *Zizyphus jujuba* var. *lageniformis*)'이다. 과일의 상단부에는 띠의 흔적이 있으며 허리가 가는 형상을 띠고 있다. 품질은 상등이며 북방의 대추가 생산되는 지역에 모두 분포한다. 학의행(郝懿行)의 『이아의소(爾雅義疏)』에는 허리가 가는 것을 일컫는 내용이 있다. 『제민요술』에서는 『광지』를 인용하여 이르기를, '조(棗)'에는 허리가 가는 대추의 이름이 있다고 한다."라고 하였는데, 해석이 매우 명료하다.

46 '조자백숙(棗子白熟)': 학의행(郝懿行)의 『이아의소(爾雅義疏)』에서는 "'백조(白棗)'라는 것은 대추가 익을 때 붉은데, 익으면 유독 희게 익는 것이 다르다."라고 한다. '백숙(白熟)': 『태평어람』 권965에서 곽박의 주석을 인용하여 '백내숙(白乃熟)'이라 하고 있다.

47 이는 『맹자』 「고자장구상(告子章句上)」편에 보이며, '이조(樲棗)'를 '이극(樲棘)'으로 쓰고 있다.

48 '원(員)': 이는 곧 '원(圓)'자의 가차체이다.

49 '양시조(羊矢棗)': 이는 다음 문장의 '내조'이며 또한 '연조'로서, 『설문해자』에서 말하는 '영조(梬棗)'이다. 감나무과의 '고욤[君遷子; *Diospyros lotus*]'으로, 즙이 과일이 익을 무렵이 되면 황색에서 남흑색으로 변하는데 가죽과 같은 성분을 함유하고 있으며 맛이 떫다. 비록 대추의 이름이 있을지라도 실제 대추류는 아니

자』(「진심장」)에는[50] '증석(曾晳)이 양조(羊棗)를 먹는 것을 좋아한다.'라는 이야기가 있다. '세(洗)'는 하동(河東) 의씨현(猗氏縣)[51]에서 나온 큰 대추[大棗]인 듯하며, 열매는 계란만 하다. '궐설(蹶泄)'은 맛이 쓰다. '석(晳)'[52]은 열매가 달리지 않는 것이다. '환미(還味)'는 맛이 좋지 않은 것이다. '양철(楊徹)', '자전(煮填)'은 상세히 알 수 없다."라고 하였다.

洗, 今河東猗氏縣出大棗, 子如雞卵. 蹶泄, 子味苦. 晳, 不著子者. 還味, 短味也. 楊徹煮填, 未詳.

『광지(廣志)』에 이르기를,[53] "하동 안읍(安邑)[54]에서 대

廣志曰, 河東安邑

다. 학의행의 『이아의소』에서는 '양조'의 맛이 달다고 인식하여 [양(羊)은 좋다는 의미이다.] 곽박은 '양시조(羊矢棗)'라고 하고 있는데 묘치위 교석본에서는 잘못된 것으로 보고 있다.

50 『맹자』의 원본에서 "'증석(曾晳)'은 양조(羊棗)를 먹는 것을 좋아하지만 '증자(曾子)'는 차마 양조를 먹지 않았다."라고 한다. 증자(기원전 505-기원전 436년)는 이름이 참(參)이고 증석의 아들로서, 양조를 먹은 것은 증석(曾晳)이지 증참(曾參)은 아니다. 묘치위 교석본에서는 『맹자』와 곽박의 주석 원문에 의거하여 바로잡았으나, 니시야마 역주본에서는 그대로 두고 고치지 않았다.

51 '의씨현(猗氏縣)': 지금의 산서성 임의현(臨猗縣)이다.

52 '석(晳)': 열매가 길지 않은 것으로, 씨가 없어서 오늘날에는 '공심조(空心棗)'라고도 한다. 과일의 씨가 퇴화해 얇은 막으로 변하여 과육과 함께 먹을 수 있는 중[illegible] 특유의 귀한 품종이며 품질도 우수하다. 산동성의 낙릉(樂陵), 경운(慶雲), [illegible]북성의 창현(滄縣) 등지에서 생산된다.

53 『광지』에서 인용한 것은 『초학기(初學記)』 권28, 『태평어람』 권965의 '[illegible](棗)'에서 인용한 것과 다르다. 대추의 이름이 서로 다른 것을 제외하고 '[illegible]월숙(三月熟)' 다음에 『초학기』에는 "在衆果之先"이라는 구절이 더 있으며, 『태평어람』에서는 "衆果之先熟者也", "種洛陽宮後園"이라는 구절이 더 있다. '[illegible]조(灌棗)' 다음에는 『태평어람』에서는 '此四者官園所種'이라는 구절이 더 있으며, 『초학기』는 동일하지만 오자가 보인다.

54 '안읍(安邑)': 하동군에 속하며 지금의 산서성 안읍진(安邑鎭[illegible] 하현(夏縣) 지역이다. 『사기』 권29 「화식열전(貨殖列傳)」에서 일컫는 '안읍[illegible]수조(安邑千樹棗)'가 이것이다.

추가 생산되며, 동군(東郡) 곡성(穀城)[55]의 자조(紫棗)는 길이가 2치이고 서왕모조(西王母棗)[56]는 단지 자두씨 정도의 크기로 3월에 익는다.

하내 급군(汲郡)[57]에서 나오는 대추는 '허조(墟棗)'라고 부른다. 동해 증조(蒸棗),[58] 낙양[59]의 여름에 익는 백조(白棗), 안평(安平) 신도(信都)의 대조(大棗),[60] 양국(梁國)의 부인조(夫人棗)가 있으며, 대백조(大白棗)는 (크고 흰 대추로) '축자(蹙咨)'라고 일컫는데 씨가 작고 과육이 많다. 삼성조(三星

棗, 東郡穀城紫棗, 長二寸, 西王母棗, 大如李核, 三月熟. 河內汲郡棗, 一名墟棗. 東海蒸棗, 洛陽夏白棗, 安平信都大棗, 梁國夫人棗, 大白[10]棗, 名曰蹙咨, 小核多肌.[11] 三星

55 '곡성(穀城)': 동군에 속하는 곡성으로 지금 산동성 동아(東阿) 지역이다.

56 '서왕모(西王母)'는 옛 나라 이름으로 서쪽 변경 먼 곳에 있다. 『이아(爾雅)』「석지(釋地)」에는 "고죽(觚竹: 지금의 북방인 듯함), 북호(北戶: 남방에 위치), 서왕모, 일하(日下: 동방에 위치) 이를 사황(四荒)이라고 일컫는다."라고 한다. '서왕모조(西王母棗)'는 후위의 양현지(楊衒之)의 『낙양가람기(洛陽伽藍記)』 권1 「경림사(景林寺)」에 기록되어 있다.

57 '하내(河內)': 이것은 군의 이름이 아니고, 예부터 황하의 북쪽 하내 지역을 범칭한다. '급군(汲郡)': 황하의 북쪽에 있는 지역이다. 진대에 설치되었으며 지금의 하남성 급현(汲縣), 신향(新鄕) 등지이다.

58 '증조(蒸棗)': 『본초도경』에서는 '천증조(天蒸棗)'에 대해 '남군'(南郡: 호북성 강릉 등지) 사람들이 대추를 찐 이후에 햇볕에 말려서 건조하게 되면 껍질이 얇고 주름이 져서 다른 대추보다 더욱 달기에 이를 '천증조(天蒸棗)'라고 일컫는다고 하였다. 대개 『이아』에서 "자(煮)'는 '전조(塡棗)이다."라고 하는 것 또한 이런 유인데 다만 찌고 삶은 후에 말린 대추인 것이다.

59 '낙양(洛陽)': 금택초본, 황교본, 장교본에서는 '양(陽)'자로 쓰고 있으며 명초본에서는 '양(暘)'자로 쓰고 있다. 태양의 '양오(陽烏)' 또한 '양오(暘烏)'로 쓰고 있지만 묘치위 교석본에서는 낙양이라는 지명을 쓸 때는 마땅히 '양(陽)'자로 써야 한다고 지적하였다.

60 안평국(安平國)에 신도현(信都縣)이 있으며 『진서(陳書)』 「지리지(地理志)」에 보인다. 지금의 하북성 기현(冀縣) 지역이다. 이 지역에서는 대추가 잘 되었으며, 위진 이래 문헌 기록에 많이 전한다.

棗)·변백조(駢白棗)·관조(灌棗)도 있다. 또한 구아(狗牙)·계심(雞心)·우두(牛頭)·양시(羊矢)·미후(獼猴)·세요(細腰) 같은 이름의 대추도 있다. 이 밖에 또한 저조(氐棗)·목조(木棗)·기염조(崎廉棗)·계조(桂棗)·석조(夕棗)가 있다."라고 하였다.

棗, 駢白棗, 灌棗. 又有狗牙, 雞心, 牛頭, 羊矢, 獼[12]猴, 細腰之名. 又有氐棗, 木棗, 崎廉棗, 桂棗, 夕棗也.

[육홰(陸翽)의] 『업중기(鄴中記)』에서 이르기를[61] "석호의 과수원[石虎苑]에 서왕모조(西王母棗)가 있는데 겨울과 여름에 모두 잎이 있으며 9월에 꽃이 피고 12월이 되어서야 비로소 익는다. 세 개의 대추 길이가 한 자[尺]나 된다. 또 양각조(羊角棗)라는 것이 있는데 이 또한 세 개의 길이가 한 자이다."라고 한다.

鄴中記, 石虎苑中有西王母棗, 冬夏有葉, 九月生花, 十二月乃熟. 三子一尺. 又有羊角棗, 亦三子一尺.

『포박자(抱朴子)』에서 기록하기를[62] "요산(堯山)[63]에는 역조(歷棗)가 있다."라고 하였다.

抱朴子曰, 堯山有歷棗.

『오씨본초(吳氏本草)』에서 이르기를[64] "대조(大棗)는 양

吳氏本草曰, 大

61 『업중기(鄴中記)』: 동진의 육홰가 찬술하였다. 16국의 후조(後趙)의 임금인 석호(石虎)가 업(鄴) 지역에 천도하였는데 이 책에 기록된 것은 모두 석호의 업도에 관한 내용이나 지금은 전해지지 않으며, 청나라 사람이 집일본(輯佚本)을 편집한 것은 있다. 『예문유취(藝文類聚)』 권87, 『초학기(初學記)』 권28, 『태평어람(太平御覽)』 권965에서는 모두 『업중기』의 이 항목을 인용하면서 '원(苑)'자를 '원(園)'자로 쓰고 있으며 나머지는 동일하다.(이 책은 『사고전서』 집록본과 같다.)

62 『포박자』는 동진의 갈홍이 찬술하였다. 사악한 것을 물리치고 화를 내쫓는 것과 세상의 길흉을 논하였는데, 그중에는 연단과 병을 치료하는 것에 대한 기록이 있다. 본 조항은 금본에는 보이지 않지만 마땅히 일문(逸文)에 있을 것이다.

63 '요산(堯山)': 산의 이름이며 지금 하북성 융요현(隆堯縣)에 있다. 요산이 있기 때문에 요산현을 설치하였다고 한다.

64 『증류본초(證類本草)』 권23 「대조(大棗)」편에서 『오씨본초』를 인용한 것에는

조(良棗)라고 일컫는다."라고 하였다.

『서경잡기(西京雜記)』에 기록하기를, "약지조(弱枝棗)·옥문조(玉門棗)·서왕모조(西王母棗)·당조(棠棗)·청화조(青花棗)·적심조(赤心棗)가 있다."라고 하였다.

반악(潘岳)[65]의 「한거부(閒居賦)」에는 "주문약지(周文弱枝)의 대추[66]와 단조(丹棗)[67]가 있다."라고 하였다.

棗, 一名良棗.

西京雜記曰, 弱枝棗, 玉門棗, 西王母棗, 棠棗, 青花棗, 赤心棗.

潘岳閒居賦有周文弱枝之棗, 丹棗.

'대조'의 이명을 기록하지 않았는데, 도리어 『본초경집주』의 도홍경이 추가한 것에는 보인다. 묘치위 교석본에 의하면, 이것은 '일명 건조(乾棗), 미조(美棗), 양조(良棗)'이다. 본문의 "양조라고 일컫는다."는 『오씨본초』에서 채록한 것이다. 금택초본에서는 '일(日)'이라고 쓰고 있는데 다른 본에서는 '자(者)'자로 쓰고 있어서 이는 잘못이다.

65 '반악(潘岳: 247-300년)'은 '반육(潘陸)'이라고도 부른다. 서진의 문학가로서 시구에 능하고 육기(陸機)와 이름을 나란히 하였다. 귀족에게 아첨하다가 후에 사마윤(司馬允) 등에 의해 살해되었다.

66 당대 이선(李善)이 『문선(文選)』중의 반악의 「한거부(閑居賦)」의 이 구절에 주석을 하면서 『광지』의 전설을 인용하여 이르기를, "주 문왕대에 가지가 여린 대추가 있었는데 아주 맛이 좋아서 다른 사람이 취하는 것을 금지하고 수원(樹苑) 중에 나무를 심었다."라고 한다.

67 '단조(丹棗)': 각본에서 '단조(丹棗)' 두 글자는 모두 반악(潘岳)의 부(賦) 구절 중에 있다. 그러나 금본 『문선(文選)』 중의 반악의 「한거부(閑居賦)」 및 『초학기(初學記)』 등의 책에서 「한거부」를 인용한 것에는 '단조(丹棗)'라는 말이 없다. 『서경잡기』에는 상림원에는 일곱 종류의 대추가 있다고 하는데 거명된 명칭을 보면 여섯 종이 있어서 본서에 인용한 것과 서로 동일하다. 본서에서 빠진 한 종은 금본의 『서경잡기』에서는 '영조(梬棗)'라고 기록하고 있으며 '적심조(赤心棗)' 위에 위치하고 있다. 금택초본에 의거하여 본다면 '적심조(赤心棗)'는 '단조(丹棗)'와 줄을 달리하여 쓰여 있다. 이 때문에 '단조(丹棗)'는 원래 가사협이 『서경잡기』에서 본 일곱 종의 하나인 것이 의심되며, 후대의 『서경잡기』에서 '영조(梬棗)'라고 고쳤거나 혹은 『서경잡기』의 금본의 '영조(梬棗)'가 잘못되지 않았다면 단지 가사협이 인용할 때는 '단조(丹棗)'라고 잘못 썼을 것이다. 송대에서 교감하여 간행할 때에는 한 줄 건너서 배열하고 또한 '약지조(弱枝棗)'를 첫머리로 하는 「한거

생각건대 청주(青州)에는 낙씨조(樂氏棗)가 있는데 과육이 많고 씨가 가늘며 즙이 많아서 맛이 천하제일이다.

노인들의 말에 의하면 낙의(樂毅)[68]가 제(齊)나라를 무찔렀을 때에 연(燕)나라에서 가져와 파종한 것이라 한다. 제군(齊郡)[69]의 서안(西安),[70] 광요(廣饒)[71] 두 현에서 나온 이름 있는 대추가 바로 이것[낙씨조(樂氏棗)]이다.[72] 오늘날[후위]에는 능조(陵棗)가 있는데 몽롱조(幪弄棗)이다.

按, 青州有樂氏棗, 豐[13]肌細核, 多膏肥美, 爲天下第一. 父老相傳云, 樂毅破齊時, 從燕齎來所種也. 齊郡西安廣饒二縣所有名棗即是也. 今世有陵棗幪弄棗也.

항상 맛좋은 대추의 종자를 선별하여 파종해 두었다가 싹이 튼 뿌리그루를 분재해 둔다.[73]

常選好味者, 留栽之. 候棗葉

부」와 마찬가지로 배열하고 있다.

68 '낙의(樂毅)': 전국시대 연나라의 대장으로서 기원전 284년 군대를 거느리고 제나라를 쳐서 그 공으로 창국(昌國)에 분봉되었으며 그 땅은 익도 부근에 있었다. 낙의는 좋은 대추 종자를 가지고 들어가서 먼저 봉지에 파종을 하고 이후에 청주(青州) 지역에 두루 보급했는데 이 같은 전설은 근거가 없지는 않다. 청주의 양질의 대추는 『명의별록(名醫別錄)』에서 이미 기록되어 있고 북송의 『본초도경(本草圖經)』에서도 여전히 각지에서 언급되지 않은 바를 이야기하면서 "오직 청주(青州)의 종자가 유독 좋다. 진(晉), 강[絳: 산서성의 임분(臨汾), 강현(絳縣) 등지]에는 비록 열매가 크나 청주의 과육이 많은 것에 미치지 못한다고 되어 있다."라고 한다.

69 '제군(齊郡)': 지금 산동 중부와 동쪽에 치우친 일대로서 후위(後魏) 시기에 군치소가 익도[益都: 지금의 수광(壽光)의 남쪽지역]에 있었다.

70 '서안(西安)': 현의 이름으로 옛날의 치소는 지금의 익도현 변경에 있다.

71 '광요(廣饒)': 현의 이름으로, 지금의 산동성 광요지역이다.

72 가사협은 익도 사람으로서 '서안', '광요' 모두 가향(家鄉)에 인접한 현이기 때문에, 두 현에서 생산되는 낙씨조(樂氏棗)에 대해서 아는 바가 많았다.

73 '유재지(留栽之)': 이것은 종자를 남겨 두었다가 파종하여 옮겨 심는 것인지 뿌리그루의 모종을 남겨 두었다가 옮겨 심는 것인지가 명확하지 않다. 대추나무는 뿌

대추나무의 잎이 갓 피어날 때 모종을 옮겨 심는다. 대추나무의 성질이 굳세기[가뭄에 잘 견디기] 때문에 잎이 아주 늦게 생겨난다. 너무 빨리 옮겨 심으면 토양이 굳고 단단해져 성장이 도리어 늦어진다. **3보步마다 한 그루씩 심으며 행을 적당히 배열한다.**[74] 이후에는 땅을 갈아서는 안 된다. **(대추나무를 파종한 땅을) 소와 말을 이용해서 땅을 밟아 주어 지면을 깨끗하게 해 준다.** 대추나무는 수분을 흡수하는 성질이 커서[堅強],[75] (대추나무 아래에는) 여타한 모종을 심거나 농사짓기에 적당하지 않기 때문에 갈 필요가 없다.[76] 잡초가 길게 자라게 되면 벌레가 생

始生而移之. 棗性硬, 故生晚. 栽早者, 堅垎生遲也. 三步一樹, 行欲相當. 地不耕也. 欲令牛馬履踐令淨. 棗性堅強, 不宜苗稼, 是以不耕. 荒穢則蟲生, 所以須淨. 地堅饒實, 故宜踐也.

리그루가 잘 내리지만, 우량품종의 종자가 적어서 씨를 파종하여 번식시키는 것은 순수한 품종을 보전하기가 쉽지 않다. 이 장에서는 또한 씨를 파종하는 것에 대해서는 말하지 않고 있어서, '유재(留栽)'는 마땅히 뿌리그루를 나누어 번식시키는 것을 가리킨다고 보아야 할 것이다.

74 "행욕상당(行欲相當)": 그루 행간의 거리는 바르고 한쪽에 치우치지 않아야 하며, 그루 모양이 방형으로 배치를 이루게 한다는 의미이다.

75 '견강(堅强)': 스성한의 금석본에서는 '견강(堅彊)'으로 표기하였다. 묘치위 교석본을 참조하면, 추측건대 나무 중에서 생활력이 강한 것은 나무 아래 작물의 생장을 억제하여서 수관(樹冠)을 무성하게 하거나, 또한 뿌리가 강성하게 뻗음을 가리킨다. 대추나무를 보면 곁뿌리가 멀리 뻗어 나가고, 가는 뿌리인 '부예(浮穢)'는 지하 수분과 영양분을 흡수하여 기타 작물의 성장에 좋지 않으며, 나무뿌리가 사방으로 뻗어서 큰 덩이를 형성하여 어떠한 식물을 파종해도 성장이 좋지 않은데, 대추나무가 이런 부분에서 더욱 심하다. 대추 잎은 더욱 늦게 싹이 터서, 가사협은 이를 일컬어 '성경(性硬)'이라 하였으며, 대추나무는 열과 가뭄에도 잘 견뎌서 이를 일컬어 '성초(조)[性炒(燥)]'라고 하였다. 그러나 이러한 개념이 모두 추상적이어서 이를 명확하게 설명할 말이 없기 때문에 단지 이와 같이 말한 것이라고 한다.

76 '불경(不耕)': 스성한의 금석본에서는 '경(耕)'으로 적고 있다. 스성한에 따르면,

기기 쉬우니, 항상 깨끗하게 해 줘야 한다. 땅이 단단하면 과실이 많이 열리기 때문에 가축을 이용해서 밟아 주어야 한다.[77]

정월 초하루,[78] 해가 뜰 무렵에 도끼머리로 군데군데 두드리는데,[79] 이것을 '대추나무 시집보내기[嫁棗]'[80]라고 한다. 두드리지 않으면[81] 꽃만 피고

正月一日日出時, 反斧斑駮椎之, 名曰嫁棗. 不

이 단락의 소주는 각본에서 잘못하여 빠진 것이 매우 많다고 한다. 문맥상으로 보아 '경(耕)'자 위에는 반드시 '불(不)'자가 있어야 할 듯한데, 그래야만 비로소 해석이 가능하고, 문장 또한 비로소 바르게 되는 동시에 또한 왜 소주의 끝부분에 원서에서는 한 부분이 비어 있는가를 설명할 수 있다. 묘치위 교석본에 의하면, '불경(不耕)'은 각본에서는 단지 '경(耕)'자 한 자만이 있어, '不宜苗稼'와 모순이 되며 전본(殿本)의 『농상집요』에서는 '불(不)'자를 인용하고 있고 학진본에도 이를 따르고 있다. '불경(不耕)'은 앞 문장의 '地不耕也'와 부합되며 '불(不)'자는 반드시 있어야 하기 때문에 이에 근거하여 보충하였다고 한다.

77 실제로 소와 양이 반복적으로 밟고 지나간 후에는 지표면의 뜬 뿌리를 밟아서 잘라 주어 새 뿌리가 나게 한다. 새 뿌리가 아래로 뻗어 가서 나무가 가뭄과 추위에 견디는 능력을 키움과 동시에 잡초를 밟아 죽여서 거름기를 뺏지 못하게 하여 그로 인해 많은 과실을 맺도록 촉진하는 것이지, 땅을 밟아 단단해져서 과실의 생산이 늘어나는 것은 아니다.

78 '정월일일(正月一日)': 관이다의 금석본에 의하면, 이 작업은 겨울에 수액이 아직 움직이지 않을 때에 해야 하는데, 정월 초하루에 한정되지 않는다고 한다.

79 "反斧斑駮椎之": '추(椎)'는 무겁고 둔탁한 물건으로 치는 것이다. '박(駮)'자는 일반적으로 '박(駁)'자로 쓰는데 뜻은 '반(斑)'과 유사하다. (원래는 "말의 색깔이 순수하지 않다.[馬色不純.]"라는 것은 곧 같지 않은 색을 지닌 털이라는 의미이며, '반(斑)'은 군데군데 얼룩[잡색]이 있는 것을 뜻한다.) '반박(斑駮)'은 군데군데 균일하지 못하고 어지럽게 분포되어 있는 것을 말한다. '반부(反斧)'는 거꾸로 하여 날이 없는 둔탁한 부분을 뜻한다. 이 구절의 온전한 뜻은 "도끼의 둔탁한 부분으로써 나무의 곳곳을 두드린다."라는 의미이다.

80 '가조(嫁棗)': 이렇게 하면 인피 부분을 파괴하여 지상부의 양분이 아래로 운송되는 것을 저지함으로써, 양분을 보충하고 꽃을 피우는 것을 촉진하여 과일이 제대로 자리 잡는 비율이 높아진다. 묘치위 교석본에 따르면 이것은 오늘날 북방에서

열매는 맺지 않는다. 도끼로 찍으면 열매가 시들어서 떨어지게 된다. **막잠누에가 섶[82]에 들어갈 무렵에 몽둥이**[杖]**로 가지 사이를 두드려 제멋대로 핀 꽃**[狂花]**이 흔들려 떨어지게 한다.**[83] 치지 않으면 꽃만 무성하고 결실이 없으며, 결실이 있어도 온전히 여물지 않게

椎則花而無實. 斫則子萎而落也. **候大蠶入簇, 以杖擊其枝間, 振去狂花.** 不打, 花繁, 不

대추단지에서 채용하는 '개갑(開甲)' 등의 기술과 유사하며 그 원리는 껍질을 둥글게 잘라 내어 껍데기를 열어 주는 원리와 동일하다. 유독 '개갑(開甲)'시기는 꽃이 한창 필 때에 행하는데 어떤 때는 한 차례에 끝나지 않고, 지나치게 빠르거나 지나치게 느리면 모두 시기의 효과를 잃게 된다. 『제민요술』에서는 일찍이 정월 초하루에 행하며 망치로 꽃이 피기 전에 두드리면 더욱 좋다고 하였지만, 실제적으로는 양분이 아래로 내려가는 작용을 저지하지 못하고, 이로 인해 과실이 자리 잡는 비율을 높이기가 매우 어려워진다. 망치로 치는 것은 단지 형성층에 상처를 주는 것이며, 도끼날로 목질부를 찍어서 목질부의 바깥을 둘러싸고 있는 신목질층(新木質層)을 찍어서 손상시키면 안 된다. 그렇지 않으면 지하의 수분과 무기영양이 위로 운송되는 것을 방해하여 과실의 생장이 좋지 않아 자연적으로 "도끼로 찍으면 열매가 시들고 떨어지게 되는 현상이 생긴다."라고 하였다. 왕리화[王利華] 主編, 『중국농업통사[中國農業通史(魏晉南北朝卷)]』, 中國農業出版社, 2009, 43쪽에는 '대추나무 시집보내기[嫁棗]' 기술은 과일의 생산량과 질을 높이는 것으로 오늘날 '개갑(開甲)', '자조(刺棗)', '환박(環剝)' 기술의 원조라고 한다.

81 '불추(不椎)'는 금택초본과 『농상집요』에서는 동일하게 인용하였으나, 남송본에서는 '불부(不斧)'라고 쓰고 있다. '추(椎)'는 도끼의 등으로 치는 것이고, '부(斧)'는 도끼의 날로써 찍는 것을 가리키는데, 이렇게 하면 열매가 시들어서 떨어지게 되므로 잘못이다.

82 호상본 등에는 '족(簇)'으로 쓰여 있는데 금택초본과 명초본에서는 '족(蔟)'으로 쓰고 있으며 글자는 동일하다. 묘치위 교석본에서는 통일하여 '족(簇)'으로 쓰고 있다.

83 '진거광화(振去狂花)': 지나치게 많이 핀 꽃을 흔들어 떨어지게 하는 것으로서, 가장 빠르게 꽃을 소거하는 방법이다. 그러나 과실을 솎아 내는 조치는 보이지 않는다.

된다.

實不成.

대추 열매가 완전히 붉어지면 거둔다. 거두는 방법은 매일매일 나무를 흔들어서 익은 대추를 떨어지게 하는 것이 가장 좋다. 반쯤 익은 상태에서 수확을 하면 육질이 완전하게 차지 않으며, 마른 후에는 색깔이 누렇게 변하고 껍질에 주름이 생긴다. 빨리 붉은빛을 띤 것은 맛도 좋지 않다. 열매가 붉은색이 되었는데도 오랫동안 수확하지 않으면 껍질이 갈라지고[84] 또한 까마귀와 기타 새의 해를 입게 된다.

全赤即收. 收法, 日日撼而落之爲上. 半赤而收者, 肉未充满, 乾則色黃而皮皺. 將赤味亦不佳. 全赤久不收, 則皮硬, 復有烏鳥之患.

대추를 말리는 방법: 먼저 지면을 정리하여 깨끗하게 말린다. 지면에 풀이 있거나 황폐해지면 대추에서 냄새가 나게 된다.

曬棗法. 先治地令淨. 有草萊, 令棗臭.

발 아래 서까래와 같은 나무를 받쳐[85] 대추를 발 위에 올려놓는다. 고무래[朳][86]를 이용해서

布椽於箔下, 置棗於箔上. 以朳聚而復散之.

84 '피경(皮硬)': 금택초본에서는 '피경(皮硬)'이라고 쓰고 있지만 남송본 등에서는 '피파(皮破)'라고 쓰고 있다. 묘치위 교석본에 의하면 대추가 비를 맞게 되면 껍질이 갈라지고, 대추가 붉게 물든 지 오래돼도 수확하지 않으면 껍질이 단단해진다. 앞 구절에서 '전(全)'은 금택초본과 『농상집요』, 『왕정농서』에서는 동일하게 인용하였고, 남송본에서는 '미(美)'자로 쓰고 있는데, 앞 구절에 따라서 마땅히 '전(全)'자를 써야 한다고 한다. 스셩한의 본문 소주에는 "味亦不佳美, 赤久不收."라고 쓰고 있고, 묘치위 역주본에서는 "味亦不佳, 全赤久不收."라고 서로 다르게 구독하고 있는데 앞의 본문의 내용에 의거해 볼 때 묘치위의 구독이 합당한 듯하다.

85 '포연어박하(布椽於箔下)': 이것은 작은 서까래 나무를 걸쳐서 거적을 까는 기초를 만든다는 의미로, 대추를 발 위에 얹어서 말린다.

86 '팔(朳)': 명청 각본에서는 대부분 '팔(朳)'자로 쓰고 있는데 이것이 오늘날 통용되는 글자이다. 『왕정농서』 중에는 '팔(朳)'이 있는데 '이빨이 없는 고무래[無齒杷]'이다.

뒤적거리며 모았다가 다시 편다. 하루에 20차례 하는 것이 좋다. 밤에는 끌어 모아 두어서는 안 된다. (야간에) 서리와 이슬을 맞게 되면 빨리 건조한다.[87] 궂은비가 내릴 때는 모아서 거적으로 덮어 주어야 한다.

一日中二十度乃佳. 夜仍不聚. 得霜露氣, 乾速成. 陰雨之時, 乃聚而苫蓋之.

5-6일이 지나면 붉고 연한 것을 가려내어 높은 선반 위[88]에 올려서 햇볕에 말린다. 선반에 올려 두어서 이미 말린 것은 비록 한 자[尺] 두께로 쌓아도 문드러지지 않는다. 불룩하여[89] 문드러진 것은 골라낸

五六日後, 別擇取紅軟者, 上高廚而曝之. 廚上者已乾, 雖厚一尺亦不

---

87 "得霜露氣, 乾速. 成": 구두점이 찍혀 있는 판본에서는 모두 '성(成)'자를 '속(速)'자와 연결하고 그다음에 구두점을 찍어서 '속성(速成)'이라고 읽고 있지만 "得霜露氣乾"이 해석이 되지 않는다. 스셩한의 금석본을 보면 서리와 이슬의 기운은 야간에 대기 온도가 낮추고 수증기가 모이게 되면서 필요한 기압이 낮아져 공기가 건조하지 않게 된다. 그러나 하루 동안 햇볕을 쬐게 되면 대추는 열을 받아서 야간에는 차가운 공기 속에서도 증발하고, 또한 쌓아 둘 때보다 더 빨리 건조하기 때문에 마땅히 '건속(乾速)'이라는 구절이 나온 것이라고 한다. '성(成)'자는 '혹(或)'자 즉 우연의 뜻이 있으며 우연히 궂은비가 내려 대기의 습도가 높아지면 다소 빨리 스며들기 때문에 거적으로 덮어 주어야 한다. 묘치위 교석본에 의하면, '성(成)'은 '호(好)', '행(行)'의 의미와 같다고 한다. 『왕정농서』에서는 '건(乾)'자를 삭제하고 '속성(速成)'으로 쓰고 있는데 합당하지 않다. '건속(乾速)'은 야간에는 기온이 떨어져서 서리와 이슬의 기운이 있는데 한나절 햇볕을 쬐어서 말린 대추 속에 열이 있고 대추 자체도 또 열이 발생하기 때문에 속의 온도가 밖의 온도보다 높다. 대추의 수분은 지속적으로 증발하기 때문에 빨리 마르게 되는데, 야간에는 펴 두고 모아 두지 않아 건조를 촉진하는 작용을 하기에 고쳐서 '속성(速成)'이라고 할 필요가 없다고 한다.

88 '고주(高廚)': '높은 시렁의 선반 위'를 의미한다.

89 '방란(胮爛)': 스셩한의 금석본에서는 "배가 불룩하여 가득 찬다."로 해석하였으나, 묘치위 교석본에 의하면, 평평한 채로 문드러져서 마르거나 쭈그러들지도 않아 애매하게 된 것이라고 한다.

다. 불룩하거나 문드러진 것들은 오래되어도 마르지 않으며, 그냥 두면 다른 대추를 오염시키게 된다. 마르지 않은 것은 계속적으로 앞의 방법과 같이 다시 햇볕에 말린다.

언덕이 있는 작은 비탈의 땅이라 농사를 지을 수 없는 곳은 대추나무를 드문드문 파종하는 것이 좋다.[90] 대추나무는 가뭄에 강한 내한성[91]을 지니고 있기 때문이다.

무릇 오과[92]와 뽕나무는 정월 초하룻날에 첫 닭이 울 때 횃불을 잡고 나무 아래를 한 차례 비추면 벌레의 해가 생기지 않는다.

『식경食經』에 이르는 대추 말리는 법: 새로 거둔 줄풀의 잎을 정원의 땅에 깔고, 대추를 그 위에 3치[寸] 두께로 편 후에 다시 새로 베어 온 줄풀로 덮어 둔다.

壞. 擇去胮爛者. 胮者永不[14]乾, 留之徒令污棗. 其未乾者, 曬曝如法.

其阜勞[15]之地, 不任耕稼者, 歷落種棗則任矣. 棗性炒故.

凡五果及桑, 正月一日雞鳴時, 把火遍照其下, 則無蟲災.

食經曰, 作乾棗法. 新菰蔣,[16] 露於庭, 以棗著上, 厚三寸,[17] 復

90 '역락(歷落)': 듬성듬성하게 배치하여 조잡하며 정리되지 않고 제멋대로 심어 가지런하지 않은 것을 뜻한다. '임(任)'은 '감내하다', '할 수 있다'라는 의미이다.

91 '초(炒)': 금택초본과 명초본에서는 '초(炒)'로 쓰고 있는데 『농상집요』와 비책휘함 계통의 각본에서는 '조(燥)'로 쓰고 있다. 앞부분에 언급된 '대추나무는 수분을 흡수하는 성질이 커서[燥性堅強]'라는 소주와 대비되는데, '초(炒)'는 이해할 수 없으며 '조(燥)' 또한 합리적이지 않다. 『왕정농서』에서는 '조(燥)'로 고쳐서 인용을 하고 있고 명청 각본에서는 이를 따르고 있다. '성조(性燥)'는 대개 건조함을 잘 견디는 것을 뜻하며 대추나무가 비교적 열이나 가뭄에 잘 견디기 때문에 높은 언덕에 파종하더라도 무방하다.

92 '오과(五果)': 각종 과실나무를 뜻한다.

3일 밤낮이 지나 덮어 둔 것을 걷어서 대추를 노출시킨다. 그런 후에 햇볕을 쬐어 말려서 방 안에 둔다.

한 섬[石]의 대추에 술 한 되[升] 비율로 넣어 씻고[93] 그릇 속에 담아 진흙으로 밀봉해 두면 몇 년이 지나도 썩지 않는다.

以新蔣覆之. 凡三日三夜, 撤覆露之. 畢日曝, 取乾, 內屋中. 率一石, 以酒一升, 漱著器中, 密泥之, 經數年不敗也.

대추기름 내는 법: 정현鄭玄이 이르기를[94] "대추기름은 대추씨를 찧어서 고루 섞고[95] 비단 위에 칠을 하여 말려 기름같이 되면 성공이다."라고 한다.

棗油法. 鄭玄曰, 棗油, 擣棗實, 和, 以塗繒上, 燥而形似油也, 乃成之.

---

93 '수(漱)': 스셩한의 금석본에서는 씻는다는 의미라고 하였으나, 묘치위 교석본에서는 '수(漱)'를 뿌려서 적시다[噴潤]는 의미로 보았다. 한 섬의 대추에 단지 한 되의 술을 탔기 때문에 그 비율은 1:100이며, 실제는 한 부분을 씻을 때 술은 이미 대추에 다 스며들게 된다. 뿌려서 적시는 것 또한 층을 나누어서 약간씩 뿌릴 뿐이므로 두루 씻을 수 없다. 따라서 지금의 상황으로 옛것을 억지로 해석한 것에 지나지 않는다.

94 정현의 이야기는 출처가 분명하지 않다. 묘치위 교석본에 의하면, 『석명(釋名』「석음식(釋飮食)」의 내유(柰油)를 만드는 법에는 이 조문인 '조유(棗油)'와 완전히 일치하므로 '정현(鄭玄)'은 마땅히 『석명(釋名)』의 내용일 것이 의심되며, 『식경』의 잘못으로 인하여 금본(今本)의 『석명(釋名)』에서는 또 '조(棗)'를 잘못하여 '내(柰)'로 쓰고 있다.[본권 「매실 · 살구 재배[種梅杏]」의 '『석명(釋名)』에 관한 각주' 참조.] 또 '조유법(棗油法)'과 '조포법(棗脯法)'의 두 조는 여전히 『식경』의 문장이라고 한다.

95 '화(和)': '고르다'는 의미로, 대추를 찧어서 고루 섞는 것이다. 이 같은 가공품은 오늘날 흔히 '고(膏)'라고 하며, 유동성을 지닌 것은 '유(流)'라고 칭한다.

대추 포脯를 만드는 법: 대추를 잘라서 햇볕에 말리면 마른 포처럼 된다.

『잡오행서雜五行書』에 이르기를 "집의 남쪽 변에 대추나무 9그루를 심고 희망하면 현관으로 추거될 수 있다.[96] 또한 잠상蠶桑에도 좋다. 27개의 대추씨의 알맹이[97]를 먹으면 질병에 걸리지 않는다. 항상 대추씨 속의 알맹이와 대추나무 가시를 먹으면 모든 요사스런 것이 덤벼들지 않는다.[98]"라고 한다.

이조梗棗[99]를 심는 법: 음지에 심어야 하는데 양지에 심으면 열매가 적게 달린다. 열매는 충분히 서리를 맞히면 검은색을 띤 짙은 진홍색[100]으로 변하며 그 후에 비로소 거두어들인다. 빨리 거두게 되면 맛이 떫어 먹기에 좋지 않다.[101]

棗脯法. 切棗曝之, 乾如脯也.

雜五行書曰, 舍南種棗九株, 辟縣官. 宜蠶桑. 服棗核中人二七枚, 辟疾病. 能常服棗核中人及其刺, 百邪不復干矣.

種梗棗法. 陰地種之, 陽中則少實. 足霜, 色殷, 然後乃收之. 早收者澀, 不任食之也.

---

96 '벽현관(辟縣官)': 스성한의 금석본에서는 '벽(辟)'을 추거되어서 뽑히는 것으로 해석하였다. 반면 샤웨이잉[夏緯瑛]의 견해에 의하면 이는 '피(避)'로 해석되는데, 종전에 백성들의 생활에서 '현관(縣官)'은 항상 해를 끼치는 근원이었으며 이것은 질병과 더불어 마찬가지였고, 힘써서 피해야 할 것이었기 때문이라고 한다.

97 '인(人)': 씨 속의 알맹이[仁]를 뜻한다. 이전에는 모두 '인(人)'자를 사용했다.

98 '간(干)': '침범하다', '관여하다' 등의 의미이다.

99 '이조(梗棗)'는 감과 비슷한 나무로서 대추와는 다르다.

100 '은(殷)': 검은색을 띤 짙은 진홍색이다.

101 "陰地種之"에서 "不任食之也"에 이르기까지 원래는 작은 주였으나, 묘치위 교석본에서는 큰 글자로 고쳐 쓰고 있으며, 스성한의 금석본에서는 소주(小注)로 이해하고 있다.

『설문』에 이르기를[102] "'영梬'[103]은 대추로서 감같이 생겼으나 크기는 작다."라고 한다.

說文云, 梬, 棗也, 似柿而小.

멧대추 가루와 보릿가루[104]를 섞어 만드는 법: 붉고 연한 멧대추 열매를 많이 수확한다. 발 위에서 햇볕에 말렸다가 큰 솥에 넣어 삶아 거의 대추의 표면을 덮을 정도로 졸이면 된다. 끓고 나면 즉시 불순물을 걸러 내고 동이 속에 넣어 으깬다.[105] 정연하지 않은 생베[生布]에 넣어서 비

作酸棗麨法. 多收紅軟者. 箔上日曝令乾, 大釜中煮之, 水僅自淹. 一沸即漉出, 盆研之. 生

102 금본의 『설문해자』에서는 "梬, 梬棗也, 似柿."라고 하여 '이소(而小)' 두 글자가 없다. 『문선(文選)』중의 사마상여(司馬相如)의 「자허부(子虛賦)」의 '사리영율(樝梨梬栗)'에서 이선(李善) 주는 『설문해자』를 인용하여 '이소(而小)' 다음에 '명왈이(名曰樉)'이란 구절을 덧붙이고 있다. 단옥재(段玉裁)의 『설문해자주』에서는 『제민요술』과 이선의 주에 의거하여 "而小, 一曰樉"의 5글자를 보충하고 있다.

103 '영(梬)'은 이 글자의 오른쪽 윗부분에 '유(由)'자가 있으나, 명초본과 호상본 등에서는 '유(由)'자가 아닌 '유(甶)'자로 표기하였는데, 이는 잘못이다. 금택초본에서는 『설문해자』와 동일하다.

104 '초(麨)': 보리와 벼 등의 곡물을 볶아서 찧어서 가루를 내거나, 가루를 내어서 볶아 미숫가루로 만든다. 스셩한의 금석본에 따르면, '멧대추 가루[酸棗麨]'는 결코 멧대추의 전분으로 만든 보릿가루가 아니고 멧대추의 즙에 보릿가루를 섞어서 만든 것이다. 뒤에 나오는 자두[杏李] 가루를 섞은 보릿가루, 멧대추 가루와 섞은 보릿가루와 마찬가지다. 사과[柰]씨 가루와 보릿가루를 섞어 오로지 전분의 사과[柰]를 사용한 것이며, 능금[林檎]의 보릿가루는 능금[林檎]의 전분으로 만드는데, 쌀가루와 보릿가루를 섞어서 사용할 수도 있다. 묘치위 교석본에 의하면, '초(麨)'는 원래 쌀을 볶고 밀을 볶아서 가루로 낸 미숫가루를 가리키며 다음 문장의 '미초(米麨)'는 곧 이것을 가리킨다. 이 같은 미숫가루 분말 모양 때문에 말려서 만든 과일의 가루[果沙]를 또한 '초(麨)'라고 한다고 한다.

105 "即漉出, 盆研之": '녹(漉)'은 물에 있는 고체의 부유물을 걸러 내는 것이다. 스셩한의 금석본에서는 본권 「매실 · 살구 재배[種梅杏]」 '행리초(杏李麨)'와 본권 「사

틀어 진한 즙을 우려내어[106] 소반이나 동이 바닥 위에 칠한다. 태양이 비치는 날 햇볕에 말려서 건조한 후 천천히 손으로 비벼서 마른 가루를 취한다. 이와 같이 만든 마른 가루는 방일촌의 약 숟가락[107] 한 개 분량을 물 한 사발에 타면, 신맛과 단맛이 모두 적당하여 마시기 좋은 음료가 된다.[108] 여행할 때 멧대추 가루에 쌀이나 보릿가루를 섞으면 갈증과 허기를 동시에 해결할 수 있다.[109]

布絞取濃汁, 塗盤上或盆中. 盛暑日曝使[18]乾, 漸以手摩挲, 散爲末. 以方寸匕投一椀水中, 酸甜味足, 即成好漿. 遠行用和米麨, 飢渴俱當也.

과 · 능금[柰林檎]」 '내초(柰麨)'에 언급된 '보릿가루 만드는 법'을 근거로 하여 '분(盆)'자 다음에 마땅히 '중(中)'자가 한 자 더 있어야 할 것으로 보았다.

106 '생포(生布)': 자련(煮練)을 거치지 않은 삼베를 뜻한다.

107 '방촌비(方寸匕)'는 분말을 재는 수량 단위이다. 『명의별록(名醫別錄)』에서는 '방촌비(方寸匕)'에 대해 숟가락을 만들 때 가로세로 한 치[寸] 크기로 하여 약 가루를 취하는데, 떨어지지 않고 취하는 것을 일정한 정도로 삼았다.(반드시 주의할 것은, 이른바 '치[寸]'는 도홍경 시대의 척도이다.) 도홍경의 『본초경집주서예(本草經集注序例)』에는 1방촌비가 약 2.74㎖에 해당된다고 한다.

108 '장(漿)'은 신맛과 단맛이 나는 음료이다. 고대에는 차를 마시지 않았고 북위에서도 차를 마시는 것이 드물었으며, 통상 각종의 장[산장(酸漿), 첨장(甛漿), 죽청장(粥清漿), 낙장(酪漿) 등]을 만들어서 음료로 썼다.

109 이 조항은 원래 제목을 제외하고 "多收紅軟者"부터 "飢渴俱當也"까지 작은 글자로 되어 있는데, 묘치위는 큰 글자로 고쳐 쓰고 있으나, 스셩한은 소주(小注)로 하였다.

그림 1
호로조(葫蘆棗; 鹿盧棗)와 열매

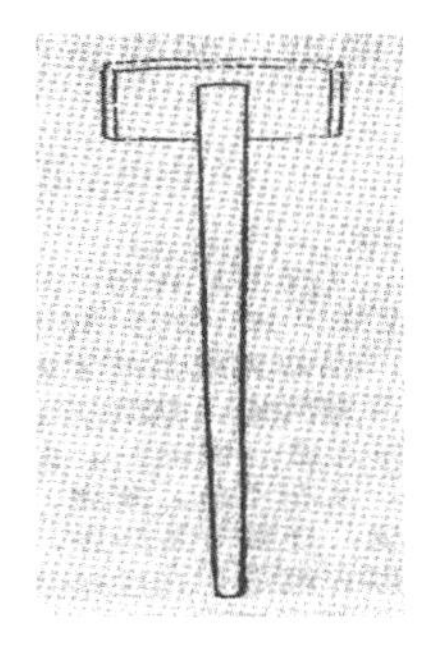

그림 2
고무래[杋] :
『왕정농서』 참조.

교 기

7 원서(原書) 첫머리의 총목에는 본편의 편 제목 아래에 '제법부출(諸法附出)'이라는 작은 협주가 달려 있지만, 스성한의 금석본에는 생략되어 있다.

8 『이아』에 이르기를, "壺棗 …"라고 하는데, 본서에서는 기타 각 권의 예에 비추어 볼 때 이 단의 큰 글자는 원래 큰 제목의 '조(棗)'자의 주석으로서 작은 글자인 협주여야 한다. 왜냐하면 아래에서 인용한 바는 『이아(爾雅)』에 대한 곽박의 주이기 때문에 원서에는 작은 글자로 되어 있어서 본서에 옮길 때는 마땅히 주(注) 속의 작은 주로 써야 하므로 임시로 바꾼 것이다. 그다음에도 몇 군데 같은 정황이 보인다. '호조'의 위쪽에는 비책휘함 계통의 판본에서는 '조(棗)'자 한 글자가 더 많다. 『이아』의 원문에는 이와 같은 '조(棗)'자가 있지만 그것은 다음 각 종류의 대추 종류를 총괄하는 대체적인 이름이다. 오늘날에도 『이아』 중의 각종 대추 종류를 인용하고 있는데, 단지 표제의 '조(棗)'자에는 주를 달고 있어서 더 이상 이와 같은 총명의 명칭은 필요치 않다. 명초본과 금초본, 금서교본에 의거하여 초록한 송본에서는 모두 이러한 글자가 없는데, 없어야 더 정확하다.

9 '증석(曾晳)': 스셩한의 금석본에서는 '증자(曾子)'로 쓰고 있다. 스셩한에 따르면 금본의 『맹자』에서는 '증석(曾晳)'이라고 쓰고 있는데 금초본과 금택초본, 명청 각본의 '자(子)'자는 잘못된 것이라고 한다.

10 '대백(大白)': 명초본에서는 '태백(太白)'이라고 쓰고 있다. 금택초본과 명청 각본 및 『초학기』 권28, 『태평어람』 권965에서 인용한 『광지』에는 모두 '대백(大白)'이라고 쓰고 있기 때문에 마땅히 이에 비추어 고쳐야 한다.

11 '기(肌)': 명초본과 금택초본 및 비책휘함 계통의 각본에서는 모두 '비(肥)'로 쓰고 있는데 단지 원각본에만 '기(肌)'로 쓰고 있다. 『초학기』 및 『태평어람』에서 인용한 것에서는 '기(肌)'로 바르게 적고 있다. '기(肌)'자가 정확한 것이다.

12 '미(獼)'는 금택초본에서는 글자가 같지만, 남송본에서는 '선(獮)'자로 잘못 쓰고 있다.

13 '풍(豐)': 명초본에서는 '조(曹)'로 쓰고 있으며 비책휘함 계통의 각 판본에서는 모두 이 글자가 빠져 있다. 금택초본에서는 모두 '풍(豊)'으로 쓰고 있다. '풍(豊)'은 글자형태의 유사함 때문에 '풍(豐)'자가 잘못 쓰인 것이며, 또 '조(曹)'자로 잘못 쓰기도 한다. '조(曹)'자는 해석할 방법이 없다. 이에 비책휘함 계통 판본에서는 '조(曹)'자도 생략하고 몇 개의 구절이 "껍질이 얇고 씨가 많으며 과육이 많다. …"라고 되어 있는데, "씨가 많고 과육이 많다."와 통한다고 생각된다.

14 '불(不)': 명초본에서는 '하(下)'로 쓰고 있으며 금택초본과 명청 각본에서는 모두 '불(不)'자로 쓰고 있는데 '불(不)'자가 정확한 것이다.

15 '부로(阜勞)': 금택초본에서는 '조로(早勞)'라고 쓰여 있으며 비책휘함 계통의 각본에서는 '한로(旱勞)'라고 고쳐 쓰고 있으나 '부로(阜勞)'와 동일하다고는 이해할 수 없다. 샤웨이잉[夏緯瑛]은 '부방(阜旁)'을 흙더미 곁의 작은 비탈 위의 땅이라 인식하고 있다. '방(旁)'자는 '노(勞)'자가 잘못 쓰인 것으로, 본권 「배 접붙이기[插梨]」의 교석에도 등장한다. 묘치위 교석본에 의하면, 명초본 등에서는 '부로(阜勞)'라고 쓰고 있고 다른 본에서는 '한로(旱勞)' 혹은 '한로(旱澇)'로 쓰고 있지만 모두 해석이 용이하지 않다. 만약 '부로(阜勞)'를 만약 아주 언덕이 높아서 일하기 힘든 땅이

라고 해석한다면, 글자를 보고 뜻을 만들어 낸 것으로서 반드시 정확한 것은 아니다. 이 두 글자는 의문의 여지가 남아 있다고 한다.

16 '고장(菰蔣)': 명초본에서는 '수장(收蔣)'이라고 적고 있으며, 점서본에서는 '수고장(收菰蔣)'이라고 적고 있다. 지금은 금택초본에 의거하여 고쳐 바로잡는다. '고장(菰蔣)'은 '교과[茭瓜; 교백(茭白)]'의 잎이다.

17 '삼촌(三寸)': 금택초본에서는 '삼촌(三寸)'이라고 쓰고 있지만, 다른 본에서는 '이촌(二寸)'라고 쓰고 있다.

18 '사(使)': 명초본에서는 '편(便)'으로 적고 있는데, 금택초본과 명청 각본에 의거하여 고쳐서 바로잡는다.

제34장

복숭아 · 사과 재배 種桃柰[110]第三十四

『이아(爾雅)』에 이르기를[111] "모(旄)는 동도(冬桃)[112]이며, 사도(榹桃)는 산도(山桃)[113]이다."라고 한다. 곽박(郭璞)의 주석에 이르기를 "모도(旄桃)는 겨울철에 익는다. 산도(山桃)는 복숭아와 비슷하지만 씨와 과육이 분리될 수 없다."[114]라고 한다.

爾雅曰, 旄, 冬桃, 榹桃, 山桃. 郭璞注曰, 旄桃, 子冬熟. 山桃, 實如桃而不解核.

『광지(廣志)』에 이르기를[115] "동도(冬桃) · 하백도(夏

廣志曰, 桃有冬

110 '종도내(種桃柰)': 금택초본과 명초본은 같으나 명청 각본에는 '내(柰)'자가 없다. 본편에서 '내(柰)'를 제시하지 않고 본권 뒷부분에 별도로 「사과 · 능금[柰林檎]」편을 두어서 사과의 파종법을 설명하고 있는 것으로 보아 이 '내(柰)'는 사족에 불과하다.

111 『이아』「석목」.

112 '동도(冬桃)': 지금의 섬서성 상현(商縣) 부풍(扶風) 등지에서 생산된 동도는 과실이 초기에는 성장이 매우 늦지만 입추가 지나면 비로소 점점 커지기 시작하여서 11월과 12월까지 성숙한다.

113 '산도(山桃; *Amygdalus davidiana*)'는 장미과의 야생 식물이다. 과일은 둥글고 과육은 얇으며 그 나무는 복숭아나무를 접붙이는 대목으로 쓸 수 있다.

114 "實如桃而不解核": 『제민요술』의 각 판본은 모두 이와 같다. 금본의 『이아』에서는 '이(而)'자 다음에 '소(小)'자가 있는데, '소(小)'자는 마땅히 있어야 할 것 같다.

115 『태평어람』 권967의 조에서 『광지』를 인용하였으나 "복숭아에는 동도(冬桃) ·

白桃)·추백도(秋白桃)·양도(襄桃)가 있으며 그 복숭아는 맛이 좋다. 또한 추적도(秋赤桃)도 있다."라고 한다.

桃, 夏白[19]桃, 秋白桃, 襄桃, 其桃美也. 有秋赤桃.

『광아(廣雅)』에 이르기를[116] "저자(柢子)[117]는 복숭아이다."라고 한다.

廣雅曰, 柢子者, 桃也.

『본초경(本草經)』에 이르기를[118] "도효(桃梟: 쪼그라든 복숭아)[119]가 나무에서 떨어지지 않으면 온갖 귀신을 물리칠 수 있다."라고 한다.

本草經曰, 桃梟, 在樹不落, 殺百鬼.

[육홰(陸翽)의] 『업중기(鄴中記)』에 이르기를[120] "석

鄴中記曰, 石虎苑

하도(夏桃)·추도(秋桃)가 있다."라고 간략하게 적고 있다.

116 『광아』의 문장에는 "… 者 … 也"와 같은 예가 없다. 묘치위 교석본에 따르면 『제민요술』의 '자(者)'는 '효(楕)'의 잔문 중에 '효(肴)'가 잘못 쓰인 것으로 보이며 또한 '치(梔)'의 잔문이 잘못 쓰여 '저(柢)'로 된 것 같다. '치자(梔子)'의 별명은 '효도(楕桃)'이며 꼭두서니과[茜草科]로서 장미과의 복숭아와 서로 관계가 없는데 『제민요술』이 '도(桃)'를 인용한 것은 가사협이 이용한 『광아』가 이처럼 잘못 쓰였을 가능성이 있다고 한다.

117 '저자(柢子)': 명초본에는 '저자(抵子)'로 잘못 쓰여 있는데 금택초본에서는 '저자(柢子)'로 쓰고 있다. 금본의 『광아』에서는 "梔子, 楕桃也."라고 적고 있는데 복숭아와 관련이 없다.

118 『예문유취(藝文類聚)』 권86, 『초학기(初學記)』 권28, 『태평어람(太平御覽)』 권967에서 『본초경(本草經)』의 '도효(桃楕)'를 인용하여 모두 '효도(楕桃)'로 쓰고 있다. 『증류본초(證類本草)』 권23에 수록된 『본초경』의 문장에서는 "말라 쪼그라진 복숭아는 약간 부드러워 온갖 귀신을 죽인다.[桃梟, 微溫, 主殺百鬼精物.]"라고 되어 있다. '나무에서 떨어지지 않으면'의 구절은 도홍경의 집주에 '그 열매가 나무에 매달려 있어서 떨어지지 않는 것'이라고 쓰여 있다.

119 '도효(桃梟)': 복숭아는 갈색으로 변색되면서 썩어 들어가는 병에 걸려도 나무에서 매달린 채 떨어지지 않는데, 이렇게 썩어서 굳어져 나뭇가지 끝에 매달린 형상이 마치 올빼미의 머리와 같다.

120 지금 집본(輯本)의 『업중기(鄴中記)』의 문장은 『제민요술』과 동일하다. 2권은 『태

호의 과수원 중에 '구비도(句鼻桃)'가 있는데, 과실 한 개의 무게가 2근(斤)이었다."라고 한다.

中有句鼻桃, 重二斤.

『서경잡기(西京雜記)』에는 "사도(榹桃), 앵두[櫻桃], 상핵도(緗核桃), 상도(霜桃)는 서리가 내려야 비로소 먹을 수 있다. 금성도(金城桃)·호두[胡桃]는 서역에서 생산되며 맛이 좋다. 기대도(綺蔕桃)·함도(含桃)·자문도(紫文桃)가 있다."라고 기록하고 있다.

西京雜記曰, 榹桃, 櫻桃, 緗核桃, 霜桃, 言霜下可食. 金城桃, 胡桃, 出西域, 甘美可食. 綺蔕桃, 含桃, 紫文桃.

복숭아를 파종하는 법:[121] 복숭아가 익을 때

桃柰桃欲種

평어람』 권967에 인용한 것과 같으나 『예문유취』 권68, 『초학기』 권28에서 인용한 것과는 다르다. '구(句)'는 '구(勾)'의 본래의 글자이다.

121 "桃柰桃欲種法": 이 문장을 해석하기에 다소 억지스럽다. 금본(今本)의 『서경잡기(西京雜記)』에 기록된 것에 의하면 상림원(上林苑)에는 복숭아가 10종이 있는데, 본서에는 9종이 인용되어 있다. 9종 중에 첫 번째, 두 번째의 두 종류는 금택초본에서는 "核桃, 櫻桃"이고, 학진본에 의거하여 교감한 점서본과 명초본에서는 이와 동일하다. 금택초본은 "榹桃, 櫻桃"로 되어 있는데, 비책휘함 계통 및 기타 판본에서는 "核桃, 榹桃"라고 하고 있다. 금본의 『서경잡기』에서는 "秦桃, 榹桃"로 되어 있으며 '앵두[櫻桃]'는 세 번째에 있다. 『태평어람』에서 인용한 바에서는 "秦桃, 櫻桃"라고 되어 있고 나머지 7종은 본서의 순서와 같지 않지만, 명칭은 동일하다. 『서경잡기』 중에서 여러 번 나오는 '진도(秦桃)'는 다소 의심스럽다. 스셩한의 금석본에 따르면 '진(秦)'자는 지역을 뜻하며, 바로 관중에 있는 상림원으로, '진도(秦桃)'는 특별히 가치가 있는 '명과이수(名果異樹)'로 인식되어 황제에게 진상된 것은 아니었다. 그러나 '진(秦)'자의 형태는 '내(柰)'자와 약간 유사하여 본절의 후에 등장하는 '술왈(術曰)'의 다음에 '내도(柰桃)'의 이름이 등장한다. 『서경잡기』 중의 '진도(秦桃)'는 원래는 '내도(柰桃)'였을 것이다. 가사협이 인용할 때 '내도(柰桃)'는 진정한 복숭아가 아니라고 생각하고 다만 '도(桃)'류로 인식해서 뒤에 배열하고 동시에 "柰桃, 桃類"라고 주석을 덧붙였다. 묘치위 교석본에 의하면, "桃柰桃欲種法" 여섯 글자는 각본에서는 동일하지만 문제가 많다고 한다. 당나라 맹선(孟詵)의 『식료본초(食療本草)』에도 "'앵두[櫻桃]'의 속명은 '이도(李桃)'이며 또한 '내도(柰桃)'라고도 한다."라고 하였다. 인용문의 뒤에서는 바

(씨와) 과육째로 한꺼번에 기름진 땅[糞地][122]에 묻는다.[123] 복숭아를 (갈이하여 삶지 않은) 일반적인 땅속에 파종하면 태반이 싹이 트지 않으며,[124] 싹이 트더라도 무성하게 자라지 않는다. 복숭아나무는 결실이 빨라 3년이 되면 열매가 달리기 때문에 옮겨 심을[125] 필요는 없다. 이듬해 봄에 싹이 트면 재배할 땅[實地][126]에 옮겨

法. 熟時合肉全埋糞地中. 直置凡地則不生, 生亦不茂. 桃性早實, 三歲便結子, 故不求栽也. 至春既生, 移栽實

로 '종도(種桃)'의 본문이 이어지고 있어 '진도(秦桃)'가 이곳에 잘못 끼어들어 간 것 같으며, 작은 글자 '진(秦)'자의 잔문이 뒤에 '내(柰)'자로 잘못 쓰인 듯하다고 한다.

122 '분지(糞地)': 종자를 파종하기 위한 거름기가 많은 땅으로 즉 이미 비료를 준 땅이다.

123 '합육전매(合肉全埋)': 과육을 씨째로 전부 땅에 묻어 파종하는 것이다. 묘치위 교석본에 이르길, 지금 관중의 일부 지역에서는 복숭아를 파종할 때 이와 같이 과일째[全果]로 묻어서 파종하고 땅속에서 부숙되기를 기다리는데, 이는 한편으로는 배아의 성숙을 촉진하고 다른 한편으로는 단단한 씨의 껍데기를 부드럽게 해 주기 때문이다. 이렇게 하면 발아가 빠르고 생장도 빨라서 달리는 열매도 크고 많아진다고 한다.

124 '범지(凡地)'는 일반적으로 땅을 갈이하여 부드럽게 고르지 않은 땅이다. '불생(不生)'은 단지 종자를 묻을 때 범지에는 적당하지 않다는 것을 말하여 강조하여 말하는 것이다. 그러나 만약 줄곧 거름기가 많은 땅에서 생장을 하게 되면 또한 지나치게 거름기를 받아서 도리어 과실이 작고 맛도 떫어진다.

125 '재(栽)': 명초본에서는 '살(殺)'자로 적고 있으며, 비책휘함 계통의 각 판본에는 이 글자가 '곡(穀)', '살(殺)', '재곡(栽穀)'으로 쓰여 있어 혼란을 초래하고 있다. 스셩한의 금석본에서는 금택초본과 『농상집요』에 의거하여 고쳐서 바로잡았다. '재(栽)'는 꺾꽂이에 사용되는 나뭇가지라고 볼 수 있다. 묘치위 교석본에 따르면, 『제민요술』의 '재(栽)'는 명사를 만들 때는 '재자(栽子)'라고 하는데 이는 그루를 나누고 휘묻이하는 것을 포함하고 있으며 또한 씨를 뿌려서 자란 싹을 가리키기도 한다. '재(栽)'의 내원은 통상 무성번식을 하는 묘목을 가리키고 아울러서 씨로 파종한 묘목을 가리키기도 한다. '불구재(不求栽)': 이것은 그루를 나누고 휘묻이하는 방식으로서, 나무 묘종을 취하는 것이 아니다.

심는다. 만약 여전히 거름기 많은 땅[127]속에 두면 과일이 작아지고 맛도 떫어진다.[128]

地. 若仍處糞地中, 則實小而味苦矣.

옮겨 심는 법: 가래[鍬]로 나무뿌리를 흙째로 떠내어서 옮겨 심는다. 복숭아나무는 파종하기가 쉽지만 옮겨심기는 어렵다.[129] 원래 뿌리에 달린 흙을 떼어내면 태반이 모두 죽기 때문에 이와 같이 옮겨 심는다.

栽法. 以鍬合土掘移之. 桃性易種難栽. 若離本土, 率多死矣, 故須然矣.

옮겨 심는 또 다른 방법:[130] 복숭아가 익을 때 담장 남쪽의 양지바르고 따뜻한 곳을 향해 깊고 넓은 구덩이를 판다.[131] 수십 개의 좋은 복숭아를

又法. 桃熟時, 於牆南陽中暖處, 深寬爲坑. 選取好

---

126 '실지(實地)': 아직 시비하지 않은 일반적인 토지를 가리킨다. 비교적 비옥한 삶은 땅으로서 생장에 아주 좋다.

127 이 문장의 '분지(糞地)'는 원래 '지(地)'자가 없고 앞의 문장에서는 '분지(糞地)'로 쓰고 있다. 『사시찬요』 「삼월」 편에는 『제민요술』의 기록을 채택하여 "旣移不得更於糞地"라고 쓰고 있는데, 묘치위 교석본에서는 이에 의거하여 보충하였다고 한다.

128 '고의(苦矣)': 명초본에서는 '약자(若者)'라고 쓰고 있으며, 금택초본에서는 '고자(苦者)'라고 쓰고 있다. 『농상집요』에는 단지 '고(苦)'자 한 자만 있을 뿐이며 비책휘함 계통의 판본에서는 '고의(苦矣)'라고 쓰고 있다. 스셩한의 금석본에서는 '자(者)'자를 쓰는 것이 좋으나 '의(矣)'자가 관계에 더 부합한다고 보았다.

129 '이종난재(易種難栽)': '종(種)'자는 씨이며, 이는 곧 '실생묘(實生苗)'를 직접 심어 옮기지 않는 것이다. '재(栽)'는 꺾꽂이나 휘문이를 이용하거나 야생의 '실생묘(實生苗)'를 옮겨 심는 것이다.

130 '우법(又法)' 다음의 문장은 본문으로서 당연히 큰 글자로 써야 하지만, 원문에는 소주로 쓰여 있다. 스셩한의 금석본에 따르면, 원 저자가 글을 쓴 이후에 보고 들은 바가 있어서 수시로 보충하였으나 빈곳이 너무 작아 글을 쓸 수가 없기 때문에 작은 글자를 썼는데, 후에 책에 넣는 과정에서 고치지 않은 것으로, 본서 중에는 이와 같은 예가 매우 많다고 한다.

131 '심관위갱(深寬爲坑)': 다음 문장의 "即內牛糞中"에 의거해 볼 때, 구덩이 속에 쇠

골라 씨를 꺼내서 쇠똥 속에 넣는데 씨의 머리 부분이 위로 향하게 한다. 잘 썩은 거름과 섞은 흙을 한 자 두께로 덮어 준다.

桃數十枚, 擘取核, 即內牛糞中, 頭向上. 取好爛糞和土, 厚覆之, 令厚尺餘.

이듬해 봄이 되어 복숭아 잎이 피어나려 할 즈음에 복숭아씨 위의 거름을 가볍게 털어 내면 모두 싹이 나오게 된다.

至春桃始動時, 徐徐撥去糞土, 皆應生芽.

이때 씨째로 파종하면 만에 하나라도 손실이 없다. 이후에[其餘] 부드러운 거름을 시비하면 복숭아의 맛이 더욱 좋아지게 된다.

合取核種之, 萬不失一. 其餘以熟糞糞之, 則益桃味.

복숭아나무의 껍질은 팽팽하고 견실하다. 4년 이 지나면 칼로 나무껍질 위를 수직으로 그어서 흠집을 내준다.[132] 긋지 않으면 껍질이 팽팽해져 나무가 죽게 된다.

桃性皮急. 四年以上, 宜以刀豎劚其皮. 不劚者, 皮急則死.

(복숭아나무는) 7-8년이 되면 곧 노쇠해진다.

七八年便老. 老

똥을 먼저 넣어야 한다. 『사시찬요』 「칠월」편에서는 『제민요술』을 인용하여 "收濕牛糞內在坑中"이라고 하였으나, 『제민요술』에서는 이 구절이 보이지 않는다.

132 '여(劚)': 긁어서 벗기는 것으로, 또한 '이(剺)'라고 쓰기도 한다. 이것은 흠집을 내는 법[縱傷法]을 써서 왕성한 생장을 촉진하는 것이다. 명초에 유기(劉基: 1311-1375년)의 이름을 가탁한 『다능비사(多能鄙事)』 권7의 '재도리행(栽桃李杏)'에서는 "복숭아는 3년이 되면 열매가 맺으며 5년이 되면 무성해지고 7년이 되면 쇠퇴하고 10년이 되면 죽는다. 6년째에 이르러 칼로 껍질을 벗겨서 진액이 나오게 하면 5년을 더 살 수 있다."라고 하였다. 묘치위 교석본에 따르면, 복숭아 진액은 여러 종류의 당과 당미산(glucuronic acid; uronic acid)과 같은 복잡하게 응축된 투명 물질로 이루어져서 물에 잘 용해되지 않고, 점성도 커서 물과 무기물질을 위로 수송하는 것을 방해한다고 한다.

노쇠해지면 열매가 가늘고 작아진다. 10년이 되면 죽는다. 때문에 매년 파종하여 (보충해 주어야) 한다.

또 다른 재배법: 복숭아 열매가 가늘고 작아질 때, 지면 가까이에서 잘라 주면 그루터기에서 자란 가지는 다시 작지만 튼실해진다.[133] 이와 같이 하면 없어지지 않는다.

복숭아로 초 만드는 법[桃酢法]: 복숭아가 익어 문드러져서 저절로 떨어지면[零] 모아서 항아리 속에 넣고 어떤 물건을 이용해서 항아리 주둥이를 막는다. 7일이 지나 완전히 문드러지면 문드러지지 않은 껍질과 씨를 걸러 내고 잘 밀봉하여 둔다. 21일이 지나면 초가 만들어지는데 향과 맛이 좋다.

『술術』에 이르기를,[134] "(집의) 동쪽 변에 복숭아나무 9그루를 심어 두면 자손이 좋고 흉악한 재앙이 없어진다.

호두[胡桃][135]와 내도柰桃[136]를 파종해도 마찬

則子細. 十年則死. 是以宜歲歲常種之.

又法. 候其子細, 便[20]附土斫[21]去, 枿上生者, 復爲少桃. 如此亦無窮也.

桃酢法. 桃爛自零者, 收取, 內之於甕中, 以物蓋口. 七日之後, 旣爛, 漉去皮核, 密封閉之. 三七日酢成, 香美可食.

術曰, 東方種桃九根, 宜子孫, 除凶禍. 胡桃柰桃種, 亦同.

133 '복위소도(復爲少桃)'는 곧 유년, '소장(少壯)'의 의미로서 어리지만 튼실하다는 의미이다. 땅에 붙여서 늙은 나무를 잘라 낼 때는 반드시 뿌리의 목 부분을 남겨 두어야만 새로운 가지가 생겨난다.

134 '술(術)': 『제민요술』에서는 적지 않게 인용하였으나 각 가의 책에는 쓰임이 보이지 않아서 무슨 책인지 알 수가 없다. 인용된 내용으로 미루어 볼 때 주술로 사람을 해치는 잡다한 술책을 기록한 책으로 추측된다.

135 '호두[胡桃]': 명초본과 명청 시대 각종 각본에는 모두 '명도(明桃)'라고 쓰고 있는

가지이다."라고 한다.

앵두: 櫻桃

『이아(爾雅)』에 이르기를 "설(楔)은 형도(荊桃)이다."[137] 라고 한다. 곽박(郭璞)의 주석에 이르기를 "오늘날에는 앵두[櫻桃]라 일컫는다."라고 한다.

爾雅曰, 楔, 荊桃. 郭璞曰, 今櫻桃.

『광지(廣志)』[138]에 이르기를 "설도(楔桃)는 열매의 크기가 탄환(彈丸)만 하고 과실의 크기는 8푼 정도인데 흰색이고 과육이 많으며, 세 가지 종류가 있다."[139]라고 하였다.

廣志曰, 楔桃, 大者如彈丸, 子有長八分者, 有白色肥者, 凡三種.

데, 스셩한의 금석본에서는 금택초본과 원각본에 의거하여서 '호(胡)'자로 고쳐 썼다.

136 '내도(柰桃)': 곧 '앵두[櫻桃]'이다.

137 『이아(爾雅)』「석목(釋木)」편의 주석에 보이며 본문의 주석문과 같다. '형도(荊桃)'는 명초본에서 '형선(荊桄)'으로 쓰고 있으며, 명청 각본에서도 대부분 '선(桄)'자로 쓰고 있으나 금택초본과 『농상집요(農桑輯要)』, 금본의 『이아(爾雅)』는 '형도(荊桃)'로 맞게 표기하였다.

138 『광지』: 각본에서는 『광아』라고 쓰고 있지만 스셩한의 금석본에서는 『예문유취(藝文類聚)』, 『초학기(初學記)』, 『태평어람(太平御覽)』 등에 의거할 때 '『광지』'로 바로잡아야 한다고 하였다.

139 명초본에서는 '백색(白色)'의 다음에 한 칸이 비어 있고, 금택초본에는 이 빈칸에 원래 '복(服)'자가 쓰여 있는데 후에 『당접본(唐摺本)』에 의거하여 고쳐서 바로잡았다. 『태평어람』 권969, 『초학기』 권28, 『예문유취』 권86에서 인용한 『광지』(『광아』는 아니다.)에는 '백색(白色)' 두 글자 다음에 '다기[多肌; 『예문유취』에서는 '다비(多肥)'라고 쓰고 있다.]' 두 글자가 있는데, 스셩한의 금석본에 따르면 이 두 글자는 원래 『광지』의 본문이다. 본서에서 인용할 때 『광아』로 잘못 썼으며 또한 한 글자를 누락하였다. 금본의 『광아』중에는 이 구절이 없고 단지 "含桃, 櫻桃也"만 있다. '범삼종(凡三種)'의 '삼(三)'은 『태평어람』에서 인용한 것에는 '이(二)'로 되어 있고 『예문유취』와 『초학기』에는 '삼(三)'으로 되어 있다. '삼(三)'이 정확

『예기(禮記)』에 이르기를[140] "5월[中夏]에는 … 천자(天子)가 … 함도(含桃: 앵두)로 맛있는 음식[羞]을 만들었다."[141] 라고 하였다. 정현(鄭玄)은 주석에서 이르기를 "오늘날에는 그것을 앵두[櫻桃]라고 일컫는다."라고 하였다.

禮記曰, 仲夏之月, … 天子, … 羞以含桃. 鄭玄注曰, 今謂之櫻桃.

『박물지(博物志)』에 이르기를[142] "앵두[櫻桃][143]는 크기가 탄환(彈丸)만 하거나 손가락만 한데, 봄·여름·가을·겨울 1년 내내 꽃이 피고 열매가 맺는다."라고 하였다.

博物志曰, 櫻桃者, 或如彈丸, 或如手指. 春秋冬夏, 花實竟歲.

『오씨본초(吳氏本草)』에 이른 바로는[144] "앵두는 일

吳氏本草所說云,

하다.

140 『예기』「월령」의 문장의 정현 주석에 이르기를 "함도는 앵두이다."라고 한다. 『여씨춘추(呂氏春秋)』「중하기(仲夏紀)」의 고유 주에 이르기를, "함도(含桃)는 '앵두[櫻桃]'이며 꾀꼬리가 먹기 때문에 '함도(含桃)'라고 한다."라고 하였다. 『초학기』 권28, 『태평어람』 권969에서도 고유의 주를 인용하여 "함도는 '앵두[櫻桃]'로서 새가 먹기 때문에 '함도(含桃)'라고 한다."라고 하였다.

141 "천자가 복숭아를 먹으면서 (여자 또는 사랑을 표시하면서) 다소 부끄러워하였다."로 해석할 수도 있다.

142 금본의 『박물지』에는 이 조항이 없으며 당대 백거이(白居易), 송대 공전(孔傳)의 『백공육첩(白孔六帖)』 권99, 『예문유취』 권86, 『태평어람』 권969에는 모두 이 조항을 인용하고 있지만 각각 간략하여 동일하지는 않다. 묘치위 교석본에 의하면 이른바 "春秋冬夏, 花實竟歲."는 의문의 여지가 있는데 『백공육첩』, 『예문유취』에는 이러한 조문이 보이지 않는다. 그 밖에 『태평어람』 권971의 '등(橙)'조에는 『박물지』의 없어진 다른 한 조목을 인용하고 있는데, "성도(成都) … 6현에는 금귤[橙]이 생산되며 귤과 같지만 다르며 유자와 같이 향기가 난다. 여름, 가을, 겨울에 간혹 꽃도 피고 어떤 것은 열매도 맺는다. 크기가 큰 것은 앵두와 같으며 작은 것은 탄환과 같다. 간혹 어떤 해에는 봄, 여름, 가을, 겨울에 꽃도 피고 열매도 맺는 것이 1년 내내 간다."라고 하였다.

143 '앵도자(櫻桃者)': 금본의 『박물지』와 『예문유취』에서 인용한 것에는 '앵도대자(櫻桃大者)'라고 쓰고 있는데 '대(大)'자는 반드시 있어야 한다.

명 우도(牛桃)라고 하며 영도(英桃)라고 한다."라고 하였다.

櫻桃, 一名牛桃, 一名英桃.

2월 초 산속에서 (작은 모종을 찾아서) 가져와 옮겨 심는다. 양지陽地에 있었던 것은 양지에 옮겨 심고, 음지陰地에 있었던 것은 음지에 옮겨 심는다. 만약 음양을 바꾸어 옮겨 심으면 살아나기가 어렵고, 살아나더라도 열매를 맺지 않는다. 이 같은 과일나무의 성질로 볼 때, 음지에서 자라난 것인데 과수원으로 옮기면서 양지에 심으면 대부분 살아나기 어려워진다. (앵두는) 아주 견실한 땅에서 잘 자라기에 푸석푸석하고 기름진 땅[145]은 적당하지 않다.

二月初, 山中取栽. 陽中者還種陽地, 陰中者還種陰地. 若陰陽易地則難生, 生亦不實. 此果性, 生陰地, 既入園囿, 便是陽中, 故多難得生. 宜堅實之地, 不可用虛糞也.

포도:[146]

蒲萄

한나라 무제(武帝)가 장건(張騫)을 대원(大宛)에 사신으로 보내서 포도열매를 가져다가[147] 모든 이궁(離宮)의

漢武帝使張騫至大宛, 取蒲萄實, 於

144 『본초도경』에서는 "삼가 전하는 책에서 『오보본초(吳普本草)』를 인용하여 이르기를 앵두는 일명 '주수(朱茱)', 혹은 일명 '맥감감(麥甘酣)'이라 한다."라고 한다. 금본초(今本草)에서는 이런 이름이 없는데 여전히 빠진 글자가 많은 것을 알 수 있다." 『예문유취』 권86에서는 『오씨본초』를 인용하여 "일명 '맥영(麥英)'이라고 하며, '감감(甘酣)'이다."라고 쓰고 있다.

145 '허분야(虛糞也)': '허분지(虛糞地)'로 써야 할 듯하며, 이는 푸석푸석하면서 기름진 땅을 가리킨다.

146 '포도(蒲萄)': 옛날에는 '포도(蒲桃)', '포도(蒲陶)'로도 표기하였다.

147 『사기(史記)』 권23 「대원열전(大宛列傳)」에 의거하면 포도의 도입 시기는 장건이 서역을 개통한 이후, 이광리가 대원에 도착하기 전이며, 『한서(漢書)』 권96 「서역전(西域傳)」의 기록에 의하면 이광리가 대원에 이른 이후라고 한다. 묘

별관(別館) 근처에 옮겨 심었다. 서역(西域)에는 포도가 있는데 덩굴이 뻗어 나가고 과실의 형상이 모두 (까마귀)머루[148]와 유사하였다.

離宮別館旁盡種之. 西域有蒲萄, 蔓延實並似蘡.

『광지(廣志)』에 이르기를[149] "포도에는 황색, 백색, 흑색의 3종류가 있다."라고 하였다.

廣志曰, 蒲萄有黃白黑三種者也.

포도덩굴이 뻗어 나가면서 매달려서 위로 올라갈 뿐 스스로 설 수 없다. 시렁[架]을 만들어서 받쳐 주면 잎이 촘촘해져서 두터운 그늘을 만

蔓延, 性緣不能自舉. 作架以承之, 葉密陰厚,

치위 교석본을 보면, 각 서에는 『박물지(博物志)』를 인용하면서 이와 같은 차이가 있는데 예컨대 당대(唐代) 단공로(段公路)의 『북호록』 권3에서는 『박물지』를 인용하면서 말하기를 "장건이 서역에 사신으로 갔다가 돌아오면서 포도를 … 구하였다."라고 한다. 『문선(文選)』「한거부(閑居賦)」에서는 이선의 주에서 『박물지』를 인용할 때 "장건이 대하에 사신으로 갔다가 석류를 구해 왔다. 이광리는 이사 장군이 되어서 … 포도를 구해 왔다."라고 하였다. 『사기』 권123 「대원열전」의 기록에는 "원(宛) 주변의 국가는 포도로 술을 담갔고, 부자들은 포도주를 저장하는 것이 1만여 섬[石]에 달했으며 오래되어 수십 년이 지나도 부패되지 않아서 민간에서는 술 마시기를 좋아했다. 말은 거여목[苜蓿]을 잘 먹는다. 한나라 사신이 그 열매를 가져와서 이에 천자가 처음으로 거여목과 포도를 재배해서 땅을 비옥하게 하였다. 천마가 늘어나고 외국의 사자가 무리 지어 오게 되면서 이궁 별관 근처에 모두 포도와 거여목을 파종할 것을 심히 염원했다."라고 한다. 이궁 별관 근처 넓은 토지에 파종하여 외국의 사자가 많이 온 이후에 마치 천마를 진상하면서 포도 종자도 함께 가지고 온 듯하다.

148 '영(蘡)': 스셩한의 금석본에 따르면, '영(蘡)'은 곧 까마귀머루[蘡薁]이며, *Vitis thunbergii*와 유사한 종류이다. 과거부터 중국의 황하 장강 유역에서 두루 재배되었다. 반면 묘치위 교석본에서는 '영(蘡)'의 학명을 *Vitis adstrictia*라고 하여 스셩한과 차이를 보인다. 이는 낙엽의 목질로 구성된 등나무과이다. 즙이 많은 과일로 구슬형태를 띠고 있으며 자흑색이다.

149 『예문유취』 권87, 『태평어람』 권972의 '포도(蒲萄)'조는 모두 『광지』의 이 조항을 인용하고 있는데, '삼종(三種)'만 있고 '자야(者也)' 두 글자는 없다.

들므로 더위[熱]를 피할 수 있다.

10월 중에는[150] 한 보步 간격으로 한 개의 구덩이를 파고 포도 덩굴을 모아서 말아 모두 구덩이 속에 묻어 둔다. 줄기와 가지 부분에는 얇게 자른 짚이나 기장 줄기를 덮어 주면 더욱 좋다. 기장 줄기가 없으면 직접 흙을 덮어 주어도 좋다.[151] 축축해서는 안 되는데, 축축하면 얼어 버린다.

이듬해 2월 중에 다시 꺼내서 시렁 위에 둘러 준다. (포도의) 성질은 추위에 잘 견디지 못하므로 덮어 주지 않으면 얼어 죽게 된다. 해가 오래된 덩굴은 뿌리와 줄기가 굵기 때문에 뿌리에서 약간 떨어진 곳에 구덩이를 파서 줄기가 부러지지 않도록 해야 한다. 구덩이 밖에 드러난 부분에서는 약간의 흙을 파서 기장 줄기와 함께 쌓아 덮어 준다.

可以避熱.

十月中, 去根一步許, 掘作坑, 收卷蒲萄悉埋之. 近枝莖薄安黍穰彌佳. 無穰, 直安土亦得. 不宜濕, 濕則冰凍. 二月中還出, 舒而上架. 性不耐寒, 不埋即死. 其歲久根莖麤大者, 宜遠根作坑, 勿令莖折. 其坑外處, 亦掘土并穰培覆之.

150 10월 중에서부터 시작하여 편의 마지막에 이르기까지 '적포도법(摘蒲萄法)', '작건포도법(作乾蒲萄法)' 및 '장포도법(藏蒲萄法)'의 세 조항은 제목만 큰 글자로 되어 있고 나머지는 모두 두 줄의 작은 글자로 쓰여 있는데, 묘치위 교석본에서는 일률적으로 큰 글자로 바꾸어 쓰고 있다.

151 '안토역득(安土亦得)': '안(安)'은 '놓다[安放]'는 의미이다. 명초본에서는 '安上弗得'이라고 쓰여 있는데, 스셩한의 금석본에서는 금택초본과 『농상집요』 및 명청각본에 의거하여 '安土亦得'으로 고쳐 쓰고 있다. 묘치위는 교석본에서, '토역(土亦)'은 금택초본과 호상본에서는 글자가 같으나 황교본과 명초본에서는 '상불(上弗)'로 잘못 쓰고 있으며 장교본에서는 '토불(土弗)'로 잘못 쓰고 있다고 한다.

포도를 따는 법[摘蒲萄法]: 포도가 익으면[152] 한 알 한 알 따내는데 (이와 같이 하면) 포도송이의 머리에서 끝까지 전부 손실되거나 남겨두는 일은 없다. 보통 사람들은 송이[153]째로 꺾어서 따 내는데 그렇게 하면 10분의 1은 손실된다.

摘蒲萄法. 逐熟者一一零疊一作條摘取, 從本至末, 悉皆無遺. 世人全房折殺者, 十不收一.

건포도 만드는 법: 아주 잘 익은 포도를 가려서 한 알 한 알 따 내고, 칼로 꼭지를 잘라 내어 뭉개져서 즙이 나오지 않도록 한다.

꿀 2푼과 기름 1푼을 잘 섞어서 포도와 함께 넣어 두고, 4-5차례 끓여서 씨 등을 걸러 내어 음지에서 말리면 된다.

이와 같이 하면 맛이 배로 좋을 뿐 아니라 여름이 지나더라도 상하거나 변질되지 않는다.

作乾蒲萄法. 極熟者一一零疊摘取, 刀[22]子切去蔕, 勿令汁出. 蜜[23]兩分, 脂一分, 和, 內蒲萄中, 煮四五沸, 漉出, 陰乾便成矣. 非直滋味倍勝, 又得夏暑不敗壞也.

포도를 신선하게 저장하는 법: 포도가 잘 익었을 때 송이째로 잘라 낸다. 방 안의 햇볕이 들지 않는 곳에 구덩이를 만들고 구덩이 속 바닥 근처에 벽을 뚫어 구멍을 내어서, 구멍 속에 포

藏蒲萄法. 極熟時, 全房折取. 於屋下作蔭坑, 坑內近地鑿壁爲

---

152 '축숙(逐熟)': '축(逐)'자는 왕윈우[王雲五]의 만유문고(萬有文庫)본에서는 '극(極)'자로 잘못 쓰고 있으며, '숙(熟)'자는 비책휘함 계통의 각본에서는 '열(熱)'자로 오인해서 쓰고 있다.

153 '전방(全房)'은 송이를 일컫는다.

도가지를 꽂은 후 다시 구멍을 채워 잘 봉한다. 방 안의 구덩이에 흙을 쌓아서 덮어 주면 한 겨울이 지나도 변하지 않는다.[154]

孔, 插枝於孔中, 還[24]築孔使堅. 屋子置土覆之, 經冬不異也.

그림 3
복숭아[桃]와 열매: 『낙엽과수』 참조.

그림 4
동도(冬桃)

그림 5
산도(山桃)

154 '옥자(屋子)'는 해석하기 매우 어렵다. 스셩한의 금석본에 따르면, '자(子)'자는 '중(中)'자를 잘못 쓴 듯하며, 또한 '치토(置土)'가 일찍이 글자 형태가 유사한 '옥(屋)'자로 잘못 쓰였을 것이라고 했다. 묘치위 교석본에서는 '치토복지(置土覆之)'를 보면 흙을 구덩이 위에 덮을 때는 반드시 걸치는 물건이 있어야 하는데 '옥자(屋子)'는 분명 걸쳐서 흙을 덮는 물건일 것이나, 아직 어떤 글자가 잘못되었는지 알 수가 없다고 한다.

교 기

19 '백(白)': 금택초본에서는 '백(白)'자를 쓰고 있지만 황교본, 장교본에서는 '일(日)'자로 잘못 쓰고 있고 명초본에서는 '왈(曰)'자로 잘못 쓰고 있으며 호상본에서는 '하백도(夏白桃)'가 빠져 있다.

20 '편(便)': 명초본과 금택초본에서는 모두 '사(使)'로 쓰고 있는데, 『농상집요』에 의거하여 고쳐서 바로잡는다.

21 '작(斫)': 명초본에서는 '연(硏)'으로 쓰고 있는데 분명히 글자 형태가 비슷하여 잘못 쓴 것이다. 금택초본과 『농상집요』에 의거하여 수정하였다.

22 '도(刀)': 다른 본에서는 동일하다, 명초본에서는 '역(力)'으로 잘못 쓰고 있다.

23 '밀(蜜)': 명초본에서는 '밀(密)'로 잘못 쓰고 있는데, 다른 본에서는 잘못되지 않았다.

24 '환(還)': 명초본과 비책휘함 계통의 판본에서는 '선(選)'으로 쓰고 있는데 금택초본에 의거하여 고쳐서 바로잡는다.

제35장

자두 재배 種李第三十五

『이아(爾雅)』에 이르기를[155] "'휴(休)'는 열매를 맺지 않는 자두나무[無實李][156]이고, 좌(痤)는 접여리(接慮李)[157]이며, 박(駁)은 붉은 자두[赤李][158]이다."라고 한다.

爾雅曰, 休, 無實李. 痤, 接慮李, 駁, 赤李.

『광지(廣志)』에 이르기를,[159] "붉은 자두[赤李]가 있다.

廣志曰, 赤李. 麥

155 『이아(爾雅)』「석목(釋木)」편 '이(李)' 부분의 전문으로서 '접(接)'은 '접(椄)'으로 쓰고 있다. 『설문해자』에 의하면 '접(椄)'은 나무를 연결하는 것으로서, 곧 지금의 접붙이기이다.

156 곽박은 '무실리(無實李)'를 주석하여 이르기를, "일명 조리라고 한다."라고 하였다. 묘치위 교석본에서는 '무실조(無實棗)'의 예에 의거하여 씨가 퇴화되어서 씨가 없는 자두인 것으로 보았다.

157 접여리(接慮李)의 나무 높이는 10자 정도 된다. 봄에 살구 잎처럼 잎이 피고 흰 꽃이 뾰족하게 피어나며 늦봄에 열매가 열리고 5-6월에 익는다. '접여리(接慮李)'에 대한 곽박의 주석에는 주석하여 이르기를 "맥리(麥李)이다."라고 하였다. 밀이 익을 때의 자두는 지금의 '맥리(麥李)'의 이름과 같다. 열매가 가늘고 홈이 있다. 맥류와 같은 시기에 익기 때문에 이름을 박적리(駁赤李)라고 하며 열매가 붉다.

158 '적리(赤李)'는 곧 자두와 같은 속의 '홍리(紅李; *Prunus simonii*)'로서 '행리(杏李)'라고도 한다.(『광지』에 보인다.)

159 "광지왈(廣志曰)": 『태평어람』 권968에 인용된 『광지』는 모두 3단락인데 "'서리(鼠李)', '주리(朱李)'는 염색을 할 수 있다. '거하리(車下李)', '거상리(車上李)'가

맥리(麥李)는 열매가 작고 가늘며 한 줄의 홈이 나 있다.[160] 황건리(黃建李)·청피리(青皮李)·마간리(馬肝李)·적릉리(赤陵李)[161]가 있다.

고리(餻李)가 있는데, 과육이 찰기가 있어서 마치 찰떡과 같다. 내리(柰李)가 있는데, 씨가 잘 떨어지며 자두가 사과[柰]와 유사하다. 벽리(劈李)가 있으며, 익은 뒤에는 반드시 저절로 벌어진다. 경리(經李)가 있는데 노리(老李)라고 하며, 나무는 단지 몇 년이 지나면 말라 죽는다.

행리(杏李)가 있으며 맛은 약간 시고[162] 살구 열매와 유

李, 細小有溝道. 有黃建李, 青皮李, 馬肝李, 赤陵李. 有餻李, 肥黏似餻. 有柰李, 離核, 李似柰. 有劈李, 熟必劈裂. 有經李, 一名老李, 其樹數年即枯. 有杏李, 味小醋, 似杏. 有黃

있다. 또한 봄에 익으며 염색을 할 수 있다." "'맥리(麥李)'는 가늘고 작으며 홈이 있다. 자두에는 '황건리(黃建李), 청피리(青皮李)', '마간리(馬肝李)', '적리(赤李)', '방능리(房陵李)'가 있으며 '역리(亦李)'가 있는데, 육질이 차져서 먹으면 떡과 같다. 또한 '내리(㮈李)', '이핵리(離核李: 자두가 사과와 같다.)'가 있고 또한 벽리(劈李: 익으면 반드시 쪼개진다.), 경리(經李)가 있으며 일명 노리(老李: 그 나무는 몇 년이 지나면 말라죽는다.)라고 한다. 행리(杏李: 맛이 신 것이 살구와 같다.)도 있고 또한 '황편리(黃扁李)'가 있으며 '하리(夏李)'가 있다. 11월달에 익는 '동리(冬李)'도 있다.[이 3개의 자두는 업(鄴)의 과수원에서 파종했다.] '춘리(春李)'는 겨울에 꽃이 피고 봄에 익는다."라고 하였다. '서리'는 별도의 식물이다. '거하리(車下李)', '거상리(車上李)', '맥리(麥李)'는 모두 '욱리[郁李, 즉 '산앵두나무[棠棣]'로서 '욱(薁)'이라고 하며, 다른 이름 또한 매우 많다.]'이다. 본서에서 이르는 '적능리(赤陵李)'는 분명 '적리(赤李)'와 '방능리(房陵李)' 5자를 말하며 '이방(李房)'이라는 두 글자가 빠진 것이다. 『예문유취』 권86에서 인용하는 『광지(廣志)』에는 바로 '적리, 방능리(赤李, 房陵李)'로 되어 있다. 반악의 「한거부(閑居賦)」의 구절에는 '방릉주중지리(房陵朱仲之李)'라는 구절이 있다. '방릉(房陵)'은 지금의 호북성 방현의 지명이다.

160 '유구도(有溝道)': 과실의 표면에 세로로 한 줄의 홈이 있는 것이다.

161 스셩한의 금석본 역문에서는 '적리(赤李)', '방능리(房陵李)'가 있다고 해석하였다.

162 금택초본에서는 '초(醋)'로 쓰고 있으며 각본에서는 '산(酸)'으로 쓰고 있다. 『태평어람』에서는 인용하여 '초(酢)'로 쓰고 있는데 '초(醋)'자와 동일하다.

사하다. 황편리(黃扁李)와 하리(夏李)도 있다. 동리(冬李)는 11월에 익는다. 춘계리(春季李)가 있는데 겨울에 꽃이 피고 봄이 되면 익는다."라고 한다.

扁李, 有夏李. 冬李, 十一月熟. 有春季李, 冬花春熟.

『형주토지기(荊州土地記)』에 이르기를,[163] "방릉(房陵)과 남군(南郡)[164]에는 유명한 자두가 있다."라고 한다.

荊州土地記曰, 房陵南郡有名李.

[주처(周處)의] 『풍토기(風土記)』에 이르기를[165] "남군의 세리(細李)는 4월이 되면 먼저 익는다."라고 한다.

風土記曰, 南郡細李, 四月先熟.

서진(西晉) 부현(傅玄)의 『이부(李賦)』에는[166] "하(河)와

西晉傅玄賦曰, 河

163 『형주토지기(荊州土地記)』: 각가(各家)의 서목에는 보이지 않고 오직 『예문유취』, 『태평어람』 등에서 인용하고 있다. 묘치위의 교석본에 의하면, 『제민요술』에서는 같은 내용을 인용하여 『형주토지기』라고 쓰고 있는데 『예문유취』, 『초학기』, 『태평어람』 등에서는 인용하여 『형주기(荊州記)』라고 간칭하고 있다. 『초학기』에서는 유징지(劉澄之)가 쓴 『형주기』를 인용하고 있으며, 『태평어람』에서 인용한 서목에는 범왕(范汪), 유중옹(庾仲雍), 성홍지(盛弘之) 등 3종류의 『형주기』가 있다. 호립초(胡立初)가 『형주토지기』에 근거하여 기록한 군현 설치시기와 예속 관계의 고증에 의하면 이 책은 앞에 있던 범왕, 유중옹, 유징지 등 세 종류의 『형주기』에서 나온 것이 아니고, 성홍지의 『형주기』도 아니다. 왜냐하면 책에 담긴 것이 남조의 유송(劉宋)시기로서 후에 나온 것이기 때문이다. 『제민요술』은 또 『형주지기(荊州地記)』와 『형주기』를 인용하고 있는데, 이것이 『형주토지기』의 약칭인지의 여부는 아직 알 수 없다고 한다.

164 '방릉(房陵)': 지금의 호북성 방현이다. '남군(南郡)'은 군의 이름으로 군 소재지가 지금의 호북성 강릉에 있다.

165 『예문유취』 권86에서는 『풍토기』를 인용하여 "남군(南郡)에는 가는 자두가 있으며 '청피리(靑皮李)'도 있다."라고 쓰고 있다. 『초학기』 권28, 『태평어람』 권968에는 주처(周處)의 『풍토기』를 인용한 것이 『제민요술』과 동일하나 '남군(南郡)'은 모두 '남거(南居)'라고 와전되어 쓰이고 있다.

166 『초학기』와 『태평어람』에서 인용한 바에 의하면 이것은 부현(傅玄)의 『이부(李賦)』로서 인용하고 있는 문장과 동일하다. 부현(傅玄: 217-278년)은 서진의 철학가이자 문학가로, 음률에 정통하였으며 시(詩)는 악부시를 잘 지었다. 당시 현학

기(沂)[167]지역의 황건리[黃建]와 방릉(房陵)의 표청리[縹青][168]" 라는 말이 있다.

沂黃建, 房陵縹青.

『서경잡기(西京雜記)』에 이르기를,[169] "상림원에는 주리(朱李)·황리(黃李)·자리(紫李)·녹리(綠李)·청리(青李)·기리(綺李)·청방리(青房李)·거하리(車下李),[170] 노(魯)나라에서 생산되는 안회리(顏回[171]李)·합지리(合枝李)·강리(羌李)·연리

西京雜記曰, 有朱李, 黃李, 紫李, 綠李, 青李, 綺李, 青房李, 車下李, 顏回李, 出魯,

공담(玄學空談)에 대해서 비판을 행하였다. 원래는 문집이 있었으나 지금은 전해지지 않고, 후대 사람이 편집하여 겨우 일부분이 남아 있다. 『제민요술』 권10 「(8) 대추[棗]」에서는 『조부』를 인용하고 있으며, 「(122) 목근(木堇)」에서는 『조화부서(朝華賦序)』를 인용하고 있다.

167 '기(沂)': 이는 기수를 가리키며 지금의 산동성 기하(沂河)이다.

168 '표청(縹青)': 연한 청색이다.

169 금본의 『서경잡기』는 "이십오(李十五)"에 기록되어 있는데 『제민요술』에서는 3종류가 적고 명칭 또한 같지 않다. 각류의 책에서 인용한 것 또한 서로 차이가 있다. 본서에서는 『서경잡기』의 상림원의 자두 12종을 인용하고 있는데 『초학기』 권28에서 인용한 것에는 '후리(猴李)'라는 종자가 하나 더 많다. 『태평어람』 권968에서 인용한 것에는 '만리(蠻李)', '후리(猴李)'라는 두 종류가 더 있으며 '청리(青李)', '기리(綺李)'는 『태평어람』에는 '청기리(青綺李)'라는 한 종류로 되어 있어서 금본(今本)의 『서경잡기』의 기록과 같으며, 금본의 『서경잡기』에는 『태평어람』의 13종류 이외에도 '동심리(同心李)', '금지리(金枝李)' 두 종류가 더 있다. 본서에서 인용한 『태평어람』과 마찬가지로 '함지리(含枝李)'인 것이다. 금본의 『서경잡기』에는 '함지리(含枝李)'라고 표기되어 있는데, 이 때문에 '금지리(金枝李)' 또한 잘못 쓴 것이 많을 듯하다. '안회리(顏回李)'는 『태평어람』과 금본의 『서경잡기』에는 모두 '안연(顏淵)'이라고 쓰고 있는데 『초학기』에서는 '안회리(顏回李)'라고 쓰고 있다.

170 '거하리(車下李)': 이는 '산앵두[郁李; *Prunus japonica*]'로서 자두와 같은 속이다. [권10 「(25) 산앵두[鬱]」 참조.]

171 안회(顏回: 기원전 521-기원전 490년)는 공자의 제자로서 노나라 사람이다. 이 자두는 대개 그의 고향에서 생산되었기 때문에 그의 이름을 붙였다.

(燕李)가 있다."라고 한다.

오늘날[북위] 목리(木李)가 있는데 열매가 다른 것보다 아주 크며 맛도 좋다. 또한 중식리(中植李)가 있는데 맥이 익은 후 조가 익기 전에 익는다.

合枝李, 羌李, 燕李.

今世有木李, 實絕大而美. 又有中植李, 在麥後穀前而熟者.

자두나무는 꺾꽂이를 해야 한다.[172] 자두나무는 성질이 단단하여 열매를 맺는 속도가 늦어서 5년이 지나야 비로소 열매를 맺는다. 따라서 꺾꽂이를 해야 한다. 꺾꽂이를 한 것은 3년이 지나면 열매를 맺을 수 있다.[173]

李欲栽. 李性堅, 實晚, 五歲始子, 是以藉栽. 栽者三歲便結子也.

자두나무는 수명이 오래가서 나무 한 그루가 30년의 수명이 있으며, 오래된 자두나무는 비록 가지가 마를지라도 과일은 여전히 작아지지 않는다.

李性耐久, 樹得三十年, 老雖枝枯, 子亦不細.

자두나무 시집보내는 법[嫁李法]: 정월 초하룻날이나 보름날에 벽돌을 자두나무의 가지 사이에 끼워 두면 열매가 많아진다.[174]

嫁李法. 正月一日, 或十五日, 以塼石著李樹歧

---

172 '이욕재(李欲栽)': 자두는 나무를 취해서 옮겨 심는 것이 좋고 씨를 파종해서는 안 된다. 묘치위 교석본에 따르면, 이것은 본문의 시작으로서, 이 세 글자는 원래 두 줄로 된 작은 글자였고 윗 문장에 이어서 '麥後穀煎而熟者'의 다음에 연결되어 있었는데, 이 세 글자가 본편의 첫머리에 제목에 들어갔기 때문에 옮겨 적는 과정에 잘못된 것이다. 지금은 큰 글자로 고쳐 쓴다고 하였다.

173 '삼세편결자(三歲便結子)': 씨를 파종하여 자란 실생묘(實生苗)는 발육 단계의 배아와 유년 단계를 거쳐 꽃이 피고 열매를 맺기 때문에 연령이 비교적 늦다. 그러나 나무를 옮겨 심으면 이미 어린 수령 단계를 거쳤기 때문에 열매를 맺는 시간을 단축하여 먼저 열매를 맺게 된다. 무릇 뿌리의 영양으로부터 번식하는 꺾꽂이, 휘묻이, 뿌리가지 분얼 등의 방식은 모두 일찍 열매를 맺는다.

174 '영실번(令實繁)': 묘치위 교석본을 참고하면, 나뭇가지 사이에 벽돌을 눌러 두면

中, 令實繁.

또 다른 방법:[175] 12월 보름에 막대기로 가지 사이를 가볍게 두드리고 정월 말이 되어서 다시 두드리면 열매가 많이 맺히게 된다.

又法. 臘月中, 以杖微打歧間, 正月晦日復打之, 亦足子也.

또 다른 방법: 한식寒食날[176] 예락醴酪[177]이나 우유로 만든 타락죽을 끓이는 부지깽이[178]를 나

又法. 以煮寒食醴酪火桥著樹

피부껍질의 형성층이 압박을 받거나 손상되어서 유기 양분이 아래로 운송되는 작용을 저해하여 과일이 맺히는 효과가 만족스럽지 않다. 그러나 나뭇가지가 굵고 단단하게 자라지 않았으면 나뭇가지가 밖으로 향해 뻗어 나갈 수 있어, 통풍과 햇빛을 받는 데 유리하고, 햇볕을 더 오래 쬘 수 있어서 당류 등의 유기 양분의 제조를 증가시킨다. 동시에 나뭇가지의 경사각도가 크면 곧바로 자라는 것보다 생장속도가 약간 늦어져서 당류 등의 양분의 소모도 비교적 적으므로, 열매를 맺는 데 필요한 것을 공급할 수 있게 된다. 다음 문장의 "막대기로 가지 사이를 가볍게 두드린다."라는 것은 대략 대추를 시집보내는 법과 동일하다.

175 이 문장과 다음 단락의 '우법(又法)' 두 조항은 '우법' 두 글자가 큰 글자로 되어 있는 것을 제외하고 나머지는 모두 두 줄의 작은 글자로 적혀 있는데, 묘치위 교석본에서는 모두 큰 글자로 고쳐서 쓰고 있다.

176 '한식(寒食)': 전통시대 절기의 이름으로, 청명 하루 또는 이틀 전이다.

177 '예락(醴酪)': 일종의 엿당에 살구씨를 가미한 타락죽이다. 권9에는 「예락(醴酪)」 편이라는 전편이 있다.

178 '화첨(火桥)'은 불을 일으키는 부지깽이이다. 『설문해자』에서는 '괄(桰)'로 쓰고 있는데, '괄(桰)'은 아궁이에 불을 지피는 나무이다. 단옥재는 주석하기를 "오늘날 농언에서 '조첨(竈桥)'이라고 하는 것이 이것이다."라고 하였다. 묘치위 교석본에 의하면 그것을 올려 일으키기에 글자 또한 손 수(手) 변을 붙여서 '첨(掭)'자로 썼으며, 청대 전대흔(錢大昕)의 『항언록(恒言錄)』 권5의 '등첨(燈掭)'조에서는 남송의 홍매(洪邁)가 찬술한 『용재오필(容齋五筆)』을 인용하기를, "민간에서 피운 등불을 문질러 끄는 지팡이를 일러 '첨(掭)'이라고 한다."라고 하였다. '첨화봉(掭火棒)'은 불에 탈 수 있기 때문에 대부분 부뚜막 속에서 꺼낸 나뭇가지를 가리

뭇가지 사이에 끼워 두면 좋다. 자두나무가 많을 경우에는 (어떤 사람은 의도적으로) 나뭇가지를 한꺼번에 많이 묶고 태운다.

자두나무와 복숭아나무 아래에는 모두 호미질 하여 잡초를 제거해야 하지만 갈아엎을 필요는 없다. 갈이하면 (나무는 잘 자라지만) 열매는 맺지 않으며, 나무 아래를 쟁기로 갈게 되면 나무가 죽을 수도 있다.[179]

복숭아나무와 자두나무는 대개 사방 12자[兩步]마다 한 그루씩 심는다. 너무 조밀하게 심어 나무 그늘이 서로 겹치면 열매가 작아지며 맛도 좋지 않다.[180]

『관자管子』에 이르기를,[181] "오옥五沃[182]의 토

枝間, 亦良. 樹多者, 故多束枝, 以取火焉.

李樹桃樹下, 並欲鋤去草穢, 而不用耕墾. 耕則肥而無實, 樹下犂撥亦死之.

桃李大率方兩步一根. 大概連陰, 則子細而味亦不佳.

管子曰, 五沃

키기도 한다.

179 '樹下犂撥亦死之': 스셩한의 금석본에서는 마땅히 '根下犂撥亦死亡'이라고 써야 한다고 지적한다.

180 가지와 잎이 서로 겹쳐 가려지면 과일나무의 배양에 가장 좋지 않다. 통풍이 좋지 않고 햇볕도 가려 광합성 작용에 나쁘고, 가지와 잎이 열매가 필요한 유기물질을 합성하기가 어려워서 자연적으로 열매가 적게 달리며 맛도 좋지 않기 때문이다. 또한 그늘진 곳은 병충해가 집중적으로 잠복되어 있어서 피해가 더욱 커진다. 윗 문장에 복숭아나무와 자두나무 아래에는 개간하여 농사짓기에 적당하지 않다고 하였는데, 시비하여서 나무가 지나치게 무성하지 못하게 하는 것으로, 그 이치는 동일하다.

181 『관자』「지원(地員)」편의 원문에는 "五沃之土, … 宜彼羣木, … 其梅其杏, 其桃其李."라고 쓰여 있다. 『제민요술』에서는 그 의미를 선택적으로 인용하고 있다. 묘치위 교석본에 이르기를, '오옥(五沃)'은 금택초본에는 이 문장과 같으며 다른 본에는 모두 '삼옥(三沃)'이라고 잘못 쓰고 있다. 『관자』의 이 문장은 다음의 『한시외전(韓詩外傳)』, 『가정법(家政法)』 두 조항과 같이 원래는 모두 두 줄로 된

양에 나무를 심을 때는 매화나무[梅]와 자두나무가 적당하다."라고 하였다.

之土, 其木宜梅李.

『한시외전韓詩外傳』에 기록하기를,[183] 간왕簡王이 이르기를 "봄에 복숭아나무와 자두나무를 파종하면 여름철에 (나무 아래에) 그늘을 얻을 수 있으며 가을에는 열매를 따서 먹을 수 있다. 봄에 남가새[蒺藜]를 파종하면 여름에는 열매를 딸 수 없으며 가을에 얻는 것은 가시뿐이다."라고 하였다.

韓詩外傳云, 簡王曰, 春樹桃李, 夏得陰其下, 秋得食其實. 春種蒺藜, 夏不得採其實, 秋得刺焉.

『가정법家政法』에 이르기를 "2월에 매화나무와 자두나무를 옮겨 심는다."라고 한다.

家政法[25]曰, 二月徙[26]梅李也.

백리白李를 만드는 법:[184] 여름철에 익는 자두

作白李法. 用

작은 글자로 되어 있었으나 점차 윗 문장의 주석인 '미역불가(味亦不佳)'의 다음에 이어서 쓰면서 "桃李 … 兩步一根"의 주문으로 바뀌었으며, 옮겨 적는 과정에서 혼란을 빚었기에 지금은 일률적으로 고쳐서 큰 글자로 쓴다고 하였다.

182 '오옥(五沃)'은 토지가 비옥한 상등의 토양이다. 스성한의 금석본에는 '오옥(五沃)'을 '삼옥(三沃)'이라고 하고 있다.

183 『한시외전』 권7에 보인다. '간왕(簡王)'을 '간주(簡主)'로 쓰고 있으며, 『제민요술』에서는 줄여서 인용하고 있다. 『한시외전』은 전한 한영(韓嬰)이 찬술한 것으로서 금본 10권도 훼손된 상태이다. 그 책의 잡술과 고언은 『시경』의 시구로 검증해 볼 때 『시경』의 본뜻을 상세하게 밝힌 것은 아니다. 한영(韓嬰)은 제(齊), 노(魯), 한(韓), '삼가(三家)의 시' 중에 '한시(韓詩)'의 개창자이다. '삼가의 시'는 전한 때 모두 관학으로서 박사를 두어서 그 시학(詩學)을 상세하게 설명하였다. 한영은 한 문제 때 박사에 임명되었다. 그 한시는 이미 사라져서 전해지지 않는다. 지금은 겨우 외전만 남아 있다.

184 본 문장은 '작백리법(作白李法)'이라는 표제 이외에 나머지는 모두 두 줄로 된 작은 글자로 되어 있는데 묘치위 교석본에서는 큰 글자로 고쳐 놓고 있다. '백(白)'

를 사용한다. 자두의 색이 황색으로 변하면 따서 소금에 버무린다. 소금이 배어들면 즙이 생겨 나온다.[185] 이때 다시 소금을 뿌리고 햇볕에 말려 쪼그라들면서 연해지면 손으로 납작하게 누른다. 재차 햇볕에 말리고 다시 누르는데 완전히 납작해지면 그만둔다. 햇볕에 바짝 말린다. 술을 마실 때 끓는 물에 담갔다가 건져 내어서 꿀에 넣으면 안주[186]로 곁들이기에 좋다.

夏李. 色黃便摘取, 於鹽中挼之. 鹽入汁出. 然後合鹽曬令萎, 手捻之令褊. 復曬, 更捻, 極褊乃止. 曝使乾. 飲酒時, 以湯洗之, 漉著蜜中, 可下酒矣.

그림 6
자두[李]와 열매:
『낙엽과수(落葉果樹)』
참조.

그림 7
산앵두[郁李; 車下李]

은 원래의 과실을 햇볕에 말리고 훈제하지 않고 색깔을 입히지도 않은 것이다.

185 '염입즙출(鹽入汁出)': 소금의 주된 성분은 염화나트륨으로서, 고농도의 나트륨은 식물 체내의 정상적인 대사를 파괴하여 대량의 액즙이 흘러나와서 열매를 쪼그라들게 하는데, 민간에서는 '발수(拔水)'라고 일컫는다.

186 '하주(下酒)': 류제[劉洁]의 논문에서는 이것을 '이채좌주(以菜佐酒)'로 해석하여 안주의 의미로 보고 있다.

● 그림 8 남가새[蒺藜]

교 기

25 '가정법(家政法)': 명초본에서는 '과정법(寡政法)'이라고 잘못 쓰고 있는데 금택초본과 『농상집요』에 의거하여 고쳐서 바로잡는다.

26 '사(徙)': 명초본과 명청 각본에서는 모두 '종(從)'자로 쓰고 있다. 금택초본에서는 원래 '도(徒)'로 썼는데 이후에 당(唐) 접본(摺本)에 의거하여 고쳐서 '사(徙)'자로 썼다.

제36장
매실 · 살구 재배 種梅杏第三十六

● 種梅杏第三十六: 杏李麨附出.[187] 매실 · 살구 찐 가루를 덧붙임.

『이아(爾雅)』에 이르기를,[188] "매화[梅]는 남(柟)이라고 하며, 시(時)는 영매(英梅)이다."라고 하였다. 곽박(郭璞)이 주석하여 말하기를, "매실[梅]은 살구[杏]와 비슷하나 열매는 시며, 영매(英梅)는 일찍이 들어 본 바가 없다."라고 하였다.

爾雅曰, 梅, 柟也, 時, 英梅也. 郭璞注曰, 梅, 似杏, 實醋, 英梅, 未聞.

『광지(廣志)』에 이르기를,[189] "촉나라 사람들은 매(梅)를 '요(橑)'라고 하는데, 기러기 알 정도의 크기이다. 매실과 살구는 모두 기름을 짜고 포를 만들 수 있다.[190] 황매(黃梅)는 쪄서

廣志曰, 蜀名梅爲橑, 大如鴈子. 梅杏皆可以爲油脯. 黃梅

187 스성한의 금석본에서는 '행리초부출(杏李麨附出)'이라는 부제목을 표기하지 않았다.

188 이는 『이아(爾雅)』 「석목(釋木)」편에 보이며, 모두 '야(也)'자가 없다. 금본의 곽박 주에는 '영매(英梅)는 작매(雀梅)'라고 하였다. '작매'는 곧 산앵도[郁李; *Prunus japonica*]이다. '남(柟)'은 '남(楠)'자와 같으며, 이는 곧 녹나무과의 남목(楠木; *Phoebe zhennan*)으로서, 별칭으로 '매(梅)'라고 하나, 장미과의 매화[梅; *Prunus mume*]는 아니다.

189 『초학기』 권28, 『태평어람』 권970의 '매(梅)'조에서 『광지』를 인용한 것에는 '매행(梅杏)'을 '매료(梅橑)'라고 쓰고 있으며, 나머지는 같다.[『초학기』에는 '포(脯)'자가 빠져 있다.] 그러나 묘치위는 교석본에서 '요(橑)'는 말린 매실로서, '기름[油]'을 짤 방법이 없기에 글자가 잘못된 것 같다고 한다.

190 '유(油)'는 일종의 말린 과육을 가루로 낸 것으로서 흡사 '과일가루[果麨]'와 같은

햇볕에 말린 과일[橑][191]로 만들 수 있다."[192]라고 하였다.

『시의소(詩義疏)』에 이르기를[193] "매실은 살구와 같은 종류이며, 나무와 잎은 모두 살구와 같은데, 색깔은 약간 검다. 열매는 살구보다 붉고, 맛은 시며, 날로도 먹을 수 있다. 쪄서 익히고 햇볕에 말려 말린 매실을 만들 수 있다. 이것은 채소국, 고깃국, 양념 속에 넣는다. 입에 들어가면 향기가 나고, 또한 꿀에 재워 저장해 먹을 수 있다."라고 하였다.

以熟橑作之.

詩義疏云, 梅, 杏類也, 樹及葉皆如杏而黑耳. 實赤於杏而醋, 亦可生噉也. 煮而曝乾爲蘇. 置羹臛齏中. 又可含以香口,

데, '대추기름[棗油]', '살구씨기름[杏油]'도 있다. '포(脯)'는 과일로 만든 포이다.

191 '석(蘇)': 『설문해자』에 의하면 요(橑)는 '매실을 말린 것'이라고 하며, 『주례』「천관·변인(籩人)」에 '건료(乾橑)'라는 말이 있다. 이것은 바로 '쪄서 햇볕에 말렸다는 것'이며, 석(蘇)은 분명 '요(橑)'자가 잘못된 것이다. 사전에는 이 글자가 없다. 학의행(郝懿行)의 『이아의소(爾雅義疏)』에서는 『제민요술』에서 인용한 『시의소(詩義疏)』를 재인용하면서 '석(腊)'자로 쓰고 있다. 『태평어람』 권970에서는 인용하여 '소(蘇)'로 쓰고 있는데, 본문에 의거하여 마땅히 '요(橑)'자로 써야 할 것이다.

192 당대(唐代) 단공로(段公路)의 『북호록(北戶錄)』 '홍매(紅梅)'에는 "영남의 '매(梅)'는 강좌(江左: 강동 지역인 듯하다.)보다 작다. 주민들은 그것을 따서, "豆蔻花 … 枸橼子"와 같은 유와 섞어 소금을 넣고 버무려서 햇볕에 말린다. 매실은 주근(朱槿)이 물들어 그 색깔이 아주 고우며, 지금 영북 지역에서는 홍매라고 부르는 것이 이것이다."라고 하였다. 묘치위 교석본에 의하면, 『광지』의 황매(黃梅)는 대체로 이런 유로서, 말린 매실을 황색을 곁들여 조제하여 만든 것이라고 한다.

193 『초학기(初學記)』 권28, 『태평어람(太平御覽)』 권970에서 『시의소』를 인용한 것에는 "實赤於杏而醋"는 등의 구절이 보이지 않는다. 『초학기』 권26의 '갱(羹)' 조에는 육기의 『모시초목소(毛詩草木疏)』를 인용하여서, "매실은 살구와 같은 유이다. 그 열매는 붉고 희며, 먹을 수 없다. 쪄서 햇볕에 말려 '소(蘇)'로 만들 수 있다. 채소국이나, 고깃국 속에 넣는다."라고 했는데, 이 두 책에 기록된 것이 다르다. 묘치위 교석본에 따르면, 『시의소』는 결코 육기(陸機)의 『소(疏)』는 아니라고 한다.

亦蜜藏而食.

『서경잡기(西京雜記)』에는[194] "후매(侯梅), 주매(朱梅), 동심매(同心梅), 자체매(紫蔕梅), 연지매(燕脂梅), 여지매(麗枝梅)"가 있다고 한다.

西京雜記曰, 侯梅, 朱梅, 同心梅, 紫蔕梅, 燕脂梅, 麗枝梅.

생각건대 매화는 일찍 피고, 꽃은 흰색이다. 살구꽃은 늦게 피고, 붉은색이다. 매실은 작고, 신맛이 나며, 씨에 자잘한 무늬가 있다. 살구는 크며, 맛이 달고 씨에 무늬가 없다. 백매는 음식과 양념의 맛을 내는 데 쓸 수 있지만, 살구는 이렇게 쓸 수 없다.

按, 梅花早而白. 杏花晚而紅. 梅實小而酸, 核有細文. 杏實大而甜, 核無文采. 白梅任調食及韲,[27] 杏則不任此用.

오늘날[북위] 사람들은 구별하지 못해서, 매실과 살구가 같은 것이라고 여기기도 하는데, 이는 아주 큰 잘못이다.[195]

世人或不能辨, 言梅杏爲一物, 失之遠矣.

『광지(廣志)』에 이르기를,[196] "영양(榮陽)에는 백행(白

廣志曰, 榮陽有白

194 금본의 『서경잡기(西京雜記)』에는 '매(梅)' 7종류가 있으나, 『제민요술』에는 '자화매(紫華梅)'가 없으며, 나머지 기타의 명칭 또한 다른 곳이 적지 않다.

195 가사협은 식물 종류에 대한 감별에 정확한 견해를 가지고 있다. 매실과 살구는 구별이 쉽지 않아서 옛사람들은 종종 같은 것으로 오인하였으며, 오늘날에도 종종 혼동한다. 가사협은 형태와 성질 등의 측면에서 구별하고, 꽃의 색깔, 개화시기, 과일의 맛, 용도 등의 방면에서 두 가지가 같지 않다고 지적하였는데, 특히 씨의 외형에 차이가 있다는 지적은 더욱 정확하다. 가사협은 매실의 씨 위에 자잘한 무늬가 있고, 살구씨에는 무늬가 없다고 하였는데, 이는 오늘날 살구의 식물학 분류상의 중요한 특징이다.

196 『태평어람』 권968 '행(杏)'조에서는 『광지』를 인용하였는데, '황행(黃杏)' 두 글자는 없지만 나머지는 모두 같다. '영양(榮陽)'은 『왕정농서』 「백곡보육(百穀譜六)·매행(梅杏)」에서는 『광지』를 인용하여, '형양(滎陽)'이라고 쓰고 있는데, 마땅히 이는 '영양(榮陽)'의 잘못이다. '영양(榮陽)'은 군 또는 현의 이름으로, 치소는 지금의 하남성 영양이다. 또 '『광지』'는 명초본에서는 '광충(廣忠)'으로 잘못

杏)이 있고, 업중(鄴中)에는 적행(赤杏), 황행(黃杏), 내행(柰杏)이 있다."라고 하였다.

『서경잡기(西京雜記)』에는[197] "문행(文杏)은 나무에 무늬가 있다.

봉래행(蓬萊杏)은 동해(東海)의 도위(都尉)인 우태(于台)가 진공한 것으로, 한 그루에 다섯 종류의 꽃이 핀다. 전하는 말로는 신선이 먹는 살구라고 한다."라고 하였다.

杏，鄴中有赤杏，有黃杏，有柰杏.

西京雜記曰，文杏，材有文彩. 蓬萊杏，東海都尉于台獻，一株花雜五色. 云是仙人所食杏也.

종자를 옮겨 심는 방법은 복숭아나 자두와 서로 같다.[198]

栽種與桃李同.

백매白梅를 만드는 방법:[199] 매실은 시다.[200] 매

作白梅法. 梅子

쓰고 있으나, 다른 본에서는 잘못되지 않았다.

197 『태평어람』 권968에서 『서경잡기』를 인용한 것이 『제민요술』과 같지만, 금본의 『서경잡기』에는 잘못된 문장이 있는데, 예를 들면 "東海都尉于台"를 "東郭都尉干吉"로 쓰고 있는 것으로, 동곽(東郭)과 간길(干吉)은 인명이다. 묘치위 교석본에 의하면, 맡은바 도위의 지명이 없는 것으로 보아 아마 잘못이 있는 듯하다. 도위는 군의 고급 무관이다. 동해는 한대 군의 이름으로 치소는 지금의 산동성 담성(郯城) 북부에 있다.

198 "栽種與桃李同"은 뜻이 분명하지 않다. 『제민요술』에서는 복숭아는 씨를 뿌리고 자두는 옮겨 심어야 한다고 했는데도, 매실과 살구가 복숭아와 자두와 같다고 하였으니, 씨를 심을지 옮겨 심을지, 아니면 씨를 심거나 옮겨 심는 방법이 모두 가능하다는 것인지가 확실하지 않다. 묘치위 교석본에 따르면, 오늘날의 통상적인 번식법으로는 매화는 대체로 접을 붙이지만 파종도 가능한데, 살구는 대체로 접을 붙인다고 한다.

199 "作白梅法"부터 "作烏梅欲令不蠹法"까지의 다섯 조항은 제목이 큰 글자로 쓰여 있는 것 외에는 전부 두 줄의 작은 글자로 쓰여 있으나 묘치위 교석본에서는 이를 일괄적으로 고쳐 큰 글자로 쓰고 있다.

200 '매자산(梅子酸)': 멍팡핑[孟方平]은, 아래 조항에는 '산(酸)'자가 없기 때문에 '산(酸)'은 사족이라고 보았지만, 이는 사실 본 조항에 '산(酸)'자가 있기 때문에 아래

실의 씨가 갓 자라날 때 따서 밤에는 소금물에 담그고 낮에는 햇볕에 말린다. 모두 열흘로, 열 밤을 담그고 열 낮 동안 말린다. 좋은 백매가 만들어진다.

酸. 核初成時摘取, 夜以鹽汁漬之, 晝則日曝. 凡作十宿十浸十曝. 便成矣.

음식을 조리하거나 양념을 만들 때에 쓰이는 등[201] 다양하게 사용할 수 있다.

28 調鼎和齏, 所在多入也.

검은 매실[烏梅]을 만드는 방법: 이 역시 매실 열매가 갓 자랄 때 따서 대바구니에 넣어 담아, 굴뚝[202]의 연기를 쐬어 말리면 된다.

作烏梅法. 亦以梅子核初成時摘取, 籠盛, 於突上熏之, 令乾,

검은 매실[烏梅]는 단지 약으로만 쓰이며,[203]

조항에서는 생략한 것이다. 청매는 특이하게 신맛을 띠므로 백매를 만들기에 적당한데, 어째서 '산(酸)'자를 더하여 그 특성을 설명할 수 없는지 의문을 제기하고 있다.

201 '정(鼎)'은 옛 조리 기구였는데, 이는 생선이나 고기를 요리하는 것을 두루 가리킨다. 권8의 「팔화제(八和齏)」에서 백매는 여덟 종류의 양념 중에 하나이다. '소재(所在)'는 원래 도처의 의미인데, 여기서는 '다양하다'는 뜻이다. '입(入)'은 '적합하다'는 뜻으로서 사용해 보니 만족스럽다는 의미이다.

202 '돌(突)'은 굴뚝이다.

203 '오매(烏梅)': 익지 않은 청매를 훈제하거나 불에 쪼이고 말려 쭈그러져 껍질이 주름지고 검어진 것이다. 묘치위 교석본에 의하면, 약용으로는 급체를 다스리고, 체액을 촉진하거나, 회충을 구제하는 등의 효과가 있다. 다량의 유기산을 함유하고 있으며, 외염제로도 사용된다. 『항주부지(杭州府志)』 「녹구지(錄舊志)」에는 "오매는 오직 부양에서 생산되는데, 시의 서북쪽에 멀리 떨어져 있으며, 말의 질병을 치료한다고 하였다. 가까운 곳에 물건을 파는 자는 잡다하게 늘어놓기에 가장 좋으며, 약으로 쓸 때는 아주 미미하다."라고 하였다. 『제민요술』의 오매는 양념으로 사용하지 않으며, 권9 「채소절임과 생채 저장법[作菹藏生菜法]」의 『식경』, 『식차(食次)』의 '오매와 동아를 저장하는 방법[藏梅瓜法]'에는 도리어 오매즙을 이용해서 외를 담그거나 그를 써서 외에 뿌려 상석에 올렸다고 한다.

음식에 조미료로 쓸 수는 없다.

『식경食經』에 이르는 촉蜀의 매실 저장법: 아주 큰 매실을 골라 껍질을 벗겨 그늘에 말리되, 바람을 쐬게 해서는 안 된다. 이틀 밤을 지낸 후에 소금물을 빼고[204] 꿀에 재워 둔다.

한 달 즈음이 지나 다시 꿀을 바꾸면 몇 년이 지나도 여전히 신선하게 유지할 수 있다.

살구와 자두 가루를 만드는 법: 살구와 자두가 익을 즈음에 이미 농익은 것을 딴다. 함지박에 넣고 갈아 생베로 짜서 즙을 모은다. 소반의 바닥에 바르고 햇볕에 쬐어 말렸다가, 손으로 비벼[205] 긁어낸다.

물을 타서 음료[漿]로 만들 수 있으며, 혹은 쌀가루에 섞어 편리하게 먹을 수 있다.

即成矣. 烏梅入藥, 不任調食也.

食經曰蜀中藏梅法. 取梅極大者, 剝皮陰乾, 勿令得風. 經二宿, 去鹽汁, 內蜜中. 月許更易蜜, 經年如新也.

作杏李麨法. 杏李熟時, 多收爛者. 盆中研之, 生布絞取濃汁. 塗盤中, 日曝乾, 以手摩刮取之. 可和水爲[29]漿, 及和米麨,[30] 所在入意也.

204 '거염즙(去鹽汁)'은 마땅히 먼저 소금에 담그는 과정이 있어서, 통상 '경이숙(經二宿)' 위에 '염즙지(鹽汁漬)'라는 글자가 있어야 하는데, 『식경』의 문장에서는 항상 이와 같이 하는 것이 당연하다고 생각하고 있다. 그래서 관이다[管義達]의 금석본에서는, 풍(風)자 뒤에 '염엄(鹽腌)' 두 글자가 빠진 것으로 보고 있다.

205 '마(磨)': 이는 비비는 것을 뜻한다. 스성한의 금석본에서는 마땅히 '마(摩)'자로 써야 하는데, 글자 형태가 서로 비슷하여 잘못 쓴 것으로 보았다. 묘치위는 교석본에서 명각본에는 '마(摩)'자로 쓰고 있고, 양송(兩宋)본에서는 '마(磨)'자로 쓰고 있는데, 두 자가 통용된다고 지적하였다.

만들어진 검은 매실[烏梅]에 좀이 슬지 않게 하는 방법: 짚을 태우고[206] 뜨거운 물을 부어 즙을 취한다.

作烏梅欲令不蠹法. 濃燒穰, 以湯沃之, 取汁.

검은 매실을 그 속에 담가 부드럽고 촉촉하게 만들어 이내 꺼내어 찐다.

以梅投中,31 使澤, 乃出蒸之.

(유희劉熙의) 『석명釋名』에 이르기를[207] "살구씨로 기름을 짤 수 있다."라고 하였다.

釋名曰, 杏可爲油.

『신선전神仙傳』에는[208] "동봉董奉이 여산廬山에 살 때,[209] 다른 사람과 왕래하지 않았다.[210]

神仙傳曰, 董奉居廬山, 不交人.

---

206 '농소양(濃燒穰)': '짚을 태운 것[燒穰]'을 '농(濃)'이라고 말할 수 없다. 스셩한의 금석본에 따르면 이 '농(濃)'자는 마땅히 다음 문장의 "취즙(取汁)"의 위나 혹은 중간으로 즉, "濃取汁" 혹은 "取濃汁"으로 해야 하며, 분명히 위치가 잘못된 것이라고 한다.

207 『석명(釋名)』「석음식(釋飮食)」편에는 이 구절이 없다. 묘치위 교석본을 참고하면, 다른 곳에는 "내유는 사과기름에 능금의 열매를 찧고 섞어 비단 위에 발라서 말려 그것을 떼어 내면 형상이 기름과 같다. 사과기름 또한 그와 같다."라고 기록되어 있다. 문제는 "사과기름 또한 그와 같다."인데, 첫 구절이 중복되었으므로 결코 원문은 아닌 듯하며, '사과기름'은 '살구씨 기름'의 잘못인 듯하다. 『제민요술』에서는 인용하여, '행가위유(杏可爲油)'라고 쓰고 있는데, 바로 '살구씨 기름' 또한 이와 같은 것에 근거하여 인용한 것이다.

208 『신선전(神仙傳)』은 동진의 갈홍(葛洪)이 찬술한 것으로서 고대 전설 중의 각 신선의 고사를 기록하고 있다. 모두 열권으로 오늘날에도 남아 있다. 묘치위 교석본을 보면, 『제민요술』에서 인용한 것은 금본과는 차이가 있는 부분이 있는데, 예컨대, '불교인(不交人)'은 '부종전(不種田)' 등으로 쓰는 것 등이다. 『예문유취』의 권87에서 '행(杏)'을 인용한 것을 아주 간결하게 하고 있으며, 『태평어람』 권968에서 '행(杏)'을 인용한 것은 다소 간결하게 하고 있다.

209 "董奉居廬山"부터 본장 거의 끝부분의 "可以市易五穀也."에 이르기까지 다섯 항목은 원래는 모두 두 줄의 작은 글자로 되어 있는데, 지금 묘치위 교석본에서는

다른 사람의 병을 고쳐 주면서 돈을 받지 않았다. 중병을 치료하면 그 사람에게 5그루의 살구나무를 심게 하였고, 가벼운 병을 치료하면 한 그루를 심게 하였다. 몇 년 지나지 않아 십수만 그루의 살구나무가 아주 무성해지자 숲을 이루었다. 살구가 익자 숲의 곳곳에 창고를 지었다.

살구를 사러 오는 이들에게 알려 이르기를, '누구든지 살구를 사러 오면, 반드시 나에게 이야기할 필요 없이 스스로 가지고 가시오. 한 그릇의 곡식을 가져와서 한 그릇의 살구를 가져가시오.'라고 하였다.

어떤 사람이 적은 곡식을 가져와 많은 살구를 가져가자, 호랑이 다섯 마리가 달려들었다. 호랑이가 그 사람을 갑자기 공격하여 짊어졌던 멜대가 뒤집혀[211] 그릇 속에 들어 있던 살구가 원래[向][212] 가져왔던 곡식의 양과 같아지자 호랑이

爲人治病, 不取錢. 重病得愈者, 使種杏五株, 輕病愈, 32 爲栽一株. 數年之中, 杏有十數萬株, 鬱鬱然成林. 其杏子熟, 於林中所在作倉. 宣語買杏者, 不須來報, 但自取之. 具一器穀, 便得一器杏. 有人少穀往, 而取杏多, 即有五虎逐之. 此人怖遽, 檐傾覆, 所餘在器中, 如向所持穀多少, 虎乃還

일괄적으로 고쳐서 큰 글자로 하고 있다.

210 '불교인(不交人)': 금본의 『신선전』에는 "不種田"이라고 쓰고 있다.

211 "此人怖遽, 檐傾覆": 명초본에서는 '거(遽)'를 '호(虎)'로 쓰고 있다. 금택초본에서는 '거(遽)'자를 원래 '거(遠)'자로 썼는데, 뒤에 교감하여 '거(遽)'자로 하였다. '거(遽)'자는 '재빨리 달린다' 즉, '달린다[跑]'의 의미이며, '포거(怖遽)'는 '호랑이로 인해서 갑자기 재빠르게 달려간다'는 것으로, 그로 인해 멜대가 뒤집어진 것이다.

212 '향(向)': 이는 곧 '향(嚮)'자로 뜻은 '종전' 혹은 '원래'의 의미이다.

가 돌아갔다. 그 이후로 살구를 사러 온 사람들은 살구숲 속에서 스스로 정직하게 저울질하였고, 살구를 많이 가져가는 것을 두려워했다. 동봉은 얻은 곡식으로 가난하고 곤란한 사람을 도와주었다."라고 한다.

去. 自是以後, 買杏者皆於林中自平量, 恐有多出. 奉悉以前所得穀, 賑救貧乏.

『심양기尋陽記』에는,[213] "북령北嶺[214]에는 살구나무 몇백 그루가 있는데, 지금도 여전히 '동선생의 살구나무'라 불린다."라고 기록되어 있다.

尋陽記曰, 杏在北嶺上, 數百株, 今猶稱董先生杏.

『숭고산기嵩高山記』에 이르기를,[215] "동북 지역의 우산牛山에는 살구나무가 매우 많은데, 5월이 되면 노란 살구가 주렁주렁 열린다.

嵩高山記曰, 東北有牛山, 其山多杏, 至五月, 爛然黃茂.

황하 유역에는 많은 전란이 일어나 백성

自中

213 『태평어람』 권968에서 『심양기(尋陽記)』의 이 조항을 인용한 것과 기본적으로 같다. 『심양기(潯陽記)』는 『수서』 「경적지」에는 기록되어 있지 않으며, 시대와 찬술한 사람이 누구인지 상세하지 않을 뿐만 아니라, 지금은 책도 남아 있지 않다. 묘치위 교석본에 의하면, 『신당서』 권58 「예문지이(藝文志二)」에는 장승감(張僧監)의 『심양기(潯陽記)』가 기록되어 있는데 다른 책이다. 왜냐하면, '심양(尋陽)'을 '심양(潯陽)'으로 쓴 것이 당나라 초 이후이기 때문이다. 심양은 지금의 강서성 구강시(九江市)에 해당된다.

214 '북령(北嶺)': 장강 북쪽, 황하 남쪽에 위치한 산을 두루 이르는 말이다.

215 『예문유취』 권87, 『태평어람』 권968에서는 모두 이 조항을 인용하고 있는데, 개별적인 글자는 차이가 있다. 예컨대, "人人充飽" 다음에 "而杏不盡"이라는 구절이 더 있다. 『숭고산기(崇高山記)』는 『수서』 「경적지」에 기술되어 있지 않아서, 시대와 저자가 상세하지 않고, 책도 전하지 않는다. 권10 「(114) 보리수[槃多]」조에서는 인용하여 『숭산기(崇山記)』를 인용하였는데, 동일한 책이다. 숭고산(崇高山)은 곧 숭산(崇山)으로서 하남성 등봉(登封)현 북쪽에 있다.

들이 기아에 시달렸는데, 살구로 모두 연명하여 사람마다 배불리 먹을 수 있었다."라고 한다.

國喪亂, 百姓飢餓, 皆資此爲命, 人人充飽.

사유史游[216]의 『급취편急就篇』에는 "과수원의 채소와 과일은 양식을 보조할 수 있다."라는 구절이 있다.

史游急就篇曰, 園菜果蓏助米糧.

생각건대, 살구와 같은 과실은 가난한 사람을 도울 수 있고 배고픔을 구제할 수 있는데, 하물며 온갖 과실과 채소의 종류가 많은데도 어찌 양식을 보조한다고만 할 수 있겠는가.

농언[217]에 이르기를, "감귤나무 천 그루면 흉년도 막을 수 있다."라는 말이 있는데, 이 또한 과일을 시장에서 곡물로 바꿀 수 있음을 말하는 것이다.

按, 杏一種, 尚可賑貧窮, 救飢饉, 而況五果蓏菜之饒, 豈直助糧而已矣. 諺曰, 木奴千, 無凶年, 蓋言果實可以市易五穀也.

---

216 '사유(史游)': 전한 때 사람으로, 원제(元帝) 때 황문령(黃門令)을 지냈다. 서예에 밝았고, 예서체의 틀을 고쳐 초서의 초기 형태인 장초서(章草書)를 개발하여 초서의 창시자로 알려져 있다. 저서에 『급취편(急就篇)』이 있는데, 아동들을 위한 글자 학습서이다.

217 '언(諺)': 스셩한의 금석본에서는 '주(注)'자를 쓰고 있으나 마땅히 '어(語)' 혹은 '언(諺)'자가 맞는 것으로 보았다. 묘치위 교석본에 의하면, 각 본에서는 모두 '주왈(注曰)'이라고 쓰고 있는데, 오직 장보영(張步瀛)의 교석에서는 '언왈(諺曰)'이라고 쓰고 있다. 『급취편』에는 단지 당대(唐代) 안사고의 주석이 있지만 이 주석은 없으며 중간에 가사협의 '안(按)'이 끼어 있어서 연결이 되지 않는다. 가사협은 안사고보다 이른 시기의 사람이므로 안사고 주를 사용할 수 없다. 『사시찬요(四時纂要)』「오월」에서는 이를 '속왈(俗曰)'이라고 쓰고 있다. 묘치위는 장교본에 의거하여, '언왈(諺曰)'이라고 쓰고 있다.

살구의 속씨[杏子仁][218]는 볶아 죽을 만들 수 있다. 많이 모아 팔게 되면 글공부에 필요한 문구[紙墨]의 값을 마련할 수 있다.

杏子人, 可以爲粥. 多收賣者, 可以供紙墨之直也.

그림 9
매실(梅實):
『낙엽과수』 참고.

그림 10
살구[杏]와 열매:
『낙엽과수』 참고.

그림 11
검은 매실[烏梅]

218 '행자인(杏子人)': 종자의 속씨[仁]의 '인(仁)'자는 옛날에는 '인(人)'자로 썼으며, 『제민요술』에서도 모두 '인(人)'자로 사용하고 있다.(권3 「고수 재배[種胡荽]」 각주 참조.) 권9 「예락(醴酪)」에는 행인낙죽(杏仁酪粥)을 만들었다는 기록이 있다.

교 기

27 '제(齏)': 금택초본 등에는 '제(齏)'로 쓰고 있으며, 호상본에서는 '재(齋)'로 잘못 쓰고 있다.

28 '의(矣)': 금택초본과 『농상집요』 및 점서본에는 '의(矣)'자가 있는데, 다른 본에는 이 글자가 없다.

29 '위(爲)': 금택초본과 『농상집요』, 청각본에는 '위(爲)'자가 있으나, 다른 본에는 빠져 있다.

30 '미초(米麨)': 금택초본과 호상본에서는 '미초(米麨)'라고 쓰고 있으며, 남송본에서는 '화초(禾麨)'라고 잘못 쓰고 있다.

31 '중(中)': 금택초본에서는 '중(中)'자로 쓰고 있는데, 다른 본에서는 '지(之)'자로 쓰고 있다. '중(中)'자가 더욱 좋다.

32 '유(愈)': 금택초본과 명초본에는 '유(愈)'자가 있는데, 다른 본에는 빠져 있다.

제37장
배 접붙이기 插[219]梨第三十七

『광지(廣志)』에 이르기를,[220] "낙양 북망산[221] 장공의 하리(夏梨)는 중국 전체에 단지 한 그루뿐이다.

상산[222]의 진정(眞定), 산양[223]의 거야(鉅野), 양나라[224]의 휴양(睢陽), 제나라의 임치(臨菑)[225]와 거록(鉅鹿)[226]은 모두

廣志曰, 洛陽北邙張公夏梨, 海內唯有一樹. 常山眞定, 山陽鉅野, 梁國睢陽, 齊國臨

219 양송본에서는 '삽(插)'자로 쓰고 있으나 명 이후의 각본에서는 '종(種)'으로 하고 있는데 이는 잘못이다.

220 『태평어람』 권969에 '이(梨)'조에서도 『광지』를 인용하였지만 약간 다른 문장이 있는데, '호리(豪梨)'를 『태평어람』에서는 '고리(膏梨)'라고 쓰고 있으며, 『초학기』에서는 '고리(槀梨)'라고 쓰고 있다. '호(豪)'는 '대(大)'의 의미가 있으며 '중육근(重六斤)'에 의거할 때 두 책은 모두 형태가 잘못된 것이다. 또 『문선(文選)』「한거부(閑居賦)」의 이선(李善) 주에는 『광지』를 인용하면서 '장공하리(張公夏梨)' 다음에 '심감(甚甘)' 두 글자를 추가하였다.

221 '북망(北邙)': 산의 이름으로서 지금의 하남성 낙양(洛陽)시 북쪽에 있다.

222 '상산(常山)': 군의 이름으로 진정(眞定)현을 다스렸기 때문에 옛 성터는 지금의 하북성 정정(正定) 남쪽에 있다.

223 '산양(山陽)': 군의 이름이며 속현으로 거야(鉅野)가 있고 옛 성은 오늘날 산동성의 거야 남쪽에 있다.

224 '양국(梁國)': 『진서(晉書)』「지리지(地理志)」의 기록에 의하면 양국이 있고 속현으로 수양(睢陽)이 있는데 옛 성은 오늘날 하남성 상구(商丘) 남쪽에 있다.

225 '임치(臨菑)'는 곧 '임치(臨淄)'로서 『진서』「지리지」에는 제나라에 속한 현 중에 임치가 있다고 하였는데, 지금의 산동성 임치[원래는 현이었는데 지금은 진(鎭)

배가 생산된다. 상당(上黨)[227]의 정리(梈梨)는 배가 작지만 맛은 아주 달다. 또 광도(廣都)[228]의 배는 거록의 호리(豪梨)라고도 한다. 무게가 6근(斤)이며[229] 몇 사람이 나누어 먹을 수 있다.

신풍(新豐)[230]의 전곡리(箭谷梨)와 홍농(弘農)[231] 및 경조(京兆),[232] 우부풍(右扶風)[233] 군내의 많은 산골의 좋은 배들은

菑, 鉅鹿, 並出梨. 上黨梈[33]梨, 小而加甘. 廣都梨, 又云鉅鹿豪梨. 重六斤, 數人分食之. 新豐箭谷梨, 弘農京兆右扶風郡界諸谷

이다.]이다. 명초본, 금택초본, 명청 각본에서는 대부분 '치(菑)'로 쓰고 있는데 오직 원각본에서만 '치(淄)'로 쓰고 있다. 『태평어람』 권969에서 인용한 『광지』에서도 '치(淄)'로 쓰고 있다. 스셩한의 금석본에서는 '치(淄)'로 쓰는 것이 옳다고 한다.

226 '거록(鋸鹿)': 『진서』 「지리지」에는 거록국이 있는데, 거록현을 관할하였으며 오늘날 하북성 평향(平鄕)에 있다.

227 '상당(上黨)': 군의 이름으로서 지금 산서성 동남 모퉁이에 있다.

228 '광도(廣都)': 현의 이름으로 촉군에 속하며 옛 통치지역은 오늘날 사천성의 쌍류(雙流)이다.

229 '광도리(廣都梨)': 스셩한의 금석본에 따르면, 『태평어람』 권969에서 인용한 광지에는 끝부분에 "광도리의 무게는 6근이고 여러 사람이 나누어 먹을 수 있다."라고 하였다. 또 '鉅野豪梨'는 '上黨梈梨'의 앞에 위치하며 '중육근(重六斤)'와 서로 관련이 없다. 『초학기』에는 '鉅野膏梨'라고 쓰고 있으며 또한 '중육근(重六斤)'과 서로 관련이 없다. '중육근(重六斤)'은 여전히 '광도리(廣都梨)'에 대한 설명이다. 묘치위 교석본에 의하면, '중육근(重六斤)'은 오늘날 3근에 해당된다. 오늘날 사천성 창계리(蒼溪梨)에서 생산된 과일의 무게가 평균 2근이며, 큰 것은 3근에 달한다. 산서성 만영(萬榮)의 금리(金梨) 또한 크며, 큰 것은 4근에 달한다고 한다.

230 '신풍(新豐)': 현의 이름이며 옛날에는 오늘날 섬서성 임동(臨潼)의 동쪽을 다스렸다.

231 '홍농(弘農)': 군의 이름으로 오늘날 하남성 영보(靈寶) 남쪽을 다스렸다.

232 '경조(京兆)': 군의 이름으로 오늘날 섬서성 장안 서북쪽을 통치했다.

233 '우부풍(右扶風)': 한대에는 우부풍(右扶風)이라고 불렀으며, 삼국시대 위나라에서는 부풍이라 했다. 진나라가 이를 이어받았고 지금의 섬서성 경양 서북쪽을 다

모두 황제에게 진상되며, 양성(陽城)[234]에는 추리(秋梨)와 하리(夏梨)가 있다"라고 하였다.

中梨, 多供御, 陽城秋梨夏梨.

『삼진기(三秦記)』에 이르기를[235] "한 무제의 과수원은 어숙(御宿)이라고도 일컫는데, 그곳에는 큰 배가 나며 과일은 5되[升][236]들이 크기이다. 땅에 떨어지면 바로 깨진다. 따는 사

三秦記曰, 漢武果園, 一名御宿, 有大梨如五升. 落地即破.

스렀다. 명초본, 학진본 및 점서본에는 모두 '우부풍(又扶風)'이라고 쓰여 있다. 금택초본은 '좌부풍(左扶風)'이라고 잘못 쓰고 있다. 스성한의 금석본에서는 『태평어람』 권969에서 인용한 바에 의거하여 '우부풍(右扶風)'으로 바로잡았다. 묘치위 교석본에서는 한나라의 삼보(三輔)에는 다만 '우부풍(右扶風)', '좌풍익(左風翊)'만 있고 『광지』에는 옛 명칭만 이어받고 있으며, 『태평어람』 권969와 『왕정농서』 「백곡보육(百穀譜六) · 이(梨)」편에서는 『광지』를 인용하여 모두 '우(右)'자를 쓰고 있어서 이에 의거하여 고쳤다고 한다.

234 '양성(陽城)': 여러 곳에서 '양성'이라고 지칭하나, 여기서는 옛 양성현(陽城縣)을 가리키며 지금의 하남성 등봉현(登封縣)이다.

235 『삼진기(三秦記)』: 『수서(隋書)』「경적지(經籍志)」에는 기록되어 있지 않다. 어느 시대에 누가 찬술했는지 자세하지 않으며[단지 유서(類書)에는 제목을 신씨(辛氏)라고 하고 있다.] 지금은 전해지지 않는다. 각서에 인용된 바로는 진나라 땅의 풍토와 진한 시대의 알려지지 않은 소문과 일화를 기록한 책인 듯하다. 『예문유취』 권86, 『초학기』 권28, 『태평어람』 권969에서는 모두 『삼진기(三秦記)』[후의 두 책에서는 신씨(辛氏) 『삼진기(三秦記)』라고 하였다.]의 조항을 인용하고 있는데, "한 무제의 정원은 일명 번천(樊川)이라고 하고 어숙(御宿)이라고도 했다. 그곳에 큰 배가 있었으며, 크기는 5되들이의 병만 했는데, 땅에 떨어지면 조각난다. 따는 자는 포대에 담는다고 하여 '함소리(含消梨)'라고 했다."라고 한다. 『제민요술』에는 '병(瓶)'자가 빠져 있다. 또 '오승(五升)'은 장교본과 명초본 등에서는 '오두(五斗)'라고 잘못 쓰고 있으며, 금택초본은 잘못되지 않았다. 한나라 때 5되[升]는 오늘날 1되에 해당한다.

236 '여오승(如五升)': 명초본에는 '여오두(如五斗)'라고 쓰고 있으며 금택초본에는 '여오승(如五升)'이라 쓰고 있다. 이는 『삼보황도(三輔黃圖)』, 『예문유취(藝文類聚)』 및 『초학기(初學記)』 등에서 인용한 『삼진기(三秦記)』의 '여오승병(如五升瓶)'과 서로 부합된다.

람은 포대에 먼저 담았으며, '함소리(含消梨)'라고도 한다."라고 하였다.

『형주토지기(荊州土地記)』에는 "강릉(江陵)에는 이름난 배가 있다."라고 하였다.

『영가기(永嘉記)』에 이르기를,[237] "청전(青田)[238]의 한 농가에 배나무가 한 그루가 있다. '관리(官梨)'라고 일컬으며 배는 매우 크고 한 개의 둘레가 5치나 되는데,[239] 언제나 황제에 진상

取者以布囊盛之, 名曰含消梨.

荊州土地記曰, 江陵有名梨.

永嘉記曰, 青田村民家有一梨樹. 名曰官梨, 子大一圍五寸,

---

237 『영가기(永嘉記)』는 『수서』 「경적지」에도 기록되어 있지 않고, 책도 전해지지 않는다. 유서(類書)에는 정집지(鄭緝之)의 『영가기(永嘉記)』를 인용하고 있으며 또한 『영가군기(永嘉郡記)』를 인용해 쓰고 있다. 정집지는 유송(劉宋)시대의 사람이다. 원서는 이미 전해지지 않는다. '영가(永嘉)'는 군의 명칭으로 군 치소는 영녕(永寧)에 있으며 오늘날 절강성의 온주(溫州)시이다. 각본에는 '왈(曰)'자가 없는데 장교본에는 있어서 이에 근거하여 보충하였다. 『예문유취』 권86, 『초학기』 권28, 『태평어람』 권969에서는 모두 『영가기(永嘉記)』의 이 조항이 있다. 앞의 두 책은 비교적 간략하나 『태평어람』은 비교적 상세하여 "子大一圍五寸" 다음에 "나무가 노쇠해져 지금은 더 이상 열매가 열리지 않는다. 이 중에서 배가 좋으며 맛이 달고 비교적 작다. 실제로 아주 큰 것이 주위에서 나오면 항상 진상하였기 때문에 '어리(御梨)'라고 칭하였다. 관리가 지키고 있어서 토착인도 그 맛을 알지 못하였다. 배가 땅에 바로 떨어지면 즉시 녹아 버렸다."라는 말이 있다. 묘치위 교석본에 의하면, 『제민요술』의 '이실(梨實)'은 각본에는 '이(梨)'자가 없고 금택초본에는 원래 없었는데 후에 보충해 넣었다고 한다.

238 '청전(青田)': 산의 이름으로서, 오늘날 절강성 청전현(青田縣) 서북쪽에 있으며 당대에 처음 설치하였다.

239 "子大一圍五寸": 묘치위 교석본을 보면, 과실이 커서 기재한 것이다. '위(圍)'는 손으로 물체가 가늘고 굵은 것을 재는 습속의 명칭으로, 약 한 자[尺]에 해당된다. 북송대 왕득신(王得臣)의 『진사(塵史)』 권중(中) '변오(辨誤)'에서는 "무릇 나무가 크고 가는 것을 말하는 것은 처음에는 주먹[拱把]이라고 하다가 크면 '위(圍)'라고 하였으며, 당겨서 그것이 늘어나면 '합포(合抱)'라고 하였다. 대개 '공파(拱把)'의 차이는 겨우 수 치에 불과하다. '위(圍)'는 한 자[尺]이다. '합포(合抱)'는

하기 때문에 '어리(御梨)'라고도 한다. 과일이 땅에 떨어지면 바로 깨지고 즙이 빠져 수습할 수 없다."[240]라고 하였다.

『서경잡기(西京雜記)』에 이르기를,[241] "(상림원에는) 자리(紫梨), 열매가 작은 방리(芳梨), 열매가 큰 청리(青梨), 대곡리(大谷梨),[242] 세엽리(細葉梨), 자조리(紫條梨)와 더불어 한해(瀚海)[243] 지역에서 생산되며 추위에 잘 견디고 마르지 않는 한

常以供獻, 名曰御梨. 梨實落地即融釋.

西京雜記曰, 紫梨, 芳梨, 實小, 青梨, 實大, 大谷梨, 細葉梨, 紫條梨, 瀚海梨,

다섯 자이다. 오늘날 사람이 양손가락을 합해서 둥글게 하면 주위가 한 자에 해당된다고 한다."라고 하였다. 이른바 1위는 곧 양손의 엄지와 검지를 둥글게 합한 대략적 크기로서 『태평어람』에서는 "實大出一圍"라고 인용하고 있는데 명백히 '위(圍)'의 숫자에 합치된 것이지, 둘레[一周]를 가리키는 것은 아니다. "一圍五寸"은 배의 둘레 크기가 한 자 5치임을 뜻한다. 위진시대의 5치는 지금의 3치 6푼 정도가 되며, 배의 둘레는 한 자 3치 정도 된다. 이 같은 배는 확실히 크기는 하지만 결코 희귀하지는 않다.

240 '융석(融釋)': 깨어져서 즙이 빠져 수습할 수 없다는 뜻이다. 한 무제 때는 과수원을 일러 '함소리(含消梨)'라고 했다. 『북호록(北戶錄)』 권2 「식목(食目)」편에서는 "『세설신어(世說新語)』에 이르기를, 환남군(桓南郡)의 현(玄)은 매번 사람을 보고 즐거워하지 않았는데, 번번히 성내어 말하기를 그대가 '애가리(哀家梨)'를 얻게 되어도 삶지 않으면 먹을 수 없을 것이다."라고 하였다. 주석하여 이르기를, "옛말에 이르기를 '말릉[秣陵: 오늘날 남경시 강녕현(康寧縣) 남쪽]에는 애중리(哀仲梨)가 있는데 배의 크기가 아주 커서 한 되들이 크기만 하며 입에 들어가면 스르륵 녹는다.'라고 한다. 내가 볼 때는 특별한 맛이 아니라고 생각하는데 좋은 배를 얻으면 쪄서 먹어야 한다."라고 되어 있다. 환현(桓玄: 369-404년)은 동진(東晉)사람으로서 세습하여 남군공(南郡公)의 작위를 받았다.

241 『서경잡기(西京雜記)』에 기록된 '10가지의 배나무' 중에 『제민요술』에서는 표엽리(縹葉梨), 금엽리(金葉梨) 두 종류가 적으며 순서 또한 다르다.

242 '대곡리(大谷梨)': 명초본과 비책휘함 계통의 판본에서는 '대용리(大容梨)'라 쓰고 있다. 스성한의 금석본에 따르면, 금택초본과 금본의 『서경잡기』에는 모두 '대곡리(大谷梨)'라 쓰고 있으며 아래 문장에서도 또한 장공(張公)의 대곡리(大谷梨)가 있어서 '곡(谷)'자로 쓰는 것이 옳다.

243 '한해(瀚海)': 북방의 대사막을 가리키며 넓은 사막이 바다와 같다고 하여 이름이

해리(瀚海梨), 바다 가운데에서 생산되는 동왕리(東王梨)가 있다."라고 한다.

出瀚海地, 耐寒不枯, 東王梨, 出海中.

또한 구산리(朐山梨)가 있다. 장공의 대곡리(大谷梨)는 또한 '미작리(糜雀梨)'[244]라고도 일컫는다.[245]

別有朐山梨. 張公大谷梨, 或作糜雀梨也.

배의 파종법은 배가 익었을 때 통째로 땅에 묻는 것이다.[246] 일 년이 지나 봄이 되어 해동하면 나누어 옮겨 심는데, 부드러운 거름을 듬뿍

種者, 梨熟時, 全埋之. 經年, 至春地釋, 分栽之,

지어졌다.

244 '미작리(糜雀梨)': 명초본 및 군서교보가 의거한 바의 남송본에는 '미최(糜崔)'라고 쓰고 있으며 금택초본에서는 '미작(糜雀)'이라고 쓰고 있다. '최(崔)'는 분명히 '작(雀)'자의 오기이다. 비책휘함 계통에는 이 절이 아예 없다.

245 묘치위 교석본에 의하면, 가사협은 다른 책의 배 이름을 별도로 기록하면서 번거롭게 책의 이름을 인용하지 않았는데, 이 조항은 『서경잡기』의 문장이 아니다. '구산리(朐山梨)'는 『태평어람』 권969에서는 좌사(左思)의 『제도부(齊都賦)』를 인용하여 "과일에는 구산의 배가 있다."라고 한다. '구산(朐山)'은 산의 이름으로서 두 개가 있는데, 하나는 산동성 임구현(臨朐縣) 동남쪽에 있으며 현은 곧 임구산에서 이름을 딴 것이다. 또 다른 하나는 강소성 연운항(連雲港)시 서남쪽에 있다. '구산지리(朐山之梨)'는 『제도부(齊都賦)』에 쓰여 있는데 마땅히 산동의 구산을 가리키는 것이다. '장공대곡리(張公大谷梨)'는 『문선(文選)』 「한거부(閑居賦)」에는 '장공대곡지리(張公大谷之梨)'라고 되어 있으며 당대 유량(劉良)의 주에는 "낙양에는 장공이 있는데 대곡에 살았으며 하리(夏梨)가 있다. 중국 땅에서는 오직 이 나무뿐이다."라고 쓰여 있다. 실제는 이것은 바로 『광지』가 기록한 낙양 북망의 '장공의 하리'인 것이다.

246 이것은 배 종자를 가을 파종하여 번식시키는 방법이다. 묘치위 교석본을 참고하면, 모든 배를 통째로 땅에 묻으면 종자가 땅속에서 땅의 기운을 받아 썩고 '춘화과정(春化過程)'을 거치면서 발아력이 높아진다. 방법은 간단하여 종자의 분리, 세척, 건조와 저장, 보관 등의 일련의 번거로운 절차를 거치지 않고도 과육이 썩어 문드러져서 수분과 영양분을 남긴다. 복숭아 파종도 이 방법을 채용하고 있다.(본권 「복숭아·사과 재배[種桃柰]」의 주석 참고.)

밑거름으로 하고 물을 많이 준다. 겨울에 낙엽이 떨어지면 지면에 붙여 잘라 내고 숯불을 이용해서 자른 부위를 지져 준다.[247]

다시 2년이 지나면 열매를 맺게 된다. 야생의 묘목과 씨를 뿌린 후에 옮겨 심지 않고 재배하는 실생묘는 결실이 매우 늦다.[248] 배에는 열 개의 씨가 있는데 단지 두 개만 싹이 터서 배가 되고 나머지는 모두 자라서 북지콩배나무가 된다.[249]

접붙여서 번식하는 것이 더욱 빨리 열매를

多著熟糞及水. 至冬葉落, 附地刈殺之, 以炭火燒頭. 二年即結子. 若穭[34]生及種而不栽者, 則著子遲. 每梨[35]有十許子, 唯二子生梨, 餘皆生杜.

插者彌疾. 插

247 지면 가까이에서 밑동을 자르는 것을 '평치(平茬)'라고 하는데, 뿌리 계통의 발육을 촉진하고 일찍 튼 싹이 새로운 가지로 자라나게 하는 작용을 한다. 다시 숯불을 이용해서 자른 부위를 지지면 새 가지의 싹이 비교적 빨리 싹트고 생장하게 하는 작용을 하며 동시에 상처로 인해 생긴 '수액'이 밖으로 흘러넘치는 것을 막아서 상처 부위가 부패되는 것을 방지한다. 묘치위 교석본에 이르기를, 평치(平茬) 전에 이미 3년간의 어린 묘목 단계를 거치기 때문에 이후에 다시 2년이 지나야 열매를 맺게 된다고 한다.

248 '여생(穭生)'은 심지 않고 저절로 자란 야생묘이다. '종이부재(種而不栽)'는 실생묘목이 파종한 땅에서 자라 더 이상 옮겨 심지 않음을 가리킨다. '열매 맺는 것이 늦다[著子遲]'라고 한 것은 야생묘와 실생묘는 모두 어린 발육 단계를 거치므로 열매를 비교적 늦게 맺기 때문이다. 이것은 지금까지의 과수 육종에 있어 여전히 해결하지 못한 난제이다. 남송의 한언직(韓彦直)은 『귤록(橘錄)』이란 책에서 "이미 귤의 실생묘는 10년의 오랜 시간을 거쳐야 비로소 꽃이 피고 열매가 맺으니 사람들이 어찌 기다리겠는가?"라고 하였다.

249 '여개생두(餘皆生杜)': 묘치위 교석본에 의하면, 다른 꽃으로부터 꽃가루를 받아 종자가 형성된 잡종성으로 재배한 과실수의 대부분은 종자의 변이성이 매우 커서 재배한 배의 종자는 더욱 순수성을 보전하기가 쉽지 않다. 단지 파종하면 2/10만이 배나무가 되고, 나머지는 모두 북지콩배나무가 된다. 따라서 가사협은 접붙여서 번식하는 법을 강조하였는데, 오늘날에도 또한 이와 같다고 한다.

맺는다.[250] 접붙이는 방법은 콩배나무[棠]나 북지콩배나무[杜]를 (대목[砧木]으로) 사용한다.[251] 콩배나무를 사용한 것이 열매가 크고 과육도 부드러우며,[252] 그다음은 북지콩배나무를 대목으로 하는 것이고, 뽕나무를 대목으로 하는 것이 가장 좋지 않다. 대추나무나 석류나무 위에 접붙이면 가장 좋은 배가 된다. 열 개에 접붙이면 단지 한두 개만 살 뿐이다.[253] 콩배나무가 팔뚝 굵기 정도로 자라면 대목

法, 用棠杜. 棠, 梨大而細理, 杜次之, 桑, 梨大惡. 棗石榴上插得者, 爲上梨. 雖治十, 收得一二也. 杜如臂以上, 皆任插. 當先種杜, 經

250 '삽(插)'은 접붙이는 것을 가리킨다. '미질(彌疾)'은 열매를 맺는 것이 더욱 빠름을 가리킨다. 묘치위 교석본에 따르면, 이것은 식물의 단계적인 발육 문제를 언급한 것이다. 다년생 과실수의 발육은 그 자체의 단계성이 있는데, 다만 그 단계의 발육이 완성되어야 비로소 생장단계로 진입하여 꽃이 피고 열매를 맺는다. 가령 배의 실생묘는 5년이 되어야 열매를 맺는데, 오늘날에는 접붙여서 번식시킨다. 만약 접붙이는 가지인 접수가 2년의 발육 과정을 거쳤다면 3년째에 열매를 맺게 된다. 왜냐하면 그것의 '발육연령(發育年齡)'이 유효성을 지니고 있기 때문에, 이로 인해 새로운 개체가 그에 상응하여 열매를 맺는 연한을 상당히 단축시켜 준다고 한다.

251 '용당두(用棠杜)': 북지콩배나무 또는 콩배나무를 대목으로 사용하는 것을 가리킨다. 묘치위 교석본에 의하면, 옛 사람들은 대부분 콩배나무가 북지콩배나무라고 생각했는데, 『제민요술』 권5 「콩배나무 재배[種棠]」에서는 두 개가 같지 않다고 한다. 배나무에 속하는 두리(杜梨; *Pyrus betulifolia*), 두리(豆梨; *P. calleryana*), 갈리(褐梨; *P. phaeocarpa*)는 모두 북지콩배나무의 다른 이름이며, 갈리(褐梨)는 다른 이름으로 당두리(棠杜梨)라고도 한다.

252 '세리(細理)': 곧 육질이 부드럽다는 의미이다.

253 '치(治)'는 접붙이는 것을 가리킨다. '수(收)'는 살아나는 것이다. 묘치위 교석본을 참고하면, 배와 대추, 석류는 같은 과가 아니라서 관계가 매우 멀어 일반적으로 접붙이기를 하면 헛되이 힘만 낭비할 뿐 이익이 없다고 하지만 여전히 1, 2할의 생존율이 있고, 품질도 상등이기에 옛 사람들이 줄곧 시도하였던 것이다. 배나무와 뽕나무도 같은 과가 아니지만 원만하게 성공을 거둘 수 있었다. 『제민요술』은 뽕나무에 배를 접붙인 품종이 매우 좋지 않다고 하지만, 후인들은 매우

으로 쓸 수 있다. 마땅히 먼저 북지콩배나무를 심고 일 년이 지나면 대목으로 쓸 수 있다. 대목과 접붙일 접수를 동시에 파종하여도 괜찮다.[254] 그러나 동시에 파종한 것은 북지콩배나무의 대목이 만일 죽을 경우 접붙일 배나무의 접수는 용도를 잃게 된다. 굵고 건장한 북지콩배나무는 다섯 개의 가지를 접붙일 수 있으며, 작은 것은 2-3개를 접붙일 수 있다.

年後插之. 主客[36]俱下亦得. 然俱下者, 杜死則不生也. 杜樹大者, 插五枝, 小者, 或三或二.

배나무 잎눈이 막 돋아날 때 접붙이는 것이 가장 좋으며, 가장 늦어도 잎눈이 활짝 피는 시기를 넘기면 안 된다.[255]

梨葉微動爲上時, 將欲開莩爲下時.

먼저 삼끈으로 나무 밑동을 대략 열 번쯤 감고 톱으로 북지콩배나무를 땅에서 5-6치[寸] 떨어져 있는 밑동을 잘라 낸다. 삼끈으로 감지 않으면 접붙일 때 나무껍질이 갈라질 염려가 있다.[256] 북지콩배나무의 밑동

先作麻紉汝珍反,[37] 纏十許匝, 以鋸截杜, 令去地五六寸. 不纏,

좋으며 결실이 빠르다는 상반된 기록을 남겼다. 예컨대, 남송 초의 온혁(溫革)은 『분문쇄쇄록(分門瑣碎錄)』에서 "뽕나무에 배를 접붙이면 연하고 맛도 좋다."라고 한다. 『본초강목』 권30에는 "배의 품종은 매우 많으며, 반드시 북지콩배나무와 뽕나무에 접붙인 것이 열매를 맺는 것이 빠르고 좋다."라고 하였다.

254 '주(主)'는 대목을 가리키며 '객(客)'은 접붙일 접수(椄穗)를 가리킨다. '구하(俱下)'는 접붙이기와 옮겨심기를 동시에 진행하는 것을 가리키는데, 즉 대목을 접붙이기 좋은 접수(接穗)째로 함께 옮겨 심는 것이다. 그러나 바람이 심하여서 만약 옮겨 심은 콩배나무가 살지 못하면 배나무 또한 죽게 된다.

255 '미동(微動)': 잎눈이 피기 시작하는 것이며, '개부(開莩)'는 잎눈이 이미 펴져서 작은 잎이 나타나는 것이다. '부(莩)'는 부갑(莩甲)으로서, 잎눈(혹은 꽃눈)의 외피에 덮힌 비늘이다. '갑(甲)'은 씨에서 싹이 자라는 것이다.

256 '피(披)'는 갈라지는 것으로서, 대목을 싸서 감지 않아 접수를 꽂을 때 피부층이 갈라지게 되는 것을 가리킨다. 아래 문장에서는 큰 바람을 맞게 되면 터지게 된

을 너무 높게 남겨 두면 배나무의 접수 가지가 무성해져서 큰 바람을 맞으면 갈라지게 된다. 만약 북지콩배나무의 밑동을 약간 높게 남겨 두면 배나무의 성장 또한 다소 빨라지는데, 접붙일 때 쑥[蒿][257]으로 북지콩배나무의 대목 바깥을 두르고[258] 흙을 채워서 떨어지지 않게 한다. 바람이 불면 다시 대나무 껍질로 배나무의 접수를 둘러 주면 갈라지는 것을 방지할 수 있다.

恐插時皮披. 留杜高者, 梨枝繁[38]茂, 遇大風則披. 其高留杜者, 梨樹早成, 然宜高作蒿簞盛杜, 以土築之令沒. 風時, 以籠盛梨, 則免披耳.

대나무를 비스듬히 깎아[259] 뾰족하게 하여 꼬챙

다는 것은 대목과 접수가 접합된 곳이 터져 갈라지게 된다는 것을 의미한다. 『사기』 권79 「범수열전(范睢列傳)」에는 "나무 열매가 무성하면 그 가지가 갈라진다."라고 했다. 가리키는 대상은 다르지만 갈라지는 것은 같다. 스셩한의 금석본에서, 이는 갈라진다는 의미로서 오늘날 장강 유역과 영남 방언 중에는 여전히 이와 같은 용법이 많이 남아 있다고 한다.

257 남송본에는 '고(高)'자가 있으나 금택초본과 『농상집요』에서 인용한 것에는 없다. 또 '호(蒿)'는 간혹 '고(稿)'자의 잘못이라고 하는데 『제민요술』에서는 '화(禾)'변이 있는 글자는 매번 초머리[艸]로 대체되기도 한다. 가사협은 절대로 '고(稿)'자로 써야 할 것을 고쳐서 '호(蒿)'로 쓰지 않는다. 『제민요술』 권2 「보리·밀[大小麥]」에는 '호애단(蒿艾簞)'이라는 문구가 있으며, 아울러 "쑥[蒿]과 황해쑥[艾]으로 그 입구를 막는다."라고 말하였다. '호(蒿)'와 '애(艾)'는 같은 과로서 모두 해충을 방지하는 작용이 있기 때문에 '고(稿)'자의 잘못이라고 할 수 없다. 때문에 '호(蒿)'는 마땅히 원문을 그대로 따르고 번번이 글자를 고쳐 쓰는 것은 합당하지 않다고 한다.

258 '단(簞)': 곡식을 담는 용기를 가리킨다. 묘치위 교석본에 따르면, 여기에서는 원통의 형상으로 만들어 대목의 바깥 둘레를 두르고 둘레의 안쪽을 흙으로 가득 채우고 다져 접수의 가지 끝이 드러나도록 하여 마치 대광주리에 '담은[盛]' 모양과 같다. 큰 바람이 불 때 다시 대나무 껍질로서 접수를 둘러 보호하여 접합된 부분이 바람에 의해 갈라지지 않도록 하였다고 한다.

259 '섬(攕)': 예리한 칼로 비스듬하게 깎는다는 의미이다. 이것은 대나무 조각을 비스듬하게 깎아 만든 가늘고 긴 막대기로서, 대목의 인피부와 목질부 사이에 끼우는 데 쓰이며 벌어진 대목의 한 틈 사이에 접수를 꽂아 넣는다.

이를 만들어서 대목의 나무껍질과 목질부 사이에[260] 한 치 정도의 깊이로 꽂아 넣는다. 좋은 배나무에서 양지바른 쪽의 가지를 자른다.[261] 음지 쪽의 가지는 열매도 작게 된다. 5-6치 정도 자라면 중심이 지나도록[262] 한 면만 비스듬하고 뾰족하게 깎는다. (뾰족한) 각의 크기는 모두 꼬챙이의 크기와 같게 한다. 칼로 배나무의 비스듬한 면의 반대쪽 껍질을 가볍게 한 바퀴 그어서[263] 표면의 검은 껍질을 벗겨 낸다. 형성층[青皮]에 상처를 입혀서는 안 된다. 형성층이 상처를 받게 되면 죽을 수 있다. (대목 위에 먼저 꽂아 둔) 대꼬챙이를 뽑고 (꼬챙이 구멍 속에) 배나무 접수의 가지를 (바로 칼로 그어 벗겨 낸 부분까지) 꽂아서 벗겨 낸 부분이 (닫히도록 하여)

斜攕竹爲籤，刺皮木之際，令深一寸許．折取其美梨枝陽中者．陰中枝則實少．長五六寸，亦斜攕之，令過心．大小長短與籤等．以刀微劙梨枝斜攕之際，剝去黑皮．勿令傷青皮．青皮傷即死．拔去竹籤，即插梨，令

260 ‘피목지제(皮木之際)’: 인피부(靭皮部)와 목질부의 사이, 즉 형성층의 부근이다.

261 이 말은 양지쪽을 향한 배나무 가지를 뜻한다. 수관(樹冠)의 중상부가 햇볕으로 향하는 가지를 취하는 것으로서, 오늘날에도 여전히 접수 가지를 선택하는 조건 중의 하나이다.

262 ‘영과심(令過心)’: 비스듬히 깎은 접수의 하단부가 목질부의 중심을 통과하도록 깎아서 형성층을 비스듬하게 노출시킨다. 비스듬히 깎은 부분의 크기는 비스듬히 깎은 대꼬챙이와 같게 한다.

263 ‘영(劙)’: 둥글게 한 바퀴를 벗겨 낸다는 의미이다. ‘사섬지제(斜攕之際)’: 접수를 비스듬히 깎은 부위의 반대쪽 면의 껍질을 가리킨다. 묘치위 교석본을 보면, 이 껍질 위를 가볍게 한 바퀴 잘라 낸 후에 그 둘레 이하의 표층의 거칠고 검은 껍질을 잘라 내지만, 절대로 ‘형성층[青皮]’에 상처를 내어서는 안 된다. 이른바 청피(青皮)라는 것은 형성층의 녹색 피부층을 포함하는 것인데, 이것은 접붙이는 성패를 결정하는 중요한 관건으로 상처가 형성층에 미치면 접붙이더라도 살아남지 못한다고 한다.

접붙일 접수의 목재 면이 대목의 목질부와 단단하게 밀착되게 하고, 접수의 나무껍질과 대목의 나무껍질이 서로 연결되도록 한다.[264]

至劉處, 木邊向木, 皮還近皮.

꽂아서 접붙인 이후에는 헝겊을 이용하여 북지콩배나무의 밑동[265]을 단단하게 싸서[266] 위에 부드러운 진흙으로 봉해 준다. 흙으로 덮어서 배나무 가지가 약간 뾰족하게 나올 정도로 해 준다. 다시 사방 주위에 흙을 쌓아 둔다.[267] (나뭇가지를) 마주 보게 하여[268] 물을 주고, 물이 다 스며들면 다시 흙을 덮어서 흙이 단단해지거나 마르지 않도록 해야 한다.[269] 이와 같이 하면 100개를

插訖, 以綿幕杜頭, 封熟泥於上. 以土培覆, 令[39]梨枝僅得出頭. 以土壅四畔. 當梨上沃水, 水盡以土覆之, 勿令堅涸. 百不失

264 "木邊向木, 皮還近皮": 이는 나무가 살아나게 되는 근본적인 조치이다. 묘치위 교석본을 참고하면, 대목의 목질부를 접수의 목질부에 닿게 하고, 대목의 형성층이 접수의 형성층에 닿게 하여 형성층이 상호 밀착해야 더욱 잘 조합되고, 아울러 새로운 조직이 생기도록 하여 접수와 대목의 영양 물질이 상호 전달되게 하는데 그 결과 새로운 공동체가 형성되어 새로운 개체로 살아가게 된다.

265 '두두(杜頭)': 북지콩배나무의 톱질한 단면을 가리키며, 접붙이는 표면을 포괄하고 있다.

266 '막(幕)': 명초본과 금택초본에서는 모두 '막(莫)'으로 쓰고 있다. 『농상집요』에서도 '막(莫)'으로 썼으며, 또한 작은 주를 달아서 '동멱(同冪)'이라고 쓰고 있다. 점서본에서는 다시 고쳐서 '멱(冪)'으로 쓰고 있다. '멱(冪)'은 곧 '봉(封)'자의 의미이다. 명청 각본에서는 '막(幕)'자로 쓰고 있으면서 '멱(冪)'자로 쓰는 것 같지 않다.

267 '이토옹사반(以土壅四畔)': 다시 북지콩배나무 네 주위에 흙을 북돋아 준다는 의미이다.

268 '당(當)': 이는 '마주 본다'의 의미이다.

269 '물령견학(勿令堅涸)': 물이 마른 후에 쌓은 흙이 말라서 갈라지지 않도록 하기 위해 물을 준 후에는 윗부분에 고운 흙을 덮어서 이러한 폐단을 방지한다.

접붙이더라도 하나도 잃지 않는다. 배나무 가지는 매우 무르기에 흙을 덮을 때 신중해야 한다. 흔들어 충격[270]을 주어서는 안 되는데 흔들어 충격을 주면 부러질 수 있다.

북지콩배나무에 십자 형태로 쪼개어 접붙이면[271] 10개를 접붙일지언정 한 개도 살지 못한다. 왜냐하면 목질부가 갈라지면 나무껍질 또한 갈라져 빈틈이 생겨 말라 버리기 때문이다.

배나무가 이미 자라서 북지콩배나무의 밑동에 잎이 돋아나면 따 주어야 한다. 따 주지 않으면 영양이 분산되어서[272] 배나무가 늦게 자란다.

무릇 배나무를 접붙일 때 대목이 과수원에 있는 것은 곁가지를 사용해서 접수를 만들며, 대목이 정원에 있는 것은 중심 가지를 접수로 삼아야 한다. 곁가지를 사용할 경우에는 나무가 아래를 향해 자라서 과일 수확이 쉬워지며, 중심 가지를 사용할 경우 나무가 위로 향해 자라서 집에 방해를 주지 않는다.[273]

一. 梨枝甚脆, 培土時宜愼之. 勿使掌撥, 掌撥則折.

其十字破杜者, 十不收一. 所以然者, 木裂皮開, 虛燥故也.

梨旣生, 杜旁有葉出, 輒去之. 不去勢分, 梨長必遲.

凡插梨, 園中者, 用旁枝, 庭前者, 中心. 旁枝, 樹下易收, 中心, 上聳不妨.

---

270 '장발(掌撥)': '발(撥)'은 '동(動)'이다. 묘치위 교석본에 이르기를, '장(掌)'은 '정(党)'자의 다른 형태로서, 이는 곧 '탱(牚)'자이며, 오늘날 '탱(撑)'자로 쓴다.

271 '십자파두(十字破杜)': 가로와 세로로 생긴 두 개의 칼로 대목 중심을 통과시켜 쪼개어서 십자형을 만든다. 이와 같은 접붙이기 방법은 오늘날에는 쪼개접[劈接]이라고 부르며, 할접(割接)이라고도 부른다.

272 '세분(勢分)': '세(勢)'는 생장의 역량과 조건을 말하며 '분(分)'은 분산의 뜻이다.

273 '방지(旁枝)': 명초본과 비책휘함 계통의 판본에서는 모두 '노(勞)'로 쓰고 있는데, 스셩한의 금석본에서는 금택초본과 『농상집요』에 의거하여 고쳐 바로잡았다고 한다. 이 문장의 "旁枝樹下易收"는 과수원 중의 나무가 접수(椄穗)가 곁가지로 만든 것은 나무 형태가 아래로 향해 처지게 되어 과일을 따기가 용이하다. "中心

뿌리 가까이의 작은 가지를 접수로 만들면[274] 나무의 형상은 보기 좋으나[275] 5년이 지나야 열매를 맺게 된다. 갈라진 가지가 마치 산비둘기의 발처럼 생긴 늙은 가지[276]로 접수를 만들 경우 3년이 되면 열매가 열리나 나무는 미관상 좋지 않다.

用根蔕小枝, 樹形可憘, 五年方結子. 鳩脚老枝, 三年即結子, 而樹醜.

『오씨본초吳氏本草』에 이르기를[277] "'금속에

吳氏本草曰,

上聳不妨"는 정원 앞 나무에서 위로 곧게 뻗은 가지를 접수로 사용하면 나무 형태가 위로 향하게 되면서 집과 서로 방해되지 않는다는 의미이다. 묘치위 교석본에 따르면 접수의 착생 부위와 접붙인 이후의 나무 형태의 높고 낮음은 반드시 인과 관계가 없지만, 다만 1400년 전에 이러한 나뭇가지의 변화의 문제를 제기한 것은 매우 주목할 만한 가치가 있다고 한다.

274 '근대소지(根蔕小枝)': 중심 줄기의 아랫부분에 자란 작은 가지로 여전히 유령(幼齡) 단계이기 때문에 접수로 만들면 비록 나무 형태는 좋을지라도 열매를 늦게 맺는다.

275 '희(憘)'는 '희(喜)'자를 차용하여 쓴 것이다. 스셩한의 금석본에 따르면, 명초본과 금택초본에서는 모두 '희(憘)'자로 쓰고 있고 나머지 『농상집요』 이후 명청 각본에서는 '희(喜)'자로 쓰고 있다.

276 '구각(鳩脚)': 열매를 맺는 가지의 갈래 모양이 산비둘기 발톱의 형상이고, 실제로는 열매가 달린 짧은 가지 군을 가리킨다. '노지(老枝)': 열매를 맺는 2년생의 가지이기 때문에 그것에 상응하는 유령기(幼齡期)를 단축시켜서 2년을 빨리하여 단지 3년 만에 열매를 맺게 된다. 묘치위 교석본에 의하면, 가지에 열매가 한 개가 달릴 때 한 개의 부스럼과 같은 옹이가 생기게 되고, 또한 나무의 형태가 추해진다고 한다.

277 『오씨본초(吳氏本草)』의 이 조항은 비슷한 부류의 책과 초본서의 목록에는 보이지 않는다. 『명의별록』에서 "금속에 의한 상처[金創]가 있거나 젖먹이 아이가 있는 부인은 배를 먹어서는 안 된다."라고 언급한 것은 『오씨본초』에서 채록한 듯하다. 이 조항은 원래 두 줄로 된 소주(小注)였지만, 본문과는 무관하기 때문에 묘치위 교석본에서는 고쳐서 큰 글자로 사용하였다.

의한 상처[金創]'[278]가 있거나 젖먹이 아이가 있는 부인은 배를 먹어서는 안 된다. 배를 많이 먹으면 사람에게 해를 입히니, 몸을 보호하는 음식은 아니다. 임산부가 산후조리 중[279]에 있거나 환자의 병이 호전되지 않은 상태에서 배를 많이 먹으면 병이 덧나 낫지 않는다. 기침하고 호흡이 편하지 못하고 천식을 앓을 경우[280] 먹는 것을 더욱 신중해야 한다."

무릇 먼 지역에서 접붙일 배나무 가지를 취할 경우에는 베어 낸 뿌리 아래의 세네 치쯤을 불로 그을려 주면 수백 리를 옮기더라도 살아날 수 있다.

배 저장법[藏梨法]: 첫서리를 맞은 후에 재빨리 딴다. 서리를 너무 많이 맞게 되면 여름을 넘길 수 없다. 집 안에 햇볕이 들지 않는 깊은 구덩이를 파고 구덩이 바닥은 습기가 없도록 한다. 배를 구덩이 속에 넣되 덮을 필요가 없다. 반드시 덮지 않아야

金創, 乳婦, 不可食梨. 梨多食則損人, 非補益之物. 産婦蓐中, 及疾病未愈, 食梨多者, 無不致病. 欬逆氣上者, 尤宜愼之.

凡遠道取梨枝者, 下根即燒三四寸, 亦可行數百里猶生.

藏梨法. 初霜後即收. 霜多即不得經夏也. 於屋下掘作深廕坑, 底無令潤濕. 收梨

278 '금창(金創)': 칼이나 화살 같은 금속에 의해 상처를 입는 것을 뜻한다. '창(創)'은 후대에 관습적으로 '창(瘡)'자로 쓰고 있다.

279 '욕중(蓐中)': '욕(蓐)'은 풀로 짠 깔개[卧具]이다. '욕중(蓐中)'은 깔개에서 잠을 잔다는 뜻으로 산후조리 기간을 가리킨다. 오늘날에는 대부분 '욕(蓐)'자를 '욕(褥)'자로 쓰고 있는데 산후 휴식을 '산욕(産褥)'이라고 일컫는다.

280 '해역기상(欬逆氣上)': '해(欬)'는 기침하고 사래 들리는 것으로 오늘날에는 '해(咳)'자를 차용하고 있다. '역(逆)'은 호흡이 편하지 못한 것을 의미하며 '기상(氣上)'은 숨을 헐떡거리는 것이다.

이듬해 여름까지 갈 수 있다.[281] 딸 때는[282] 조심히 만져야 상처를 입지 않는다.

置中, 不須覆蓋. 便得經夏. 摘時必令好接, 勿令損傷.

배가 시게 될 경우 물을 바꿔 가며[283] 삶으면 맛이 달게 되고, 또한 먹어도 사람에게 해를 입히지 않는다.

凡醋梨, 易水熟煮, 則甛美而不損人也.

● 그림 12
백리(白梨)와 열매:
『낙엽과수』 참조.

● 그림 13
북지콩배나무[杜梨]와 열매

281 '편득경하(便得經夏)': 『제민요술』에서 재배하는 배는 북방 백리(白梨; *Pyrus bretschneideri*) 계통의 품종인데, 일반적으로 저장성이 높으며 추수 후에는 저장하여 이듬해 4-6월까지 사용할 수 있다. 당연히 기계적인 손상과 병충해가 있는 과실은 저장하기에 적합하지 않다. 묘치위 교석본에 의하면 현재의 서북지방에서 재배하는 배의 중요한 품종은 대부분이 백리 계통에 속한다. 『제민요술』에서 『영가기(永嘉記)』의 「청전리(青田梨)」를 인용한 것은 마땅히 남방의 사리(沙梨; *Pyrus pyrifolia*) 계통의 품종이라고 한다.

282 배를 딸 때는 배가 땅에 떨어질 때 충격으로 상처를 입지 않게 하여야만 보존하기가 용이하다. '적시(摘時)'는 명초본과 비책휘함 계통의 판본에서는 모두 '접시(接時)'로 쓰고 있는데, 스셩한의 금석본에서는 금택초본과 학진본에 의거하여 고쳐 쓰고 있다.

283 '초리(醋梨)'는 곧 '산리(酸梨)'이며, '역수(易水)'는 물을 바꾼다는 의미이다.

● 그림 14
콩배나무[棠梨]와 열매:
『낙엽과수』 참조.

교 기

33 '정(楟)': 금택초본에서는 '정(糉)'자로 쓰고 있으나 이 글자는 없으므로 잘못된 것이다.

34 '여(穭)': 명초본과 금택초본, 명청 각본에서는 모두 '노(櫓)'로 쓰고 있는데, 단지 『농상집요』에서는 '여(穭)'로 쓰고 있다. '여(穭)'가 정확한 것이다.(본서 권3 「고수 재배[種胡荽]」의 주석 참조.)

35 '이(梨)': 명초본에서는 '이(犁)'로 잘못 쓰고 있으나, 다른 본에서는 잘못되지 않았다.

36 '주객(主客)': 명초본에서는 '지객(至客)'이라고 쓰고 있으며 『농상집요』 및 명청 각본에서는 고쳐서 '지동(至冬)'으로 잘못 쓰고 있다. 금택초본과 점서본에서는 '주객(主客)'으로 쓰고 있다. '이(梨)'와 '두(杜)'는 모두 겨울에 파종할 수 없으므로 '지동(至冬)'은 완전히 잘못된 것이다. '지(至)'는 '주(主)'의 잘못된 글자이다. '주(主)'는 대목을 대표하며 '객(客)'은 접수를 대표한다. 이 때문에 '주객구하(主客俱下)'라는 말이 생겨났다.

37 '여진반(汝珍反)': '인(紉)'자 아래의 음에 대한 주석은 명초본과 금택초본 및 명청 각본에서는 '지진반(支珍反)'으로 쓰고 있다. 『광운(廣韻)』

「십칠진(十七眞)」에 수록된 바의 '인(紉)'자는 '여린(女鄰)'의 반절음으로 읽으며 이 '지(支)'자는 분명히 '여(女)'자가 잘못 쓰인 것이다.

38 '번(繁)': 금택초본에서는 '번(繁)'으로 쓰고 있으며 『농상집요』의 인용도 동일하나 황교본과 명초본에서는 '엽(葉)'자로 쓰고 있다. 명각본에서는 이 부분의 주석문이 전부 빠져 있다.

39 '영(令)': 명초본에서는 '금(今)'으로 잘못 쓰고 있다.(명청 각본 중에는 비책휘함본을 근본으로 하여 이 구절이 빠져 있다.) 지금은 금택초본과 『농상집요』에 의거하여 바로잡는다.

제38장

밤 재배 種栗第三十八

『광지(廣志)』에 이르기를 "관중의 큰 밤은 크기가 계란만 하다."라고 하였다.

채백개(蔡伯喈)[284]가 말하기를, "호율(胡栗)이 있다."라고 하였다.

『위지(魏志)』에 이르기는[285] "동이에는 한국이란 나라가

廣志曰, 栗,[40] 關中大栗, 如雞子大.

蔡伯喈曰, 有胡栗.

魏志云, 有東夷韓國

284 채백개(蔡伯喈)는 채옹(蔡邕: 132-192년)의 '자(字)'이다. 후한의 문학가이면서 서예가이다. 한나라 영제(靈帝) 희평 4년(175)에 육경의 문자를 돌에 써서 '희평석경(熹平石經)'이라고 일컬었다. 동탁이 정권을 잡았을 때 그에 의해 채용된 바가 있다. 동탁이 주살된 이후에는 채옹은 왕윤에게 잡혀서 옥중에서 죽었다. 『채중랑집(蔡中郎集)』이 있는데 10권본은 전해지지만 이 조항은 보이지 않는다. 채옹은 한 편의 「상고율부(傷故栗賦)」가 있는데 어떤 사람이 채씨의 사랑 앞에 있는 밤나무를 꺾었기 때문에 이 시를 지었다고 하였으며, 『예문유취』, 『초학기』, 『태평어람』에는 모두 이 부의 일부가 기록되어 있다. 스셩한의 금석본을 보면, 『한위백삼가집(漢魏百三家集)』에서 이 부에 제목을 달아서 '호율(胡栗)'이라 한 것은 잘못이다. 이로 인해서 호립초를 가사협이 "곧 채옹의 「호율부(胡栗賦)」를 모은 것을 인용한 것"이라고 인식하였다. 그러나 구중에는 '호율(胡栗)'이란 작호가 없다고 한다.

285 『위지(魏志)』: 『삼국지』 중의 하나이다. 서진의 진수(陳壽: 234-297년)가 찬술한 것으로 위나라를 위한 기전체 역사책이다. 『삼국지』 권30 「위지(魏志) · 마한전

있는데 큰 밤이 생산되며 형상이 배와 같다."라고 하였다.

『삼진기(三秦記)』에는[286] "한 무제의 밤 밭[287]에서는 큰 밤이 생산되는데 밤 15개면 1되[升][288]가 된다."라고 기록되어 있다.

왕일[289]의 (「여지부(荔枝賦)」) 구절에는[290] "(북연) 삭(朔) 지역의 물가[291]의 밤이다."라는 구절이 있다.

出[41]大栗, 狀如梨.[42]

三秦記曰, 漢武帝果園有大栗, 十五顆一升.

王逸曰, 朔濱之栗.

(馬韓傳)」에는 "出大栗, 大如梨"가 기재되어 있다. 『후한서(後漢書)』 권76 「동이전(東夷傳)·마한국(馬韓國)」 편에는 "마한국에는 큰 밤이 생산되는데 크기는 배와 같다.[出大栗如梨]"라고 하였는데 이 또한 '출(出)'자를 쓰고 있다.

286 『예문유취』 권87, 『초학기』 권28, 『태평어람』 권964에서는 모두 『삼진기』의 이 조항을 인용하고 있으며 문자는 기본적으로 동일하지만 내용은 큰 차이가 있다.

287 '과원(果園)': 스성한의 금석본에서는 '율원(栗園)'으로 표기하였으나, '율(栗)'자는 글자 형태가 '과(果)'자와 유사하여 잘못 쓰인 것이라고 지적하였다. 앞에 등장한 「배 접붙이기[插梨]」에서 『삼진기(三秦記)』를 인용한 것에는 '한무과원(漢武果園)'이란 말이 있다. 밤 밭은 대부분 '율림(栗林)'이라 일컫는다.

288 '일승(一升)'을 『예문유취』에서는 '일두(一斗)'라고 쓰고 있으며 『초학기』에서는 두 차례 인용하고 있는데 모두 '일두(一斗)'라고 적고 있다. 묘치위 교석본에 의하면 한나라의 1되[升]는 2홉[合]이다. 이는 200ml로, 15개의 밤이 단지 200ml가 되는데 이것은 소율(小栗)이고, 『광지』 등에 기록되어 있는 배와 같다거나 주먹만 하다는 대율(大栗)이 있는데 이것은 이미 '대(大)'자로 쓰고 있다. 마땅히 '일두(一斗)'라고 써야 합당하다고 한다. 다만 묘치위 견해로는 한대의 1되가 지금의 1/5되라고 하면서 그 양이 200ml라고 하고 있는데 지금의 1되는 약 2000ml에 해당되어서 1/10에 해당된다. 두 개의 수치가 상호모순이 생긴다는 것을 알 수 있다.

289 '왕일(王逸)': 후한 남군(南郡) 의성[宜城: 지금의 호북성(湖北省)에 속함] 사람으로 자는 숙사(叔師)다. 안제(安帝) 원초(元初) 연간에 교서랑(校書郎)이 되었고, 순제(順帝) 때 시중(侍中)에 발탁되었다.

290 『예문유취』, 『초학기』, 『태평어람』에는 왕일의 「여지부(荔枝賦)」가 등장하는데 "北燕薦朔濱之巨栗"이라고 쓰여 있다.[『초학기』에는 '과(果)'자로 잘못 쓰여 있다.]

『서경잡기(西京雜記)』에는[292] 진율(榛栗)·괴율(瑰栗)과 역양율(嶧陽栗)이 있다. 역양(嶧陽) 도위(都尉)[293]인 조룡(曹龍)[294]이 헌상한 것으로, 밤의 크기가 주먹만 하였다고 기록되어 있다.

西京雜記曰, 榛栗, 瑰栗, 嶧陽栗. 嶧陽都尉曹龍所獻, 其大如拳.

밤은 단지 종자를 파종할 뿐이지 옮겨 심을 수는 없다. 옮겨 심으면 살기는 하지만 빨리 죽는다.

栗, 種而不栽. 栽者雖生, 尋死矣.

밤이 갓 익으면 밤송이를 벗겨 내고[295] 즉시 처마 밑을 파서 축축한 흙으로 덮어 둔다.[296] 굴을

栗初熟出殼, 即於屋裏埋著濕土

291 '삭빈(朔濱)': 북방의 변경지역으로서 왕일에 의거해 볼 때 '북연에서 나오는 것'을 뜻하며 오늘날 북부 등지를 일컫는다.

292 『서경잡기(西京雜記)』에는 밤 4종류가 기록되어 있는데, 『제민요술』에는 그중에서 '후율(侯栗)'이라는 종자가 없다. 묘치위 교석본에 의하면, 『예문유취(藝文類聚)』에서 『광지(廣志)』를 인용한 것에는 '관중(關中)의 후율(侯栗)'이 있는데, 금본에는 나오지 않으며 뒷사람이 더했다고는 말하기 어렵다. 또 역양도위(嶧陽都尉)는 『태평어람』 권964에서 인용한 것에는 역양 태수라고 쓰고 있어서 모두 문제가 있다.

293 '역양(嶧陽)'은 산의 이름이고 또한 갈역산[葛嶧山; 『한서(漢書)』 권28 「지리지(地理志)」에는 동해군 하비현(下邳縣)에 보인다.]이라고도 하는데 오늘날 강소성 비현 서남쪽에 위치한다. 묘치위 교석본에 의하면 한나라 제도에서 도위는 군의 좌이관(佐貳官)으로 무관직을 담당하며 동해군 도위치소는 비현(費縣: 오늘날 산동성 비현)에 있고 역양은 군의 이름은 아니라서 역양 '도위' 또는 '태수'라고 일컫지는 않았다고 한다.

294 '조룡(曹龍)': 금본의 『서경잡기』에는 본서와 마찬가지로 '조룡(曹龍)'이라고 적고 있는데 『태평어람』 권964에서 인용한 바에는 '조총(曹寵)'이라고 쓰여 있다.

295 '출각(出殼)': 밤은 밤송이가 벌어져서 자연적으로 떨어지면 줍기 때문에 밤송이를 벗겨 낼 필요가 없는데, 뒷단락에서 대덕(戴德)이 말하는 "栗零而後取之"가 그것이다. 『본초강목(本草綱目)』 권29의 '율'조에는 『사류합벽(事類合璧)』을 인용하여서 "밤송이가 저절로 벌어져서 밤이 떨어지는 것은 오랫동안 저장할 수 있는데 밤송이가 벌어지지 않는 것은 부패되기 쉽다."라고 하였다.

팔 때는 반드시 깊게 해야 얼지 않는다. 만약 길이 멀다면 가죽 포대에 담아 가져온다. 이틀 이상을 두게 되면 바람을 쐬고 햇볕을 쬐어 싹이 트지 않게 한다.

이듬해 봄 2월이 되면 모두 다 싹이 트는데 이를 가지고 가서 파종한다.

中. 埋必須深, 勿令凍徹.[43] 若路遠者, 以韋囊盛之. 停二日以上, 及見風日者, 則不復生矣. 至春二月, 悉芽生, 出而種之.

싹이 튼 후에는 몇 년간은 그것에 버팀목을 만들거나 흔들어 충격을 주어서는 안 된다.[297] 새로 옮겨 심은 모든 나무는 흔들어서는 안 되며, 밤나무는 더욱 이와 같다.

3년 동안 매번 10월이 되면 항상 풀로 감싸 준다. 이듬해 2월이 되면 풀어 준다. 감싸 주지 않으면 얼어 죽는다.

既生, 數年不用掌近. 凡新栽之樹, 皆不用掌近, 栗性尤甚也. 三年內, 每到十月, 常須草裹. 至二月乃解. 不裹則凍[44]死.

『대대예大戴禮』 「하소정夏小正」에[298] "8월이

大戴禮夏小正

296 밤은 건조한 것, 뜨거운 것, 어는 것을 피해야 한다. 종자는 건조하면 발아력이 쉽게 상실되고 온도가 지나치게 높으면 곰팡이가 피어서 썩기 쉽다. 얼면 뻣뻣해지기 쉽기 때문에 저장할 때는 반드시 적당한 온도와 습도를 유지해야 하는데, 『제민요술』에서는 축축한 흙에 묻어 두었으며 『식경(食經)』에서는 일정한 습도가 있는 고운 모래 속에 저장하였다.

297 '장근(掌近)': 앞의 「배 접붙이기[插梨]」 주석에는 '장발(掌撥)'이 보인다. '장근(掌近)'은 곧 '가까이 버팀목을 대다.[撐近.]'이다. '불용장근(不用掌近)'은 사람과 가축이 가까이 가서 그 나무를 들이받거나 흔들어서는 안 된다는 의미이다.

298 『대대예(大戴禮)』: 이는 곧 『대대예기(大戴禮記)』이다. 전한의 대덕(戴德)이 편찬한 것으로 전해지며 지금은 일부만 남아 있다. 그 조카 대성(戴聖)이 편찬한 것을 『소대예기(小戴禮記)』라고 일컬으며 이것이 지금의 『예기(禮記)』이다. 「하소정」은 『대대예기(大戴禮記)』의 한 편으로, 매달의 물후 등을 기록하고 있으며, 대덕(戴德)이 그에 주석을 달았는데 이를 『대예전(戴禮傳)』이라고 칭한다. 묘치

면 밤이 이미 저절로 떨어져 주우면 되기 때문에 '벗길' 필요가 없다."라고 한다.

曰, 八月, 栗零而後取之, 故不言剝之.

『식경食經』에 기록된 밤을 말려 저장하는 방법:[299] "볏짚 재를 만들어서 뜨거운 물에 담가 잿물을 만들고 밤을 담근 후에, 꺼내어 햇볕에 말리면 밤의 육질이 완전히 말라서 좀이 슬지 않게 된다. 이듬해[300] 봄이나 여름까지 보존할 수 있다."라고 하였다.

食經藏乾栗法. 取穰灰, 淋取汁漬栗, 出, 日中曬, 令栗肉焦燥, 可不畏蟲. 得至後年春夏.

생밤[生栗] 저장법:[301] 옹기에 넣어서 햇볕에

藏生栗法. 著

위 교석본에 의하면, 『대대예기(大戴禮記)』「하소정(夏小正)」의 '팔월(八月)'에는 "'율령(栗零)'은 밤이 떨어지는 것으로 '강(降)'의 의미이다. 떨어진 이후에는 그것을 줍기 때문에 밤송이를 벗긴다는 말은 하지 않는다."라고 하였다. '율령(栗零)'은 「하소정(夏小正)」의 본문이고 '영야자(零也者)' 이하는 대덕(戴德)의 해석이다. 「하소정(夏小正)」에 언급된 '박조(剝棗: 대추를 친다.)'는 여기서 대추와 같이 쳐서 떨어뜨리는 것은 아니고 줍는 것이다. 이 단락은 원문에 두 줄로 된 소주(小注)로 쓰여 있었으나, 묘치위 교석본에서는 큰 글자로 쓰고 있고, 스셩한의 금석본에서는 묘치위본과 글자 배열은 같지만 작은 글자로 처리하고 있다.

299 이 조항과 다음 조항의 '장생율법(藏生栗法)'은 표제만 큰 글자로 쓰여 있고, 나머지는 모두 작은 글자로 쓰여 있으나 묘치위 교석본에서는 일률적으로 큰 글자로 표기하였다.

300 '후년(後年)': 한위육조(漢魏六朝)시대의 '후년(後年)'은 항상 다음 해, 즉 '명년(明年)'을 가리키는데 이하에도 마찬가지이다.

301 '장생율법(藏生栗法)'은 『식경』의 문장이다. 『사시찬요』「구월」편에서는 『식경』의 모래로써 밤을 저장하는 방식을 인용하고 있으며, 『왕정농서』「백곡보칠(百穀譜七)」'율(栗)'조에도 『식경』이 인용되어 있다. 『식경』의 조항에서는 건조한 밤을 저장하여 식용으로 사용하는데, 본 조항에서는 종자용 밤을 저장하여 싹을 틔워 파종하는 법을 제시하고 있다.

말린 고운 모래를 넣고[302] 와질 동이[盆]로 주둥이를 덮는다. 이듬해 2월이 되면 모두 싹이 트지만 벌레는 생기지 않는다.

器中, 曬細沙可燥,[45] 以盆覆之. 至後年二月,[46] 皆生芽而不蟲者也.

개암[榛]:[303]

榛

『주관(周官)』에서는 "개암[榛]은 밤[栗]과 비슷하나 (크기가 밤보다) 작다."[304]라고 주석하고 있다.

周官注曰, 榛, 似栗而小.

『설문(說文)』에서는[305] "개암[榛]은 개오동나무[梓]와 같

說文曰, 榛, 似梓,

302 '쇄세사가조(曬細沙可燥)': 묘치위 교석본에 이르기를 '가(可)'는 '호(好)'로서 적합하다는 의미로, 곧 모래를 적당할 정도까지 햇볕에 쬔다는 뜻이다. 북송의 구종석(寇宗奭) 『본초연의(本草衍義)』 권18의 '율(栗)'에 이르기를 "'율(栗)'은 말려야 하고 밤은 건조해야 하나 햇볕과 같이 뜨거워서는 안 된다. 생밤을 수확하고자 한다면 물기가 있는 모래 속에 저장하는 것만 못한데 늦봄이나 초여름이 되면 항상 처음과 같이 거두어들일 수 있다."라고 하였다. 이것은 모래를 이용해서 신선하게 저장하는 법이다. 또한 모래를 통해 저장함으로써 좀도 예방할 수 있다.

303 '진(榛)': '자작나무[樺木]'과의 '개암[榛; *Corylus heterophylla*]'이다. 열매는 공모양에 가까운 소견과(小堅果)로, 도토리와 유사하며 먹을 수 있고 기름을 짤 수도 있다. 그러나 밤은 너도밤나무과로서, 『시의소(詩義疏)』에서는 '진(榛)'은 밤나무와 같은 유에 속하며 옛 사람들이 일부 서로 유사하여 혼동한 것은 기이한 일이 아니라고 언급했다.

304 '주왈(注曰)': 원래는 '주(注)'자가 없다. 여기서는 정현이 『주례』에서 주석한 문장으로, 전본 『농상집요』에서는 '주(注)'자를 인용하고 있는데 반드시 있어야 한다. 『주례』 「천관 · 변인(籩人)」의 '진실(榛實)'조에 대해서 정현은 "진(榛)은 밤과 같지만 크기는 작다."라고 주석하고 있다.

305 스셩한의 금석본에 따르면, 송본과 금본(今本)의 『설문해자』에서는 이 문장 중의 '진(榛)'자를 '친(亲)'자로 쓰고 있으며 '사제(似梓)' 두 글자는 생략하였다. 묘치위 교석본에 이르기를, '진(榛)'은 또한 '친(亲)'자로 썼는데 『설문해자』의 '친(亲)'에 대해 "개암나무[亲]의 열매로서 작은 밤과 같다."라고 하고, "개오동나무와 같다.[似梓.]"라는 말은 없다. 그러나 '친(亲)'은 가로로 쓰여 '재(梓)'로 변하였

으며 열매는 작은 밤과 같다."라고 하였다.

(『시경』) 「위시(衛詩)」·패풍(邶風)」의 구절에는 "산(山)에는 개암이 있다."라고 하였다. 『시의소(詩義疏)』에서는[306] "진(蓁)은 밤[栗]의 종류에 속하며 간혹 나무목[木]을 붙여서 ['진(榛)'으로 쓰기도 하는데] 모두 두 종류가 있다. 그중 한 종류는 나무의 크기, 가지와 잎이 모두 밤과 같고 그 열매의 형상은 도토리[307]와 흡사하며 맛 또한 밤과 같다. 이것은 바로 [『시경』「용(鄘)·정지방중(定之方中)」에서] 이르는 '수지진율(樹之榛栗)'의 개암인 것이다. 다른 한 종류는 가지와 줄기가 마치 개다래나무와 같으며 잎과 열매의 색은 쥐오얏[牛李][308]과 같고 한 길[丈] 높이로 자라며 씨는 완전히 자두와 같다.[309] 날로 먹는 맛

實如小栗.

衛詩曰, 山有蓁. 詩義疏云, 蓁, 栗屬, 或從木, 有兩種. 其一種, 大小枝葉皆如栗, 其子形似杼子, 味亦如栗. 所謂樹之榛栗者. 其一種, 枝莖如木蓼, 葉如牛李色, 生高丈餘, 其核中悉如李. 生作胡桃

으며, 또한 와전되면서 가래나무와 같다고 한 것이다.

306 '시의소운(詩義疏云)': 이는 분명 육기(陸璣)의 『모시초목조수충어소(毛詩草木鳥獸蟲魚疏)』를 가리킨다. 『태평어람』 권973 '진(榛)'조 아래에는 두 번이나 중복으로 『시의소』가 인용되고 있다. 첫 번째 것은 육기의 『모시소의(毛詩疏義)』에서 아주 간략하게 채록한 것이다. 두 번째에서 인용한 것은 여기서 인용한 것과 유사하나 '진(蓁)'자는 '진(榛)'자로 쓰여 있으며 "或從木", "葉如牛李色", "其核中悉如李", "膏燭又美, 亦可食啖" 등의 구절은 없으며, 또한 "上黨皆饒"까지만 적고 있다.

307 '저자(杼子)': 스성한의 금석본에서는 '저(杼)'자는 마땅히 '허(栩)', '유(柔)' 혹은 '서(芧)'자로 써야 하며, '저(杼)'는 단지 베를 짤 때의 '북[杼軸]'으로 해석된다고 한다. 반면 묘치위 교석본에 의하면, '저자(杼子)'를 도토리라고도 부르는데, 이는 너도밤나무과의 상수리나무(*Quercus acutissima*)의 열매이다. 별칭으로 '허(栩)', '작(柞)', '역(櫟)'이라고도 부른다. 서진의 최표의 『고금주(古今注)』에는 "상수리나무 열매를 도토리[橡]라고 부른다."라고 한다.

308 '우리(牛李)'는 쥐오얏[鼠李; *Rhamnus davurica*]나무과의 쥐오얏이며, '목료(木蓼)'는 다래나무과의 개다래나무[木天蓼; *Actinidia polygama*]이다.

309 '핵(核)'은 과일의 껍질이며 '실여리(悉如李)'는 아마 '실여율(悉如栗)'인 듯한데,

이 호두알과 같고, 기름으로 횃불[膏燭]을 만들면 좋으며,[310] 씹어서 먹을 수 있다. 어양(漁陽)·요(遼)·대(代)·상당(上黨)에서 많이 생산된다.[311] 그 가지와 줄기를 생채로 베어와 불에 태워서 '횃불[燭]'을 만드는데[312] 그 빛은 밝으나 연기가 없다."라고 해석하고 있다.

味, 膏燭又美, 亦可食噉. 漁陽遼代上黨皆饒. 其枝莖生樵, 爇燭, 明而無煙.

개암을 옮겨 심고 파종하는 법은 밤과 같다.

栽種與栗同.

그림 15
개암[榛]과 열매:
『낙엽과수』 참조.

그림 16
개다래나무[木天蓼]

윗 문장의 '우리(牛李)'에 이어서 잘못 쓰였다. 따라서 '진(榛)'과는 소견과(小堅果)이기 때문에 자두와 같다고 할 수는 없다.

310 '고촉(膏燭)': 삼대[麻莖] 등을 감아서 그 속에 기름을 붓거나 기름이 함유된 식물 종자를 끼워 넣어서 횃불 형태의 '촉(燭)'을 만들었는데, 옛날에는 '고촉(膏燭)'이라고 불렀다. 개암나무에는 기름이 함유되어 있어서 기름을 짤 수 있으며 고촉 횃불 속에 끼워 넣으면 오래 탄다.

311 '어양(漁陽)': 군의 명칭이며 어양현을 다스렸으며 옛날의 치소는 지금의 북경시 밀운현(密雲縣)에 있다. '요(遼)': 요하지역을 가리킨다. '대(代)': 군의 이름으로 대현(代縣)을 통치했으며 지금의 하북성 울현(蔚縣)에 있다. '상당(上黨)': 군의 이름으로 호관(壺關)을 다스렸다.

312 '생초(生樵)': 나뭇가지를 태운다는 의미이다. '설촉(爇燭)': 불을 당겨 횃불에 붙여서 불을 밝히는 용도로 사용했다.

그림 17
쥐오얏[牛李; 鼠李]과 열매

교 기

40 '율(栗)': 『예문유취』 권87에서 『광지』를 인용한 것에는 "栗有關中侯栗, 大如雞子."라고 쓰여 있으며, 명청 각본에는 대부분 '율(栗)'이 없다. 『태평어람』 권964에서 인용한 것에는 "栗有侯栗, 關中大栗, 大如雞子."라고 쓰여 있다.

41 '출(出)': 명초본과 명청 각본에서는 '산(山)'자로 쓰여 있는데 금택초본에서는 '생(生)'자로 쓰고 있고 『위지(魏志)』 권30 「마한전(馬韓國)」에는 '출(出)'자를 쓰고 있다.

42 '상여리(狀如梨)': '상(狀)'자는 『위지』에서는 '대(大)'자로 쓰고 있는데 '상(狀)'자보다 합리적이다. 『후한서』 '여리(如梨)' 위에는 바로 '대율(大栗)'이 바로 연결되어 있는데 이는 곧 '대(大)'자가 생략된 모습이다. 『제민요술』의 원래 상태를 보존하기 위해서 고치지 않는다.

43 '철(徹)': 명초본에서는 '철(撤)'자로 잘못 쓰여 있는데 금택초본과 명청 각본에 의거하여서 고쳐서 바로잡는다.

44 '동(凍)': 명초본에서는 '중(遼)'으로 쓰고 있는데 비책휘함 계통의 각본에서는 '환(還)'자로 쓰고 있다. 무릇 『농상집요』에서 교감한 판본에서는 '동(凍)'자로 쓰고 있으며 금택초본과 같다. 지금은 금택초본에 의거

해 고쳐 쓴다.

45 "曬細沙可燥": 명초본과 군서교보에서는 남송본을 초사한 것에 의거하여 "曠細沙可爆"이라고 쓰고 있다. 금택초본에서는 "曬細沙可燥"라고 쓰고 있고 비책휘함 계통의 각 판본에서는 '세사가외(細沙可煨)'로 쓰고 있다. 금택초본의 '쇄(曬)'는 '조(燥)'가 정확한 것이다. '가(可)'자는 해석을 할 수 없는데 마땅히 '사(使)', '후(候)', '보(保)'일 것이다. 가장 가능성이 있는 것은 '후(候)'인데 왜냐하면 '후(候)'자의 독음이 앞의 '가(可)'와 가장 가깝기 때문이다.

46 '이월(二月)': 스셩한의 금석본에서는 '오월(五月)'로 쓰고 있다. 스셩한에 따르면, 금택초본과 명청 각본에서는 '이월(二月)'로 쓰고 있으나, 금택초본에 의거하여 고쳐서 바로잡는다고 한다. 묘치위 교석본에서는 명초본에 의거하여 '이월(二月)'로 쓰고 있다. 이것은 『제민요술』의 본문에는 "至春二月, 芽悉生, 出而種之"와 같이 되어 있어서 마땅히 '이월(二月)'로 써야 한다는 것에 근거하고 있다.

제39장

사과 · 능금 柰林檎第三十九

『광아(廣雅)』에 이르기를, "전(㮧) · 엄(棯) · 구(蘁)는 모두 내이다.[313]"

廣雅曰, 㮧棯蘁, 柰也.

『광지(廣志)』에 또 이르기를[314] "사과[柰]에는 백 · 청 · 적색의 3종이 있다. 장액(張掖)에는 흰 사과[白柰]가 있고, 주

廣志曰, 柰有白青赤三種. 張掖有白柰,

---

313 『예문유취』 권86 『초학기』 권28과 『태평어람』 권970에서는 모두 이 『광지』의 문장을 인용하고 있다. 묘치위 교석본을 보면 『광아』의 체제는 각 글자를 나열하여 동일한 사물을 설명하는데, 이러한 현상은 『광아』 「석목(釋木)」편에 보이며 "㮧棯蘁榛也."라는 문장이 그것이다. 왕염손(王念孫)의 『광아소증(廣雅疏證)』에 따르면 이 조항은 '내(柰)'와 무관한데, 네 글자가 가리키는 것은 모두 '사목(死木)'이며 '내(柰)'를 민간에서는 '내(榛)'로 쓰고 있기 때문에 사목의 '내(榛)'를 과일나무의 '내(柰)'로 오인한 것이다. 그런데 『옥편』 「목부(木部)」에서는 "棯, 榛也."라고 하고 있고 『광아』에서는 '柰也'라고 쓰고 있는 것 역시 잘못된 글자는 아니라고 한다.

314 "광지왈(廣志曰)": 원본에서는 '우왈(又曰)'이라고 쓰고 있으며, 스셩한의 금석본에서도 '우왈(又曰)'로 적고 있다. 묘치위 교석본에 이르기를, 위 조항에서는 제목을 『광지』라고 잘못 씀으로 인해서 이 조항의 제목이 '우왈(又曰)'이 되었는데, 사실 이 조항은 『광지』의 문장이기 때문에 "광지왈(廣志曰)"로 해야 한다. 이 조항은 『예문유취』 권86, 『초학기』 권28, 『태평어람』 권960에서도 인용하고 있는데 『광지』라고 제목을 붙인 것은 하나같이 상세하지 않다.

천(酒泉)[315]에는 붉은 사과[赤柰]가 있다. 서방 각지에서는 사과[柰]가 생산되며 집집마다 수십·수백 석의 사과포를 비축하여 저장하는데, 마른 대추와 밤을 저장하는 방법과 같다." 라고 한다.

酒泉有赤柰. 西方例多柰, 家以爲脯, 數十百斛以爲蓄積, 如收藏棗栗.

위 명제[조예(曹叡)][316] 시대에 각 친왕(王)들이 (황제를 배알하게 되면) 밤중에 각각 모두에게 겨울에 생산된 사과[柰][317] 한 상자를 선물받았다. 진사왕(陳思王)이 감사하여 말하기를[318] "내(柰)는 여름에 익는 것이나 지금은 겨울인데도 여전히 신선한데, 이처럼 제철 과일이 아닌 물건은 매우 진귀한데도 폐하께서 나누어 주시니 그 은혜는 실로 극진할 따름입니다."라고 하였다. 조서를 내려 회답하여 이르기를,[319] "이 사과는 양주

魏明帝時, 諸王朝, 夜賜冬成柰一匳. 陳思王謝曰, 柰以夏熟, 今則冬生, 物以非時爲珍, 恩以絶口爲厚. 詔曰, 此柰從涼州來.

---

315 '장액(張掖)', '주천(酒泉)': 모두 군의 이름이며 치소(治所)는 지금의 감숙성 장액과 주천에 있다.

316 위 명제(魏明帝): 이름은 조예(曹叡)이다. 위나라의 두 번째 군주이며 227년에서 239년까지 재위하였다.

317 '동성내(東城柰)': 스셩한의 금택본에는 '동성내(冬成柰)'로 쓰고 있으나, 조식(曹植)이 감사의 표시로 하는 말인 "賜臣等冬柰一奩, 柰以夏熟, 今則冬生,"에 의거하여 '동성(冬成)'이 더 적합한 것으로 보았다.

318 '진사왕(陳思王)': 이름은 조식(曹植), 자는 자건(子建)이다. 『조자건집(曹子建集)』[사부총간본(四部叢刊本)] 권8의 「사사내표(謝賜柰表)」에는 "저녁나절에 궁전에서 조회할 때 호분(虎賁)을 알려 신하 등에게 겨울 능금 한 상자를 하사했다."라고 하였다. 이하는 『제민요술』과 동일하며 마지막에 "제철의 과일이 아니라 하여 신하 등이 그에 감사하였다."라는 구절이 더 있다. 『예문유취』, 『초학기』, 『태평어람』에도 모두 인용하고 있으나 문장에 차이가 있다.

319 『태평어람』 권970에서 이 조칙을 인용하기를 "사과[柰]는 곧 양주[梁州: 양주(涼州)의 잘못인 듯하다.]에서 가지고 온 것으로, 길이 멀어서 열을 받아 사과의 색이 변하였다."라고 한다. 『초학기(初學記)』 권28에는 '양주(涼州)'를 '경주(京州)'로 잘못 쓰고 있으며 마지막 구절에는 "故柰中變色不佳耳."라고 쓰여 있다.

(涼州)[320]에서 가져온 것이다."라고 하였다.

『진궁각부(晉宮閣簿)』에는[321] "가을에는 흰 사과[白柰]가 있다."라고 기록되어 있다.

晉宮閣簿曰, 秋有白柰.

『서경잡기(西京雜記)』에는[322] "(상림원 중에는) 자색의 사과와 녹색의 사과가 있다."라고 기록되어 있다.

西京雜記曰, 紫柰, 綠柰.

그 밖에 흰 사과와 붉은 사과[323]도 있다.

別有素柰, 朱柰.

『광지(廣志)』에 이르기를, "이금(里琴)은 마치 붉은 사과[赤柰]와 같다."[324]라고 하였다.

廣志曰, 里琴, 似赤柰.

---

320 '양주(涼州)': 지금의 감숙성 무위(武威)에 있다.

321 '진궁각부(晉宮閣簿)': 『수서』 「경적지(經籍志)」에는 기록되어 있지 않고 각 유서에서도 인용하여 기록하지 않는데, 책은 이미 전해지지 않아서 확인할 수 없다. 묘치위 교석본을 보면, 각 유서에는 별도로 『진궁각명(晉宮閣名)』, 『진궁각기(晉宮閣記)』 등을 인용한 책이 적지 않아 동류의 책인 듯하다. 『태평어람』 권970에는 『진궁각명』을 인용하여 "하림원(華林園)에는 흰 사과[白㮈] 400그루가 있다."라고 쓰고 있다. 하림원은 낙양에 있다. 후위 양현지(楊衒之)의 『낙양가람기』 권1 「경림사(景林寺)」에는 하림원에 '내림(柰林)'이 있다고 기록되어 있다.

322 『서경잡기』의 문장에는 '내삼(柰三)'에 흰 사과[白柰], 자색 사과[紫柰: 원래는 화자색(花紫色)이라고 주석하고 있다.], 녹색 사과[綠柰: 원래는 화녹색(花綠色)]가 있다."라고 기록되어 있다. 『제민요술』에는 흰 사과[白柰] 한 종류가 빠져 있다.

323 '흰 사과[素柰]'에 대해 좌사의 「촉도부(蜀都賦)」에서는 '소내하성[素柰夏成: 『문선(文選)』 권4에 보임]'이라고 기재되어 있다. 그리고 '붉은 사과[朱柰]'는 『초학기』 권28에서 손초(孫楚)의 『정부(井賦)』의 "沉黃李, 浮朱柰."에서 인용하고 있다.

324 "이금사적내(里琴似赤柰)": 『예문유취』 권87 '임금(林檎)' 아래에 『광지』를 인용하여 "임금은 붉은 사과와 같으며 '흑금(黑檎)'이라고도 칭하며 '내금(來檎)'이라고도 하는데, 맛은 달고 익으면 내금이 된다."라고 하였다. 『태평어람』 권971에서 '임금(林檎)'에서 인용한 『광지』에는 '黑檎似赤柰' 다음에 작은 주가 달려 있는데, 또한 '흑금(黑檎)'이라고 칭하고 있다. 이 2-3개의 '흑(黑)'자는 분명 모두 '이(里)'자가 잘못 쓰인 것이다. 이 때문에 '이(里)'자나 '이금(里琴)'은 모두 '임금(林檎)'과 같은 음력 이름의 최초의 형식인 듯하다. '임금(林檎)'은 원래 중국에서 생

사과[柰]와 능금[林檎][325]은 모두 씨를 이용하여 파종하지 않고 다만 옮겨 심는다. 씨를 파종하여도 싹이 나지만 그 나무에서 달린 과일은 맛이 좋지 않다.[326]

柰林檎不種, 但栽之. 種之雖生, 而味不佳.

산된 것은 아니며, 진대(晉代)의 이름을 번역한 것에 '내금(來檎: 왕희지 시대에 통용된 명칭)이라는 것이 있다. '이(里)'와 '내(來)'는 당초까지 여전히 같은 음의 글자였다. '내금(來禽)', '이금(里琴)'은 분명히 모두 음역한 이름이며 '사적내(似赤柰)'와 같은 외래의 과일 종류를 가리킨다. '이(理)'자는 군서교보에서 남송본을 초사한 것과 금택초본에 의거한 것에는 모두 '이(里)'자로 쓰고 있으며, 명초본의 '이(理)'자 또한 '이(里)'자를 고쳐서 쓴 것을 볼 수 있다. 명초본의 '사(似)'는 '이(以)'자로 쓰고 있는데, 스셩한의 금석본에서는 금택초본에 의거해 고쳐서 바로잡았다. '이금(里琴)'은 문맥만으로 뜻을 해석할 방법은 없으며, 결코 적합한 문장구조는 아니다. 묘치위 교석본에 의하면, '里琴似赤柰'는 단지 금택초본에서는 이 문장과 같으나 황교본, 장교본에서는 '里琴以赤柰'라고 잘못 쓰고 있으며 명초본과 각본 등에서는 다시 '理琴以赤柰'라고 잘못 쓰고 있다고 한다. 그러나 명초본의 '이(理)'는 '이(里)'로 써야 하며 '왕(王)'변은 뒷사람이 명각본에 의거하여서 덧붙인 것이라고 한다.

325 내(柰)와 임금(林檎)은 차이가 있다. 내(柰)는 서양의 유내(油柰), 도형리(桃形李) 등으로 불리며 유내는 내리(柰李) 계통에서 우수한 품종이다. 과일은 크고 과일의 무게는 80-120g쯤 되며 가장 큰 것은 240g에 달한다. 과일의 형태는 복숭아와 같으며 질은 자두와 유사하고 과일의 어깨부분은 폭이 넓으며 정수리 부분이 뾰족하기 때문에 왜취리(歪嘴李)라고도 한다. 과일 껍질은 황록색이고 은회색의 반점이 있으며 과육은 두텁고 담황색을 띠며 96.7%를 먹을 수 있다. 육질은 연하고 부드러우며 즙이 많아 맛은 달콤하고 품질은 아주 좋다. '임금'이 '내'보다 크기가 작고 맛이 시고 고대 임금은 과일의 형태가 큰 것도 있고 작은 것도 있는데, 성숙기는 여름에 익는 것도 있고 겨울에 익는 것도 있다. '내(柰)'는 묘치위 교석본에 의하면, 옛 사람들은 빈과(蘋果)와 사과(沙果)의 두 종류로 나누었는데, '내'가 빈과를 가리키는 것이다. '임금'은 곧 사과로서 또한 화홍(花紅)이라고도 일컫는다고 한다.

326 '미불가(味不佳)': 빈과는 자화수분(自花授粉)할 때 일반적으로 열매를 맺는 확률이 낮아서 이화수분(異花授粉)을 해야 비로소 열매 맺는 확률을 높일 수 있다. 그러나 이화수분은 종자에 잡종성이 생겨 종자의 변이가 발생하고, 또한 각종 품종

옮겨 심을 가지를 얻으려면[327] 뽕나무 휘묻이하는 법과 같다.[328] 이와 같은 두 종류의 과일 나무는 뿌리가 지면 가까이에 있지 않기 때문에[329] (비정상적인) 뿌리 그루터기가 쉽게 나오지 않게 되어 이용할 수 있는 꺾꽂이의 가지를 구하기가 어렵다. 이 때문에 반드시 휘묻이 방법을 사용해야 한다.

取栽如壓桑法. 此果根不浮薉, 栽故難求. 是以須壓也.

또 다른 방법:[330] 나무 주위에 몇 자[331] 떨어진 지면에 구덩이를 파고 나무의 가지와 뿌리 끝부

又法. 於樹旁數尺許掘坑, 洩

간의 수분 친화력의 차이가 매우 크다. 이 때문에 종자 번식은 원래 가진 품종을 보유하거나 보증할 수 없고 맛에도 차이가 있다.

327 '취재(取栽)': '재(栽)'는 옮겨 심을 수 있는 어린 가지로서 휘묻이, 꺾꽂이, 모종 등을 포괄한다.

328 '압상법(壓桑法)': 뽕나무의 휘묻이하는 법을 가리키며, 본서의 권5 「뽕나무 · 산뽕나무 재배[種桑柘]」에 보인다. 사과[柰]와 능금[林檎]은 저절로 뿌리 그루터기가 생기기 어려워서 옮겨 심을 가지를 구하기가 어렵기 때문에 휘묻이 방법을 통해서 새로 옮겨 심을 가지를 구한다.

329 '부예(浮薉)'는 여기서는 지면 가까이의 곁가지에서 자란 뿌리 그루터기이다. 뿌리 그루터기가 그 시기에 생겨나면 나무의 분재용으로 쓸 수 있지만, 그때에 자라지 않은 것은 잡초와 마찬가지로 성가시기 때문에 제거해야 하므로 '예'라고 불렀던 것이다. 명초본에서는 '예(薉)'를 '장(藏)'으로 쓰고 있고, 비책휘함 계통의 각 판본에서도 마찬가지인데, 스셩한의 금석본에서는 금택초본과 『농상집요』에 의거해 고쳐서 바로잡았다. 묘치위 교석본에 의하면, '예'는 금택초본에서는 글자가 같으나 황교본과 명초본에서는 '장(藏)'자로 잘못 쓰고 있으며, 명각본에는 이 주가 전부 빠져 있다.

330 '우법(又法)'부터 '작내초법(作柰麨法)'까지의 3가지 방법은 표제는 큰 글자로, 나머지는 모두 2줄로 된 작은 글자로 쓰여 있지만 묘치위의 교석본에는 일괄적으로 전부 큰 글자로 쓰고 있다.

331 '척(尺)'은 명초본에서는 거의 '적(赤)'으로 쓰고 있다.

분이 드러나게 하면[332] (이 곳에서) 뿌리 그루터기가 자라나와 옮겨 심을 가지가 만들어진다. 모든 '옮겨 심는 나무'를 구하려면 모두 이 같은 방법을 사용한다.[333]

其根頭, 則生栽矣. 凡樹栽者, 皆然矣.

옮겨 심는 방법은 복숭아나 자두와 같다.[334]

栽如桃李法.

능금나무는 정월과 2월에 도끼를 뒤집어 (등 부분으로) 군데군데 두드려 주면[335] 결실이 많아진다.

林檎樹以正月二月中, 翻斧斑駮[47]椎之, 則饒子.

---

332 '설(洩)': 이것은 '구덩이를 파서 뿌리 끝부분을 드러나게 한다.' 혹은 '구덩이를 파서 곁뿌리의 끝을 드러나게 한다.'라는 의미로, 이 끝부분은 뿌리 절단부가 드러나게 하는 것이다. 묘치위 교석본에 의하면, 구덩이를 파서 뿌리를 절단하거나 혹은 뿌리의 껍질에 상처를 입히면 잘린 부분에서 부정아(不定芽)의 싹이 트는 것이 일반적인 식물의 속성이다. 이 방법은 인공적인 흠집을 내어서 강제로 부정아를 싹트게 하는 것으로서, 새로운 그루터기가 자라면 새로운 옮겨 심을 가지를 얻을 수 있다. 가장 좋은 장점은 휘묻이한 싹과 그루터기 한 싹이 모두 어미그루에서 나오기에 모두 어미그루의 우수한 품질을 보전할 수 있으며 변질되지도 않는다는 점이다. 오늘날 과수농가에서는 뿌리 밖 주변에 구덩이를 파서 뿌리를 잘라 그루터기에 싹이 돋게 하여서 대량의 뿌리 그루터기의 싹을 배양함으로써 묘목이 부족한 것을 해결하고 있다. 만드는 법은 다소 차이가 있지만 원리는 동일하다고 한다.

333 절로 뿌리 그루터기가 생기는 나무는 얻기가 어려워 모두 뿌리를 잘라 약간 밖으로 드러내는 '설근법'을 쓴다. 동일한 방법은 『제민요술』에 가래나무[楸]와 백오동[白桐]에도 사용되는데 본서 권5 「홰나무 · 수양버들 · 가래나무 · 개오동나무 · 오동나무 · 떡갈나무의 재배[種槐柳楸梓梧柞]」에 보인다.

334 그루 간의 거리는 복숭아와 자두처럼 대개 사방 2보마다 한 그루씩 심는 것을 가리킨다.

335 금택초본에서는 '번(翻)'을 즉 뒤집는다는 의미로 쓰고 있는데 이 또한 「대추 재배[種棗]」 편의 '반부(反斧)'의 의미로, 다른 본에서는 대부분 '번(飜)'으로 쓰고 있으나 글자는 서로 통한다.

사과 가루 만드는 법[作柰麨法]: 농익은 사과를 모아서 항아리 속에 넣고 동이로 항아리 입구를 잘 덮어 파리[336]가 들어가게 해서는 안 된다. 6-7일이 지나면 모두 완전히 문드러지는데, 잠길 때까지 술을 붓고[337] 힘껏 저어서 걸쭉한 죽처럼 만든다. 다시 물을 붓고 재차 힘껏 저어서 성긴 비단으로 과일껍질과 씨를 걸러 낸다. 시간이 흘러 완전히 침전된 이후에 윗부분의 즙을 따라 내고, 다시 물을 부어서 맨 처음과 같이 젓는다. (다시 침전되면 걸러 내고 또 물을 붓고 몇 차례 저어서) 냄새를 맡아서 구린내가 없으면[338] 그만둔다. 윗면

作柰麨法. 拾爛柰, 內甕中, 盆合口, 勿令蠅入. 六七日許, 當大爛, 以酒淹, 痛抨[48]之, 令如粥狀. 下水, 更抨, 以羅漉去皮子.[49] 良久, 清澄, 瀉去汁, 更下水, 復抨如初. 嗅看無臭氣乃止.

---

336 각본에서는 '승(蠅)'으로 쓰고 있으나 진체본 등에서는 '풍(風)'으로 쓰고 있는데 무엇에 근거했는지는 알 수 없다.

337 '이주엄(以酒淹)': 이 문장에서는 술을 부어 악취를 제거할 수 있으나, 다음 문장에서는 반대로 한 번 더 물을 부어서 씻으면 악취가 더욱 심해진다고 하였다. 이에 대해 멍팡핑[孟方平]은 '엄(淹)'을 '파(杷)'자의 잘못으로 인식하여 글자를 고쳐 쓰고 있다는 것이 원칙이라고 한다.

338 "嗅看無臭氣乃止": 스셩한의 금석본에서는 "臭看無氣乃止"로 쓰고 있다. 비책휘함 계통 및 학진본에서는 모두 "看無臭氣"라고 쓰고 있으며 명초본과 금택초본에서는 "臭看無氣"라고 쓰고 있다. 문장의 의미로 미루어 마땅히 "臭, 看無臭氣"라고 써야 한다. '취(臭)'자는 우선 동사, 즉 코로써 냄새를 분별한다는 의미로 오늘날에는 습관적으로 '후(嗅)'자로 쓰고 있으며 두 번째는 형용사로 '좋지 않은' 냄새이다. 지금은 이 구절은 첫 번째는 동사를 만드는 '취(臭)'이고 두 번째 것은 생략할 수 있다. 이 때문에 금택초본과 명초본의 "臭看無氣"가 적합한 것이다. 묘치위 교석본에 의하면, 이 구절 다음에는 문장이 빠져 있는 것 같은데 왜냐하면 항아리 중에서 수분을 흡수하고 얇게 자른 것을 꺼내기에 불편하기 때문이다. 이때는 기울여서 큰 항아리 중의 침전된 것을 꺼내야 하며 위와 같이 조작하는 것이 매우 편리하다. 다음 문장에서는 "如作米粉法"이라고 하고 있고, 본서 권5의 「잇

의 맑은 즙을 따라 낸 이후에 촘촘한 베로 윗면을 덮고 재로 표면의 즙을 빨아들이는데, 하는 것이 마치 쌀가루를 만드는 법과 같다. 즙을 다 빨아들인 이후에는 칼로 잘라 빗살크기[339]와 같은 덩어리를 만들고 햇볕을 쬐어 말려 갈아서 분말을 만들면 완성된다. 이같이 한 사과 가루는 달고 시큼한 맛이 적당하고 향기도 좋아 보통의 것과는 다르다.

능금 가루 만드는 법[林檎作麨法]: 능금이 빨갛게 익으면 (따서) 잘라 가운데 씨와 속과 꼭지 부분을 제거하고 햇볕에 쬐어 말린다.

갈거나 찧어서 촘촘한 비단 체로 친다. 굵은 덩어리는 다시 갈거나 다시 찧어서 모든 가루가 부드럽고 고와지게 한다.

매번 1방촌方寸 분량의 숟가락을 떠서 한 사발의 물[340]에 넣으면 아주 맛 좋은 음료가 된다.

瀉去汁, 置布於上, 以灰飮汁, 如作米粉法. 汁盡, 刀劃,[50] 大如梳掌, 於日中曝乾, 研作末, 便成. 甜酸得所, 芳香非常也.

作林檎麨法. 林檎赤熟時, 擘破, 去子心蔕, 日曬令乾. 或磨或擣, 下細絹篩. 麤者更磨擣, 以細盡爲限. 以方寸匕投於椀水中, 即成美漿.

꽃・치자 재배[種紅藍花梔子]」에서는 "作米粉法"이라고 하고 있는데 이것은 바로 "담아서 저장해서 맑은 즙을 꺼내어 큰 동이 속에 담는다.[貯出淳汁, 著大盆中.]"이며, 후에 침전시키고 물을 걷어 내고 습기를 빨아들여서 빗살모양과 같이 칼로 자른다고 한다. 따라서 다음에는 마땅히 '저장한 것을 꺼내서 큰 동이 속에 담고 가라앉혀서 침전시키는 것'이 빠져 있다고 한다.

339 '소장(梳掌)': '빗[梳]'에는 많은 이빨이 있어서 마치 손가락과 같으며 '빗[梳]'의 등[背]은 손바닥과 같다. 또한 이것은 한 면은 두껍고 다른 한 면은 얇다는 것이다.

340 '수(水)'는 금택초본만 있고 다른 본에는 빠져 있는데, 묘치위 교석본에서는 반드시 있어야 한다고 지적하였다.

꼭지를 떼어 내지 않으면 맛이 너무 쓰게 되고, 씨가 있으면 여름철까지 보전할 수가 없으며, 과일 속을 남겨 두면 너무 시게 된다.

마른 가루를 먹으려면 능금가루 1되에 볶은 쌀가루[341] 2되를 섞으면 맛이 적당해진다.

不去蔕則大苦, 合子則[51]不度夏, 留心則大酸. 若乾噉者, 以林檎麨一升, 和米麨 二升, 味正調適.

사과포 만드는 법[作柰脯法]: 사과가 익을 때 가운데를 잘라 두 쪽으로 하여 햇볕에 말리면 된다.

作柰脯法. 柰熟時, 中破, 曝[52]乾, 即成矣.

● 그림 18
사과[柰]와 열매:
『낙엽과수』 참조.

● 그림 19
능금[林檎]과 열매:
『낙엽과수』 참조.

341 '볶은 쌀가루[米麨]'는 각본에서는 모두 '미면(米麵)'으로 쓰고 있는데 '미면'은 날것을 먹을 수 없으므로 잘못된 것이다. 본권의 「대추 재배[種棗]」의 '산조초법(酸棗麨法)'에는 "먼 길을 갈 때 볶은 쌀가루를 섞어서 사용한다."라는 말이 있으며, 「매실 · 살구 재배[種梅杏]」의 '행리초법(杏李麨法)'에는 "볶은 쌀가루를 섞는다."라는 말이 있는데, 묘치위 교석본에서는 이에 근거하여 수정하였다.

47 '박(駮)': 스셩한의 금석본에서는 '박(駁)'으로 쓰고 있다. 스셩한에 따르면 명초본과 비책휘함 계통의 각 판본에서는 '우(駇)'로 쓰고 있는데 본권 「대추 재배[種棗]」편의 '대추나무 시집보내기' 조항에 의해서 마땅히 '박(駮)' 혹은 '박(駁)'으로 써야 함을 알 수 있다. 금택초본과 『농상집요』에서는 '박(駮)'으로 쓰고 있다. 위 문장의 '번부(翻斧)'의 번은 또한 '대추나무 시집보내기'의 '반(反)'이라고 한다.

48 '통평(痛抨)': 명초본에서는 '병칭(病秤)'이라고 쓰고 있는데 이후의 각종 판본에서는 모두 이 2개의 잘못된 글자를 모두 이어받고 있어서 해석을 어렵게 하였다. 점서본에서는 '통반(痛拌)'으로 고쳐 쓰고 있지만 근거는 제시하지 않고 있다. 군서교보에도 없다. 금택초본에서는 '통평(痛枰)'으로 쓰고 있다. 지금 다음 문장과 권5의 「쪽 재배[種藍]」에 의거하여 고쳐서 '통평(痛抨)'으로 바로잡는다. '통(痛)'은 아주 힘쓰는 것이며 '평(抨)'은 어루만지며 타격을 동시에 하는 것이다.

49 '피자(皮子)': 명초본과 명청 각본에서는 '수자(受子)'로 쓰고 있는데 점서본에서는 '피자(皮子)'로 고쳐 쓰고 있어서 금택초본과 부합한다. 지금은 금택초본에 의거하여 바로잡는다. 이는 곧 과일 껍질과 종자를 뜻한다.

50 '도려(刀劙)': 명초본에서는 '도(刀)'를 '역(力)'으로 잘못 쓰고 있으며 명청 각본에서는 '여(劙)'를 '척(剔)'으로 쓰고 있다. 금택초본에서 '도력(刀酈)'으로 쓰고 있는 것은 확실히 잘못 초사한 것이다. 지금 구분하여 고쳐서 바로잡는다. '여(劙)'자의 해석은 본서 권3 「잡설(雜說)」 【교기】 참조.

51 '즉(則)': 명초본에서는 유독 '득(得)'으로 쓰고 있는데 금택초본과 나머지 각본에 의거하여 수정하였다.

52 '폭(曝)': 명초본에서는 '폭(爆)'자로 잘못 쓰고 있다.

제40장

감 재배 種柿第四十

『설문(說文)』에 이르기를, "시(柿)는 붉은 과실[赤實果][342]이다."라고 하였다.

『광지(廣志)』에 이르기를,[343] "(감 중에서) 작은 것은 작은 살구와 같다."라고 하였고 또 이르기를, "고욤[楔棗][344]의 맛은 감과 같다. 진양(晉陽)[345]의 고욤은 육질이 연하고 두툼하여서 황제에게 진상하였다."라고 한다.

왕일(王逸)이 이르기를,[346] "정원에는 붉은 감[朱柿]이 있

說文曰, 柿, 赤實果也.

廣志曰, 小者如小杏, 又曰, 楔棗, 味如柿. 晉陽楔, 肌細[53]而厚, 以供御.

王逸曰, 苑中朱

342 『설문해자』의 이 구절에 대해 단옥재(段玉裁)는 주석에서 "'실(實)'은 과실 중에 가운데를 말하며, 붉은 것이 안과 밖이 같은 색은 오직 감뿐이다."라고 하였는데, 오늘날의 말로는 "감은 속까지 붉은 열매이다."라고 한다.

343 『태평어람』 권971의 '시(柿)'조는 『광지』를 인용하여 "柿有小者如杏"이라고 쓰고 있으며 '우왈(又曰)'조에서는 『태평어람』 권973의 '연조(楔棗)', '진양조(晉陽棗)'를 인용하여 '진양호연(晉陽楛楔)'이라고 쓰고 있고, 나머지는 동일하다.

344 '이조(楔棗)': 감나무과의 고욤[君遷子; *Diospyros lotus*]로서 또한 '연조(軟棗)'이며 대추와 같은 유는 아니다. 그러나 감나무를 접붙이는 주요 대목이며, 본편에서는 감나무를 접붙이는 데 사용하고 있다.

345 '진양(晉陽)': 지금의 산서성 태원(太原)시이다.

346 『태평어람』 권971에서는 왕일(王逸)의 「여지부(荔支賦)」를 인용하여 '宛中朱柿'

다."라고 한다.

이우(李尤)가 이르기를,[347] "큰 감은 마치 외와 같다."라고 한다.

장형(張衡)은 '산시(山柿)'[348]에 대해 말하였다.[349]

좌사(左思)[350]가 부를 지어 '호반(胡畔)의 감[柿]'에 대해서

柿.[54]

李尤曰, 鴻柿若瓜.[55]

張衡曰, 山柿.

左思曰, 胡畔之

라고 하고 있다. '원(宛)'은 지명이며 지금의 하남성 남양(南陽) 지역이다. '원(宛)'과 '원(苑)' 두 글자는 옛날에는 통하였다. 『회남자(淮南子)』 「숙진훈(俶眞訓)」편에서는 "形宛而神壯"이라는 구절이 있는데, 고유가 주석하기를 "원(苑)은 남양의 원이다."라고 하였다. 『제민요술』에서는 '원(苑)'자로 쓰고 있는데 이 또한 남양을 가리킨다. 『본초연의(本草衍義)』에서는 "화주(華州)에는 '주시(朱柿)'가 있는데 다른 품종보다도 작고 선홍색을 띠었다."라고 한다.

347 『태평어람』 권971에는 이우(李尤)의 『칠관(七款)』을 인용하고 있는데 문장은 동일하다. 『수서』 권35 「경적지사(經籍志四)」에는 "양(梁)나라에는 낙안상(樂安相)의 『이우집(李尤集)』 5권이 있는데 지금은 전해지지 않는다."라고 한다. 이우는 후한 사람으로 『후한서』 권80 「문원(文苑) · 이우전(李尤傳)」에는 "순제(順帝)가 즉위하면서(126년) 낙안으로 천거되었다. 83세에 죽었다."라고 한다. 시와 부, 『칠탄(七歎)』 등 28편을 저술하였으나 그 문집은 현재 전하지 않는다. '칠(七)'은 일종의 문체로서 '칠체(七體)'라고 일컬으며 「칠관(七款)」은 '칠탄(七歎)'이 잘못 쓰인 듯하다. 낙안은 '국(國)'의 이름으로 치소는 임재(臨濟)에 있으며 지금의 산동성 고청(高靑)현이다.

348 '산시(山柿)': 장형의 「남도부(南都賦)」, 『문선(文選)』 권4에도 "乃有櫻梅山柿."라는 구절이 있다.

349 '장형(張衡: 78-139년)': 후한의 문학가이며 천문학자이다. 세계 최초로 수력을 이용해 돌리는 혼천의(渾天儀)와 지진을 측정하는 지동의(地動儀)를 제작하였다. 문학작품에는 시, 부 여러 편이 있다. 원래는 문집이 있었으나 지금은 전해지지 않는다. 명나라 사람이 편집한 『장하간집(張河間集)』이 있다.

350 '좌사(左思: 250-305년)': 서진의 문학가이다. 『진서(晉書)』 「좌사전」에는 그가 10년 동안 구상하여 『삼도부(三都賦)』를 지었다고 하는데 호귀(豪貴)의 권세가들이 서로 다투어 옮겨 써서 낙양에 종이가 귀해졌다고 한다. 원래는 문집이 있었으나 전해지지 않으며 후인들이 편집하여 『좌태충집(左太沖集)』을 남겼다.

말하였다.[351]

柿.

반악(潘岳)은 부를 지어[352] '양후오비(梁侯烏椑)'[353]의 감에 대해서 말하였다.

潘岳曰, 梁侯烏椑之柿.

감이 작은 묘목[354]이 되면 옮겨 심는다. 작은 묘목이 없으면 가지를 취하여 고욤의 대목에 접붙이는데[355] 배나무를 접붙이는 법과 같다.

柿, 有小者, 栽之. 無者, 取枝於梗棗根上插之, 如插梨法.

감은 나무에서 자연스럽게 익게 되며,[356] 또

柿有樹乾者, 亦

351 '호반지시(胡畔之柿)'는 『문선』 권6 중의 좌사(左思)의 「위도부(魏都賦)」 중에는 '어떤 지역의 특산물[何地之何物]'의 방식과 같은 4자류의 구절이 적지 않은데, 다만 「위도(魏都)」, 「촉도(蜀都)」, 「오도(吳都)」로 구성된 『삼도부(三都賦)』 중에는 이러한 구절이 보이지 않으며, 출처 역시 상세하지 않다.

352 『문선』 권16 「한거부(閑居賦)」.

353 '오비(烏椑)': 이는 곧 '비시(椑柿)'로서 『증류본초(證類本草)』 권23 '비시(椑柿)' 조에는 "감과 같으며 검푸른색이다."라고 하여서 '오비(烏椑)'라고 일컬었다. 과즙은 어망과 종이 우산 등을 염색하는 데 사용되기 때문에 '칠시(漆柿)'라고도 부른다. 감나무과의 '돌감[油柿; *Diospyros kaki* var. *sylvestris*]'으로서 감의 변종이며, 또한 감나무를 접붙이는 대목이다.

354 '소자(小者)': 자연 발생적으로 자란 작은 묘목은 파서 옮겨 심는다. 그러나 과일이 떨어져서 자생하여 자란 묘목 또는 뿌리가 분얼이 되어 자란 묘목인지는 알 수 없다.

355 '根上插之': 고욤나무를 지면 가까이에서 밑둥을 짧게 잘라 접을 붙이는데 지면에 가까이한다하여 『왕정농서(王禎農書)』에서는 '근접(根接)'이라고 일컬었지만 오늘날의 근접은 아니다.

356 '건(乾)': 이것은 익어서[老熟] 떫은맛이 없어지는 것으로, 곶감을 만드는 것을 가리키지는 않는다. 『방언』 권10에는 "乾, … 老也."라고 한다. 묘치위 교석본을 보면, 떫은 감은 아직 떫은맛이 사라지지 않으면 먹을 수 없는데, 옛 사람들은 떫은맛이 없어진 이후에야 비로소 '노숙(老熟)'이라고 인식하였으며 또한 이것은 바로 '생(生)'에서 벗어나서 익게 되는 것이라고 하였다. 본초서(本草書)에서는 대

한 따서 열을 가해 익게 만든다.[357]

『식경食經』의 감 저장법[藏柿法]: 감이 익을 때 따서 잿물[灰汁]에 담가 2-3번 씻는다.[358] 말라서 잿물이 없어지면[359] 용기에 넣는데, 10여 일이 지나면 먹을 수 있다.

有火焙令乾[56]者.

食經藏柿法. 柿熟時取之, 以灰汁澡[57]再三度. 乾令汁絕, 著器中, 經十日可食.

부분 떫은맛에서 벗어나는 것을 '건(乾)'이라고 하였으며 '생(生)'의 상대적 개념으로 인식하였는데 '화건(火乾)', '일건(日乾)' 등이 있다. 『왕정농서』 「백곡보칠(百穀譜七)」 '시(柿)'조에는 "또한 '홍시(烘柿)'가 있는데 그릇에 담아서 붉고 물렁물렁해지면 맛이 달아 꿀과 같다고 한다. 『본초강목』 권30의 '시(柿)'조에는 "생감을 그릇 속에 담으면 저절로 붉어지는 것을 '홍시(烘柿)'라고 한다."라고 하였다. 그러나 『제민요술』에서는 '화배(火焙)'라고 쓰고 있다.

357 "亦有火焙令乾者"는 원래 소주로서 '여삽리법(如揷梨法)'의 다음에 나열되어 있었으며, 또 아래 부분의 '식경장시법(食經藏柿法)' 조항은 표제가 큰 글자로 쓰여 있고 나머지는 또한 전부 두 줄의 작은 글자로 되어 있으나, 묘치위 교석본에서는 모두 큰 글자로 바꾸었으며 위의 문장과 나란히 또 다른 열을 지어 제시하였다.

358 '조(澡)': 담근다는 의미이다. '재삼도(再三度)'는 잿물을 바꾸어서 세 차례 담그는데, 문장이 생략되어 있다. 『식경(食經)』의 문장에서는 항상 이와 같은 문장이 등장한다. 『본초강목』에 이르기를, "물에 담가 저장하는 것을 '임시(醂柿)'라고 한다."라고 하였다. 스셩한에 의하면 "잿물로 2-3번 씻은 후에 잿물째로 용기에 넣는다."라고 하는 것이 합당한지가 의문인데, '흘(訖)'자는 '건(乾)'자, '영(令)'자와 '합(合)'자, '읍(挹)'자와 '절(絕)'자의 형태가 매우 유사하여 아주 혼동되기 쉽다. 만약 고친 상황에 따른다면 여전히 통용되고 잿물에 담그는 '임시법(醂柿法)'인 것이다. 다른 한 측면은 만약 사용한 잿물[灰水]이 석회수라면 과일의 글루탄산이 염화칼륨으로 바뀌어 침전이 되어서 연한 감[脃柿]이 된다. 이처럼 간단하고 특수한 처리를 통해 감의 육질 중에 질긴 성분에 소금기가 들어가 물에서 분해되어 떫은맛이 해소된다. 하지만 묘치위의 교석본에서는 '임시(醂柿)'와 '홍시(烘柿)'의 방식을 결합하고 있어 매우 혼란스러운 해석이 되고 있다.

359 '건령즙절(乾令汁絕)': "잿물이 완전히 마를 때 거른다.[漉出.]"라는 내용이 생략되었다.

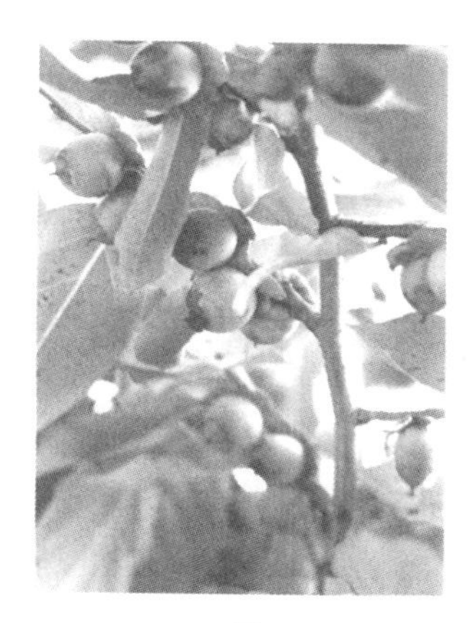

● 그림 20
고욤[梬棗]

교 기

53 '기세(肌細)': 『제민요술』 각본에서는 '취세(脃細)', '비세(肥細)'라고 쓰고 있는데 점서본은 오점교본(吾點校本)에 따라서 고쳐서 '기(肌)'자로 쓰고 있으며, 『태평어람』에도 동일하게 인용하였다. 『태평어람』 권973에 의거하여 고쳐서 바로잡는다.

54 "苑中朱柿": 명초본, 금택초본 및 명청 각본에서는 "苑中牛柿"라고 쓰여 있는데, 적어도 '우시(牛柿)'는 좋은 해석은 아니다. 『태평어람』 권971에서 인용한 것에서 왕일은 「여지부(荔支賦)」에서 '원중주시(苑中朱柿)'라고 쓰고 있다.

55 '약과(若瓜)': '약(若)'자는 금택초본, 명초본, 명청 각본에서는 모두 '고(苦)'자로 잘못 쓰고 있다. 지금은 『태평어람』 권971에서 인용한 것에 의거하여 고쳤다. '홍'은 '크다'는 의미이며 '홍시약과(鴻柿若瓜)'는 '큰 감은 외와 같이 크다.'는 의미이다.[『태평어람』의 이우(李尤)의 '칠관(七款)'을 인용한 것에 따랐다.]

56 "有火焙令乾": 비책휘함 계통의 판본에는 본래 이러한 문장이 없다. 명

초본과 군서교보에 의거한 남송본과 점서본에는 또한 "亦ㅁ東ㅁ冷乾"이라고 쓰여 있는데, 지금은 금택초본에 의거하여 보충하여 바로잡는다.

57 '조(澡)': 명초본과 비책휘함 계통의 판본에서는 모두 '조(燥)'로 쓰고 있다. 군서교보가 이것을 남송본에서 초사한 바는 분명하지 않아서 명청 각본과 다르며, 거의 예외가 없다. 금택초본에 의거하여서 '조(燥)'로 쓰면, 해석이 용이하다. '조(燥)'자 이후의 문장은 이 같은 표점으로 읽어야만 읽을 수 있지만 의미는 모호하다.

제41장

안석류 安石榴第四十一

육기(陸機)가 (그 동생 육운에게 쓴 편지 중에서) 이르기를[360] "장건(張騫)은 한 왕조의 사신으로 외국에 나가 18년을 보내면서 도림(塗林)을 구해 왔다고 한다. 도림이 곧 안석류(安石榴)이다."라고 하였다.

陸機曰, 張騫爲漢使外國十八年, 得塗林. 塗林, 安石榴也.

『광지(廣志)』에 이르기를,[361] "안석류는 단맛과 신맛 두

廣志曰, 安石榴有

360 『예문유취』 권86, 『태평어람』 권970 및 『본초도경』에서는 모두 육기의 『여제운서(與弟雲書)』가 인용되어 있으며 문장도 동일하다. 단지 '도림(塗林)'만 중복되어 나오지 않으며, "使外國十八年, 得塗林安石榴也."라고 기록되어 있다.[『예문유취』에서는 '석(石)'을 '숙(熟)'으로 고쳐 적고 있다.] 묘치위 교석본에 의하면, '도림(塗林)'이 '중문(重文)'인 것은 안석류의 다른 이름이며, 중문(重文)으로 쓰이지 않은 것은 지명이다. 『본초강목』 권30에서는 『박물지』를 인용하여 "한나라 장건이 서역에 사신으로 가서 '도림(塗林)'의 안석국(安石國)의 유종을 얻어서 돌아왔기 때문에 안석류라고 한다."라고 하였다. 다른 책에서 인용한 곳에는 거듭된 문장이 없는데 아직은 누가 옳은지는 알 수 없다. 안석국은 안식국(安息國)이다. 지금의 이란 동북부이며, 장건이 서역에 갔을 때는 전성기로서 이란 전역과 메소포타미아(티그리스 · 유프라테스강 유역) 지역을 통치하였다고 한다.

361 『태평어람(太平御覽)』 권970에서 『광지(廣志)』를 인용한 것은 『제민요술』과 동일하다. '이종(二種)'은 금택초본 및 『태평어람』에서 인용한 것을 따랐는데 다른 본에서는 '이등(二等)'이라고 쓰고 있다.

종류가 있다."라고 한다.

『업중기(鄴中記)』에 이르기를[362] "석호의 정원에는 안석류가 있었는데 과일의 크기가 술잔이나 주발만 하였고[363] 맛은 시지 않았다."라고 한다.

『포박자(抱朴子)』에는[364] "적석산(積石山)[365]에 쓴 석류[苦榴]가 있다."라고 하였다.

주경식(周景式)의 『여산기(廬山記)』[366]에는 "향로봉(香

甜酸二種.

鄴中記云, 石虎苑中有安石榴, 子大如盂椀, 其味不酸.

抱朴子曰, 積石山有苦榴.

周景式廬山記曰,

362 『초학기』 권28, 『태평어람』 권970에서는 모두 『업중기(鄴中記)』의 이 조항을 인용하고 있는데, '우완(盂椀)'은 '완잔(椀盞)'으로 쓰고 있으며 『업중기』에서는 '완잔(椀盞)'으로 쓰고 있다. 나머지는 모두 『제민요술』과 동일하다.

363 '자(子)': 과일의 열매로서, 알곡을 말하는 것은 아니다. '우(盂)': 음료를 담는 원형의 용기로, 『업중기(鄴中記)』에서는 '잔(盞)'으로 쓰고 있고 차 항아리와 같은 유이다. '완(椀)': 곧 주발[碗]이다.

364 이 조항은 금본의 『포박자(抱朴子)』에는 보이지 않는다. '고류(苦榴)'는 각본에서 동일하다. 『본초강목(本草綱目)』 권30 '안석류(安石榴)'조에 열매는 달고 시고 쓴 세 종류가 있다. 포박자(抱朴子)』에서는 "쓴 것은 적석산(積石山)에서 생산되며 혹자는 이것이 곧 '산석류(酸石榴)'이라고 한다."라고 하였다. 이에 앞서 『본초의서(本草醫書)』에는 '고석류(苦石榴)'에 대한 기록이 없는데, 이시진은 가끔 『제민요술』에 의거하고 있다. 오직 석류는 또한 '고류(苦榴)'라고 쓰고 있는데 '약(若)', '고(苦)' 두 자는 매우 비슷하여서 『제민요술』에서는 매번 이 두 글자를 잘못 혼용하고 있으나, '고류(苦榴)'가 '약류(若榴)'인지 아닌지 고증하기 어렵다.

365 '적석산(積石山)': 청해(青海)의 동남부에 있으며 감숙의 남부 변경지역까지 뻗어 있다.

366 『초학기』 권28, 『태평어람』 권970에서는 모두 『여산기(廬山記)』의 이 조항을 인용하고 있지만 다소 다른 문장이 있다. 『여산기』는 각 가의 서목에 목록이 없는 것을 보아서 책은 이미 전해지지 않는다는 것을 알 수 있다. 주경식(周景式)의 이름과 고향[字里]은 상세하지 않다. 오직 『태평어람』 권910의 '후(猴)'조에는 주경식(周景式)의 『효자전(孝子傳)』이 인용되어 있는데, "나는 일찍이 수안현(綏安縣)에 이르렀다."라고 운운하였다. 오호(五胡)에 의한 국가가 처음 들어서서

爐峰) 정상에는 크고 평평한 반석(磐石)이 있는데, 백여 명이 앉을 수 있었다. 윗면에는 야생 석류[山石榴][367]가 드리워져 있었다. 3월[368] 중에 꽃이 피는데 그 모양은 석류와 같지만 다소 작으며 담홍과 자색의 꽃받침[369]이 있어서 뭇사람의 애호를 받았다.[370]"라고 기록되어 있다.

香爐峰頭有大磐石, 可坐數百人. 垂生山石榴. 三月中作花, 色如石榴而小淡, 紅敷紫萼, 燁燁可愛.

『경구기(京口記)』에는[371] "용강현(龍剛縣)에 석류가 있

京口記曰, 龍剛縣

수안에 현을 설치할 시기라는 점을 고려해 보면 주(周)는 마땅히 남조의 송제(宋齊) 시기 인물일 것이다. 여산(廬山)은 지금의 강서성 여산이다.

367 '산석류(山石榴)': 산의 돌 사이에 자생하는 석류이다. 오직 『본초도경』에는 "일종의 산석류로서 모양은 다소 유사하나 아주 작으며 칸이 지어져 있지 않다. 산동[靑齊間]에서 매우 많이 생산된다. 약으로는 쓰이지 않으나 꿀에 절여서 간식으로 먹을 수 있으며, 혹은 시원한 곳에 두면 더욱 맛있다."라고 기록되어 있는데 참고할 만하다.

368 '삼월(三月)': 스셩한의 금석본에는 이월(二月)로 되어 있다. 묘치위 교석본에 의하면, 금택초본에는 '삼월(三月)'로 되어 있으며 『초학기(初學記)』와 『태평어람』에서는 동일하게 인용하고 있는데, '이월(二月)'은 너무 빠르며 석류는 여름이 돼야 꽃이 피기 시작한다고 지적하였다.

369 '부(敷)': 꽃받침 부분으로서 '화부(花敷)'라고도 일컬으며, 특별히 '부(不)', '부(跗)', '부(敷)' 등을 쓰기도 한다.

370 '엽엽(燁燁)': 붉고 농염하여 눈을 사로잡고 찬란하여 사랑스러운 상태이다.

371 『경구기(京口記)』의 이 조항은 다른 책에서는 인용하고 있지 않은 점이 의심스럽다. 『수서』「경적지이(經籍志二)」에는 "『경구기(京口記)』 2권은 송 태상경(太常卿) '유손(劉損)'이 찬술하였다."라고 기록되어 있다. 그러나 『구당서』·『신당서』의 서목지에서는 편찬자가 모두 '유손지(劉損之)'라고 하고 있다. 『예문유취』, 『태평어람』에서는 또 '유정(劉禎)' 혹은 '유정(劉楨)'이라고 구분해서 인용해 쓰고 있어서 어느 것이 옳은지 알 수 없다. 책은 현재 전하지 않는다. 묘치위 교석본에 따르면 '경구(京口)'는 고성의 명칭으로, 지금의 강소성 진강시(鎭江市)에 있으며 '유유(劉裕)'가 대대로 여기에 적을 두었다. 유유가 진을 대신해 황제(송무제)를 칭하면서 경구는 마침내 주요한 고을이 되었는데 『경구기』는 그 고을 산천의 명승고적을 기록한 책이다. 『태평어람』은 이 책을 인용하여 북고산(北固

다.”라고 한다.

『서경잡기(西京雜記)』 중에는[372] “(상림원에) 단 석류[甘石榴]가 있다.”라고 기록되어 있다.

석류를 옮겨 심는 방법[栽石榴法]: 3월 초에 손가락 굵기처럼 가는 가지를 취하여 한 자[尺] 반 길이로 자른다. 가지 8-9개를 한 묶음으로 만든다. (매 가지는 모두) 가지 끝 2치[寸] 정도를 불로 지진다.[373] 지지지 않으면 수액이 빠져 나가게 된다.

깊이 한 자 7치, 직경 한 자 크기의 둥근 구덩이를 판다. 이들 묶은 가지를 구덩이 둘레에 세운다. 이렇게 세운 가지들을 구덩이의 둘레에 둥글게 배치하되[374] 고르게 한다. 가지 중간

有石榴.

西京雜記曰, 有甘石榴也.

栽石榴法. 三月初, 取枝大如手大指者, 斬令長一尺半. 八九枝共爲一窠. 燒下頭二寸. 不燒則漏汁矣. 掘圓坑, 深一尺七寸, 口徑尺. 豎枝於坑畔. 環圓布枝, 令匀調也. 置枯骨礓

山), 즉 경구성의 북쪽에 있음을 증명하여 밝혔으며, ‘경구(京口)’가 ‘용강현의 속현’이라고는 말할 수 없다고 하였다. 용강현은 진나라에서 설치하여 계림군[『진서(晉書)』 권25 「지리지하(地理志下)」에 보인다.]에 소속되어 있으며, 경구와는 근본적으로 관계가 없다고 하였다.

372 『서경잡기』에는 단지 ‘안석류(安石榴)’ 세 글자만 있다.

373 『제민요술』에서는 꺾꽂이나 접수에 아래 끝 2-3치[寸]를 지지는 방법을 채용한 경우가 적지 않다. 묘치위 교석본을 보면, 석류의 번식 방법은 오늘날 대부분 꺾꽂이 방법을 쓰고 있다. 꺾꽂이의 가지에 저장된 영양물질의 많고 적음과 그 동태는 꺾꽂이 가지의 재생력과 밀접한 관계를 지니고 있으며, 아랫부분을 지지는 것은 양분이 손실[‘누즙(漏汁)’은 곧 상처로 인해 외부로 빠져나가는 것을 말한다.]됨을 방지하는 것을 말하는데 오늘날 과수농가에서는 여전히 이 방법을 채용하고 있다.(자른 중심 뿌리줄기를 지진다.) 그 외에도 미생물의 침입을 방지할 수도 있다.

374 ‘환원포지(環圓布枝)’: 명초본에는 ‘환(環)’자가 빠져 있고 ‘지(枝)’는 ‘매(枚)’자로

에 '마른 뼈와 자갈돌'[375]을 넣는다. 마른 뼈와 자갈돌은 이[376] 나무에 적절한 영향을 미친다.[377] 흙을 한 층 깔고 덮은 후 공이로 실하게 다진다. 또 흙을 한 층 깔고 한 층의 마른 뼈와 자갈돌을 깔아서 구덩이의 입구까지 채운다. 이때 흙은 마땅히 가지 끝이 덮이지 않게 하며 단지 한 치[寸] 이상 흙 밖으로 드러나게 한다. 물을 주어서 촉촉하게 해 준다. 살아나면 또 마른 뼈와 자갈돌을 뿌리 아래에 배치하면 그루가 왕성하게 자랄 수 있다. 만약 한 가지만 심는다면 생존은 하나 발육이 좋지 않다.

石於枝間. 骨石, 此是樹性所宜. 下土築之. 一重土, 一重骨石, 平坎止. 其土令沒枝頭一寸許也. 水澆常令潤澤. 既生, 又以骨石布其根下, 則科圓滋茂可愛. 若孤根獨立者, 雖生亦不佳焉.

10월 중에 부들과 짚으로 가지를 감싸 준다.[378] 감싸지 않으면 얼어 죽게 된다. 2월 초순에 다시

十月中, 以蒲藁裹而纏之. 不

쓰고 있다. 비책휘함 계통(아울러 학진본도 마찬가지로)에서는 '환구포지(環口布枝)'라고 쓰고 있다. 스셩한의 금석본에서는 금택초본, 『농상집요(農桑輯要)』 및 점서본에 의거하여 고쳐서 바로잡았다.

375 '강석(礓石)': 이는 곧 자갈돌[礫石]이며, 가지 사이나 뿌리 아래에 자갈돌을 놓는 것이다. 『광운(廣韻)』 「십양(十陽)」에서는 '강(礓)'을 주석하여 '강석(礓石)'이라고 하며, 『옥편(玉篇)』의 「석부(石部)」에서는 '강(礓)'을 '자갈돌[礫石]'이라고 한다. 『본초강목(本草綱目)』 권30 '안석류(安石榴)'조에서 이시진이 말하기를 "안석의 이름은 여기에서 나온 것이다."라고 한다.

376 '차시(此是)': 아마 거꾸로 옮겨진 듯하며, '시차(是此)'라고 해야 한다. 억지로 해석하면 이것은 바로 '~이다'라고 할 수 있다. 『농상집요』 및 그에 의거해 교감한 학진본과 점서본에는 '차(此)'자가 빠져 있다.

377 마른 뼈와 자갈돌이 어떤 영향을 미치는지에 대해서는 아직 과학적인 근거가 없다.

378 '포(蒲)'는 부들이며 '고(藁)'는 짚이다. 짚으로 직경 한 자[尺] 정도의 포기를 안팎으로 감싸며, 밖에는 부들로 감아 준다.

풀어 준다.

裹則凍死也. 二月初乃解放.

만약 많은 가지를 구하기 어렵다면, 긴 가지 하나를 구해 끝 부분을 불로 지져 둥글게 구부려 소의 코뚜레[牛拘][379]처럼 만들어서 옆으로 묻어도 좋다. 그러나 앞에서 말한 방법처럼 뿌리가 강하고 다소 빨리 살아나게 되지는 않는다. 코뚜레의 가운데에도 마땅히 뼈와 자갈돌을 넣는다.

若不能得多枝者, 取一長條, 燒頭, 圓屈如牛拘而橫埋之, 亦得. 然不及上法根強早成. 其拘中亦安骨石.

뿌리를 잘라서 옮겨 심는 것[380] 역시 원형으로 만들어서 가운데에 마른 뼈와 자갈돌을 넣는다.

其斸根栽者, 亦圓布之, 安骨石於其中也.

379 '우구(牛拘)': 소의 콧구멍에 둥근 나무를 끼우는 것이다. 현응의 『일체경음의(一切經音義)』 권4에서 인용한 『대관정경(大灌頂經)』 권7에는 '우권(牛桊)'과 그 사전의 해석이 인용되어 있는데, "'권(桊)'은 '우구(牛拘)'로, 오늘날(당대) 강남 이북에서는 '우구(牛拘)'라고 부르며 강남 이남에서는 '권(桊)'이라고 일컫는다."라고 한다. 『설문해자』에서는 '권(桊)'을 코뚜레[牛鼻環]라고 해석하고 있다.

380 '촉근재(斸根栽)': 뿌리 그루터기의 묘목을 파서 옮겨 심을 묘목으로 만들어 심는 것을 가리키는데, 석류나무는 싹이 뿌리 그루터기에서 생겨나기 쉽다고 한다.

제42장

모과 재배 種[381]木瓜第四十二

『이아(爾雅)』에 이르길,[382] "무(楙)는 곧 모과[383]이다."라고 했다. 곽박(郭璞)은 "과실은 작은 외[小瓜]와 같으며 신맛이 나고 먹을 수 있다."라고 주석하고 있다.

爾雅曰, 楙, 木瓜. 郭璞注曰, 實如小瓜, 酢, 可食.

『광지(廣志)』에 이르길,[384] "모과는 그 과실을 재워서 보존할 수 있으며, 나뭇가지는 과실의 산가지[數號][385]로도 만드는

廣志曰, 木瓜, 子可藏, 枝可爲數號,

381 금택초본과 명초본에는 '종(種)'자가 없지만, 권 첫머리의 목록 중에는 있고, 다른 본에서는 제목과 목록에 모두 있다.

382 『이아(爾雅)』「석목(釋木)」.

383 '모과[木瓜]': 장미과의 낙엽관목 혹은 소교목이다. 과실은 긴 타원형이고, 담황색이며 맛은 시고 떫으며 향기가 있다. 학명은 통일되지 않았는데 혹자는 이것을 명사(榠樝; *Chaenomeles sinensis*)로 인식하고 있으며 또한 명사의 또 다른 한 종류로 인식하기도 한다.

384 본서에서 인용한 『광지』의 문장은 각 본에서 모두 같으나 『태평어람』 권973에서 인용한 것은 '지위(枝爲)' 뒤에 두 글자가 빠져 있다. 『예문유취』에서 인용한 것은 중간에 '枝可爲藏'이라고 쓰고 있는데, 어찌 되었든 모두 여전히 해석이 곤란하다. '과실을 재워 저장할 수 있는[子可藏]' 열매는 매우 많으므로, 모과를 특별히 지칭할 이유가 없다. 『예문유취』 권87에서 『광지』를 인용한 것에는 "木瓜, 子可藏, 枝爲杖號, 一尺百二十節."이라고 끊어 읽었다.

385 위 문장의 '수호(數號)'는 바로 수를 계산하는 산가지이다. 한 근의 산가지가 1책

데, 120개의 산가지[節]를 포개면 한 자[尺] 높이가 된다."[386]라고 한다.

『시경(詩經)』[「위풍(衛風)」편]에는[387] "나에게 모과를 달라."라고 하였고, 모공(毛公)은 해석하기를 "(모과가) 바로 무(楙)이다."라고 하였다. 『시의소(詩義疏)』에 이르기를,[388] "무(楙)는 그 잎이 사과 잎과 같으며, 과일은 작은 외와 같고, 겉 표면은 노란색인데, 마치 가루를 덮어 놓은 것 같으며, 향

一尺百二十節.

衛詩曰, 投我以木瓜, 毛公曰, 楙也. 詩義疏曰, 楙, 葉似柰葉, 實如小瓤瓜, [58] 上黃, 似著粉, 香. 欲

이고 따라서 '120절'은 곧 120개의 산가지이다.

386 '일척백이십절(一尺百二十節)': '일척(一尺)'은 120개의 산가지를 포개어 쌓은 높이를 가리키며, 그 조각은 얇지만 두껍게 많은 양을 쌓은 정황을 과장하는 말이다. 포숭성 각본의 『태평어람』에는 "枝爲藏, 長一尺百二十節"이라고 쓰여 있고, '절(節)'은 가지의 마디가 변한 것이다. 위진(魏晉)대의 한 자[尺]가 대략 지금의 242-245㎜에 해당되는데, 이 같은 짧은 가지 위에 120개의 마디가 있다는 것은 과장된 듯하다. '절'은 곧 '책(策)' 즉, 옛날에 계산을 위해 쓰던 작은 '산가지[籌策]'이다. 『회남자(淮南子)』「주술훈(主術訓)」에서는 "執節於掌握之間"이라고 하였는데, 고유가 주석하길, "절은 책이다."라고 했고, 단옥재가 『설문해자』의 '책(策)'자를 주석하면서, "산(筭)·주(籌)·책(策) 이라는 것은 모두 한가지이다."라고 하였다.

387 『시경』「위풍(衛風)·목과(木瓜)」의 구절로, 『모전(毛傳)』에서는 "木瓜, 楙木也."라고 쓰고 있다.

388 황교본과 청각본에서는 '시의소(詩義疏)', 금택초본에서는 '시소의(詩疏義)', 명초본과 명각본에서는 '시의소(詩議疏)'라고 적고 있다. 묘치위 교석본에 의하면, 『시경』 공영달(孔穎達) 소와 『이아』 형병(邢昺) 소(疏)에서는 항상 육기(陸機)의 『소(疏)』를 인용하고 있지만, 모과의 이 조항은 모두 인용하지 않았다. 금본 육기의 『모시초목조수충어소(毛詩草木鳥獸蟲魚疏)』에서도 이 조항은 보이지 않는다. 모과를 풀이한 두 책 중에서 하나는 있고 하나는 없는데 『시의소』를 설명한다고 하여서 모두 육기의 소는 아니다. 청대 유학자들은 대부분 앞의 책이 곧 뒤의 책이라고 인식하고 있다. 왜냐하면 청대 정안(丁晏)이 『제민요술』의 이 조항을 육기의 『소』에 편집하여 넣었기 때문인데, 이는 합당하지 않다고 한다.

기가 있다."라고 하였다. 그것을 먹으려면 옆으로 잘라 끓는 물에 담갔다가, 연해지면 다시 꺼내어 깨끗하게 씻고 초[苦酒]나 콩즙, 꿀을 섞은 액즙에 담가서[389] 술안주로 사용한다. 꿀을 넣고 밀봉하여 100일이 지나서 먹으면 사람의 몸에 매우 유익하다.

啖者，截著熱灰中，令萎蔫，淨洗，以苦酒豉汁蜜度之，可案酒食。蜜封藏百日，乃食之，甚益人。

모과는 종자를 파종하거나 옮겨 심어도 좋으며 가지를 휘묻이해도 살아난다.

옮겨 심는 방법은 복숭아나무, 자두나무와 동일하다.

木瓜，種子及栽皆得，壓枝亦生。栽種與桃[59]李同。

『식경』의 모과를 저장하는 방법: 먼저 잘라서 껍질을 벗기고[390] 삶는다. 물속에 넣고 가로로 수레바퀴 모양으로 자른다.[391] 100개의 모과에 소금 3되[升], 꿀 10되[392]를 넣고 재운다. 한낮[393]에는 걸러 내어 햇볕에 말리고, 밤에는 즙에 담근다. 이후 그것이 마르게 되면,[394] 다시 남는 즙과 꿀

食經藏木瓜法。先切去皮，煮令熟，著水中，車輪切。百瓜用三升鹽，蜜一斗漬之。晝曝，夜

389 '밀도지(蜜度之)': '도(度)'는 '침(浸)' 혹은 '지(漬)'자로 의심된다. 식초와 벌꿀 등을 섞은 액즙에 일정 시간동안 담근 이후에 꺼내는 것을 가리킨다.

390 '선절거피(先切去皮)' 다음에는 원래 전부 두 줄로 작은 글자로 쓰여 있으나, 묘치위 교석본에서는 고쳐서 큰 글자로 하였다.

391 '저수중(著水中)': 마땅히 자른 이후로, 『식경』의 문장에는 종종 이와 같이 여러 차례 되풀이된다. '거륜절(車輪切)': 가로로 썬 둥근 조각이다.

392 각본에서는 '일두(一斗)'라고 쓰고 있으나, 금택초본에서는 '일승(一升)'이라고 쓰고 있는데, 묘치위는 교석본에서, 마땅히 '일두(一斗)'라고 써야 합당하다고 한다.

393 '주(晝)'는 명초본에서는 '화(畵)'자로 잘못 쓰고 있지만, 다른 본에서는 잘못되지 않았다.

394 '취(取)': 재촉하다 또는 해야 한다는 의미이다. '건(乾)': 말려서 쪼그라들다, 시든

을 재워서 봉하여 저장한다.[395] 또한 진한 원나무즙[杬[396]汁]에 담가도 좋다.

內汁中. 取令乾, 以餘汁密藏之. 亦用濃杬汁也.

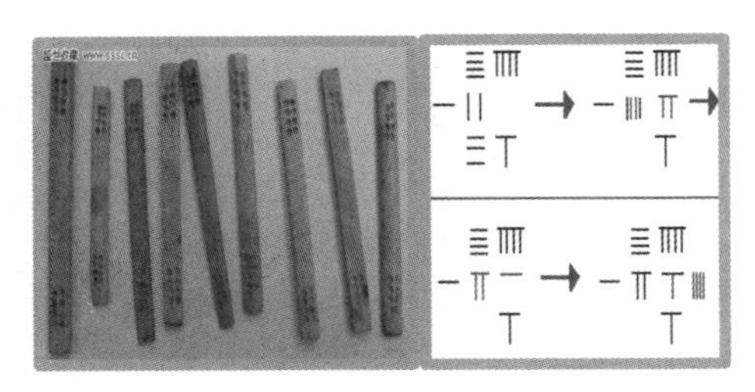

● 그림 21
산가지와 그 계산법[算籌]

● 그림 22
모과[木瓜]와 열매: 『낙엽과수』 참조.

다는 의미이다.

395 '밀장(密藏)'은 각본에서는 '밀장(蜜藏)'으로 쓰고 있는데 잘못이다. 금택초본에서는 '밀(蜜)'로 적었다가, 뒤에 고쳐 '밀(密)'로 쓰고 있는데, 묘치위 교석본에서는 이를 따랐다.

396 '원(杬)': 이는 원목이며, 산모거과(山毛欅科)의 참나무속[櫟屬; *Quercus*]의 식물이다. 그 나무껍질에서 나온 수액은 붉고, 탄닌 성분[鞣質]을 풍부하게 함유하고 있어 열매의 부패를 방지하고 소금에 절인 오리알을 담가 저장할 수 있다.[권6 「거위와 오리 기르기[養鵝鴨]」 '작원자법(作杬子法)' 참조.] 『이아』의 '원(杬)'에 대한 곽박의 주석에는 "원은 큰 나무로서, 열매는 밤과 같으며 남방에서 생산된다. 껍질은 두껍고 즙은 붉으며, 그 속에 계란과 같은 과일을 담글 수 있다."라고 한다.(권6 「거위와 오리 기르기[養鵝鴨]」의 주석 참조.)

교 기

58 “實如小𤓰瓜”: 스성한의 금석본에서는 ‘겸(𤓰)’자를 생략하고 쓰지 않았다. 금택초본에서는 “實如小𤓰瓜”라고 쓰고 있다고 한다. 묘치위의 교석본에 따르면, 『태평어람』 권973에서 『시의소』를 인용한 것은 비교적 단순하고 틀린 것도 많으며 여기서는 ‘소편과(小扁瓜)’라고 쓰고 있다고 한다.

59 ‘도(桃)’: 금택초본과 호상본에는 ‘도(桃)’자가 있으며, 『농상집요』에서 인용한 것 또한 있지만 다른 본에는 없다.

제43장

산초[397] 재배 種椒第四十三

『이아(爾雅)』에 이르길,[398] "훼(檓)는 대초(大椒)이다."라고 하였다.

爾雅曰, 檓, 大椒.

『광지(廣志)』에 이르기를[399] "호초(胡椒)[400]는 서역에서 재배된다."라고 한다.

廣志曰, 胡椒出西域.

『범자계연(范子計然)』에 이르기를,[401] "촉초(蜀椒)는 무

范子計然曰, 蜀椒

397 초에는 향초(香椒), 대화초(大花椒), 청초(青椒), 산초(山椒), 등이 있으며 흔히 산초는 청화초(青花椒), 구초(狗椒), 촉초(蜀椒), 홍초(紅椒), 홍화초(紅花椒), 대홍포(大紅袍)로 불리기도 한다. 사천성과 귀주성의 특산물 중의 하나로 산초는 또 마초(麻椒)라고도 한다. 마초의 색은 보통의 산초보다도 옅고 맛은 산초보다 진하다. 초(椒)의 학명은 *Zanthoxylum bungeanum*이며 '산초'로 번역되므로, 본서에서도 그에 따랐음을 밝혀 둔다.

398 『이아』「석목(釋木)」.

399 『광지』의 이 조항은 백과전서의 유서(類書)에서는 인용하고 있지 않다.

400 '호초(胡椒)': '초(椒)'라는 이름에서 알 수 있듯이, 이 역시 매운 향기가 나는 조미료이다. 그 때문에 인용하여 이 편에서 제시하였는데 실제는 산초와는 서로 관계가 없다. 호초의 원산지는 열대 아시아 지역이다.

401 『예문유취』 권89 '초(椒)'조항에는 『범자계연(範子計然)』에서 인용하여 "촉초는 무도에서 생산되며 붉은색이 좋은 것이다. 진초(秦椒)는 천수(天水), 농서(隴西)에서 생산되며 가는 것이 좋은 것이다."라고 쓰여 있다. 『태평어람』 권958과 『중

도(武都)[402]에서 생산되고, 진초(秦椒)[403]는 천수(天水)[404]에서 생산된다."라고 한다.	出武都, 秦椒出天水.
생각건대 오늘날 청주(青州)에는 촉초의 종자가 있다. 원래는 어떤 상인이 산초를 쌓아 놓고[405] 장사를 하였는데 산초 속에 검은색 씨가 있다는 것을 보고 생각을 바꾸어 심었다. 모두 몇천 개의 씨를 파종했는데 단지 한 그루의 모종만 자랐다. 몇 년 후에 이 묘목에서 열매가 열렸다.[406] 열매는 향이 나며 맛과 형태와 색이 모두 촉초와 큰 차이가 없었으나 다만 매운 정도는 다소 차이가 있었다. 그 후에 모종을 옮겨 심고 이식하여 퍼지면서 점차[407] 청주 일대에 가득 차게 되었다.	按, 今青州有蜀椒種. 本商人居椒爲業, 見椒中黑實, 乃遂生意種之. 凡[60]種數千枚, 止有一根生. 數歲之後, 便[61]結子. 實芬芳, 香形色與蜀椒不殊, 氣勢微弱耳. 遂分布栽移, 略遍[62]州境也.
산초가 익으면 그 속의 검은 종자를 거둔다.	**熟時收取黑子.**

류본초』 권13의 '진초(秦椒)'에서는 『예문유취』의 내용을 똑같이 인용하고 있다.

402 '무도(武都)': 산의 이름으로서 지금의 사천성 면죽(綿竹)현에 위치한다.

403 '촉초(蜀椒)', '진초(秦椒)': 혹자는 두 가지 모두 '산초'라고 말하는데, 생산지가 달라서 이름도 달리 붙여진 것이라고 한다. 혹자는 두 가지가 산초와 같은 속의 '죽엽초(竹葉椒; *Z. armatum*)'로서 상록감목(산초는 낙엽감목이다.)이라고 하는데, 열매는 산초와 같으며 산초의 대용품으로 사용되나 맛은 다소 떨어진다. 『이아』의 '대초(大椒)'는 진초라고도 하는데 열매가 비교적 크기 때문에 이름 붙여진 것이다.

404 '천수(天水)': 군의 이름으로 한대에 설치되었으며 지금의 감숙성 천수 등지이다. 천수의 이름은 한대에서 비롯되는데 춘추시대 『범자계연(范子計然)』에서 연유 없이 그것을 제시하여 그 책이 위서인 듯하다.

405 '거(居)': 스성한은 금석본에서 이를 '거적(居積)' 즉, 화물을 보관한다는 의미라고 해석하였으나, 묘치위 교석본에서는 물건을 쌓아 놓고 장사하는 것으로 보았다.

406 산초는 암수 다른 그루로, 단지 한 그루로써는 결실을 맺지 못한다.

407 '약(略)': 점차 앞으로 나아간다는 의미이다.

민간에서는 "초목(椒目)"[408]이라 부른다. 자주[409] 다른 사람의 손을 타서는 안 되며, 만지작거리면 싹이 트지 않는다.[410] **4월 초에는 이랑을 지어서 파종한다.** 이랑을 짓고 물을 주는 방식은 아욱을 파종하는 방법과 같다. **사방 3치[寸] 간격으로 한 개의 씨를 파종한다. 흙을 체로 곱게 쳐서 그 위에 한 치 전후의 두께로 덮어 주고 다시 부드러운 거름을 체로 쳐서 그 위를 덮어 준다. 날씨가 비가 오지 않으면 물을 주어서 항상 촉촉하게 유지하도록 한다.**

싹이 몇 치[寸] 높이로 자라나 여름에 장마를

俗名椒目. 不用人手數近捉之, 則不生也. **四月初, 畦種之.** 治畦下水, 如種葵法. **方三寸一子. 篩土覆之, 令厚寸許, 復篩熟糞, 以蓋土上. 旱輒澆之, 常令潤澤.**

生高數寸, 夏

---

408 산초의 종자는 색이 검고 둥글며 광택이 있기 때문에 '목(目)'이라는 이름을 붙였는데 명칭은 이미 도홍경의 『본초경집주』에 보인다. 중국의 한약 중에 '초목(椒目)'은 화초(花椒)나 청초(青椒)의 종자를 뜻한다.

409 '삭(數)': '여러 차례' 혹은 '누차'의 의미이다.

410 "人手數近捉之, 則不生也": 묘치위 교석본에 따르면, 여기에는 의심되는 부분이 있다. 산초의 종자는 음지에서만 말려야 하며 햇볕에 말리는 것은 적합하지 않다. 만약 그렇지 않으면 종자의 유분이 날아가서 싹이 트고 자라는 데 좋지 않은 영향을 미친다. 『무본신서(務本新書)』에서는 따서 음지에서 말리는데, "산초의 종자를 잘 싸서 땅을 파서 깊게 묻는다."라고 한 것은 마르는 것을 방지하는 합리적인 조치이다. 『제민요술』에서는 가을에 따고 봄에 파종하며, 딴 후에 건조해짐을 막는 처리를 하지 않으면 이듬해 봄이 되어 이미 상당히 마른다고 하였는데 이런 까닭 때문인지 사람의 손이 닿는 것을 방지하기 위해 "기름이 날아간다."고 염려한 것으로 추측된다. 다만 여기서 확실한 것은 설령 손으로 만진 후엔 싹이 트지 않는 사정이 있을지라도 이것 또한 그 밖의 원인과 함께 고려해야지 아마 손으로 만져서 나타난 화는 아닐 것이다. 게다가 산초나무 종자의 껍질 또한 기름기를 많이 함유하여 수분의 투입이 쉽지 않아, 어떤 지방에선 심기 전에 소금물에 담그는 것과 손으로 문질러 심는 탈지 처리를 더욱 중요시하였는데, 만약 수분의 투입과 발아가 쉬웠다면 이런 과정을 굳이 시행할 필요가 없을 것이다.

만나게 되면 옮겨 심을 수 있다.

옮겨 심는 방법은 먼저 깊이 3치 크기의 작고 둥근 구덩이를 파고 작은 칼로 모종 뿌리 주변의 흙을 둥그렇게 파서 옮겨 심는데,[411] 흙째로 떠내어 구덩이 속에 옮겨 심으면 만에 하나 실수가 없게 된다. 만약 모종을 뽑아서 옮겨 심으면 대부분 죽는다.

만약 큰 그루를 옮겨 심으려 한다면 2-3월 중에 옮겨 심어야 한다.

먼저 짚과 진흙을 잘 섞어서[412] 그루를 파낸 후에 바로 이 흙으로 그 뿌리를 잘 감싸서 그 채로 땅속에 묻는다. (이같이 진흙으로 봉해 주면) 백여 리를 가더라도 살 수 있다.

산초와 같은 식물은 추위를 잘 견디지 못하

連雨時, 可移之.

移法, 先作小坑, 圓深三寸, 以刀子圓劃椒栽, 合土移之於坑中, 萬不失一. 若拔而移者, 率多死.

若移大栽者, 二月三月中移之. 先作熟蘘泥, 掘出即封根, 合泥埋之. 行百餘里, 猶得生之.

此物性不耐

411 '재(栽)': 파종한 묘목을 옮겨 심는다는 뜻으로 대개 모종의 주위를 파내어 흙과 함께 옮겨 심는다. 본권 「복숭아 · 사과 재배[種桃柰]」의 주석 '이종난재(易種難栽)'와 본권 「사과 · 능금[柰林檎]」의 주석 '취재(取栽)' 참조.

412 『제민요술』 중의 '양(蘘)'자는 대개 기장짚을 가리킨다. 묘치위 교석본에 의하면, 볏짚을 범칭할 땐 기장을 사용하는데 권1 「종자 거두기[收種]」의 "還以所治蘘草蔽窖"나 권8 「두시 만드는 방법[作豉法]」의 "於蘘糞中燠之"가 그것이다. 이 문장의 '숙양니(熟蘘泥)'는 곧 볏짚을 자른 후에 부드러운 진흙과 섞은 것을 가리킨다. 『제민요술』 중에서는 엄격하게 '고(藁)'와 '양(穰)'을 구분해서 쓰고 있는데, '양(穰)'은 잎이 달린 기장 짚을 가리키고 '고(藁)'는 잎을 제거한 깨끗한 것을 가리킨다.(권7 「분국과 술[笨麴并酒]」 주석 참조.) 가사협이 특별히 이 단어를 사용한 것은 '양(蘘)'을 '양(穰)'과 혼동하거나 '고(稿)'를 '고(蒿)'와 혼동하지 않도록 하기 위함이다.(본서 「배 접붙이기[插梨]」 각주 참고.)

는데, 원래 양지에서 자란 나무는 겨울에 반드시 풀로 잘 감싸 주어야 한다. 감싸 주지 않으면 곧 얼어 죽게 된다. 비교적 음지에서 자란 것은 어릴 때부터 한랭한 기온에 익숙하여 반드시 감싸 줄 필요는 없다.[413] 이른바 습관이 본성을 규제한다는 것을 말함이다. 한 나무가 추위와 더위에 견디는가의 여부는 받아들이는 것이 다르기 때문이다. 이는 마치 붉은색과 남색의 염료가 만나서 염색하는 것과 같은데, 어찌 성질이 바뀌지 않을 수 있겠는가?[414] 그 때문에 "이웃을 보면 그 선비의 됨됨이를 알 수 있고, 친구를 보면 그 사람됨을 알 수 있다."라는 것이다.	寒, 陽中之樹, 冬須草裹. 不裹即死. 其生小陰中者, 少禀寒氣, 則不用裹. 所謂習以性成. 一木之性, 寒暑異容. 若朱藍之染, 能不易質. 故觀鄰識士, 見友知人也.
익어서 열매가 벌어지면 재빨리 수확한	候實口開, 便

413 "少禀寒氣, 則不用裹": '소(少)'는 유년을 뜻하고, '품(禀)'은 취득한 것을 의미한다. 묘치위 교석본에 의하면, 어렸을 때부터 비교적 그늘지고 차가운 곳에서 자란 산초류의 나무는 한랭한 기후에 단련되어 추위에 견디는 능력이 강화되어서 겨울에 반드시 풀로 감싸서 보호해 줄 필요가 없다. 생물의 유전성은 보수적인 면이 있어서 생물은 장기간 생장, 발육하면서 외부조건에 대해 안정화되는 방향으로 적응해 간다. 또한 동시에 대립되는 면을 가지는데, 바로 생물체가 외부조건의 변화로 인해 태어남과 동시에 자기 불안정과 유사한 변이성의 한 면을 지니고 있는 것이다. 이 두 가지 종류는 모두 '습관이 본성을 규제하기 때문'이나, 여기서 돌출된 것은 변이성의 한 면에 지나지 않는다. 가사협은 본성[性]은 변할 수 있는 것이라고 인식하였는데, 본서 권3 「마늘 재배[種蒜]」에서 열거한 마늘, 순무, 완두, 조[穀子]의 다양한 변화 현상은 모두 변이성의 가장 좋은 예이다. 여기서의 본성의 규제[性成]는 바로 단련에 의해 형성된 것으로 본래와는 달리 추위에 더욱 강한 특성을 지니게 된 것이다. 이러한 종류의 특성은 한랭한 지역에서 후천적으로 얻어졌기 때문에 성질의 변화[易質]가 야기된 것이다. 사람들의 품성도 서로 섞이게 되면 이와 같이 된다고 한다.

414 '역질(易質)': 본질의 변화를 일으킨다는 의미이다.

다. 날씨가 맑을 때 따서 얇게 펴고 하루 정도 햇볕에 말리면 색깔이 붉어지며 품질도 좋아진다.[415] 만일 흐린 날 수확하면 색깔도 검고 향을 잃게 된다.

速收之. 天晴時摘下, 薄布曝之, 令一日即乾, 色赤椒好. 若陰時收者, 色黑失味.

산초의 잎은 푸를 때 따면 소금에 절일 수 있다. 햇볕에 말려 갈아서 가루로 만들어도 충분히 식용할 수 있다.

其葉及青摘取, 可以爲菹. 乾而末之, 亦足充事.

『양생요론養生要論』[416]에 이르기를, "납일의 밤[臘夜][417]에 사람들에게 산초 잎을 가져와 침상

養生要論曰, 臘夜令持椒卧房

415 '색적초호(色赤椒好)': 이 문장은 산초의 열매를 따서 품질과 양을 보존하는 합리적인 조치이다. 묘치위 교석본을 보면, 산초의 열매가 익은 후에는 쉽게 떨어지기에 반드시 시간에 맞춰서 수확해야 한다. 반드시 손으로 따야 하는데, 만약 열매가 달린 가지를 함께 자르게 되면 이듬해의 생산에 영향을 미친다. 반드시 맑고 청명한 날에 따되, 딴 후에는 또한 그날 햇볕에 말려야 비로소 색깔과 윤기를 가장 잘 보전할 수 있고 향기도 짙고 품질도 좋아진다. 구름 끼고 비 오는 날에 따거나 그날 따서 그날 햇볕에 말리지 못한다면 모두 열매의 향기가 진하지 않고 색도 붉지 않으며 품질도 떨어지게 된다고 한다.

416 『양생요론(養生要論)』: 『수서』「경적지」에는 목록이 보이지 않지만 『의방류저(醫方類著)』에는 『양생요론』 1권의 목록이 보이는데 찬자의 성명은 없다. 묘치위 교석본에 의하면, 『양생요론(養生要論)』은 책 이름으로, 명초본에는 두 곳이 찢어져서 '양생(養生)'은 앞 문장의 '충사(充事)'의 다음에 붙어 쓰여서 '역족충사양생(亦足充事養生)'이라는 구절을 이루고 있으며, '요론(要論)'만이 단독으로 책 이름이 제시된 것은 잘못이다. 명각본에서는 앞 문장에 이어서 붙여 쓰고 있는 것 역시 잘못된 것이라고 한다. 『예문유취』 권5에서는 인용하여 『양생요(養生要)』라고 쓰고 있는데 『사시찬요(四時纂要)』「십일월」 편에는 『양생술(養生術)』이라고 쓰고 있으며 『태평어람』 권33에서는 『양생요술(養生要術)』이라고 인용하여 쓰고 있다.

곁에 두고 잠들게 하고 다른 사람에게 말하지 말고 이것을 우물에 던지면 온병[418]이 없어진다."라고 한다.

牀旁, 無與人言, 內井中, 除溫病.

● 그림 23
산초[花椒]와 열매: 『구황본초』 참고.

● 그림 24
산초의 씨[椒目]

교 기

60 '범(凡)': 명초본에서는 '차(此)'(군서교보가 남송본을 초사한 것에서도

417 '납야(臘夜)': 스셩한은 '납일(臘日)'의 밤이라고 풀이하고 있다. '납일(臘日)'은 동지로부터 세 번째의 미일(未日)이며, 중국에서는 세 번째 술일(戌日) 또는 진일(辰日) 등으로 시대마다 달랐다.

418 『사시찬요』「십이월」편, 『예문유취』 권5, 『태평어람』 권33의 '석(腊)'은 모두 이 조항을 인용하고 있는데 책의 이름은 서로 다르다. '와방상방(臥房床旁)'은 세 책 모두 '와정방(臥井旁)'이라고 인용하여 쓰고 있다. '온병(瘟病)'은 금택초본과 명초본에서는 같은데 다른 본에서는 '온병(溫病)'으로 쓰고 있다.

동일하다.)자로 쓰고 있는데 비책휘함 계통의 판본(학진본을 포함하여)에서는 모두 '범(凡)'으로 쓰고 있고 금택초본에서도 '범(凡)'으로 쓰고 있다.

61 '편(便)': 각본에서는 '갱(更)'으로 쓰고 있는데 금택초본에 의거하여 고쳐서 바로잡는다.

62 '편(遍)': 각본에서는 모두 '통(通)'으로 쓰고 있는데 금택초본에 의거하여 고쳐서 '편(遍)'으로 쓰며 이는 곧 '미치다'의 의미이다.

제44장

수유 재배 種茱萸第四十四

이 편은 '식수유'를 말한 것이며 산수유는 먹을 수 없다.[419]

食茱萸也, 山茱萸則不任食.

2월, 3월에 옮겨 심는다. 옛 성터나 제방, 언덕과 같은 높고[420] 건조한 곳에 심는 것이 적당하다. 무릇 성의 담장에 심는 것은 먼저 담장의 길이 정도에 따라 구덩이[421]를 파고 그대로 두었다가 1-2년 지난 후에 다시 구

二月三月栽之. 宜故城隄冢高燥之處. 凡於城上種蒔者, 先宜隨長短掘壍,

---

419 식수유(食茱萸; *Zanthoxylum ailanthoides*): '당자(欓子)'라고도 부른다. 운향과 산초와 더불어 속이 같다. 열매는 열과로서 과실은 갈라진 형태를 띠고 있고 붉은색으로 매운 맛이 나며 식용할 수 있다. 씨는 검은색이다. '산수유'(山茱萸; *Macrocarpium officinalis*): 산수유과이다. 핵과열매로서 붉은색이며 새콤달콤하고 과육은 약으로 쓰이지만 식용하지는 않는다.

420 '총(冢)': 흙 언덕이다. 지금 북방에서는 여전히 평원의 우뚝 솟은 흙 언덕을 '총(冢)'이라 일컫는다.

421 '참(壍)': 이는 '참(塹)'과 같으며 『설문해자』에서는 '갱(阬)'이라고 풀이하였다. 본서 권5 「느릅나무 · 사시나무 재배[種楡白楊]」에는 '경갱(壍坑)'이 있는데 이는 구덩이를 뜻한다. 묘치위 교석본에 따르면, 구덩이 속의 물이 차서 오염이 심해지지만, 몇 년이 지난 후에는 흙이 부드럽게 변하고 양분이 있어서 수유의 성장에 유리해진다고 한다.

덩이 속에 파종한다. (이와 같이 하면) 습기를 보존하고 흙이 비옥해져 평지와 차이가 없다. 그렇지 않으면 땅이 단단해지고 수분도 유실되어 식물의 생장도 매우 늦어져서 몇 년이 지나도 나무도 여전히 작다.

停之經年, 然後於壍中種蒔. 保澤沃壤, 與平地無差. 不爾者, 土堅澤流, 長物至遲, 歷年倍多, 樹木尙小. 63

(식수유) 열매가 벌어질 때가 되면 따서 집 안 벽에 걸어 두어 음지에 말리고 연기를 쐬워서는 안 된다. 연기를 쐬우면 맛이 떫어져 향기도 나지 않는다.

候實開, 便收之, 掛著屋裏壁上, 令廕乾, 勿使煙熏. 煙熏則苦而不香也.

사용할 때는 중간의 검은 씨를 빼낸다. 육장(肉醬)이나 젓갈[422]을 만들 때 특별하게[423] 사용된다.

用時, 去中黑子. 肉醬魚鮓, 偏64宜所用.

『술術』에 이르기를,[424] "우물가에 수유를 심

術曰, 井上宜

422 '자(鮓)': 젓갈인데, 스성한의 금석본에서는 소금에 저장하여서 즙액이 있는 음식물을 뜻한다고 하였으나(권8 「생선젓갈 만들기[作魚鮓]」에 보인다.), 묘치위 교석본에서는 한 종류의 생선에 밥을 넣어 썩혀서 발효하여 만든 식해(食醢)로서 신맛을 지닌다고 풀이하였다. '자'는 대개 맨 처음에는 생선을 이용해서 만들었지만 후대에는 다른 육류를 응용하기도 하였다고 한다. 묘치위가 '자(鮓)'를 '식해'의 의미로 해석하고 있지만 본문의 문장으로 봐서는 젓갈인지 식해인지 구분할 수 없다.

423 각본에서는 모두 '편(偏)'자를 쓰고 있다. '편의(偏宜)'는 곧 특별히 적합하거나 가장 적합하다는 의미이다. 권8 「생선젓갈 만들기[作魚鮓]」에서 향료는 모두 수유를 사용하고 젓갈에 대해 특별히 지적한 것을 말하며, 권9 「소식(素食)」 '부과호법(缹瓜瓠法)'에는 '편의저육(偏宜豬肉)'이 있다. 따라서 여기서의 '편의(偏宜)'는 잘못된 것이다.

424 『술(術)』을 인용한 두 항목에는 백과전서류와 같은 유서(類書)에는 인용하고 있지 않다. 금택초본과 명초본에서는 '온병(溫病)'이라고 쓰고 있으며 다른 본에서

는 것이 좋으며, 수유 잎이 우물가에 떨어져서 이 같은 우물물을 마시면 온병의 해를 입지 않는다."라고 한다.

種茱萸, 茱萸葉落井中, 飮此水者, 無瘟病.

『잡오행서雜五行書』에서 이르기를,[425] "집의 동쪽에 사시나무와 수유를 각각 세 그루씩 심으면 장수하게 되며 환란과 재해를 없앨 수 있다."라고 한다.

雜五行書曰, 舍東種白楊茱萸三根, 增年益壽, 除患害也.

또 『술』에 이르기를, "수유 열매를 집 안에 걸어 두면 귀신이 두려워서 감히 집에 접근하지 못한다."[426]라고 한다.

又術曰, 懸茱萸子於屋內, 鬼畏不入也.

그림 25
수유(茱萸)와 열매

그림 26
식수유(食茱萸)

는 '온병(瘟病)'이라고 쓰고 있다.

425 『태평어람』 권960 '수유(茱萸)'조에서 『잡오행서』의 이 조항을 인용하고 있으며 문자도 기본적으로 서로 동일하다.

426 진대[晉代] 주처(周處)의 『풍토기』에 의하면, 9월 9일 중양절에 높은 산에 올라가 "산수유 열매를 머리에 꽂았다."라고 하는데, 산수유를 머리에 꽂음으로써 잡귀를 내쫓았다고 한다.

교 기

63 '소(小)': 각본에서는 '소(小)'로 쓰고 있는데 명초본에서는 '소(少)'자로 쓰고 있다. 묘치위 교석본에서는 비록 '소(少)'자 역시 통할지라도 마땅히 '소(小)'자의 잘못으로 보았다.

64 '편(偏)': 스셩한의 금석본에서는 '편(徧)'으로 쓰고 있다. 스셩한에 따르면 명초본과 금택초본에서는 모두 '편(偏)'자로 쓰고 있으나, 비책휘함 계통의 각 본에서는 '편(徧)'자로 쓰고 있는데, '편(徧)'자가 더 적합하다고 하였다. 묘치위 교석본에서는 그가 사용한 비책휘함과 진체비서(津逮秘書)의 원본에서는 모두 '편(偏)'으로 쓰고 있다고 하면서 스셩한과 다른 견해를 제시하였다.

제민요술
제5권

제45장

뽕나무 · 산뽕나무[1] 재배 種桑柘第四十五

● 種桑柘第四十五: 養蠶附.[2] 양잠을 덧붙임.

『이아(爾雅)』에 이르기를,[3] "뽕나무를 구분할 때 오디가 열려 있는 것[4]을 일컬어 '치(梔)'라고 한다." (곽박이) 주석하기를 "변(辨)은 (뽕나무의) 절반은 (오디가 달린다.)[5]" "여상(女桑)

爾雅曰, 桑, 辨有葚, 梔. 注云, 辨, 半也. 女桑, 桋桑. 注曰,

1 '자(柘)'는 산뽕나무이다. 사전에서는 간혹 구지뽕나무라고 한다. 산뽕나무의 학명은 *Macalura tricucpidata*이다. 구지뽕나무[拓]의 학명은 *Cudrania tricuspidata*로서 잎겨드랑이에 가지의 변형인 가시가 있으며 작은 가지에 털이 있고 동아(冬芽: 생장하지 않고 쉬고 있는 눈)는 편원형이다. 잎은 어긋난[互生] 계란형, 타원형 또는 거꿀달걀형으로 길이 6-10㎝, 너비 3-6㎝이다. 산뽕나무는 잎은 어긋나고 달걀형 또는 넓은 달걀형으로, 길이가 2-22㎝, 폭이 1.5-14㎝이며 잎끝이 불규칙하고 날카로운 톱니가 있다.

2 원서 첫머리의 총 목차에는 이 편의 제목 다음에 '양잠부(養蠶附)'라는 작은 글자로 쓰인 협주가 있으나, 스셩한의 금석본에서는 기재하지 않았다.

3 『이아(爾雅)』「석목(釋木)」.

4 '상변유심(桑辨有葚)': 뽕나무의 열매가 송이 형태로 모여 있는 것[聚合果]을 '심(葚)'이라고 일컫는다. 또한 '심(椹)' 혹은 '담(黮)'이라고도 쓰는데, 본서에서는 '심(椹)'자를 쓰고 있다. '변(辨)'은 '일반(一半)'의 뜻인데 '변유심(辨有葚)'은 곧 반은 과실이 있는 것이다. '상(桑)'은 자웅이수의 식물로 우연히 자웅동수인 것도 있지만 그렇게 많지는 않다. "절반은 오디가 있다.[一半有葚.]"가 대체로 정확한 것이다.

5 뽕나무는 통상 암수가 다르다. 암그루는 오디가 달리는데 절반은 오디가 있다는

은 곧 이상(桋桑)이라고 한다."라고 하였다. (곽박이) 주석하기를 "오늘날[진대(秦代)]에는 일반적으로 키가 작고 가지가 긴 뽕나무를 '여상수(女桑樹)'라고 한다."[6] "'염상(檿桑)'은 곧 산상(山桑)이다."라고 하였다. (곽박은) 주석하기를 "뽕나무와 마찬가지로[7] 그 목재는 활을 만들거나 수레바퀴를 만들 때 사용할 수 있다."[8]라고 하였다.

今俗呼桑樹小而條長者爲女桑樹也. 檿[1]桑, 山桑. 注云, 似桑, 材中爲弓及車轅.

『수신기(搜神記)』에 이르기를,[9] "아주 먼 옛날에 어떤 사

搜神記曰, 太古時,

것은 즉 암수가 다른 뽕나무를 가리키며, '치(梔)'라고 별칭한다. 그러나 뽕나무는 또한 암수가 같은 그루인 것도 있는데, 한 그루에 단지 암꽃이 있어서 열매를 맺으며 이 또한 절반은 오디가 달린다고 할 수 있다.

6 『시경』「빈풍(豳風)·칠월(七月)」의 '의피여상(猗彼女桑)'에 처음 보인다. 『모전(毛傳)』에서는 "여상(女桑)은 이상(荑桑)이다."라고 한다. 이는 곧 『이아』에서 말하는 '이상'으로, 즉 작은 뽕나무이며 처음에는 연한 뽕이 생겨난다.

7 '사상(似桑)': 이것은 뽕나무와 같지 않음을 말한다. 『사원(辭源)』에서는 '염상(檿桑)'을 참나무과[山毛欅科]의 떡갈나무[柞樹]로 해석을 하고 있으며, 또한 학자들 중에 이와 같이 인식하는 사람들도 있다. 그 밖에 뽕나무과의 산뽕나무로 보는 견해도 있다. 다시 말한다면 '염상'은 뽕나무가 아니고 떡갈나무일 가능성이 있는데 그 뽕은 누에를 먹일 수 있기 때문에 '상(桑)'이라는 이름이 있었던 것 같으며, 산간지역에서 야생하기 때문에 또한 '산뽕나무[山桑]'라고 불렀던 것이다.

8 '중(中)': 이는 '할 수 있다' 또는 '적합하다'라는 뜻이다.

9 이 조항은 각본에서 잘못된 글자가 있다. 예컨대 '유인(有人)'은 명초본에서는 '성인(省人)'이라고 잘못 쓰고 있고 '절(絶)'은 황교본과 명초본에서는 '시(絁)'로 잘못 쓰고 있으며, '지(枝)'는 각본에서는 '지(之)'로 잘못 쓰고 있는데, 묘치위 교석본에서는 원각본, 금택초본에 의거하여 고쳐서 쓰고 있다. "射馬, 殺"은 원각본, 금택초본의 경우 이 문장과 같은데 '살(殺)'은 '짐승을 죽이는[宰殺]' 것을 가리킨다. 남송본에서는 '사살마(射殺馬)'라고 쓰고 있다. 명청각본에서는 '도마(屠馬)'라 쓰고 있으며 금본의 『수신기(搜神記)』에서도 동일하다. 금본 『태평어람』 권825에서 『수신기』를 인용한 문구는 기본적으로 『제민요술』과 동일하다. 스성한의 금석본에 따르면, 금본의 『수신기』는 모두 후대사람이 편집하여 책으로 만든

람이 원정에 나섰는데 집에 여식 한 명과 말 한 필(匹)을 남겨 두었다. 여식은 아버지를 그리워해서 말에게 농담 삼아 말하기를 '나를 대신하여 아버지를 돌아오시게 한다면 나는 너에게 시집가겠노라.'라고 하였다. 말이 고삐를 끊고 달려가서 아버지가 있는 곳에 이르렀다. 아버지는 말을 보자 집안에 일이 생겼음을 의심하여 즉시 이 말을 타고 집으로 돌아왔다. 집에 이른 뒤 얼마 후에 말은 여식을 힐끗 보면서 번번이 화를 내며 날뛰고 들이받았다. 아버지가 기이하게 여겨 몰래 여식에게 물어보니 딸아이가 자초지종을 아버지에게 알렸다. 아버지는 말을 쏴 죽이고 가죽을 벗겨서 뜰에 널어 햇볕에 말렸다. 딸아이가 말가죽 근처에 가서 발로 그것을 걷어차며 말하기를, '너는 말인데 사람을 처로 삼고자 하니 스스로 죽어서 가죽이 벗겨진 것이 아니겠는가?'라고 하였다. 말이 끝나기 전에 가죽이 재빨리 일어나서[10] 여식을 싸서[11] 도망쳤다. 뒤에 큰 나무의 가지 사이에서 여식과 그녀를 감싼 말가죽을 발견했는데 모두 누에로 변하여 나무에서 실을 뽑아내었다. 세상 사람들은 누에를 '여아'라고 일컫는데 이것이 바로 옛날부터 전해 내려오는 이야기이

有人遠征. 家有一女, 並馬一匹. 女思父, 乃戲馬云, 能爲我迎父, 吾將嫁於汝. 馬絕[2]韁而去, 至父所. 父疑家中有故, 乘之而還. 馬後見女, 輒怒而奮擊. 父怪之, 密問女, 女具以告父. 父射馬, 殺,[3] 曬皮於庭. 女至皮所, 以足蹴[4]之曰, 爾馬, 而欲人爲婦, 自取屠剝, 如何. 言未竟, 皮蹷然起, 卷女而行. 後於大樹枝[5]間, 得女及皮, 盡化爲蠶, 績於樹上. 世謂蠶爲女

것으로 자못 혼란스러움이 보인다. 총서집성본『수신기』의 20권은 비책휘함본에 의거하여서 인쇄한 것으로, 이 조항의 권14에는 문구가 많이 수식되어 있다. 예를 들면 "父射馬, 殺"은 앞뒤가 수식되어서 "딸아이가 갖추어 아버지에게 고하기를 '반드시 이러한 까닭이 있었습니다.' 하니, 아버지가 이르기를 '말도 안 된다. 가문을 욕되게 할 것이다. 장차 출입도 하지 말라.'라고 하였다. 이에 노쇠로 쏘아서 말을 죽이고 그 가죽을 뜰에 말렸다.[女具以告父, 必爲是故. 父曰, 勿言. 恐辱家門. 且莫出入. 於是伏弩射殺之, 暴皮於庭.]"라고 쓰여 있다.

10 '궐연(蹷然)'은 '갑자기', '돌연히'의 의미이며, '기(起)'는 떨쳐 일어난다는 의미이다.

11 '권(卷)': 동사로 사용되며, 지금은 대부분 '권(捲)'자로 쓰고 있다.

다. 이 같은 나무를 상수라고 일컬으며, '상(桑)'은 곧 '상(喪)'의 의미이다.

오늘날[북위(後魏)]에는 형상(荊桑)이나 지상(地桑) 등의 명칭이 있다.[12]

뽕나무 오디가 익을 때 검은 노상[黑魯]의 오디를 수확한다. 누런 노상[黃魯桑][13]의 수령은 오래가지 않는다. 농언에 이르기를 "노상 100그루면 비단이 풍족해진다."라고 한다. 이는 노상의 잎이 좋으면 적은 노력을 들이고도 그 쓰

兒, 古之遺言也. 因名其樹爲桑, 桑言喪也.

今世有荊桑地桑之名.

桑椹熟時, 收黑魯椹. 黃魯桑, 不耐久. 諺曰, 魯桑百, 豐綿[6]帛. 言其桑好,

12 금택초본과 노계언교송본(勞季言校宋本) 및 명청각본에서는 모두 '지상(地桑)'으로 쓰고 있으며 명초본에서는 '사상(虵桑)'으로 쓰고 있고 『길석암(吉石盦)』을 원각한 영인본에서도 마찬가지이나, 일본학자 고지마 나오카타[小島尙質; 1797-1849]가 원각본을 영인한 것에서는 도리어 '지상(地桑)'으로 쓰고 있다. 『농상집요』 권3에는 「지상(地桑)」편이 있는데, 『무본신서(務本新書)』와 『사농필용(士農必用)』을 인용한 것에 의거하면, 주된 줄기를 짧게 잘라 땅속에 묻거나 지면과 나란히 하거나 혹은 뒤얽힌 가지를 잘라서 꺾꽂이하는 등의 방법으로 키운 뽕나무가지를 대개 '지상(地桑)'이라고 칭하는데, 이는 곧 지면에 붙어서 자라는 작은 가지의 뽕나무이다. 묘치위 교석본에 의하면 근대에는 뽕나무를 지면과 나란히 하여 굵고 긴 가지를 자르는 형식을 '지상(地桑)'이라고 일컬으므로 대략적인 것은 유사하다. 『제민요술』의 지상은 반드시 이와 같지는 않지만, 땅에 붙어 자라는 작은 뽕나무가 큰 나무 형태의 뽕나무와는 다르다는 것은 긍정할 만하다고 한다.

13 '노상(魯桑)': 아주 이른 시기부터 산동지역 사람들이 재배한 뽕나무 품종으로서 『제민요술』에 처음으로 보이며, 이미 검은 노상[黑魯桑], 누런 노상[黃魯桑]의 구분이 있었다. 묘치위 교석본에 따르면, 근대에 이르러서는 저절로 노상계통으로 발전하였으며, 호상류는 이 계통에 속한다. 지금 산동 중부지역과 남부지역에서는 모두 검은 노상과 누런 노상이 분포되어 있다. 검은 노상과 누런 노상은 모두 좋은 뽕나무 종자이지만 좋은 것 중에서 약간 떨어지는 검은 노상이 누런 노상에 미치지 못하기 때문에 누런 노상의 수명이 짧다고 한 것은 실제와 부합한다고 한다.

임새는 많음을 이르는 말이다. 당일에 딴 오디를 물에 일고 종자를 취하여 햇볕에 쪼여 말린다.[14] 이내 이랑을 지어 파종한다. 이랑을 짓고 물을 주는 모든 작업은 아욱을 파종하는 방법과 동일하다. (이랑은) 항상 호미로 김을 매어서 깨끗하게 해 준다.

功省用多. 即日以水淘取子, 曬燥. 仍畦種. 治畦下水, 一如葵法. 常薅令淨.

이듬해 정월에 묘목을 다시 옮겨 심는다. 2-3월에도 옮겨 심을 수 있다. 대개 5자[尺] 간격으로 한 그루씩 심는다. (왜냐하면 나무 사이를 더 이상) 쟁기로 갈 수 없기 때문이다. 대개 옮겨 심는 뽕나무가 좋지 않다면 다른 원인이 없을 경우 쟁기로 뒤집은 결과인 것이다. 이 때문에 반드시 약간 촘촘하게 파종하며, 듬성듬성하게 파종해서는 안 된다. 드문데 쟁기가 지나가면 반드시 조심하지 않아서 모두[15] 대부분 죽게 된다. 게다가 조밀하게 파종하면 성장도 빨라진다. 일반적으로 뽕나무 오디를 파종하면 뽕나무는 모두 성장속도가 늦기 때문에 휘묻이하여 빨리 자란 것만 못하다. 옮겨 심지 못

明年正月, 移而栽之. 仲春季春亦得. 率五尺一根. 未用耕故. 凡栽桑不得者, 無他故, 正爲犁撥耳. 是以須概, 不用稀. 稀通耕犁者, 必難慎, 率多死矣. 且概則長疾. 大都種椹長遲, 不如壓枝[7]之

14 '쇄조(曬燥)': 햇볕에 말린다고 해석하기보다는 햇볕에 쬐여 점차 물기를 없애 종자를 분리하는 것으로 보아야 한다. 왜냐하면 오디씨는 매우 작아서 물기가 있으면 서로 붙어서 파종을 할 수 없기 때문이다. 묘치위 교석본에 따르면 신선한 오디는 부패 및 변질되기가 쉬워서 일반적으로 따는 족족 물에 씻어서 종자를 받아 즉시 파종한다. 종자를 취한 이후에는 마땅히 그늘에 말리는데[『범승지서(氾勝之書)』에서는 이와 같이 하고 있다.] 여름날에 햇볕에 쬐이면 종자의 발아에 손실을 입게 된다. 오디씨의 발아력은 자연조건 아래에서 방치한 시간에 따라 증가되거나 떨어지게 되는데, 2-3개월 방치해 두면 대부분의 오디씨가 생명력을 상실하게 된다. 『사농필용(士農必用)』에서는 경고하여 말하기를 "한 해 걸러 봄에 파종하면 대부분이 살아나지 않는다."라고 한다.

15 '율(率)': '율(率)'은 '모두[均]'로 해석된다.

할 경우에는 비로소 뽕나무 오디를 파종한다. **뽕나무 아래에는 항상 괭이로 땅을 파서 녹두와 소두小豆를 심는다.** 이들 두 종류의 콩이 자라서 습기를 유지해 주어 뽕나무에 도움을 준다.[16] **옮겨 심은 후 첫 2년간은 신중히 하여 뽕잎을 따고 가지를 쳐서는 안 된다.**[17] 어릴 때에 뽕잎을 따내면[18] 생장이 배로 늦어지게 된다. **가지가 팔뚝 굵기로 자라면 정월 중에 다시 옮겨 심는다.** 반드시 가지를 일정한 높이로 자를[19] 필요는 없다. **대개 열 보步마다 한 그루씩 심는다.** 만약 나무의 그늘이 서로 겹치면[20] 파종한 조와 콩을 방해하게 된다.[21] **행렬은**

速. 無栽者, 乃種椹也. **其下常斸掘種菉豆小豆.** 二豆良美, 潤澤益桑. **栽後二年, 愼勿採沐.** 小採者, 長倍遲. **大如臂許, 正月中移之.** 亦不須髡. **率十步一樹.** 陰相接者, 則妨禾豆. **行**

---

16 이랑에 파종한 뽕나무 모종을 처음 옮겨 심을 때에는 조밀하게 배치하고 땅은 갈지 않아야 한다. 다만 뽕나무 사이의 빈 공간을 이용하려고 한다면 마땅히 호미 끝으로 땅을 일구어 콩류를 파종해야 조그만 땅도 이용할 수 있고 모종도 상하지 않게 된다. 묘치위 교석본에 따르면, 콩류는 뽕나무 밭의 나무 사이의 간작에 적합한 작물로서 그 가지와 잎이 땅을 덮으면 토양의 수분증발을 감소시키고 아울러 잡초의 생장도 억제한다. 뿌리가 비교적 얕게 덮여 토양이 부풀어서 공기의 유통도 좋아지고 또한 습기를 보존하기에도 유리하다. 특별히 뿌리혹박테리아에는 질소를 보존하는 작용이 있어서 토양의 비력이 높아진다. 이같이 하면 모두 직·간접으로 '습기를 유지하고 기름지게 하여서 뽕나무에 유리'하다고 한다.

17 '목(沐)'은 가지를 자른다는 의미이며, '채(採)'는 잎을 따는 것이다.

18 '소채(小採)': 뽕나무가 어릴 때 잎을 따는 것을 의미한다. 묘치위 교석본에 의하면, 이같이 할 경우 광합성 작용이 줄어들거나 중단되어 유기영양소의 생산발원지가 파괴되기 때문에, 어린 그루가 잎과 싹이 새로 자라기가 쉽지 않게 되어 떨어져 버린다. 따라서 어린 그루의 생장에 큰 장애가 생겨 생장이 늦어질 수 있다.

19 '곤(髡)'은 일정한 높이로 나무줄기를 자른다는 의미이다.

20 '음상접(陰相接)': '음(陰)'은 나무그늘을 가리키며, '수관(樹冠)'의 가장자리가 서로 포개져서 나무 그늘이 서로 덮는 것을 뜻한다.

21 '화(禾)': 곡물의 총칭이기도 하고, 단지 조를 가리키기도 한다. 묘치위 교석본에

약간 어긋나게 지어야 하며[22] 서로 마주 보게 배열해서는[23] 안 된다. 바로 마주 보게 되면 쟁기를 효율적으로 사용할 수 없다.

欲小掎角, 不用正相當. 相當者則妨犁.

모름지기 옮겨 심을 묘목을 얻으려면, 정월과 2월 사이에 갈고리 모양의 작은 말뚝으로 아래로 처진 가지를 눌러서[24] 지면에 붙이고, 이 가지에서[25] 잎이 나서 몇 치[寸] 길이로 자라면 다시 마른 흙을 덮어 준다. 축축한 흙을 사용하면 썩게 된다.[26]

須取栽者, 正月二月中, 以鉤弋壓下枝, 令著地, 條葉生高數寸, 仍以燥土壅之. 土濕則爛.

이듬해 정월에 잘라서 옮겨 심는다.[27] 주택가

明年正月中, 截取而種

따르면, 오늘날 두 번째 옮겨서 아주 심기를 하면 그루 간을 갈아엎어 조와 콩을 심을 수 있지만, 수관의 그늘이 서로 중첩되면서 통풍을 방해하고 햇볕을 쬐는 것을 막아 곡물과 콩의 생장이 불리해진다. 따라서 이를 방지하기 위해서 뽕나무 그루 사이의 간격을 넓게 유지해야 한다고 한다.

22 '소기각(小掎角)': '기(掎)'는 곧 '기(攲)'로서 비스듬하다는 의미이며, '기각(掎角)'은 소나 양의 뿔처럼 비스듬하게 구부러진 것이다. '소기각(小掎角)'은 각이 비스듬한 부분이 너무 크지 않은 것이다.

23 '상당(相當)': 이는 서로 마주 보거나 나란히 하고 있다는 의미이다.

24 '구익(鉤弋)': '익(弋)'자는 또 '익(杙)'자로도 쓰며, 곧 작은 나무 말뚝이다. '구익(鉤弋)'은 갈고리 형태의 주살로서 갈고리가 있는 나무 말뚝이나 나무 뭉치[木橛]이다. '압하지(壓下枝)'는 나무 아랫부분의 가지를 갈고리를 이용해서 땅에 고정한다는 의미이다.

25 '조(條)': 본래 '작은 가지'라는 의미인데 오늘날에는 보통 가지라고 일컫는다. 여기서 가지는 마땅히 땅속에 '휘묻이'한 가지로서, 지면 위로 끝부분만 드러난 것을 뜻한다.

26 『종수서(種樹書)』에서는 "뽕나무가지를 휘묻이함에 있어서 축축한 흙으로 가지를 누르면 썩게 되고 마른 흙으로 가지를 눌러 주면 뿌리가 나기 쉽다."라고 한다.

나 과수원 주위에는 아주심기[定]하는 것이 합당하며 밭 가운데 옮겨 심는 것은 또한 오디를 옮겨 심는 것과 같이 하는데, 먼저 비교적 조밀하게 임시로 파종했다가 2-3년 후에 다시 옮겨 심는다.[28]

之. 住宅上及園畔者, 固宜即定, 其田中種者, 亦如種椹法, 先概種二三年, 然後更移之.

무릇 쟁기로 뽕나무 밭을 갈 때에는 (쟁기를) 뽕나무에 붙여서 사용할 수는 없다. 뽕나무가 손상을 입고 쟁기 또한 파손되어 두 가지 모두 손실을 입게 된다. **쟁기가 미치지 않는 곳은 괭이[29]로 땅을 일군다. 지면 가까이에 뜬 뿌리는 잘라 내고 누에똥으로**

凡耕桑田, 不用近樹. 傷桑破犁, 所謂兩失. **其犁不著處, 斸地**[8]**令起. 斫去浮根, 以**

27 이것은 휘묻이한 가지 모종을 잘라서 옮겨 심는 것을 뜻하지만, 『제민요술』에서는 옮겨서 파종하는[種] 것을 일컫는다. 묘치위 교석본을 참고하면, 『제민요술』이 채용한 것은 '가지를 휘어서 휘묻이하는 법'인데, 뿌리에서 나온 새싹을 새로운 그루로 성장시킨 이후에 잘라서 옮겨 심는다. 한 가지에서 여러 개의 새로운 가지가 발생할 수 있다. 휘묻이한 가지모종은 어미그루에서 직접 분화되어 자라난 것으로, 어미그루의 좋은 특성을 보유하고 아울러 어린 시기가 단축되어서 실생묘(實生苗)의 생장보다 빨라진다. 『제민요술』의 휘묻이법은 '가지를 구부려 땅에 붙여서' 높이가 수 치[寸]가 자란 후에는 마른 흙으로 덮어 주는 것으로, 『사시월령』에서 처음으로 "나뭇가지를 땅속에 묻었다."라고 하였으며, 두 책 모두 겨울가지를 봄에 휘묻이한다고 하였는데, 북방의 짧은 생장기를 고려하면 비교적 합리적이다. 『제민요술』의 뽕나무의 무성번식법에는 접붙이거나 꺾꽂이를 하지 않는데, 앞 단락의 소주에서 "옮겨 심지 못할 경우[無栽者]"라고 언급한 '재(栽)'는 단지 가지를 휘묻이하는 것이라고 한다.

28 이 조항의 소주는 모종을 휘묻이하는 것을 설명한 것으로 만약 주택가나 과수원 둑에 옮겨 심을 때에는 한 번에 아주심기를 한다. 만약 준비한 것을 밭에 옮겨 심는다면 모종이 작아서 관리가 불편하고 의외의 손상이 염려되므로 마땅히 실생묘와 마찬가지로 먼저 과수원에 옮겨서 발육을 했다가 2-3년 후에 다시 옮겨 심는다.

29 '촉(斸)': 스셩한은 '촉(斸)'을 '작은 호미[小鋤]'라고 보았다.

거름을 준다. 얕은 뿌리를 잘라 주면 누리로 파종하는 데 방해가 되지 않으며, 또한 나무가 무성하게 잘 자랄 수 있게 된다.[30]

蠶矢糞之. 去浮根, 不妨耬犁, 令樹肥茂也.

또 다른 방법:[31] 매년[32] 뽕나무에서 1보[33] 떨어진 주변에 순무씨를 흩어 뿌린다. 순무를 수확한 이후에는 돼지를 풀어놓아서 남아 있는 순무

又法. 歲常繞樹一步散蕪菁子. 收獲[9]之後,

30 묘치위 교석본에 따르면, 토양의 얕은 층에 가로로 난 뿌리를 파면 뿌리가 비교적 깊고 넓은 곳을 향해서 뻗어날 수 있게 해 주며, 그 흡수면적을 확대하여 가지와 잎의 생장에 유리하고 뿌리가 더욱 깊어져서 내한성이 비교적 강해지게 된다. 『농상집요』 「재상(栽桑)・수시(修蒔)」에서는 『한씨직설(韓氏直說)』을 인용하여 "뽕나무의 다리부분에는 곁뿌리가 많이 달려서 시간이 나면 모두 잘라 주어야 밭갈이에 방해되지 않으며, 뽕나무가 자연스럽게 뿌리가 깊어지고 내한성이 강해서 잎도 빨리 자라고 무성해진다."라고 하였다. "令樹肥茂也." 구절과 뒷부분의 '종자법(種柘法)' 단락의 소주에서 '마편(馬鞭)'에 이르기까지 명각본에는 완전히 빠져 있으나 양송본에는 빠져 있지 않다. 학진본은 『농상집요』의 인용에 의거하여 대부분 보충을 하였으며 점서본은 황교본에 의거하여서 보충하였다.

31 '우법(又法)': 그다음의 문장도 마땅히 본문과 같이 큰 글자로 써야 한다. 묘치위 교석본에서는 실제로 '우법(又法)' 이외의 글자는 모두 큰 글자로 고쳐서 쓰고 있다.

32 '상(常)': 원각본, 금택초본, 장교본에서는 '상(常)'자로 쓰고 있으며 황교본, 명초본에서는 '상(嘗)'으로 잘못 쓰고 있다. 묘치위 교석본에 의하면, '상(嘗)'으로 쓴 것은 다만 일반적으로 글자를 잘못 쓴 것이지 광종 주상락(朱常洛)의 이름을 피휘하여 고친 것은 아니다. 『제민요술』의 다른 곳의 황교본, 명초본에는 '상(常)'자가 매우 많을 뿐 아니라 또한 여전히 '상(嘗)'으로 써야 하는데도 '상(常)'으로 쓰고 있다. 예컨대 권8 「장 만드는 방법[作醬等法]」의 '상위저초자(嘗爲菹酢者)'의 경우 원각본과 금택초본에서는 '상(嘗)'자로 쓴 것에 반해 명초본에서는 도리어 '상(常)'자로 쓰고 있다. 이 때문에 한 예를 잘못 썼다고 하여서 전 책을 모두 포괄한다고는 말할 수 없으며 황교본, 명초본을 교정하고 초서한 연대가 명 광종 이후라는 결론을 낼 수 있다고 한다.

33 '보(步)': 길이의 단위로서 1보는 5자[尺]이다.

뿌리를 먹게 한다. 그러면 (돼지가 땅을 뒤적거려) 부드럽고 연해져서 쟁기질하는 것보다 좋아진다.[34] (뽕나무 사이의 빈 공간에) 조와 콩을 파종하는데 나무에 바짝 붙여야 한다. 지리(地利)의 손실이 없으면서 밭 또한 조화롭고 부드러워진다.[35] 만약 나무 주변에 순무를 흩어 뿌릴 경우에는 나무에 바짝 붙일 필요가 없다.

放豬啖之. 其地柔軟, 有勝耕者. 種禾豆, 欲得逼樹. 不失地利, 田又調熟. 繞樹散蕪菁者, 不勞逼也.

뽕나무 가지를 자르는 것은 12월이 가장 좋은 시기이고[36] 그다음이 정월이고 2월이 가장 좋

剝桑, 十二月爲上時, 正月次

34 나무 사이에 순무를 파종하여 재배하는 것은 상당히 기술적이다. 묘치위 교석본을 보면, 순무는 뿌리가 곧고 통통하여 비교적 깊게 땅으로 파고드는 채소로서, 뿌리를 캐려면 갈아엎거나 파내야 하는데 곡물과 콩의 수확과 더불어 지상부위를 베는 것과는 같지 않다. 따라서 순무는 나무에서 약간 떨어져 심어 나무를 상하지 않게 하고, 곡물과 콩도 나무 가까이에서 방해를 받지 않아서 땅의 이익을 다할 수 있다. 순무는 돼지가 매우 좋아하는데, 돼지는 잡식성의 가축으로서 특별히 입으로 땅을 일으키는 것을 좋아한다. 돼지를 땅에 풀어놓으면 반복적으로 땅을 밟아 '난리를 쳐서 땅이 솟구치게 하여' 먹이를 찾아 먹고 땅을 밟아 부드럽게 만들기 때문에 갈이한 것보다 좋아지고 잡초도 밟혀 죽게 한다. 또한 땅에 싼 똥·오줌은 거름이 된다. 통통한 뿌리가 돼지를 유혹하면서 입은 땅을 솟구치게 하는 농구로 변하고, 그 똥은 시비를 대체하니, 경제적인 효과가 매우 크다.

35 '전우조숙(田又調熟)': 곡물과 콩을 재배할 때 뽕나무에 붙여서 해야만 토지를 최대한 이용할 수 있다. 묘치위 교석본에 이르기를, 곡물과 콩의 생장기는 길어서 중경과 비수(肥水) 관리가 필요하다. 콩류는 또한 질소를 보존하는 작용이 있어서 땅을 기름지게 하고 토양을 개량하는 성질을 지니며 뽕나무의 생장을 무성하게 하여 모두 큰 장점을 지닌다. 아울러 파종하기 전에 갈아엎어 부분적으로 흡수근(吸收根)을 잘라 주어서 뿌리의 압력을 줄여 주고 뽕나무를 가지 친 후에 뽕나무 액이 지나치게 유실되는 것을 방지해 준다고 한다.

36 '천(剶)'은 '자른다'는 의미이다. 묘치위 교석본에 의하면, 음력 12월은 뽕나무가 휴면 상태에 처하고 뽕나무의 수액이 상승하는 활동이 거의 정지되는데, 이때 가지를 치면 양분의 손실이 가장 적기 때문에 가지치기에 매우 적합한 시기이다.

지 않다. (가지를 자른 후에) 흰 유즙이 흘러나오면 뽕잎이 손상을 입게 된다.[37] 일반적으로 말해서 뽕나무를 많이[38] 파종했으면 응당 (늙은 가지를) 가능한 모두[39] 베어 내어야 하지만, 뽕나무가 적으면 조금만 베어 낸다.[40] 가을에 가지를 벨 때는 가능한 다 베어야 하지만 정오는 피한다. 나무가 열을 받으면 마르기 쉬우며 베어 낼수록 봄에 싹트는 연한 가지가 더욱 무성하게 자란다.[41] 겨울과 봄에는 가지치기를 적게

之, 二月爲下. 白汁出則損葉. 大率桑多者宜苦斫, 桑少者宜省剶. 秋斫欲苦, 而避日中. 觸熱樹焦枯, 苦斫春條茂. 冬春省剶竟日得作.

봄이 되면 뽕나무의 싹이 터서 휴면기가 이미 지나고 수액의 유동이 점차 활발해지기 때문에 정월과 2월은 가지치기에 좋은 시기가 아니다.

37 '백즙출(白汁出)': 뽕나무가지의 형성층[韌皮部] 속에 유관이 분포하며 그 속에 백색의 유즙이 들어 있어서, 수액의 유동이 왕성한 시기에 자르면 대량으로 유실되기 때문에 가지의 발육에 막대한 영향을 초래하고 뽕잎의 생산을 감소시킨다.

38 '상다(桑多)': 뽕나무의 가지가 빽빽하고 조밀하면, 영양물질을 소모할 뿐 아니라 공기유통과 빛의 침투가 좋지 않아서 광합성 작용이 약해지기 때문에 가능한 많이 잘라 주어야 한다.

39 '고(苦)'는 곧 '극치에 이르다[盡致]', '가능한 많이[儘量]'의 뜻이다. 스성한의 금석본을 보면, 『제민요술』 중에서 '고(苦)'자가 부사로 쓰일 때 '통(痛)'자와 그 의미가 유사하나, 오늘날의 용법과는 다르다.

40 '생천(省剶)': 쓸데없는 잔가지를 가볍게 자르는 것이다. 『농상집요』에서 『사농필용(士農必用)』을 인용하여 마땅히 제거해야 하는 불필요한 잔가지 4종류에 대해 언급하였는데, 이는 곧 넘어진 가지, 옆으로 자라난 가지, 나란히 자란 가지와 빽빽이 자란 가지이다. 청대 이강(李江)의 『용천원어(龍泉園語)』에서는 과일나무를 가지치기 하는 데는 '오결(五訣)'이 있다고 하는데 이른바 마른 가지, 늙은 가지, 안으로 자라난 가지, 옆으로 자란 가지, 넘어진 가지, 빽빽하여 교차된 가지는 모두 마땅히 잘라 주어야 하며, "통풍이 잘되고 햇볕을 쬐게 되어, 과실이 크고 맛있어진다."라고 하였다. 이 밖에 또한 병충해를 입은 가지도 포함한다고 한다.

41 "觸熱樹焦枯, 苦斫春條茂": '초(焦)'는 호상본 등에서는 '초(焦)'로 쓰고 있으며 원

하고 하루 종일 (아침부터 밤까지 모두) 작업을 할 수 있다.

봄에 뽕나무 잎을 딸 때는 반드시 긴 사다리나 높은 받침대가 필요하다.[42] 여러 사람이 동시에 하나의 나무에서 잎을 따는데, 잎을 딴 뒤에는 원래의 위치를 바꾸면서 따야 하며, 깨끗하게 따고 남겨 두어서는 안 된다. 아침과 저녁 무렵에 작업을 해야 하며[43] 뜨거운 낮 시간을 피하도록 한다. 사다리가 길지 않으면 높은 가지를 (당겨서) 부러뜨리게 되고, 사람이 많지 않으면 오르내리기가 번거롭다. 가지를 돌아가면서 잎을 따지 않으면 가지를 구부리게 되고, 잎도 깨끗

春採者，必須長梯高机．數人一樹，還條復枝，務令淨盡．要欲旦暮，而避熱時．梯不長，高枝折，人不多，上下勞．條不還，枝仍曲，採不淨，鳩脚多．旦暮採，令潤澤，

각본 등에서는 '초(燋)'로 쓰고 있는데 글자는 동일하다. 『제민요술』 중에는 두 글자가 모두 보이는데 묘치위 교석본에서는 '초(焦)'로 통일해서 쓰고 있다. 스성한의 금석본에 의하면 '촉열(觸熱)'은 열을 받을 때의 의미이며, 또한 이것은 기온이 높고 증발량이 커서 이때 나무를 베면 상처부위가 쉽게 지나칠 정도로 건조해짐을 의미한다. '苦斫春條茂'는 늙은 가지를 많이 자를수록 이듬해 봄에 정아(定芽: 제눈, 즉 줄기의 끝이나 잎겨드랑이의 정상적인 위치에 생기는 눈)와 부정아(不定芽)로 형성된 새로운 가지가 더 많아진다. '작(斫)'은 명초본에서는 '연(硏)'으로 잘못 쓰고 있으며 다른 본에서는 잘못되지 않았다.

42 '제(梯)'는 명초본에서는 '제(稊)'로 잘못 쓰고 있으나 다른 본에서는 잘못되지 않았다. '궤(机)'는 원각본과 금택초본 및 각본에서는 동일하며 『왕정농서』에서는 인용하여 '고궤(高几)'로 쓰고 있는데 글자는 동일하다. 『농상집요』에서는 '올(杌)'자로 인용해서 쓰고 있다. 묘치위 교석본에 의하면, '궤(几)'에는 옆으로 걸쳐진 막대가 있어서 타고 올라갈 수 있으며 작은 뽕나무에 사용한다. 왜냐하면 작은 뽕나무는 사다리를 걸치는 압력을 견딜 수 없기 때문이다.

43 '요욕단모(要欲旦暮)': '요(要)'는 '요컨대' 혹은 '원칙상'으로라는 의미이다. '단(旦)'은 새벽이며, '모(暮)'는 저녁[황혼]을 뜻한다. 이는 곧 기온이 낮아지고 증발량이 적은 시간이다.

하게 따지 못하여 비둘기 다리[44]와 같은 형태가 많이 남게 된다. 아침과 저녁에 따면 잎을 윤택하게 유지할 수 있으며, 한낮 더위를 피하지 않으면 딴 가지나 잎이 마르게 된다.[45] 가을에 잎을 딸 때는 약간 적게 따야 하며, (다만) 서로 방해되는 잎만 따낸다. 가을에 따는 잎이 지나치게 많으면 가지가 손상을 입게 된다.[46]

不避熱，條葉乾. 秋採欲省，裁[10]去妨者. 秋多採則損條.

뽕나무 오디가 익을 때 많이 거두어서 햇볕에 말려 둔다. 흉년이 들어 식량[粟]이 부족할 때 식사대용으로 사용할 수 있다. 『위략』에 이르기를,[47] "양패(楊沛)[48]는 신정현의 현장이었다. (한나라 헌제) 홍

椹熟時，多收，曝乾之. 凶年粟少，可以當食. 魏略曰，楊沛爲新鄭長.

---

44 '구각(鳩脚)': 가지와 잎을 베어 낼 때 기층부를 가지런히 잘라 내지 않고 남겨 둔 마른 몽당가지들[枯椿]을 가리키는데, 그 모습이 비둘기다리와 유사하다. 이 같은 몽당가지는 병충해가 잠복하는 온상이 된다.

45 이 작은 소주는 이러저러한 잎을 따는 좋은 점과 나쁜 점을 매우 철저하게 분석적으로 말하고 있다. 묘치위 교석본을 보면, 여기에서 나타난 '조엽(條葉)'은 거두고 채취한 잎뿐만 아니라 동시에 작은 가지를 자르는 정황도 볼 수 있는데, 차제에 가지도 치면서 가지를 정리하는 것이다. 뽕나무 잎을 거두고 채취하는 것은 아침과 저녁 무렵에 해야만 하는데, 만약 정오에 하면 잎이 마르고 시들기 쉽고, 그 광택과 윤기를 잃게 된다. 이것은 고서에서 매우 강조하고 있는 점이다. 아침과 저녁의 기온은 비교적 낮아 가지와 잎이 쉽게 시들지 않으며, 이슬도 머금지 않고, 햇볕을 쪼여서 마를 염려도 없어서 젖은 잎을 누에에 먹이지 않게 된다. 게다가 아침과 저녁에는 뽕나무 뿌리의 압력이 비교적 낮아서 상처로 인해 나오는 출액(出液)이 줄어든다. 당연히 맑은 날에 이렇게 해야 하며, 비가 오는 날에 뽕나무 잎을 따지 말아야 한다. 비가 오는 날엔 수액의 유실이 증가하기 때문이다.

46 가을에 뽕잎을 지나치게 많이 따면 안 되며, 단지 방해되는 잎과 가지만 따낸다. (너무 많이 따면) 잎이 햇볕을 받아들일 수 없기 때문에 반드시 가지 끝의 잎을 남겨 두고 광합작용을 계속 진행해서 새로운 가지가 지속적으로 자라나도록 한다. 그렇지 않으면 그해와 이듬해 가지의 생장에 영향을 미치게 된다.

평2년 말[49]에 많은 평민들이 굶주림으로 고통을 받았다. 양패는 백성들에게 마른 오디를 더욱 비축하게 하고[50] 작은 들콩[51]을 채집하도록 하였다. 조사를 하여서 많이 수집한 사람은[52] 부족한 사람에게 보태어 주기도 하여, 천여 섬[斛]의 마른 오디를

興平末, 人多飢窮. 沛課民益畜乾椹, [11] 收䕬豆. 閱其有餘, 以補不足, 積聚[12]得千餘

47 『삼국지』「위지(魏志)·가규전(賈逵傳)」에서 배송지(裴松之)는 『위략』 양패전(楊沛傳)을 주석하여 인용하고 있는데 『제민요술』에서도 이 부분을 이 전에서 간략하게 인용하고 있다. 『위략』은 삼국 위나라 때 어환(魚豢)이 찬술한 것으로서 『구당서(舊唐書)』·『신당서(新唐書)』의 목록에 수록되어 있다. 어환은 일찍이 위 낭중에 임용되었고 경조(京兆: 지금의 서안)인인 사실 이외에 다른 것은 알 수가 없다. 책은 이미 전해지지 않는다.

48 '양패(楊沛)': 한 헌제 초년에 신정(新鄭: 지금의 하남성에 속한다.)의 장으로 임명되었다. 조조에게 귀속한 이후에 비로소 장사[지금의 하남성 장갈(長葛)의 동쪽]의 영으로 임명되었는데, 신분에 차별 없이 공평하게 법을 집행하여 조조의 지지를 얻었다. 후에 업성(鄴城)의 법이 느슨해지자 후에 특별히 그를 파견해서 읍령으로 삼자 군중(軍中)의 호우(豪右)가 모두 매우 두려워하였다. 최후에 관중지구의 경조윤(京兆尹)에 임명되었다.

49 황교본에는 '말(末)'자가 빠져 있지만, 다른 본은 빠지지 않았다. '흥평(興平)'은 한 헌제의 연호(194-195년)로서 겨우 2년에 불과하며 흥평 말은 195년에 해당된다.

50 '과(課)': 액수를 규정하고 축적할 것을 독촉한다는 의미이다. 묘치위 교석본을 보면, 뽕나무 중에서 오디를 수확하는 것을 주요 목적으로 하는 것을 '과상(果桑)'이라고 하는데, 민간에서는 '심자상(椹子桑)'이라고 일컬으며 예로부터 재배하여 왔다. 오늘날 하북·산동·강소·신강 등의 성과 자치구 모두 재배하고 있다. 큰 나무에서는 대략 오디 수백 근을 생산할 수 있다. 여기서 '근심(乾椹)'의 유래는 주로 과상에서 생산된 것이다.

51 '영두(䕬豆)': 또 다른 이름은 '여두(穭豆)'이다. 이시진(李時珍)은 이것을 야생녹두[野綠豆]라고 했으며, 또한 작은 검은 야생콩[野黑小豆]으로 불리기도 하였다.

52 '열기유여(閱其有餘)': '열(閱)'은 '수집하거나 모으거나' 혹은 '수를 세다'라는 의미로, '閱其有餘'는 조사해서 남으면 함께 거둘 것을 독려하여 비축한 것이 부족한 사람에게 보충해 주는 것이다.

비축하였다. 태조(太祖)[53]가 출병하여 서쪽 변방으로 가서 천자를 맞을[54] 때 거느리고 있는 장졸이 천여 명이었는데[55] 모두 식량을 지니고 있지 않았다. 양패가 (위 태조를) 알현할 때 마른 오디를 진상하였다. 태조는 매우 기뻐했다. 태조가 정권을 잡았을 때 양패를 특별히 불러 읍령으로 삼았고, 아울러 그에게 포로[56] 10명과 비단 100필을 주었다. 한편으로는 그를 격려하는 것이고 또 그가 헌납한 마른 오디에 대한 보답이었다."라고 한다. 지금도 황하 이북에서 대가(大家)는 (오디)100섬[石]을 거두는데, 적은 집안도 몇십 섬[斛]은 비축하고 있다. 이 때문에 두갈(杜葛)[57]이 반란을 일으킨 이후에도 몇 년간 흉년이

斛. 會太祖西迎天子, 所將千人, 皆無糧. 沛謁見, 乃進乾椹. 太祖甚喜. [13] 及太祖輔政, 超爲鄴令, 賜其生口十人, 絹百匹. 既欲厲之, 且以報乾椹也. 今[14]自河以北, 大家收百石, 少者尚數十斛. 故杜葛亂後, 飢饉薦臻, 唯

53 '태조(太祖)'는 조조(曹操)를 가리키며, 서쪽으로 가서 천자를 맞이하였다는 것은 곽사(郭汜)에 의해서 부상을 입은 헌제를 맞았다는 말이다.

54 '영(迎)': 『위략』도 동일하게 '영(迎)'이라고 쓰고 있다. 묘치위 교석본에서는 남송본에서 '정(征)'자로 쓴 것에 대해, 가령 실질상 천자를 쳐서 포로로 잡았다고 한다면 『위사』를 초사한 자 또한 감히 직서하여 '정(征)'이라고 쓰지 못할 것으로 보았다.

55 '소장천인(所將千人)'은 조조가 거느린 군대이다. 조비 때 조조에게 '상존호(上尊號)'를 주어서 '태조무황제(太祖武皇帝)'로 삼았다. 『위략』은 위나라의 국사이기 때문에 조조를 칭하여 태조라고 한 것이다.

56 '생구(生口)': 살아 있는 포로를 노예로 삼은 것이다.

57 '두갈(杜葛)': 두락주(杜洛周)와 갈영(葛榮)을 가리킨다. 후위 효창 원년(525) 유현진인(柔玄鎭人)인 두락주가 군대를 거느리고 후위에 반란을 도모하였다. 다음 해에 갈영 또한 군대를 일으켰다. 그들은 여섯 주의 지방을 공격하여 점령하였는데(모두 지금의 하북성 지역) 모두 군사 반란이었으며, 기율이 없어 오로지 죽이고 노략질만 일삼았다. 528년에 이르러 두락주와 갈영이 실패하자 소속된 부하 수십만이 각 주현으로 흩어졌고 오로지 살육과 노략질하는 것을 생업으로 삼았으며, 백성들의 삶은 참혹하였다. 이후 534년에 이르러 후위는 동·서위로 분열되었고 전란은 지속되었으며, 이러한 변란을 가사협이 몸소 경험한 것이었다.[지

닥쳤지만 마른 오디로 생명[58]을 보전할 수 있었다. 몇몇 고을의 백성들이 여전히 굶어 죽지 않은 것은 바로 이 마른 오디 덕분이었다.

仰以全軀命. 數州之內, 民死而生者, 乾椹之力也.

산뽕나무 파종하는 법[種柘法]: 땅을 쟁기로 갈아 부드럽게 하고 빈 누거로 갈이하여 이랑을 짓는다. 산뽕나무의 열매가 익을 때 대부분 수확하여 물에 인 후에 깨끗하게 물기를 빼고 햇볕에 말린다. 흩뿌린 후에는 끌개[勞]로 고르게 골라준다. 풀이 자라면 뽑아 주는데 (풀이 자라서) 산뽕나무의 싹을 가려서는 안 된다.

種柘法. 耕地令熟, 耬耩作壟. 柘子熟時, 多收, 以水淘汰多淨, 曝乾. 散訖, 勞之. 草生拔却, 勿令荒沒.

3년째가 되면 중간 중간에[59] 괭이[斸]로 파서 솎아 내어, 파낸 나무의 중심 줄기로 노인의 지팡이를 만들 수 있다.[60] 한 개의 값은 3문전[文; 緡錢]이다. 10년이 지나면 중심줄기를 십(十)자로 4등분하여 4개의 지팡이를 만들 수 있다.[61] 한 개의 값은

三年, 間斸去, 堪爲渾心扶老杖. 一根三文. 十年, 中四破爲杖. 一根直二十文. 任爲

금의 역사서엔 대부분 두갈의 '기의(起義)'라고 하는데, 판원란[氾文瀾]은 『중국통사간편(中國通史簡編)』에서 '변병(變兵)'이라고 칭하고 있다.]

58 '구명(軀命)': 류제의 논문에서는 '생명'의 의미로 보고 있다.

59 '간(間)': 이는 중간 중간을 파낸다는 뜻으로 호미로 띄엄띄엄 파내는 방법이며, '간묘(間苗)'라고도 한다.

60 '혼심부노장(渾心扶老杖)': '혼(渾)'은 전부의 의미이다. '혼심(渾心)'은 어린 나뭇가지 전체로서 원래의 나무심을 지닌 것이며, '부노장(扶老杖)'은 노인이 사용하는 지팡이이다. 명초본에서는 '장(杖)'으로 쓰고 있는데 『농상집요』에서도 인용이 동일하다. 원각본과 금택초본에서는 '지(枝)'로 잘못 쓰고 있으며 황교본에는 빠져 있다고 한다.

61 '중사파위장(中四破爲杖)': '중(中)'은 할 수 있다는 의미이다. '사파(四破)'는 쪼개

20문전이다. 또한 말안장과 접는 의자[62]를 만들 수 도 있다. 말안장 한 개의 값은 10문전이고, 팔걸이 의자는 100문전이다.

15년이 지나면 활등 재료로 쓸 수 있다.[63] 한 장(張)의 값은 300문전이다. 또 나무 신발[64]도 만들 수 있다. 값은 1켤레[65]에 60문전이다. 재단을 하고 남은

馬鞭, 胡牀. 馬鞭一枚直十文, 胡牀一具直百文. 十五年, 任爲弓材. 一張三百. 亦堪作履. 一兩六十. 裁截碎木,

서 4개로 만든다는 의미이다. 이러한 지팡이는 4개로 쪼갠 이후에 재차 가공하여 길게 만든 막대로서, 예컨대 '멜대[儋杖]'[이는 곧 '편담(扁擔)', '편도(扁挑)'이다.], '밀개[趕麵杖]' 같은 유를 뜻한다.

62 '호상(胡牀)': 접을 수 있는 의자로, '교의(交椅)' 또는 '교상(交牀)'이라고도 한다. 호상은 더 오래된 명칭으로 오랑캐 땅에서 전래되었기 때문에 이름 지어졌다.

63 활등[弓背]을 만드는 재료로서 산뽕나무가 가장 좋다. 『주례』「고공기(考工記) · 궁인(弓人)」조에는, "활등의 재료를 취하는 방법이 7가지인데 산뽕나무가 가장 좋다."라고 한다.

64 '이(履)': 각본에서는 모두 동일하다. 그러나 스셩한의 금석문에서는 이것과 글자가 매우 유사한 '극(屐)'자를 초서하면서 잘못된 것으로 추측하고 있다. '이(履)'는 고대 문자의 기록에는 비단실로 제단한 것, 또는 삼으로 짜서 금이나 보석을 양감했거나 삼베로 되었거나 또는 풀로 엮었거나 생피가죽으로 만든 것이나 무두질한 가죽[韋]이 있는데, 아직은 나무로 된 '이(履)'에 대한 기록은 보이지 않는다. '극(屐)'은 곧 뻘밭이나 산에 갈 때 사용되며 신발바닥이 다소 높기 때문에 대부분 나무를 사용해서 만든다. 오늘날 호남성과 강서성에서는 나무로 밑바닥을 댄 목극이 여전히 사용되고 있다. 복건 남쪽과 광동 · 광서[兩廣] 지역에서는 나무로 안창을 만든 신발[屧]이 있으며, 광동 · 광서[兩廣] 지역에서는 여전히 목섭(木屧)의 이름으로 목극(木屐)을 사용하고 있다. 이 때문에 '극(屐)'은 신[履]이 아닌 듯하다. 다음 문장의 주석에 '일량(一量)' 곧 오늘날의 구어로는 한 쌍 또는 한 짝(광동어 계통의 방언에는 오늘도 여전히 '한 짝[一對]'이라고 쓰고 있다.)으로, 『세설신어』의 완부(阮孚)가 "일생 동안 몇 켤레의 나막신을 신었는지" 알지 못한 것은 유명한 일화이다. 반면 묘치위 교석본에서는 '이(履)'가 반드시 '극(屐)'자의 잘못은 아니며, 여기서는 신발의 범칭으로서 '이(履)'로 쓸 수도 있다고 한다.

토막나무는 송곳 손잡이와 칼 손잡이를[66] 만들 수 있다. 1개의 값은 3문전이다. 20년이 지나면 송아지가 끄는 수레[犢車][67]의 재료로 쓸 수 있다. 수레 한 대의 값은 일만 전(錢)이다.

中作錐, 刀靶. 音霸. 一個直三文. 二十年, 好作犢車材. 一乘直萬錢.

말의 안장[鞍橋][68]을 만들려면, 싱싱하고 연한 가지가 세 자[尺] 정도 자랐을 때 끈으로 가장자리의 가지에 묶고 한 끝[69]은 말뚝을 땅에 박아서 그것을 아치형 다리 모양으로 구부린다.

10년이 지나면 곧 산뽕나무가 자연히 말안장처럼 된다.[70] 1개의 값은 비단 한 필과 맞먹는다.

欲作鞍橋者, 生枝長三尺許, 以繩繫旁枝, 木橛釘著地中, 令曲如橋. 十年之後, 便是渾成柘

---

65 '일량(一兩)': 이는 곧 한 쌍이다. 물건이 짝을 이루는 것을 '양(兩)'이라고 하는데, 예를 들어 수레에는 두 바퀴가 있어서 '일량(一輛)'이라고 하며 또한 '일량(一兩)'이라고도 쓴다. 묘치위 교석본에 따르면, 오늘날의 배심(背心: 조끼)은 옛날에는 '양당(裲襠)'이라고 일컬었는데 『석명(釋名)』 「석의복(釋衣服)」편에는, "양당은 그 하나는 가슴에 해당되고, 그 한쪽은 등에 해당된다."라고 한다.

66 '파(靶)': 스성한의 금석본에서는, '파(靶)'자는 본래 꽂비[轡首], 즉 말굴레[馬絡頭]로서, 오늘날에는 '쏘는 과녁'을 만들 때 사용하며 본서에서는 동일한 하나의 글자를 2개의 서로 다른 용법으로 사용하였다고 보았다. 반면 묘치위 교석본에서는, '파(靶)'는 '파(把)'자를 가차하여 쓴 것으로, 손잡이를 뜻한다고 한다.

67 '독거(犢車)': 이는 곧 소달구지이다. 『제민요술』에는 작물의 수확이나 운반에 소달구지를 많이 이용하고 있다.

68 '안교(鞍橋)': 말안장의 나무틀로서 중간은 높고 양쪽 가장자리는 높아서 마치 다리와 같기 때문에 '안교(鞍橋)'라고 한다. 『북사(北史)』 권45 「부영전(傅永傳)」에는 "손으로 말안장을 잡고 거꾸로 서서 달린다."라고 하며, 원말 고명(高明)의 『비파기(琵琶記)』 제10척(齣)에는 "그러면 안장이 또 부러졌다는 말인가?"라는 문장이 있다.

69 '이승계방지(以繩繫旁枝)': 안장을 만들 가지의 아랫부분을 새끼로 가지에 묶어 위에서 아래를 향해 구부려 작은 말뚝으로 땅속에 박아 고정하는 것이다.

橋. 一具直絹一匹.

만약 강한[71] 활등의 재료를 만들고자 한다면 마땅히 산의 북쪽 그늘진 방향의 돌 가운데 파종해야 한다.

欲作快弓材者, 宜於山石之間北陰中種之.

고원이나 산상의 밭에는 토층이 두껍고 지하수위가 낮은 곳에 구덩이를 깊게 판다. 구덩이 속에 뽕나무나[72] 산뽕나무를 파종한 것은 구덩이의 깊이에 따라서 10자[尺] 또는 15자로 하며, 가지가 드러난 후에 사방을 향해 뻗어 나가게 한다.

其高原山田, 土厚水深之處, 多掘深坑. 於坑中種桑柘者, 隨坑深淺, 或一丈丈五, 直上出坑, 乃扶疏回散.

산뽕나무 줄기가 곧고 긴 것은[73] 보통의 나무와는 다르게 10년이 지나면 각종 용도로 쓸 수 있다. 한 그루는 비단 10필에 맞먹는다.

此樹條直, 異於常材, 十年之後, 無所不任. 一樹直絹十匹.

---

70 '혼성(渾成)': 저절로 자라서 가공을 많이 가하지 않은 상태를 말한다.

71 '쾌(快)': 굳세고 날래다는 의미이다. 『태평어람』 권958에서 『풍속통(風俗通)』을 인용하여 이르기를, "산뽕나무 재료로 활을 만들어서 당기면 아주 빠르게 나아간다."라고 하였는데, 탄력이 강하고 화살이 나가는 것이 강하고 빠르게 나아감을 뜻한다.

72 관이다[管義達]의 금석본에서는 이 항목의 제목과 위치로 미루어 여기서의 '상(桑)'자는 군더더기인 것으로 보았다.

73 '차수조직(此樹條直)': 이는 독창성을 가진 신기술이다. 묘치위 교석본에는 따르면, 산뽕나무를 특별히 깊이 판 구덩이 속에 옮겨 심으면, 주된 줄기가 위를 향해서 곧게 자라게 되어서 10자에서 15자 높이로 구덩이 바깥으로 자라 나오게 되었을 때, 비로소 가지가 사방으로 뻗어 가 수관을 형성한다. 따라서 곧게 뻗은 좋은 목재를 기를 수 있는데, 이 같은 목재는 각종의 용도로 쓸 수 있다.

산뽕나무 잎을 먹고 자란 누에실은 품질이 매우 좋아서 금슬 등의 악기의 줄[絃]을 만들면 나는 소리의 울림이 아주 맑고 청아하여 또한 멀리까지 미치며 보통 악기의 현보다 좋다.

柘葉飼蠶, 絲好, 作琴瑟等絃, 清鳴響徹, 勝於凡絲遠矣.

『예기禮記』「월령月令」에 이르기를,[74] 3월[季春]에는 … 뽕나무와 산뽕나무를 베어서는 안 된다고 한다. 정현(鄭玄)은 주석하기를 "누에의 먹이를 보존하고 아끼기 위함이다."[75]라고 한다. … 잔박[曲]·시렁[植]·뽕잎 동구미[筥]·누에 광주리[筐]를 갖춘다.[76] 또 주석하기를 "모두[77] 양잠의 도구이며 '곡(曲)'은 잔박이고, '식(植)'은 누에 채반을 올려놓는 시렁[植][78]이다."라고 한

禮記月令曰, 季春, … 無伐桑柘. 鄭玄注曰, 愛養蠶食也. … 具曲植筥筐. 注曰, 皆養蠶之器. 曲, 箔也. 植, 槌也. 后妃齋戒,

---

74 금본의 『예기』「월령」에는 『제민요술』에서 인용한 것과 다른 문장이 있다. 또한 본조는 '정현주왈(鄭玄注曰)'에서부터 그다음의 이하는 원래 모두 2줄로 된 작은 글자로 되어 있지만 중간에 『월령』이라는 본문이 들어가면서, 묘치위의 교석본에서는 「월령」의 본문을 전부 큰 글자로 고쳐 쓰고 있다.

75 '애양잠식(愛養蠶食)': '애(愛)'는 절약한다는 의미이며, '양(養)'은 보호한다는 의미이고, '잠식(蠶食)'은 누에의 먹이이다. 지금의 금본 『예기』 정현의 주에는 '애(愛)'자 다음에 '양(養)'자가 없다. '皆養蠶之器'는 '所以養蠶器也'라고 쓰고 있는데 모두 본서에서 인용한 순서와는 다르다.

76 '잔박[曲]·시렁[植]·뽕잎 동구미[筥]·누에 광주리[筐]'와 "后妃齋戒 … 無爲散惰": 스셩한의 금석본에 따르면, 이것은 본서의 체제가 무너진 또 다른 예로서, 이 문장의 작은 글자는 모두 본문이므로 마땅히 큰 글자로 써야 한다고 보았다. 다음의 단락인 주례왈(周禮曰)과는 반대로 주를 본문의 큰 글자로 쓰고 있다.

77 '개(皆)'는 원각본, 금택초본에서는 이 글자와 같은데 황교본 및 명초본에서는 '각(各)'자로 쓰고 있으며 명각본에서는 '명(名)'자로 와전하여 쓰고 있다.

78 '식(植)': 이것은 누에시렁의 기둥이므로, 누에시렁을 일컬어 '잠추(蠶槌)'라고도 한다. 이것은 들보와 기둥 사이에 고정되어서 이동할 수 없다. 네 개의 기둥 사이에 수평으로 나무를 걸쳐서 그 연못 위에 누에 채반을 놓는다. 한 개의 누에시렁

다. "황후, 왕비는 목욕재계하여 몸소 누에치는 아낙을 거느리고[79] 뽕잎을 따고 양잠의 일을 독려했으며 대충하거나 게을러서는 안 된다.[80]"라고 한다.

親帥躬桑, 以勸蠶事, 無爲散惰.

『주례周禮』에서는[81] "(말의 값을 산정하는 관리인) '마질馬質'은 '이화잠[原蠶; 二花蠶][82]'을 치는 것을 금하였다."라고 한다. (정현이) 주석하기를, "'질(質)'은 평가한다는 의미로서 말을 구입할 때 말의 가격이 많고 적음을 평가하는 것을 주관한다." "'원(原)'은 '재(再)'의 의미이다. 「천문서」에 의하면 '진(辰)성은 말이며 잠서(蠶書)의 견해에 의하

周禮曰, 馬質, 禁原蠶者. 注曰, 質, 平也, 主買馬平其大小之價直者. 原, 再也. 天文, 辰爲馬, 蠶書, 蠶爲龍精. 月直大

에는 10층의 채반을 얻을 수 있다. 『왕정농서』에 수록된 누에 시령를 참조할 만하다.

79 '수(帥)': 이는 '거느리다[率]'와 같으며 오늘날 북방의 변방에서는 두 글자가 여전히 같은 음으로 사용되고 있다. '수(帥)'는 남송본에서는 이 글자와 같은데 원각본과 금택초본에서는 '사(師)'자로 잘못 쓰고 있으며 명각본에서는 '曲, 箔也'에서 '친수(親帥)'까지 12글자가 빠져 있다.

80 '무위산타(無爲散惰)'는 명각본에서는 '위패정(爲敗情)'으로 누락하여 잘못 쓰고 있다. '타(惰)'는 장교본과 명초본 및 『예기(禮記)』「월령(月令)」에서는 원문과 동일하며, 원각본과 금택초본에서는 '타(墮)'로 쓰고 있는데 글자가 서로 통한다.

81 『주례』「하관(夏官)·마질(馬質)」편에 보인다. 첫머리의 이 조항의 주석문장은 금본 정현의 주에는 없다. 가공언(賈公彦)의 소에서는 아래와 같이 해석하고 있는데, 즉 "질(質)은 평가하는 것이며 말의 힘과 털색과 가격의 등급을 평가하는 것을 주관한다."라고 하였다. 아래 조항은 금본 정현의 주에도 보인다. 또 『제민요술』의 주석문은 전부 큰 글자로 쓰고 있는데 묘치위 교석본에서는 고쳐서 작은 글자로 쓰고 있다.

82 '원잠(原蠶)': 주로 두 번 부화하는 누에를 가리킨다. 즉 봄누에는 후에 여름이 되어서 다시 한 번 더 부활한다. 정현이 이르기를 옛 사람들은 원잠 기르기를 금지하였는데 이는 대개 '말이 손상되기' 때문이라고 하였다.

면 잠(蠶)은 용의 정기를 지녔다.'라고 한다. '대화(大火)'의 별이 하늘 가운데 있는 달은 물로 누에의 종자를 씻어야 한다. 이것은 모두 누에와 말이 혈기가 상통하는 동류임을 말하는 것이다.[83] 두 가지의 서로 같은 유의 사물은 동시에 모두 왕성할 수가 없다. 따라서 (한 해에) 두 번 누에치기를 금지하였는데 그것은 말이 상해를 입을까 두렵기 때문이 아니겠는가?"

火則浴其蠶種. 是蠶與馬同氣. 物莫能兩大. 故禁再蠶者, 爲傷馬與.

『맹자孟子』에 이르기를[84] "5무의 집[85] 주변에 뽕나무를 파종을 하면 나이가 50된 자도 비단옷을 입을 수 있다."라고 한다.

孟子曰, 五畝之宅, 樹之以桑, 五十者可以衣帛矣.

『상서대전尚書大傳』에 이르기를,[86] "천자天子,

尚書大傳曰, 天

83 진성(辰星)은 곧 방수(防宿)이다. 『이아』「석천(釋天)」편에는 "天駟, 房也."라고 하였다. 때문에 진성이 곧 천사(天駟)가 된다. 「석천」에서 또 이르기를 "大辰, 房, 心, 尾也. 大火, 謂之大辰."이라고 하였다. 방수는 천사(天駟)이며 이는 곧 말은 '대화(大火)'와 상응한다는 의미이다. 『진서(晉書)』「천문지(天文志)」에는 "大火, 於長爲卯"라고 하였다. 묘치위 교석본에 따르면 여기서 '대화(大火)'는 묘성과 짝이 되며 묘성은 월건(月建)상에서 2월에 해당되는데, 이는 곧 '월직대화(月直大火)'의 누에종자를 씻는 달인 것이다. 때문에 진성(辰星)은 용에 해당된다. 즉 천마가 되고 말은 대화에 속하며 누에는 용의 정기를 지니고 있어서, 대화 중에서 남쪽에 있는 2월에 누에종자를 씻기 때문에 '잠려마동기(蠶與馬同氣)'라고 하였다. 이것은 정현이 위학으로써 경문을 해석한 말이라고 한다.

84 『맹자』「양혜왕장구상(梁惠王章句上)」; 『맹자』「진심장구상(盡心章句上)」.

85 '오무지택(五畝之宅)': 옛 사람의 해석에 의하면 고대 정전의 구역에서 농가의 2무(畝) 반의 택지는 밭 사이에 있기 때문에 '여(廬)'라고 불렀는데, 『시경』「소아(小雅)·신남산(信南山)」에서 말하는 "中田有廬"가 그것이다. 2무(畝) 반의 택지는 읍성(邑城)에 있었고 이를 '전(廛)'이라고 불렀는데, 이것은 바로 『시경』「빈풍(豳風)·칠월(七月)」에서 말하는 "入此室處"이다. 농부가 경작할 때는 밭 사이의 집에서 거주하고 수확이 끝난 후에는 성의 집에서 거주한다. 성향택지(城鄉宅地)는 모두 5무로서 『맹자』가 말하는 '오무지택(五畝之宅)'을 뜻한다.

제후諸侯에게는 반드시 공상[87]과 잠실이 있는데 물가를 따라 잠실을 지었다. 3월 초하룻날 동틀 무렵에[88] 부인은 누에 종자를 강물에 씻는다."[89] 라고 한다.

子諸侯, 必有公桑蠶室, 就川而爲之. 大昕之朝, 夫人浴種于川.

『춘추고이우春秋考異郵』에 이르기를,[90] "누에는 양陽류의 사물로서 물을 싫어하기[91] 때문에 단

春秋考異郵曰, 蠶, 陽物, 大惡

86 청대 진수기(陳壽祈)가 편집하고 교정한 『상서대전』 권1에 이 조항이 편집되어 있는데 문장이 비교적 상세하지만[『예기(禮記)』「제의(祭義)」편의 문장과는 대체적으로 동일하다.] 『제민요술』에서는 이것을 간략하게 인용하고 있다. 스셩한의 금석본에 이르길, 이 단락의 본문[함분누(涵芬樓)의 좌해문집본(左海文集本)]은 금본의 권2상의 말미에 언급된 『시경』「대아(大雅)·탕지십첨앙(蕩之什瞻卬)」 제4편의 '휴기잠직(休其蠶織)'에 대한 정현의 '전(傳)', 『예기』「제의(祭義)」편 모두 『상서대전』과 유사한 문구가 있다.

87 '공상(公桑)': 대개 '공전(公田)'에 상당하는 제도로서 이는 곧 농민이 의무적으로 노역하여 통치자를 대신하여 파종하는 뽕나무 밭을 뜻한다.

88 '대흔(大昕)': 원주에는 "3월[季春] 초하룻날 동틀 무렵이다."라고 한다.(이는 곧 3월 초하룻날 새벽을 뜻한다.)

89 '욕종(浴種)': 누에 종자를 물에 씻는 것이다. 『시경』「정전(鄭傳)」과 『예기』「제의(祭義)」에는 이 구절을 "種浴於川"이라고 하여서 매우 분명하게 말하고 있다.

90 『춘추고이우(春秋考異郵)』는 『춘추위(春秋緯)』의 일종으로서 책은 이미 전해지지 않는다. 이른바 북방에서 치는 것은 삼면사령(三眠四齡) 품종의 누에이나, 21일은 단지 '삼칠(三七)'의 숫자가 모인 것으로 실제는 충분하지 않다. 조잠(早蠶)은 적어도 23-24일이 되어야 익게 된다.

91 『태평어람』 권825 '잠(蠶)'조에서는 『춘추고이우(春秋考異郵)』를 인용하여 "누에처럼 양(陽)인 것은 화(火)이며, 화는 물을 싫어한다.[蠶陽者, 大火惡水.]"라고 쓰고 있다.[청대 포숭성(鮑崇城)의 각본] 후대 사람이 또한 누에가 '화(火)'에 속한다고 하였는데, 예컨대 청대 심병성(沈秉成)은 『잠상집요(蠶桑輯要)』에서 "누에는 양(陽)의 동물로서 화에 속하고 물을 싫어하기 때문에 먹을 따름이지 마시지는 않는다."라고 하였다. 묘치위 교석본에서는, 『제민요술』의 "大惡水"는 마땅히 "火, 惡水"라고 써야 할 것으로 보았다.

지 물을 먹을 뿐[수분을 섭취할 뿐] 마시지는 않는다. '양陽'은 삼춘三春에 건립되기 때문에 누에는 세 번의 변화를 거치면서 익는다. ['양(陽)'은] 7일이 되는 날에 죽는다. 3개의 7일은 21일이 되기 때문에 누에가 21일간 살고 곧 고치를 친다."라고 한다.

水, 故蠶食而不飮. 陽立於三春, 故蠶三變而後消. 死於七. 三七二十一, 故二十一日而繭.

『회남자淮南子』에 이르기를,[92] "원잠原蠶은 1년에 두 번 수확하기에 이익이 없는 것은 아니다. 그러나 현명한 제왕은 법을 만들어 이와 같이 하는 것을 금지했는데, 뽕나무가 너무 많이 손상되기 때문이다.[93]"라고 한다.

淮南子曰, 原蠶一歲再登, 非不利也. 然王者法禁之, 爲其殘桑也.

---

92 『회남자』「태족훈(泰族訓)」.

93 '잔상(殘桑)': 뽕나무의 가지가 지나치게 웃자라면 가을이 된 후에는 자라는 기운이 점차 수그러든다. 오늘날 이화잠(二花蠶)은 봄에서 여름까지 연속 두 번 가지와 뽕잎을 따는데, 마음대로 뽕잎을 채집하면 결국은 뽕나무가 훼손되며, 다시 누에를 칠 경우 뽕나무 위에 푸른 가지와 푸른 잎이 조금 남아 있어서 광합성작용이 크게 줄어든다. 묘치위 교석본에 따르면, 가을이 되어 성장이 늦어지고 생장기도 짧아서, 봄이 되어 싹이 트고 자라는 것이 늦어지면 시기에 맞추어 올누에를 기를 수가 없게 되고, 봄누에 또한 낮은 온도 때문에 부화가 늦어지게 된다고 한다. 더욱이 북방의 한랭 건조 지구에서는 가을가지가 늦게 자라고 생장기도 짧으며 새로 나온 가지 끝의 조직이 충실하지 못하여 쉽게 서리의 피해를 입게 되어서 이듬해에 잎이 생기고 잎의 생산량에 엄청난 영향을 미친다. 이것은 잎의 손상을 입히고, 또한 잎이 손상되면서 누에에도 영향을 끼치게 된다. 『위서(緯書)』의 학문은 후한 때 번성하였는데, 정현은 위학(緯學)의 전파자로서, 위학으로 원잠을 치지 못하도록 해석하여 한층 더 신비로운 색채를 띠고 있다. 전한(前漢) 초 『회남자』의 본편 문장의 작자는 확실히 위학과 같은 영향을 받지 않아서 그의 잔상설(殘桑說)은 상당히 합리적인 것이라고 한다.

『범승지서氾勝之書』에 이르기를,[94] "뽕나무를 재배하는 법은, 5월이 되어 익은 오디를 거두어서 물에 담가서 손으로 비벼 으깬다.[95] 물에 씻어 일구어서 종자를 취하여 그늘에 말린다. 기름진 10무의 땅을 정지하는데, 파종하지 않고 오랫동안 묵혀 둔 황전荒田이면 더욱 좋다. 갈이하고 정리한다. 매 무당 3되의 기장과 3되의 뽕나무 씨를 섞어서 파종한다. 기장은 뽕나무 씨와 함께 싹이 튼다. 호미로 정지를 하여 뽕나무 모종이 적절한 간격을 유지할 수 있도록 해 준다. 기장이 익으면 수확한다.[96] 이때 뽕나무 모종이 기장과 같은 높이로 자라면 아주 잘 드는 칼로 지면과 붙여 베어 내고,[97] (베어 낸 뽕나무 모종은) 햇볕

氾勝之[15]書曰, 種桑法, 五月取椹著水中, 即以手潰[16]之. 以水灌洗, 取子陰乾. 治肥田十畝, 荒田久不耕者尤善. 好耕治之. 每畝以黍椹子各三升合種之. 黍桑當俱生. 鋤之, 桑令稀疏調適. 黍熟, 獲之. 桑生正

---

94 『예문유취』 권88 「사류부류이십오(事類賦類二十五)」에서 『범승지서』의 이 조항을 인용하고 있는데 빠지고 잘못된 부분이 있어서 『제민요술』의 완벽함에 미치지 못한다. 또 이 조항은 뽕나무를 심는 것을 말하고 있어, 마땅히 '종자법(種柘法)' 앞에 있어야 할 듯한데 도치되어 있다.

95 '궤(潰)': 이는 으깨는 것으로서, 즉 손으로 오디를 깨뜨려 비벼서 문드러지게 하여 종자를 씻는 것이다. 생각건대 오디주(酒)를 만들 때는 '지'의 의미가 타당하지만, 오디를 으깨서 씨를 골라 파종할 때는 '궤'라고 하는 것이 보다 합리적이다.

96 이것은 뽕과 기장을 섞어서 파종한 가장 이른 기록이다. "기장이 익으면 수확한다."는 기장 이삭을 베어 내는 것을 가리킨다. 묘치위 교석본에 의하면, 기장은 화곡류(禾穀類) 중 생장기가 가장 짧으며, 자라는 형세는 뽕나무 모종보다 빠르다. 익을 때가 되면 이미 뽕나무 모종보다 높게 자라서 기장의 이삭만 베어 낼 수 있다. 한 철의 수확이 많아지며 기장볏짚은 남겨서 연료로 쓴다. 섞어 파종한 기장그루는 또한 기장 이삭을 베어 내기에 편리하다고 한다.

97 "摩地刈之": 지면에 붙여서 뽕나무 모종을 베어 낸다는 뜻이다. 묘치위 교석본에

에 말린다. 뒤에 바람이 불어 그 방향이 적절할 때 바람을 등지고 불을 놓는다. (지면을 두루 태운다.) 이듬해 봄이 되어 뿌리에서 발아된 새로운 뽕나무 싹에 잎이 달리면 1무畝의 땅에서 족히 채반 세 개의 개미누에[蠶]를 먹일 수 있다.[98]"라

與黍高平, 因以利鎌摩地刈之, 曝令燥. 後有風調, 放火燒之, 常逆風起火. 桑至春生, 一

이르기를, 그루터기를 평평하게 하면 뿌리의 발육을 촉진하는 작용을 한다고 한다. 또한 다시 재차 불을 질러 그루터기를 태워서 뽕나무 모종과 뿌리줄기 부분에서 잠복하는 싹눈이 이듬해 봄에 비교적 빨리 발아하면 새로운 가지의 생장이 빨라진다. 불태운 이후에는 월동하는 해충이 소멸되고 남아 있는 초목의 재는 또한 비료효과가 있으며 불태운 토양 또한 토양중의 양분의 분해를 돕는다. 그러나 『사농필용』은 경고하여 말하기를, "불을 너무 크게 질러서는 안 되는데 뿌리가 손상될까 두렵기 때문이다."라고 하였다.

98 "一畝食三箔蠶": '개미누에[蠶]'는 누에의 알에서 부화된 직후의 유충을 말한다. 의잠(蟻蠶)이라고도 한다. 검은빛을 띠며, 짧은 털로 덮여서 마치 검은 개미와 같이 보이기 때문에 이렇게 부른다. 묘치위 교석본을 보면, "一畝食三箔蠶"은 구체적이지 않다고 한다. 왜냐하면 첫째는 1무에 재배되는 어린 뽕나무의 그루수가 없고, 둘째는 채반이 얼마정도인가가 없으며, 셋째는 세 잠박의 누에의 연령이 분명하지 않아서 짐작하기 매우 어렵다. 북송의 진관(秦觀)은 『잠서(蠶書)』「제거(制居)」에서 "누에종자 사방 한 자[尺]가 장차 고치가 되면 이내 사방 4길[丈]이 된다."라고 했다. 개미누에가 노숙할 때의 누에는 '방척(方尺)'과 '방사장(方四丈)'으로 비교된다. 『농상집요』「양잠·하의(下蟻)」편에는 『사농필용』을 인용해서 채반의 길이가 한 길[丈], 폭은 7자, 면적은 70평방척이 된다고 하였다. 개미누에와 익은누에는 채반의 비례이다. 개미누에 한 전이 익었을 때 누에가 점하는 면적은 1박(箔)이 되는데 즉 70평방척이다. 오늘날 막잠시기의 누에가 차지하는 면적과 크게 합치된다. 『사농필용』은 30채반의 막잠누에를 표준으로 계산하면 1박(箔)은 개미누에의 1전(錢)에 해당되고, 10채반은 1냥(兩)이며, 30채반은 세 냥의 개미누에가 된다. 『범승지서』에서 뽕나무 10무를 재배하면 1무의 작은 뽕나무는 막잠누에 3채반을 기를 수 있다고 한 것은 10무는 30채반을 기를 수 있다는 것으로서 『사농필용』에서의 숫자와 서로 부합된다. 이른바 '식삼박잠(食三箔蠶)'은 개미누에에서 막잠누에까지의 총 뽕잎의 양을 가리키는데, 어린누에가 뽕

고 한다.

유익기俞益期의 서신집인 『전牋』에 의하면[99] "일남日南[100]의 누에는 일 년에 8차례 수확을 하는데 고치가 연하고 가볍다. 오디는 다소 많이 딸 수 있다.[101]"라고 한다.

『영가기永嘉記』에 이르기를[102] "영가永嘉지역

畝食三箔蠶.

俞益期牋曰, 日南蠶八熟, 繭軟而薄. 椹採少多.

永嘉記曰, 永

을 먹는 데는 한계가 있고 막잠 누에기는 아주 많은 양의 뽕잎을 먹기 때문에 대략적으로 모든 잠령기의 90%에 해당한다. 전한의 1전(錢)은 대략 지금의 1.5g에 해당하며, 『사농필용』의 표준과 비교하면 개미누에의 양은 2배 이상 증가되어야 한다고 한다.

99 '유익기(俞益期)': 동진말기의 예장[豫章: 군치소는 지금의 강서성 남창(南昌)시] 사람으로서 성품은 강직하고 세속에 휘둘리지 않았으며, 멀리 영남(嶺南) 교주(交州)에까지 갔다.[동진주(東晉州)의 치소는 지금의 베트남 하노이 동북지역.] 이 편지는 바로 그가 교주(交州)에서 보고 들은 것을 적어서 한강백(韓康伯)에게 보낸 것이다. 한강백은 유익기와 동시대 사람으로서 일찍이 단양윤(丹陽尹), 예장(豫章)태수, 이부상서(吏部尙書) 등의 관직을 역임하였다.[『세설신어』「덕행(德行)」편에 보인다.] 유익기는 '장자(長者)'로서 한(韓)을 칭했다. '전(牋)'은 서신을 뜻한다. 『수경주(水經注)』 권36「온수(溫水)」에서 유익기(俞益期)의 『여한강백서(與韓康伯書)』에서 월남의 빈랑(檳榔), 1년에 2번 수확하는 벼[兩熟稻]와 연간 8번 수확하는 누에[八熟蠶]에 대해서 인용하고 있다. 팔숙잠은 단지 '상잠면 팔숙전(兩熟稻八熟蠶)' 여섯 자가 있다. 빈랑(檳榔)과 양숙도(兩熟稻)는 『제민요술』은 구분하여 권10「(2) 벼[稻]」와「(33) 빈랑(檳榔)」에 인용하고 있다.

100 '일남(日南)': 묘치위 교석본에서는 '일남'이 군의 이름으로서 군치소는 지금의 베트남 중부의 밀레[美麗]에 있다고 하였으나, 스셩한의 금석본에서는 '월남(越南)'의 옛 이름이라고 한다.

101 '椹採少多'는 자못 해석하기 곤란한데 묘치위 교석본에 의하면, 글자를 통해서 뜻을 생각해 보면 "수확한 오디가 다소 약간 많다."라고 해석된다고 하며, 스셩한의 금석본에서는 뭔가가 잘못 들어갔거나 빠진 것으로 보았다.

102 『태평어람』 권825에서 『영가군기(永嘉郡記)』를 인용하고 있는데 앞의 2단락은 『제민요술』과 기본적으로 같지만 빠지고 잘못된 부분이 있다. 세 번째 단락은

에는 1년 중에 8종류의 누에가 있는데,[103] 원진잠蚖珍蠶은[104] 3월에 고치를 짓는다. 산뽕나무누에[柘蠶]는 4월 초에 고치를 짓는다. 원잠蚖蠶은 4월 초에 고치를 짓는다.[105] 애진愛珍은 5월에 고치를 짓는다. 애잠愛蠶은 6월

嘉有八輩蠶, 蚖珍蠶, 三月績. 柘蠶, 四月初績. 蚖蠶, 四月初績. 愛珍, 五

『태평어람』에는 없다. 영가는 중국의 옛 지명으로 지금의 절강성의 온주(溫州)·영가(永嘉)·낙청(樂清)·비운강(飛雲江) 유역과 그 남쪽 지역이다.

103 '팔배잠(八輩蠶)': 묘치위 교석본에 의하면, 즉 8개의 종류, 8번 수확한다는 의미로서 그 사이의 관계는 다음 표와 같다.

八熟蠶	蚖珍蠶(三月)	→ 蚖蠶(四月末)	
		→ 愛珍(五月)	→ 愛蠶(六月末)
	寒珍(七月末)	→ 寒蠶(十月)	
	四出蠶(九月初)		
	柘桑(四月初)		

이상의 산뽕나무 누에가 또 다른 별종인 것을 제외하고 나머지 7종은 모두 뽕나무 누에[桑蠶]이다. 사출잠[四化蠶: 즉 제4세대이다.]의 바로 위 1대는 무슨 누에인지 기술된 바가 없으며 변이된 종자는 명확하지 않다. 한진(寒珍)은 7월 말에 비로소 고치를 지으며 그 위 세대는 어디에서부터 왔는지 또한 분명하지 않다. 가사협이 살았던 지역은 팔숙잠(八熟蠶)이 없으나, '일남군[베트남지역]'을 제외하고 절강성 영가[永嘉: 지금의 온주(溫州)]지역에서 보인다고 한다.

104 '원(蚖)'자는 『설문해자(說文解字)』의 해석에 의하면 '영원(蠑蚖)'이다. 그러나 이런 유는 양서동물의 명칭으로서 오늘날에는 단지 '원(螈)'자로 쓰고 있다. 『태평어람』 권825 '잠(蠶)조'에서 인용한 『영가기』에는 '윤(蚖)'자로 쓰여 있다. 송대에 편찬된 『속박물지(續博物志)』에도 '윤(蚖)'자로 쓰여 있다. '윤(蚖)'자는 잘못 쓰였기에 고려할 필요가 없다. 스성한의 금석본에서는 '원(蚖)'자가 여전히 원잠의 '원(原)'자일 가능성이 있다고 보았다. 『영가기(永嘉記)』의 저자도 아마 『주례』 중의 '원잠(原蠶)'을 모르거나 심지어는 망각한 듯하며, 이는 바로 다화잠(多花蠶)이다. 권1 「조의 파종[種穀]」에서 인용된 『범승지서』에는 원잠의 누에똥으로 종자를 처리하는 방법을 제시하고 있으며, 본편의 위 두 단락 또한 특별히 주례의 '마질금원잠자(馬質禁原蠶者)'와 주석문을 인용하고 있다. 그러나 도리어 가사협은 인용한 『영가기』의 '원(蚖)'자에 대하여 '원(原)'이라고 설명하고 있지 않은데, 이 때문에 스성한은 이런 가정을 통해서 다시 고증하였다고 한다.

말에 고치를 짓는다. 한진寒珍은 7월 말에 고치를 짓는다. 사출잠四出蠶은 9월 초에 고치를 짓는다. 한잠寒蠶은 10월에 고치를 짓는다."라고 한다.

"무릇 연간 두 번 고치 치는[두 번 부화하는] 누에 중에서 먼저 고치 친 것[106]을 일컬어 '진珍'이라고 하는데, '진'을 기를 때는 적은 양을 기른다."라고 한다.

"'애잠愛蠶'은 본래 원잠蚖蠶의 종류이다.[107] '원진蚖珍'은 3월에 고치를 지은 후에 나방이 되어 나오고, 알을 낳고 7-8일 이후에는 알이 부화

月績. 愛蠶, 六月末績. 寒珍, 七月末績. 四出蠶, 九月初績. 寒蠶, 十月績. 凡蠶再熟者, 前輩皆謂之珍, 養珍者, 少養之.

愛蠶者, 故蚖蠶種也. 蚖珍三月既績, 出蛾取

---

105 '원잠'은 대개 '원진잠'의 이화잠(二化蠶)이지만 원진은 3월에 고치를 짓는데, '원잠'에 이르러 다시 고치를 짓는 시기가 4월 초라면 상호 간에 날짜가 너무 짧다. 묘치위 교석본에 의하면, '애진'과 '원잠'은 동일하게 '원진'의 '이화잠(二花蠶)'으로 같고, 다른 것은 단지 '애진'은 '원진'의 알을 저온처리를 거친 후에 자연휴면기의 7일보다 다시 14일을 연장한 후에 부화한 것이라고 한다. 그 '애진'이 고치를 짓는 것도 단지 '원잠'보다 열흘 정도 늦어서 실제 '애진'은 5월에 고치를 지어서 원잠과 차이가 한 달 정도 되어 이치에 합당하지 않고 불가능하다. 이에 의거해 볼 때 '4월 초(四月初)'는 마땅히 '4월 말'의 잘못된 것이다. 이렇게 하여 세대 간은 비로소 교체균형을 유지할 수 있다. 청말 비남휘(費南輝)의 『서오잠략(西吳蠶略)』 권하(下) 「종류(種類)」에서 인용한 『영가기(永嘉記)』에는 '4월말적(四月末績)'이라고 하였는데, '적(績)'은 고치를 짓는 것을 가리킨다고 한다.

106 '전배(前輩)'는 앞 세대 혹은 먼저 고치를 치거나 부화한 것이다.

107 '원잠(蚖蠶)'은 각본 및 『태평어람』에서 인용한 것이 동일하나 잘못되어 있다. 묘치위는 두 번 수확하는 누에의 선배를 '진(珍)'이라 일컬으며 원진과 원잠은 각각 하나의 무리인데, 직계이다. '애잠'은 '원잠'에 대해서 각 하나의 계열을 가지고 있으며, 직접적인 친척 관계는 아니다. 또한 아래 문장은 '애잠'이 저온처리를 거친 후의 '원진'의 삼화잠(三花蠶) 즉, 원진종의 제3대를 설명하고 있는데 즉, 본문의 "故蚖蠶種也"는 마땅히 "故蚖珍種也"의 잘못이라고 한다.

되어서 개미누에가 나온다. (이때의 누에는) 약간 많이 기르는데 이것을 일컬어 '원잠'이라고 한다. ('애잠'을) 기르려면 '원진'의 알을 거두어 배 부분이 크고 목 부분이 작은 항아리 속에 넣어 보관한다.[108] 항아리의 크기에 따라 다르지만 최대한 많이 넣으면 10장의 씨알받이 종이를 넣을 수 있다.[109] 항아리의 뚜껑을 닫고 차가운 계곡물[硎][110]에 담가서 그 냉기로 알이 부화되는 속도를 지연시킨다. 이처럼 하면 21일을 연장할 수 있으며, 그런 이후에 알을 깨고 개미누에가 나온다. 이같이 개미누에를 기르는 것을[111] ('애진愛珍') 혹은 '애자愛子'라고 한다. ('애진'이) 고치를 친 이후에 나방이 되어 나오고 알을 낳고 알이 7일이 지

卵, 七八日便剖卵蠶生. 多養之, 是爲蚖蠶. 欲作愛者, 取蚖珍之卵, 藏內甖中. 隨器大小, 亦可十紙. 蓋覆器口, 安硎苦耕反泉冷水中, 使冷氣折其出勢. 得三七日, 然後剖生. 養之, 謂爲愛珍, 亦呼愛子. 績成繭, 出

108 관이다의 금석본에 따르면, 이 구절은 고대에 누에알을 냉장하고 인공 부화하는 방법으로, 현대의 누에알 인공부화법의 기초가 되었다고 한다.

109 "亦可十紙"는 『태평어람』에서 "亦可十紙, 百紙"로 인용하여 쓰고 있다.

110 '갱(硎)': 『상서서소(尙書序疏)』에는 "진시황이 겨울에 여산의 차가운 계곡 가운데의 따뜻한 곳에 외[瓜]를 파종하게 했다."라고 하며, 『강희자전(康熙字典)』에서는 '갱(硎)'을 여산 속 계곡의 고유명사로 인용하고 있다. 본서의 '갱(硎)'자 다음에는 '고경반(苦耕反)'이 주석으로 달려 있는데, 이는 곧 '갱(阬)'으로 읽는다. '갱곡(硎谷)'은 곧 '갱곡(阬谷)'이며, 산중에 때때로 물이 흐르는 계곡으로 이에 대한 보통명사이지 고유명사는 아니다. 3-4월 사이의 산중의 계곡물의 온도는 대부분 기온보다 낮아서 저온처리에 이용되어 누에의 부화를 늦출 수가 있다.

111 '양지(養之)': '양(養)'자의 앞부분에는 '소(少)'자가 생략되어 있다. 앞부분의 『영가기』에서 이미 "養珍者, 少養之"라고 하였으며, 아래 문장에서는 또 "多養之, 此則愛蠶也."라고 설명하고 있기 때문에, 여기서 '소(少)' 한 글자가 생략되었음을 알 수 있다.

나면 또 알을 깨고 개미누에가 나온다. 이 개미누에를 많이 기르는데 이것이 곧 '애잠愛蠶'이다." 라고 한다.

"누에알을 저장할 때는 사람들이 보게 해서는 안 된다. 저장방법은 마땅히 항아리 바닥에 14알의 팥을 깔고, 12월[112]에 거둔 뽕나무 가지 14개를 (항아리 안쪽에 시렁으로 만들어) 누에알받이 종이를 그 사이사이에 넣고,[113] 항아리 밖의 물의 높이가 항아리 안쪽 최상단의 알받이종이와 일치하게 한다.[114] 만약 바깥 수면이 너무 높으면 누에알이 곧 얼어 죽어서 더 이상 부화할

蛾生卵, 卵七日, 又剖成蠶. 多養之, 此則愛蠶也.

藏卵時, 勿令見人. 應用二七赤豆, 安器底, 臈月桑柴二七枚, 以麻卵紙, 當令水高下與重卵相齊. 若外水高, 則卵死不復出, 若

112 '납[臈]': '납[臘]'과 동일하다.

113 '이마란지(以麻卵紙)': '마(麻)'자는 해석하기 곤란하다. 황록삼 교기에는 '麻乃庪之訛'라고 쓰고 있으며 스성한의 금석본에서도 '기(庪)'의 잘못으로 보고 있는데, 이는 옳다. '기(庪)'는 '기(庋)'와 같으며, 가지를 올려놓는다는 의미이다. 묘치위 교석본에 따르면, 뽕나무 가지를 누에 알받이 종이에 걸쳐서 항아리 밑에 닿지 않게 해서 층을 만들면 그 사이에 공간이 생겨 누에 알받이 종이의 냉기가 고르게 미칠 수 있다고 한다. 앞의 문장인 '이칠매(二七枚)'의 '매(枚)'자와 연관이 있는지 없는지, 글자가 모두 잘못되었는지 알 수 없다. 스성한의 금석본을 참조하면, 항아리 바닥 위에 몇 알의 팥을 깔고 나서 가장 밑에 한 장의 알받이 종이를 올려놓고 그 위에 가는 뽕나무 가지를 올리고 다시 한 장의 알받이 종이를 깐다. 한 장의 알받이 종이마다 모두 이와 같이 뽕나무 가지를 사용하여 서로 눌리지 않게 한다. 항아리의 밖에는 차가운 계곡물로 '차갑게 한다.[冰.]' 바깥의 수면의 높이는 항아리 안쪽에서 가장 높게 올려 둔 알받이 종이와 같게 한다.

114 '중란(重卵)': 뽕나무 가지로 지지대를 만들고, 몇 층으로 쌓아둔 알받이 종이를 가리킨다. '상제(相齊)': 바깥의 물 높이는 항아리 속의 가장 높은 층의 누에 알받이 종이와 서로 같게 하여 지나치게 높거나 낮게 하지 않는다. 관이다의 금석본을 보면, 『사부비요(四部備要)』에서 이 구절은 '종(種)'으로 되어 있다고 한다.

수 없게 되고,[115] 만약 수면이 너무 낮아서 냉기가 충분하지 못하면 알이 부화하는 힘을 저지할 수 없게 된다. 알이 부화되어 나오는 힘을 저지할 수 없으면 21일이 되지 않아 부화되며, 21일을 채우지 못하고 빨리 부화되어 개미누에가 나오면 (종자의 시기를 조절한 목표에 도달하지 못하게 되어) 이런 경우 누에를 치지 못하게[不成][116] 된다. '불성'이라는 것은 (이러한 '애진잠愛珍蠶'이) 단지 헛되이 고치를 만들어 한낱 나방이 알을 낳지만, 이 알은 7일이 지나도 더 이상 부화되어서 애잠이 될 수 없으며, 이듬해에야 개미누에가 나오게 된다."라고 한다. "(항아리는) 나무 그늘 아래에 두어야 한다. (나무 그늘이 없으면) 진흙으로 항아리 입구를 봉해 두면 21일이 지나면 성공할 수가 있다.[117] (애진 단계를 거쳐서 애잠을 육성한다.)"라

外水下, 卵則冷氣少, 不能折其出勢. 不能折其出勢, 則不得三七日, 不得三七日, 雖出不成也. 不成者, 謂徒績成繭, 出蛾生卵, 七日不復剖生, 至明年方生耳. 欲得蔭 17 樹下. 亦有泥器口, 三七日亦有成者.

---

115 "若外水高, 則卵死不復出": 차가운 물이 만약 알받이 종이의 아래에 위치하면 수면보다 높은 알은 충분한 냉기를 받지 못하여서 이내 정상적인 속도에 따라서 발육 부화되어서 개미누에가 된다. 묘치위 교석본에서는, 결코 진짜 죽는 것[死]은 아니고, 밖에 물높이가 너무 높기 때문에 냉기가 너무 심하여 그해는 다시 부화할 수 없게 되는 것을 말한다고 한다. 이에 대해서 스셩한은 누에알이 얼어 죽게 되어서 더 이상 부화할 수 없다고 해석하여 양자 간에 차이를 보이고 있다.

116 '불성(不成)': 시기와 다르게 부화되는 것이다. 묘치위 교석본에 의하면, 그 원인은 바깥 수면의 높이가 너무 낮아서 온도가 조건에 맞지 않아, '애진'이 낳은 알이 7일을 수면하고도 다시 부화하여 '애잠'이 되지 못하고 이듬해가 되어서야 비로소 개미누에가 나오는 것을 가리킨다고 한다.

117 '역유성자(亦有成者)': '애진'의 알은 7일이 지나 다시 부화하여 '애잠'이 되는 것

고 한다.

『잡오행서雜五行書』에 이르기를,[118] "2월 상순의 임의 날[上壬][119]에 흙을 가져다가 반죽을 해서 잠실의 네 모퉁이를 바르면 누에가 왕성해져서 길하게 된다."라고 한다.

생각건대[120] 오늘날[북위北魏]에는 세 번 잠자면서 한 번 변태하는 누에, 또는 네 번 잠을 자면서 두 번 변태하는 누에가 있다.[121] 백두잠白頭

雜五行書曰, 二月上壬, 取土泥屋四角, 宜蠶, 吉.

按, 今世有三卧一生蠶, 四卧再生蠶. 白頭蠶, 頡石

이 있다. '원진'에 대한 저온처리는 항아리 속에 계곡물과 냉수를 넣는 것을 제외하고 또한 앞에서 지적한 것과 같이 나무그늘을 이용하는 방식이 있는데, 묘치위 교석본에서는 만약 나무 그늘이 없다면 진흙으로 항아리 입구를 봉하여도 '애잠'을 부화시킬 수 있다고 한다.

118 『태평어람』 권825에서 『잡오행서』를 인용한 것이 『제민요술』과 동일하다.

119 '상임(上壬)': 상순 중으로 천간(天干)의 임(壬)의 날에 해당한다.

120 '안(按)': 스셩한의 금석본에서는 이 단락은 마땅히 앞 절에서 인용한 『영가기』의 끝부분에 붙여야 한다고 지적하였다. 이것은 가사협 시대의 산동 누에 품종의 정황을 말한 것이다. 여기서 '착간(錯簡)'의 사례는 베껴 쓸 때 잘못된 것이거나 또한 원서를 잘못 쓴 부분이라고 할 수 있다. 본 문단과 아래 문단의 '범잠(凡蠶)'은 원래 모두 두 줄의 작은 글자로 쓰여 있어 '의잠길(宜蠶吉)' 뒤에 붙어 쓰여 있었는데. 묘치위 교석본에서는 쭉 나열하여 큰 글자로 고쳐 쓰고 있다. 본편의 본문과 인용된 책 사이의 전후의 순서는 다른 곳도 상당히 뒤바뀌어 있다고 한다.

121 '와(卧)'는 잠자는 것[眠]이고, '생(生)'은 부화하는 것이다. 이것은 당시의 누에가 한 번 변태하는 세잠누에와 두 번 변태하는 네잠누에가 있었다는 말이다. 묘치위는 각종 누에에 대해서 장요우롱[蔣猷龍]의 견해를 빌려 "'백두잠'은 눈 위에 반점이 없는 소잠을 가리키고, '흑잠'은 오룡잠(五龍蠶)인 듯하며, '아잠'은 2번 변태하는 품종이고, '회하잠'은 검은 반점이 있는 두 번 변태하는 누에이며, '면화잠'은 곧 '면견종(綿繭種)'이고 지금도 여전히 존재한다. '힐석잠', '초잠'은 분명하지 않다."라고 주장했다. '추모잠', '추중잠', '노추아잠', '추말노해아잠'은 네 번 변태하는 품종으로, 세대를 달리하는 명칭이다. 산동이나 하북에서는 보이지 않는데,

蠶・힐석잠纈石蠶・초잠楚蠶・흑잠黑蠶・아잠兒蠶은 '한 번 변태하고' 그리고 '두 번 변태하는' 차이가 있다.

회아잠灰兒蠶・추모잠秋母蠶・추중잠秋中蠶・노추아잠老秋兒蠶과 추말노해아잠秋末老獬兒蠶・면아잠綿兒蠶은 함께 고치를 치는 누에인데, 누에 2마리 혹은 3마리가 함께 하나의 고치를 친다. 세잠・네잠누에도 모두 견사와 견면의 차이[122]가 있다.

무릇 어릴 때부터 노상魯桑을 먹은 누에는 커서 막잠누에가 되면 섶에 오르는데, 모두 형상[荊]과 노상[魯]을 먹일 수 있다.[123]

蠶, 楚蠶, 黑蠶, 兒蠶, 有一生再生之異. 灰兒蠶, 秋母蠶, 秋中蠶, 老秋兒蠶, 秋末老獬兒蠶, 綿[18]兒蠶, 同功[19]蠶, 或二蠶三蠶, 共爲一繭. 凡三卧四卧, 皆有絲綿之別.

凡蠶從小與魯桑者, 乃至大入簇, 得飼荊魯二

이는 남방의 품종으로 아마 가사협이 들은 것을 기록한 것이라고 한다.

122 '별(別)'은 각본에서는 모두 동일한데 세잠누에와 네잠누에가 생산한 것은 모두 견사와 견면의 구분이 있다고 해석할 수 있다. 그러나 묘치위 교석본에 따르면, 이 같은 구분은 별 의미가 없다. 또한 서로 다른 품종의 누에가 어떤 것은 전문적으로 견사를 생산하고, 또 어떤 것은 전문적으로 면사를 생산한다는 오해를 불러일으킨다. 가령 '별(別)'과 '이(利)'의 형태의 잘못이라고 한다면 "皆有絲綿之利"로 하는 것이 도리어 더 타당할 것이라고 한다.

123 '형상[荊]'은 일종의 씨를 뿌려서 키운 뽕나무이며, 뽕나무의 품종은 아니다. 묘치위 교석본에 의하면, '실생(實生)'의 형상을 옮겨 심어서 재배하는데 실질적으로도 여전히 씨를 뿌려서 자란 뽕나무와 같다. 청대 비남휘(費南輝)의 『서오잡략(西吳雜略)』 권3에는, "야생뽕나무에는 오디는 많지만 뽕잎은 얇고 뾰족한데 옛날에는 이를 일컬어 형상이라고 하였다. 집뽕나무는 오디는 적지만 뽕잎이 둥글고 진액이 많아서 옛날에는 이를 '노상(魯桑)'이라고 하였다."라고 한다. 이른바 야생뽕나무가 실생상(實生桑)이고 민간에서는 또한 '초상(草桑)'이라고도 부른다. 집뽕나무는 접붙이는 뽕나무[嫁接桑]로서 민간에서는 또한 접상(接桑)이라고

만약 어릴 때는 형상을 먹이고 중간에 노상을 바꾸어 먹이면 배가 갈라지는 질병에 걸리게 된다.[124]

桑. 若小食荊桑,[20] 中與魯桑, 則有裂腹之患也.

양천楊泉의 『물리론物理論』에 이르기를, "군주가 백성을 부양하는 것은 누에치는 아낙이 누에를 기르는 것과 같은데, 얻는 효용이 단지 한낱 견사와 고치뿐이겠는가?"라고 한다.

楊泉物理論曰, 使人主之養民, 如蠶母之養蠶, 其用豈徒絲繭而已哉.

『오행서五行書』[125]에 이르기를, "금년에 누에

五行書曰, 欲

도 한다. 실생상의 뿌리는 아주 발달하여서 생장도 왕성하고 목질도 단단하며 수령도 길지만, 잎이 작고 얇으며 꽃과 열매가 많고 곁가지도 많은 단점이 있다. 우량품종의 '노상'계통과 상반된다. 실생상의 성질은 야생의 형태를 좇음으로 인해서 오늘날도 각지의 풍속에 따라서 이름을 달리하며, 실생상에는 여전히 '형상(荊桑),' '야상(野桑)', '초상(草桑)' 등의 명칭이 있다. 그것은 대목에 접붙이기에 적당하다고 한다.

124 '열복지환(裂腹之患)': '노상(魯桑)'의 가지 길이는 길고 잎의 생산량이 높다. 잎의 형태는 원형을 띠며, 비교적 크고 두꺼우며, 물을 비교적 많이 함유하고 있으며 잎의 질은 윤기가 나고 연하다. 묘치위에 의하면, 어린누에는 원래 잎의 질이 좋지 않은 '형상(荊桑)'을 먹이는데, 하루아침에 '노상'으로 바꾸어서 먹이면 잎이 연하기 때문에 먹기가 좋아 어린누에가 지나치게 많이 먹게 되어 수액이 많아지고 이것 때문에 배가 부르고 소화가 되지 않는다. 위장형농병[腸型膿病], 공두성연화병(空頭性軟化病) 등 또한 이로 인해서 유발된다고 한다. 그러나 형상은 실이 질기다는 특징이 있어 『사농필용(士農必用)』에서는 형상으로 막잠 이후의 누에에게 먹여서 먼저 '노상을 먹여서 실이 그다지 질기지 않은' 폐단을 보완하였다. 청말 주조영(朱祖榮)의 『잠상문답(蠶桑問答)』 권상(上)에는 이와 같은 기록이 있는데 단순히 호상을 먹이면 실의 질은 윤기가 있지만 질기지 않고, 또한 "형상의 나무를 심어서 막잠을 잔 이후에 뽕잎을 먹이면 그 실은 질겨지고 광택이 생긴다."라고 하였다.

125 '오행서(五行書)': 『제민요술』에서는 『잡오행서』의 문장을 많이 인용하고 있으며, 이 문장 역시 '염승지술(厭勝之術)'과 관련이 있으므로, '오(五)'자의 위에는

고치를 치기에 좋은지 안 좋은지를 알려면 항상 3월 초삼일을 보아라. 만약 그날 날씨가 흐려 태양이 나오지 않고 또 비도 오지 않는다면 누에의 수확은 아주 좋아질 것이다."라고 한다.

知蠶善惡, 常以三月三日. 天陰如無日, 不見雨, 蠶大善.

또 다른 방법:[126] 누에시렁의 기둥 아래에 말 이빨을 묻어 두면 누에의 수확이 좋아진다.

又法. 埋馬下齒於槌下, 令宜蠶.

『용어하도龍魚河圖』에 이르기를,[127] "집에 해亥 방향[128]으로 누에똥을 묻으면 큰 부자가 되며 누에 실이 좋아져서 길하게 된다. 한 섬 두 말의 누에똥으로 갑자일에 집의 악귀를 내쫓으면[鎭宅] 크게 길하여 천만의 재산을 이루게 된다."라고 한다.

龍魚河圖曰, 埋蠶沙於宅亥地, 大富, 得蠶絲, 吉利. 以一斛二斗甲子日鎭宅, 大吉, 致財千萬.

누에 치는 방법: 종자로 쓸 누에고치를 취할 때에는 반드시 누에 섶 중간의 것을 쓴다. 섶의 위쪽에 있는 것은 실이 가늘고, 아래쪽 섶에 있는 것은 누에알이 부화되지 않는다.[129] 누에 칠 방에 칠할 흙은 '복福',

養蠶法. 收取種繭, 必取居簇中者. 近上則絲薄, 近地則子不生也. 泥

마땅히 '잡(雜)'자가 있어야 할 듯하다.

126 이 단락은 점후가 아니고 '주술적인 방법을 사용하여 사람을 누르는 행위[厭勝]'이다. 스성한의 금석본에서는 '우법(又法)' 다음의 문장을 작은 글자로 쓰고 있으나, 마땅히 본문으로 하여 큰 글자로 써야 한다고 보았으며, 묘치위 교석본에서는 본문과 같이 큰 글자로 쓰고 있다.

127 『태평어람』 권825에는 『용어하도(龍魚河圖)』를 인용하면서 누락한 부분이 있는데 '이일곡(以一斛)' 이하의 문장은 보이지 않는다.

128 '해(亥)'는 방위를 가리키는데, 오행에서 '해(亥)'는 물에 속하며 북방을 가리킨다. 정북에서 서쪽으로 30도의 방위(方位)를 중심(中心)한 15도 각도(角度) 안의 건방(乾方)과 임방(壬方)의 사이이다.

'덕德', '이利'[130] 세 개의 방위상의 흙을 써야 한다. 누에 칠 방은 네 면에 창을 설치하고 창에는 종이를 바른다. 두텁게 '주렴[籬]'을 치고,[131] 방의 네 모퉁이에 화롯불을 피운다. 불이 만약 한곳에만 집중되면 차고 더운 것이 고르지 않게 된다. (개미누에가) 처음 나올 때에는 깃털로 쓸어 준다.[132] 억새풀로 쓸면 개

屋用福德利, 上土. 屋欲四面開窗,[21] 紙糊. 厚爲籬, 屋內四角著火. 火若在一處, 則冷熱不均. 初生, 以

129 '자불생(子不生)': 알을 부화하지 못한다는 의미이다. 실제로는 수정란을 받지 못하기 때문에 부화하지 못하거나 태어나도 그 누에는 병약하다. 묘치위 교석본에 따르면, 섶에 오를 때 누에의 머리가 지나치게 조밀하여 고르지 못하면, 위에는 밝고 아래가 어둡게 되어 가령 건강무병의 누에도 아래로 돌아다니며 고치를 친다. 막잠누에는 빛을 등지는 속성을 가지고 있기 때문에 지면 가까이에 있다고 해서 부화하지 못하는 것은 아니라고 한다. 원각본, 금택초본 등에서는 '지(地)'자로 쓰고 있는데 명초본과 호상본 등에서는 '하(下)'자로 쓰고 있다.

130 '복덕리(福德利)': 스셩한은 미신중의 '한해 운세의 방향[歲向]'으로 보았으나, 묘치위 교석본에서는 방위를 가리킨다고 하였다. 묘치위에 따르면 가사협은 농사에 있어서의 기일은 믿지 않았는데, 시기를 좇아서 습기가 양호한 것을 따라 파종하는 것을 '상책(上策)'이라고 하였으며, 이것은 그의 진일보한 일면이다. 그러나 양조와 양잠에 있어서는 약간 신에 기도하고 염승(厭勝)의 활동을 보였으며 또한 사상적인 측면에서도 완전히 벗어난 것은 아니다. 술과 초를 만들 때에는 미생물에 유리한 활동에 따르지만, 집누에의 발병은 대부분 미생물의 병원체로 인해서 생기기에 모두 육안으로는 볼 수 없어서 상황이 복잡하고 통제할 방법이 없다. 이 때문에 옛 사람들은 양조와 양잠에 대해서 많은 금기를 쏟아 내면서 그 금기를 어기면 나쁜 일이 생길까 두려워하였다. 여기서 '복덕리(福德利)'의 방위에서 흙을 취하고, 다음 문장에서 '복덕(福德)'의 방위에서 뽕나무를 딴 것도 이러한 연유에서 나왔을 것이다.

131 '이(籬)'는 병풍을 친다는 의미이며 이는 다음 문장의 '창위(窗幃)' 곧 창의 주렴을 가리킨다. '종이를 바르는 것[紙糊]'과는 별개의 일이다.

132 '이모소(以毛掃)'는 깃털로써 쓴다는 의미이다. 묘치위 교석본을 참고하면, 개미누에의 몸집은 가늘고 연약하여 다른 물건으로 쓸게 되면 모두 손상을 입고 심지어 치여서 죽게 된다. 가장 좋은 방법은 그 스스로가 누에씨받이종이에서 떨어져

미누에가 손상을 입게 된다. 화로의 불을 조정하여서 차고 더운 것을 적당하게 유지해야 한다. 너무 더우면 말라 건조해지고, 너무 차가우면 생장이 늦어진다.[133] 어린누에는 두 잠 잘 때까지 항상 3개의 잠박이 필요하다. 중간층의 잠박에 누에를 올려놓고 위아래의 두 잠박은 비워 둔다. 제일 아래 잠박은 습기를 막아 주며, 위의 잠박은 먼지를 방지해 준다. 개미누에가 어릴 때에는 '복福', '덕德' 방위에서 뽕잎을 따서 먼저 가슴에 품어 따뜻하게 한 이후에 잘게 썰어 먹인다.[134] 누에가 어릴 때에는 이슬 맞은 뽕잎을 먹을 수 없으며,[135] 품어 주어서 따뜻하게 하면 누에의 각종 질병

毛掃. 用荻掃則傷蠶. 調火令冷熱得所. 熱則焦燥, 冷則長遲. 比至再眠, 常須三箔. 中箔上安蠶, 上下空置. 下箔障土氣, 上箔防塵埃. 小時採福德上桑, 著懷中令暖, 然後切之. 蠶小, 不用見露

나오는 것인데, 외부의 힘을 가해서 손상을 입히면 안 된다. 이것은 곧 뽕나무 잎으로 개미누에를 받는 방법이다. 뽕을 거두는 법은 문헌상에 매우 늦게 나타나는데, 가장 빠른 것은 남송후기 진원정(陳元靚)의 『박문록(博聞錄)』이다. 진원정은 경계하여 말하기를 "절대로 거위 털로 쓸어서는 안 된다."라고 하였는데, 깃털로 쓰는 것은 좋은 방법이 아님을 알 수 있다.

133 봄누에가 어린 누에시기에는 기온이 비교적 낮아서 보온을 해 주어야 한다. 그러나 보온할 때는 고르게 펴주어서 편안하게 해야 어린누에가 정상적으로 활동하는 데 도움이 된다. 지나치게 차게 하면 뽕나무를 먹는 것이 늦어서 생장이 늦어진다. 지나치게 더우면 피부가 건조해서 손상을 입게 된다. 어린누에가 뽕잎을 먹는 것이 고르지 못하면 고르게 발육하지 못하고 잠도 규칙적이지 않으면 그 결과는 아주 심각해진다.

134 관이다의 금석본에서는 '복덕(福德)'은 동남방향을 가리키는데, 동남쪽을 향한 뽕잎은 비교적 빨리 성숙하므로 어린누에를 먹이기에 적합하다고 한다.

135 이슬 맞은 뽕잎을 누에에게 먹이면 작은 누에나 큰 누에를 막론하고 모두 좋지 않다. 누에가 물기가 있는 뽕잎을 먹으면 수분이 지나쳐 위장에서 소화가 되지 못하며 대부분 설사병을 유발하는데, 배설한 오염된 똥과 액체는 설사를 한 형태와 같아서 위장형 농병이 되어 끝내는 식욕이 감퇴하여 죽게 된다.

이 생기지 않는다. 뽕잎을 먹일 때마다 항상 창문의 장막을 말아 주며, 다 먹고 나면 다시 내린다. 누에는 밝게 해 주면 먹는데,[136] 많이 먹으면 먹을수록 성장이 더욱 빨라진다.

누에가 익을 때 비를 맞으면 고치가 쉽게 망가진다. 따라서 방안에 섶 위에 올리는 것이 좋다.[137] 잠박 위에 가볍게 한 층의 섶재료[138]를 깔고 누에를 섶 위에 흩어 놓은 이후에, 다시 그 위에 가볍게 섶 재료를 한 층 덮어 준다. 누에 시렁에는 10개의 잠박을 설치할 수 있다.

또 다른 방법: 기다란 흰 쑥대[139]를 섶 재료로 삼아 누에를 그 위에 고르게 흩어서 펴 준 이후에, 들보와 서까래[140]에 매달아 두거나, 혹은 줄

氣, 得人體, 則衆惡除. 每飼蠶, 卷窗幃, 飼訖還下. 蠶見明則食, 食多則生長.

老時値雨者, 則壞繭. 宜於屋裏簇之. 薄布薪於箔上, 散蠶訖, 又薄以薪覆之. 一槌得安十箔.

又法. 以大科蓬蒿爲薪, 散蠶令遍, 懸之於棟

136 '잠견명즉식(蠶見明則食)': 어린누에는 빛을 좇는 성질이 있고, 막잠누에는 빛을 등지는 성질이 있어 서로 상반되는데, 어린누에가 밝은 빛을 보면 곧 뽕잎을 먹고, 많이 먹으면 생장도 빨라진다.

137 '宜於屋裏簇之': 이때 북방에서는 통상 모두 집 밖에서 섶에 올렸음을 말해 주는 것으로서, 『제민요술』에서도 단지 비가 올 때 비로소 집안의 섶을 이용하고 있다. 금원시대의 『무본신서(務本新書)』 등의 세 개의 책에 기재된 바에도 마찬가지로 옥외에 섶을 행하였다. 『왕정농서』 때에 비로소 옥외에서 섶에 올린 여러 가지 폐단이 지적되고 있다.

138 '신(薪)': 무릇 섶에 이용되는 가지와 풀(가지, 짚, 곡물줄기 등등)은 모두 섶의 재료로 사용되며 여기서는 섶 재료의 대명사이다.

139 '봉호(蓬蒿)': 『본초도경』에서는 "'흰쑥[白蒿]'을 봉호라고 한다."라고 하였다. 봉호는 국화과의 흰쑥(*Artemisia stelleriana*)이다. 『제민요술』은 큰 마른 쑥대를 섶의 재료로 사용하고 있다.

140 '연주(椽柱)': '주(柱)'는 '주(拄)'와 통하며 지탱한다는 의미로, '연주(椽柱)'가 곧

로 묶어서 늘어뜨린 다양한 형태의 갈고리 위에 거는데[141] 상하로 몇 겹이 내려와도 좋다.

걸어 놓은 이후에는 섶대 아래에 약한 숯불을 피워서 따뜻하게 해 주는데, 따뜻하면 고치를 빨리 짓고 차가우면 고치 짓는 속도가 늦어진다.[142] 자주 들락거리며 관찰하여 너무 따뜻하면 불을 뺀다. 흰 쑥대는 듬성듬성하고 서늘하기에 누에가 눅눅하여 뜨지는 않는다. 누에가 수시로 떨어지더라도 고치를 오염시킬 염려는 없다. 누에똥과 먹다 남은 뽕잎이 고치의 실에 끼지 않으면[143] 고치에 흠집이 생기지 않는다. 고치가 습기에 의해서 뜨게 되면 실을 켜기가 어렵다. 누에고치가 오염되면 실이 엉

梁椽柱, 或垂繩鉤弋鶚爪龍牙, 上下數重, 所在皆得. 懸訖, 薪下微生炭以暖之, 得暖則作速, 傷寒則作遲. 數入候看, 熱則去火. 蓬蒿疏涼, 無鬱浥之憂. 死蠶旋墜, 無污繭之患. 沙葉不作,[22] 無瘢痕之疵. 鬱浥則難繰.

집의 서까래이며, '연(椽)'과 '주(柱)'가 각각 서가래와 기둥을 뜻하지는 않는다. 본권 「느릅나무 · 사시나무 재배[種榆白楊]」에 언급된 "柴及棟梁, 椽柱在外"에서는 서까래를 가리킨다.

141 '鉤弋鶚爪龍牙': '구익(鉤弋)'은 간단한 갈고리이며, '악조(鶚爪)'는 한 가지에 몇 개의 구부러진 가지가 집중되어 있는 것이다. '용아(龍牙)'는 한 줄기에 여러 개의 곁가지가 배열되어 있는 것이다. 원각본과 금택초본에서는 '구익(鉤弋)'이라고 쓰고 있는 반면, 호상본에서는 '구과(鉤杙)'로 잘못 쓰고 있다. 명초본에서는 '악조(鶚爪)'로 쓰고 있는데 명각본에서는 '효조(鴞爪)'로 잘못 쓰고 있다.

142 일반적인 상황에서 온도가 높으면 누에가 실을 빨리 토하고, 온도가 낮아지면 실을 늦게 토한다. 만일 온도가 너무 낮으면 실을 토하기를 멈추게 되어, 본 단락 끝부분에서 말하는 "고치를 전혀 지을 수 없게 되는[全不作繭]" 상황이 나타난다.

143 '사엽불작(沙葉不作)'은 쑥대의 섶을 올리는 것을 말하는데, 남은 똥과 먹다 남은 뽕잎이 고치의 실 속에 끼지 않아서 흠집이 나거나 이물질이 고치에 남지 않게 된다.

성해진다. 흠집이 생긴 것은 켤 때 실이 잘 끊어진다.[144] 가령 비가 내리지 않으면 흰 쑥대를 이용해 섶을 만들어도 좋다. 밖에서 섶을 올릴 때 만약[脫] 날씨가 갑자기 차가워지면 전혀 고치를 지을 수 없게 된다.[145]

繭污則絲散. 瘢痕則緖斷. 設令23無雨, 蓬蒿簇亦良. 其在外簇者, 脫遇天寒, 則全不作繭.

144 "難繰 … 絲散 … 緖斷": 묘치위에 의하면, 막잠누에가 뽕잎을 먹는 양이 크게 늘어나고, 뽕잎 중에 증발되어 나오는 수분양이 많으며, 막잠누에의 배변도 많아진다. 누에똥 중에서 흩어져 나오는 수분과 좋지 못한 기체도 많아지며, 누에가 익는 환경도 이미 눅눅해지기 때문에 막잠을 잔 이후에는 습기가 많고 높은 온도를 꺼린다. 섶에 올라간 이후에는 다시 섶에 올리는 환경은 산뜻하지 않고, 통기가 잘 안 되며 습도와 온도도 지나치게 높다. 떠서 발열하는 환경이 만들어져서 필연적으로 누에의 건강에 영향을 끼친다. 이로 인해서 고치를 짓고 푸는 것도 좋지 못하게 되어 끊긴 부분이 많아서 실을 켤 때도 대부분 끊어진다. 고치실을 밖에서 둘러싸고 있는 것은 점성이 있는 끈적거리는 단백성분을 지니며, 섶 가운데 온도가 높을 때는 끈적거리는 것이 쉽게 마르지도 않는데, 고치를 삶을 때도 잘 용해가 되지 않아 잘 풀리지 않는다. 섶 가운데 온도가 지나치게 높으면 끈적거리는 단백의 변성이 일어나 잘 용해돼서 실이 쉽게 용해되지 않게 변한다. 마찬가지로 고치를 삶을 때도 분해질이 떨어져 나가는 것이 곤란하게 돼서 실마리가 잇는 것이 많아지게 된다. 이런 것은 모두 '실을 켜기 힘들고', '실마리가 끊기는 폐단'을 야기한다. 누에가 죽으며 고치에 오염되어 번데기가 죽고 번데기 피부가 파열되면서 본래의 고치를 오염시켜서 '내인견(內印繭)'이 만들어진다. 오염으로 인해서 실의 끈적거리는 교착면적이 작아지기 때문에 반드시 고치의 층이 엉성해져서 견실하지 못하게 되어서 실마리가 흐트러져서 실을 켤 방도가 없게 되는데, 이것을 이른바 '고치가 오염되면 실이 엉성해진다'라는 것이며 면견(綿繭)이 된다. 단지 사면(絲綿)을 만들 뿐이라고 한다.

145 '탈(脫)': '만약'의 의미이다. '전부작견(全不作繭)': 갑자기 한랭한 기후를 만나면 섶의 온도가 지나치게 낮아져서 누에가 실을 토하기를 멈추므로 고치를 짓지 못한다. 게다가 기형의 실이 형성되어 이른바 실의 마디[纇節], 곧 실의 뭉치가 만들어진다. 묘치위 교석본에 따르면, 비록 실을 토하는 것이 멈추더라도 실을 뽑아내는 구멍의 압력 때문에 견사 물질이 여전히 밖으로 넘쳐나서 누에가 당기지

소금을 이용해서 고치를 죽인 것은 실을 켜기도 쉬우며 켜고 난 실도 매우 질기다. 햇볕으로 죽인 고치는 비록 휠지라도 고치가 얇고 실이 약하다.[146] 실을 합사한 생사와 숙사[147]로 짠 의복은 거의 생산량의 절반도 못 미치며, 심지어 1년의 노력이 헛수고가 되고, 질기고 단단하며 무르고 약한 것의 차이가 아주 크다. 이것이 고치를 생산하는 중요한 이치인데 어찌하여 살피지 않을 수 있겠는가?

用鹽殺繭,[24] 易繰[25]而絲肕.[26] 日曝死者, 雖白而薄脆. 縑練衣著, 幾將倍矣, 甚者, 虛失歲功, 堅脆懸絕. 資生要理, 安可不知之哉.

최식崔寔이 이르기를, "3월 청명절에 누에를 치는 아낙[148]에게 누에 칠 방을 정리하며 틈새를

崔寔曰, 三月, 清明節, 令蠶妾

못하는 것이 그 원인인데, 그로 인해 뭉치가 형성되어 직접적으로 생사의 청결도에 영향을 준다.

146 '살용법(殺蛹法)'에 대해 『제민요술』에서는 소금으로 절이는 방법이 가장 좋다고 쓰고 있으며 햇볕을 통해 죽이는 것은 좋지 않다고 한다. 청나라 양신(楊屾)의 『빈풍광의(豳風廣義)』 권중(中)의 '증견법(蒸繭法)'에서 이르기를, "옛 사람들은 소금에 절이고 옹기에 진흙을 바르거나 햇볕에 쬐이는 방법이 있는데, 내가 그것을 시도해 보니 좋지 않았다. 나는 집에서 증기(蒸餾)의 방법을 썼는데 가장 좋았다."라고 하였다. '박(薄)'은 묘치위 교석본에 의하면, 원각본, 금택초본에서는 '박(薄)'으로 쓰고 있는데 남송본에서는 '조(曹)'로 잘못 쓰고 있고 호상본에서는 '조(漕)'로 잘못 쓰고 있다고 한다.

147 원각본과 금택초본에서는 '겸연(縑練)'으로 쓰고 있는데 '겸(縑)'은 얇은 비단[細綢]을 가리키고 '연(練)'은 삶은 비단[熟縑]을 가리킨다. 남송본에서는 '겸연(縑鍊)'으로 잘못 쓰고 있으며 호상본에서는 '겸연(膁鍊)'으로 잘못 쓰고 있다.

148 '잠첩(蠶妾)': 스셩한의 금석본에서는 본서의 잠업을 관영수공업으로 보고서 첩(妾)을 노비로 해석하고 있지만, 일반가정의 잠업으로 인식하면 '누에치는 아낙' 정도로 해석하는 것이 합당하다.

메우고 칠하며 미리 시렁과 횡목, 채반과 잠롱[149]을 준비하도록 한다."라고 한다.

治蠶室, 塗隙穴, 具槌持箔籠.

『용어하도龍魚河圖』에 이르기를, "겨울 12월에 쥐꼬리를 자른다.

정월 초하룻날 해가 나오기 전에 가장이 쥐를 죽여서 집안에 두고 주문을 외우며 말하기를,[150] '부디 방을 다스리는 신에게 부탁하노니, 쥐와 곤충을 물리쳐서 삼시三時에 위로 공적을 보고드리오니 쥐가 감히 돌아다니지 않게 하시옵소서.'"라고 한다.

龍魚河圖曰, 冬以臘月鼠斷尾. 正月旦, 日未出時, 家長斬鼠, 著屋中, 祝云, 付勑屋吏, 制斷鼠蟲, 三時言功, 鼠不敢行.

『잡오행서雜五行書』에 이르기를 "역정관사[亭部][151]의 땅의 흙을 구해서 부뚜막을 바르면 물불과 도적이 모두 집안을 거쳐 가지 못한다. 방의 네 모퉁이를 바르면 쥐가 누에를 먹지 않게 된다. 창고와 종자를 담는 광주리를 바르면 쥐가 벼를 먹지 않는다. 그로써 구멍을 막으면 100일

雜五行書曰, 取亭部地中土塗竈, 水火盜賊不經. 塗屋四角, 鼠不食蠶. 塗倉簞, 鼠不食稻. 以塞

149 '추적(槌持)': 추(槌)'는 누에시렁의 기둥이고 '적(持)'은 누에시렁의 횡목으로서 누에 잠박을 넣는 데 사용된다. '추적(槌持)'은 원각본, 금택초본에서는 '추지(搥持)'로 표기하고 있으며 명초본과 호상본 등에서는 '추지(槌持)'라고 적고 있다. 스셩한의 금석본에서도 '추지(槌持)'로 쓰고 있다.

150 '축(祝)': 명초본과 호상본에서는 '운(云)'자로 쓰고 있는데 원각본과 금택초본에서는 '지(之)'자로 쓰고 있다. '축(祝)'은 도축을 뜻하고 또한 '주(咒)'와도 통하며, 주술의 말이다.

151 '정부(亭部)': 정장(亭長)은 진한 이래의 지방 소관리로서[후대의 보갑장 혹은 그에 상등하는 지위이며 '향(鄕)'의 아래에 있다.] 부는 곧 관서이다. 묘치위 교석본에서는 우정(郵亭)의 소재지로 보고 있다.

후에 쥐는 씨가 마르게 된다."라고 한다.

『회남만필술淮南萬畢術』에 이르기를, "여우의 눈과 이리[152]의 뇌를 갖다 두면, 쥐가 그 구멍을 떠나게 된다."라고 한다. 주해에 이르기를, "여우의 두 눈과, 여우 눈과 같은 크기의 이리 뇌 세 개를 구해서 섞고 공이로 삼천 번 내리찧어 쥐구멍에 바르면 쥐가 더 이상 구멍에 드나들지 않는다."라고 한다.

坎, 百日鼠種絕.

淮南萬畢術曰, 狐目狸腦, 鼠去其穴. 注曰, 取狐兩目, 狸腦大如狐目三枚, 擣之三千杵, 涂鼠穴, 則鼠去矣.

● 그림 1
뽕나무[桑]와 오디: 『구황본초』 참조.

● 그림 2
산뽕나무[柘]와 열매: 『구황본초』 참조.

● 그림 3
개미누에

152 '이(狸)': 묘치위 교석본에 따르면, 혹자는 한대 이전의 '이(狸)'는 '묘(貓)'를 가리킨다고 한다. 후세의 '묘(貓)'는 '이노(狸奴)'의 별칭이 있다. 또한 '이(狸)'는 '묘(貓)'가 아니라는 견해도 있다. 이는 '이(狸)'가 사나워서 닭을 잡으려 하기에 한대에는 이미 '묘(貓)'를 개량해서 길렀다고 한다.

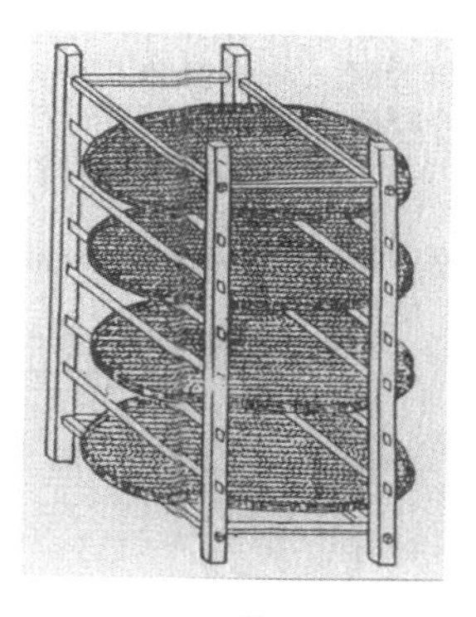

그림 4
누에 광주리[筐]:
『왕정농서』 참조.

그림 5
시렁[植; 蠶槌]:
『왕정농서』 참조.

교 기

1. '염(檿)': 명초본과 비책휘함 계통의 판본에는 '엽(擫)'으로 잘못 쓰고 있다. 원각본과 금택초본, 『농상집요』 및 학진본에서는 금본의 『이아(爾雅)』와 마찬가지로 '염(檿)'으로 쓰고 있는데 '염(檿)'이 옳다.
2. '절(絕)': 명초본, 금택초본, 비책휘함 계통 판본에서는 모두 '시(絁)'로 쓰고 있는데 마땅히 원각본에 의거하여 고쳐서 '절(絕)'자로 써야 한다.
3. '부사마살(父射馬殺)': 스셩한의 금석본에서는 '부사살마(父射殺馬)'로 하였다. 원각본과 금택초본에서는 '父射馬殺'이라고 쓰고 있는데, 명초본과 군서교보에서 남송본을 초사한 것에 의거한 바에 의하면 '父射殺馬'라고 쓰고 있다. 비책휘함 계통의 판본(점서본과 용계정사본을 포함한다.)에서는 모두 금본의 『수신기(搜神記)』에 의거하여 '부도마(父屠馬)'라고 쓰고 있다. '사마살(射馬殺)'의 '살(殺)'자는 마땅히 동사의 과거분사의 피동식으로 써야만 뜻이 통할 수 있다. '사살마(射殺馬)'로 쓰는 것이 더욱 간단하면서 명료하다. 『태평어람』 권825에서 인용한 바에는 또한 '사살마(射殺馬)'라고 쓰고 있다.
4. '축(蹴)': 원각본, 금택초본, 명초본에서는 모두 '척(蹶)'자로 쓰고 있으며 기타 각본에서는 '축(蹵)'자로 쓰기도 하지만, 지금은 대부분 '축

(蹴)'은 곧 '척(踢)'자로 쓰고 있다.

5 '지(枝)': 명초본과 비책휘함 계통의 판본에서는 '지(之)'자로 쓰고 있다. 원각본과 금택초본(및 『태평어람』)에서는 '지(枝)'자로 쓰고 있다.

6 '면(綿)': 원각본과 금택초본에서는 '면(綿)'으로 쓰고 있다. 용계정사본에서도 마찬가지이다. 명초본, 『농상집요』 및 비책휘함 계통의 판본에서는 '금(錦)'으로 쓰고 있다. 양잠은 반드시 '실[綿]'을 얻지만 반드시 '비단[錦]'을 만들어야 하는 것은 아니다. 따라서 '면(綿)'자가 '금(錦)'자보다 더욱 적합하다.

7 '지(枝)': 명초본에서는 '기(技)'로 잘못 쓰고 있으나, 다른 본에는 잘못 쓰고 있지 않다. '속(速)'자는 원각본, 금택초본, 호상본에서는 본문의 글자와 같으며, 황교본에서는 '원(遠)'자로 잘못 쓰고 있다.

8 '지(地)': 명초본과 비책휘함 계통의 판본에서는 '단(斷)'으로 쓰고 있다. 원각본과 금택초본 및 『농상집요』에서는 '지(地)'자로 쓰고 있다. 학진본과 점서본에서는 여전히 '단(斷)'으로 쓰고 있지만 아직 『농상집요』에 의거하여서 고치지 않았다. '지(地)'자로 써야 정확하다.

9 '획(獲)': 스셩한의 금석본에서는 '확(穫)'으로 표기하였다. 스셩한에 의하면 명초본에서는 '획(獲)'으로 쓰고 있는데 원각본과 금택초본에 의거하여 '확(穫)'으로 고쳐 쓴다고 한다.

10 '재(裁)': 명초본에서는 '재(栽)'로 잘못 쓰고 있다. 원각본과 금택초본에 의거하여서 '재(裁)'로 고쳐 쓴다. 여기서의 '재(裁)'자는 '자르다[裁剪]'의 '재(裁)'로 이해하면 안 되고, 다만 '겨우[纔]'로 해석해야 한다. '재(纔)'는 '막 또는 얼마 전[剛剛]'의 의미이다. 묘치위는 교석본에서 유수증(劉壽曾)이 '재(裁)'로 잘못 이해하고 있고, 이 때문에 교감한 점서본은 오점교본이 정확하게 교정하여 고친 '재(栽)'를 따르지 않았는데, 이해할 수가 없다고 한다.

11 "課民益畜乾椹": 명초본 및 군서교보에서 남송본을 초사한 것에 의거하면, "使民益畜熟椹"으로 쓰여 있다. 원각본과 금택초본, 『농상집요』 및 학진본에서는 "課民益畜乾椹"이다. '과(課)', '건(乾)'의 두 글자는 반드시 원각본 등에 의거하여 고쳐서 바로잡아야 한다. '축(畜)'은 서로 통용될 수 있다. '과(課)'는 방법을 규정하여 미루어서 후에 조사하여

재촉한 것이다. '축(蓄)'은 '저축'의 의미이다.

12 '적취(積聚)': 원각본, 금택초본에서는 '적취(積聚)'라고 쓰고 있으며 남송본에서는 '적심(積椹)'이라고 쓰고 있다.

13 '희(喜)': 각본 및 『위략』에서는 '희(喜)'로 쓰고 있는데, 원각본과 금택초본에서는 '선(善)'자로 잘못 쓰고 있다.

14 '금(今)': 『농상집요』 및 학진본에서는 '영(令)'으로 잘못 쓰고 있다.

15 '범승지(氾勝之)': 명초본과 명청각본에서는 '지(之)'자 다음에 '서(書)'자가 있는데 원각본과 금택초본에는 없다.

16 '궤(潰)': 스셩한의 금석본에서는 '지(漬)'자로 표기하였다. 스셩한에 의하면 명초본, 『농상집요』 및 명청 각본에서는 모두 '지(漬)'자로 쓰고 있는데 원각본과 금택초본에서는 '궤(潰)'로 쓰고 있다. '궤(潰)'는 물속에 담가 녹이는 것이며 이는 또한 오늘날 각 지역의 말 중에 '과(垮; kua)'의 원래 글자이다. '지(漬)'는 담가 씻는다는 것이며 혹은 『설문해자』에는 '구(漚)'로 쓰는데, '궤(潰)'로 쓰는 것은 '지(漬)'로 쓰는 것만 같지 못하다고 한다.

17 '음(蔭)': 원각본 및 금택초본에서는 '음(陰)'으로 쓰고 있는데 명초본에서는 '음(蔭)'으로 쓰고 있으며 '음(陰)'자는 본래 '음(蔭)'자로 가체할 수 있지만 '음(蔭)'자로 쓰는 것이 더욱 명백하다.

18 '면(綿)': 원각본, 금택초본, 명초본에서는 '면(綿)'자로 쓰고 있으나, 명각본 등에서는 '금(錦)'자로 쓰고 있다.

19 '공(功)': 스셩한의 금석본에서는 '견(繭)'자를 쓰고 있다. 스셩한에 따르면 '견(繭)'자는 원각본과 금택초본에서는 모두 '공(功)'자로 쓰고 있으며 명초본과 비책휘함 계통의 각 판본에서는 '견(繭)'자로 쓰고 있다.

20 '약소식형상(若小食荊桑)': 원각본과 금택초본은 본문과 같은데, 명초본과 호상본에서는 '약(若)'자가 빠져 있으며 '형(荊)'자는 '즉(則)'자를 잘못 쓴 것이다.

21 '창(窗)': 진체본 등에서는 '창(窗)'자로 쓰고 있으나 다른 본에서는 여러 종류로 다르게 쓰고 있는데, 묘치위는 교석본에서는 '창(窗)'자로 통일하여 쓴다고 한다.

22 '사엽불작(沙葉不作)': 스셩한의 금석본에서는 '작'을 '주(住)'로 쓰고 있

다. 스성한에 따르면, 명초본에서는 '사영불주(沙縈不住)'라고 쓰고 있으며 비책휘함 계통의 판본도 마찬가지이다. 원각본과 금택초본에서는 '사엽불작(沙葉不作)'이라고 쓰고 있다. '사(沙)'는 누에똥 곧 잠사이며, '엽(葉)'은 먹다 남은 뽕잎이다. 만일 누에똥과 잎이 섶에 남아 있으면 누에가 들어가서 고치를 칠 때 흠집이 생기기 때문에, '사엽불주(沙葉不住)'는 유리한 조건이다. '작(作)' 자는 거의 '주(住)'자 만큼 적당하지 않다고 한다.

23 "緖斷. 設令": 남송본에서는 세 칸이 비어 있고, 호상본에서는 겨우 한 칸만 비어 있다. 명초본에서는 '서(緖)'자 다음에 세 칸이 비어 있다. 비책휘함 계통의 판본에서는 비어 있지는 않으나, '서(緖)'자가 다른 글자로 바뀌었다. 지금은 원각본 및 금택초본에 의거하여서 보충한다.

24 '염살견(鹽殺繭)': 명초본에서는 이 세 글자가 비어 있는데 앞 문장의 '단설령(斷設令)'과 횡을 한 칸 띄우고 나란히 나열되어 있으며 모두 비어 있다. 원각본에서는 이 두 줄의 세 글자 또한 횡을 띄우고 배열되어 있으며 이는 명초본에 근거한 것임을 알 수 있는데 이 판본은 원각본과 서로 유사한 송본이거나 혹은 송본을 모방한 것이다. 원각본의 '살(殺)'자 또한 반쯤은 모호하여 지금은 금택초본에 의해서 보충하였다. 군서교보가 남송본을 초서한 것에 의거해 볼 때 이 두 곳 또한 세 칸이 비어 있어서 그것이 의거한 각본을 알 수 있는데, 이미 원각본 이후에 속한다.

25 '조(繰)': 명초본과 비책휘함 계통의 판본에서는 '연(練)'으로 잘못 쓰고 있다. 원각본과 금택초본에 의거해서 고쳐서 바로잡는다.

26 '인(肕)': 양송본에서는 글자가 같으며 '인(韌)'자와 같은 의미이고 호상본 등에서는 '명(明)'자로 잘못 쓰고 있다.

제46장

느릅나무 · 사시나무 재배 種榆白楊第四十六

『이아(爾雅)』에 이르기를,[153] "느릅나무 중 흰 것은 분[白枌][154]이다." 곽박이 주석하여 말하기를, "분(枌)은 느릅나무로서, 먼저 잎이 나고[155] 따라서 긴 꼬투리가 생기며 나무껍질은 흰색이다."라고 한다.

爾雅曰, 榆, 白枌. 注曰, 枌榆, 先生葉, 卻著莢, 皮色白.

『광지(廣志)』에 이르기를[156] "(느릅나무에는) 고유(姑

廣志曰, 有姑榆,

153 『이아(爾雅)』「석목(釋木)」.

154 '백분(白枌)': 오늘날의 '백유(白榆; *Ulmus pumila*)'이며 느릅나무 과로서 통상 말하는 느릅나무이다. 동북과 섬서 등지에서는 '유수(榆樹)'라고 통칭하며 이 느릅나무가 느릅나무 이름을 독점하고 있고 하남과 하북에서는 '가유(家榆)'라고 일컫는다. 스성한의 금석본에 의하면, 본편에서 재배하는 것 또한 이 종류가 중심을 이루며 이것이 이른바 '범유(凡榆)'이다. 백유의 나무껍질은 암갈색이고 어린 가지는 회백색을 띠고 있다. 봄에 먼저 잎이 나고 꽃이 피며 머지않아서 날개 달린 열매를 맺으며[翅果] 봄, 여름 사이에 익어서 녹색이 황백색으로 변하는데 민간에서는 이를 '유전(榆錢)'이라고 일컫는다. 북방에서는 열매의 깍지와 가루 등을 쪄서 먹는다. 푸른 깍지는 삶아서 햇볕에 말려 술을 담그기도 한다. 익은 것은 기름의 함유량이 많아서 기름을 짜고 아울러 장을 만들 수도 있다.

155 『이아』의 곽박의 주에는 "먼저 잎이 난다."라고 말한 것은 확실하지 않으며, '잎'은 마땅히 '꽃'으로 써야 한다고 하였다.

156 『태평어람』 권956의 '유(榆)조'에서는 『광지』를 인용하여, "'고유(姑榆)'가 있고

楡)[157]가 있고 낭유(朗楡)[158]도 있다."라고 하였다.

생각건대, 지금[북위]은 가시느릅나무[刺楡][159]가 있는데 목재는 매우 단단하고 질겨서 소달구지의 목재로 쓸 수 있다. 협유(梜楡)[160]는 수레바퀴와 각종 그릇을 만들 수 있다. 산유

有朗楡.

按, 今世有刺楡, 木甚牢肕, 可以爲犢車材. 梜楡, 可以爲車

'낭유(郎楡)'도 있다. 낭유는 꼬투리가 없어 목재도 수레의 용도로 쓰이며 아주 좋다."라고 한다.

157 '고유(姑楡)': 느릅나무과의 대과유(大果楡; *Ulmus macrocarpa*)이다. 또한 '황유(黃楡)'라고도 한다. 먼저 잎이 나고 꽃이 피며 봄, 여름 사이에는 큰 날개 열매가 달린다. 북방에서 자란다.

158 '낭유(朗楡)': 낭유는 느릅나무과의 낭유(*Ulmus parvifolia*)이다. 작은 깍지날개 열매로서 늦가을이 되면 익는다. 오늘날에는 '낭유(榔楡)'라는 이름으로 통용되고 있다. '낭유(榔楡)' 혹은 '낭유(粱楡)'라고도 쓴다. 비책휘함 계통의 판본에서는 모두 '낭유(郎楡)'라고 쓰고 있으며, 『태평어람』에서 인용한 『광지』에는 또한 '낭유(郎楡)'라고 쓰고 있다. 『본초습유』에 이르기를, "가을에 깍지가 생기며 북유(北楡: 백유를 가리킨다.)와 같다. 도공[도홍경(陶弘景)을 지칭]은 다만 이 느릅나무를 보고 주를 달아 남토에는 느릅나무[白楡]가 없다."라고 하였다. 원래 『신농본초경(神農本草經)』의 '유피(楡皮)'는 '백유'의 껍질을 가리키며 도원경의 『본초경집주(本草經集注)』에서는 도리어 이르기를 "8월에 열매를 딴다."라고 하고 있는데, 이 때문에 『당본초(唐本草)』에서 주석하여, "백유는 3월에 열매가 익어서 곧 떨어지는데 지금 '8월에 열매를 딴다.'라고 한 것은 아마 『본초경』(『본초경집주』를 가리킨다.)이 잘못된 듯하다."라고 하였다.

159 '자유(刺楡)': 느릅나무과의 가시느릅나무(*Hemiptelea davidii*)이다. 작은 가지에 단단한 가시가 있으며 꽃과 잎이 동시에 핀다. 열매의 반쪽은 날개가 달려 있고 날개는 약간 비스듬히 틀려 있으며 초가을에 익는데, 나무목질이 단단하고 질기며 아주 촘촘하다.

160 '협유(梜楡)': 이 같은 느릅나무는 특별히 목재를 깎아 만드는 데 적당하고 속이 빈 기물을 깎아 다양하게 만들 수 있는데, 작은 것은 잔(盞) 또는 '주발[碗] 같은 것', 큰 것은 '항아리', '수레바퀴' 같은 것을 만들며 목재의 질에 있어서 그러한 특징을 가지고 있다. 그러나 어떤 종류의 느릅나무인지는 상세하지 않다. 협유(梜楡)'는 원각본, 금택초본의 문장과 같고 남송본에서는 '분유(枌楡)'로 잘못 쓰고

(山榆)는 열매[161]로 무이(蕪荑)[162]를 제조할 수 있다. 무릇 느릅나무를 파종한다는 것은[163] 마땅히 가시느릅나무와 협유의 두 종류를 파종하는 것으로, 얻는 이익은 매우 많다. 나머지 느릅나무는 모두 무르고 약해서 일반적으로 좋은 목재는 되지 않는다.

轂及器物. 山榆, 人可以爲蕪荑. 凡種榆者, 宜種刺梜[27]兩種, 利益爲多. 其餘軟弱, 例非佳木也.

느릅나무는 햇볕을 차단하는 힘이 강하여 그 그늘아래에는 오곡이 모두 잘 자라지 못한다.[164] 그 나무의 화관의 높이와 넓이에 따라서 동·서·북 세 개의 방향[165]에 가려지는 방향은 수관의 크기와 같다. (이 때

榆性扇地, 其陰下五穀不植. 隨其高下廣狹, 東西北三方所扇, 各與樹

있으며 호상본에서는 '협유(挾榆)'로 잘못 쓰고 있다. 다음 문장의 '협(梜)'자는 또한 원각본, 금택초본의 글자와 같고 장교본에서는 '분(枌)'자로 잘못 쓰고 있으며 명초본과 호상본에서는 '협(挾)'자로 잘못 쓰고 있다.

161 '인(人)': 본서에서는 '종인(種仁)'의 '인(仁)'을 모두 '인(人)'자로 쓰고 있다.(본서 권3「고수 재배[種胡荽]」, 본서 권4「대추 재배[種棗]」와「매실·살구 재배[種梅杏]」각주 참조.)

162 '무이(蕪荑)':『이아』「석목」편에는, "'무고(蕪姑)'는 그 열매가 '이(夷)'이다."라고 한다. 곽박의 주에는, "무고는 고유(姑榆)이다.[이는 곧 대과유(大果榆)이다.] 산중에서 생산되며 잎은 둥글고 두꺼우며 벗겨서 껍질을 취하여 잎과 열매를 절이면 매운맛이 나서 이른바 '무이(蕪夷)'라고 한다."라고 하였다. '무이'는 '무고'의 열매의 '이(夷)'자에서 이름을 딴 것으로서 후대사람들은 '초머리[艸]'를 붙여서 '무이(蕪荑)'라고 쓰고 있다. 그 열매로 장을 담글 수 있기 때문에 그 장을 '무이(蕪荑)'라고 하였다. '이(荑)'는 원각본과 명초본에는 글자가 같은데, 금택초본에서는 '협(莢)'자로 잘못 쓰고 있다.

163 '범종유자(凡種榆者)': 스성한의 금석본에서는 이 구절은 본문이 시작되는 것이므로 작은 글자로 하는 것은 마땅하지 않다고 보아서 큰 글자로 고쳐 쓰고 있다.

164 '선(扇)'은 그늘을 햇볕을 차단하여 그늘을 만드는 것이다. '식(植)'은 '식(殖)'과 통한다.

165 '동서북삼방(東西北三方)': 느릅나무는 한창 때 나뭇가지가 밖으로 뻗어 가서 넓

문에) 느릅나무를 파종할 때는 마땅히 정원의 북쪽 경계에 파종하는 것이 좋다. 가을에 먼저 땅을 갈아 부드럽게 한 후, 이듬해 봄에 느릅나무 꼬투리가 익어서 떨어질 때 느릅나무 꼬투리를 거두어 이리저리 흩어 뿌리고, 쟁기로 곱고 얕게 갈고 다시 끌개[勞]로 평평하게 골라 준다.

等. 種者, 宜於園地北畔. 秋耕令熟, 至春楡莢落時, 收取, 漫散, 犁細畊, 勞之.

이듬해 정월 초에 지면에 붙여 평평하게 잘라 주고 풀로 그 위를 덮어서 불 지른다.[166] 한 뿌리에 반드시 곧 열 개의 새로운 가지가 자라 나오는데, 오직 가장 강한 가지 하나만을 남기고 나머지는 모두 잘라 낸다.[167] 1년 사이에 8-9자로 자란다. 불 지르지 않으면 자라는 속도가 늦어진다.

明年正月初, 附地芟殺, 以草覆上, 放火燒之. 一根上必十數條俱生, 只留一根強者, 餘悉掐去之. 一歲之中, 長八九尺矣. 不燒則長遲也.

고 울창한 수관을 만들어서 동·서·북, 세 방향의 햇볕을 가리는데, 단지 남면만 그늘이 지지 않는다. 북위지역에서는 나무의 남쪽 면에 그림자가 생기지 않기 때문이다.

166 '방화소지(放火燒之)': '평치(平茬)'를 통해 모종에 불을 지르는 법으로서, 이듬해에 묘목의 생장이 신속하고 왕성해지며 불탄 이후의 재는 양분과 지면의 온도를 보호하는 역할을 한다. 지면의 비력을 높이고 온도를 높이는 작용을 한다. 이와 같은 방법은 『범승지서』「종상법(種桑法)」에서 처음 보이고 또한 본권「닥나무 재배[種穀楮]」에도 보인다.

167 "餘悉掐去之": 줄기를 배양하는 매우 합리적인 조치이다. 묘목의 그루터기 위에 싹이 대량으로 나오는 부정아(不定芽)는 일정하게 자라면 반드시 수직으로 위로 향하고 아주 건장하게 자라는 가지 하나만을 남기고 나머지는 모두 잘라서 주된 묘목의 배양을 돕도록 한다. 느릅나무는 속성(速成)의 수종으로서 이렇게 하면 한 해에 '8-9자'까지 자라는 데 문제가 없다. '겹(掐)'은 청각본에는 이와 글자가 같으나 다른 본에서는 모두 '도(搯)'로 잘못 쓰고 있다.

3년째 정월이나 2월에 옮겨 심는다. 처음 자란 묘목을 옮겨 심게 되면 쉽게 구부러지기 때문에 3년간 빽빽하게 한 후 이내 옮겨 심는다.

後年正月二月, 移栽之. 初生即移者, 喜曲, 故須叢林長之三年, 乃移植.

처음 자라서 3년까지는 잎을 따서는 안 된다. 더욱이 정수리 부분의 싹[捋心]을 딸 수는[168] 없다. 정수리 부분의 싹을 따게 되면 뿌리와 줄기가 자라지 못하기에,[169] 반드시 앞에서 제시한 방법과 같이 불을 질러야만 이 종전과 마찬가지로 무성하게 자랄 수 있다. **곁가지나 중심 가지를 잘라 내서는 안 된다.[170]** 가지를 치면 줄기가 가늘고 길어지며 또 많은 생채기가 생긴다. 가지를 치지 않아 비록 작고 굵을지라도 병은 생기지 않는다. 농언에 이르기를, "곁가지를 치지 않고 정수리를 정지하지 않은 채 10년이 지

初生三年, 不用採葉. 尤忌捋心. 捋心則科茹不長, 更須依法燒之, 則依前茂矣. 不用剶沐. 剶者長而細, 又多瘢痕. 不剶雖短, 麤而無病. 諺曰, 不剶不沐, 十年成轂.[28] 言易麤也. 必欲

168 '날심(捋心)': 정수리 부분의 가지를 따는 것을 가리킨다. 본문과 주석문장의 '날심(捋心)'은 원각본의 문장과 같으며, 금택초본에서는 '특심(特心)'이라고 잘못 쓰고 있으며, 호상본에서는 '채심(採心)'이라고 잘못 쓰고 있다. 황교본과 명초본 본문에서 날지(捋之)로 잘못 쓰고 명초본 소주에서 장심(將心)으로 잘못 쓰고 있다.

169 '과여부장(科茹不長)': '과(科)'는 뿌리 곁의 줄기부분이며, '여(茹)'는 연이어서 돋아난다는 의미로서 가지가 총총하게 자라서 중심줄기가 자라는 데 영향을 준다. 작은 느릅나무는 정수리 끝부분의 가지를 자른 후에는 나무줄기가 높게 자라지 못하고 자른 부분과 그 아랫부분에는 총총하게 곁가지가 자람으로 인해서, 후일에 목재로 이용할 때 영향을 끼친다. 묘치위 교석본에 의하면, '부장(不長)'의 '부(不)'는 원각본과 금택초본에서는 이와 글자가 같으나 명초본과 호상본에서는 '태(太)'자로 잘못 쓰고 있다고 한다.

170 '천목(剶沐)': 가지치기하는 것을 가리킨다. 묘치위 교석본을 참고하면, 어린 나무의 곁가지를 친 후에는 양분이 중심가지에 집중되어서 '길고 가늘게 자라는' 현상이 보인다. 반대로 곁가지를 남기면 중심가지가 비교적 굵고 짧게 자란다고 한다.

나면 마차의 수레바퀴[轂]를 만들 정도로 자란다."라고 한다. 이것은 바로 가지를 치지 않아도 자라고, 굵게 자라는 것이다. 반드시 가지를 치려고 하면 2치[寸] 정도는 남겨 두어야 한다.

剶者, 宜留二寸.

구덩이를 만들어 파종하려면[171] 먼저 구덩이 바닥에 지붕 이은 묵은 짚을 깔고, 느릅나무 꼬투리를 그 위에 흩어 뿌리고 다시 흙을 덮는다. 싹이 튼 후에는 앞의 방법에 따라서 불을 지른다. 지붕 이은 묵은 짚은 매우 빨리 부패가 되기에[172] 기름지기가 똥거름보다 낫다. 지붕 이은 묵은 짚이 없다면 똥거름으로 시비해도 좋다. 만약 똥거름을 주지 않으면 비록 자랄지라도 연약하다. 이미 옮겨 심은 적이 있는 묘목[栽]은 앞에서 제시한 것과 같은 방법에 따라서 불을 지른다.[173]

於壍坑中種者, 以陳屋草布壍中, 散榆莢於草上, 以土覆之. 燒亦如法. 陳草速朽, 肥良勝糞. 無陳草者, 用糞糞之亦佳. 不糞, 雖生而瘦. 既栽移者, 燒亦如法也.

171 '참(壍)'은 '참(塹)'과 같으며 '참갱(壍坑)'은 아마 황토구덩이인 듯하다.

172 '속후(速朽)'는 묵은 지붕을 이은 풀은 부패가 빠름을 의미한다. 원각본, 금택초본에서는 이 문장과 같으나 남송본에서는 '환근(還根)'이라고 쓰고 있는데 아마 글자형태로 인한 잘못인 듯하다.

173 "既栽移者, 燒亦如法"은 묘치위에 의하면, 묘목을 땅에 붙여서 자르는 것은 오늘날에는 '평치(平茬)'라고 일컫는다. '평치'는 묘목기간에 행하며 빨리 자라도록 촉진한다. 옮겨 심어서 정착한 후에는 더 이상 '평치'를 하지 않는다. 『범승지서』「종상법(種桑法)」, 『제민요술』의 본편에는 정원의 북쪽에 느릅나무를 심고 다음 문장에서는 넓은 면적에 느릅나무를 심는다고 하였는데, 본권의 「닥나무 재배[種穀楮]」에서도 이와 같다. 시간은 모두 이듬해 정월의 어린 묘목시기이다. 원대의 『농상집요(農桑輯要)』「재상(栽桑)」편에서 『무본신서』와 『사농필용』을 인용한 것에는 10월에 '평치'를 하고 불을 놓아 태운다고 하는데 이 또한 어린 묘목시기이다. 그런데 옮겨 심고 자리를 잡은 후에 또 다시 평치하는 것은 보이지 않는다. 이에 근거할 때 여기서 말하는 '이미 옮겨 심은 것[既栽移者]'은 잘못된 듯하다. '자(者)'자가 의심스러운데 마땅히 '전(前)'으로 써야 한다. 이는 옮겨심기

또 느릅나무를 심는 법: 무릇 밭두둑에 느릅나무를 심는 것은 한편에서는 참새를 불러 곡물을 해치게 하고, 또 다른 한편으로는 함께 빽빽하게 자라지 못하기 때문에 나무줄기가 늘 구부러져서 자라게 된다. 밭 한쪽을 떼어 내어 전문적으로 파종하는 것만 못하다. 토양이 흰색인 아주 척박한 땅은 오곡을 파종하기에 적합하지 않고, 도리어 느릅나무와 흰 느릅나무[174]를 파종하기에 적합하다.

又種楡法. 其於地畔種者, 致雀損穀, 既非叢林, 率多曲戾. 不如割地一方種之. 其白土薄地不宜五穀者, 唯宜楡及白楡.

(나무를 심을) 땅은 시장에 가까운 곳이어야 한다. 땔나무나 느릅나무 꼬투리 및 잎은 품을 덜 수 있다. 협유, 가시느릅나무와 일반적인 느릅나무[175] 등의 세 종류는 마땅히 서로 나누어서 파종을 하되, 섞어 파종해서는 안 된다. 협유의 꼬투리와 잎은 맛이 쓰고 보통의 느릅나무는 꼬투리가 달다. 단 꼬투리를 미리 봄에 따서[將][176] 준비하여 삶아서 내다 팔기 때문에 반드시 나

地須近市. 賣柴莢葉, 省功也. 梜楡刺楡凡楡, 三種色, 別種之, 勿令和雜. 梜楡, 莢葉味苦, 凡楡, 莢味甘. 甘者春時將[29]煮賣, 是

전에 예컨대 또한 정월에 평치하여서 불을 태우는 것을 가리키는 것이라고 한다.

174 '백유(白楡)': 각본과 『농상집요』는 인용한 것이 모두 동일한데 잘못되었다. 묘치위에 의하면, 본편의 '유(楡)'는 '백유'를 가리킨다. 이는 곧 '유급백유(楡及白楡)'를 거듭 말한 것으로서 또 아래 문장의 '삼종색(三種色)'과 조화를 이루지 못한다고 한다. 황록삼 교기에는 백양의 잘못이라고 의심하고 있으며, 『농정전서』 권28에는 『농상집요』의 즉 '백양(白楊)'으로 쓴 것을 인용하고 있는데 이는 옳다고 한다.

175 '범유(凡楡)': 이는 집집마다 모두 있으며 북방에서는 '가유(家楡)'라고 일컫는다. 그 명칭이 기타 느릅나무 종류를 독점하고 있으며, 느릅나무를 통칭하여 가리키는 바가 곧 백유이다.

누어 파종하는 것이다. 땅을 갈고 꼬투리를 수확하는 방법은 모두 앞에서 제시한 것과 같으며, 먼저 땅을 갈아 이랑을 만든 연후에 느릅나무 꼬투리를 흩어 뿌린다.[177] 이랑을 만들 때는 길고 곧게 해야만[178] 관리하기가 쉽다. 5치[寸] 간격으로 하나의 꼬투리를 심으면 조밀한 정도가 적절하게 된다. 흩어 뿌린 후에 끌개를 이용해서 편편하게 골라 준다.

以須別也. 耕地收莢, 一如前法, 先耕地作壟, 然後散榆莢. 壟者看好, 料理又易. 五寸一莢, 稀概得中. 散訖, 勞之.

느릅나무가 싹이 트면 잡초도 함께 자라는데 이때는 반드시 돌볼 필요는 없다. 이듬해 정월이 되어 지면에 붙여서 베어 내는데 불을 놓아서 태운다. 스스로 자라나도록 하며 돌볼 필요가 없는 것이다.

榆生, 共草俱長, 未須料理. 明年正月, 附地芟殺, 放火燒之. 亦任生長, 勿使棠近.

다시 일 년이 지나 이듬해 정월이 되면 좋지 않은 묘목은 베어 낸다. 무릇 한 나무줄기에는 7-8개의 곁가지가 자라는데, 굵고 크고 곧은 좋은 가지만 남기고 나머지는 모두 잘라

又至明年正月, 斸去惡者. 其一株上有七八根生者, 悉皆斫去, 唯留一

176 '장(將)': '그것을 가지고 온다'라는 의미로서 위진남북시대의 문헌 중에서는 항상 이와 같이 사용한다. 황교본과 장교본에서는 '날(捋)'로 쓰고 있는데 형태로 인한 잘못이다.

177 느릅나무 꼬투리를 파종하는 방법은 앞에서는 흩어 뿌린 이후에 쟁기로 갈았지만 여기서는 먼저 쟁기로 이랑을 지은 이후에 느릅나무 꼬투리를 파종하고 있어서 양자 간에 차이를 보인다. 일반적인 곡물의 파종은 후자를 택하고 있는데 같은 항목에서 서로 다른 두 방식을 제시한 것은 가사협의 착오 때문인 듯하다.

178 '간호(看好)': 원래는 '잘 되리라 예측한다'는 의미가 있으나, 스성한의 금석본에서는 "길고 곧은 이랑을 만든다."라고 해석하고 있는 반면, 묘치위 교석본에서는 "자란 후에 나무가 곧게 된다."라고 해석하였다.

낸다.

삼 년째 되는 봄에는 느릅나무 꼬투리와 잎을 따서 팔 수 있다.

5년이 지나면 서까래로 쓸 수 있다. 협유의 나무가 아니라면[179] 베어서 팔 수 있다. 1개가 10문전이다. 협유는 깎아서 팽이[180]나 작은 잔을 만들 수 있다. 1개당 3문전이다.

10년이 지나면 (협유를 가지고 깎아서) 큰 탕그릇[魁],[181] 작은 주발, 병과 뚜껑 달린[182] 그릇을 만들 수 있으며 각종 제기와 그릇도[183] 만들 수 있다. 한 개의 주발[椀]은 7문전이고, 큰 탕그릇 한

根麤直好者.

三年春, 可將莢葉賣之. 五年之後, 便堪作椽. 不梜者, 即可斫賣. 一根十文. 梜者鏇作獨樂及盞. 一箇三文. 十年之後, 魁椀瓶榼, 器皿, 無所不任. 一椀七文, 一魁二十, 瓶

179 이는 곧 '가시느릅나무[刺楡]'와 '일반적인 느릅나무[凡楡]'이다.

180 '독락(獨樂)': 스셩한의 금석본에 의하면, 어린이의 장난감으로 오늘날에는 일반적으로 '타라(陀羅)'라고 쓰고 있고, 호남성 장사 지역의 방언에서는 delo라고 말하며, 광동어에서는 dinglög이라고 한다.

181 '괴(魁)': 국그릇으로, 뜨거운 것을 담는 큰 주발이다.

182 니시야마 역주본에서는 앞의 2개는 밥[飯]과 국[飯汁]을 담는 그릇이고, 뒤의 2개는 술[酒]과 물[水]을 담는 그릇이라고 한다.

183 세 가지 느릅나무를 배양하는 법은 모두 원래 땅에서 자라며 옮겨 심지 않는 것이다. 묘치위 교석본을 참고하면, 느릅나무[白楡]와 가시느릅나무[刺楡]의 두 종류는 아래 문장의 "베어 낸 후에 다시 자라서 2번 파종하는 수고를 하지 않는다."에 의거해 보면 모두 작은 나무의 배양법을 취하고 있으며, 일정한 높이로 자라면 점차 그루터기를 땅에 팽팽하게 잘라서 내다 팔고 불을 놓아서 그루터기를 태워 새로운 그루터기의 성장을 촉진한다. 다만 '협유(梜楡)'는 큰 나무를 배양해서 큰 목재를 취한다. '배육(培育)'은 남겨 두어서 큰 나무로서 키워서 목재로 삼는 것이다. 그러나 처음에 묘목이 너무 빽빽하면 10년, 15년 후에 큰 나무를 배양할 때 그 사이에 반드시 몇 차례의 간벌을 해야만 비로소 큰 나무로 성장할 수가 있다. 그런데 원문에서는 생략하고 이렇게 말하지 않을 따름이라고 한다.

개는 20문전이며, 병과 뚜껑 달린 주발은 모두 그 값이 100문전이다.

나무가 15년을 자라게 되면 수레바퀴나 포도주 통[184]을 만들 수 있다. 통 한 개는 300문전이며 수레바퀴 한 개는 3필의 비단 값에 해당된다.

매년 간벌하고 가지 치는 작업에는[185] 땔나무를 하는 고용노동자를 지정하는데, 10다발의 땔나무를 베는 데 한 사람이 필요하다. 일이 없는 사람들은 다투어 와서 작업을 돕는다. 땔나무를 판 이익은 매우 풍족하다. 1년에 만 다발의 땔나무를 할 경우, 한 다발에 3문전이라면 이미 30관(貫)[186]이 되며 느릅 꼬투리와 잎의 값은 그 속에 포함되지 않는다. 게다가 각종 기물의 재료를 더하게 되면 또 땔나무 값의 열 배가 생겨난다. 땔나무 값의 열 배는 한 해 수익이 30

榼各直一百文也. 十五年後, 中爲車轂及蒲桃瓫. 瓫一口, 直三百, 車轂一具, 直絹三匹.

其歲歲料簡剶治之功, 指柴雇人, 十束雇一人. 無業之人, 爭來就作. 賣柴之利, 已自無貲. 歲出萬束, 一束三文, 則三十貫, 莢葉在外也. 況諸器物, 其利十倍. 於柴十倍, 歲收

184 '항(瓫)': 이는 곧 '강(㼘)'을 뜻하며 오늘날에는 '항(缸)'으로 쓴다.

185 북송본에서는 '요간(料簡)'으로 쓰고 있는데, 다른 본에서는 '과간(科簡)'으로 쓰고 있다. 이것은 형태로 인한 잘못이다. '과관(科簡)'은 가지를 자르는 것으로 '가지치기'와 뜻이 동일하다. '과간'은 선택적으로 구분하여서 나쁜 그루와 쓸데없는 가지 등을 제거하는 것이다. 고문에서는 대부분 인재를 간선하고 사물을 변별하는 것을 '과간'이라고 일컫는다. 채옹의 『채중랑집(蔡中郎集)』 권3 「태위양공비(太尉楊公碑)」에는 "쓸데없는 관리를 도태시키고 선별하여서 올바른 관리를 채운다."라고 하는데, 인재를 올바르게 선발하는 것을 가리킨다. 황정견(黃庭堅)의 『파해이문(跛奚移文)』에서는 "채소류를 선택하여 좋은 것을 남기고 나쁜 것을 버렸다."라고 한다. 이것은 채소를 선택적으로 골라서 나쁜 것을 버리고 좋은 것을 선택하였음을 의미한다.

186 1관(貫)은 1,000문전이다.

만 문전이다. 베어 내고 나면 또 다시 자라서 새로 심을 필요가 없으니 진실로 한 번 노력하면 영원토록 편하다. 1경頃의 느릅나무를 파종하게 되면 한 해 천 필의 비단을 수확하는 것과 맞먹는다. 다만 한 사람이 수확하며 지휘하고 처분해도 되며, 소와 쟁기와 종자와 고용인 등의 비용이 없을 뿐 아니라 또한 수재·한재·풍재·충재 등의 재난도 걱정할 필요가 없어서 오곡을 파종하는 밭에 비해서 노력과 편안함이 만 배나 차이가 난다.

三十萬. 斫後復生, 不勞更種, 所謂一勞永逸. 能種一頃, 歲收千匹. 唯須一人守護, 指揮處分, 既無牛犁種子人功之費, 不慮水旱風蟲之災, 比之穀田, 勞逸萬倍.

남자아이와 여자아이가 갓 태어나면 각각 스무 그루의 묘목을 주어서 심게 하는데, 결혼연령쯤 되면 나무가 수레바퀴를 만들 정도로 자란다. 나무 한 그루로 세 쌍의 수레바퀴를 만들 수 있다. 한 쌍의 값이 비단 3필에 해당되니 모두 합하여 180필에 해당하는 셈이다. 그만한 돈이면 장가가고 시집갈 때의 혼수비용으로 그럭저럭 맞출 수 있다.

男女初生, 各與小樹二十株, 比至嫁娶, 悉任車轂. 一樹三具. 一具直絹三匹, 成絹一百八十匹. 娉財資遣, 粗得充事.

『술』에 이르기를,[187] "집의 북쪽에 9그루의 느릅나무를 심으면, 누에와 뽕나무에도 좋으며 밭의 곡물에도 좋다."라고 한다.

術曰, 北方種楡九根, 宜蠶桑, 田穀好.

---

187 『예문유취』 권88, 『태평어람』 권956의 '유(楡)'조에서는 『잡오행서』를 인용하여 이르기를, "집의 북쪽에 느릅나무 9그루를 파종하면 누에에 크게 덕이 된다."라고 하는데 이는 『술(術)』과 유사하다.

최식이 이르기를,[188] "2월에는 느릅나무 꼬투리가 자라는데 푸를 때 따서 햇볕에 말려서 '지축旨蓄'을 만든다." '지'는 맛있다는 뜻이며 '축'은 비축한다는 의미이다. 사부(司部)[189]는 푸른 느릅나무 꼬투리를 따서 약간 쪄서 햇볕에 말린다. 겨울이 되어 술을 담그면 향기롭고 부드러워 노인을 부양하기에 적합하다. 『시경』[「패풍(邶風)·곡풍(谷風)」]에 이르기를, "내가 맛있는 축을 만들어 두었으니 겨울을 보내기가 좋겠구나."라고 한다. "(느릅나무 꼬투리의) 색이 흰색으로 바뀌어 떨어지려고 할 무렵에는 (그로써) '무투장[䥂醶]'[190]을 만들 수 있다. 계절이 빠르고 늦음을 잘 살펴 가장 적당한 시기를 놓쳐서는 안 된다." (무투는) 느릅나무 꼬투리로 만든 장이다.

崔寔曰, 二月, 楡莢成, 及青收, 乾以爲旨蓄. 旨, 美也, 蓄, 積也. 司部收青莢, 小蒸曝之. 至冬以釀酒, 滑香, 宜養老. 詩云, 我有旨蓄, 亦以御冬也. 色變白, 將落, 可作䥂醶. 隨節早晏, 勿失其適. 䥂音牟, 醶音頭, 楡醬.

사시나무[白楊]는 고비(高飛)라고도 하며, 또 독요(獨搖)라고도 한다.[191] 나무성질이 단단하면서도 연

白楊, 一名高飛, 一名獨搖. 性甚勁

---

188 이 조항은 최식의 『사민월령』에 나온다. 『예문유취』 권88, 『태평어람』 권956에서 모두 인용하고 있는데 비교적 간단하며 주석문장은 없다.

189 '사부(司部)': 상세하지는 않지만 『사민월령』의 각 월에서는 식물의 꽃과 열매와 뿌리 등을 채취해서 식용이나 약용하는 경우가 매우 많아서, 전문적으로 이러한 물건을 채취하는 사람을 가리킨다고 생각된다.

190 '무투(䥂醶)': 『본초강목』 권25 '유(楡)'조에 이르기를 "3월에 유전(楡錢)을 채취하여, … 데쳐서 햇볕에 말려서 장을 담그는데, 이것이 곧 유인장(楡仁醬)이라고 한다. 최식의 『사민월령』에서 이것을 일러 '무투(䥂醶)'라고 하는 것이 이것이다."라고 한다.

191 '백양(白楊)': 사시나무로서 버드나무과[楊柳科]의 양속(楊屬; *Populus*)의 식물이다. 빨리 자라 목재로 사용하는 수종으로, 늘상 보이는 것으로 모백양(毛白楊; *Populus tomentosa*)과 은백양(銀白楊; *Populus alba*)이 있다. '고비(高飛)': 자라는 것이 빠르고 높게 자라는 것을 형용한 것이다. '독요(獨搖)': 독요는 매우 빨리

하고 곧아서 집 짓는 재료로 사용할 수 있다. 꺾으면 부러질지언정 끝내 구부러지지는 않는다.[192] 느릅나무[榆]의 성질은 비교적 물러서 시간이 다소 오래되면 구부러지는데, 이는 사시나무와 비교할 때 차이가 많다. 또한 느릅나무의 본성은 구부러지는 것이 많고 가지가 곧게 자라는 것이 적다. 생장 또한 느려서 여러 해가 지나야 비로소 목재로 사용할 수 있다.[193] 무릇 집을 짓는 목재는 소나무와 잣나무[柏]가 가장 좋고, 그다음이 사시나무이며 느릅나무가 가장 좋지 않다.

直, 堪爲屋材. 折則折矣, 終不曲撓. 榆性軟, 久無不曲, 比之白楊, 不如遠矣. 且天性[30]多曲, 條直者少. 長又遲緩, 積年方得. 凡屋材, 松柏[31]爲上, 白楊次之, 榆爲下也.

사시나무를 심는 법[種白楊法]: 가을에 땅을 갈이하여 부드럽게 한다. 이듬해 정월과 2월 중에 쟁기를 이용해서 이랑을 만든다. 한 이랑에 쟁기를 사용하여 순방향으로 한 번 갈고, 역방향

種白楊法. 秋耕令熟. 至正月二月中, 以犁作壟. 一壟之中, 以犁逆順

자라 여타한 수종보다 높게 자라서 서 있게 되면 바람에 의해서 흔들린다는 모양을 형용한 것이다.

192 '절즉절의(折則折矣)'는 각본에서 모두 같지만 잘못이 있다. '절(折)'은 구부린다는 뜻으로 '곡요(曲撓)'와 차이가 없다. 만약 부러진다면 용마루와 들보를 만들 경우 피해는 엄청나게 커진다. 청대 오기준(吳其濬)의 『식물명실도고장편(植物名實圖考長編)』 권21 「백양편(白楊編)」에서는 『현사쇄탐(懸笥瑣探)』을 인용하여 "사시나무[白楊]는 … 곧고 멋지게 다듬어서 사관의 목재로 사용하는데, 오래되면 약간은 벌어져서 소나무와 잣나무의 목재처럼 단단하지 않다."라고 하였다. 묘치위는 교석본에 의하면, 사시나무의 목재는 비록 곧고 구부러지지는 않을지라도 해가 오래되면 쉽게 쪼개지고 터지는 것으로, '절(折)'은 분명 '석(析)'의 형태가 잘못된 것이라고 한다.

193 느릅나무는 확실히 구부러지기가 쉽고 생장 또한 늦어서 속성수종인 사시나무만큼 높게 자라진 못한다. 사시나무는 높고 곧아서 구부러지지는 않지만 갈라지기가 쉬워서 건축 재료로 사용할 경우 소나무와 잣나무만 못하다.

으로 각각 한 번씩 간다. 이랑의 폭은 파[葱]를 파종할 때의 이랑[194]을 만드는 것과 같이 한다.[195] 이랑을 만든 후에 또 괭이[鍬][196]로 이랑 위에 구

各一到. 暘中寬狹, 正似葱壟. 作訖, 又以鍬掘底,

194 '상(暘)': 이는 곧 지금의 '상(墒)'자이며, 쟁기로 만든 고랑을 가리킨다. 청대 기준조(祁雋藻)의 『마수농언(馬首農言)』 「방언편(方言編)」에는 "쟁기질하여 만든 고랑을 일러 상이라고 한다.[犁溝謂之墒.]"라고 한다. 또한 『제민요술』에서 말하는 '농(壟)'은 대개 낮은 이랑 즉 (직파 혹은 꺾꽂이하는) 파종처를 가리킨다. 버드나무를 꺾꽂이할 때 '상롱(暘壟)'이라고 하는 말이 있는데, 이것 또한 고랑[犁溝]을 가리킨다. 묘치위 교석본에 따르면, 고랑을 타는 법은 대개 누강(耧耩)을 이용해서 갈이하는데, 강(耩)으로 갈이하는 법[耩法]은 작물과 기술의 요구조건이 다르기 때문에 다소 얕고 깊고 넓고 좁은 차이가 있으며, 그로 인해서 고랑을 갈이할 때도 한 번 갈거나[單耩] 두 번 가는[重耩] 등 서로 조작을 달리하여 행한다. 두 번 갈이한다는 것은 예컨대 본서 권3 「생강 재배[種薑]」의 "먼저 누강(耧耩)으로 두 번 갈아 이랑을 따라 생강을 파종한다.", 본서 권3 「거여목 재배[種苜蓿]」의 "누강(耧耩)으로 땅을 두 차례 갈아 이랑을 깊고 넓게 한다." 등은 모두 여기서 말하는 밖으로 번토하고 안으로 번토하는['역순(逆順)'] 것 즉 두 번 쟁기질하여 고랑을 타는 법과 유사하여, 한 번은 누강(耧耩)으로 갈이하고, 한 번은 쟁기로 갈아엎는 데 지나지 않을 뿐이다. 두 번 누거로 가는 목적은 파종할 고랑을 비교적 깊고 넓게 하기 위함이며 순방향과 역방향으로 두 번 쟁기를 갈아엎는 목적도 이와 같다. 「파 재배[種葱]」 편의 고랑을 타는 법은 바로 "누거로써 두 차례, 강(耩)으로 두 차례 갈아서"라는 것으로, 따라서 여기에서 비유하여 말하기를 "이랑의 폭은 파를 파종할 때의 이랑을 만드는 것과 같이 한다."라고 하였다.

195 '사(似)' 다음에는 명초본과 호상본에서는 대부분 '작(作)'자가 추가되어 있는데 분명 군더더기이다. 북송본에는 '작(作)'자가 없으며 『농상집요』에서 인용한 것에도 또한 없다. 다음의 본권 「홰나무 · 수양버들 · 가래나무 · 개오동나무 · 오동나무 · 떡갈나무의 재배[種槐柳楸梓梧柞]」에도 마찬가지로 "이랑의 넓고 좁음은 마치 파를 파종하는 이랑과 같이 한다."라는 구절이 있는데, 이곳에도 역시 '작(作)'자가 없다.

196 '초(鍬)': 일종의 땅을 파는 농기구이지만, 그 형태가 어떠한가는 분명하게 제시하고 있지 않다. 중국에서 출판된 『한어대사전』에는 초는 쇠 날이 둥글고 다소 뾰족한 형태라고 설명하고, 그림으로는 날과 자루가 일(一)자 형태로 된 삽의 모

덩이를 파서 작은 구덩이를 만든다.[197] 작은 손가락 굵기 정도의 사시나무[白楊]가지를 세 자[尺] 길이로 자르고 구덩이 속에 구부려서 흙으로 눌러 덮어 주며, 가지의 양 끝부분이 흙 밖으로 향해 드러나게 하되 위로 향해 수직이 되게 하는데, 두 자 거리마다 한 그루씩 심는다. 이듬해 정월이 되면 좋지 않은 가지를 잘라 낸다.

1무畝에는 세 개의 이랑을 만들고, 매 이랑마다 720 그루를 심는데, 한 그루에는 두 개의 뿌리가 생기니, 1무에는 모두 4,320개의 뿌리[198]

一坑作小壍. 斫取白楊枝, 大如指長三尺者, 屈著壟中, 以土壓上, 令兩頭出土, 向上直豎, 二尺一株. 明年正月中, 剝去惡枝. 一畝三壟, 一壟七百二十株, 一株兩根, 一畝四千三百

양을 제시하고 있다. 한국의 사전에서는 초를 가래라고 설명하여 중국과 다소 비슷한 설명을 하고 있다. 그러나 일본의 이누마 지로[飯沼二郞]·호리오 히사시[掘尾尙志], 『농구(農具)』, 法政大学出版局, 1976, 127-148쪽에 의하면 초는 날이 둥글거나 평평하며 날과 자루의 각도가 'ㄱ'자 형태로 된 괭이류로서, 제초를 하거나 땅을 파는 용도로 인식하고 있다. 『제민요술』의 각 편에 등장하고 있는 초의 용도를 보면, 이랑 위에 구덩이를 파는 용도로 사용되었다는 점에서 삽보다는 괭이의 형태가 더욱 적당한 듯하다.

197 '작소참(作小壍)': 다시 파종할 고랑에 약간 깊은 구덩이를 파고 장방향의 작은 구덩이를 만들어서 긴 가지를 구부려 구덩이 바닥에 닿게 하고, (흙을 채워) 가지의 양끝이 흙 밖으로 나오게 하여 위로 향해 수직이 되게 한다.

198 이것은 가사협 당시의 무제(畝制)가 폭 1보(步), 길이 240보의 장조(長條)형의 무임을 말해 준다. 묘치위 교석본에 의하면, 1보(步)는 6자[尺]이고, 1무의 길이는 1,440자이며, 2자[尺]마다 한 그루씩 심고 매 그루에 두 뿌리가 생긴다면 1보의 폭에는 세 개를 심을 구덩이가 만들어지는데, 즉 다음과 같다. 1,440÷2=720그루[株] (1이랑의 그루 수), 720×2×3=4,320뿌리[根](1무의 총 뿌리수)가 만들어진다. 혹자는 그루 간의 거리가 너무 조밀하면 큰 나무로 성장을 할 수가 없다고 하는데, 실은 때맞춰서 잘라 내 팔아야 하며 남겨진 것은 자연 큰 나무로 자랄 수 있다. 명대 동곡(董穀)의 『벽리잡존(碧裏雜存)』 권상(上)의 「논무(論畝)」 편에서는

가 만들어지는 셈이다.[199]

삼 년째가 되면 나무줄기는 이미 누에잠박의 시렁을 만드는 작은 기둥으로 쓸 수 있으며,[200] 오 년째가 되면 집의 서까래를 만들 수 있고, 십 년이 되면 용마루와 들보[棟梁]로 사용할 수 있다. 누에잠박을 걸치는 시렁을 표준으로 삼아서 말하자면 한 개의 값이 5문전이라서, 1무당 한해 21,600문文의 수익을 올릴 수 있다. 땔나무, 용마루와 들보, 서까래 값은 여기에 포함되어 있지 않다.[201]

二十株.

三年, 中爲蠶槌, 五年, 任爲屋椽, 十年, 堪爲棟梁. 以蠶槌爲率, 一根五錢, 一畝歲收二萬一千六百文. 柴及棟梁椽柱在外.

당시의 농언을 인용하여 "가로 15(步), 세로 16(步)의 1무전(畝田)이 가장 적합하다."라고 한다. 마찬가지로 240평방보 1무이지만 후대는 방형의 무에 가까워서 가사협 시대의 장조형의 무의 형태와는 같지 않다고 한다.

199 본서의 여타한 계산과 마찬가지로 이 계산은 모두 '지면상의 숫자'이며 실제의 정황과는 같지 않다. 스성한의 금석본에 따르면, 1무(畝)에 4,320그루의 사시나무를 옮겨 심는다면 만약 묘목은 심을 수 있을지라도 본서에서 말하는 것과 같이 "1무에 3개의 이랑을 만들어서 한 이랑에 720그루를 심는다."라는 것은 곤란하다고 한다. 10년 이후에 '용마루와 들보로 사용'할 때 1무에 여전히 4,320그루가 있어서, 동시에 용마루, 들보, 누에잠박용 시렁, 땔나무를 공급한다는 것은 상상할 수 없는 정황인 것이다. 묘치위는 교석본에서, '주(株)'는 각본에서는 동일하며 위 문장에서는 '일주양근(一株兩根)'이라고 하고 있는데, 여기서도 또한 마땅히 '근(根)'자로 써야 한다고 한다.

200 '적(槌)': 시렁을 만들 때 사용하는 작은 기둥으로서 조합하여 잠박을 만들 때 넣는다. '적(棏)', '득(㰤)', '적(槵)'으로도 쓰인다.

201 '재외(在外)': 이것은 단지 누에시렁을 계산의 표준으로 삼아 말한 것이다. 묘치위 교석본에 따르면, 1무는 연간 2만 1600문전을 팔 수가 있지만, 결코 전부 베어서 팔 수는 없기에 팔지 못하고 남아서 큰 나무로 기르게 되면 '용마루와 들보, 서까래'의 이익이 그 속에 포함되지 않게 된다고 한다. 그런데 이 소주[註]는 실제적으로 별 의미가 없다. 가사협이 누에잠박의 시렁을 기준으로 계산한다고 하였는

매년 30무畝를 파종하여 삼 년이 되면 90무를 파종하며, 매년 30무의 나무를 내다 팔면, 64만 8천 문전을 얻게 된다. (삼 년마다) 한 번씩 돌아가면서 다시 시작하면 끝없이 계속해서 이용할 수 있다.[202] 작물을 파종하는 농부와 비교해 볼 때 그 노력과 편안함이 만 배나 차이가 난다. 산지에서 멀리 떨어진 곳은 실제로 많이 파종해야 한다. 천 그루 이상을 파종하면 어떠한 목재도 원하는 만큼 해결할 수 있다.

歲種三十畝, 三年九十畝, 一年賣三十畝, 得錢六十四萬八千文. 周而復始, 永世無窮. 比之農夫, 勞逸萬倍. 去山遠者, 實宜多種. 千根以上, 所求必備.

데, 시렁을 만드는 목재는 3년이 되면 만들어지기 때문에 그보다 많은 시간을 요하는 것, 예컨대 땔나무를 제외하고 서까래, 들보 등의 문제는 소주를 달아서 제시할 필요가 없는 것이다.

202 "周而復始, 永世無窮": 누에시렁을 만드는 나무 한 개의 값을 5전(錢)으로 계산하면, 일 년에 30무의 나무를 팔 경우 모두 64만 8000문전의 이득을 얻을 수 있어서 계산상으로는 잘못이 아니다. 나무를 채취하는 방법은 삼 년이 되면 30무의 그루터기를 모두 베어 내면 '베어 낸 후에 다시 자라게 되어[斫後復生]' 삼 년이 되면 한 바퀴 돈다. 따라서 '영세무궁(永世無窮)'은 사실 사시나무를 심는 이익이 아주 많다는 점을 강조한 것에 지나지 않는다.

● 그림 6
느릅나무[楡楡]:
『구황본초』 참고.

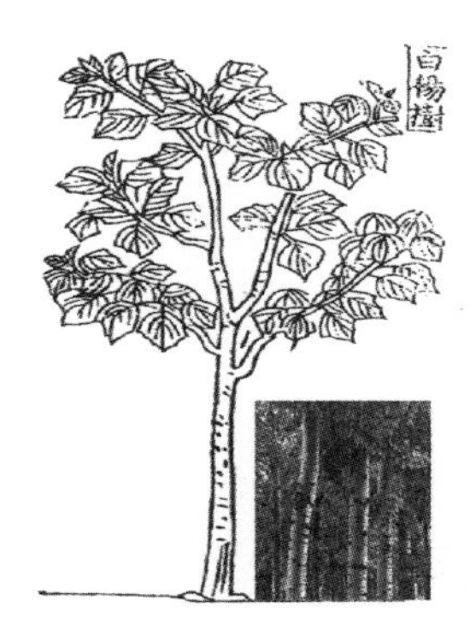

● 그림 7
사시나무[白楊]:
『구황본초』 참고.

교 기

27 '협(梜)': 명초본에서는 '수(手)'변을 써서 '협(挾)'으로 쓰고 있는데, 비책휘함 계통의 각본도 동일하다. 원각본과 금택초본에 의거하여 고쳐서 '목(木)'변으로 고쳐 쓴다.

28 '곡(榖)'은 명초본에서는 '곡(穀)'자로 잘못 쓰고 있으며, 다른 본에서는 잘못되지 않았다.

29 '장(將)': 명초본에는 이 글자가 매우 애매한데 '날(捋)'자와 다소 비슷하다. 원초본과 금택초본에 의거하여 고쳐서 바로잡는다.

30 '천성(天性)': 북송본 등에서는 '천성(天性)'이라고 하고 있으며, 황교본, 호상본 등에서는 '본성(本性)'이라고 쓰고 있다.

31 '백(柏)': 황교본, 명초본, 금택초본에서는 '매(梅)'로 잘못 쓰고 있는데, 원각본에서는 애매하여 분명하지 않다.

제47장

콩배나무 재배 種棠第四十七

『이아(爾雅)』에 이르기를,[203] “두(杜)는 북지콩배나무[甘棠]이다.”라고 하였다. 곽박은 주석하여 “오늘날[진대]에는 두리(杜梨)라고 일컫는다.”라고 하였다.

爾雅曰, 杜, 甘棠也. 郭璞注曰, 今之杜梨.

『시경(詩經)』에 이르기를,[204] “무성한 콩배나무여.”라고 한다. 『모전』에 주석하기를, “감당(甘棠)이 곧 북지콩배나무[杜]이다.”라고 한다. 『시의소』의 해석에 의하면, “오늘날 당리는 두리라고 부른다. 모양은 배와 같고 형태는 약간 작으며 새콤달콤한 맛이고 먹을 수 있다.”라고 한다.

詩曰, 蔽芾甘棠. 毛云, 甘棠, 杜也. 詩義疏云, 今棠梨, 一名杜梨. 如梨而小, 甜酢可食也.

『시경』「당풍(唐風)」편에는[205] “우뚝 서 있는 북지콩배나무[杜]여.”라고 하였다. 『모전』에는, “북지콩배나무[杜]는 적당(赤棠)이다.”라고 한다. (『시의소』에 이르기를,) “(적당은) 백당

唐詩曰, 有杕之杜. 毛云, 杜, 赤棠也. 與白棠同, 但有赤白, 美

---

203 『이아(爾雅)』「석목(釋木)」편에 보이며 여기에는 ‘야(也)’자가 없다. 곽박의 주석에는 ‘今之杜棠’이라고 쓰고 있다. 그러나 『시경』「소남(召南)·감당(甘棠)」편 공영달의 소에 언급된 곽박의 주에는 『제민요술』과 같이 ‘今之杜梨’로 쓰여 있다.

204 『시경』「국풍(國風)·소남(召南)·감당(甘棠)」.

205 『시경』「국풍(國風)·당풍(唐風)·체두(杕杜)」; 『시경』「소아(小雅)·체두(杕杜)」. ‘체(杕)’는 성장이 왕성하다는 의미이다.

(白棠)과 더불어 같지만[206] 과실은 적색과 백색이 있으며, 맛이 좋고 그렇지 않은 구별이 있다. 과실이 흰 것을 '백당'이라고 하며 또한 '감당(甘棠)'이라고"도 한다. 맛이 새콤달콤하며 입자가 곱고 연해서 먹기에 좋다. 적당의 열매는 떫고 시며 맛이 없다. 민간에서 이르기를 "떫은 것이 북지콩배나무[杜]와 같다."라고 하였으며 "적당은 나무재질은 붉은색이며 활대를 제작할 수 있다."라고 한다.

惡. 子白色者爲白棠, 甘棠也. 酢滑而美. 赤棠, 子澀而酢, 無味. 俗語云, 澀如杜, 赤棠, 木理赤, 可作弓幹.

생각건대 오늘날[북위]의 콩배나무[棠]의 잎은 진홍색으로 염색할 수 있는 것이 있고 또 오직 남빛을 띤 붉은색[土紫][207]으로 염색할 수 있는 것도 있지만,[208] 북지콩배나무[杜]의 잎은 염료로 사용하기에 전혀 적합하지 않다. 사실상 이 3가지 식물은

按, 今棠葉有中染絳者, 有惟中染土紫者, 杜則全不用. 其實三種別[32]異. 爾雅毛

206 '여백당(與白棠)'에서 '가작궁간(可作弓幹)'에 이르기까지 금본의 『시소(詩疏)』와 대동소이하다. 따라서 마땅히 또한 '시의소왈(詩義疏曰)'의 4글자가 응당 인용되어야 하지만 지금은 생략되어 보이지 않는다. 금본 육기의 『모시초목조수충어소(毛詩草木鳥獸蟲魚疏)』에는 "'감당(甘棠)'은 지금의 '당리(棠梨)'이고, 두리(杜梨)라고 칭하며, 적당(赤棠)이다. 이는 백당(白棠)과 동일하나 열매가 붉고 희고 맛이 좋고 그렇지 않은 것이 있다."라고 하였다. 그다음은 기본적으로 『제민요술』에서 인용한 『시의소』와 같으며 '목리적(木理赤)'은 육기의 소에는 '목리인(木理韌)'으로 쓰고 있다.

207 '강(絳)'은 진한 홍색이다. '토자(土紫)'는 남빛을 띤 붉은색 즉 자갈색이다.

208 콩배나무[棠]잎은 "진홍색으로 염색하기에 적당하고 남빛을 띤 홍색을 염색하기에도 적당하다."라고 하였는데, 콩배나무[棠梨]의 나뭇잎 중에는 여러 종류의 다양한 안토시안류와 폴리페놀류가 함유되어 홍색과 자색을 염색할 수 있다. 그러나 스셩한의 금석본에 따르면, 진홍색을 염색하는 것은 현재에도 불가능하다. 만일 고대에 특별한 방법이 있었다거나(예컨대 특수한 매염제를 첨가), 또 아마도 고대에 사용된 콩배나무[棠]가 오늘날의 것과 약간 달랐는지도 모른다. 다른 측면에서는 색깔의 표준이 달랐을 것이다. 고대에서 말하는 진홍색은 반드시 오늘날의 진홍색은 아니며 적어도 아마 오늘날만큼 진하지는 않았을 것이다.

각기 서로 다른 것이다. 『이아(爾雅)』와 『모전』, 곽박의 주에서는 서로 같은 식물이라고 하였지만 상세하게 설명하고 있지는 않다.[209]

郭以爲同, 未詳也.

콩배나무[棠]의 열매가 익었을 때 따서 파종한다. 그렇지 않으면 봄에 옮겨 심는다.

8월 초에 날씨가 맑을 때 잎을 따서 가볍게 펴고 햇볕에 쬐어 말리면 진홍색으로 염색을 할 수 있다. 반드시 맑은 날을 기다렸다가 잎을 조금씩 따서 말리고 다시 잎을 딴다. 절대로 한꺼번에 대량으로[210] 따서는 안 된다. 만약 흐리거나 비가 오면 잎이 곧 눅눅해서 뜨게 되고, 뜨면 진홍색의 염료로 사용할 수 없다.

棠熟時, 收種之. 否則, 春月移栽. 八月初, 天晴時, 摘葉薄布, 曬令乾, 可以染絳. 必候天晴時, 少摘[33]葉, 乾之, 復更摘. 愼勿頓收. 若遇陰雨則浥, 浥不堪染絳也.

나무가 자란 후에 매년 비단 한 필의 값에 상응하는 잎을 딸 수가 있다. 또한 많이 파종할 수도 있어서 이익은 뽕나무를 심는 것보다 크다.

成樹之後, 歲收絹一匹. 亦可多種, 利乃勝桑也.

209 위 문장의 『이아』 곽박의 주, 『시경』, 『모전』, 『시의소』 등의 해석에 의거해 볼 때 '당(棠)', '두(杜)'는 도치되어서 서로 같은 듯하면서도 달라 확실히 분명한 구분이 없다. 역사문헌자료를 종합해 보건대, 대체적으로 '당(棠)', '백당(白棠)'을 가리키는 것은 당리이고 '두(杜)', '적당(赤棠)'은 두리(杜梨)이다.(권4 「배 접붙이기[插梨]」의 주석 참고.) 가사협은 나뭇잎으로 염료를 만들 수 있는가의 여부를 당(棠), 두(杜) 2종류로 나누고 있다. 묘치위는 홍색을 염색하거나 자색을 염색하는 것은 색소류의 함유에 따라서 진하고 옅은 것이 구별된다. 실제로는 같은 종류의 당리(棠梨)라고 한다.

210 '돈(頓)': '단번에'의 의미로서, '돈수(頓收)'는 짧은 시간에 대량으로 따는 것이다.

교 기

32 '별(別)': 북송본에서는 이와 글자가 같지만 명초본과 호상본에서는 '즉(則)'자로 쓰고 있는데 형태로 인한 잘못이다.

33 '적(摘)': 북송본 등에서는 이와 글자가 같으나 명초본에서는 '적(樆)'자로 쓰고 있는데 글자의 의미는 같다. 묘치위 교석본에서는 '적(摘)'자로 통일하여서 쓰고 있다.

제48장

닥나무 재배 種穀楮第四十八

『설문(說文)』의 해석에 이르기를, "곡은[211] 곧 저이다."[212]라고 한다. 생각건대 오늘날[북위] 어떤 사람들은 이 나무를 각저(角楮)라고 일컫기도 하는데 이는 잘못이다. 대개 '각'과 '곡'은 음이 서로 유사하기 때문에 혼란을 일으킨 것이다. 그 껍질은 종이를 만들 수 있다.

說文曰, 穀者, 楮也. 按, 今世人乃有名之曰角楮, 非也. 蓋角穀聲相近, 因訛耳. 其皮可以爲紙者也.

닥나무[楮]는 마땅히 계곡과 산골짜기에 파종하며, 아주 좋은 땅을 선택해야 한다. 가을에 닥나무 열매가 익을 때 많이 따서, 물에 담가 깨끗이 인 후에 햇볕에 말린다. 땅을 갈고 부드럽게 삶아 2월에는 빈 누거

楮宜澗谷間種之, 地欲極良. 秋上楮子熟時, 多收, 淨淘, 曝令燥. 耕地令熟, 二月, 耬耩之, 和麻子漫

211 '곡자(穀者)': 금본의 『설문해자』와 각종 판본에는 모두 '자(者)'자가 없는데, 스셩한의 금석본에서는 『설문해자』의 체제에 근거하여 있을 필요가 없다고 보았다. '저(楮)'자의 오른쪽 변인 다음의 '자(者)'자로 인해서 초서할 때 잘못 보아 '자(者)' 한 자가 더 쓰인 듯하다.

212 '곡(穀)', '저(楮)', '구(構)'의 세 개의 이름은 동일한 종류의 나무로서 이는 곧 오늘날 뽕나무과의 '구수(構樹; *Broussonetia papyrifera*)'이다. 나무껍질은 종이를 만드는 원료로 쓴다.

로 한 번 갈고 삼씨[麻子]와 함께 골을 따라 흩어 뿌린[漫散] 후에 끌개를 이용해서 고르게 골라 준다. 가을과 겨울에도 여전히 삼을 베지 않고 남겨 두어 닥나무를 보온하게 한다. 만약 삼씨와 함께 파종하지 않으면 대개 대부분이 얼어 죽는다. 이듬해 정월초가 되면 지면에 붙여서 베어 내고 불을 놓아 태운다. (이와 같이하여) 일 년이 되면 사람 키 높이로 자란다.[213] 태우지 않으면 나무가 비쩍 마르며 자라는 것도 더디다. 3년이 되면 베기에 적당하다. 3년[214]이 차지 않은 것은 껍질이 얇아서 사용하기에 적합하지 않다.

닥나무 베는 법: 12월이 베기에 가장 좋고 4월이 그다음이다.[215] 이 두 달이 아닐 때 베면

散之, 即勞. 秋冬仍留麻勿刈, 爲楮作暖. 若不和[34]麻子種, 率[35]多凍死. 明年正月初, 附地芟殺, 放火燒之. 一歲即沒人. 不燒者瘦, 而長亦遲. 三年便中斫. 未滿三年者, 皮薄不任用.

斫法. 十二月爲上, 四月次之. 非此兩月而

---

213 '몰인(沒人)': 사람의 키만큼 자라기 때문에 사람이 그 속에 들어가면 파묻히게 된다.

214 스성한의 금석본에는 '이년(二年)'으로 쓰고 있으나, 묘치위는 '삼년(三年)'으로 쓰고 있다. 묘치위는 교석본에서 '삼년(三年)'이 각 본에서 동일한데, 이듬해[明年]를 '이년'으로 쓴 것은 잘못이라고 하였다. 니시야마 역주본에서는 '삼년'은 고산사(高山寺)본에 따른 것이고, 만유문고본(萬有文庫本)은 '이년'으로 잘못 쓰고 있다고 한다.

215 '사월(四月)'은 각본과 『사시찬요』, 『농상집요』에서는 모두 인용한 것이 동일하지만 문제가 있다. 묘치위에 의하면, 음력 12월은 나무가 여전히 휴면기로, 이때 나무를 베면 시기에 매우 적합하다. 정월이 되면 다시 따뜻해져서 나무의 수액이 흐르기 시작하는데, 이때 나무를 베면 12월보다는 좋지 않지만 차선의 시기[次之]는 놓치지 않는다. 4월이 되면 나뭇잎이 무성하고 수액의 흐름도 왕성하기 때문에, 이때 나무를 베는 것이 12월과 마찬가지로 적합하다고 할 수 없다. 또한 이때는 아직 우기에 들어가지 않아서 날이 가물고 바람이 많으므로[본서 권3 「아욱

닥나무가 대부분 말라죽게 된다. **매년 정월이면 항상 불을 놓아 태워야 한다.** 지면의 마른 잎을 이용해서 충분히 불을 놓아 태운다. 태우지 않으면 무성하게 자라지 않는다. **2월 중순에는 중간 중간 잘 자라지 못한 그루는 베어 낸다.** 이처럼 베어 내고[216] 땅을 부드럽게 삶으면 닥나무 그루가 잘 자라고[科][217] 동시에 또한 토양의 수분을 유지할 수 있다.

斫者, 楮多枯死也. **每歲正月, 常放火燒之.** 自有乾葉在地, 足得火燃. 不燒則不滋茂也. **二月中, 間斸**36**去惡根.** 斸者地熟楮科, 亦所以**37**留潤澤也.

옮겨 심는 것은 2월에 한다.[218] **또한 3년이 되면 한 번 베어 낸다.** 3년[219]이 되어도 베지 않으면 헛되이 돈만 손실하고 이익이 없다.

移栽者, 二月蒔之. 亦三年一斫. 三年不斫者, 徒失錢無益也.

재배[種葵]」의 '사월항한(四月亢旱)'] 더욱 불리하다. 나무를 벨 시기를 잃게 되면 나무는 대부분 말라죽는데, 이것은 바로 뿌리의 압력이 강함으로 인해서 수액의 유실이 지나치게 많아지고 또한 날씨가 덥고 건조해지기 때문이다. 또한 정월에는 뿌리부분이 휴면기에서 벗어나서 다시 활동을 시작하게 된다. 『제민요술』의 각종의 느릅나무를 땅에 붙여서 그루터기를 베고, 그루터기 부분에 모두 불을 지르는 것을 정월에 함으로써 뿌리의 발육과 잠복되어 있는 싹이 조기에 트는 것을 촉진하므로 4월까지 기다릴 필요가 없다. 다음 문장에서는 매년 정월이 되면 불을 놓아서 뿌리의 그루터기를 태워야만 비로소 "무성하게 자라날 수 있다."라고 설명하고 있으므로, 정월에 베어 놓은 그루터기를 4월에 태울 수 없다. 따라서 '사월'은 합리적이지 않기 때문에 '정월'이 형태상 잘못 쓰인 것 같으며 이러한 잘못을 답습한 지가 이미 오래되었다고 한다.

216 이 주석의 '촉(斸)'은 바로 이어 등장하는 "땅을 부드럽게 삶는다."의 의미와 결부시켜 '파다'라는 의미로 해석하면 본문의 뜻과는 부합하지 않는다. 따라서 본문과 같이 '베어 낸다'로 해석해야 한다.

217 '과(科)': 잘 자란다는 의미이다.

218 『설문해자』에서 "시(蒔)는 별도로 나누어 심는다.[蒔, 更別種.]"라고 하였다. 옮겨 심는 것을 '시(蒔)'라고 하며 『제민요술』 중에는 늘 보인다.

219 '삼년(三年)'은 각본에서는 동일하며, '이년(二年)'이라고 쓴 것은 잘못이다.

닥나무를 모두 내다 팔면 노동력은 다소 절약되지만 이익이 적다. 삶아서 껍질을 벗겨 파는 것은 비록 노력은 많지만 이익은 크다. 그 나뭇가지는 연료로 쓸 수 있다. 가령 스스로 종이를 만들 수 있다면 이익은 더욱 커진다.

指地賣者, 省功而利少. 煮剝賣皮者, 雖勞而利大. 其柴足以供燃. 自能造紙, 其利又多.

30무의 땅에 파종한 닥나무는 매년 10무씩 베어 내면 3년에 한 번 순환하게 된다. 매년 비단 100필에 걸맞은 수익을 올릴 수 있다.

種三十畝者, 歲斫十畝, 三年一遍. 歲收絹百匹.

교 기

34 '화(和)': 명초본에서는 '지(知)'로 잘못 쓰고 있는데 원각본과 금택초본 및 명청 각본에 의거하여 고쳐서 바로잡는다.

35 '솔(率)': 황교본, 명초본에서는 글자가 같으나, 북송본, 호상본에서는 '졸(卒)'로 쓰여 있는데 마땅히 '솔(率)'로 쓰는 것이 좋다.

36 '촉(斸)': 스셩한의 금석본에는 '촉(斸)'을 '촉(劚)'으로 쓰고 있다. '촉(斸)'은 북송본과 『사시찬요』, 『농상집요』, 『왕정농서』에는 모두 동일하게 인용하고 있으며, 명초본에는 '작(斫)'으로 쓰여 있는데 이는 잘못이다.

37 '역소이(亦所以)': 명초본과 비책휘함 계통의 판본에는 '소(所)'자가 빠져 있는데 원각본과 금택초본에 의거하여 보충한다.

제49장

옻나무 漆第四十九[220]

무릇 칠기漆器는 진짜와 가짜를 불문하고, 손님[客]이 사용한 이후에는[221] 모두 반드시 물에	凡漆器, 不問眞僞, 過38客之

220 '칠제사십구(漆第四十九)': 스셩한의 금석본에는 '종칠제사십구(種漆第四十九)'로 되어 있다. 스셩한에 따르면, 본권의 첫머리의 목록 중에는 편의 제목이 '종칠제사십구(種漆第四十九)'이며 각 본에도 모두 이와 같다. 본문의 표제 중에는 '종(種)'자가 없는 것 또한 각 본에서는 서로 동일하다. 본편에는 칠기의 보존과 사용방법에 대한 내용이 있고 '옻나무 재배[種漆]'에 대한 언급은 한 자도 없으니 표제 중에 '종(種)'자가 없는 것이 합당하다. 그러나 본편의 기록은 나무재배와 염료식물의 각종 재배방법 속에 끼어 있어서는 안 된다. 묘치위 교석본에 의하면, 본편에서 말하는 것은 칠기의 수장과 보관방법에 대한 것이고 그 재배법에 대한 기록은 한 자도 없으니, 편의 첫머리 또한 옻나무의 '해제(解題)'도 보이지 않는다. 이러한 모순은 금본에서 빠졌다고도 할 수 있고, 가사협이 쓰려고 했는데 쓰지 못한 것일 수도 있다. 권의 첫머리 목록에는 '종(種)'자가 있지만, 편의 제목에서는 '종' 자가 없으니 모두 송본의 방식을 따른 것이다. 또 모든 '칠(漆)'자는 양송본과 호상본에서는 모두 '칠(桼)'자로 와전해서 쓰고 있는데, 다른 본에서 '칠(漆)'자로 쓴 것은 잘못이 아니라고 한다.

221 '과객(過客)': 스셩한의 금석본에서는 '손님이 사용한 이후'라고 해석하고, 묘치위의 교석본에서는 '손님이 간 이후'라고 번역하고 있는데, 이 작업은 옻칠을 한 이후에 그 칠을 굳게 하기 위한 작업이다. 위의 내용을 보면 칠기를 이미 사용하고 있다는 것으로 미루어 "손님이 사용한 이후"로 해석하는 것이 합당할 듯하다.

깨끗하게 씻고, 평상의 대자리 위에 올려 태양 아래에서 반나절 정도 햇볕을 쬐어 말렸다가, 다 마르면 해질 무렵[222]에 다시 거두어들이면 단단해져 오래간다. 만약 즉시 깨끗하게 씻지 않으면 소금기와 초醋의 (잔류 성분이) 옻칠을 한 표면에 스며들어서 주름이 생기며, 이와 같이 되면 칠기가 곧 벌어진다. 그릇의 표면에 빨간 옻칠[223]을 한 칠기는 주둥이가 위로 향하게 하여 햇볕에 말린다. 빨간 옻칠은 본래 기름성분이 함유되어 있어서, 성질이 부드럽고 윤기가 나므로 햇볕에 말리더라도 잘 견딘다.

後, 皆須以水淨洗, 置牀箔上, 於日中半日許曝之使乾, 下晡乃收, 39 則堅牢耐久. 若不即洗者, 鹽酢浸潤, 氣徹則皺, 器便壞矣. 其朱裏者, 仰而曝之. 朱本和油, 性潤耐久故.

아주 무더운 여름에 연이어 큰 비가 내리면 지면의 공기가 후덥지근해지므로, 각종[什][224] 칠기류는 비록 여름 내내 모두 사용하지는 않을지라도 6월과 7월에는 반드시 (꺼내서) 한 번 햇볕을 쬐어 말려야 한다. 오늘날 사람들은 칠기가 잠시라도 햇볕에 놓여 있는 것을 보면 햇빛을 받아 벌어질까를 두려워하여 모두 그늘지고 습기

盛夏連雨, 土氣蒸熱, 什器之屬, 雖不經夏用, 六七月中, 各須一曝使乾. 世人見漆器暫在日中, 恐其炙壞, 合著

---

222 '하포(下晡)': 태양이 저물려고 할 때이다. 『한서』 권26 「천문지(天文志)」에는 "포(晡)에서 하포(下晡)에 이르는 것을 '숙(菽)'이라 하며, 하포에서 태양이 질 때까지를 '마(麻)'라고 한다."라고 하였다.

223 '주(朱)': 홍색의 염료로 사용하는 '주사(朱沙)', 즉 산화도가 낮은 수은이며, '주리(朱裏)'는 홍색의 붉은 칠로서 그릇의 표면에 칠하는 것이다.

224 '십(什)': 본래의 의미는 열 가지의 물건으로 한 세트나 한 짝을 이루는 것이었지만, 후에 의미가 확대되어서 일정한 수량이 한 짝을 이루는 것을 가리킨다.

있는 곳에 엎어 두는데,[225] 비록 (칠기를) 아끼고 신중하게 여기려고 하는 것이지만, (사실은) 그렇게 하면 더욱 빨리 망가진다.

陰潤之地, 雖欲愛愼, 朽[40]敗更速矣.

무릇 목기에 옻칠을 한 그림[木畫]이나 작은 노리개[服翫][226]·상자[箱] 및 베개[枕]와 같은 칠기류 등이 있다. (이들은) 5월 초,[227] 7월 말, 9월 중에 매번 한바탕 비가 내리고 난 후 베를 손가락에 감싸서 전면에 열이 날 정도로 문지르면 아교가 붙어서 변질되지 않고[228] 광택이 오래간다. 만

凡木畫服翫箱枕之屬. 入五月, 盡七月九月中, 每經雨, 以布纏指, 揩令熱徹, 膠不動作, 光淨耐

---

225 '합(合)': 스성한의 금석본에서는 '뒤엎는다'로 해석하였다. 반면 묘치위 교석본에서는 '합'을 '전부'의 의미로 보고, '합저(合著)'를 '모두 그늘지고 축축한 곳에 놓아둔다'는 뜻으로 보았다.

226 '목화복완(木畫服翫)': 판자 위에 붉거나 검은 옻을 표면에 입히고 다시 단색이나 여러 가지 색깔의 옻칠로 그림을 그리는 것을 '칠화(漆畫)'라고 하며 예술작품을 만드는 데 사용한다. 다른 한 종류의 또 다른 목화는 서로 다른 색의 목재를 사용하여서 양감을 하여[鑲成] 그림을 그리는 것이다. 『후한서』 권23 「오행지(五行志)·복요(服妖)」에는 "갓 결혼한 부녀가 심지어 나막신에 옻으로 그림을 그리고, 아울러 알록달록한 신발을 받쳐 신는다."라고 한다. 스성한의 금석본에 따르면 본서에서 말하는 것은 분명 전자에서 일컫는 '칠화'이며, 작은 노리개·상자·베개 등과 마찬가지로 칠하여 만든 것이기 때문에 칠기를 보존하는 방법으로 사용한다. '작은 노리개[服翫]'는 "호완[好翫: 지금은 '완(玩)'으로 쓴다.]의 물건이다."라고 한다.

227 '입오월(入五月)': 묘치위 교석본에서는 '입오월(入五月)' 이하를 본문으로 취급하여 큰 글자로 고쳤으나, 스성한의 금석본에서는 '입오월' 이하를 작은 글자로 쓰고 있다. 이 작은 글자는 본문과 더불어 서로 연결되는데, 마땅히 큰 글자와 마찬가지로 쓰거나 혹은 똑같이 작은 글자로 써야 한다.

228 '동작(動作)': 형태가 변질되기 시작하는 것으로서 칠의 접착력이 변화를 일으키는 것이다. 다시 재차 변화가 일어나면 칠은 주름이 생기며, 주름진 부분이 일어

약 이와 같이 마찰을 하지 않으면 땅속의 수증기가 후덥지근해지면서 그릇의 표면에 두루 곰팡이가 생겨[229] 많은 물기를 머금고 칠 속으로 스며들게 되어 주름이 생기는데, 그 변질되고 틈이 생긴 부분에서 일어나서 홀연히 갈라지게 된다.

久. 若不揩拭者, 地氣蒸熱, 遍上生衣, 厚潤徹膠便皺, 動處起發, 颯然破矣.

교 기

38 '과(過)': 양송본에서는 같으나, 다른 본에서는 '송(送)'으로 적고 있다.

39 '수(收)': 명초본과 호상본에서는 이 글자와 같은데, 북송본에서는 '매(枚)'로 쓰고 있다.

40 '후(朽)': 명초본에는 이 글자와 같지만, 북송본과 호상본에는 '杇[후(朽)의 와자(訛字)]'자로 잘못 쓰고 있다.

나서 순식간에 갈라진다.

229 '생의(生衣)': 곰팡이류가 붙어서 자란 이후에 균사체가 자라며 동시에 또한 포자도 등장하여 약간 두터운 피복을 형성하기에 이것이 마치 옷 입은[衣] 것처럼 보인다.

제50장

홰나무 · 수양버들 · 가래나무 · 개오동나무 · 오동나무 · 떡갈나무의 재배[230]

種槐柳楸梓梧柞第五十

『이아(爾雅)』에 이르기를,[231] "수궁(守宮)은 홰나무[槐]로서 잎이 한낮에는 닫히고 밤에는 열린다."라고 하였다. (곽박의) 주석에 의하면, "홰나무의 잎은 낮에는 닫히고 밤에는 열려서,[232] '수궁'이라고 불렀다."라고 한다. 손염(孫炎)[233]이 이르기를, "항(炕)은 열리는 것이다."라고 하였다.

爾雅曰, 守宮槐, 葉晝聶宵41炕. 注曰, 槐葉晝日42聶合而夜炕布者, 名守宮. 孫炎曰, 炕, 張也.

홰나무[234]의 꼬투리가 익을 무렵에 많이 거

槐子熟時, 多

---

230 이 제목에는 원래 '종(種)'자가 없는데, 스성한의 금석본과 묘치위 교석본에서는 표제에 의거하여서 제목을 달고 있다.

231 『이아(爾雅)』「석목(釋木)」편에 보이며 문장은 동일하다. 주는 곽박의 주이며 '명수궁(名守宮)'은 '명위수궁괴(名爲守宮槐)'로 쓰여 있다. '섭(聶)'은 닫는다[合攏]는 의미이다. '항(炕)'은 열린다는 의미이다. 그러나 잎이 낮에는 닫히고 밤에는 열리는 '수궁괴(守宮槐)'에 대해서는 자세한 설명이 없다.

232 '섭합(聶合)'은 곧 홰나무의 겹잎으로서 작은 잎이 마주 보고 서로 붙어 있다. '항포(炕布)'는 '펼치다'라는 의미이다.

233 '손염(孫炎)': 삼국시대 위나라 사람으로 『이아』의 주석을 한 사람들 중 한 명이다.

234 '괴(槐)': 홰나무이며, 콩과 식물로서 학명은 *Sophora japonica*이다. 꼬투리 열매

두어서 쪼개어 종자를 취하고, 햇볕에 몇 차례 쬐어서 벌레가 생기지 않도록 해야 한다. 5월에 하지 10여 일 이전에 물에 담근다. 삼씨[麻子]를 담그는 방법과 같다. 6-7일이 지나면 곧 싹이 튼다. 비가 오면 좋으며, 수삼을 파종할 때 홰나무 종자를 삼씨와 같이 흩어 뿌린다. 그해에 홰나무 모종은 삼과 같이 높게 자라게 된다. 삼이 다 자라면 베어 내고 오직 홰나무 모종만 남겨 둔다. 이 무렵 홰나무 모종은 가늘고 길쭉하여 스스로 설 수가 없어서 매 그루[235] 곁에 하나의 버팀목을 세우고 새끼로 버팀목과 함께 묶는다. 겨울에 바람이 많이 불고 비가 많이 오면 새끼로 묶은 곳을 또한 띠풀로 감싸 준다.[236] 그렇지 않으면 나무껍질이 손상을 입게 되어 흠집이 남는다. 이듬해가 되면 땅을 호미질하여 부드럽게 삶아서 홰나무의 모종 아래에 다시 삼을 심는다. 홰나무 모종을 길게 자라도록 압박한다.[237]

收, 擘取數曝, 勿令蟲生. 五月夏至前十餘日, 以水浸之. 如浸麻子法也. 六七日, 當芽生. 好雨種麻時, 和麻子撒之. 當年之中, 即與麻齊. 麻熟刈去, 獨留槐. 槐既細長, 不能自立, 根別豎木, 以繩攔之. 冬天多風雨, 繩欄宜以茅裹. 不則傷皮, 成痕瘢也. 明年劚地令熟, 還於槐下種麻. 脅槐令長.

가 달린다. 벌어지지 않으면 안의 종자가 1-6개가 있으며 종자 사이는 매우 좁으며 구슬 모양을 하고 있다. 과일이 열리는 시기는 가을 말 겨울 초이다.

235 '근별(根別)': 이것은 매 그루를 별도로 나눈다는 의미이다.

236 '과(裹)': 이것은 새끼로 묘목을 묶는 부분인데, 먼저 띠풀로 감싸 보호하여 나무껍질이 상처를 입지 않게 함으로써 생장에 영향을 준다. 명초본에서는 '이(裏)'로 잘못 쓰고 있다.

237 '협괴영장(脅槐令長)': '협(脅)'은 '협박하여 끌어들인다[裹脅]'는 뜻으로, 이는 곧 무리의 힘으로 압박하여 앞으로 나아가게 하는 것이다. 홰나무의 모종이 위로 향해서 곧게 자라도록 압박한다는 의미이다.

3년째 정월이 되면 옮겨 심는다. 이때는 스스로 위를 향해서 곧게 서면[238] 아주 바르게 자라는데, 모든 그루가 하나같이 이와 같다. 이것은 바로 (『순자』에서 말하는) "쑥[蓬]이 삼나무 속에서 자라면 붙들어 주지 않아도 곧게 자란다."[239]라는 상황을 말하는 것이다. 만약 편의적으로 묘목을 취하여 옮겨 심으면 늦게 자랄 뿐 아니라 나무도 굽어 좋지 않게 된다. 정원에 특별히 한 구역을 정해서 파종하는 것이 좋다. 만약 정원의 토양이 좋으면 자라는 묘목은 옮겨심기 이전에는 땅을 갈아서는 안 된다.[240]

三年正月, 移而植之. 亭亭條直, 千百若一. 所謂蓬生麻中, 不扶自直. 若隨宜取栽, 非直長遲, 樹亦曲惡. 宜於園中劃地種之. 若園好, 未移之前, 妨廢耕墾也.

수양버들[柳] 꺾꽂이:[241] 정월에서 2월 사이에

種柳. 正月二

238 '정정(亭亭)'은 의지함이 없이 스스로 위를 향해서 곧다는 의미이다.

239 『대대예기(大戴禮記)』「증자제언상(曾子制言上)」과 「권학(勸學)」편에는 모두 이 말이 등장한다. 『순자(荀子)』「권학(勸學)」편 중에도 있는데 여기서는 '자(自)'를 '이(而)'로 쓰고 있다. "쑥이 삼나무 속에서 자라면 붙들어 주지 않아도 곧게 자란다."는 일종의 고대 성어이다. 묘치위에 의하면, 식물은 빛을 다투어서 위로 향해 뻗어 가는 특성이 있기에 유한한 쑥의 줄기가 삼밭 속에서 자라면서 삼 그루에 압박을 받아서 위를 향해서 곧게 생장하게 된다. 가사협은 식물의 이 같은 생장의 특성을 생산과정 중에 응용하였는데, 느릅나무의 모종은 '빽빽한 삼림' 중에서 자라고 뽕나무와 산뽕나무는 깊은 구덩이 속에서 자란다. 여기서 느릅나무 모종은 삼나무 속에서 자라는데 이들은 모두 이러한 특성을 이용한 것이다. 가사협이 취한 방법은 바로 계속적으로 홰나무의 모종을 삼나무 속에서 자라게 하는 것으로서 삼나무의 압박을 이용해서 홰나무 모종으로 하여금 햇볕을 다투어서 곧게 자라게 한 것이다. 이 같은 논리는 "쑥이 삼나무 속에서 자라면 붙들어 주지 않아도 곧게 자란다."와 같은 원리이기에, 가사협은 이 같은 고어를 인용하여 설명한 것이라고 한다.

240 묘치위 교석본에서는 이 조항의 주석이 마땅히 앞의 문장의 "和麻子撒之" 다음에 와야 될 것으로 보았다.

팔뚝 굵기로 가늘고 길이가 한 자[尺] 반 정도의 가지를 취해 아래 끝 2-3치[寸] 부분을 불에 태워서 땅속에 묻고 흙으로 덮으며, 또한 늘 물을 충분히 뿌려 준다. 반드시 한꺼번에 많은 가지가 자라난다. 그중에 가장 무성한 가지 하나를 남기고, 나머지는 모두 따낸다. (새로 난 가지 곁에) 별도로 하나의 지지대를 꽂아서 버팀목[242]을 만든다. (새 가지가 높게 자람에 따라서) 한 자 간격으로 긴 새끼줄로 버팀목과 함께 묶는다.[243] 만약 (2개를 마주해서) 함께 묶지[244] 않으면 반드시 바람 때문에 꺾이게 되어 스스

月中, 取弱柳枝, 大如臂, 長一尺半, 燒下頭二三寸, 埋之令沒, 常足水以澆之. 必數條俱生. 留一根茂者, 餘悉掐去. 別豎一柱以爲依主. 每一尺以長繩柱欄之. 若不欄, 必爲風所

241 '종(種)': 이것은 꺾꽂이를 가리킨다. '유(柳)': 버드나무과[楊柳科] 버드나무속의 수양버들[垂柳; *Salix babylonica*]을 가리키며 이는 곧 버들가지가 약하고 연한 '약유(弱柳)'이다. 당나라 진장기(陳藏器)의 『본초습유』에는, "'유(柳)'는 강동인들이 통상 양유(楊柳)라고 불렀으며, 북쪽사람들은 모두 '양(楊)'이라고 말하지 않는다."라고 한다. 이는 수양버들이 북쪽에서는 단지 '유(柳)'로 불렀음을 말하며 이는 『제민요술』과 동일하다. 묘치위 교석본에 의하면, 오늘날에 이르기까지 수양버들[垂柳]은 '양유(楊柳)'라고 하며 또한 강남의 어떤 지역에서는 일반적인 이름이다. 『제민요술』이 채용한 것은 '삽간번식법(插幹繁殖法)'의 '저간삽간(低幹插幹)'으로 굵은 줄기를 꺾꽂이함으로써 양분이 함유된 것이 많아서 어린나무가 성장하는 세력이 왕성하다고 한다.

242 '의주(依主)': 어린나무를 잘 자라게 지탱하는 버팀목이다.

243 '이장승주란지(以長繩柱欄之)': '난(欄)'자는 여기서는 단지 동사를 돕는 데 사용하며 '지(之)'자는 목적격이 된다. '장승(長繩)'은 '이(以)'의 목적격이며, '주(柱)'는 '장승(長繩)'과 관계가 있고 또한 하나의 동사를 대신하고 있음으로 아마 '계(繫)'나 '취(就)' 등의 글자가 누락되었을 것이다.

244 '난(攔)'은 명초본에서는 '난(爛)'으로 잘못 쓰고 있다. 본편의 각 '난(攔)'자는 원래는 모두 '난(欄)'자로 쓰여 있는데, 같은 글자이다. 『제민요술』 중에는 두 글자가 모두 보이는데 묘치위 교석본에서는 통일하여 '난(攔)'자로 표기하였다.

로 설 수가 없다.

1년 이내에 한 길[丈] 높이로 자라게 된다. 곁에 자란 가지와 잎은 모두 따내야 그것이 곧게 서서 위로 오뚝하게 자란다. 주된 줄기가 높고 낮은 것은 사람의 필요에 따라서 적당하게 남긴 후에 중심 줄기의 가지 끝[正心]을 꺾어 주면 곁가지가 사방으로 흩어지고 늘어져서 아주 부드러우면서 아름답다. 만약 가지 끝을 꺾지 않으면 버들가지가 사방으로 흩어져 자랄 수 없으며 나무줄기가 뒤틀리거나 구부려져서 자라는 것도 좋지 않게 된다.

6, 7월 중에 금년 봄에 새로 나온 연한 가지를 잘라 꺾꽂이하면[245] 생장이 배로 빨라진다. 새로 나온 연한 가지와 잎은 녹색을 띠어 세력이 건장하기[246] 때문에 빨리 자란다.

버드나무[楊柳]:[247] 낮은 논으로 물이 잠겨 있는 곳은 오곡을 파종할 수 없어 수양버들[柳]을

摧,[43] 不能自立.

一年中, 即高一丈餘. 其旁生枝葉, 即掐去, 令直聳上. 高下任人, 取足, 取掐去正心, 即四散下垂, 婀娜可愛. 若不掐心, 則枝不四散, 或斜或曲, 生亦不佳也.

六七月中, 取春生少枝種, 則長倍疾. 少枝葉青氣壯, 故長疾也.

楊柳. 下田停水之處, 不得五穀

---

245 '춘생소지(春生少枝)': 그해 봄에 자라나온 새로운 가지이다. '종(種)': 꺾꽂이를 가리킨다.

246 '기장(氣壯)': 생활력이 강하다는 의미이다. 북송본에서는 이 문장과 같은데 '이장(而壯)'이라고 쓰고 있으며, 호상본에서는 '무장(無壯)'이라고 잘못 쓰고 있다.

247 '양유(楊柳)': 이는 '포유(蒲柳)' 즉 버드나무과 버드나무속의 '청양(青楊; *Populus cathayana*)' 혹은 유과의 갯버들[水楊; *Salix gracilistyla*]을 가리키며 남방인이 '양유(楊柳)'라고 하는 수양버들[垂柳]은 아니다. 『시경』「소아(小雅) · 녹명지십(鹿鳴之什) · 채미(採薇)」편에는 "楊柳依依"라는 구절이 있는데, 『모전』에서 이르기를, "양유는 포유(蒲柳)이다."라고 주석하고 있다. 최표(崔豹)는 고금주(古今注)에서 "수양이 곧 포유이며 또한 포양(蒲楊)이라고 한다."라고 하였다.

심을 수 있다.

8-9월 중에 물이 마른 후에 너무 마르지도 너무 습하지도 않을 즈음에 재빨리 갈아엎어서 즉시 쇠발써레[鐵齒鎒榛]로 써레질한다.[248] 이듬해 4월이 되면 땅을 갈고 부드럽게 삶아 너무 큰 흙덩이가 생기지 않도록 한다. 바로 이어서 이랑을 짓는데[249] 1무畝에 세 개의 이랑을 만든다. 매 이랑은 쟁기로써 순방향과 역방향으로 한 번씩 가는데, 이랑의 넓고 좁음은 마치 파를 파종하는 이랑과 같이 한다.

5월 초에서 7월 말에 이르기까지 매번 비가 내리면 비올 때를 틈타서[250] 그해 봄에 나온 연한 가지를 한 자[尺] 길이 이상으로 잘라서 이랑에 꽂아 심는다. 두 자 간격으로 하나씩 심는다. 며칠이 지나면 곧 살아난다.

그해 새로 나온 연한 가지는 빨리 자라서 3년이 되면 서까래를 만들 수 있다. 다른 목재와 비교할 때[251] 다소 무르기는 하지만 쓰기에 충분

者, 可以種柳. 八九月中水盡, 燥濕得所時, 急耕則鎒榛之. 至明年四月, 又耕熟, 勿令有塊. 即作𤳉壟, 一畝三壟. 一壟之中, 逆順各一到, 𤳉中寬狹, 正似葱壟. 從五月初, 盡七月末, 每天雨時, 即觸雨折取春生少枝, 長一尺以上者, 插著壟中. 二尺一根. 數日即生.

少枝長疾, 三歲成椽. 比如餘木, 雖微脆, 亦足堪事.

---

248 '누주(鎒榛)': 쇠발써레[鐵齒鎒榛]로 써레질하는 것을 가리키며, 이를 통해 흙덩이를 곱게 만든다.

249 '상롱(𤳉壟)'은 쟁기로 골을 타서 골에다가 꺾꽂이 하는 것을 가리킨다. 고랑을 타는 법은 사시나무[白楊]를 심는 법과 동일하다.(본권 「느릅나무 · 사시나무 재배[種楡白楊]의 주석 참조.)

250 '촉우(觸雨)'는 곧 '비를 틈타다[趁雨]'의 의미이다.

251 '비여(比如)'의 '여(如)'자는 '어(於)'자의 용도로 사용된다. 전본(殿本) 『농상집요』

하다. 1무에는 2,160그루를 심을 수 있어[252] 30무면 모두 64,800그루가 되며, 매 그루마다 8문전의 값이 나가기에 모두 51만 8400문전의 수익을 올릴 수 있다.

一畝二千一百六十根, 三十畝六萬四千八百根, 根直八錢, 合收錢五十一萬八千四百文.

100그루면 큰 수레 1차 분량의 땔감을 공급할 수 있으며 (30무의 나무는) 모두 648수레의 땔감을 공급할 수 있다.

百樹得柴一載, 合柴六百四十八載.

매 수레마다 땔나무의 값이 100문전이기에 땔나무로써 모두 64,800문전의 수익을 올릴 수 있다. 두 개를 합하면 58만 3200문전의 수익을 올릴 수 있다.

載直錢一百文, 柴合收錢六萬四千八百文. 都合收錢五十八萬三千二百文.

해마다 30무를 파종하면 3년이 되어 90무를 파종하게 되고 매년 30무의 나무를 내다 팔아서 (순번에 따라 벌목을 하게 되면) 일생동안 사용해도 끝이 없다.

歲種三十畝, 三年種九十畝, 歲賣三十畝, 終歲無窮.

빙유憑柳는 난간이나 수레바퀴의 굴대[輞],[253]

憑柳可以爲楯,

에서는 『제민요술』을 인용하여 '어(於)'자로 고치고 있는데 그럴 필요는 없다. 『여씨춘추』 「애사(愛士)」편에서는, "다른 사람의 곤궁함은 굶주리고 추운 것보다 심하다."라고 하며, 『사기』 권120 「급암전(汲黯傳)」에는, "급암을 봄에 이르러서는 임금은 관을 쓰지 않고는 보지 않았다."라고 하였는데, 모두 '여(如)'를 '어(於)'로 사용한 예이다.

252 이랑의 길이가 240보(步)이고 1보(步)가 6자[尺]인데 2자[尺]마다 한 그루씩 심으면 모두 720그루가 된다. 1무(畝)에 세 개의 이랑이 있기 때문에 합하면 2,160그루가 되는 셈이다.

253 '망(輞)': 망은 수레바퀴의 외곽 테를 의미한다.

잡다한 용도의 목재 및 베개를 만들 수 있다.[254]

車輞, 雜材及枕.

『술術』에 이르기를,[255] "정월 초하루 새벽에 버드나무[楊柳]를 취하여 문가에 놓아두면 모든 귀신이 모두 집안으로 들어오지 않는다."라고 한다.

術曰, 正月旦取楊柳枝著戶上, 百鬼不入家.

'키버들[箕柳]'[256] 심는 방법: 산계곡과 강가 및 낮은 지대로서 오곡을 파종할 수 없는 곳에, 물이 빠져 마른 후 몇 차례 갈고 부드럽게 고른다. 봄이 되어 얼음이 풀리면 산비탈과 강가의 낮은 곳에 키버들을 3치 길이로 잘라 마음대로 흩어 뿌리고 즉시 끌개[勞]질하여 고르게 골라 준다. 끌개질이 끝나면 물을 끌어다가 가둔다.[257]

種箕柳法. 山澗河旁及下田不得五穀之處, 水盡乾時, 熟耕數遍. 至春凍釋, 於山陂河坎之旁, 刈取箕柳, 三寸截之, 漫散, 即勞.

254 '빙유(憑柳)': 무엇인지 자세히 알 수 없다. 『농정전서교주(農政全書校注)』에는 비교적 거칠고 큰 버드나무의 목재라고 해석하고 있는데 그에 의거한다면 비교적 큰 기물을 제작한 듯하지만, 그것을 만든 목적은 알 수가 없다.

255 본서의 기타 각 절의 예에 따르면 이 조항은 마땅히 아래의 '도주공술왈(陶朱公術曰)'의 뒤에 위치해야 한다.

256 '기유(箕柳)': 키버들이며, 버드나무과[楊柳科] 버드나무속[柳屬]의 '기유(杞柳; *Salix integra*)'를 가리킨다. 하북과 하남 등지의 민간에서는 '파기유(簸箕柳)'라고 부른다. 모여서 자라는 낙엽관목으로서 가지는 가늘고 부드러우면서 질겨서 주로 키를 짜고 키 또는 광주리나 바구니 등을 짜는 데 사용된다. 생장이 빨라서 봄에 자란 가지는 그해 2-3m나 높게 자라서 이러한 것들을 짜는 재료로 사용할 수 있다.

257 '정지(停之)': '정(停)'은 모아 둔다는 의미이고 '지(之)'는 '물[水]'을 대표한다. 『제민요술』 중에는 물을 끌어서 웅덩이에 저장한다는 기록이 있는데, 이것은 반드시 물을 끌어들이는 작업임을 명확하게 말하는 것이다.

가을이 되어 자라난 버들가지는 체와 키를 짤 수 있다. 다섯 가지에 일 전의 값이 나가기에 1무에 매년 1만 전의 수익을 거둘 수 있다. 산버들은 색이 붉고 연하며 강버들은 색이 희고 질기다.

『도주공술陶朱公術』에 이르기를,[258] "1천 그루의 수양버들[柳]을 심으면 충분할 정도의 땔나무가 생긴다. 10년이 지나 1그루를 쳐내면 1수레[車] 분량의 땔나무를 얻을 수 있으며 매년 200그루의 나무를 쳐낸다고 하면 5년에 한 번 순환하게 된다."라고 한다.

勞訖, 引水停之. 至秋, 任爲簸箕. 五條一錢, 一畝歲收萬錢. 山柳赤而脆, 河柳白而肕. 44

陶朱公術曰, 種柳千樹則足柴. 十年之後, 髡一樹, 得一載, 歲髡二百樹, 五年一周.

가래나무[楸] · 개오동나무[梓]:[259]

楸梓

258 『도주공술(陶朱公術)』: 제자백가 중의 각 가의 서목 중에는 기록되어 있지 않고 기록된 것은 농가에서 생산을 경영하는 책인 듯하며 마땅히 후인이 범려(范蠡)의 저작을 가탁한 것 같다. 원서는 이미 전해지지 않는다.

259 '추(楸)'는 가래나무이다. 추목피(楸; *catalpa bungei*)로 개오동나무[梓]와 같은 속이며 또한 긴 꼬투리 열매가 달린다. '개오동나무[梓]'는 능소화과의 *Catalpa ovata*로서 나무껍질은 회백색이고 긴 꼬투리의 열매가 달리며 마치 강두(豇豆)의 꼬투리와 같다. 『설문해자』에서는 "개오동나무[梓]와 가래나무[楸]는 동일한 식물이라고 하며 『시의소』에서는 추자(楸子)에 열매가 있는 것을 '재(梓)'라고 하고 실제로는 두 가지가 동일한 식물이라고 인식하였다. 묘치위는 가래나무[楸]는 이화수분(異花授粉) 식물로서, 만일 단일 그루가 자화수분(自花授粉)을 하여 암술머리 위에 있는 꽃가루로 인해서 싹을 틔울 수 없거나 발아한 이후에도 수정이 될 수 없으면 종종 꽃만 피고 열매는 맺지 않는다고 한다. 그러나 만약 두 그루의 실생수(實生樹)가 한꺼번에 자라거나 혹은 성이 다른 상이한 단일 그루가 한꺼번에 자라면 곤충을 통해서 꽃가루를 전달되어 열매를 맺을 수 있다. 옛 사

『시의소(詩義疏)』에 이르기를[260] "개오동나무[梓]는 가래나무[楸] 중에서 목재의 무늬[木理]가 비교적 드물고 색깔이 희고 나무에 각진 열매떨기가 달리는 것이다."라고 한다.

詩義疏曰, 梓, 楸[45]之疏理色白而生子者爲梓.

『설문(說文)』에 이르기를 "개오동나무[檟]가 곧 가래나무[楸]"라 한다.

說文曰, 檟, 楸也.

이런 사실로 미루어 가래나무와 개오동나무는 두 종류이면서 서로 비슷한 유의 나무임을 알 수 있다. 나무 재질이 희고 각진 꼬투리가 달리는 것은 '개오동나무[梓]'라고 한다. 가래나무와 같으면서 각진 열매떨기가 달리는 것은 '각추(角楸)'라고 하거나 혹은 '자추(子楸)'라고 한다. 나무재질이 누렇고 열매가 달리지 않는 것은 '버들가래[柳楸]'라 한다. 일반적으로 보통 사람들이 그 목재가 누렇다고 하여 '누런 가시가래[荊黃楸]'라 칭하였다.

然則楸梓二木, 相類者也. 白色有角者名爲梓. 以[46]楸有角者名爲角楸, 或名子楸. 黃色無子者爲柳楸. 世人見其木黃, 呼爲荊黃楸也.

땅을 구획하여 한쪽에서 전문적으로 파종해야 하며 개오동나무와 가래나무는 나누어서 심어야 하고, 섞어서 재배해서는 안 된다.

亦宜割地一方種之, 梓楸各別, 無令和雜.

람들은 열매를 맺는 것을 가래나무라고 인식하고 열매를 맺지 않는 것을 대추나무라고 잘못 인식하였는데, 오직 『시의소』에서만 다르다. 가사협이 두 가지가 비슷하지만[相類] 한 종류가 아니라고 한 것은 올바른 지적이다. 가래나무의 목재는 아주 촘촘하고 습기에 잘 견디며 개오동나무의 목재는 잘 썩지 않아서 모두 건축자재로 좋다. 이른바 또 황색의 씨가 없는 '누런 가시가래[荊黃楸]'도 있는데 이는 자세히 알 수 없다고 한다.

260 『시경』「국풍(國風)·용풍(鄘風)·정지방중(定之方中)」편에 대해 공영달의 『시의소』에서 육기의 『소』를 인용한 것은 『시의소』와 같은데 단지 '재(梓)'를 '재자(梓子)'로 쓰고 있다.

개오동나무 심는 법[種梓法]: 가을에 땅을 갈고 부드럽게 삶는다. 늦가을과 초겨울에 개오동나무의 각진 꼬투리가 익을 때 따서 햇볕에 말리고 두드려 씨를 꺼낸다. 땅을 갈고 이랑을 만들어서 흩어 뿌린 후에 두 번 끌개[勞]질을 하여 고르게 골라 준다. 이듬해 봄이 되어 싹이 트면 풀을 뽑아내어서 긴 풀이 모종을 가리지 않도록 한다. 내후년 오월에 파내어서 옮겨 심는데 사방 두 보步 간격으로 한 그루씩 심는다. 이 같은 나무는 매우 크게 자라기 때문에 옮겨 심을 때 조밀하게 심어서는 안 된다.

種梓法. 秋, 耕地令熟. 秋末初冬, 梓角熟時, 摘取曝乾, 打取子. 耕地作壟, 漫散即再勞之. 明年春, 生. 有草拔令去, 勿使荒沒. 後年五月間, 斸移之, 方兩步一樹. 此樹須大, 不得概栽.

가래나무에 이미 열매가 없을 때[261] 큰 나무 사방으로 구덩이를 파서 (상처부위에서 생긴 부정아의 가지의) 묘목을 취하여 옮겨 심는다.[262] 또한 매 그루는 사방 2보 간격으로 한다. 2무의 사이에 한 줄[行]을 심는데[263] 한 줄[240보步]에는 120그

楸既無子, 可於大樹四面掘, 取栽移之. 亦方兩步一根. 兩畝

261 '추기(楸既)'는 양송본에서는 이 문장과 같은데 명각본에서는 '추(楸)'자가 빠져 있고 '기(既)'는 '즉(即)'자가 잘못 쓰인 것으로 추측된다. 묘치위의 교석본에서는 '기(既)'를 '즉(即)'으로 해석했지만 본문의 내용으로 미루어 뿌리에 상처를 입혀 분얼하여 식재를 키우기 때문에, '이미'로 해석하는 것이 바람직하다.

262 "取栽移之": 큰 나무의 뿌리 주위에 구덩이를 파서 곁뿌리에 상처가 나면 상처에서 부정아(不定芽)와 부정근(不定根)이 자라서 옮겨 심을 새로운 묘목을 만들 수 있는데 본서에서 특별히 기록한 방법이다.

263 '양무일행(兩畝一行)': 1무는 폭 1보 가로 6자[尺]이고, 모종 간의 거리가 2보이기 때문에 2무의 이랑을 합해야 한 줄을 심을 수 있다. 1무의 길이가 240보이고 그루 간의 거리가 2보이기 때문에 240÷2=120보가 된다. 그 옮겨 심는 면적은 10무를 합하면, 10÷2=5줄이 되고 한 줄에 120그루를 심게 되면 600그루를 심게 되는

루[264]를 심게 되며 (5무에는[265]) 5줄이면 모두 600그루의 나무를 심을 수 있다. 10년이 지나면 매 그루의 나무는 1,000문전文錢의 가치가 있으며, 가지에서 공급되는 땔나무는 이 값에 포함되지 않는다. (이 나무는) 수레의 시렁, 널빤지[板], 접시[盤], 합[合],[266] 악기 등을 만드는 데 적합하다. 관棺을 만드는 목재로는 소나무, 잣나무보다 더욱 좋다.

『술術』에 이르기를 "집의 서쪽에 9그루의 가래나무를 심으면 사람들이 장수할 수 있으며, 온갖 병을 물리칠 수 있다."라고 한다.

『잡오행서雜五行書』에 이르기를 "집의 서쪽 방향에 개오동나무와 가래나무를 각각 5그루씩 심으면 자손이 효도하고 구설수가 생기지 않는다."[267]라고 한다.

一行, 一行百二十樹, 五行合六百樹. 十年後, 一樹千錢, 柴在外. 車板盤合樂器, 所在任用. 以爲棺材, 勝於松柏.[47]

術曰, 西方種楸九根, 延年, 百病除.

雜五行書曰, 舍西種梓楸各五根, 令子孫孝順, 口舌[48]消滅也.

셈이다.

264 북송본에는 '수(樹)'자로 쓰여 있다. 명초본에서는 '주(株)'자로 쓰고 있으며 호상본 등에서는 바로 다음 구절인 '600수'의 '수(樹)'자에 이어 '주(株)'자를 쓰고 있다.

265 스성한의 금석본에서는 5무에 5줄[行]을 파종한다고 하고 있는데, 그의 석문에는 5무에 5줄을 심는다고 되어 있고, 그의 교석에는 10무에 5줄을 심는다고 되어 있어서 상호 모순된 지적을 하고 있다. 그루 간의 간격이 2보라는 것을 감안하면 10무에 5줄을 파종하는 것이 보다 합리적이다.

266 '합(合)': 오늘날에는 '합(盒)'자로 쓴다.

267 학진본에서는 고쳐서 큰 글자의 본문으로 한 것을 제외하고 다른 본에서는 모두 2줄로 된 작은 글자로 하였는데, 묘치위 교석본에는 고쳐서 큰 글자로 한 것에 반

오동나무[梧桐]:

『이아(爾雅)』에는 이르기를 "영(榮)은 동목(桐木)"이라 하며, (곽박이) 주석하기를 "이는 곧 오동나무이다."라고 한다. 또 이르기를 "친(櫬)을 오동[梧]"이라고 한다. 주석하여 말하기를 "오늘날의 오동나무이다."라고 한다.

이런 사실로 미루어 영(榮)·동(桐)·친(櫬)·오(梧)는 모두 오동나무임을 알 수 있다. 잎이 오동나무와 같으면서[268] 단지 꽃이 피고 열매를 맺지 않는 것을 '백오동[白桐]'이라고 하며, 열매가 달리고 껍질이 푸른 것을 '오동(梧桐)'이라 하였다. 생각건대 오늘날[북위(北魏)] 사람들은 그 껍질이 푸르다고 하여 '벽오동[青桐]'이라고 한다.[269]

梧桐

爾雅曰, 榮, 桐木, 注云, 即梧桐也. 又曰, 櫬, 梧. 注云, 今梧桐.

是知榮桐櫬梧, 皆梧桐也. 桐葉花而不實者曰白桐, 實而皮青者曰梧桐. 按, 今人以其皮青, 號曰青桐也.

벽오동[青桐]은 9월에 열매를 거둔다. 2-3월 중에 직경 1보步의 둥근 이랑을 만들어서 파종한다. 크고 각진 이랑은 (겨울철 묘목을 풀로) 감싸기 어렵기 때문에[270] 둥글고 작은 이랑

青桐, 九月收子. 二三月中, 作一步圓畦種之. 方大則難裹, 所

해 스셩한 금석본에서는 작은 글자로 처리하고 있다.

268 '동엽(桐葉)': 잎이 마치 오동나무 잎과 같다 하여 이르는 말이다.

269 '청동(青桐)': 이는 오동나무과의 벽오동[梧桐: *Firmiana simplex*]으로, 옛날에는 '친(櫬)'이라고 칭하였다. '백오동[白桐]': 현삼과(玄參科: 쌍떡잎식물에 달린 한 과)의 포동속(泡桐屬)의 포동(泡桐; *Paulownia fortunei*)으로서, 한 글자로는 '동(桐)' 혹은 '영(榮)'으로 부르며 또 '영동(榮桐)'으로도 불린다. 암수가 다른 그루로서 목재는 가볍고 연하며 열전달이 쉽지 않고 소리울림이 좋아서 양질의 악기 재료로 사용된다. 곽박은 '영(榮)'을 오동이라고 하였는데 옳지 않다. 가사협은 '백오동[白桐]'은 단지 꽃은 피지만 열매는 맺지 않는다고 하였는데 혹자는 단일 그루이거나 같은 성의 그루가 한꺼번에 자라는 것과 관계 있다고 한다.

270 '난과(難裹)': 이랑을 각지고 크게 만들면 겨울이 되어서 어린 묘목의 안팎을 풀

을 만들어야 한다. 이랑을 만들어 물을 주는 것은 아욱을 파종하는 것과 마찬가지이다. 5치[寸] 간격마다 한 개의 종자를 파종하고 소량[271]의 거름과 흙을 섞어서 그 위에 덮어 준다. 싹이 나온 후에 자주[272] 물을 뿌려서 충분히 축축하게 해 준다. 왜냐하면 이런 나무는 습기를 필요로 하기 때문이다.

그해 한 길[丈] 높이로 자랄 수 있다. 겨울이 되면 나무와 나무 사이에 풀 다발을 세워서 빈 공간을 메우고 그 외부를 다시 풀로 감싸며 마지막에는 칡덩굴을 10번 감아 매어 준다.[273] 그렇지 않으면 얼어 죽는다.

이듬해 3월에 대청이나 서재의 앞에[274] 옮겨 심으면, 화려하고 청결하고 아름답고 정갈하여 극히 보기 좋다. 내후년 겨울에는 또다시 감쌀 필요가 없다. 나무에서 열매가 익게 되면 매 그

以須圓小. 治畦下水, 一如葵法. 五寸下一子, 少與熟糞和土覆之. 生後數澆令潤澤. 此木宜濕故也. 當歲卽高一丈. 至冬, 豎草於樹間令滿, 外復以草圍之, 以葛十道束置. 不然則凍死也. 明年三月中, 移植於廳齋之前, 華淨妍雅, 極爲可愛. 後年冬, 不復須裹. 成

로 감싸서 보호할 때 편리하지 않음을 가리킨다.

271 '소(少)': '소(稍)'자로 쓰는 것과 통용되며 의미는 곧 소량의 거름을 흙과 섞어서 그 위에 덮어 주는 것을 의미한다.

272 '삭(數)': '자주', '여러 번'의 뜻이다.

273 여기서 말하는 월동하여 추위를 이기는 방법은 둥근 이랑 위의 어린 묘목을 풀로 잘 감싸고 밖에도 다시 풀로써 감싸서 단단하게 묶는 것이다. '치(置)'는 안치한다는 의미이며 '속치(束置)'는 묶어서 고정되게 안치한다는 의미이다.

274 '재(齋)'는 각본에서는 이 글자와 같고, 원각복과 금택초본에서는 '제(齊)'자로 쓰고 있는데 의미는 통한다.

루마다 1섬[石]의 열매가 떨어진다. 열매는 잎의 위에 달리는데[275] 많을 때는 한 잎에 5-6개가 달리며, 적을 때는 2-3개가 열린다.

樹之後, 樹別下子一石. 子於葉上生, 多者五六, 少者二三也.

볶아서 먹으면 맛이 좋다. 맛은 마름[菱]과 가시연밥[芡]과 흡사하며, 많이 먹어도 문제되지 않는다.

炒食甚美. 味似菱芡, 多噉亦無妨也.

백오동[白梧]은 열매가 달리지 않는다. 겨울철에 열매와 같은 것이 달리는 것은 이듬해의 꽃눈[花房]이다. (백오동도) 역시 큰 나무둘레에 구덩이를 파고 묘목을 취하여 옮겨 심는다. 나무가 크게 자란 이후에는 악기의 재료로 쓸 수 있다. 벽오동[青桐]은 악기의 재료로 쓰기에 적합하지 않다. 산의 돌

白梧無子. 冬結似子者, 乃是明年之花房. 亦繞大樹掘坑, 取栽移之. 成樹之後, 任爲樂器. 青桐則不中用.

275 '자어엽상생(子於葉上生)': 스성한의 금석본에 의하면 오동나무의 열매는 과피가 말라 쪼개지면서 씨를 퍼뜨리는 삭과로서, 하나의 속과 껍질은 연한 어린잎에서부터 쇨 때까지 모두 잎에 붙어 있는 것과 같다. 익은 후에는 씨방의 선이 갈라지면서 익은 열매가 그 선상에 붙어 있다. 이 때문에 '자어엽상생(子於葉上生)'은 크게 잘못된 것이라고 생각할 수는 없다. 묘치위 교석본에 따르면, '엽상생(葉上生)'은 각본 및 원각본 『농상집요』의 인용문이나 『사시찬요』 「이월」편에서 『제민요술』을 인용한 것은 모두 이와 동일하다. 전본의 『농상집요』에서는 '포상생(包上生)'이라고 쓰고 있다. 오동나무에 꽃이 핀 후에는 골돌과(蓇葖果: 여러 개의 씨방으로 이루어져 익으면 벌어진다.)로서 4개 내지 5개의 열매 조각이 있으며 아직 익지 않았을 때 벌어져서 열매조각은 엽편상으로 된다. 종자는 둥근 모양이며 크기는 콩과 같으며 열매 조각의 가장자리에 붙어 있고 입모양을 이루고 있으며 종자는 둥근 모양이고 크기는 작은 콩만 하며 한 개의 열매조각에는 2-5개가 달려 있다. 열매조각이 잎의 모양과 같아 옛사람들은 '자어엽상생(子於葉上生)'이라고 오해하였다. 전본의 『농상집요』에서는 '포상생(包上生)'이라고 쓰고 있는데 열매조각이 포편(包片)처럼 보인다고 하여서 『사고전서』의 편집자가 고친 것이라고 한다.

틈에서 자란 나무는 악기를 만들면 소리가 매우 좋다.[276]

於山石之間生者, 樂器則鳴.

벽오동과 백오동의 목재는 모두 수레의 널빤지, 접시, 합[合]과 나무신발[木屧][277] 등을 만들

青白二材, 並堪車板盤合木屧

276 "樂器則鳴" 앞에는 '작(作)'자가 있어야 할 듯하다. 『농상집요』에서는 이 구절을 '作樂器尤佳'라고 쓰고 있는데 이 때문에 학진본에서는 "作樂器則鳴"이라고 쓰고 있다. 북송본, 명초본, 호상본과 『농상집요』에서 인용한 것은 모두 동일하다. '명(鳴)'은 좋은 음향을 가리킨다. 『초학기』 권28, 『태평어람』 권956의 '동(桐)'에서는 『제민요술』을 인용하여 "爲樂器則鳴"으로 쓰고 있는데 전본의 『농상집요』에서는 이를 고쳐서 "作樂器尤佳"라고 쓰고 있다. 묘치위는 목재는 많은 관상세포와 섬유로 조성되어 있는데, 한 개의 관상세포는 한 개의 '공명적(共鳴笛)'이 되며 그들은 음을 전달하고 음을 확산시키고 공명하는 작용을 한다. 대개 이처럼 산의 돌 사이에서 자라는 백오동나무는 그들의 무수한 관상세포가 세월이 흐르면서 치밀해지고 균질해져서 악기의 '음의 기본음[基音]'과 '음의 전파[泛音]'에 가장 좋은 공명의 조건을 만들기 때문에 음향이 특별히 좋아진다고 한다. 그러나 벽오동나무[青桐]가 악기 재료로 적합하지 않다고 하는 것은 자세히 알 수 없다(벽오동나무는 거문고와 비파 등을 만드는 데 적당하다.)고 한다.

277 '목섭(木屧)': 하나의 널빤지가 신발을 대신한다는 것으로서, 오늘날 광동·광서[兩廣]지역에서는 아직도 이 같은 '섭(屧)'을 사용하고 있지만 '극(屐)'으로 널리 칭해지고 있다. 일본의 '왜나막신[下駄]'이 곧 그것이다. 일반적으로 오늘날에는 모두 여전히 오동나무로 만든다. 청나라 왕균(王筠)의 『설문구독(說文句讀)』에서는 "『중경음의(衆經音義)』에 이르기를, '섭은 가운데를 뚫어서 빈곳으로 하여금 발을 옮기는 것이다.' 그렇다면 섭은 나무로 만들되 그 중간을 팠다는 것을 뜻한다."라고 하였다. 이것은 가운데를 판 나무신발을 의미한다. 『진서(晉書)』 권79 「사안전(謝安傳)」에 이르기를, "문을 지나가는 것을 제안했는데 마음이 너무 즐거워서 신발의 받침이 부러지는 것도 알지 못했다."라고 했다. 당나라 독고급(獨孤及: 725-777년)의 『곤능집(昆陵集)』 권2의 '산중춘사(山中春思)'라는 시에서 "꽃잎이 떨어져서 신발의 받침[齒]을 덮는다."라고 하였다. 이것은 모두 받침이 있는 나막신으로서 오늘날 하나의 판자로 되어서 받침이 없는 나막신과는 다르다.

수 있다.

等用.

떡갈나무[柞]:[278]

柞

『이아(爾雅)』에 이르기를,[279] "허(栩)는 저(杼)이다."라고 한다, (곽박이) 주석하여 '저수(柞樹)'라고 하였다.

爾雅曰, 栩, 杼也. 注云, 柞樹.

생각건대 보통사람들은 저(杼)를 상수리 열매[橡子]라고 한다. 상수리의 껍질을 저두(杼斗)라고 하는데, 왜냐하면 상수리 껍질의 움푹 파인 것이 (곡물을 담는 양기인) 말[斗]과 같기 때문이다. 상수리 열매는 흉년이 들면 밥을 지어 먹을 수 있으며, 풍년에는 돼지먹이로 사용하면 살찌우기가 용이하다.

按, 俗人呼杼爲橡子. 以橡殼爲杼斗, 以剜剜似斗放也.[49] 橡子儉歲可食, 以爲飯, 豐年放豬食之, 可以致肥也.

산언덕 낮은 부분의 땅에 적합한데, 세 차례 갈아서 부드럽게 하고 상수리 열매를 흩어서 뿌린 후 두 차례 끌개질을 하여 고르게 덮어 준다. 싹이 나온 후에는 호미질로 풀을 제거하여 항상 깨끗하게[280] 유지해야 하며, 한 차례 모종의 위치가 정해지면 더 이상 옮겨 심지 않는다.[281] 10년

宜於山阜之曲, 三遍熟耕, 漫散橡子, 即再勞之. 生則薅治, 常令淨潔, 一定不移. 十年, 中椽,[50] 可

278 '작(柞)': 떡갈나무이며, 너도밤나무과(*Quercus acutissima*)이다. 고서에서는 '허(栩)', '저(杼)', '역(櫟)'으로도 불리며 마력(麻櫟) 또는 상수리나무로도 불린다.

279 『이아(爾雅)』「석목(釋木)」편에 보이며 '야(也)'자가 없다. '왈(曰)'은 각본에서는 '운(云)'자로 쓰여 있으며 여기에서는 명초본에 따랐다.

280 '결(潔)': 호상본에서는 이와 글자가 같고 북송본 등에서는 '결(絜)'로 쓰고 있는데 글자는 동일하다. 『제민요술』 중에는 두 자가 모두 통용되며 묘치위 교석본에서는 '결(潔)'로 적고 있다.

281 '일정불이(一定不移)': 생장 후의 그루는 원래의 땅에 그대로 고정해 두고 옮겨

이후에는 서까래로 만들 수 있으며 각종 잡다한 용도로 쓰일 수 있다. 1그루는 10문전의 가치가 있다. 20년이 되면 벽 사이에 들어가는 기둥[282]으로 쓸 수 있다. 1그루는 100문전의 가치가 있다. 땔나무의 값은 여기에 포함되지 않는다. 베어 내면 뿌리에서도 분얼가지가 생기는데, 이를 잘 관리하면 계속 이용할 수가 있다.

雜用. 一根直十文. 二十歲, 中屋榑. 一根直百錢. 柴在外. 斫去尋生, 料理還復.

무릇 가구家具를 만들려고 준비한 것이라면 이상의 각종 목재를 모두 약간씩 파종해야 한다. 10년이 지나면 어떠한 요구라도 만족시키지 않는 것이 없다.

凡爲家具者, 前件木, 皆所宜種. 十歲之後, 無求不給.

그림 8
홰나무[槐]:
『구황본초』 참고.

그림 9
수양버들

그림 10
가래나무[楸]

심지 않는다는 의미이다.

282 '단(榑)': 이 글자는 자전 중에서는 '모인다'로 해석되는데, 모두 본서의 요구에는 부합되지 않는다. 아마 '박(欂)'인 듯하다. '박'은 벽의 기둥이다.

그림 11
개오동나무[梓]

그림 12
오동나무[梧桐]

그림 13
떡갈나무[柞]

교 기

41 '소(宵)': 명초본과 금택초본에는 '소(霄)'로 잘못 적혀 있는데, 원각본에 의거하여 고쳐서 '소(宵)'로 적는다.

42 '일(日)': 원각본과 금택초본 및 명초본에서는 모두 '왈(曰)'자로 잘못 쓰여 있다. 금본의 『이아』에 의거하여서 글자를 교정하여 바로잡는다. [아래 문장에 '야(夜)'자가 있는 것으로 미루어 반드시 '주일(晝日)'일 것임을 알 수 있다.]

43 "若不攔, 必爲風所摧": 스셩한의 금석본에서는 '난(攔)'을 '난(欄)'으로 표기하였다. 스셩한에 따르면, '약불란(若不欄)'은 명초본에서 '약불란(若不爛)'으로 잘못 쓰고 있다. '최(摧)'자는 명초본에서는 '추(推)'자로 쓰여 있는데, 점서본에도 마찬가지이다. 지금은 원각본, 금택초본 및 『농상집요』에 의거하여 고쳐서 바로잡는다.

44 '인(肕)': 명초본과 호상본은 이 글자가 동일하다. 원각본에서는 '명(明)'으로 잘못 쓰고 있으며 금택초본에서는 '문(門)'으로 잘못 쓰고 있다.

45 '재추(梓楸)': 명초본과 비책휘함 계통의 각본에서는 모두 '추재(楸梓)'라고 거꾸로 쓰고 있으며 원각본과 금택초본 및 『농상집요』에서는 육기의 『시소(詩疏)』와 마찬가지로 더불어서 '재추(梓楸)'로 쓰고 있다. 마땅히 고쳐서 '재추(梓楸)'로 써야 할 듯하다.

46 '이(以)': 스셩한의 금석본에서는 '사(似)'로 쓰고 있다. 스셩한에 따르면 명초본과 원각본 및 금택초본과 마찬가지로 모두 '이(以)'로 쓰고, 『농상집요』와 비책휘함 계통의 판본에서는 모두 '사(似)'자로 쓰고 있으며 금본의 『시소(詩疏)』에서도 '사(似)'자로 쓰고 있는데 '사(似)'로 쓰는 것이 해석이 용이하기 때문에 고쳐서 '사(似)'자로 썼다고 한다.

47 '승어송백(勝於松柏)': 원각본과 금택초본에서는 모두 '勝於柏松'이라고 쓰고 있는데 비책휘함 계통의 판본에서는 '勝於松柏'이라고 쓰고 있다. 두 글자는 도치되어 있지만 큰 문제는 아니다.

48 "令子孫孝順, 口舌": '설(舌)'자는 명초본에서는 잘못하여 '고(告)'자로 쓰고 있다. 비책휘함 계통의 판본에서는 '설(舌)'자는 잘못되어 있지 않으나 '영(令)'자가 빠져 있다. 주의해야 할 것은 『농상집요』와 학진본인데, 이 두 구절을 본문으로 하고 있다. 문리상으로 볼 때 적합하다. 원각본과 금택초본과 명초본에서는 모두 이 2구절을 작은 소주로 쓰고 있는데 이것은 곧 본서의 체제가 어지럽게 되는 전횡이다.

49 "以剜剜似斗放也": 원각본, 금택초본, 명초본과 송본을 초사한 것에 의거한 군서교보와 학진본에서는 모두 이와 동일하다. 비책휘함 계통의 판본에서는 다만 '완'자 한 자만 있다. 『농상집요』에는 '以成剜'으로 쓰여 있다. 생각건대 '완(剜)'은 동사를 만들 때 사용되어서 이는 곧 오늘날 통용되고 있는 '후벼 내다[挖]'[이는 곧 '알(搰)'자가 잘못 쓰인 것이다.]이며 당연히 또한 동사의 형태로 만들 때 사용할 수 있다. 그러나 2개의 '완(剜)'자가 연이어 사용되면 아주 해석하기가 곤란하다. 앞의 '완(剜)'자는 '형(形)'자인 듯하며 이는 곧 "도려낸 형태가 마치 말과 같다.[形剜似斗.]"라고 할 수 있을 것이다. 또한 '이(以)'자는 '양(樣)'이라고 할 수 있는데['상(橡)'자는 본래 옮겨 쓸 때 '양(樣)'자로 쓰였다.] 이는 곧 '저두(杼斗)', '양완(樣剜)'으로서[오늘날 천서(川西)지역에서는 상수리의 껍질을 '상완(橡剜)'이라고 쓰고 있다.] '완(剜)'은 후벼 낸 흔적이 말[斗]과 유사하기 때문이다.

50 '연(椽)': 금택초본에서는 '상(橡)'자로 쓰고 있다. 원각본에서는 이 글자가 정수리 부분의 오른쪽 위의 모서리가 일치하는데 이 때문에 이 글자의 오른쪽 상단의 모서리가 약간 훼손되어서 분명하지 않게 되어

다소 '상(橡)'자와 같다. 만약 '상(橡)'자로 쓰게 되면 이 글자는 다음의 '가잡용(可雜用)'의 앞에 붙여서 한 구절로 해야 한다. 앞의 '중(中: 오늘날은 거성으로 읽는다.)'자는 마땅히 평성이어야 하며 이는 곧 '십년지중(十年之中)'의 의미가 되지만 매우 합리적이지 않다. 따라서 명초본과 명청 각본의 '연(椽)'자로 썼다.

제51장

대나무 재배 種竹第五十一

황하유역[中國]에서 생산되는 대나무는 단지 담죽[淡]과 고죽[苦]의 두 종류가 있다. 그 이름이 기이하고 특이한 것은 뒤에 열거하였다.[283]

中國所生, 不過淡苦二種. 其名目奇異者, 列之於後條也.

대는 마땅히 높고 평평한 땅에 적합하다. 산 근처의 언덕[284]이 더욱 적합하다. 땅이 낮아서 물이 고이면 죽게 된다.[285] **황백색의 부드러운 흙이 좋다.**

宜高平之地. 近山阜, 尤是所宜. 下田得水即[51]死. **黃白軟土爲良.**

정월이나 2월 중에 서남쪽을 향해 자라는

正月二月中, 斸

283 "列之於後條也": 여기서 '후조(後條)'는 권10 「(51) 대나무[竹]」에 관한 설명을 가리킨다. 본장에는 장강 이남의 많은 대나무류를 열거하였다.

284 '근산부(近山阜)': 이곳은 바람을 등지고 햇볕을 향하는 좋은 곳이다. 『제민요술』의 지역은 '흩어져 자라는 대나무[散生竹類]'가 분포하는 북부 지역으로, 바람을 등지고 햇볕을 향하는 지역에 재배하는 것이 가장 유리하다. 그러한 지역은 햇볕에 강하기 때문에 겨울의 기온이 상대적으로 높아서 '흩어져 자라는 대나무[散生竹類]'가 자라는데, 추위를 막고 겨울을 넘기기에 유리하다.

285 '득수(得水)'는 계절성 침수를 가리키는 것으로, '물에 막히다[停水]'의 잘못은 아니다.

땅속 줄기와 뿌리[根並莖][286]를 파내서 잎을 떼어 내고 정원의 동북쪽 모퉁이에 심는다. 먼저 두 자[尺] 전 후로 깊은 구덩이를 파서 대나무를 놓은 후에 5치 두께의 흙을 덮는다. 대나무의 본성은 서남쪽 방향을 향해서 뻗어 나가는 것을 좋아하기[287] 때문에 정원의 동북쪽 모퉁이에 심는다. 몇 년이 지나면 저절로 정원 가득 자라게 된다.[288] 농언에 이르기를 "동쪽 집[東家]에서 대나무

取西南引根並莖, 芟去葉, 於園內東北角種之. 令坑深二尺許, 覆土厚五寸. 竹性愛向西南引, 故於園東北角種之. 數歲之後, 自當滿園. 諺

286 '근변경(根並莖)': 뿌리는 땅속줄기, 즉 죽편(竹鞭)을 가리킨다. 실제는 대뿌리 위에서 자라는 것과 땅속줄기의 마디 위에서 자라는 수염뿌리가 진정한 뿌리이다. '경(莖)'은 대나무 장대를 가리키는데 실제로 대의 땅속줄기는 '대나무'의 중심 줄기이며, 장대[竹稈]은 중심 줄기의 가지이다. 묘치위 교석본에 따르면, '근변경(根並莖)'은 곧 뚫고 나올 때 딸려 있는 일정 길이의 죽편(竹鞭)의 모죽(母竹)으로서 이식할 모주(母株)가 된다. 옮겨 심는 계절은 대나무가 산생하는 북부지역에서는 음력 정월, 2월이 가장 적합한 시기이다. 장강 이남에서 남영(南嶺) 이북 지역에서는 혹서와 혹한의 계절을 제외하고 1년 내내 옮겨 심을 수 있다고 한다.

287 단축형[단일세포가 중축을 이루는 형식]의 흩어져서 자라는 대나무[單軸型散生竹]의 땅속줄기는 북쪽에서 남쪽으로, 서쪽에서 동쪽으로 뻗어 나가는 특성이 있지만, 또한 비옥하고 푸석푸석한 토양을 향해서 뻗어 가는 특성도 있다. 남송 온혁(溫革)의 『분문쇄쇄록(分門瑣碎錄)』에서 『악주풍토기(岳州風土記)』를 인용하여 말하기를, "토양이 푸석하면 뿌리줄기[鞭]가 뻗어 간다."라고 하기 때문에 "동쪽 집[東家]에서 대나무를 파종하면, 서쪽의 집[西家]에서 땅을 정지한다."라고 하는 것은 결코 절대적인 것이 아니다. 묘치위 교석본에는 이런 이유로 인해 동남쪽을 향해서 뻗어 가는 1, 2년생 새 대[新竹]를 배척하고 옮겨 심을 수는 없다고 한다.

288 '자당만원(自當滿園)': 흩어져서 자라는 대나무[散生竹]의 땅속줄기는 땅속을 향해서 옆으로 뻗어 나가는 특성을 갖추고 있고, 뿌리줄기 위의 마디 위에서 싹이 자라서 어떤 싹은 발아되어 죽순이 되고 이것이 커서 장대가 된다. 어떤 싹은 뻗어 나가서 새로운 땅속줄기가 되어 계속적으로 앞으로 나아가며 이와 같이 땅속에서 끊임없이 뻗어 나가고 새 대나무로 자라는데 한 개(혹은 소수)의 대나무가

를 파종하면, 서쪽의 집[西家]에서 땅을 고른다."라고 한다. 이것은 바로 대나무가 점차 뻗어 나가서 (서쪽의 집에) 자란다는 말이다. 동북쪽 모퉁이에 있는 늙은 대나무를 옮겨 심으면 살아날 수 없으며, 살아나더라도 무성하게 자랄 수 없다. 따라서 반드시 서남쪽의 어린 뿌리[289]를 취해[심어]야 한다. 벼나 보리의 겨는 비료로 쓰이며, 이 두 종류의 겨는 단독으로도 모두 비료로 쓸 수 있어서 혼합할 필요는 없다. 물을 주어서는 안 된다. 물을 뿌리면 잠겨 죽는다.

云, 東家種竹, 西家治地. 爲滋蔓而來生也. 其居東北角者, 老竹, 種不生, 生亦不能滋茂. 故須取其西南引少根也. 稻麥糠糞之, 二糠各自堪糞, 不令和雜. 不用水澆. 澆則淹死.

가축이 대나무 밭에 들어가게 해서는 안 된다.

勿令六畜入園.

2월[290]에는 담죽순淡竹筍[291]을 먹으며, 4월과

二月, 食淡竹

점차 확대되어 하나의 큰 대밭[散生竹林]이 되며, 그 모체는 한그루 (혹은 소수 그루의) 대나무이다. 이때 바로 정원이 가득 차게 된다.

289 '소근(少根)': 어린 대나무를 이식하는 모죽(母竹)으로 삼는다. 뿌리는 땅속줄기의 속칭이다. 묘치위는 새 대나무를 옮겨 심는 관건은 뿌리줄기의 생장능력이라고 한다. 1, 2년생 어린 대나무의 긴 땅속줄기는 아주 왕성한 위치에 있어 땅속줄기의 싹이 가득하고 줄기뿌리도 아주 튼튼하여서 옮겨 심어도 잘 살아나며 또한 새로운 대가 나오거나 새로운 땅속줄기가 자라나는 데 용이하다. 3, 4년생 이상 된 노령화된 대나무는 뻗어 나간 땅속줄기도 노쇠하여 옮겨 심어도 쉽게 살아나지 않고 가령 옮겨 심어서 살아나더라도 땅속줄기의 싹이 힘이 없고 뿌리줄기가 드물며 노화되어 죽순이 나고 뿌리줄기가 뻗어 나기가 곤란하여 대나무 밭을 이루기가 힘들기 때문에 어미그루로서 택하여 옮겨 심는 것은 적당하지 않다고 한다.

290 각본에서는 이와 동일하나, 『농상집요』에서 인용한 것은 '3월'로 쓰고 있는데, 이것이 옳다. 묘치위는 담죽(淡竹)에 죽순이 나오는 것은 모죽(毛竹)의 봄죽순이 나오는 것보다 다소 늦어서 일반적으로 4월 하순에서 5월 상순 즉 음력 3월에 비로소 죽순이 나오므로 '2월'은 마땅히 '3월'로 써야 할 것이라고 한다.

291 '순(筍)'은 간혹 '순(笋)'으로 쓰며 『제민요술』에는 두 자가 모두 보이는데, 점서본에서는 일괄적으로 '순(筍)'자로 쓰고 있다. 묘치위 교석본에서는 통일하여 '순

5월에는 고죽순苦竹筍을 먹는다. 찌고[蒸], 삶고[煮], 기름에 튀겨 고으고[缹],[292] 초에 담그는[酢][293] 등 사람의 기호에 따라 조리한다.

그릇을 만들려고 하면, 반드시 일 년이 지나야 베어서 사용할 수 있다. 일 년이 지나지 않은 대는 너무 연약해서 야물지 않다.

筍, 四月五月, 食苦竹筍. 蒸煮缹酢, 任人所好.

其欲作器者, 經年乃堪殺. 未經年者, 軟未成也.

죽순[筍]:

『이아(爾雅)』에 이르기를,[294] "죽순[筍]은 대나무의 싹[竹萌]이다"라고 한다.

『설문(說文)』에 이르기를, "죽순[筍]은 대나무가 배태한 것[胎兒]이다."라고 해석하였다.

손염(孫炎)이 이르기를,[295] "갓 자라 나온 대를 일러 죽순이라고 한다."라고 한다.

筍

爾雅曰, 筍, 竹萌也.

說文曰, 筍, 竹胎也.

孫炎曰, 初生竹謂之筍.

(筍)'자로 쓰고 있다.

292 '포(缹)': 일종의 기름에 튀겨 고으는 법이다. '부(缶)'와 같으며 권9 「소식(素食)」에는 '부과가(缶瓜茄)' 등의 법이 있다.

293 '초(酢)': 이것은 일종의 초에 죽순을 담그는 것이다. '자(鮓)'자가 잘못 쓰였다고 할 수 있다. 그렇지 않으면 마땅히 '저(菹)'가 되어야 한다.[권9 「적법(炙法)」 교기 참조.] 묘치위 교석본에서 '초(酢)'는 죽순을 삶은 후에 '초(醋)'에 버무려 먹는 것으로서 다음의 『시의소(詩議疏)』에 인용하고 있는 "삶은 후에 고주(苦酒)에 버무려, 술 마실 때에 안주로 쓸 수 있다."의 구절은 '미장(米藏)'의 절인 채소[菹菜]와는 같지 않으며 '초(鮓)'는 '저(菹)'자의 잘못은 아니라고 한다.

294 『이아』 「석초」.

295 '손염왈(孫炎曰)'이라고 적은 것은 손염이 『이아』에 주석한 문장으로서 마땅히 『이아』 문장 다음에 있어야 하는데 여기서는 도치되어 있다.

『시의소』에 이르기를,[296] "죽순[筍]은 모두 4월에 생기는데, 오직 파죽(巴竹)의 죽순은 8월에 나와 9월까지 여전히 자라며, 이러한 죽순은 성도(成都)에 있다. 미죽[篃][297]은 겨울과 여름에 모두 죽순이 나온다. 갓 나와 몇 치 길이로 자라면, 캐서 삶은 후에 고주(苦酒: 초)에 버무려 술 마실 때에 안주로 먹을 수 있다. 또한 죽순에 쌀과 소금을 넣어 발효시키거나[藏], 햇볕에 말려[乾] 저장하여[298] 미리 겨울용 식품을 준비한다."라고 하

詩義疏云, 筍皆四月生, 唯巴竹筍, 八月生, 盡九月, 成都有之. 篃, 冬夏生. 始數寸, 可煮, 以苦酒浸之, 可就酒及食. 又可米藏及乾, 以待冬月也.

---

296 『시경』「대아(大雅)·한혁(韓奕)」에는 '유순급포(維筍及蒲)'라는 구절이 있는데 공열달의 주소에서는 육기의 『소』를 인용하여, "죽순은 대의 싹으로 4월에 난다. 오직 파죽의 죽순은 8, 9월에 자라 처음으로 땅에서 나온다. 수 치 길이로 자라면 캐서 삶아 고주(苦酒)와 두시즙[豉汁]에 담가서 술안주로 쓸 수 있다."라고 한다.

297 '미(篃)': 미죽은 화본과(禾本科) 죽아과(竹亞科)의 약죽속(箬竹屬; *Indocalamus*)의 대[竹]이다. 금본의 대개지(戴凱之)의 『죽보』에는, "미죽은 '화살대[箭竹]류이다. 한 자에 여러 마디가 있는데 잎이 커서 신발과 같으며 엮어서 덮개를 만들 수 있다. 또한 화살을 만드는 데 적합하다."라고 한다. 『태평어람』 권963 「미죽(篃竹)」 편에는 『죽보』를 인용하여 미죽은 강한(江漢) 지역에서는 그것을 화살대[箭竿]라고 하는데, 한 자[尺] 길이에 여러 개 마디가 있으며 잎은 크기가 부채와 같으며 엮어서 덮개를 만들 수 있다."라고 한다. 묘치위에 의하면 현대식물학자의 분류에는 그 속의 죽약[箬竹; *I. tessellatus*]을 미죽이라고 하는데 대가 가늘고 작아서 거의 속이 차고 마디 사이의 간격이 겨우 5㎝에 불과하고 한 자에 여러 개의 마디가 있으며 잎이 매우 커서 비를 피하는 도구로 사용할 수 있으며 쫑즈[粽子]도 쌀 수 있다. 대개지가 말하는 '전죽류(箭竹類)'는 오직 그 대로써 화살대로 만들 수 있다는 말일 뿐이지, 오늘날 식물분류상에서는 '미죽'은 전죽속(箭竹屬; *Sinarundinaria*)에 속하지 않는다고 한다.

298 '미(米)': 스셩한의 금석본에서는 '채(采)'로 표기하였다. 원각본, 금택초본, 명초본 및 비책휘함 계통의 판본에서는 모두 '미(米)'자로 쓰여 있는데, 점서본에서는 '채(采)'로 쓰고 있다. 스셩한의 금석본에서 '미장(米藏)'은 해석하기 곤란하며 점서본에 의거하여 '채'자로 쓴다고 하였는데, 묘치위는 교석본에서 '미(米)'자는 잘못된 글자가 아니라고 하여 스셩한과 견해를 달리하였다.

였다.

『영가기永嘉記』에 이르기를 "함타죽含篟竹[299]은 죽순이 6월에 나오며 9월에도 여전히 자란다. 맛은 화살대[箭竹][300]의 죽순과 흡사하다. 모든 죽순은 11월에 땅에서 캐내면 모두 길이가 7-8치에 이른다.[301]

장택長澤의 백성들은 모두 황색의 고죽苦竹을[302] 재배하며, 영녕永寧의 남한南漢지역은[303]

永嘉記曰, 含篟[52]竹筍, 六月生, 迄九月. 味與箭竹筍相似. 凡諸竹筍, 十一月掘土取皆得, 長七八寸. 長澤民家, 盡養黃苦

299 '함타죽(含篟竹)': 이것은 '함타죽(篙篟竹)'으로도 쓰고 있으며 오나라 말 위나라 초 심영(沈瑩)의 『임해이물지(臨海異物志)』와 원대 이간(李衎)의 『죽보상록(竹譜詳錄)』 권6의 '함타죽(篙篟竹)'의 기록에 의거하면 대나무의 크기가 엄지발가락만 하며 단단하고 두껍고 곧고 길며 장대 속의 흰 막 위에는 길게 융털이 붙어 있다. 그러나 어떤 품종의 대나무인가는 상세하지 않다. 본 단락의 3개의 '타(篟)'자는 명초본과 호상본에서는 모두 이 글자와 같지만 원각본, 금택초본에서는 모두 '수(隨)'자로 쓰고 있다. '수(隨)'자와 '수(隋)'자는 서로 통하지만 이 글자는 마땅히 '타(篟)'자로 써야 한다. 대개지의 『죽보』에서는 '함타(篙篟)'라고 쓰고 있는데 나머지 책에서는 '함타(筨篟)'라고 쓰고 있기 때문에 명초본에 따른다.

300 '전죽(箭竹)': 화본과 죽아과의 *Sinarundinaria nitida*이다. 대는 가늘고 단단하여 우산대나 화살대 등으로 만들 수 있으며 죽순은 식용한다.

301 스셩한의 금석본에서는 '八九'로 쓰고 있다.

302 '황고죽(黃苦竹)': 고죽속(苦竹屬; *Pleioblastus*)의 일종으로 대나무껍질이 황색이다. 고죽의 죽순은 어떤 것은 식용할 수 없으며 어떤 것은 삶아서 쓴 맛을 없앤 후에 먹을 수 있다. 『제민요술』에는 "4월, 5월에서는 고죽순을 먹는다."라고 했는데 응당 이 종류이다.

303 '영녕(永寧)': 현의 이름으로서 한대에 설치했으며 진(晉)나라 때는 그것을 답습하였는데 치소는 오늘날 절강 온주시에 있으며 영가군(永嘉郡)에 속한다. 묘치위 교석본에 의하면, 만약 '장택(長澤)', '남한(南漢)'을 현의 명이라고 한다면 장택현은 수나라 때 설치하여 지금의 섬서성에 위치하며, 남한현은 유송 때 설치하였고 지금의 성도 북쪽에 위치하여 두 현의 지역이 모두 영가군과 서로 크게 어

전년도에[304] 한 차례 둘레가 한 자[尺] 5-6치[寸] 되는[305] 큰 죽순을 진상하였다.[306] 이듬해에는 금년 11월에 나온 죽순을 진상하는데, (이것은) 이미 땅속에서 자라 아직 땅을 뚫고 나오지 않아 땅을 파서 캐낸다. (이 죽순은) 이듬해 정월[307]이 되면 비로소 땅을 뚫고 나온다.[308] "5월

竹, 永寧南漢, 更年上筍, 大者一圍五六寸. 明年應上今年十一月筍, 土中已生, 但未出, 須掘土取. 可至明

긋나니 장택현을 설치한 시대와 모순된다고 한다. 또 『진서(晉書)』「지리지(地理志)」 하편에 의거하면, 영가군은 영녕(군 소재지), 안고(安固), 송양(松陽), 횡양(橫陽)의 네 현을 관할하여 근본적으로 장택현과 남한현이 없다. 『영가기(永嘉記)』의 작자 정집지(鄭緝之)는 유송 때의 사람이며 여기서의 장택, 남한은 단지 현 아래의 향의 이름으로서 '남한'은 영녕현에 속하여 가벼이 현(縣)이라고 할 수 없다고 한다.

304 '갱(更)': '경과한다'라는 의미이며 '갱년(更年)'은 1년을 거친다는 의미로서 '전년(全年)'을 가리킨다.

305 '일위오육촌(一圍五六寸)': 이것은 『영가기』의 상용적인 말로서 본서 권4 「배 접붙이기[插梨]」에서 이 책을 인용하여 '子大一圍五寸'이라고 하였다. '일위(一圍)'는 약 한 자[尺]이며 「배 접붙이기」의 주석에 의하면 그 죽순의 크기는 둘레가 한 자 5-6치[寸] 굵기임을 뜻한다. 묘치위 교석본에 의하면, 여기에 기록된 것은 '모죽(毛竹; *Phyllostachys heterocycla pubescens*)'인데, 그 죽순이 아직 땅에 나오지 않을 때에는 동순이며 땅에 나온 후에는 모순(毛筍)이 된다. 모순의 둘레가 한 자[尺] 5-6치[寸] 굵기로 되는 것은 익히 접할 수 있는 것이라고 한다.

306 '상(上)': 스성한의 금석본에서는 '상'을 '진공(進貢)'의 의미로 보았다. 반면 묘치위 교석본에는 원문의 '更年上筍'을 1년 내내 죽순이 나오는 것으로 해석하여 '상(上)'을 진상이 아니라 죽순의 생산으로 이해하고 있다. '상'을 '진공'의 의미로 볼 경우 뒤에 나오는 '明年應上'의 '상'자에 대한 해석이 부드럽지 못하여 본 역주에서는 묘치위의 해석에 따른다.

307 '정월(正月)'은 각본에서는 이와 동일한데 마땅히 '오월(五月)'의 형태가 잘못된 것이다.

308 '흘(訖)': 스성한 금석본에 의하면, '흘(訖)'자는 '흘(迄)'자인 듯하며 위아래의 문장과 서로 동일하다. 그러나 또한 '진오월(盡五月)'의 의미로 해석할 수 있다. 묘

이 갓 지나 6월이 되면 이미 함타죽순含膪竹筍이 보인다.

함타죽순은 7월과 8월에 먹을 수 있다. 9월이 되면 화살대[箭竹] 죽순이 등장하며, 이듬해 4월에는 먹을 수 있다. 이 때문에 일 년 내내 죽순이 있어 중간에 끊어짐이 없다."라고 한다.

『죽보竹譜』에 이르기를[309] "극죽棘竹의 죽순

年正月出土訖. 五月方過. 六月便有含膪筍. 含膪筍迄七月八月. 九月已有箭竹筍, 迄後年四月. 竟年常有筍不絕也.

竹譜曰, 棘竹筍,

치위 교석본을 보면, '흘(訖)'은 마친다는 의미로서 마땅히 문장을 끊어야 하며 '이르다[到]'로 해석해서는 안 된다고 한다. 따라서 이 앞뒤 문장은 "이듬해 정월에 땅을 파서 5월이 되면 비로소 끝난다. 바야흐로 6월이 지나면 함타죽순이 생겨난다."라고 읽을 수는 없다. 여기에 기록된 것은 11월에는 땅속에서 겨울죽순을 파낼 수 있으며 이듬해 5월이 되면 지상의 모순(毛筍)을 취할 수 있다는 것이다. 중요한 것은 『영가기』에서 말하는 것이 연간 죽순이 나오는 것이 끊이지 않는다는 점이다. 만약 겨울죽순과 모순이 "정월에 땅에서 나오는 것이 끝난다."라면 확실히 화살대[箭竹]의 죽순이 4월에 나오는 것과 서로 이어지지 않아서 중간에 2, 3개월은 죽순이 끊기기 때문에 '정월'은 마땅히 '오월'의 잘못이다. 이처럼 1년 동안 죽순이 교차되어 나오는 정황은 11월에서 다음해 5월까지 겨울죽순과 모순이, 6월에는 함타죽순이 나와서 8월까지 이어지고, 9월에는 화살대[箭竹]죽순이 이어져서 이듬해 4월까지 가서 5월의 모죽에 이어지기 때문에 1년 내내 죽순이 끊임없이 나온다고 한다.

309 『죽보』: 『구당서』 권47 「경적지하(經籍志下)」편에서는 농가류의 목록에, "『죽보』 1권은 대개지(戴凱之)가 찬술한 것이다."라고 한다. 『제민요술』에서 인용한 『죽보』의 내용과 대개지의 『죽보』는 서로 부합되므로, 마땅히 대개지 『죽보』의 구절을 인용한 것이다. 지금의 전본(傳本) 1권은 "晉戴凱之, 撰述"이라고 쓰여 있다. 대개지는 자는 '경예(慶豫)'이며 지금의 호북성 무창(武昌)사람으로 일찍이 남강[南康: 지금의 강서성 장주(贛州)시 치소]의 재상을 역임했다는 사실 외에는 알 수가 없다. 묘치위에 의하면, 『죽보』에는 서광(徐廣)의 『잡기(雜記)』가 인용되어 있는데, 서광은 남조의 송(宋) 문제(文帝) 원가(元嘉) 2년(425)에 죽었다면

은[310] 맛이 담백하며, 먹으면 머리가 빠지게 된다.[311] 기䈪와 야簩의 두 죽순은[312] 모두 맛이 없다. 계경죽雞頸竹의 죽순[313]은 살찌고 맛있다. 미죽篃竹의 죽순은 겨울에 나온다."라고 한다.

『식경食經』에 이르기를 "담죽淡竹의 죽순을 소금에 절이는 법은 5-6치[寸] 자란 죽순을 취하여 소금에 하룻밤 재운다. 꺼내서 소금을 깨끗이 씻는다. 한 말의 멀건 죽을 끓여 5되[升]를 따로 덜어 소금 한 되를 넣고, 뜨거운 죽을 식힌다. 소금에 절인 죽순을 짜디짠 죽 속에 넣어 하룻밤 담갔다가 깨끗이 씻는다.

담백한 죽 속에 넣어 5일간 담가 두면 먹을 수 있다.[314]"라고 한다.

味淡, 落人鬢髮. 䈪簩二筍, 無味. 雞頸竹[53]筍, 肥美. 篃竹筍, 冬生者也.

食經曰, 淡竹筍法, 取筍肉五六寸[54]者, 按鹽中一宿. 出, 拭鹽令盡. 煮糜[55]一斗, 分五升與一升鹽相和, 糜熱,[56] 須令冷. 內竹筍鹹[57]糜中一日, 拭之. 內淡糜

대개지는 마땅히 유송 때의 사람이고, 결코 진(晉)나라 사람은 아니라고 한다.

310 '극죽(棘竹)': 죽아과의 책죽속(簕竹屬; *Bambusa*)의 대나무로서 권10 「(51) 대나무[竹]」의 주석에 보인다.

311 '빈(鬢)'은 원각본에서는 이와 글자가 같은 『태평어람』 권963에서 『죽보』를 인용한 것도 동일하며 남송본에서는 '빈(髩)'자로 쓰고 있는데, 이는 '빈'의 민간에서 쓰는 글자이다. 금택초본과 명청각본에서는 '수(鬚)'자로 쓰고 있다.

312 '개(䈪)'는 북송본과 명초본에서는 이 글자와 동일한데 사전에는 이 글자가 없다. 다른 본에서는 '두(笠)'자로 쓰고 있는데 이 또한 잘못된 것이다. '야(簩)'는 각본에서는 이와 동일한데 명각본에서는 '절(節)'자로 잘못 쓰이고 있다. 묘치위 교석본에 따르면 대개지의 『죽보(竹譜)』에서는 '요예(篻簹)'의 두 대나무가 있는데 이를 일컬어, "요와 예의 두 종류는 고죽과 유사하며 … 요의 죽순 역시 맛이 없다."라고 한다. 『제민요술』에서는 '개야(䈪簩)'는 '예요(簹篻)'일 가능성이 아주 크며 두 자가 훼손된 후에 잘못된 듯하다고 한다.

313 '계경죽순(雞頸竹筍)': 죽순 맛이 신선한 작은 대죽순을 두루 가리킨다.

中, 五日, 可食也.

교기

51 '즉(即)': 원각본 및 금택초본에서는 '즉(即)'으로 쓰고 있으며 명초본과 호상본에서는 '즉(則)'으로 쓰고 있다.

52 '함타(含箨)': 원각본 및 금택초본에서는 '함수(含隨)'라고 쓰고 있는데 명초본과 비책휘함 계통의 판본에서는 '함타(含箨)'로 쓰고 있다. 금본의 『죽보(竹譜)』에서는 '함타(菡箨)'라고 쓰고 있다. 이들은 모두 단지 음을 기록한 글자로서 반드시 고칠 필요가 없다.

53 '계경죽(雞頸竹)': 원각본과 금택초본에서는 '계경죽(雞頸竹)'이라고 쓰고 있는데 명초본과 비책휘함 계통의 판본에서는 '경(頸)'을 '두(頭)'로 쓰고 있다. 금본의 『죽보』에서는 '계경죽(雞脛竹)'[송대 찬영의 『순보』에서는 '계두죽(雞頭竹)'이라고 쓰고 있는데, '두(頭)'자는 확실히 '경(頸)'자의 잘못이다.]이라고 쓰고 있다. 『죽보』의 서술에 의거하면 '계경죽(雞脛竹)'은 "가늘어서, 큰 것은 손가락 굵기에 지나지 않는다."라고 하며 '계경(雞脛)'으로 쓰고 있으며 즉 그것이 가늘다는 것을 형용한 것이다. '순미(筍美)'는 '계경(雞頸)'을 대비하여 쓴 것이다. 여기서는 잠시 '경(頸)'자로 쓰기로 한다.

54 '촌(寸)': 명초본에서는 '승(升)'으로 잘못 쓰고 있는데 원각본과 금택초본에 의거하여 고쳐서 바로잡는다.

55 '미(糜)': 명초본에서는 '미(蘼)'자로 쓰고 있는데 옮겨서 새길 때 잘못된 것이다. '미(糜)'는 '멀건 죽'이다.

---

314 권9 「작저 · 장생채법(作菹藏生菜法)」에는 대부분 밥이나 멀건 죽에 오이나 채소를 절여서 저장을 하는데 미장은 곧 이와 같다. 전분으로 포도당을 만들면서 생기는 유산이 부패를 방지하는 작용과 더불어 신맛을 내게 하는 저장법으로, 이는 곧 오늘날 초에 죽순을 담그는 것과 같다.

56 ‘열(熱)’: 명초본에서는 ‘숙(熟)’자로 잘못 옮겨 적고 있다.

57 ‘함(醎)’: 스셩한의 금석본에서는 ‘함(鹹)’자를 쓰고 있다. 명초본과 원각본 및 금택초본에서는 모두 ‘함(醎)’으로 잘못 쓰고 있다.

제52장

잇꽃 · 치자 재배 種紅藍花[315]梔子[316]第五十二

● 種紅藍花梔子第五十二: 燕支香澤面脂手藥紫粉白粉附.[317] 연지 · 향택 · 면지 · 수약 · 자분 · 백분 만들기를 덧붙임.

잇꽃[花]을 재배하는 땅은 잘 갈아서 부드 | 花地欲得良

315 '홍람화(紅藍花)': 잇꽃[紅花]을 가리킨다. 국화과의 홍화(紅花: *Carthamus tinctorius*)로서 꽃은 홍색이고, 잎은 대청(大淸; 蓼籃: 십자화과의 두해살이풀)과 같기 때문에 홍람화(紅藍花)라고도 부른다. 옛날에는 항상 꽃 속에 함유된 붉은 색소를 이용하여 화장품을 만들었는데, 예컨대 연지 등이 그러하다. 오늘날에는 주로 약용으로 사용되며, 비교적 귀중한 약재이다. 묘치위 교석본에 따르면, 잇꽃을 약용하는 것은 북송의 『개보본초(開寶本草)』에 처음 기록되어 있으며 『제민요술』시대에는 아직 약용으로 사용하지 않았던 것 같다. 북송에서는 잇꽃을 봄에 파종하는데, 음력 2월 말에서 3월 초가 적기이다.

316 '치자(梔子)': 치자는 꼭두서니과의 *Gardenia jasminoides*로서 열매는 황색의 염료를 만드는 데 쓰이기 때문에 『제민요술』에서는 잇꽃[紅花]과 같은 반열에 위치시키고 있는데, 유감스럽게도 본편 중에서는 치자에 대해서 한 자도 언급하고 있지 않다.

317 제목에 "燕支, 香澤, 面脂, 手藥, 紫粉, 白粉附"라는 작은 글자의 주가 달려 있다. 스성한 본에는 제목 중에 '급치자(及梔子)'가 있는 반면에, 묘치위 교석본에는 '급(及)'자가 없는데, 모두 옛것에 따른 것이다. 문제는 편 중에 근본적으로 '치자(梔子)'에 대해 언급이 없고, 「칠(漆)」편에는 칠기를 재배하는 등의 내용이 제시되어 있지 않다는 점이다. 빠져 있거나 혹은 쓰려고 했는데 쓰지 못했을 가능성이 있다고 한다.

럽게 해야 한다. 2월 말에서 3월 사이에 파종한다.

熟. 二月末三月初種也.

파종하는 법[種法]: 비가 멈춘 후에 재빨리 파종한다. 어떤 경우에는 땅에 가득 흩어 뿌리거나 어떤 경우에는 파종용 기구인 누거[耬]로 파종하는데 모두 삼[318]을 파종하는 것과 같다. 호미로 파서[319] 파종한 후에 종자를 덮는다.[320] (이렇게 하면) 싹과 그루가 크고[321] 관리하기도 쉬워진다.[322]

種法. 欲雨後速下. 或漫散種, 或耬下, 一如種麻法. 亦有鋤掊而掩種者. 子科大而易料理.

꽃이 피면 날씨가 서늘한 때를 틈타 꽃을 딴다.[323] 따지 않으면 곧 마른다. 딸 때는 반드시 완전하

花出, 欲日日乘涼摘取. 不摘則乾.

---

318 '마(麻)': 삼을 가리킨다. 권2 「삼 재배[種麻]」에서는 "耬耩, 漫擲子"와 "耬頭中下之"의 파종법이 있는데, 이는 곧 살파(撒播)와 누거를 이용해서 조파하는 두 가지 파종법이다.

319 '부(掊)': 이는 곧 '후비다[刨]'이다. 호미로 파서 종자를 덮는다는 것은 후벼서 구멍 속에 점파하고 그 위에 다시 흙을 덮는다는 의미이다.

320 '엄종(掩種)': 류제의 논문에 의하면, 『제민요술』에 보이는 파종방식은 만척(漫擲), 누종(耬種), 엄종(掩種) 등이 있으며, 구체적인 파종방식은 각기 다르다. 만종은 손으로 흩어 뿌리는 것으로 즉 산파(散播)이다. 누종은 누거로 파종하는 것이며, 지금의 조파에 해당한다. 엄종은 땅을 갈아서 부드럽게 한 후에 고랑을 따라서 파종하는 것으로 다시 복토하고 덮는 것이 점파(點播)와 흡사하다.

321 '자과대(子科大)': 각본에서는 동일한데 『농상집요』에서 인용한 것과 같다. 그러나 '자(子)'자 앞에는 '성(省)'자가 빠져 있는데, 이것은 점파하여 종자를 줄이고 그루가 커지는 것을 말한다. 『사시찬요(四時纂要)』 「오월」 편에는 『제민요술』을 인용하여 "省子而科, 又易斷治."라고 쓰고 있다.

322 '이요리(易料理)': 중경관리(中耕管理) 이외에, 꽃따기가 비교적 편리함을 가리킨다.

323 묘치위 교석본에 의하면, 잇꽃[紅花]의 꽃술의 끝부분에서 생겨나 꽃을 딸 때는 세 개의 손끝으로 통꽃부리를 따내는데, 이는 사람들이 해야 할 부분이다. 꽃을

게 따야 한다. 남겨 두면[324] 곧 시들게[325] 된다.

摘必須盡. 留餘即合.

5월에 씨가 익으면[326] 뽑아서 햇볕에 말렸다가 두드려서 씨를 취한다. 잇꽃[紅花]의 씨 역시 뜨게 해서는 안 된다.

五月子熟, 拔, 曝令乾, 打取之. 子亦不用鬱浥.

5월에는 '늦은 잇꽃[晩花]'을 파종한다. 초봄에 미리 약간의 종자를 남겨 두었다가 5월 초에 파종한다. 만약 새 꽃에 열매가 맺어 익기를 기다렸다가 다시 종자를 취하면 너무 늦다.

五月種晩花. 春初即留子, 入五月便種. 若待新花熟後取子, 則太晩也.

7월 중에 꽃을 따면 색깔이 짙고 선명하며,[327] 오래 유지되어 색이 검게[黦][328] 바라지 않

七月中摘, 深色鮮明, 耐久不黦, 勝

딸 때는 반드시 조심해서 살짝 따야 하는데, 상처를 입거나 아래의 씨방에 손상을 입지 않도록 주의해야 한다. 왜냐하면, 아직 남아서 열매를 맺어야 하기 때문이다.

324 북송본에는 '유여(留餘)'라고 쓰고 있는데, 『사시찬요(四時纂要)』「오월」편에도 마찬가지로 인용하고 있으며, 명초본과 호상본에서도 '여유(餘留)'로 쓰고 있다.

325 '합(合)': 언합(蔫合)을 가리키며, 이는 곧 시든다는 의미이다. 앞 문장의 '건(乾)' 또한 말라서 시든다는 의미이다. 『천공개물(天工開物)』「창시(彰施)·홍화(紅花)」편에서는 "꽃을 딸 때는 반드시 새벽에 이슬이 맺혔을 때 따는데, 만약 해가 높이 떠서 빛이 강하면 그 꽃은 이미 닫혀서 열매를 맺어 딸 수 없게 된다."라고 한다. 묘치위 교석본에 의하면 잇꽃이 피어 있는 시간은 48시간을 넘지 않는데, 그 꽃잎이 황색에서 홍색으로 변할 때 24시간에서 36시간에 딴 것은 꽃 색이 가장 선명하고, 그 시간을 지나면 암홍색으로 변하여 시들게 된다. 만일 오늘 새벽에 꽃봉오리 속에 이슬이 약간 황색의 작은 꽃잎이 나오면 다음날 새벽에 바로 따야 하는데, 반드시 새벽에 이슬이 맺혀 아직 마르기 전에 따야 한다. 따라서 당일에 반드시 전부 다 따고, 남겨 두어서 한낮에 시들어 손상되지 않아야 한다.

326 '오월자숙(五月子熟)': 봄에 잇꽃[紅花]을 파종하면, 음력 5월에 익게 된다. 『천공개물(天工開物)』「홍화(紅花)」편에는 "2월초에 파종한다. … 여름이 되면 성숙한다."라고 한다.

아 봄철에 파종한 종자보다 좋다.

도시 부근의 좋은 땅에 1경頃의 잇꽃을 파종하면 매년 300필匹의 비단에 걸맞은 수익을 거둘 수 있다. 1경의 땅에서 200섬[斛]의 종자를 거두는데, 이 종자는 삼씨의 값과 동일하고, 마차의 윤활유[車脂]로도 쓰이며 또한 등불[燭]의 기름으로도 쓰인다.[329] 이것은 직접 쌀값으로도 환산이 되는데,[330] (종자로 바꾼) 200섬의 쌀은[331] 이미 조[穀]를 재배하여 수확한 것과 맞먹는다. (또한 꽃을 수확하여 얻은) 300필의 비단은 여기에 포함되지 않는다.

1경의 밭에서 잇꽃을 거두려면 매일 100명이 따야 하는데 한 집안의 노동력[332]만으로는 10분의 1도 감당하지 못한다.[333]

春種者.

負郭良田種一頃者, 歲收絹三百匹. 一頃收子二百斛, 與麻子同價, 既任車脂, 亦堪爲燭. 即是直頭成米, 二百石米, 已當穀田. 三百匹絹, 超然在外.

一頃花, 日須百人摘, 以一家手力, 十不充一.

---

327 '심(深)': 꽃 색깔이 아주 짙어서 오래되어도 색이 변하지 않는 것을 일컫는다.

328 '울(黦)': 황흑색을 뜻한다.

329 '거지(車脂)': 수레바퀴에 사용되는 윤활유이다. '촉(燭)': 잇꽃씨는 기름 함유량이 20-30%까지 달하는데, 여기서는 바로 그 기름 혹은 그 씨로써 횃불을 만든 등불[燭]을 이용하는 것을 가리킨다.

330 '직두(直頭)': 두 개를 바로 맞닥뜨린다는 의미로서, 200섬[石]의 잇꽃[紅花] 종자는 200섬의 쌀에 비견할 수 있다는 의미이다. 앞 문장에서 1년에 비단 300필을 거둔다고 한 것은 잇꽃을 판매한 수익을 가리킨다.

331 '이백석미(二百石米)': 마땅히 앞 구절 '即是直頭成米'의 다음에 연결되어야 하며 글자의 크기 역시 앞 구절과 동일해야 한다. 200섬의 잇꽃씨는 본래 삼씨의 가격과 같다. 가령 다시 약간 낮게 환산할지라도 쌀의 가격과 맞먹으며 이미 조를 파종한 밭에 버금간다.

332 '수력(手力)': 류제의 논문에서는 '인수(人手)'는 '노력'의 의미라고 하며, 의미가 확장되어 '복역(僕役)'의 뜻도 있다고 한다.

다만 수레를 밭머리에 두고 매일 새벽 어린 남녀 노예[334]들을 모으는데, 몇십 명에서 몇백 명에 이르기까지 무리를 지어 와서 분담해서 꽃을 따는 것을 돕도록 한다. 그리하면 평균 잡아[335] 절반 정도는 딸 수 있다. 이 때문에 남자가 혼자 있거나 부녀자가 혼자 있더라도[336] 잇꽃을 많이 파종할 수 있다.

但駕車地頭，每旦當有小兒僮女十百爲羣，58 自來分摘. 正須平量，中半分取. 是以單夫隻婦，亦得多種.

잇꽃을 가공하는 방법[殺花法]:[337] 잇꽃을 따온 이후에 즉시 방아[碓]에 찧어[擣] 부드럽게 하고, 물을 넣어 한 번 일구어서 포대[布]에 넣어

殺花法. 摘取，即碓擣 59 使熟，以水淘，布袋絞

333 '십불충일(十不充一)': 이는 10분의 1에도 미치지 못한다는 것으로서, 사람의 손이 조금도 처리하지 못함을 극단적으로 하는 말이다.

334 옛날에 '동(童)'자는 노비를 가리키며, 아동의 '동(童)'은 '동(僮)'으로 쓰는데 후에 두 자가 서로 혼용되었다.

335 '정수평량(正須平量)': 단지 평균에 대한 의미이다. '정(正)'자는 위진남북조에서는 보통 '지(止)', '지(只)' 자로 사용해서 쓰는데, 『제민요술』에서도 자주 보인다.

336 '척부(隻婦)': 즉 고독한 여인이다.

337 본조는 '살화법(殺花法)'의 표제를 제외하고, 나머지는 원래 두 줄로 된 작은 글자로 쓰여 있는데, 묘치위교석본에서는 모두 큰 글자로 고쳐 쓴 것에 따르고 있다. '살(殺)'은 '살(煞)'과 같으며 '손상하다', '소멸하다'의 의미인데 여기서는 풀어서 어떤 물질을 추출한 이후에 그것을 벗겨 낸다는 의미이다. 묘치위에 의하면, 잇꽃[紅花]은 홍색소 이외에 황색소도 함유하고 있는데, 황색소가 홍색소보다 훨씬 더 많다. 『천공개물(天工開物)』「창시(彰施)·홍색(紅色)」에서는 "잇꽃은 … 황색즙이 다해도 홍색이 드러난다."라고 하였다. 따라서 반드시 먼저 황색소를 벗겨 낸 연후에야 비로소 홍색소를 이용해서 염료로 쓸 수 있다. 『제민요술』의 '황색소를 벗기는 법[褪黃法]'은 첫 번째가 맑은 물에 일어서 씻어 일부분의 황색 염소를 짜내고, 다음으로는 식초물에 일구어 씻어 유기산을 이용해 황색소를 분해시켜서 짜낸다고 한다.

누런 즙을 짜낸다. 다시 찧어 멀건 조밥[粟飯] 미음물에 초[338]를 타서 씻어 일군다. 또 포대에 넣어서 즙을 짜낸다. 이렇게 짜낸 즙은 거두어서 붉은 염료로 쓸 수 있기에 버려서는[339] 안 된다.

즙을 짠 이후에는 주둥이가 작은 옹기에 넣어서 주둥이를 베로 덮어 둔다. (날이 밝아) 닭이 울 때 다시 부드럽게 찧고 거적 위에 펴서 햇볕에 말리는 것이 덩어리[餠]를 만드는 것보다 좋다.[340] 덩어리로 만들면 속이 다 마르지 않아 (찧은) 꽃이 눅눅해져 뜨게 된다.

연지燕脂[341]를 만드는 법: 미리 남가새[落藜],[342]

去黃汁. 更擣, 以粟飯漿清而醋者淘之. 又以布袋絞去汁. 即收取染紅, 勿棄也. 絞訖, 著瓮器中, 以布蓋上. 雞鳴更擣令均, 於席上攤而曝乾, 勝作餅. 作餅者, 不得乾, 令花浥鬱也.

作燕脂法. 預

338 '초(醋)': 명초본과 호상본에서는 동일하다. 금택초본에서는 '익(醶)'자로 쓰고 있는데, '혜(醯; 醋)'를 잘못 쓴 것이며, 원각본에서는 모호하다. 『농상집요』에서는 '산(酸)'으로 쓰고 있다.

339 점서본에서는 '기(棄)'자로 쓰고 있고, 북송본과 명초본 등에서는 '기(弃)'로 쓰고 있는데 글자는 동일하다. 『제민요술』에 두 글자가 상호 쓰이고 있는데, 묘치위 교석본에서는 일괄적으로 '기(棄)'자로 쓰고 있다.

340 '승작병(勝作餅)': 『제민요술』에서는 뭉쳐서 덩어리로 만들면 잘 마르지 않기 때문에 흩어서 보관할 것을 주장하고 있다. 원대 노명선(魯明善)의 『농상의식촬요(農桑衣食撮要)』와 『천공개물(天工開物)』에서는 모두 뭉쳐서 얇은 덩어리를 만들어 그늘에 말려 저장하되 습지 가까이에 두지 말 것을 주장하고 있다.

341 각본에서는 '연(燕)'으로 쓰고 있는데, 명초본에서는 '연(臙)'으로 쓰고 있다. '연지(臙脂)'라는 글자는 옛날에 대부분 '연(燕)'으로 썼다.

342 '낙려(落藜)': 스셩한의 금석본에 따르면, '낙려'는 해석할 도리가 없는데 반드시 그중에 잘못된 한 글자가 있는 듯하며, '낙(落)'자와 글자형태가 다소 유사한 '질(蒺)'자가 가장 가능성이 높다. 즉 '남가새[蒺藜]'를 태운 재 속에는 칼륨, 납, 마그

명아주[藜藋]와 쑥[蒿][343] 등을 태워서 재로 만든다. 이것들이 없으면 일반적인 풀재[草灰]를 사용해도 좋다.

뜨거운 물을 부어서 맑은 잿물을 취한다. 첫 번째 거른 잿물은 너무 진해서[344] 즉각 잇꽃의 붉은색이 너무 많이 용해되어[345] 사용하기 적합하지 않기 때문에 단지 옷을 씻는 데 사용한다. 세 번째 잿물에 거른 것은 꽃에서 용해된 색깔

燒落藜藜藋 60 及蒿作灰. 無者, 即草灰亦得. 以湯淋取清汁. 初汁純厚太醶, 即殺 61 花, 不中用, 唯可洗衣. 取第三度淋者,

---

네슘의 분량이 상당히 높아 잿물을 만들 수 있다. 그다음은 '봉려(蓬藜)'일 가능성인데 다음 문장에 '여(藜)'자가 이중으로 쓰여 있다. '봉(蓬)'자가 마모되면서 쉽게 '낙(落)'자와 혼동을 일으켰을 가능성이 있다. '감봉(鹹蓬)' 또한 유명한 염기성 식물이다. 또 '낙규(落葵)'일 가능성도 있다고 하였다. 반면 묘치위 교석본에 의하면 '낙려(落藜)'는 명아주과의 댑싸리[地膚; *Kochia scoparin*]로서, '낙추(落帚)', '소추채(掃帚菜)'라고도 부르며, 그 줄기와 가지0로 빗자루를 만든다. '여조(藜藋)': 명아주과의 명아주[藜; *Chenopodium album*]이다. 명아주는 '여조(藜藋)'라는 다른 이름 이외에도, '회조(灰藋)', '상조(蔏藋)', '삭조(蒴藋)' 등의 다른 이름이 있다.

343 '호(蒿)'는 쑥[蒿]으로서 묘치위는 국화과의 청호(青蒿; *Artemisia apiacea*)라고 하는데, 이 학명은 우리나라의 개사철쑥에 가깝다.

344 '암(醶)': 잿물이 너무 진한 것을 뜻한다. 명초본과 호상본에서는 이와 동일한데, 원각본에서는 분명하지 않고 '암(醶)'자가 훼손된 모양을 하고 있다.

345 '살화(殺花)': 이것은 홍색소가 바래지는 것을 의미한다. '화(花)'는 이미 황색소를 바래게 말린 후에 거둔 꽃으로서, 지금 다시 취합해서 홍색으로 바래게 하여 연지용(胭脂用)으로 만드는데, 결코 새로 딴 잇꽃[紅花]을 다시 황색을 '벗긴[殺]' 것은 아니다. 아주 진하고 선명한 잇꽃에 물과 식초를 섞고 일어 황색소(黃色素)를 벗겨 내면 홍색소(紅色素) 역시 바랜다. 묘치위에 의하면, 물질은 그 내부의 조직 구조와 성질 등에 의해서 같지 않기에 어떤 용액에 대한 반응 또한 다르다. 본 연지법(胭脂法)의 기록을 통해 황색소는 산용액(酸溶液)에 녹아서 용해되어 제거된다. 홍색소는 산용액 용해되지 않고 소금물에 녹기 때문에 소금물 용액을 사용하여 분해시켜 얻을 수 있다. 일반적으로 '초목을 태운 재[草木灰]' 속에는 비교적 많은 칼륨을 함유하고 염기성을 띠고 있다고 한다. 가사협은 바로 경험을 통해 이러한 특성을 이용해 마른 꽃 속에 함유된 홍색소를 녹여 취하였던 것이다.

이 연하고 부드러워 좋은 색이 되게 한다. (이 잿물을 가지고 사용하면) 꽃의 색깔이 연해진다. 10여 차례 색깔을 연하게 하여 꽃의 색이 모두 바래지면 그만둔다.

포대를 이용해서 (잿물에 걸러 낸) 연한 순홍색 즙을 짜내어 주발[瓷椀]에 담아 둔다. 그 외에 2-3개의 신맛이 나는 석류[醋石榴][346]를 가져다가 쪼개서 씨를 꺼내어 찧고 소량의 아주 신맛이 나는 조밥[粟飯] 미음물에 부어 고루 섞은 후 베에 싸서 신 즙[瀋][347]을 짜내어 잇꽃즙 속에 섞는다. 만약 석류가 없으면 좋은 초를 밥물에 섞어 사용해도 좋다. 만약 초(醋)조차 없으면, 아주 진한 신맛이 나는 청반장(清飯漿)만을 단독으로 사용해도 좋다.[348]

以用揉花, 和, 使好色也. 揉花. 十許遍, 勢盡乃止. 布袋絞取淳汁, 著瓷椀中. 取醋石榴兩三箇, 擘取子, 擣破, 少著粟飯漿水極酸者和之, 布絞取瀋, 以和花汁. 若無石榴者, 以好醋和飯漿亦得用. 62 若復無醋者, 清飯漿極酸者, 亦得空用之.

---

346 '초석류(醋石榴)': 『본초도경(本草圖經)』에서는 "안석류(安石榴)는, … 달고 신 두 종류가 있는데, 단 것은 먹을 수 있고, 신 것은 약용으로 쓴다."라고 한다. 산석류는 약으로 쓰는 것을 제외하고 옛날에는 유기산으로 매염제나 각종 배합료를 만드는 데 사용되었는데 『제민요술』에서도 널리 사용되고 있다.

347 '심(瀋)': '즙'이다. 『좌전(左傳)』 「애공삼년(哀公三年)」에는 "즙을 취하는 것 같다고 하였다."라고 한다. 『경전석문(經典釋文)』에서는 "북쪽 땅에서는 즙을 심이라고 부른다."라고 한다. 다음 문장의 '화즙(花汁)'의 '즙(汁)'과 문장이 상호 통용된다.

348 '공용지(空用之)': 다른 물품을 섞지 않았다는 의미로서 본문의 내용은 아주 신 맑은 밥물[清飯漿]을 단독으로 사용했다는 말이다. 이는 곧 아주 신맛이 나는 맑은 밥물만을 사용한다는 의미이다. 이것은 매우 흥미 있는 것으로서 염기성 소금물(재 속의 알칼리성 탄산염을 용액으로 만든다.)을 약한 산성(산석류는 대량의 유기산을 함유하고 있어서 초산이나 초산유산의 혼합액인 청반장에 비교된다.)을 사용해서 중화시키는 방법이다.

멧대추[酸棗] 크기만 한 흰 쌀가루를 잇꽃즙 속에 넣는다. 가루가 많으면 색깔이 옅어진다. 기름기가 없는 깨끗하고 마른 대나무 젓가락을 사용해서 오랫동안 힘껏 크게 젓는다. 저은 후에 항아리 속에 뚜껑을 닫아[349] 보관하고, 밤이 되면 윗부분의 맑은 즙을 따라 내는데 걸쭉한 부분이 드러나면 멈춘다. 그것을 정련한 비단[350]으로 만든 삼각형의 포대 속에 쏟아 넣어 높은 곳에 걸어 둔다. 다음 날 고들고들하게 되었을 때[351] 꺼내고 비벼서 작은 외씨처럼 만드는데 마치 삼씨 반 정도의 크기로 하여 그늘에 말리면 완성된다.

'향택香澤'[352]을 배합하는 방법: 좋은 청주를 향료에 담근다.[353] 여름철에는 서늘한 술을 사용하고 봄과 가

下白米粉, 大如酸棗. 粉多則白. 以淨竹箸不膩者, 良久痛攪. 蓋冒至夜, 瀉去上清汁, 至淳處止. 傾著帛[63]練角袋子中懸之. 明日乾浥浥時, 捻[64]作小瓣, 如半麻子, 陰乾之則成矣.

合香澤法. 好清酒以浸香. 夏用

---

349 '개모(蓋冒)': 사용할 물건에 뚜껑을 닫는다는 의미이다. 『광아(廣雅)』 「석고이(釋詁二)」에는 "'모(冒)'는 덮는다는 의미이다."라고 한다.

350 '백련(帛練)'은 정련하여 익힌 비단을 가리킨다. 이것으로 삼각형의 작은 포대를 제봉하여 만드는 것이다. 북송본에서는 이 글자와 같은데, 명초본과 호상본에서는 '백련(白練)'이라고 한다.

351 '읍읍(浥浥)': '반건조[半乾]' 상태를 뜻한다.

352 '향택(香澤)': '택(澤)'은 '고택(膏澤)'이며, '향택'은 곧 향기가 나는 머릿기름이다. 『석명(釋名)』 「석수이(釋首飾)」에 이르기를, "향택이라는 것은, 사람의 머릿결이 항상 마르고 푸석푸석하면 이것을 발라 윤기가 나게 한다."라고 한다. 이는 오늘날 향기가 나는 머릿기름으로서 명나라 양신(楊愼)의 『단연총록(丹鉛總錄)』 권4의 '향택(香澤)'조에는 『악부(樂府)』를 인용하여 말하기를, "팔월의 향유는 윤택하고 휘발성이 좋다."라고 하였다. '향유(香油)'는 참기름의 별명으로 『제민요술』의 향택 중에도 참기름을 사용한다.

353 '好清酒以浸香': '식물성 방향유(芳香油)'는 '술[乙醇; 에탄올]'에 용해되나, 물에는

을에는 술을 데워 따뜻하게 하고 겨울에는 술을 약간 뜨겁게 한다. (향료는) 계설향(雞舌香),[354] 민간에서는 계설향의 형상이 못[丁子][355]과 같기 때문에 '정자향[丁子香: 오늘날에는 정향(丁香)이라고 부른다.]'이라고 일컫는다. 곽향藿香,[356] 거여목[苜蓿],[357] 택란향澤蘭香[358] 4종류를 사용한다.

冷酒，春秋溫酒令暖，冬則小熱. 雞舌香俗人以其似丁子，故爲丁子香也. 藿香苜蓿澤蘭香，凡

용해되지 않는다. 묘치위에 의하면, 이 방법은 청주에 담가서 식물성 방향유 용액을 우려낸 것이며, 그 후 '비건성유지(非乾性油脂)'를 통과하여 다시 수분을 증발한 후 윤택이 나는 머릿기름을 만든다. 본서 권3 「들깨・여뀌[荏蓼]」 편에는 "들깨기름은 윤택이 없어서 사람의 머릿결이 뻣뻣해진다."라고 한다. '들깨기름[荏油]'은 건성유로서 이를 사용하여 '향택(香澤)'을 만들 수 없는데, 참기름은 비건성유로서 머릿결을 칠할 수 있어서 윤택하게 하는 작용이 있다.

354 '계설향(雞舌香)': 도금낭(桃金娘)과의 정향(丁香; *Syzygium aromaticum*)으로서 향료를 만들거나 약에 넣는다. 익을 무렵의 과실을 이름하여 '계설향(雞舌香)'이라고 하는데, 과실은 '정향(丁香)'의 종자가 된다. 또 '모정향(母丁香)'이라고 부르며, 그 '꽃봉오리[花蕾]'를 '정향(丁香)'이라고도 칭하는데, '계설향(雞舌香)'과는 다르다. 꽃은 우산의 원추(圓錐)형의 꽃차례가 모인 꼭대기에서 생겨나며, 꽃봉오리는 긴 관모양을 하고 위는 크고 아래는 뾰족하여 형태는 흙으로 만든 못과 같기 때문에 '정자향(丁子香)'의 속명이 붙었다. 묘치위 교석본에 의하면, '정향(丁香)'과 '계설향(雞舌香)'은 모두 상록교목의 정향수의 꽃과 열매이기 때문에 옛 사람들은 계설향이 정향이라고 하였는데, 『제민요술』도 이와 같다. 어떤 본초서(本草書)에도 그와 같이 기록되어 있다. 그러나 옛사람들은 '계설향'은 '본초식물의 꽃[草花]'이라고 인식하고 있는데, 이는 소문이 잘못 전달된 것이라고 한다.

355 "故爲丁子香也": 정자(丁子)'를 오늘날에는 '정자(釘子)'라고 쓴다. 예전에 중국의 못은 머리 부분이 커서 결코 밋밋하지는 않았고 못의 못대는 각이 져 있었다. '위(爲)'자 앞에 마땅히 '위(謂)'자가 한 자 더 있어야 한다. '고위(故爲)'의 '위(爲)'는 각 본에서는 동일하며, '위(謂)'로 통용하지만, 『제민요술』에서는 두 번째 예가 없다. 여전히 원래 '위(謂)'자로 쓰였는지 의심스러우며, 후대 사람들이 음이 같기 때문에 '위(爲)'자로 잘못 썼을 것이다.

356 '곽향(藿香)': 쌍떡잎 식물의 곽향(藿香; *Agastache rugosus*)으로서 다년생 방향초본(芳香草本)이다.

새 실로 짠 면포로 이들을 싸서 술에 담근다. 여름에는 하룻밤 재우고, 봄과 가을에는 이틀 밤, 겨울에는 3일 밤을 재운다.

四種. 以新綿裹而浸之. 夏一宿, 春秋再宿, 冬三宿.

참기름 두 푼[分]과 돼지기름 한 푼을 작은 놋쇠 가마[359]에 넣고 향을 넣은 술을 부어 섞는다. 몇 차례 끓이다가 불을 낮추면서 서서히 달이고, 그런 후에 다시 담가 둔 향을 넣고 약한 불로 달이는데 저녁까지 물이 다 졸여지면 완성된다. 불쏘시개[火頭]를 꺼내어 향택 속에 담그는데 만약 소리가 나면 물이 아직 마르지 않았다는 것이고, 연기만 나오고 소리가 나지 않으면 수분이 말라 버린 것이다.[360] '향택'을 빨리 만들려고 할 때는 소량의 개사철쑥青蒿을 넣어 주면 청색을 띠게 된다.

用胡麻油兩分, 豬脂一分, 內銅鐺中, 即以浸香酒和之. 煎數沸後, 便緩火微煎, 然後下所浸香煎緩火, 至暮水盡沸定, 乃熟. 以火頭內澤中作聲者, 水未盡, 有煙出, 無聲者, 水

---

357 '거여목[苜蓿]': '목숙향(苜蓿香)'이다. 옛날에는 대부분 향료를 배합하는 데 사용했는데, 예를 들어 당대 손사막(孫思邈, 581-682년)의 『천금익방(千金翼方)』에 기록된 '옷에 향기를 배게 하는 방법' 및 당 왕도(王燾)의 『외대비요(外臺秘要)』 권32의 "머릿결을 윤택하게 하는 방법" 등은 모두 '목숙향(苜蓿香)'으로 만든 것이지, 콩과(豆科)의 '거여목[苜蓿]'을 가리키는 것은 아니지만 어떤 식물인지는 상세하지 않다.

358 '택란향(澤蘭香)': 이는 국화과의 '택란(澤蘭; *Eupatorium japonicum*)'으로서 다년생 초본이며 줄기와 잎은 방향유(芳香油)를 함유하고 있다.

359 '당(鐺)': 스셩한의 금석본에 따르면, 여기서는 '탱(撐)'으로 읽어야 하며, 이는 곧 '솥[鍋]'이다.

360 이것은 불쏘시개[火棒]를 유지(油脂)용액 중에 넣어 수분이 이미 완전히 말랐는지 아닌지를 실험하는 것으로서, 물이 불을 만나 '지직' 소리가 나면 아직 다 마르지 않은 것이고, 소리가 없이 연기가 나면 다 마른 것이다. 민간에서는 이를 '잠화(醮火)'라고 하는데 아주 정치하고 합리적인 방법이다.

실로 짠 면포로 놋쇠 가마의 주둥이[361]와 병 주둥이에 각각 씌워서[362] 병 속에 부어 넣어 보관한다.

'동물성 유지[面脂]'를 배합하는 방법:[363] 소의 골수를 사용한다. 소 골수가 충분하지 않으면 약간의 소 지방을 섞는다. 만약 소 골수가 없다면 소 지방만을 써도 좋다. 술을 따듯하게 데워서 정향과 곽향 두 종류의 향에 담근다. 담그는 법은 향택을 졸이는 법과 마찬가지이다. 졸이는 방법은 모두 향택을 배합하는 법과 동일하며[364] 개사철쑥을 넣어 주면 색깔이 드러난다.

실로 짠 면포[365]로 여과하여 항아리나 칠기

盡也. 澤欲熟時, 下少許青蒿以發色. 以綿幕鐺觜瓶口, 瀉著瓶中.

合面脂法. 用牛髓. 牛髓少者, 用牛脂和之. 若無髓, 空用脂亦得也. 溫酒浸丁香藿香二種. 浸法如煎澤方. 煎法一同合澤, 亦著青蒿以發色.

綿濾著瓷漆盞

361 '자(觜)': 이는 곧 '주둥이[嘴]'이다.

362 '면막(綿幕)': 스셩한의 금석본에서는 '막(幕)'을 '멱(冪)'으로 쓰고 있다. '면막(綿幕)'의 '막(幕)'은 원래는 '멱(冪)'자로 쓰여 있는데, 글자는 동일하다. 다른 곳에서는 대부분 '면막(綿幕)'으로 쓰고 있는데, 본서에서는 '막(幕)'으로 통일하여 쓴다고 한다. 묘치위에 따르면 실면포를 아주 가볍게 놋쇠 가마의 주둥이와 병 주둥이에 덮어서 놋쇠 가마의 주둥이를 기울여 병 주둥이 속으로 부어 넣어서 이중으로 여과를 거쳐 불순물을 모두 걸러 낸다.

363 '면지(面脂)': 얼굴에 윤기를 보충하여 피부를 보호하는 향유(香油)를 가리킨다. 만드는 법은 머릿결을 윤택하게 하는 향유와 같지만, 여기서 필요한 것은 고체상태의 동물성 유지이며, 응고되어야만 바르기 편하다.

364 '전법일동합택(煎法一同合澤)': 졸이는 방법은 모두 '합향택법(合香澤法)'과 동일하다. 이 두 가지의 방법은 모두 진한 술을 희석한 용액으로서, 식물성 방향유(방향유는 모두 지용성 물질로서 물에서는 녹지 않고, 진한 술에서는 녹는다.)에 담근 후에 지방성 물질로 달여 함유된 소금을 제거하는 것이다.

로 된 작은 용기 속에 넣어 응고시킨다. 만약 (입술에 바르는) '입술연지'를 만들려고 한다면 약간 부드러운 주사[366]를 가미하며 밖은 '청유青油'로 감싸 준다.[367]

中令凝. 若作脣脂者, 以熟朱和之, 青油裹之. 65

서리와 눈을 무릅쓰고 먼 길을 여행할 경우에는 항상 마늘을 씹어 깨뜨려 입술에 문지르면 입술이 갈라지는 것을 방지하고 또한 사악한 기운을 막을 수 있다. 아이들 얼굴피부가 트면[368] 밤에 배를

其冒霜雪遠行者, 常齧蒜令破, 以揩脣, 既不劈裂, 又令辟惡. 小兒面患

---

365 여기서의 '면(綿)'이 면포를 뜻하는지 아니면 다른 직물인지는 분명하지 않다. 왜냐하면 중국의 면화는 당말오대 『사시찬요』에서 처음 등장하기 때문이다. 아울러 스셩한의 금석본에서는 이 '면'을 '면(緜)'으로 쓰고 있어 직물이 아닌 실 뭉치인지도 알 수 없다.

366 '주(朱)'는 북송본, 호상본에서는 이와 같은데 '주사(朱砂)'를 가리킨다. 남송본에서는 '미(米)'자를 잘못 쓰고 있다. 묘치위 교석본을 보면, 점서본에서는 호상본을 따르지 않고, 황교본에서 '미(米)'자로 쓰고 있는 것에 따르고 있는데, 딱히 이해할 수 없다고 한다.

367 '청유(青油)': 오늘날에는 '오구목 기름[桕子油]'을 일컬어 '청유(青油)'라고 한다. 『제민요술』에서는 권10 「(148) 오구(烏臼)」에 언급되어 있어 「비중국물산(非中國物産)」에 포함되어 있는데다가, 그 기름은 건성유로서 입술연지로 사용할 수 없다. '청유'는 각 본에서는 이와 동일하며, 오직 금택초본에서만 '청(青)'자를 한 칸 비워 두고 있는데, 묘치위 교석본에서는 금택초본에서 빈칸을 남겨 둔 것으로 미루어, 도대체 '청유(青油)'인지 아닌지는 여전히 확실하지 않으며, 어떤 기름인지 추측할 수 없다고 한다. 관이다의 금석본에서는 '유(油)'자를 '주(綢)'의 오류로 보았다.

368 '준(皴)': 피부가 마른 공기 속에 노출되면 저절로 갈라져 작은 틈이 생겨서 트게 된다. 크고 깊어지게 되는 것을 일반적으로 '트다[皸]'라고 일컫는데[고대에는 '구(龜)'자로 썼다.] 스셩한의 금석본에 따르면, 쌀겨를 끓인 물은 이종비타민[乙種維生素]의 복합물을 지녀 피부에 유익하며, 그 위에 배[梨]즙 중의 당분이 스며들어서 촉촉하게 되어 피부가 트는 것을 막을 수 있다.

삶은 물과 등겨 끓인 물로 얼굴을 씻고 다시 따뜻한 배즙을 바르면 피부가 트지 않는다. '적봉에서 나오는 염색용 식물[赤蓬染布]'[369]을 짓이겨 즙을 내어 아이들 얼굴에 발라 주어도 얼굴이 트지 않는다.

皴者, 夜燒梨令熟, 以糠湯洗面訖, 以暖梨汁塗之, 令不皴. 赤蓬染布, 嚼以塗面, 亦不皴也.

'손약[手藥]'[370]을 배합하는 방법: 한 개의 돼지 신장[371]을 준비한다. 붙은 지방 조직은 떼어 낸다. 술 속

合手藥法. 取豬胰一具. 摘去其

369 '적봉(赤蓬)'은 양송본과 점서본에서는 이 글자와 같고, 명각본과 학진본에서는 '적연(赤連)'으로 쓰고 있는데, 모두 이해할 수 없다. 이른바 '염포(染布)'는 이 같은 식물의 윤활성 액즙을 베[布]에 염색하는 것으로서, 이를 준비해 두었다가 수시로 깨물어 즙을 내어 얼굴에 발라 트는 것을 방지하였다. 『사시찬요(四時纂要)』「오월」조에서는 '연지법(燕脂法)'을 적고 있는데, 『제민요술』과 더불어서 가장 크게 다른 것은 잇꽃[紅花]즙을 먼저 베[布]에 염색하는 것으로, 사용하려 할 때 다시 양잿물[灰汁]로써 베[布]에 염색한 붉은 즙을 벗겨 내 연지로 만든다. 이것은 『제민요술』의 "적봉에서 나오는 염색용 식물[赤蓬染布]을 짓이겨 즙을 내어 아이들 얼굴에 발라 준다."라는 방법과 서로 유사하나 '적봉(赤蓬)'은 아직 어떤 식물인지 아직 상세하지 않은데, 아마 글자가 잘못된 듯하다고 한다.

370 '수약(手藥)': 이는 곧 손과 얼굴이 트지 않도록 유지해 주는 '불구(不龜)' 즉 '손약[手藥]'이다.

371 '저이(豬胰)': 『본초강목』 권50 '시(豕)'조에 이르기를, "이는 … 신장 지방을 이르는 것으로, 두 신장 중간에서 나오고, 지방 같지만 지방은 아니고 고기 같지만 고기는 아니다."라고 한다. 아울러 '돼지 신장[豬胰]'을 술에 담가 피부가 트는 것을 방지하는 처방이 실려 있다. 이 글자는 신(新)·구(舊) 『사원(辭源)』, 『사해(辭海)』에 모두 수록되어 있지 않으며 오직 『사원(辭源)』에서 이르기를, '이(胰)'는 또 '이(胰)'로 쓰며, 곧 '이장(胰臟)' 혹은 '이선(胰腺)'이라고 한다. 이것은 '이(胰)'가 '이장(胰臟)'이며, 북송의 사마광(司馬光: 1019-1086년) 등이 편찬한 『유편(類篇)』에서 "'이(胰)'는 또한 '이(胰)'로 쓴다."라고 한 것과 동일하다. 묘치위에 의하면, '이(胰)'는 '돼지 이장[胰臟]'이 아니라고 한다. 돼지 이장은 위아래에 있고, 배 뒤쪽의 벽에 붙어 있으며, 허리띠 모양을 하고 있으며, 자홍색을 띠고 있어서 속칭 '척(尺)'이라고 칭한다. '돼지 신장[豬胰]'은 양 신장 중간에 위치하고 있으며, 타원형을 띠고 있으며, 황백색이고 아주 미끈미끈한 액즙이다. 돼지 신장[豬

에 쑥의 잎[蒿葉]을 함께 넣고 힘껏 주물러 섞어 즙액을 미끈미끈하게 만든다. 흰 복숭아씨 27개[372]를 이용해서 황색의 누런 종자 씨껍질을 벗겨 내고 갈고 부수어 술에 담가 용해시켜[373] 즙을 취한다. 실로 짠 면포에 정향, 곽향, 감송향[374]과 10개의 빻은 귤씨를 감싸 함께 돼지 신장의 즙 속에 넣는다. 그것들이 나오지 않도록 담가 항아리나 병[375] 속에 저장해 둔다. 밤에 고운 등겨를 끓인 물로 손이나 얼굴을 깨끗이 씻고 문질러 말린다.

이 약을 얼굴이나 손에 바르면 손이 부드럽고 매끈매끈해지며 겨울에는 갈라지거나 트지 않는다.

脂. 合蒿葉於好酒中痛挼, 使汁甚滑. 白桃人二七枚, 去黃皮, 研碎, 酒解, 取其汁. 以綿裹丁香藿香甘松香橘核十顆, 打碎, 著脏汁中. 仍浸置勿出, 瓷瓶貯之. 夜煮細糠湯淨洗面, 拭乾. 以藥塗之, 令手軟滑, 冬不皴.

脏]을 술에 담가서 즙을 추출하여 손에 바르면 트는 것을 방지할 수 있어서 농촌의 부녀들은 대부분 그것을 사용하는데 어떤 지역에서는 와전하여 '저의(猪衣)'라고 한다. 『사원』과 『사해』에는 모두 '이자(胰子)'라는 항목이 수록되어 있는데, 옛날의 부녀자들이 돼지이자를 술에 담가서 손과 얼굴에 발라서 피부가 트는 것을 방지한다. 그 때문에 서로 가차하여 비누를 일컬어 '이자(胰子)'라고 하였는데 이것은 신장과 이자를 동일한 물질이라고 오인한 것에 의해서 나온 것이라고 한다.

372 '白桃人二七枚': 흰 복숭아씨 27개를 '갈아서 술에 담가 즙을 낸[酒解取汁]' 후에는 지방을 분해하는 유화제를 만들 수 있다.

373 '주해(酒解)': 술에 담가서 복숭아씨의 액즙을 추출하는 것이다.

374 '감송향(甘松香)': 마타리[敗醬: 쌍떡잎]과의 감송(甘松; *Nadostachys chinensis*)으로서 다년생의 키가 작은 초본이다. 뿌리와 줄기에는 강렬한 향기가 있어 향료를 만들고 약재로도 쓰인다.

375 '병(瓶)': 원각본, 금택초본에서는 '병(瓶)'자로 쓰여 있는데, 명초본과 호상본 등에는 글자가 빠져 있다.

자줏빛 분[紫粉] 만드는 방법: 흰색의 고운 전분[376] 삼 푼[分], 연분[胡粉; 鉛粉377] 한 푼을 호분을 넣지 않으면 사람의 피부에 쉽게 붙지 않는다.[378] 고르게 잘 혼합한다. 낙규의 열매[379]를 따서 찌고 생베[生布]로 즙을 짜서 (자색의) 즙을 내어 자줏빛 분 속에 섞어 햇볕에 쬐여 말린다.

만약 색깔이 옅으면 (떨어지려고 하는 익은 아

作紫粉法. 用白米英粉三分, 胡粉一分, 不著胡粉, 不著人面. 和合均調. 取落葵子熟蒸, 生布絞汁, 和粉, 日曝令乾.

---

376 '영(英)'은 아주 곱고 부드러운 것이며 '영분(英粉)'은 고우며 흰 정도가 아주 높은 쌀가루 앙금이다. 이는 즉 다음 단락의 '작미분법(作米粉法)'에서 얻는 아주 고운 가루이다.

377 '호분(胡粉)': 이는 곧 연분(鉛粉)이다. 『석명』「석수식(釋首飾)」에 이르기를, "연분의 '호(胡)'는 바른다[糊]는 의미로서 그 진액은 얼굴에 바르기에 적합하다."라고 한다. 향분은 항상 호분을 혼합해야만 얼굴에 잘 붙지만 오랫동안 얼굴에 바르면 청색을 띠게 된다. 『천공개물(天工開物)』「오금(五金) · 부호분(附胡粉)」에는 "부인이 뺨에 바르면 본래의 색이 청색으로 바뀐다."라고 한다.

378 "不著胡粉, 不著人面": 호분을 제조하는 방법은 북방민족[胡族]으로부터 전래되었다. 첫 번째 '저(著)'자는 '보탠다[加]'의 의미이고, 두 번째 '저(著)'자는 '붙인다[附著]'라는 의미이다.

379 '낙규자(落葵子)': 『명의별록』의 주석에는, "그 열매는 자색을 띠고 있고 여인들이 분을 물에 타서 얼굴에 바르면 예쁘게 된다."라고 한다. 『본초도경』에는 "민간에서는 '호연지(胡胭脂)'라고 부르며 열매는 여인들이 얼굴에 바르고 입술연지로 만든다. 스성한의 금석본에 의하면, '낙규(落葵)'의 익은 열매는 대량의 안토시안[색소]을 함유하고 있어서, 식용 전분을 염색하는 데 사용된다. 염색한 색깔이 아주 선명하고 고우며, 아닐린($C_6H_5NH_2$, 벤젠의 수소 하나가 아미노기로 치환한 화합물로서 염기성을 띠며, 합성물감 의학, 화학 약품 따위의 원료로 쓰인다.) 염료 중의 '부극신(富克新)'과 마찬가지이다. 오늘날 사천 서남지역에서도 여전히 이용되고 있다. 이 때문에 '사천 서남[川西] 지역에서는 떨어지려고 하는 아욱[落葵]'을 '염강채(染絳菜)' 혹은 '염강(染絳)'이라고 일컫는다. 비책휘함 계통의 판본에서는 '낙규(落葵)'의 '낙(落)'자가 빠져 있어서 쉽게 해석되지 않는다.

욱의 열매를) 다시 쪄서 즙을 취하여 거듭 염색하는데, 그 방식은 앞에서와 같다.

若色淺者, 更蒸取汁, 重染如前法.

쌀가루[米粉] 만드는 법: 기장쌀이 가장 좋으며 그다음이 좁쌀이다. 반드시 한 가지 색이 있는 순수한 쌀을 사용하고 잡다한 색이 있는 쌀을 사용해서는 안 된다. 찧어서[380] 아주 곱게 한다. 부스러기 쌀은 버린다.

作米粉法. 粱米第一, 粟米第二. 必用一色純米, 勿使有雜. 𦂶使甚細. 簡去碎者.

각각 한 가지 종류의 쌀로써 순수하게 만들며 그 밖의 종자를 섞어서는 안 된다. 좁쌀, 찹쌀, 밀, 찰기장, 메기장을 섞어서 만든 가루는 모두 좋지 않다. (쌀을) 나무통 속에 넣어서 물을 부어 10여 차례 발로 밟아 깨끗하게 일어 맑은 물이 되면 그만둔다. 큰 항아리 속에 찬물을 가득 부어 쌀을 담근다. 봄·가을의 두 계절에는 1개월을 담그고 여름철에는 20일

各自純作, 莫雜餘種. 其雜米糯米小麥黍米穄[66]米作者, 不得好也. 於木槽中下水, 脚踏十遍, 淨淘, 水清乃止. 大瓮中多著冷水以浸米. 春秋則一月, 夏則二十

380 '폐(𦂶)': '찧다[舂]'라고 해석해야 한다. 원각본, 금택초본, 명초본에서는 오른쪽 변이 모두 '자(姉)'자와 같다. 스성한의 금석본에 따르면 비책휘함 계통의 판본에서는 이 글자를 떼어 내어 두 글자를 만들었는데, 위 문장의 작은 주에 이어서, 작은 주 '순(純)'자 다음에 '제(弟)'자를 하나 더 첨가하고, '잡(雜)'자 다음에 '백(白)'자 한 개를 첨가하여 매우 기이하고 잘못된 글자가 되었다. 묘치위 교석본에 의하면, 원각본에서는 '시(朿)'변을 쓰고 있으며 금택초본과 남송본에서는 '재(𠂔)'변을 따르고 있는데 글자가 와전된 것으로, 정자는 마땅히 '시(市)'자 변이어야 한다. 진체본과 학진본에서는 잘못 쪼개어 '백(白)'자와 '제(第)'자 두 글자를 소주 속에 나누어 삽입하고 있으며, 점서본에서는 '연아야(研砑也)' 라고 오인하여 그 세 글자를 본문에 삽입하고 있다. 이 글자는 권7, 권8, 권9의 각 편에서 많이 등장하며 각 체(體)가 와전되어 보여서 본서에서는 통일하여 '폐(𦂶)'로 썼다고 한다.

을 담그고 겨울에는 60일을 담근다. 오래 담그면 담글수록 좋다. 물을 바꾸어서는 안 되며, 냄새가 나고 문드러져야 비로소 좋게 된다. 일수가 충분하지 않으면 가루가 곱지 못하고 윤기도 충분하지 않다.

담근 기일이 차면 새 물을 길어다가 바꾸어서 항아리 속을 씻는다.[381] 손으로 휘저으면서[382] 신맛을 씻어 낸다. 여러 차례 씻어서 냄새가 없어지면 비로소 그만둔다. 조금씩 덜어 내어 사분砂盆 속에 넣어 잘 갈고 물을 부어 고루 휘젓는다.

흰 쌀가루의 즙을 떠내어[383] 비단 포대 속에 넣고 여과하여 별도의 항아리 속에 보관한다. 사분바닥에 깔린 거친 쌀가루는 다시 찧고 물을 부어 걸러서 떠내는 것은 처음과 같다. 찧고 거르기를 마치면, 이빨이 달린 주걱[杷子]으로 항아리 속에 오랫동안 쌓여 있던 분즙을 힘껏 휘저은 연후에 가라앉힌다. (가라앉힌 후에) 위에 뜬 맑은

日, 冬則六十日. 唯多日佳. 不須易水, 臭爛乃佳. 日若淺者, 粉不滑美. 日滿, 更汲新水, 就瓮中沃之. 以酒杷攪, 淘去醋氣. 多與遍數, 氣盡乃止. 稍稍出著一砂盆中熟研, 以水沃, 攪之.

接取白汁, 絹袋濾, 著別瓮中. 麤沈者更研, 水沃, 接取如初. 研盡, 以杷子就瓮中良久痛抨, 然後澄之. 接去清水, 貯

---

381 '옥(沃)': 스성한은 금석본에서 물로 씻는다는 의미라고 하였으나, 묘치위 교석본에서는 비교적 많은 물을 부어 넣는다는 의미로 보았다.

382 '주파(酒杷)': 스성한의 금석본에서는 '수파(手杷)'로 표기하였다. 북송본에서는 '주파(酒杷)'로 적고 있으나 명초본에서는 쓰고 있고 다른 본에서도 '수파(手把)'로 쓰고 있다.

383 '접취(接取)': 앞에서 퍼낼 때 위를 기울여서 붓는 것이 아니며, 이는 아래 문장의 "국자로 위에 뜬 맑은 물을 가볍게 걷어 낸다."에서 입증된다.(권8 「황의 · 황증 및 맥아[黃衣黃烝及糵]」 주석 참고.)

물을 떠내고 저장해 두었다가 사분砂盆에 담긴 걸쭉한 즙[384]을 꺼내어[385] 큰 동이 속에 담아 막대를 사용하여 한 방향으로 300여 번을 휘젓는데 방향을 바꾸어서는 안 된다.[386] 그런 후에 그것을 가만히 두고, 항아리 뚜껑을 닫아서[387] 먼지가 들어가 오염되지 않게 한다. 아주 오랜 시간이 지난 이후에 가라앉으면, 국자로 위에 뜬 맑은 물을 가볍게 걷어 낸다. 축축한 쌀가루 위에 3중으로 면포를 대고,[388] 좁쌀 겨를 쌓아서 그 위에 덮

出淳汁, 著大盆中, 以杖一向攪, 勿左右迴轉, 三百餘匝. 停置, 蓋瓮, 勿令塵污. 良久, 清澄, 以杓徐徐接去清. 以三重布帖粉上, 以粟糠著布上, 糠上安灰.

384 '순즙(淳汁)': '순(淳)'은 '짙다[濃]'는 의미로서 '순즙(淳汁)'은 곧 '농즙(濃汁)'이다.

385 '저출(貯出)': 여기에서 꺼내어 저기에 저장한다는 의미이다. 이는 곧 이 그릇에서 떠내어 저 그릇 속에 넣어 저장한다는 의미로서 '출저(出貯)'가 도치된 말이다. 묘치위 교석본을 보면, 권5 「쪽 재배[種藍]」에는, "다시 퍼내어 항아리 속에 옮겨 담으면 쪽 앙금이 된다.[還出甕中盛之, 藍澱成矣.]"라는 말이 있는데, '환출(還出)'은 원래 흙구덩이 속에 저장했던 쪽물의 침전액을 떠내어 항아리에 담는다는 것으로, 이 또한 '출환(出還)'이 도치된 말이다. 용례는 '저출(貯出)'과 동일하다.

386 '잡(匝)': '원을 그리면서 젓는다[周圍]'라는 의미이다. 막대기로 한 방향으로 300여 번 휘저어서 원심력을 이용하여 현탁액(눈이나 현미경으로 보일 정도인 고체 물질의 입자가 부유하고 있는 액체)에서 전분을 가라앉혀서 분리시키는 방법이다. 한 방향으로 돌리면 분말의 입자가 연하고 부드러워지지만 만약 방향을 바꾸게 되면 분말의 입자가 엉키게 된다.

387 '개옹(蓋瓮)': 각본에서는 이와 동일하다. 묘치위에 의하면, 기다려서 아주 순수한 즙액이 나오면 큰 항아리 속에 담아 두고, 작은 막대기로 둥글게 저은 후에 멈춰 가라앉게 둔다. '개옹(蓋瓮)'은 '개분(蓋盆)'의 잘못이 아니라고 한다.

388 '첩(帖)'은 '위에 붙인다'는 의미이다. 명초본과 호상본에서는 이 글자와 같은데 원각본에서는 글자가 깨져서 '호(怙)'자로 되어 있으며, 금택초본에서도 계속 잘못되어 '호(怙)'자로 쓰고 있다.

고 겨 위에는 다시 재를 덮는다. 재가 수분을 빨아들이면 다시 마른 재로 바꾸는데, 재에 더 이상 수분이 묻어나지 않으면 그만둔다.

灰濕, 更以乾者易之, 灰不復濕乃止.

그런 후에, 동이의 사방에 붙어 있는 이 같은 쌀가루 덩어리가 비록 희더라도 거칠고 광택이 없는 것은 별도로 거두어 거친 분[粗粉]을 만드는 데 사용한다. 거친 분은 쌀겨로 만들었기[389] 때문에 광택이 없다. 분덩어리의 중심이 마치 사발과 같이 둥근 덩어리로 되어 있고 익은 오리알처럼[390] 하얀 광택이 있어서 '분영粉英'이라고 한다. '분영'의 '분'은 쌀심[米心; 胚乳]으로 만들기 때문에 광택이 있다.

然後削去四畔麤白無光潤者, 別收之, 以供麤用. 麤粉, 米皮所成, 故無光潤. 其中心圓如鉢形, 酷似鴨子白光潤者, 名曰粉英. 英粉, 米心所成, 是以光潤也.

바람과 먼지가 없고 또한 태양이 좋은 날을 기다려 평상 위에[391] 펴고 칼로 분영을 깎아 빗살같이 만들어 햇볕에 말리면 마른 가루가

無風塵好日時, 舒布於牀上, 刀削粉英如梳, 曝

---

389 '麤粉米皮所成': 본서 중에는 '조(粗)'자가 '추(麤)'자와 혼용되고 있으며, '추(麤)'자로 바꿔서 쓴 경우도 있다. '조분(粗粉)'에는 곡식의 껍질과 호분층(糊粉層: 호분립을 다량으로 함유한 세포층으로 양분저장 외에 아밀라아제 따위의 효소를 분비하여 배유에 공급하는 일을 하며 단백질립 분해에 관계하는 효소를 함유하고 있다.)이 포함되어 있기 때문에, 쌀겨로 만든 것은 '영분(英粉)'이 중심부분의 배유[米心]로 만든 것과는 다르다.

390 '혹사(酷似)': '혹사'는 '매우 유사하다' 혹은 '극히 유사하다'는 의미라고 한다. 왕웨이후이[汪維輝], 『제민요술: 어휘어법연구(齊民要術: 詞彙語法研究)』, 上海教育出版社, 2007, 245쪽 참조.

391 '상상(牀上)': 평평한 채반 위를 뜻한다. 본권 「옻나무[漆]」 편에는 "평상의 대자리 위에 올려"라는 말이 있다.

된다. 손이 아플 정도로[392] 힘껏 계속 비비면서 멈추지 않는다. 비빌 때는 힘을 많이 써야 가루가 곱고 부드러워지는데, 만일 비비지 않으면 거칠어진다. 이를 남겨서 미리[393] 떡을 만들어 손님에게 대접하고 또한 몸단장하는 향분으로도 만들 수 있다.[394]

之, 乃至粉乾. 足將住反 67 手痛挼勿住. 痛挼則滑美, 不挼則澀惡. 擬人客作餠, 及作香粉以供粧摩身體.

향분을 만드는 법: 많은 정향丁香을 분상자 속에 담으면 자연스럽게 곧 분복芬馥의 향이 만들어진다. 어떤 사람은 향을 찧어서 가루를 만들어 비단 체에 쳐서 가루와 섞으며, 또 어떤 사람은 물을 향료에 담가서 향즙을 가루에 섞는다.[395] 모두 가루색이 백색을 잃고 향기가 나지 않게 된다. 그래서 모두 분상자[396] 속에 넣는 것만큼 좋지 않다.

作香粉法. 唯多著丁香於粉合中, 自然芬馥. 亦有擣香末絹篩和粉者, 亦有水浸香以香汁溲粉者. 皆損色, 又費

392 『논어』「공야장(公冶長)」의 "巧言令色, 足恭"의 '족(足)'자와 같이 '지나친 것'을 의미한다. 여기의 '족수(足手)'의 의미는 곧 '다수'로서 많은 손이 힘을 합쳐 찧어서 가루를 만든다는 의미이다.

393 '의(擬)': 이는 곧 '미리 … 용도로 만들어 둔다[準備作 … 之用]'라는 의미이다.

394 위진남북조(魏晉南北朝)시기에는 남자들도 연지를 바르고 분을 칠하는 것을 즐겼다. 『삼국지』 권21 「위지(魏志) · 왕찬전(王粲傳)」의 주에서는 『위략(魏略)』을 인용하여 말하기를, "조식(曺植)은 목욕을 한 후에 분을 발랐다. 위나라 하안(何晏)은 분을 항상 몸에 가지고 다녀서 '분칠하는 선비[傅粉何郞]'라고 불렀다."라고 한다. 『안씨가훈(顔氏家訓)』 「면학(勉學)」도 양조(梁朝) 고량(膏粱)의 자제는 향료를 옷에 쐬지 않음이 없고, 분을 바르고 연지를 칠했다고 하며, 묘치위는 남조의 황제도 이와 같았다고 한다.

395 '수침(水浸)'은 북송본에서는 이 문장과 같은데 명초본과 호상본에서는 '수몰(水沒)'로 잘못 쓰고 있다. '향즙(香汁)'은 명초본과 호상본에서는 같으나 북송본에서는 '향십(香十)'으로 잘못 쓰고 있다.

396 '합(合)'은 원각본 및 금택초본에서는 '향(香)'으로 쓰고 있는데, 명초본에서는 '합

香. 不如全著合中也.

그림 14
잇꽃[紅花]과
꽃봉오리:
『구황본초』 참고.

그림 15
계설향과 말린
꽃봉오리

그림 16
곽향(藿香)과 그 약재

그림 17
택란향(澤蘭香)

그림 18
개사철쑥

(合)'으로 쓰고 있다. 스셩한의 금석본에서는 문장의 의미로 보았을 때 '합(合)'으로 쓰는 것이 더욱 적합하다고 하였다. 반면 묘치위의 교석본에서는 앞 문장의 '합(合)'과 더불어 이는 곧 오늘날의 '합(盒)'자로, 황교본과 명초본 등에서는 이와 글자가 같은데 호상본에서는 형태를 달리하여 '영(佘)'자로 쓰고 있으며 북송본에서는 '향(香)'자로 쓰고 있어 '합(合)'과 어울리지 않다고 하여 스셩한과 다른 견해를 제시하였다.

58 '십백위군(十百爲羣)': 북송본에서는 '十百爲羣'이라고 쓰고 있는데, 명초본에서는 '十百餘羣'이라고 쓰고 있으며, 다른 본에서는 '百十餘羣'으로 쓰고 있다.

59 '대도(碓擣)': 명초본에서는 '확도(確擣)'라고 잘못 쓰여 있으며 비책휘함 계통의 판본에서는 '확지(確持)'라고 잘못 쓰여 있다. 원각본과 금택초본 및 『농상집요』에 의거하여 고쳐서 바로잡는다.(『농상집요』 중에는 이 단락이 '주'에 쓰여 있지 않고 본문에 쓰여 있어서 정상적인 체제에 부합된다.) 스성한의 금석본에서는 '도(搗)'로 표기하였다. 묘치위 교석본에 따르면, 금초본과 호상본에서는 이와 동일하다. 원각본, 『길석암(吉石盦)』의 영인본은 모호하지만, 여전히 '대(碓)'로 판별할 수가 없다. 일본의 고지마 나오카타[小島尙質; 1797-1849년]의 영인본 원각본에는 '도(磸)'로 잘못 쓰여 있다. 명초본과 유수증전록본(劉壽曾轉錄本; 이후 황교유록본으로 약칭)에는 '확(確)'으로 잘못 쓰여 있고, 황교육록본에는 잘못되지 않았으나, 장교본은 교정을 하지 않았다고 한다.

60 '여조(藜藋)'의 '조(藋)'는 명초본에서는 '곽(藿)'자로 잘못 쓰고 있는데, 다른 본에서는 잘못되어 있지 않다.

61 '살(殺)': 스성한의 금석본에서는 '교(教)'로 표기하였다. 원각본과 명초본에서는 '살(殺)'로 쓰여 있고 비책휘함 계통의 판본에서는 '방(放)'으로 쓰여 있다. 금택초본에 의거하여 '교(教)'로 쓴다.

62 '용(用)': 명초본에서는 '가(可)'로 쓰여 있고 비책휘함 계통 본에서는 모두 비어 있는데, 원각본과 금택초본에 의거하여서 '용(用)'자로 쓴다.

63 '백(帛)': 명초본과 명청각본에서는 '백(白)'으로 쓰여 있으나 원각본과 금택초본에 의거하여 고쳐서 '백(帛)'으로 쓴다.

64 '염(捻)'은 명초본에서는 '임(稔)'으로 잘못 쓰고 있으며, 다른 본에서는 잘못되지 않았다.

65 "以熟朱和之, 青油裹之": '주(朱)'는 명초본에서 '미(米)'자로 잘못 쓰고 있는데, 원각본, 금택초본, 명초본에 의거하여 바로잡는다. '숙주(熟朱)'는 갈아서 날릴 정도로 입자의 크기가 균일한 주사이다. 다음 문장의 '청유

(青油)'는 금택초본에서는 '청(青)'자가 빠져 있다. 청유가 무엇인지 확실하지는 않지만, 윗 문장에서 말한 청호로 염색한 기름일 가능성이 높다.

66 '제(穄)': 명초본에서는 '화(禾)변'에 '서(黍)변'을 붙여서 사용했는데, 비책휘함 계통본에서는 '진(榛)'자로 쓰고 있다. 원각본과 금택초본에 의거하여서 고쳐서 바로잡는다.

67 '장주반(將住反)': '주(住)'는 명초본에서는 '사(仕)'로 쓰고 있고, 원각본에서는 '임(任)'자로 쓰고 있는데, 모두 잘못이다. 금택초본과 명청 각본에 의거하여 '주(住)'로 쓴다. '족(足)'자는 여기서는 '만족(滿足)'의 의미로 해석해야 할 것이다.

제53장

쪽[397] 재배 種藍第五十三

『이아(爾雅)』에 이르기를,[398] "침(葴)은 마람(馬藍)[399]이다."라고 한다. (곽박이) 주석하여 말하기를, "이것이 곧 오늘날 잎이 큰 겨울 쪽[冬藍]이다."라고 하였다.

爾雅曰, 葴, 馬藍. 注曰, 今大葉冬藍也.

『광지(廣志)』에는, "'목람(木藍)'[400]이 있다."라고 한다.

廣志曰, 有木藍.

397 『제민요술』의 쪽은 여뀌과의 요람(蓼藍; *Polygonum tinctorium*)이며, 또한 단지 '남(藍)'으로도 일컫는다.[최식은 단지 '남(藍)'으로 칭하는 것도 이 종류라고 한다.] 1년생 초본으로서 중국이 원산지이며 남북 각 지역에서 모두 재배되고 있다.

398 『이아』「석초」편에 동일한 문장이 보인다. 주석의 문장은 곽박의 주와 동일하다. '침(葴)'은 명초본과 호상본과 동일한데 원각본과 금택초본에서는 '장(藏)'으로 잘못 쓰고 있다.

399 '마람(馬藍)': 마람은 쥐꼬리망초과[爵牀科]의 마람(馬藍: *Strobilanthes cusia*)으로 다년생 관목형태의 초목으로 중국의 서남부와 동남부 지역에서 생산된다. 잎은 남색물감을 만들 수 있으며, 오늘날 중국에서 약재로 사용하는 '판람근(板藍根)'의 일종이다. 잎의 모양이 비교적 커서 '잎이 큰 겨울 쪽[大葉冬藍]', '잎이 큰 쪽[大葉藍]', '대람(大藍)'이라는 별명이 있다.

400 '목람(木藍)': 콩과의 목람(木藍; *Indigofera tinctoria*)으로 상록의 관목이며 잎은 홰나무와 유사하여 '괴람(槐藍)'이라고도 일컫는다. 광동과 복건 등지에서 생산된다. 잎은 남색물감을 만든다. 최식이 살고 있는 지역에서는 목람을 파종할 수 없으며, 목람은 '대람(大藍)'의 잘못이다.

오늘날 발초[茇][401]가 있는데 이는 붉은 쪽[赭藍]이다.

今世有茇赭藍也.

쪽을 심는 땅은 기름져야 하며 아주 부드럽게 세 번 간다. 3월 중에 종자를 물에 담가 싹을 틔워서 이내 이랑에 파종한다. 이랑을 정지하고 물을 주는 것은 모두 아욱을 심는 방법과 같다. 쪽의 떡잎이 세 잎 정도 나오면 물을 준다.[402] 새벽과 저녁에 다시 물을 준다. 잡초를 제거하여 깨끗하게 한다.

藍地欲得良，三遍細耕. 三月中浸子，令芽生，乃畦種之. 治畦下水，一同葵法. 藍三葉澆之. 晨夜再澆之. 薅治令淨.

5월 중에 갓 비가 내리면 축축한 때를 틈타 빈 누거로 땅을 갈고[403] 쪽 모종을 뽑아 옮겨 심는다. 『하소정(夏小正)』에 이르기를, "5월에는 쪽과 여뀌에

五月中新雨後，即接濕樓耩，拔栽之. 夏小正曰，五

401 '발(茇)': 명초본과 군서교보가 남송본과 금택초본과 원각본에 의거한 것에는 모두 '발(茇)'로 쓰여 있다. '발(茇)'자는 『이아』에서 "능소화[苕]가 … 만발했다."라고 했다. 육기(陸璣)는 '서미초(鼠尾草)'라고 하여 검은색을 염색할 수 있다고 했다. 도홍경(陶宏景)은 『이당지(李當之)』에 근거하여 구맥(瞿麥)의 뿌리라고 하였으며, 오보(吳普)는 '능소화[紫葳]'라고 했다. 이 외에도 '필발(蓽茇)', '발괄(茇括)', '고발(藁茇)' 등으로 연용되며 이름이 단독적으로 쓰이지는 않는다. 스셩한의 금석본에 따르면, '발자(茇赭)'가 연용되어 있는 것 또한 당연하며, '여(莀)'자와 관련이 있는 듯하다. '여(莀)'는 자초(紫草)로서, 자색을 염색하여 염색물에 황색이 나오면 녹색을 염색할 수 있다. 붉은 쪽을 서로 더하면 자색이 되기 때문에, "여(莀)는 곧 자색 쪽이다."라고 한다.

402 『제민요술』에서 파종한 '남(藍)'은 '요람(蓼藍)'이다. '요람(蓼藍)'은 청명 전후에 파종하는 것이 적절하다. 싹이 땅을 뚫고 나오려고 하거나 아직 땅을 뚫고 나오지 않았을 때는 절대로 물을 주면 안 된다. 다만 땅을 뚫고 나온 이후의 어린 싹일 때는 물을 주어서 촉촉하게 해 주어야 한다. 말라서 건조한 것을 가장 싫어하기 때문에 반드시 새벽과 밤에 약간씩 물을 주어야 한다.

403 '누구(耬耩)': 좋은 땅에 누리로 갈이하여 옮겨 심을 구덩이를 판 후에 이랑에서 잘 자라고 있는 쪽 모종을 파내서 옮겨 심는다.

물을 준다.[404]"라고 한다. 세 그루를 한 포기로 하여 매 포기마다 8치[寸]를 띄운다. 옮겨 심을 때는 반드시 일손이 있을 때를 틈타 손을 빨리 놀려 땅이 마르지 않도록 해야 한다. 땅의 표면이 하얗게 마르면 재빨리 호미질한다. 옮겨 심을 때는 이미 땅이 촉촉한데, 지표면이 하얗게 마를 때 만약 재빨리 호미질하지 않으면 땅이 굳는다.[405] (호미질은) 다섯 차례 하는 것이 좋다.

月啓灌藍蓼. 三莖作一科, 相去八寸. 栽時宜併功68急手, 無令地燥也. 白背即急鋤. 栽時既濕, 白背不急鋤則堅確也. 五遍爲良.

7월에 100다발[束]의 쪽을 넣을 수 있는 구덩이 한 개를 파고, 밀겨와 흙을 섞어서 구덩이에

七月中作坑, 令受百許束, 作

404 '계관(啓灌)'은 양송본과 점서본에서는 모두 '욕관(浴灌)'으로 쓰고 있으며, 호상본에서는 '낙관(洛灌)'으로 쓰고 있고, 다른 본에서는 또 '낙관(洛藿)'으로 쓰고 있는데 모두 잘못이다. 이 글자는 북송본에서부터 각본에 이르기까지 오늘날 중국과 일본의 정리본도 모두 잘못되어 있고 아직 고치지 않고 있다. 묘치위에 의하면, 전한의 대덕(戴德)이 편찬한 『하소정』의 원문에는 "오월 … 쪽과 여뀌에 물을 준다."라고 되어 있다. 대덕에 의하면 "'계(啓)'라는 것은 나누는 것이다. 뽑아내서 (제거하여) 듬성듬성하게 하는 것이다. '관(藿)'은 촘촘하게 자라는 것이다."라고 하였다. '관(灌)'은 관총(灌叢)의 의미로서 조밀하게 모여서 자라는 싹을 가리킨다고 한다. '도(陶)'는 제거하여 듬성듬성하게 하는 것이며 '계(啓)'는 '별(別)'의 뜻이며, '별(別)'은 나눈다는 의미로 곧 옮겨 심는다는 의미이다. 『제민요술』에서는 "오월에 쪽 모종을 옮겨 심는다."라고 말하기 때문에 『하소정』의 문장을 인용하여 증거로 삼은 것이다. '욕관(浴灌)'을 단지 '엄관(淹灌)'으로 해석한다면 본문과 전혀 관련이 없으며 쪽 모종에는 더욱 합당하지 않다. 묘치위 교석본에서는 『하소정』의 문장에 의거해서 '계관(啓灌)'으로 고쳐서 바로잡고 있다.

405 '견확(堅確)': 땅이 굳고 단단하여 뭉쳐서 덩어리가 된 것이다. 아마 '견격(堅垎)'으로 써야 할 것 같다.(권1 「밭갈이[耕田]」 주석 참조.) 묘치위 교석본에 의하면, '확(確)'은 '각(埆)', '확(碻)'과 동일한데, 『제민요술』에서는 비록 '견격(堅垎)'의 글자가 있지만 다만 여기서는 글자를 바꾸어서 '확(確)'으로 쓰더라도 상관없으며 반드시 '격(垎)'자의 잘못은 아니라고 한다.

칠하여 5치[寸] 두께로 바른다.[406] 구덩이는 거적으로 네 벽을 두른다. 쪽을 베어서 잎이 아래로 가도록 구덩이 속에 거꾸로 세우고 물을 부어 돌이나 나무 기둥으로 쪽을 눌러서 물에 잠기도록 한다. 더운 날은 하룻밤을 재우고 차가운 날은 이틀 밤을 재우면 식물의 잔재[荄]가 걸러져 나온다.[407]

남은 액을 항아리 속에 옮겨 담는다. 대개 10섬들이의 항아리에 담아서 석회 한 말[斗] 5되[升]를 타는데 손으로 재빠르게 휘젓는다. 한 끼 밥 먹을 시간이 지나면 멈추고 침전을 시켜서 위의 맑은 물을 따라 낸다. 별도의 작은 구덩이 한 개를 파서 옹기 바닥의 쪽즙의 침전물을 이 구덩이 속에 저장한다. 이러한 침전물이 걸쭉한 죽처럼 되면 다시 퍼내어 항아리 속에 옮겨 담으면 쪽 앙금이 된다.

10무의 쪽을 파종하면 100무의 곡식을 파종한 것에 버금간다. 스스로 푸른 쪽빛을 염색할 수 있다면 이익은 또 배가 된다.

최식이 (『사민월령』에서) 이르기를, 꼬투리 "느릅나무 꼬투리가 떨어질 때 쪽을 파종한다. 5

麥稈[69]泥泥之，令深五寸. 以苫蔽[70]四壁. 刈藍倒豎於坑中，下水，以木石鎮壓令沒. 熱時一宿，冷時再宿，漉去荄. 內汁於甕中. 率十石甕，著石灰一斗五升，急手抨之. 一食頃止，澄清，瀉去水. 別作小坑，貯藍澱著坑中. 候如強粥，還出甕中盛之，藍澱成矣.

種藍十畝，敵穀田一頃. 能自染青者，其利又倍矣.

崔寔曰，榆莢落時，可種藍. 五

406 '심(深)': 자른 밀짚과 흙으로 층을 두텁게 바른 것을 가리킨다.

407 '해(荄)'의 원래 뜻은 풀뿌리와 마른 줄기이며, 여기서는 물에 담근 후에 남겨진 줄기와 잎을 가리킨다.

월이 되면 쪽을 수확할 수 있다.[408] 6월에는 겨울 쪽[冬藍]을 파종할 수 있다."라고 한다. 동람은 곧 목람[409]으로서 8월에 염색하는 데 사용된다.

月, 可別藍. 六月, 可種冬藍. 冬藍, 木藍也, 八月用染[71]也.

---

408 '별람(別藍)': 각본에서는 모두 '예람(刈藍)'으로 쓰고 있지만 『사민월령』과 『제민요술』에서 파종한 바는 동일하게 '요람(蓼藍)'이다. 『제민요술』에 의하면 '요람(蓼藍)'은 음력 3월에 파종하고 5월에 옮겨 심고 7월에 수확한다고 하며, 『사민월령』에서도 3월에 '느릅나무 꼬투리가 떨어질 때'에 파종한다고 하였으므로, 5월에 수확하는 것은 잘못이다. 이것 또한 북송본부터 오늘날의 정리본(整理本)에 이르기까지 줄곧 잘못된 글자이다. 묘치위에 의하면, 『옥촉보전(玉燭寶典)』「오월(五月)」에는 『사민월령』을 인용하여 이르기를 "이 달은 벼와 쪽을 옮겨 심는다."라고 하였다. 『제민요술』 권2 「논벼[水稻]」에서는 최식의 말을 인용하여 "5월이 되면 벼와 쪽을 옮겨 심는다."라고 명확하게 기록하고 있다. 이는 곧 5월에 쪽의 모종을 옮겨 심는 것으로 '예(刈)'는 확실히 '별(別)'자의 잘못이라고 볼 수 있다.

409 '목람(木藍)'은 콩과[豆科]로 상록관목이다. 광동과 복건 등에서 생산되는데 『당본초(唐本草)』와 『본초도경(本草圖經)』에서는 모두 영남(嶺南)에서 생산된다고 하고 있으며, 『사민월령』의 지역에서는 목람을 재배할 수 없다. 각본에서는 이와 동일하지만, 이 또한 북송본 이래 오늘날의 정리본에 이르기까지 긴 시간 동안 잘못된 글자이다. 묘치위에 의하면, '목람(木藍)'은 쥐꼬리망초과[爵牀科]의 마람(馬藍)에 대해 곽박은 『이아』의 주석에서 말하길, "잎이 큰 겨울 쪽이다."라고 하였으며 『본초연의(本草衍義)』, 『구황본초(救荒本草)』에서는 '대엽람(大葉藍)' 혹은 '대람(大藍)'이라고 했는데, 이것은 바로 최식이 말하는 '동람(冬藍)'이며 별칭하여 '대람(大藍)'이라고 부른다. 이에 의거하여 볼 때 '목람(木藍)'과 '대람(大藍)'이 모양이 비슷하여 글자가 잘못되었다. 뒷날 원각본 『농상집요』에서는 『제민요술』에서 최식이 인용한 것을 읽고 확정지어 말하기를 "겨울 쪽은 대람이다."라고 하였다.[마람(馬藍)에 관해서는 본편 앞부분의 각주 참조.]

그림19
목람(木藍)

그림 20
마람(馬藍)

교 기

68 '공(功)': 명초본에서는 '공(工)'으로 쓰고 있으며『농상집요』에서는 '역(力)'으로 쓰고 있다. 스셩한의 금석본에서는, 원각본과 금택초본에 의거하여 '공(功)'자로 고쳐 써야 한다고 보았다. 북송본에서는 '공(功)'이라고 쓰고 있고, 남송본에서는 '공(工)'이라고 쓰고 있는데, 호상본에서는 이 조항의 주석문장이 모두 빠져 있다.

69 '늑(䴬)': 명초본에서는 '간(稈)'으로 쓰고 비책휘함 계통의 판본에서도 동일하다. 원각본 및 금택초본에 의거하여 '늑(䴬)'으로 써서 바로잡는다. '맥늑(麥䴬)'은 보리종자의 껍질이다.(본서 권3「마늘 재배[種蒜]」 주석 참고.)

70 '점폐(苫蔽)': '점(苫)'은 명초본에는 '점(苫)'으로 쓰고 있으나, 북송본과 호상본에서는 '고(苦)'로 쓰고 있다. '폐(蔽)'의 경우 명초본에서는 '창(蔽)'자로 적혀 있다.

71 '염(染)': 명초본에서는 '엽(葉)'으로 쓰고 있으며, 학진본에서는 '약(藥)'자로 고쳐 쓰고 있다.[만유문고본(萬有文庫本)에서는 대개 학진본의 교정에 따라서 고친 것이다.] 비책휘함 계통본에서는 모든 구절을 "人月用藥"이라고 쓰고 있다. 점서본과 군서교보에서 남송본을 초서한 것에 의거한 것은 명초본과 동일하다. 지금은 원각본과 금택초본의 교정에 의거하여 '염(染)'자로 바로잡는다.『옥촉보전(玉燭寶典)』에서『사

민월령』을 인용하였는데 '유월[六月]' 중에 단지 "재를 태워(매염제로 삼아) 청색과 감색이 섞인 색을 염색할 수 있다.[可燒灰染 靑紺雜色.]"만 있다. 본서 권3 「잡설(雜說)」에 또한 인용되어 있는데 "동람(冬藍)은 목람(木藍)이다."라는 주는 없으며, '팔월(八月)'의 본문에서는 단지 '染綵色'이라고 쓰여 있고 '用染也'는 없다. 이러한 두 구절은 확실히 가사협이 말과 주석에 의거해서 덧붙인 것이다.

제54장
자초 재배 種紫草第五十四

『이아(爾雅)』에 이르기를[410] "막(藐)은 자초(茈草)[411]이다."라고 하며, (곽박이 주석하여 말하기를 자색으로 염색할 수 있어서) 또한 자려초(紫莨草)[412]라고 칭한다.

爾雅曰, 藐, 茈草也, 一名紫莨草.[72]

---

410 『이아』「석초」에는 '야(也)'자가 없다. '여(莨)'는 명초본과 명각본에는 이와 동일하나, 북송본에서는 '급(芨)'자로 잘못 쓰고 있다. '일명자려초(一名紫莨草)'는 주석으로서 곽박의 주석과 다른데, 곽박은 주석하여 "자색으로 염색을 할 수 있다. '자려'라고 칭하며 『광아』에 운운한다."라고 하였다. '광아운(廣雅云)'이라고 하는 것은 『광아』「석초」에 보인다는 것이며, "'자려(茈莨)'는 자초(茈草)이다."라고 쓰여 있다.

411 '자(茈)': '자(紫)'와 같다. '자초(紫草)'는 곧 '자초'(紫草; *Lithospermum erythrorrhizon*)로서 지치과[紫草科]이고 다년생 초본이다. 뿌리는 둥근 기둥의 형태를 띠고 있고, 굵고 자초에는 붉은 색소가 함유되어 있어서 자색의 염료를 만들 수 있다. 또한 약용으로 쓸 수 있으며 바탕이 물러서 잘리기 쉽다. 과일은 알갱이 모양의 작은 견과이다.

412 '자려초(紫莨草)': 이는 자초의 다른 이름으로서, 『광아』「석초(釋草)」편에 보이며 『이아』의 주석도 동일하다. 그러나 당나라 현응(玄應)의 『일체경음의(一切經音義)』 권19에는 '자려(茈莨)'를 해석하여 '천초(蒨草)'라고 하며, 진홍색으로 염색할 수 있다. 묘치위에 의하면, 꼭두서니풀[蒨草]은 곧 천초과의 천초(蒨草; *Rubia cordifolia*)이고, 뿌리에는 알리자린[식물성 염료의 하나로 이집트, 인도 등

『광지(廣志)』에 이르기를 "농서(隴西)[413]에서 생산되는 자초가 자색의 염료로 가장 좋다."라고 하였다.

廣志曰, 隴西紫草, 染紫之上者.

『본초경(本草經)』에 이르기를[414] "자단(紫丹)이라 부른다."라고 하였다.

本草經曰, 一名紫丹.

『박물지(博物志)』에 이르기를[415] "평씨(平氏) 산의 남쪽 양지바른 곳[416]의 자초(紫草)가 특히 좋다."라고 하였다.

博物志曰, 平氏山之陽, 紫草特好也.

마땅히 황백색의 부드럽고 좋은 땅에 파종해야 하며, 푸른 모래땅도 좋다.[417] 새로 개간했거나 앞서 기장[黍穄]을 재배한 땅[418]이 가장 좋

宜 73 黃白軟良之地, 青沙地亦善. 開荒黍穄下

에서 잘 알려진 염료이다.]을 함유하고 있어 강색(絳色) 곧 진홍색으로 염색할 수 있으며, 자초는 자색을 염색을 할 수 있는 것으로 두 가지가 서로 차이가 있다. 현응은 '자려(茈莀)'를 '천초(蒨草)'의 별명이라고 하여 혼동하고 있는 듯하다고 한다.

413 '농서(隴西)': 군의 이름으로 지금의 감숙성 농서 등지이다.

414 『신농본초경(神農本草經)』 「자초(紫草)」의 기록에는 "일명 '자단(紫丹)'이라고 하며 '자요(紫芙)'라고 한다."라고 하였다.

415 금본의 『박물지(博物志)』에는 이 조항이 실려 있지 않다. 도홍경의 『본초경집주(本草經集注)』의 '자초(紫草)'조는 『박물지』를 인용하였고, 『태평어람』 권996의 '자초'조 역시 『박물지』를 인용하였는데 모두 "평씨의 양지바른 산의 자초가 특히 좋다."라고 쓰여 있다.

416 '평씨(平氏)'는 현의 이름이고, 지금의 하남성 동백현(桐栢縣)이며 동백산이 그 경계에 쭉 이어져 있다. '산지양(山之陽)'은 마땅히 동백산 모처의 산 남쪽 지역을 가리킨다.

417 '黃白軟良之地': 황백색의 부드럽고 푸석푸석한 좋은 토양이다. '청사지(青沙地)': 청색의 모래토양을 말한다.

418 '개황서제하(開荒黍穄下)': 새로 개간한 황무지, 직전에 기장을 파종한 적이 있는 숙지(熟地)이다. '하(下)'는 곧 '저(底)'이다.[권2 「소두(小豆)」 '곡하(穀下)'조의 주석 참조.]

다. 물기를 싫어하기 때문에 반드시 높은 밭에 심는다.

大佳. 性不耐水, 必須高田.

가을에 간 땅은 봄이 되어서 다시 갈아엎는다. 3월에 파종하며, 누거로 갈이하여 (이랑을 만들고) 이랑을 따라 손으로 종자를 파종한다. 좋은 땅에는 무당 두 되[升] 반[419]의 종자를 사용하며, 척박한 땅에는 무당 세 되의 종자를 사용한다. 파종한 후에는 끌개[勞]로 평평하게 골라 준다.

秋耕地, 至春又轉耕之. 三月種之, 耬耩地, 逐壟手下子. 良田一畝用子二升半, 薄田用子三升. 下訖勞之.

김매는 방법은 조[穀]와 같으며, 깨끗하게 해 줄수록 좋다.[420] 이랑 바닥[壟底]에 난 풀은 뽑아 준다. 이랑에 호미질을 하면 자초가 손상되기 쉽다.

鋤如穀法, 唯淨爲佳. 其壟底草則拔之. 壟底用鋤, 則傷紫草.

9월 중에 종자가 익으면 베어 낸다. 껍질[稃][421]이 마르면 다시 쌓아 두고[422] 두드려서 종자를 털어 수확한다. 축축할 때 쌓아 두면 종자가 눅눅해서 뜨게 된다.

九月中子熟, 刈之. 候稃燥載聚, 打取子. 濕載, 子則鬱浥.

---

419 '이승반(二升半)': 북송본에서는 '이승반(二升半)'으로 쓰여 있고, 『농상집요』에서 인용한 것도 동일하지만, 명초본과 호상본에서는 '이승(二升)'으로 쓰여 있다.

420 '唯淨爲佳'는 북송본에서는 이 문장과 같으나 명초본과 호상본에서는 '唯淨唯佳'라고 적고 있으며, 『농상집요』에서 인용한 것은 '潔淨爲佳'라고 쓰고 있다.

421 '부(稃)': 열매의 표면을 둘러싸고 있는 것으로서, 꽃받침[萼]과 꽃봉오리[苞] 등을 포함한다.

422 '재(載)': 스셩한의 금석본에 의하면, 동사로 사용되어 마땅히 '재(裁)' 즉 '절단한다[切斷]'라고 해석해야 하며, 거성으로 읽는 '적(積)'으로 해석할 수 있다고 한다. 반면 묘치위 교석본에서는, '재(載)'를 '늘어세운다[陳設]'라는 뜻으로 보고 '펴서 쭉 펼친다[鋪開]'라고 해석하였으며, '재취(載聚)'는 '쌓아 두고 두드려서 종자를 털어 낸다[鋪積起來]'라는 의미라고 한다.

곧이어 아주 깊고 부드럽게 땅을 갈아엎는다.[423] 부드럽고 깊지 않으면 (뿌리가 온전하게 뒤집혀 나오지 않아) 자초의 수확에 손실을 입게 된다. 매 이랑마다 써레[杷]를 사용하여[424] (뿌리를 깨끗하게) 정리해 준다. 자초를 수확할 때는 많은 사람이 최선을 다해 재빨리 끝내는 것이 좋다. 비를 맞으면 자초가 손실을 입게 된다. 매 한 줌[扼]마다 즉시 띠풀로 묶으며,[425] 칡껍질을 찢어서 묶어 주어도 좋다. 4움큼을 한 단[頭]으로 한다. 당일 (묶어 둔 움큼과 단을) 가지런히 자른다.[426] 머리와 꼬리부분을 서로 뒤바꾸어 10개의 층[427]으로 쌓아서 쭉 긴 줄이 되게 만든다. 아주 단단하고 평

即深細耕. 不細不深, 則失草矣. 尋壟以杷耬取, 整理. 收草宜併手力, 速競爲良. 遭雨則損草也. 一扼隨以茅結之, 擘葛彌善. 四扼爲一頭. 當日則斬齊. 顚倒十重許爲長行. 置堅平之地, 以板

---

423 '즉심세경(即深細耕)': 깊고 부드럽게 땅을 갈아엎는데, 이렇게 하면 자초의 뿌리를 거두기가 편리하다. 자초의 종자를 수확한 후에 즉시 진행하는 작업이며, 쳐서 종자를 터는 것은 껍질이 마른 이후에 진행한다.

424 '파(杷)'는 축력에 의한 써레를 가리킨다. '누(耬)'는 '누취(摟聚)', '누롱(摟攏)'의 '누(摟)'는 옛날에 또한 '누(耬)'자로 사용했는데, 이는 자초의 뿌리를 써레로 한꺼번에 정리하는 것이다.

425 '액(扼)'은 오늘날 이른바 '파(把)'이며, 엄지와 검지로 에워싸는 것[圍]을 의미한다. 『사시찬요』 「삼월」편의 '자초(紫草)'에는 『제민요술』을 인용하여 '액(扼)'을 '파(把)'로 쓰고 있다. '일두(一頭)'는 4움큼을 하나로 모아서 굵은 부분은 위에 작은 부분을 아래로 하여 잘 묶은 '한 덩어리'이다.

426 '참(斬)'은 절단해서 완전히 없애는 것이고, '제(齊)'는 가지런하여 당겨서 아주 깨끗하게 끝낸다는 의미로, '참제(斬齊)'는 바로 자초뿌리의 정리 작업은 그날 해서 끝내야 하는 것을 말하는 것이다. 이후에 굵고 작은 끝부분을 교체하여 10개의 층으로 쌓아 긴 줄을 만들어 그 위에 평평한 돌로 그것을 납작하게 눌러 주어야 한다.

427 '중(重)': '층(層)'으로 해석한다.

평한 땅에 두고 평평한 돌로 눌러서 납작하게 한다. 축축할 때 눌러 주면 자초가 곧고 길게 되지만 마른 것을 눌러 주면 끊기고 부스러지게 된다. 눌러 주지 않은 것은 내다 팔 수 없다. 2-3일이 지나면 단을 세워서 꺼내어 햇볕에 말리되 반쯤 마르게[428] 한다. 햇볕에 말리지 않으면 눅눅해져 검은색으로 변색되며 너무 많이 말리면 부스러지고 끊기게 된다.[429] 50개의 단[頭]을 한 무더기[洪][430]로 한다. 매 무더기[洪]는 십자(十字)로 교차하며 단의 거친 부분의 끝이 밖으로 향하도록[431] 배열하여 칡 끈으로 묶는다. 벽이 없는 헛간 그늘진 곳의 나무시렁 위에 올려 둔다.[432] 시렁 아래에는 당나귀나 사람이 대소변을 보아서는 안 된

石鎭之令扁. 濕鎭直而長, 燥鎭則碎折. 不鎭賣難售也. 兩三宿, 豎頭著日中曝之, 今浥浥然. 不曬則鬱黑, 太燥則碎折. 五十頭作一洪. 洪, 十字, 大頭向外, 以葛纏絡. 著敞屋下陰涼處棚棧上. 其棚下勿使

428 '읍읍(浥浥)': 반건조되어 눅눅한 상태를 뜻한다.

429 '쇄절(碎折)': 대개 자초의 뿌리는 연하여 잘 부러지고 부스러지기 쉽다. 『사시찬요』「삼월」편에는 『제민요술』에 의거하여 '칭절(稱折)'이라고 쓰고 있으며, "저울을 줄여야 한다.[折秤.]"라고 말하고 있는데, 『사시찬요』의 저자인 한악(韓鄂)이 고쳐 쓴 것이다.

430 '일홍(一洪)': 하나의 커다란 단을 만들 때 특별히 사용하는 속어이다. 4움큼을 한 단으로 만들고, 50단을 묶어 '일홍(一洪)'으로 만든다. 묶는 법은 굵은 끝부분이 밖으로 향하고 작은 끝이 안으로 향하게 하여 한 단 한 단이 십자로 교차되게 중첩으로 배열하고 다시 칡 끈으로 단단하게 묶어 준다.

431 '十字大頭向外': 스셩한의 금석본에 따르면, 캐어서 정리하고 눌러서 말린 잡초는 4움큼[扼]을 한 '단[頭]'으로 만들고, 50단을 다시 모아서 한 '무더기[洪]'로 만든다. 당연히 움큼마다 모두 한 끝은 크고 굵으며, 한 끝은 작다. 매 단의 4움큼은 마땅히 모두 굵은 부분과 굵은 부분을 나란히 배열하고 작은 부분과 작은 부분을 나란히 배열한다.

432 '창(敞)': '창이 열려 있다[敞開]'라는 의미이고, '창옥(敞屋)'은 지붕은 있는데 벽이 없는 '헛간[廠屋]'이다. 붕잔(棚棧): 헛간 아래에 횡목의 시렁을 쭉 배열하고 있는 구조이다.

다. 또 연기[煙]를 피워서도 안 된다. 이러한 정황은 모두 풀의 색깔을 변하게 한다. (자초를 심어 얻은) 이익은 '쪽[藍]'보다 좋다.[433]

만약 오랫동안 보관하고자 한다면, 5월에 집안에 넣어 문과 창문을 닫고[434] 진흙으로 봉하여 바람이 들거나 공기가 빠져나가지 못하게 한다. 입추立秋가 지나 문을 열어 꺼내면 자초의 색깔이 변하지 않는다. 만약 (여전히) 시렁 위에서 여름을 보내면 자초는 곧 검은색으로 변하여 더 이상 쓸 수 없게 된다.

驢馬糞及人溺. 又忌煙. 皆令草失色. 其利勝藍.

若欲久停者, 入五月, 內著屋中, 閉戶塞向, 密泥, 勿使風入漏氣. 過立秋, 然後開出, 草色不異. 若經夏在棚棧上, 草便變黑, 不復任用.

교 기

72 본서에서 인용한 『이아』는 '야(也)'자가 한 자 더 많다. "一名紫莨草"는 곽박의 주로서 본서에서는 '초(草)'자가 한 자 더 많다. 비책휘함 계통의 판본에서는 이 두 글자가 없으며, 대개 금본의 『이아』에 의거하여 삭제한 것이다.

73 '의(宜)': 북송본과 명초본에는 있으며 『농상집요』에서 의거한 것에도 있지만, 명각본에는 빠져 있다.

433 '승(勝)'은 명초본에서는 '승(𦼮)'으로 잘못 쓰고 있다.(옛날에는 참깨[芝麻]를 '거승(苣藤)'이라고 칭하였다.)

434 '폐(閉)'는 원각본과 금택초본에서는 '폐(閇)'로 쓰고 있는데, 이는 '폐(閉)'자의 속사(俗寫)로서 다른 본도 글자가 이와 같다. '향(向)'은 원래 북쪽으로 나 있는 창을 가리키며, 여기서는 폭넓은 창문을 가리킨다.

제55장

벌목하기 伐木第五十五

● 伐木第五十五: 種地黃法附出.[435] 지황을 파종하는 법을 덧붙임.

무릇 4월과 7월에 벌목을 하면 벌레가 생기지 않으며, 단단하고 질기다. 느릅나무의 꼬투리가 떨어지고 뽕나무 오디[桑椹]가 떨어지는[436] 시기가 바로 그 (곧 느릅나무와 뽕나무를 벌목하기에 좋은) 시기이다.

열매가 달리는 나무는 그 열매가 익고 난 이후가 벌목에 적합한 시기이다. 시기에 따르지 않고 벌목한 것은 벌레가 생길 수 있고 나무의 질이 무르게 된다. 무

凡伐木, 四月七月則不蟲而堅肕. 楡莢下, 桑椹落, 亦其時也. 然則凡木有子實者, 候其子實將熟, 皆其時也. 非時者, 蟲而且脆也. 凡非

435 "種地黃法附出": 지황을 파종하는 방법은 재료의 성질에 따라, 마땅히 '종홍람화(種紅藍花)', '종람(種藍)', '종자초(種紫草)'와 같은 염료 식물의 재배법과 나란히 한 조가 되어야 하며, 최소한 이상의 세 가지 절목 중에 한 종류의 부록을 삼아야 한다. 스성한의 금석본에 따르면, '벌목하기[伐木]'의 뒷면에 덧붙인 것은 작자가 임시로 어떤 소재를 '권(卷)'의 끝부분에 덧붙이는 일종의 독특한 배열방법이라고 한다.[지황으로 염료를 만드는 방법은 본서의 권3 「잡설(雜說)」 참조.]

436 '유협하(楡莢下)': 흰 느릅나무 꼬투리는 음력 3월에 떨어지기 시작하는데, 『사민월령』에서는 '느릅나무 꼬투리가 떨어질 때[楡莢落時]' 쪽[藍]을 파종하는 것을 '3월(三月)'에 열거하고 있다. '상심락(桑椹落)': 황하 중하류에서는 대개 음력 4월에서 5월 사이인데, 뽕나무의 품종이 다르고 환경조건이 다르기 때문이다.

릇 시기에 따르지 않은 나무라 하더라도, 물에 한 달 동안 담겨 있거나[437] 혹은 불가에서 말린[438] 것은 모두 벌레가 생기지 않는다. 물에 잠긴 목재는 더욱 부드럽고 질겨진다.

時之木, 水漚一月, 或火煏取乾, 蟲皆不生. 水浸之木, 更益柔肕.

『주례[周官]』(「지관사도地官司徒 · 산우山虞」)에 이르기를,[439] "11월[仲冬]에는 양목陽木을 베고 5월[仲夏]에는 음목陰木을 벤다."라고 한다. 정사농(鄭司農)은 "양목은 봄과 여름에 자란 것이며, 음목은 가을과 겨울에 자란[440] 것이다. 소나무와 잣나무류이다."라고 하였다.

정현(鄭玄)은 "양목은 산의 남쪽 양지바른 곳에서 자란 것이고, 음목은 산의 북쪽 그늘진 곳에서 자란 것이다. 겨울에는

周官曰, 仲冬斬陽木, 仲夏斬陰木. 鄭司農云, 陽木, 春夏生者, 陰木, 秋冬生者. 松柏之屬. 鄭玄曰, 陽木生山南者, 陰木生山北者. 冬則斬陽, 夏則斬陰, 調

437 '수구(水漚)': 원래 나무를 베어서 비교적 오랫동안 물에 담궈 두면 좀을 방지할 수 있는데, 오늘날 대부분 이 방법을 채용하고 있다. 『증류본초(證類本草)』 권10 「진장기여(陳藏器餘)」 '걸거향(藒車香)'조에서는 『해약(海藥)』을 인용하여 이르기를, "『제민요술』에서는 '무릇 여러 나무에 좀이 있는 것은 이 향을 태워서 차갑게 하거나 물에 담가 주면, 나무에 좀이 스는 것을 방지할 수 있다.'"라고 하였으나, 금본의 『제민요술』에는 이러한 기록이 없다.

438 '픽(煏)': '비(憊)'자와 같으며, 불가 근처에서 말리는 것을 가리킨다. 장빙린[章炳麟]은 『신방언(新方言)』 「석기(釋器)」편에서 훗날 '배(焙)'자로 바뀌었다고 한다.

439 『주례』 「지관(地官) · 산우(山虞)」에 같은 문장이 보인다. '冬則斬陽'의 이하는 정현이 주석하여, "겨울에는 양지바른 곳의 나무를 베고 여름에는 음지의 나무를 베어서 단단하고 연한 것을 조절한다."라고 하였다. 나머지도 마찬가지이다. 묘치위 교석본에 의하면, '정현왈(鄭玄曰)'은 원래는 '현위(玄謂)'라고 적혀 있는데, 정현이 정사농(鄭司農; 鄭衆)의 해석을 먼저 인용한 것으로 보인다. 여기서 가사협은 고쳐서 두 사람이 주석하는 형식으로 고쳐 썼다고 한다.

440 '생(生)': 나무에 연녹색 잎이 자라는 것이다. 가을과 겨울에 자란다는 것은 잎이 시들어 떨어지지 않고 늘 푸르다는 의미로, 이른바 '소나무와 잣나무 같은 유'이다.

양목을 베고, 여름에는 음목을 베어서 단단하고 연한 목재를 조절할 수 있다."라고 해석하였다. 잣나무의 본성은 좀이 생기지 않는데, 일 년 사계절 모두 벨 수 있으며 시기를 선택할 필요는 없다. 산중의 각종 잡목은 만약 4월과 7월에 벤 것이 아니라면, 대개 모두 벌레가 생기는 것은 산의 남쪽면과 산의 북쪽면에 차이가 없다. 정현의 견해는 받아들일 수 없다.

『주례[周官]』의 벌목규정은 단지 하늘의 질서에 따라서 음양을 조절한 것이지, 반드시 질기고 좀이 먹는 문제는 아닌 것이다.

堅韌也. 按柏之性, 不生蟲蠹, 四時皆得, 無所選焉. 山中雜木, 自非七月四月兩時殺者, 率多生蟲, 無山南山北之異. 鄭君之說, 又無取. 則周官伐木, 蓋以順天道, 調陰陽, 未必爲堅肕之與蟲蠹也.

『예기禮記』「월령月令」에는,[441] "정월[孟春]에는 나무를 베어서는 안 된다. 정현(鄭玄)이 주석하여 이르기를, '(정월은) 수목이 다시 소생하는 시기이기 때문이다.'라고 하였다. **4월[孟夏]에는 큰 나무를 베어서는 안 된다.** (정현이 주석하여 말하기를) '수목의 기운이 시절에 위배되기 때문이다.'라고 하였다. **6월[季夏]에는 수목이 아주 무성하여 '우인虞人'[442]에게 산을 돌아보며 수목을 살피도록 하기 때문에 벌목하는 일이 있어서는 안 된다.** (정현이 주석하여 말하기를) '여전히 아직[443] 단단하고 질기지 않기 때문이다.'고 하였다. **9월[季秋]에 초**

禮記月令, 孟春之月, 禁止伐木. 鄭玄注云, 爲盛德所在也. **孟夏之月, 無伐大樹.** 逆時氣也. **季夏之月, 樹木方盛, 乃命虞人, 入山行木, 無爲斬伐.** 爲其未堅肕也. **季秋之月,**

---

441 『예기』「월령」에는 '무(無)'가 모두 '무(毋)'로 쓰여 있지만 글자는 모두 통한다. 주석은 모두 정현의 주석이다.

442 '우인(虞人)': 산림과 늪지 및 동산을 관리하는 관리이다.

443 '미(未)': 북송본과 호상본에서는 이와 글자가 같으며, 정현의 주도 동일한데 남송본에서는 '목(木)'으로 잘못 쓰고 있다.

목의 낙엽이 떨어지면 비로소 벌목을 하고 (나무를 이용해서) 숯을 굽는다. 11월[仲冬]이 되어 동지[短至][444]가 되면 수목을 벌목하며, 대나무를 베어서 화살을 만든다.[445]"라고 하였다. 이때가 대나무와 나무가 단단하게 성숙하는 것이 최고조에 달하는 시점이다.

草木黃落, 乃伐薪爲炭. 仲冬之月, 日短至, 則伐木, 取竹箭. 此其堅成之極時.

『맹자孟子』에 이르기를,[446] "도끼[斧]와 자귀[斤]를 가지고 때에 맞춰 산림에 들어가면, 목재를 다 쓸 수 없을 정도가 된다."라고 하였다. 조기(趙岐)가 주석하여 이르기를, "이때는 초목이 시들어 떨어지는 시기이며, 사용할 나무가 충분히 무성하게 자랐기 때문에 베어내어도 무관하다."라고 하였다.

孟子曰, 斧斤以時入山林, 材木不可勝用. 趙岐注曰, 時謂草木零落之時, 使材木得茂暢, 故有餘.

『회남자』(「주술훈主術訓」)에 이르기를,[447] "초목이 아직 잎이 떨어지기 전에 도끼와 자귀를 가지고 산에 들어가서는 안 된다"라고 하였다. 고유(高誘)가 주석하여 이르기를, "9월이 돼야 초목의 잎이 떨어진다."[448]라고 하였다.

淮南子曰, 草木未落, 斤斧不入山林. 高誘曰, 九月草木解也.

---

444 동지에는 해가 가장 짧기 때문에 '단지(短至)'라고도 일컫는다.

445 '취죽전(取竹箭)': 단단하고 속이 차며 가느다란 대줄기를 베어서 화살대를 만든다. 본권의 「대나무 재배[種竹]」편 주석에 보인다.

446 『맹자』「양혜왕장구상(梁惠王章句上)」에 보이며, 문장의 말미에 '야(也)'자가 있다. 조기(趙岐)의 주석에는 '득(得)'자가 없다.

447 『회남자』「주술훈(主術訓)」편에 보이며, '불(不)'자 아래에 '득(得)'자가 있다. 금본의 고유의 주에는 "9월에 초목의 잎이 떨어지니, 떨어지지 않으면 산림을 벌목해서는 안 된다."라고 하였는데, 『제민요술』에서 인용한 것과는 다르다.

448 '해(解)': 가지와 잎이 시든다는 의미이다. 금본의 『회남자』 고유의 주에는 '절해(節解)'라고 쓰여 있다. 『문선(文選)』「오도부(吳都賦)」에는 '초목절해(草木節

최식崔寔이 이르기를,[449] "정월에서 6월[季夏]까지는 벌목을 할 수 없으며, 벌목을 하면 반드시 좀[蠹蟲]이 생긴다. 혹자는 이르기를 '만약 그달에 임자일壬子日이 없다면, 그달의 상순에 벌목을 할 수 있다.'라고 하였다. 비록 그해 봄과 여름에 좀이 생기지 않는다 할지라도 또한 갈라지고 틈이 생기는 피해[450]는 있다. 또 시령時令을 위배하게 되니 만약 급한 일이 아니라면 벌목을 해서는 안 된다."라고 하였다. "11월에는 대[竹]와 나무를 벌목할 수 있다."라고 하였다.

崔寔曰, 自正月以終季夏, 不可伐木, 必生蠹蟲. 或曰, 其月無壬子日, 以上旬伐之. 雖春夏不蠹, 猶有剖析間解之害. 又犯時令, 非急無伐. 十一月, 伐竹木.

지황을 파종하는 방법[種地黃法]:[451] 검고 좋은 땅을 골라 먼저 곱게 다섯 차례 간다. 3월 상순이 가장 좋고, 3월 중순이 그다음이며, 3월 하순은 가장 안 좋은 시기이다.

種地黃法. 須黑良田, 五遍細耕. 三月上旬爲上時, 中旬爲中時, 下旬爲下時.

1무畝에는 5섬[石]의 종자를 파종한다.[452] 3월

一畝下種

解)'라는 구절이 있는데, 당대 여정제(呂延濟)가 주석하기를, "초목이 시들어 떨어진다."라고 하였다.

449 『사민월령』 「정월」 편에 보인다. 묘치위 교석본을 보면, '或曰'에서 '非急無伐'에 이르기까지, 『옥촉보전』이 『사민월령』을 인용한 것에는 없지만 가사협이 말한 것 같지는 않는데, 『옥촉보전』에서 채택한 『사민월령』이 훼손된 듯하다고 한다.

450 '간(間)'은 틈이라는 의미이다. '해(解)'는 갈라진다는 의미이며, '부석간해(剖析間解)'는 합하여 갈라져 틈이 생긴다는 것이다.

451 '지황(地黃)'은 현삼과(玄蔘科)의 지황(地黃; *Rehmannia glutinosa*)으로 다년생 초본이다. 그 육질과 뿌리줄기는 황색염료로 사용하며, 약으로도 쓸 수 있다. 지황을 파종하는 법은 염료작물을 재배하는 편 뒤에 붙여야 할 것 같은데, 본편인 「벌목하기[伐木]」에 붙어 있으니 전권을 쓴 후에 다시 보충하여 넣은 듯하다.

에 파낸 뿌리를 종자로 하여 즉시[453] 심으며, 쟁기질을 한 뒤에 조[禾]와 맥을 파종하는 것과 같이 한다.[454] 4월 말 5월 초에 이르면 모두 싹이 나온다.

8월 말에서 9월 초에 이르면 뿌리가 이미 길게 자라 염료로 쓸 수 있다.

만약 남겨서 종자로 쓰려고 한다면, 땅속에 두고 파내지 말아야 한다. 이듬해 3월이 되어서

五石. 其種還用三月中掘取者,逐犁後如禾麥法下之. 至四月末五月初生苗. 訖至八月盡九月初, 根成, 中染.

若須留爲種者, 即在地中勿掘之.

---

452 '종(種)': 뿌리를 파종하는 것을 뜻하며, 지황의 뿌리이다.

453 '환(還)': '선(旋)'과 동일하며, 곧 또는 즉시의 의미이다. 묘치위 교석본에 의하면, 이처럼 뿌리를 심는 것은 다음 문장의 "3월에 그것을 파서 종자로 쓴다."라고 하는 것의 월동근(越冬根)으로, 파내고 파종하는 것이 모두 3월이다. 상순은 아주 좋은 파종시기이기 때문에 반드시 빨리 해야 하며, 파종할 때는 지체해서는 안 된다. 『한서(漢書)』 권56 「동중서전(董仲舒傳)」에서 '황지'를 한사고가 주석하여 말하길 "'환'은 '선'으로 읽고, '선'은 빠르다는 의미이다."라고 하였다. '선풍(旋風)' '선종(旋種)'은 예전에도 또한 '환풍(還風)' '환종(還種)'으로 썼다고 한다.

454 '如禾麥法下之': 각본에서는 이와 동일하지만, 이해하기 힘들다. 『제민요술』에서 지황을 재배하는 법은 오늘날과 같은데, 모두 뿌리(뿌리줄기)를 이용해서 번식시킨다. 뿌리줄기는 하나하나 띄워서 손으로 넣고 또한 뿌리줄기 위에 싹눈이 있으면, 싹눈은 반드시 위의 것은 위로 향하게 하여 위아래가 뒤바뀌어서는 안 된다. 묘치위 교석본을 참고하면 화맥을 파종하는 것처럼 한줌을 움켜쥐고 종자를 떨어뜨리는가에 대해, 권3에서 마늘 · 염교 · 생강을 참조하여 번식하는 재료는 쪽이나 덩어리로 파종하는데, 모두 손으로 하나하나 땅에 넣고 아울러 일정한 거리를 띄우는 것이 결코 조와 맥을 파종하는 것과 같지 않다고 하였다. 지황의 뿌리줄기는 1무에 '5섬[石]'을 쓴다고 하는데, 뿌리는 마늘과 염교[薤]보다 크다. 그래서 묘치위는 마늘과 염교같이 하지 않고 흩어 뿌리는 방법에 대해 의문을 제시하였다. 또한 『농상집요(農桑輯要)』의 편자들이 알고 있는 지황 파종법은 이 때문에 『제민요술』을 인용하면서 '如禾麥法'의 네 글자를 삭제하였는데, 이것은 합리적이라고 보고 있다.

파내어 종자로 쓴다.

1무당 30섬[石]의 뿌리를 수확할 수 있다.

풀이 있으면 김을 매어 주는데, 횟수는 제한이 없다.[455] 호미질할 때는 특별히 날이 작은 호미[456]를 만들어서 고운 흙이 잎 속 싹 줄기[457]를 덮지 않도록 한다.

금년 가을에 수확이 끝나면 이듬해에 다시 파종하지 않아도 자연스럽게 묵은 뿌리에서 싹이 트고,[458] (뿌리줄기가 자라 단지) 호미질만 해 주면 된다. 이와 같이 하면 연속 4년간 파종하지 않아도 남은 묵은 뿌리에서 저절로 싹이 자라게 된다.

待來年三月, 取之爲種. 計一畝可收根三十石.

有草, 鋤, 不限遍數. 鋤時別作小刃鋤, 勿使細土覆心.

今秋取訖, 至來年更不須種, 自旅生也, 唯須鋤之. 如此, 得四年不要種之, 皆餘根自出矣.

---

455 '불한편수(不限遍數)': 지황의 사이갈이의 횟수가 많으면 많을수록 좋다는 뜻은 아니다. 묘치위 교석본에 따르면, 지황의 뿌리는 비교적 얕게 분포되어서 단지 얕게 사이갈이를 하고 호미가 토양의 표면을 긁어 주는 정도면 좋으며, 너무 깊게 해서도 안 되고 횟수가 너무 많아도 좋지 않다. 그렇지 않으면 뿌리가 상하게 되어서 뿌리줄기의 형성과 생장을 영향을 준다. 풀이 있으면 깨끗하게 제거돼야 하지만, 뿌리줄기가 나오려 할 때는 사이갈이를 멈추고 잡초는 다만 손으로 뽑아 주어야 한다고 한다.

456 '소인서(小刃鋤)': 이는 곧 날이 작은 손 호미로서, 가는 꽃줄기를 호미질하여 흙이 꽃줄기에 덮이는 것을 막아야 한다.

457 '심(心)': 잎 가운데의 싹 줄기를 가리킨다. 지황 잎은 줄기의 아랫부분에서 자라거나 혹은 뿌리부분에서 자라 지면 가까이에 붙어 있어서 줄기 끝에서 꽃자루가 쭉 돋아나기 때문에, 사이갈이 때 흙이 잎 위나 줄기에 파묻히기 아주 쉽다.

458 '여생(旅生)': 이것은 묵은 뿌리에서 저절로 자라는 것을 의미한다. 그러나 묵은 뿌리 식물은 해마다 저절로 싹이 트기 때문에 병해와 충해가 생기기 쉽다.

中文介绍

『齐民要术齐民要术』是中国现存最早的农业百科全书，于公元530-540年由后魏的贾思勰所著。本书也是中国最早具有完整形态的农书。这本书系统地地整理了六世纪之前黄河中下流地区农作物的栽培和畜牧经验，各种食品的加工和储存以及野生植物的利用方式等，而且按照季节和气候详细介绍了农作物和土壤的关系， 所以意义深远。本书的题目『齐民要术』正意味着所有百姓(齐民)必须要阅读和了解的内容(要术)。从这个角度来看，本书并非只是单纯的农书，而是可以被称为生活指导方针。因此，本书长期以来作为百姓们的必读之书，在后世成为了『农桑辑要』，『农政全书』等农书的典范，此外对包括韩国在内的东亚所有地区的农书编撰和农业发展形成了较深的影响。

贾思勰于北魏孝文帝时期出生于山东益都(现在的寿光一带)附近，曾任青州高阳太守， 离任后开始经营农牧业活动。贾思勰活动的时代正是全面推展北魏孝文帝汉化政策的时期，实行均田制，把无主荒地分给无地或少地农民耕种，规定种植五谷和瓜果蔬菜，植树造林。『齐民要术』的出现为提高农业生产提供了有利的条件。尤其是贾思勰在山东，河北， 河南等地历任官职期间直接或间接获取的农牧和生活经验直接反映到了这本书上。如序文所述，他追求了'有利于国家和百姓'耿寿昌和桑弘羊等的经济政策，并为此重视观察和体验，也就是说主要关注了实用性的知识。

『齐民要术』分成10卷92篇。开头部分主要记录了水稻以及各种旱田作物的耕作方式和收种子方式。加上瓜果, 蔬菜类, 养蚕和牧畜等一共达到61篇。后半部主要介绍了以这些为材料的各种加工食品。

加工食品的比重虽然仅为25篇, 但详细介绍了生活中需要的造曲, 酿酒, 做酱, 造醋, 做豆豉, 做鱼, 做脯腊, 做乳酪的方法, 列举食品, 菜点品种越达到三百种。有趣的是, 第10卷介绍了150多种引入到中国的五谷, 蔬菜, 果蓏及野生植物等, 其分量几乎达到整个书籍的四分之一。这说明本书的有关外来农作物植生的信息非常全面。

本书不仅介绍了农作物的播种, 施肥, 浇灌和中耕细作技术等的农耕方法, 还详细介绍了多种园艺技术, 树木的选种方法, 家禽的饲养方法, 兽医处方, 利用微生物的农副产品发酵方式, 储存方法等。尤其是经济林和木材用树木的介绍较多, 这意味着当时土木, 建筑材料的需求和木材手工艺品大幅增长。此外, 通过本书的目录也可以得知, 此书详细介绍了养蚕, 养鱼和各种发酵食品, 酒和饮料以及染色, 书籍编辑, 树木繁殖技术和各地区树木种类等。这些内容证明了六世纪前后以中原为中心四面八方的少数民族饮食习惯和烹饪技术相互融合创出了新的中国饮食文化。特别的是这些技术介绍了地方志, 南方的异物志, 本草书和『食经』等50多卷书。这也证实了南北之间进行了全面的经济和文化交流。实际上『齐民要术』中出现了很多南方地名或饮食习惯, 因此可以证明六世纪中原饮食生活与邻近地区文化进行了积极的交流。如此, 成为旱田农业技术典范的『齐民要术』经唐宋时代为水田农业发展做出了贡献, 栽培和生产经验又再次转到了市场和流通。

从这一点来看, 『齐民要术』正是作为唐宋这个中国秩序和价值的完成过程中出现的产物, 提供"中国饮食文化的形成", "东亚农业经济"之基础。于是, 通过这一本书可以详细了解前近代中国百姓的生后中需要的是什么, 用什么方式生产何物, 用什么方式加工, 他们所需要的是什么。从这个角度来看，本书虽然分类为农家类，但并非是单纯的农业技术书籍。通过『齐民要术』所记载的内容，除了农业以外还能了解中国古代和中世纪的日常生活文化。不仅如此，还能确认中原地区和南北方民族以及西域，东南亚等地区进行了多种文化及技术交流，因此可以看作是非常有价值的古典。

尤其，『齐民要术』详细记录了多种谷物和食材的栽培方法和烹饪方法，这说明当时已经将饮食视为是文化，而且作者具有记录下来传授给后代的意志。这可以看作是要共享文化的统一志向型表现。实际上，隋唐时期之前东西和南北之间存在长期的政治纠纷，但通过多方面的交流促使文化融合，继承『齐民要术』的农耕方式和饮食文化，从而形成了基本的农耕文化体系。

『齐民要术』还以多种方式说明了当时农业的科学成就。首先，为了解决华北旱田农业的最大难题-保存土壤水分的问题，发明了犁耙，耧車和锄头等的农具与耕，耙，耱，锄，压等技术巧妙相结合的保墒方法，抗旱田干旱，防止害虫，促使农作物健康成长。还介绍了储存雨水和雪来提高生产力的方法。此外，为了选择种子和培养种子的方法开发了特殊处理法，并介绍了轮耕，间作和混作法等的播种方法。不仅如此，为了进行有效的农业经营，说明了除草，病虫害预防和治疗方法以及动物安全越冬方法和动物饲养方法。还有通过观察确定的土壤环境关系和生物鉴别方法，遗传变异，利用微生物的酒精酶方法和发酵方法，利用蛋白质分解酶做酱，利用乳酸菌或淀粉酶制作麦芽糖的方法等是经科学得到证明的内容。这种『齐民要术』的科学化实事求是的态度为黄河流域旱田农业技术的发展做出了重大的贡献，成为后世农学的榜样，使用这项技术提高生产力，不仅应对了灾难，还创造了丰富的文化。从以上可以看出，『齐民要术』融合了古代中国多种领域的产业和生活文化, 是一本名副其实的百科全书。

随着社会需求的增长, 『齐民要术』的编撰次数逐渐增加, 结果出现了不少版本。最古老的版本是北宋天圣年前(1023-1031)的崇文院刻本, 但现在只剩下第5卷和第8卷。此外, 北宋本有日本的金泽文库抄本。南宋本有将校本。此外, 明清时代也出现了很多版本。

翻译本书的目的, 在于了解随着农业技术的变迁和发展而形成的文明, 并体系化地整理『齐民要术』所示的知识, 为未来社会做出一点贡献。于是首先试图总结了中国和日本的多种围绕着『齐民要术』的农业史研究成果。并且强调逐渐被疏忽的农业问题并非是单纯生产粮食的第一产业形式, 而是作为担保生命的生活中重要组成部分, 当今也持续存在的事实。 生命和环境问题是第四次产业革命时代重要的关键词, 农业史融合了与此有关的多种学问。这也是超越时空译注确保农业核心价值的『齐民要术』并向全世界发表的背景。

本书的翻译坚持了直译原则。只对于意义不通等的部分添加脚注或意译。尤其是, 本译注简介参考了近期出版的石声汉的『齐民要术今释』(1957-58)和缪启愉的 『齐民要术校释』(1998)及日本西山武一 的『校订译注齐民要术』。在本文的末端通过 【校记】 说明了所出版的每个版本之差。甚至在必要时还努力反映了韩中日的最近与『齐民要术』有关 的主要研究成果。译注时积极参考了中国古典文学者的研究成果“齐民要术词汇研究”等。

为了帮助读者的理解, 每一篇的末端插入了图版。之前的版本几乎没有出现照片, 这也许是因为当时对农作物和生产工具的理解度比较高, 所以不需要照片资料。但如今的韩国, 随着农业比重和人口的剧减, 年轻人对农业的关心和理解度比较低。不仅不理解生产工具或栽培方式, 连农作物的名称也不是太了解。其实, 他们在大量的信息中为未来做好准备而忙都忙不过来。并且，随着农业的机械化，已经不容易接触传统生产手段的运作方法，于是为了提高书的理解度而插入了照片。

如本书一样述有多种内容的古典， 不容易用将过去的语言换成现在的语言。因为书里面融合了多种学问， 于是需要很多相关研究者的帮助。连简单的植物名也不容易翻译。例如，『齐民要术』里面指称为‘艾蒿’的汉字词有蓬，艾，蒿，莪，萝，萩等。如今其种类已增加为好几倍，但缺少有关过去分叉的研究，因此难以用我们的现代语言表达。为此， 基本上需要研究韩国和中国的植物名称标记。虽然各种词典有从今日的观点研究的许多植物名和学名， 但与历史中的植物相连接方面发现了不少问题。这种现象也是适用于出现在本书的其他谷物，果树，树木和动物等的现象。希望本书出版后，能以此为根据，在过去的物质资料和生活方式结合人文学因素后，全面进行融合学问的研究。还有，通过本书了解传统时代的农业和农村如何与自然合作进行耕作以及维持生活，也期待帮助解决今日的环境问题和生命产业所存在的问题。

本书内容丰富，主题也很多样化，于是翻译方面花费了不少时间，校对也用了相当于翻译的时间。最重要的是， 本书对笔者的研究形成了最大的影响， 也是笔者最想要翻译的书， 于是更是感受颇深。在与“东亚农业史研究会”的成员每个星期整日阅读原书和进行讨论的过程中，笔者学会了不少知识，也得到了不少帮助。但因为没能充分涉猎，可能会有一些没有完美反映或应用不完善的部分。希望读者能对此进行指责和教导。

2018. 11. 27.

釜山大學校 歷史系 教授 崔德卿

찾아보기